Den Himmel zähmen

Zeitgeschichte

Herausgegeben von Hannah Ahlheim, Nicolai Hannig, Fabian Klose, Christiane Reinecke und Malte Thießen

Band 2

Manuel Kaiser, Dr. phil, ist Historiker; seit 2019 leitet er die Medizinsammlung Inselspital Bern.

Manuel Kaiser

Den Himmel zähmen

Wetter- und Klimabeeinflussung im 20. Jahrhundert

Campus Verlag
Frankfurt/New York

Die Open-Access-Version dieser Publikation wird publiziert mit Unterstützung des Schweizerischen Nationalfonds zur Förderung der wissenschaftlichen Forschung.

Für Vera

ISBN 978-3-593-51839-8 Print
ISBN 978-3-593-45663-8 E-Book (PDF)
DOI 10.12907/978-3-593-45663-8

Umschlaggestaltung: Campus Verlag GmbH, Frankfurt am Ma
Umschlagmotiv: Abschussrampe der sowjetischen Hagelraketen des Schweizer Grossversuchs IV im Napfgebiet (1977) © ETH-Bibliothek Zürich, Bildarchiv / Fotograf: Sonderegger, Christof / Com_L26-0347-0002-0003 / CC BY-SA 4.0
Satz: le-tex xerif
Gesetzt aus der Alegreya
Druck und Bindung: Beltz Grafische Betriebe GmbH, Bad Langensalza
Beltz Grafische Betriebe ist ein klimaneutrales Unternehmen (ID 15985–2104-1001).
Printed in Germany

www.campus.de

Inhalt

Einleitung

»It was out of my hands. I can't control the weather.«
Frank Underwood, House of Cards, 3. Staffel, 8. Episode

»temperatursturz, und die wolkenbäusche in konspirativer kopplung, wie wenn sie wütend aufeinander wären, da er sagt: ›und alle erwartbaren massnahmen wieder, dämmt eure wohnungen besser und spart euch das vom munde ab, fahrt nicht mit dem auto, fliegt nicht mit dem flugzeug, esst kein fleisch mehr, nur noch sojapampe, kratzt billiger ab, mehr geld von euren steuergroschen kriegen die atomverbrecher, du bist nichts, gaia ist alles – anstatt das offensichtlichste: weniger menschen, und zwar zuerst in den reichen ländern, denn die verbrauchen am meisten.‹«
Dietmar Dath, Waffenwetter, Frankfurt am Main 2007 S. 16

»Der Hauptmangel aller bisherigen Meteorologie [...] ist, dass der Gegenstand, die Wirklichkeit, Sinnlichkeit nur unter der Form des Objekts oder Anschauung gefasst wird; nicht aber als sinnlich menschliche Tätigkeit, Praxis, nicht subjektiv. [...] Die Meteorologen haben das Wetter nur verschieden interpretiert, es kommt drauf an, es zu verändern.«
Kuddel Kuttersen, Elf Thesen über Kachelmann, 2003

Die »Doomsday Clock« stand auf sieben vor zwölf, als in der Novemberausgabe 1961 vom *The Bulletin of the Atomic Scientists* ein Beitrag mit dem Titel *Climate Made to Order* erschien. Der Meteorologe und Klimatologe Helmut Landsberg besprach darin unterschiedliche Möglichkeiten, Wetter und Klima gezielt zu beeinflussen – etwa durch Veränderungen der Erdalbedo beziehungsweise der Meeresströmungen oder die Auslösung von Niederschlag durch das sogenannte »Cloud-Seeding«. Gleich zum Einstieg hielt er fest, warum er eine Beeinflussung des Klimas grundsätzlich für erstrebenswert hielt: »Nachdem der Mensch im Laufe der Jahrtausende aus seinem tropischen Lebensraum in alle Teile der Erde vorgedrungen ist, wäre es gut, wenn das gesamte Weltklima angenehm und komfortabel gestaltet werden könnte.«[1]

In Helmut Landsbergs Biografie spiegeln sich gleichermaßen die großen Konflikte des 20. Jahrhunderts wie auch die Entwicklungen der Atmosphärenwissenschaften wider: Als Sohn jüdischer Eltern 1906 geboren, hatte er seit Mitte der 1920er Jahre in Frankfurt am Main beim Seismologen Beno Gutenberg, dem Meteorologen Franz Linke sowie dem Experimentalphysiker Richard Wachsmuth studiert, bevor er nach der Machtergreifung der Nationalsozialisten in die USA emigrierte. An der Pennsylvania State University verfolgte er zunächst seine seismologische Forschung weiter und baute gleichzeitig die Kurse der an Bedeutung gewinnenden Meteorologie und Klimatologie mit auf. Wie für viele Geowissenschaftler stellte der Zweite Weltkrieg einen Wendepunkt in Landsbergs Karriere dar: 1941 erschien zunächst seine später breit rezipierte Einführung in die *Physical Climatology*, die seinen Ruf als Fachmann festigte, und zudem bot ihm Carl-Gustaf Rossby, eine zentrale Figur der US-amerikanischen Vorkriegsmeteorologie, eine Stelle als Dozent und Analyst bei der US Army Air Force an. Nach dem Krieg stieg er zu einem einflussreichen Mitglied einer Koalition von militärischen und politischen Entscheidungsträgern und Wissenschaftlern auf und prägte mit seiner Forschung und den in Publikumsmedien veröffentlichten Beiträgen die Nachkriegsklimatologie und -meteorologie maßgeblich mit.[2] Damit war es also nicht ein beliebiger Außenseiter, sondern ein hervorragend vernetztes und hoch angesehenes Mitglied der *Scientific Community*, das nun 1961 die Kontrolle des Klimas und des Wetters einer breiteren Öffentlichkeit in Aussicht stellte.

Landsbergs Beitrag ist insofern exemplarisch, als er auf die zentralen Argumente des Wetter- und Klimamodifikationsdiskurses zurückgriff, wie er sich im 20. Jahrhundert und vor allem seit dem Ende des Zweiten Weltkrieges formiert hatte. Dieser Diskurs, der zahlreiche Akteure in unterschiedlichen Funktionen und aus verschiedenen Feldern über die Beeinflussung von Wetter und Klima nachdenken, sprechen und forschen ließ, ist Gegen-

---

1 Landsberg, Helmut: Climate Made to Order, in: Bulletin of the Atomic Scientists 17 (9), 1961, S. 370–374, hier S. 370. Im Original: »Now that man has moved, over millennia, from his tropical habitat to all parts of the globe, it would be a good thing if the entire global climate could be made comfortable and pleasant.« Hier und im Folgenden Übersetzungen vom Autor.

2 Vgl. Henderson, Gabriel D.: Helmut Landsberg and the Evolution of 20th Century American Climatology: Envisioning a Climatological Renaissance, in: WIREs Climate Change 8 (2), 2017, S. e442. Online: <https://doi.org/10.1002/wcc.442>, Stand: 22.05.2021.

stand dieser Arbeit. Im Zentrum stehen zwei einfache Fragen. Zunächst zielt die Analyse darauf, festzustellen, was faktisch gesagt wurde: Wann setzte der Wetter- Klimamodifikationsdiskurs ein, welche Konjunkturen erlebte er und wann lösten sich die stabilen Aussagemuster wieder darauf? Mit dieser diskursanalytischen Fragerichtung verknüpft wird zudem nach den Wissensbeständen, Argumenten und Kontexten gefragt, die das Sprechen, Denken und Handeln hinsichtlich der Kontrolle atmosphärischer Phänomene bedingten.

Daran schließen selbstverständlich weitere Fragen an. Bereits Landsbergs Beitrag verweist beispielhaft auf sechs weitere Problemfelder und Fragestellungen, die diese Arbeit adressiert.

(a) Der Artikel erschien im *Bulletin of the Atomic Scientists*. Dass die vorliegende Arbeit nicht mit einem Forschungsbericht oder einem Artikel aus einer atmosphärenwissenschaftlichen Fachzeitschrift beginnt, sondern mit einem Beitrag im 1947 angesichts des sich abzeichnenden Systemkonflikts und der nuklearen Bedrohung gegründeten *Bulletin*, ist Programm und verdeutlich zwei zentrale Perspektiven der Arbeit: Zunächst war – wie im Detail zu zeigen sein wird – der Diskurs auf komplizierte Weise mit dem Kalten Krieg verknüpft und er wurde deshalb auch mehrfach im *Bulletin* thematisiert. Zudem handelte es sich beim *Bulletin* um einen durchaus an ein breiteres Publikum gerichteten Ort weiter reichender Debatten. Diese Arbeit zielt also nicht (ausschließlich) darauf ab, kleinteilige wissenschaftliche Debatten und Experimente zu beschreiben, sondern fragt auch danach, wie wissenschaftliches Wissen in die Öffentlichkeit – und wieder zurück – zirkulieren konnte, welches Orientierungswissen zur Verfügung stand oder schlicht: Was Interessierte über die Wetter- und Klimabeeinflussung wissen konnten.

(b) Landsberg wusste als Meteorologe und Klimatologe in Personalunion durchaus zwischen den Phänomenen Wetter und Klima zu unterscheiden, behandelte jedoch die Wetter- wie auch die Klimabeeinflussung als Teil derselben Herausforderung, die in erster Linie in der Handhabung der enormen Energiemengen atmosphärischer Bewegungen bestand: »Was können wir gegen die Sonnenenergie, die Energie der Stürme, die Umwandlung von Wasserdampf ausrichten? Selbst die nukleare Energie, die uns heute zur Verfügung steht, verschwindet in der Bedeutungslosigkeit. Ein mickriges lokales Gewitter setzt mehr Energie um als ein halbes Dutzend 20-Kilotonnen-Atombombenexplosionen.«[3] Die Frage, die sich angesichts dieses enormen energetischen Ungleichgewichts notwendigerweise stellte, lautete somit: Wie konnten Eingriffe trotzdem plausibel gedacht werden? Landsberg deutete die Antwort zumindest an, indem er die Eingriffe als Start einer Kettenreaktion – einer »row of dominos« – beschrieb. Diese Denkfigur des kleinen Auslösers mit großer Wirkung war – so eine der übergreifenden Thesen der Arbeit – zentral für die Etablierung des Diskurses der Wetter- und Klimabeeinflussung.

(c) Der Artikel verwies prominent auf die lokale Wetterbeeinflussung, die im Gegensatz zur Klimakontrolle keine Zukunftsvision war, sondern seit den späten 1940er Jahren in Labor- und vor allem Feldexperimenten untersucht wurde. Diese Wissensproduktion im »Atmosphärenlabor« wird anhand mehrerer Fallbeispiele analysiert, da sie wichtige Argumente für die grundsätzliche Machbarkeit bereitstellte. Dabei steht für diese Arbeit im Fokus, mit welchen Instrumenten, Experimentalsystemen und Vorstellungen von Evidenz und Objektivität versucht wurde, robustes Wissen zu erzeugen und wie und mit welchen Verschiebungen dieses Wissen den esoterischen Kreis der Wolkenphysik transzendieren konnte.

(d) Für Landsberg (und viele seiner Kollegen) stellte die Wetter- und Klimakontrolle deshalb ein Desiderat dar, weil eine grundlegende Abhängigkeit des Menschen von seiner klimatischen Umwelt als gesetzt galt. Nahrungsmittelproduktion, Fischerei, das Wachsen von Bäumen, das Transportwesen – alles wurde als abhängig von Wetter und Klima gedacht: »Die Unwägbarkeiten von Wind und Wetter steuern die Produktion all dieser Ressourcen.«[4] Diese Abhängigkeit gewann insbesondere im Kontext des Kalten Krieges, nicht nur verstanden als ein militärisch-politischer Konflikt, sondern als eine weiter reichende Konfrontation antagonistischer Weltanschauungen, in zweifacher Hinsicht zusätzlich an Dringlichkeit: Einerseits gerieten Wetter- und Klimabeeinflussung in Form der auf die Umwelt zielenden »Wetterwaffe« in den Fokus des Militärs und der Politik. Andererseits war der Diskurs anschlussfähig an modernisierungstheoretisch unterfütterte Vorstellungen, die ein ›rationales‹ Ressourcenmanagement propagierten und zunehmende

3 Landsberg, Climate Made to Order, S. 371. Im Original: »What can we pit against the solar energy, the energy of storms, the vapor transformations? Even nuclear energies now at our disposal dwindle into insignificance. A measly local thunderstorm transforms more energy than a half dozen 20-kiloton nuclear bomb explosions.«

4 Landsberg, Climate Made to Order, S. 370. Im Original: »The vagaries of wind and weather control the production of all these resources.«

Autonomie des Menschen von naturgegeben Bedingungen versprachen. Eine Arbeit über den Wetter- und Klimamodifikationsdiskurs lässt sich somit nicht allein als eine Geschichte atmosphärenwissenschaftlicher Forschung erzählen. Vielmehr gilt es die Frage zu beantworten, wie sich die Abhängigkeiten und Wechselwirkungen zu anderen Wissensfeldern, Debatten oder Diskursen gestalteten.

(e) Landsberg warf gleich im ersten Absatz eine wegweisende Frage auf: »Könnte ein Staudamm in der Beringstraße das Klima der Erde verändern? Was würden wir tun, wenn die von Wissenschaftlern herbeigeführten Klimaveränderungen nicht so abliefen, wie die Wissenschaftler dachten? [...] Diese Fragen sind nicht mehr nur Gegenstand reiner Spekulation.«[5] Solche Veränderungen planetarischen Ausmaßes verlangten nach vorgängigen Abschätzungen. Als Hoffnungsträger für eine notwendige, vorgängige Abschätzung der detaillierten (Neben-)Effekte eines globalen Experiments wurden die computerbasierten Wetter- und Klimamodelle ausgerufen: »Es ist jedoch möglich, dass die Folgen einer Störung der normalen atmosphärischen Zirkulation von Computern, die mit mathematischen Modellen arbeiten, abgeschätzt werden können.«[6] Es wird zu fragen sein, wie der Zusammenhang zwischen Wetter- und Klimamodifikation und der Computersimulation gedacht wurde und ob und inwiefern sie das von Landsberg diagnostizierte Problem einer fehlenden Folgenabschätzung kompensieren konnte.

(f) Schließlich machte Landsberg – an dieser Stelle zeigte er sich in den frühen 1960er Jahren weitsichtiger als viele Kollegen – auf die Möglichkeit einer bereits laufenden und gleichermaßen unbeabsichtigten wie unkontrollierten Klimabeeinflussung durch den steigenden Kohlendioxidgehalt der Atmosphäre aufmerksam. Diese in den 1960er Jahren verstärkt aufkommenden Prognosen einer anthropogenen Klimaveränderung waren auf mehreren Ebenen an den Wetter- und Klimamodifikationsdiskurs gekoppelt. Es stellt sich deshalb die Frage, wie sich dieses wechselwirkende Verhältnis genau gestaltete, welche Prämissen und Wissensbestände geteilt

---

5 Ebd. Im Original: »Could a dam across the Bering Strait change the earth's climate? What would we do if climatic changes engineered by scientists didn't work out the way the scientists thought they would? [...] These questions are no longer mere matters for idle speculation.«

6 Ebd., S. 372. Im Original: »However, it is possible that the consequences of interfering with normal atmospheric circulation could be estimated by computers handling mathematical models.«

wurden und ob die Prognose einer unbeabsichtigten Klimaveränderung die gezielten Eingriffe stützte oder problematisierte.

Methodisch-theoretische Ansätze

Diese Auslegeordnung der verschiedenen Perspektiven und Fragerichtungen zeigt auf, dass sich Formierung, Etablierung und Verhandlung des Wetter- und Klimamodifikationsdiskurses weder als eine ›reine‹ Wissenschaftsgeschichte noch als Kultur-, Sozial- oder Umweltgeschichte allein analysieren lassen. Darum bietet sich hier ein wissensgeschichtlicher Zugang an. Die gesellschaftliche Produktion und Zirkulation von Wissen untersuchend, stellt dieser Ansatz die geeignete Linse dar, um dem Sprechen und Handeln zur Wetter- und Klimamodifikation in seiner historischen Komplexität und zeitgenössischen Relevanz gerecht zu werden.

Wissensgeschichte

Die Wissensgeschichte als neuerer Forschungsansatz erfreut sich in jüngster Vergangenheit einer Konjunktur, die sich in programmatischen Aufsätzen, Sammelbänden, Konferenzen, eigenen Zeitschriften und nicht zuletzt in einer steigenden Zahl von Wissensgeschichten zu unterschiedlichen Themen und Zeiträumen manifestiert.[7] Eine Ende 2020 erschienene Sonderausgabe der Zeitschrift *History and Theory* illustriert nicht nur das breite Spektrum an Themen, Zugängen und Zeiträumen, das unter dem Schlagwort ›Wissensgeschichte‹ verhandelt wird, sondern wirft – und das ist bezeichnend für die Debatten der vergangenen Jahre – auch die Frage auf, ob und inwiefern die Wissensgeschichte mehr zu leisten vermag als eine kulturhistorisch

7 Für ausführliche Bestandsaufnahmen der Wissensgeschichte vgl. u.a. Dupré, Sven; Somsen, Geert: The History of Knowledge and the Future of Knowledge Societies, in: Berichte zur Wissenschaftsgeschichte 42 (2–3), 2019, S. 186–199; Lässig, Simone: The History of Knowledge and the Expansion of the Historical Research Agenda, in: Bulletin of the GHI Washington, Issue 59 (Fall 2016), 2016, S. 29–58; Östling, Johan: The History of Knowledge and the Circulation of Knowledge: An Introduction, in: ders., Sandmo, Erling; Heidenblad, David Larsson; Nilson Hammar, Anne (Hg.): Circulation of Knowledge: Explorations in the History of Knowledge, Lund 2018, S. 9–33.

informierte Wissenschaftsgeschichte oder eine Intellektuellengeschichte.[8] Lorraine Daston nennt beispielweise 2017 in der ersten Ausgabe der Zeitschrift *KNOW: A Journal on the Formation of Knowledge* zwei unterschiedliche, jedoch deutlich umrissene Anwendungen: Forschungsprojekte, die entweder auf bisher vernachlässigte Wissensbestände oder auf die Geschichte der Geisteswissenschaften fokussieren, die jedoch gemein haben – so Daston –, dass sie beide nicht auf die modernen (Natur-)Wissenschaften zielen, aber implizit durch sie definiert sind.[9] In der Lesart Dastons erscheint damit die Wissensgeschichte als eine Erweiterung der Wissenschaftsgeschichte. Im Folgenden grenze ich mich von einem solchen Verständnis von Wissensgeschichte ab und orientiere mich an der »Zurich school«,[10] die im Umfeld des interdisziplinären »Zentrums Geschichte des Wissens« der ETH Zürich und Universität Zürich zu verorten ist und die weit mehr als eine bloße Nachjustierung oder Perspektivenverschiebung der Wissenschaftsgeschichte verfolgt.

Die Zürcher Konzeption von Wissensgeschichte, wie sie sich beispielhaft in einem 2011 publizierten Text von Philipp Sarasin mit dem programmatischen Titel *Was ist Wissensgeschichte?* sowie in einer Zwischenbilanz von 2020 präsentiert, bringt die Wissensgeschichte als Nachfolgerin der traditionellen Gesellschaftsgeschichte ins Spiel und postuliert damit Wissen als mögliches »proxy«, um größere historische Zusammenhänge zu denken.[11] Aus zwei Gründen halte ich eine solche Konzeption von Wissensgeschichte und deren Anwendung zur Untersuchung des Wetter- und Klimamodifikations-

8 Vgl. Jordheim, Helge; Shaw, David Gary (Hg.): History of Knowledge, Bd. 4, Hoboken 2020 (History & Theory 59); Jordheim, Helge; Shaw, David Gary: Opening Doors: A Turn to Knowledge, in: History and Theory 59 (4), 1.12.2020, S. 3–18.

9 Vgl. Daston, Lorraine: The History of Science and the History of Knowledge, in: KNOW: A Journal on the Formation of Knowledge 1 (1), 1.3.2017, S. 131–154, hier S. 143 f.; vgl. dazu auch Östling, The History of Knowledge and the Circulation of Knowledge, S. 15; auch Simone Lässig sieht Wissen zwar als wichtigen Untersuchungsgegenstand und Analysekategorie, wendet sich aber gegen einen weiteren »Turn« der Geschichtswissenschaft; vgl. Lässig, The History of Knowledge and the Expansion of the Historical Research Agenda, S. 29–58.

10 Östling, The History of Knowledge and the Circulation of Knowledge, S. 19.

11 Vgl. Sarasin, Philipp: More Than Just Another Specialty: On the Prospects for the History of Knowledge, in: Journal for the History of Knowledge 1 (1), 2020, S. 1–5, hier S. 4; Sarasin, Philipp: Was ist Wissensgeschichte?, in: Internationales Archiv für Sozialgeschichte der deutschen Literatur 36 (1), 1.7.2011, S. 159–172, hier S. 163 f.; vgl. auch Speich Chassé, Daniel; Gugerli, David: Wissensgeschichte: Eine Standortbestimmung, in: Traverse 1, 2012, S. 85–100; nicht so systematisch, aber durchaus mit vergleichbarer Stoßrichtung argumentiert Peter Burke; siehe Burke, Peter: What is the History of Knowledge?, Cambridge 2016 (What is History? Series).

diskurses für zielführend: *Erstens* lässt sich mit der Untersuchung von »Wissen« die Etablierung wie auch Problematisierung des Diskurses in seinen zahlreichen Koppelungen und Wechselwirkungen mit anderen Wissensfeldern adäquat fassen und *zweitens* verweist die vorliegende Arbeit auf größere Zusammenhänge, die über das Sprechen über die gezielte Beeinflussung von Wetter und Klima hinausgehen und etwa Verschiebungen der (post-)modernen Mensch-Umwelt-Konzeption oder der Wahrnehmung von Wissenschaft und Technik adressieren.

Wissenszirkulation

Gewissermaßen als Dreh- und Angelpunkt der Arbeit dient das für die Wissensgeschichte konstitutive Konzept der *Zirkulation*. Mit ihm lassen sich die empirischen wie auch epistemologischen Fluchtlinien der vorliegenden Studie untersuchen: Denn *erstens* betont das Konzept der Zirkulation, dass Wissen sich erst in einem reziproken, dynamischen und komplexen Prozess zwischen unterschiedlichen gesellschaftlichen Sphären entwickelt und so zwangsläufig fluide und hybride ist. Konkret bedeutet das für die Arbeit, dass nach Interaktionen zwischen verschiedenen Wissensfeldern gefragt wird und somit die Zirkulation von Begriffen, Argumenten und deren Verschiebungen in andere Kontexte in den Vordergrund der Analyse rücken. Wie Philipp Sarasin betont, gilt es dabei auch die unscharfen Grenzen zwischen Systemen rationalen Wissens, *belief systems* und Kunst im Blick zu behalten. Im Grunde verweist das auf die Fleck'sche Frage nach der Zirkulation zwischen den esoterischen, engeren Zirkeln der Fachwissenschaft und dem exoterischen Alltagswissen, die nicht in Form der Wissensdiffusion als einseitiger Transfer gedacht werden soll, sondern als ein für die Wissensproduktion konstitutiver Prozess. Für diese Arbeit folgt daraus, dass sich die Analyse somit ausdrücklich *nicht* auf den wissenschaftlichen Diskurs beschränken kann, sondern die Konstitution und Zirkulation von *Orientierungswissen* in und durch Medien breiterer Öffentlichkeiten herausgearbeitet werden muss.

Zweitens beruht das Konzept der Zirkulation auf der Prämisse, dass Wissen die Potenz hat, über institutionelle, politische und ideologische Grenzen hinwegzugleiten.[12] Mit Blick auf den Untersuchungsraum und vor allem auf den für die Wetter- und Klimabeeinflussung in der zweiten Hälfte des 20. Jahrhunderts konstitutiven Kalten Krieg muss also der Frage nachgegangen werden, wie, in welcher Form und mit welchen Transformationen Wissen von der Beeinflussung des Wetters und des Klimas in andere institutionelle und geografische Kontexte zirkulieren konnte und wie sich solche Wissenszirkulationen zum globalen Systemkonflikt verhielten.

Wissensproduktion

Die Zürcher Wissensgeschichte betont also einerseits, dass sich Systeme rationalen Wissens weder eindeutig gegen andere »Provinzen des Wissens«[13] wie Glaubenssysteme oder Kunst abgrenzen noch auf ›reine‹, eindeutige Anfänge zurückführen lassen. Aus pragmatischen Gründen dient in dieser Arbeit jedoch die atmosphärenwissenschaftliche Forschung als Ausgangspunkt, um erst einmal die temporäre Produktion und Stabilisierung von Wissen im Labor oder im Feld untersuchen zu können. Für die Analyse der Systematisierungen und Ordnungen des Wissens kombiniere ich zwei Analyseebenen: Einerseits mache ich den eigentlichen Forschungsprozess sichtbar und frage, mit welchen Vorstellungen von Objektivität und Evidenz, mit welchen Experimentalsystemen, Instrumenten, Übersetzungen und Visualisierungen das atmosphärenwissenschaftliche Wissen, das den Diskurs maßgeblich trug, produziert und stabilisiert wurde.

Diese Perspektive schließt an den *practical turn* der Wissenschaftsgeschichte an, der seit den 1980er Jahren – nicht zuletzt als Antwort auf eine neue, kritische Bewertung von Technik und Wissenschaft – den Blick für die lokalen, technischen und materiellen Voraussetzungen und Prozesse der Wissensproduktion geschärft hat.[14] Konkret dienen mir die theoretisch-

---

12 Vgl. Sarasin, Philipp; Kilcher, Andreas B.: Zirkulationen: Editorial, in: Nach Feierabend: Zürcher Jahrbuch für Wissensgeschichte 2, 2011, S. 7–11.

13 Sarasin, Was ist Wissensgeschichte, S. 167.

14 Zur Etablierung des praxeologischen Zugangs in der Wissenschaftsgeschichte und zu seinen zentralen Vertretern wie Ian Hacking, Bruno Latour oder Hans-Jörg Rheinberger vgl. u.a. Schatzki, Theodore R.: Introduction: Practice Theory, in: Schatzki, Theodore R.; Knorr-Cetina, K.; Savigny, Eike von (Hg.): The Practice Turn in Contemporary Theory, New York, London 2001, S. 19–22; Bauer, Susanne; Lemke, Thomas; Heinemann, Torsten: Einleitung, in: Bauer, Susanne; Lemke, Thomas; Heinemann, Torsten (Hg.): Science and Technology Studies: Klassische Positionen

methodischen Arbeiten von Hans-Jörg Rheinberger, Peter Galison und Lorraine Daston als Referenzpunkte. Dabei lassen sich weder Rheinbergers Konzept der Experimentalsysteme noch Galisons und Dastons Ausführungen zur Objektivität und den epistemischen Tugenden eins zu eins auf atmosphärenwissenschaftliche Wissensproduktion übertragen, sie stellen jedoch Fragerichtungen und Begrifflichkeiten bereit, um die Herstellung des Wissens präzise fassen zu können. So ermöglicht es Rheinbergers Unterscheidung von technischen und epistemischen Dingen, entscheidende Verschiebungen in der wolkenphysikalischen Forschung zu erkennen.[15] Die konsequente Historisierung der Vorstellungen wissenschaftlicher Objektivität durch Daston und Galison erweist sich als äußerst produktiv, um die Mittel der Evidenzerzeugung der atmosphärischen (Feld-)Experimente zu analysieren.[16] Zudem bietet das von Ludwik Fleck bereits in den 1930er Jahren formulierte und kurz vor 1980 wiederentdeckte Konzept des Denkstils die Möglichkeit, die geteilten Grundannahmen über Methoden, Techniken und Theorien der beteiligten Trägergruppen – der Denkkollektive – zu fassen.[17]

Dieser Blick auf die Forschungspraktiken und -prozesse wird nun andererseits ergänzt durch eine diskursanalytische Ebene, die feststellt, was faktisch gesagt wurde, und die auf die Erkennung von Regelmäßigkeiten

---

und aktuelle Perspektiven, Berlin 2017, S. 7–42; Rheinberger, Hans-Jörg: Historische Epistemologie zur Einführung, Hamburg 2008, S. 119–130; Felsch, Philipp: Die Arbeit der Intellektuellen: Zur Vorgeschichte des »practical turn«, in: Güttler, Nils; Pratschke, Margarete; Stadler, Max (Hg.): Wissen, ca. 1980, Zürich 2016 (Nach Feierabend: Zürcher Jahrbuch für Wissensgeschichte), S. 255–262.

15 Vgl. Rheinberger, Hans-Jörg: Experimentalsysteme und epistemische Dinge: Eine Geschichte der Proteinsynthese im Reagenzglas, Göttingen 2001.

16 Vgl. Daston, Lorraine; Galison, Peter: Objektivität, Frankfurt am Main 2007; Rheinberger, Hans-Jörg: Experimentalsysteme und epistemische Dinge: Eine Geschichte der Proteinsynthese im Reagenzglas, Göttingen 2001; Hagner, Michael; Rheinberger, Hans-Jörg; Wahrig-Schmidt, Bettina: Räume des Wissens: Repräsentation, Codierung, Spur, in: ders., Hagner; Michael, Wahrig-Schmidt, Bettina (Hg.): Räume des Wissens: Repräsentation, Codierung, Spur, Berlin 1997, S. 7–22.

17 Vgl. Fleck, Ludwik: Entstehung und Entwicklung einer wissenschaftlichen Tatsache: Einführung in die Lehre vom Denkstil und Denkkollektiv, Frankfurt am Main 2012 (mit einer Einleitung herausgegeben von Lothar Schäfer und Thomas Schnelle), S. 53–70; zur präzisen Einordnung von Flecks Konzepten vgl. u.a. Berger, Silvia: Umdeuten, Ausblenden, Beharren: Zur Persistenz wissenschaftlicher Denkstile am Beispiel der deutschen Bakteriologie, 1890–1918, in: Egloff, Rainer (Hg.): Tatsache – Denkstil – Kontroverse: Auseinandersetzungen mit Ludwik Fleck, Zürich 2005, S. 71–77.

und von Ordnungs- wie Deutungsmustern des Wetter- und Klimamodifikationsdiskurses zielt, die darüber entschieden, welche Aussagen als ›wahr‹ anerkannt wurden. Wenn ich also im Folgenden vom Wetter- und Klimamodifikations*diskurs* spreche, dann durchaus im Foucault'schen Sinne – wie er den Diskursbegriff zumindest seit *Die Archäologie des Wissens* verwendete: verstanden als Praktiken des Denkens, Schreibens, Sprechens oder auch Handelns, die »systematisch die Gegenstände bilden, von denen sie sprechen«.[18]

Forschungsstand

Geschichte der Wetter- und Klimabeeinflussung

Diese Untersuchung schließt an drei Forschungsfelder an, die sich nicht trennscharf voneinander abgrenzen lassen: Die Forschungsliteratur zum eigentlichen Thema – der Wetter- und Klimabeeinflussung – ist übersichtlich. Am ausführlichsten hat sich der Meteorologiehistoriker James Fleming in seiner Monografie *Fixing the Sky* und zahlreichen Aufsätzen mit verschiedenen Aspekten der Wetter- und Klimabeeinflussung auseinandergesetzt.[19] Es ist sein Verdienst, dass sich in den vergangen knapp 20 Jahren auch ande-

---

18 Foucault, Michel: Archäologie des Wissens, Frankfurt am Main, 1981, S. 74; zum Diskursbegriff vgl. Sarasin, Philipp: Michel Foucault zur Einführung, Hamburg 2006 (2), S. 97 ff.; Sarasin, Philipp: Geschichtswissenschaft und Diskursanalyse, in: ders.: Geschichtswissenschaft und Diskursanalyse, Frankfurt am Main 2003, S. 7–60; Sarasin, Philipp: Diskursanalyse, in: Görtz, Hans-Jürgen (Hg.): Geschichte: Ein Grundkurs, Hamburg 2007 (3), S. 199–217.

19 Vgl. Fleming, James R.: Fixing the Sky: The Checkered History of Weather and Climate Control, New York 2010; Fleming, James R.: Fixing the Weather and Climate: Military and Civilian Schemes for Cloud Seeding and Climate Engineering, in: Rosner, Lisa (Hg.): The Technological Fix. How People Use Technology To Create and Solve Problems, New York 2004, S. 175–200; Fleming, James R.: The Pathological History of Weather and Climate Modification: Three Cycles of Promise and Hype, in: Historical Studies in the Physical and Biological Sciences 37 (1), September 2006, S. 3–25; Fleming, James Rodger: Beyond Prediction to Climate Modeling and Climate Control: New Perspectives from the Papers of Harry Wexler, 1945–1962, in: Donner, Leo (Hg.): Atmospheric General Circulation Models: Complexity, Synthesis and Computation, Cambridge, New York, Melbourne, Madrid 2011, S. 51–75; Fleming, James Rodger: Picturing Climate Control: Visualizing the Unimaginable, in: Schneider, Birgit (Hg.): Image Politics of Climate Change: Visualizations, Imaginations, Documentations, Bielefeld 2014, S. 345–361.

re Historikerinnen und Kulturwissenschaftler vereinzelt mit der Thematik auseinandergesetzt haben. Flemings präzise Dokumentation der Chronologie, Fakten und Akteure für die USA dienen mir als wertvolle Grundlage und Ausgangspunkt der Arbeit.

Ebenfalls hervorzuheben sind die Beiträge von Kristine Harper, die beispielsweise in ihrer 2017 erschienenen Monografie *Make it Rain* die Geschichte der US-amerikanischen, lokalen Wetterbeeinflussung gleichermaßen als Technik-, Wissenschafts- und Kulturgeschichte erzählt und dabei die Unterstützung der Forschung durch militärische Stellen, wie auch den Kontext der Ressourcendebatte berücksichtigt. Zudem hat sie gemeinsam mit Ronald E. Doel sehr schlüssig die Wetterbeeinflussung auf ihre Bedingtheit durch den Kalten Krieg befragt und dabei argumentiert, dass sie einerseits als »Wetterwaffe« verhandelt und andererseits – etwa im dürregeplagten, blockfreien Indien – als diplomatisches Instrument eingesetzt wurde.[20]

Neben weiteren Beiträgen, die etwa aus medienwissenschaftlicher Perspektive die Wissensproduktion untersuchen,[21] oder Monografien, deren Schwerpunkte zwar nicht auf der Wetter- und Klimabeeinflussung liegen, jedoch gewinnbringend den sehr stark auf die USA ausgerichteten Blick um den auf Europa erweitern,[22] sind zwei weitere Aufsätze hervorzuheben, von deren Perspektiven diese Arbeit profitierte. So hat der niederländische Wissenschafts- und Technikhistoriker Chunglin Kwa bereits 2001 die These vertreten, dass der Niedergang der Wetterbeeinflussung nicht allein im Scheitern der wissenschaftlich-technischen Machbarkeit, sondern auch in einer Verschiebung der Wahrnehmung von Umwelt und Technik begründet

---

20 Vgl. Harper, Kristine C.: Make it Rain: State Control of the Atmospheric in the Twentieth-Century America, Chicago 2017; Harper, Kristine C.: Environmental Diplomacy in the Cold War: Weather Control, the United States, and India 1966–1967, in: McNeill, John Robert (Hg.): Environmental Histories of the Cold War, Cambridge 2010, S. 115–137; Harper, Kristine C.: Climate Control: United States Weather Modification in the Cold War and Beyond, in: Endeavour 32 (1), 2008, S. 20–26.

21 Taha, Nadine: Die Wolkenphotographie in der Wettermanipulation. Zu Räumen militärisch-industrieller Unsicherheit, in: Nowak, Lars (Hg.): Medien – Krieg – Raum, Paderborn 2018, S. 327–356; Schrickel, Isabell: Von Cloud Seeding und Albedo Enhancement: Zur technischen Modifikation von Wetter und Klima, in: Zeitschrift für Medienwissenschaft 4 (1), 2012, S. 194–205.

22 Zu den Hagelabwehrversuchen des Instituts für Physik der Atmosphäre in Oberpfaffenhofen vgl. Achermann, Dania: Institutionelle Identität im Wandel: Zur Geschichte des Instituts für Physik der Atmosphäre in Oberpfaffenhofen, Bielefeld 2016; zu den Hagelabwehrversuchen um 1900 in der Schweiz vgl. Hupfer, Franziska: Das Wetter der Nation: Meteorologie, Klimatologie und der schweizerische Bundesstaat, 1860–1914, Zürich 2019.

lag.[23] Vergleichbar argumentierten Boris Belge und Klaus Gestwa 2009 in ihrem skizzenhaften, aber sehr themenreichen Aufsatz *Wetterkrieg und Klimawandel: Die Meteorologie im Kalten Krieg*, indem sie die Bedeutung der aufkommenden Umweltbewegung für die Neubewertung der Technologie betonten.[24]

Diese Fragerichtung nach der Abhängigkeit des Diskurses von größeren Kontexten und anderen Wissensfeldern ist zentral für die vorliegende Arbeit. In seinem 2019 erschienen Buch *Kalkulierte Gefahren: Naturkatastrophen und Vorsorge seit 1800* behandelt zudem Nicolai Hannig sowohl die Debatten um die Hagelabwehr um 1900 als auch die Schweizer Feldexperimente nach 1945 als eine der »radikalsten Varianten der Vorsorge«.[25] Zudem hat jüngst Philipp Lehmann seine Studie *Desert Edens: Colonial Climate Engineering in the Age of Anxiety* vorgelegt. In dieser beschreibt er die Klimabeeinflussungspläne der zweiten Hälfte des 19. und der ersten Hälfte des 20. Jahrhunderts und arbeitet insbesondere auch Wissensbestände, die solche Pläne überhaupt erst ermöglichten, wie auch deren Verflochtenheit mit der imperialistischen Expansion heraus.[26]

Diese Arbeit baut auf der bestehenden Literatur auf, grenzt sich jedoch in Teilen davon ab und versteht sich in vierfacher Hinsicht als eine Ergänzung und Differenzierung: *Erstens* – und das ist bis heute in den Geschichtswissenschaften nicht selbstverständlich – behandle ich das Wissen konsequent als historisches Phänomen. Ich frage nicht nach ›wahrem‹, ›falschem‹ oder ›richtigem‹ Wissen, sondern diskusanalytisch danach, welche Argumentationsmuster sich zu welchem Zeitpunkt herauskristallisierten und welche Wechselwirkungen mit anderen Wissensfeldern und Denkstilen das Sprechen über die Kontrolle der Atmosphäre erlaubten.

---

23 Kwa, Chunglin: The Rise and Fall of Weather Modification: Changes in American Attitudes towards Technology, in: Miller, Clark A: Changing the Atmosphere: Expert Knowledge and Environmental Governance, Cambridge 2001, S. 135–165.

24 Vgl. Belge, Boris; Gestwa, Klaus: Wetterkrieg und Klimawandel: Meteorologie im Kalten Krieg, in: Osteuropa 59, 2009, S. 5–42.

25 Vgl. Hannig, Nicolai: Kalkulierte Gefahren: Naturkatastrophen und Vorsorge seit 1800, Göttingen 2019, S. 327 ff., S. 488–501.

26 Lehmann, Philipp: Desert Edens: Colonial Climate Engineering in the Age of Anxiety, Göttingen 2022. Vgl. dazu auch Lehmann, Philipp N.: Infinite Power to Change the World: Hydroelectricity and Engineered Climate Change in the Atlantropa Project, in: The American Historical Review 121 (1), 2016, S. 70–100; Lehmann, Philipp: Utopia, in: Szeman, Imre; Wenzel, Jennifer; Yaeger, Patricia (Hg.): Fueling Culture, 2017 (101 Words for Energy and Environment), S. 365–368.

In der bestehenden Literatur wurde *zweitens* der Prozess der Wissensproduktion meist ausgespart oder nur flüchtig gestreift. Die vorliegende Arbeit öffnet diese Blackbox und zielt mit der detaillierten Untersuchung der Experimente unter Berücksichtigung der zeitgenössischen Kriterien der Evidenzerzeugung darauf ab, diese Leerstelle zu schließen.[27]

Die *dritte* Differenzierungsrichtung besteht im Einbezug der transatlantischen Zirkulation des Wissens über Wetter- und Klimamodifikation. Zwar nehmen auch in der vorliegenden Arbeit die US-amerikanischen Debatten und Forschungsprojekte eine zentrale Rolle ein. Sie werden jedoch ergänzt um eine bisher weitestgehend ausgeblendete europäische Perspektive – und zwar auf zwei Ebenen: Einerseits wird der deutschsprachige Raum mit seinen atmosphärenwissenschaftlichen Fachorganen, populärwissenschaftlichen Zeitschriften und Publikumsmedien berücksichtigt, um die Frage zu beantworten, wann, in welcher Form und mit welchen allfälligen Umformungen das Wissen nach Europa zirkulierte. Andererseits dienen die Schweizer Feldexperimente zur Hagelabwehr als Fallbeispiele für die Detailanalyse der Wissensproduktion. Dieser Fokus auf den offiziell der Neutralität verpflichteten Kleinstaat Schweiz ist insofern gewinnbringend und eine wichtige Ergänzung der Literatur, als er den Blick für die Grenzen des globalen Systemkonflikts als Deutungsrahmen öffnet.

Die *vierte* Ergänzung der bestehenden Literatur liegt in der Erweiterung des Zeitraums. Die vorliegenden Arbeiten zu Geschichte der Wetter- und Klimamodifikation folgen häufig der Einschätzung ihrer historischen Akteure zum »Ursprung« des Diskurses und setzen mit ihren Untersuchungen erst ab 1945 ein und beschreiben die vorgängigen Versuche als präwissenschaftlich. Diese Arbeit zielt darauf ab, diese »Ursprungserzählung« zu problematisieren, indem sie aufzeigt, dass das Sprechen über die Wetter- und Klimakontrolle im Kalten Krieg auch auf älteren Argumenten, Wissensbeständen und Deutungsmustern beruhte. Deshalb werden die Nachkriegsjahrzehnte um ausführliche Rückblenden in die erste Hälfte des 20. Jahrhunderts oder sogar ins 19. Jahrhundert ergänzt.

---

27 Die Tendenz, aus der Rückschau das Wissen über die Wetter- und Klimamodifikation zu ›pathologisieren‹, zeigt sich insbesondere bei James Fleming: vgl. Fleming, James R.: The Pathological History of Weather and Climate Modification: Three Cycles of Promise and Hype, in: Historical Studies in the Physical and Biological Sciences 37 (1), September 2006, S. 3–25.

Geschichte der Klimaforschung

Wie bereits ausgeführt, berührte der Wetter- und Klimamodifikationsdiskurs verschiedene Wissensfelder, die in den letzten beiden Jahrzehnten intensive Bearbeitung erfahren haben. Zunächst stand die Wetter- und Klimabeeinflussung in einem komplizierten, wechselseitigen Verhältnis einerseits zur Klimatologie respektive zur Klimaforschung und andererseits zur Meteorologie im Allgemeinen. Während die Meteorologiegeschichte sich vor allem auf die Etablierung der numerischen Wettervorhersage konzentrierte,[28] wurde das Aufkommen der Klimaforschung mit dem Problemhorizont des anthropogenen Klimawandels in den vergangenen zwei Jahrzehnten mit unterschiedlichen Fragestellungen und Methoden beleuchtet, sodass eine umfassende Besprechung der vorliegenden historischen Forschungsliteratur an dieser Stelle nicht zu leisten ist. Neben der Selbsthistorisierung der beteiligten Akteure[29] existieren mehrere Arbeiten, die die zentralen Entwicklungen der Forschung und der politischen Maßnahmen chronologisch aufzeigen. So hat James Fleming nicht nur zur gezielten, sondern auch zur unbeabsich-

---

28 Zur Geschichte der Wetterprognose vgl. u.a. Lynch, Peter: From Richardson to Early Numerical Weather Prediction, in: Donner, Leo (Hg.): Atmospheric General Circulation Models: Complexity, Synthesis and Computation, Cambridge, New York, Melbourne, Madrid 2011, S. 3–16; Cressman, George P.: The Origin and Rise of Numerical Weather Prediction, in: Fleming, James Rodger (Hg.): Historical Essays on Meteorology 1919–1995, Boston 1996, S. 21–39; Friedman, Robert Marc: Appropriating the Weather: Vilhelm Bjerknes and the Construction of Modern Meteorology, Ithaca, London 1989; Harper, Kristine C.: Weather by the Numbers: The Genesis of Modern Meteorology, Cambridge 2008; Aspray, William: John von Neumann and the Origins of Modern Computing, Cambridge 1992; Nebeker, Frederik: Calculating the Weather: Meteorology in the 20th Century, San Diego 1995; zur allgemeinen Entwicklung der Meteorologie im 19. und 20. Jahrhundert vgl. u.a. Jankovic, Vladimir: Science Migrations: Mesoscale Weather Prediction from Belgrade to Washington, 1970–2000, in: Social Studies of Science 34 (1), 2004, S. 45–75; Jankovic, Vladimir: The End of Classical Meteorology, c. 1800, in: Geological Society, London, Special Publications 256 (1), 1.1.2006, S. 91–100; Anderson, Katharine: Predicting the Weather: Victorians and the Science of Meteorology, Chicago, London 2005; Fleming, James Rodger: Meteorology in America, 1800–1870, Baltimore 1990; Fierro, Alfred: Histoire de la météorologie, Paris 1991; Spänkuch, Dietrich: Zur Entwicklung der Meteorologie in der zweiten Hälfte des 20. Jahrhunderts, in: Beiträge zur Festsitzung der Klasse Naturwissenschaften zu Ehren des 75. Geburtstages von Wolfgang Böhme, Berlin 2002, S. 11–60; Lüdecke, Cornelia: Die Entwicklung der Meteorologie im 19. Jahrhundert, in: Berichte zur Wissenschaftsgeschichte 27, 2004, S. 67–69; Fleming, James Rodger: Inventing Atmospheric Science: Bjerknes, Rossby, Wexler, and the Foundations of Modern Meteorology, Cambridge, MA 2016.

29 Vgl. u.a. Bolin, Bert: A History of the Science and Politics of Climate Change: The Role of the Intergovernmental Panel on Climate Change, Cambridge, New York 2007.

tigten Klimabeeinflussung geforscht[30] und Spencer R. Weart hat ein umfassendes Webportal entwickelt, das detaillierte Informationen zu den historischen Akteuren und ihrer Forschung bietet.[31]

Solche Überblicksdarstellungen wurden in den letzten Jahren ergänzt durch zahlreiche wissenschafts- und technikhistorische Studien, die die Produktion der Wissensbestände zum anthropogenen Klimawandel an unterschiedlichen Orten untersuchten und auch auf die Zusammenhänge mit dem Systemkonflikt hinwiesen.[32] In diesem Zusammenhang sind insbesondere die Beiträge des Wissenschafts- und Technikhistorikers Matthias Heymann hervorzuheben. Heymann hat nicht nur in mehreren Publikationen die Entwicklungen der Klimawissenschaft in einem größeren Kontext verortet und drei Phasen – von der klassischen über die moderne Klimatologie zur Klimaforschung – vorgeschlagen, sondern auch präzise Entwicklung, Funktion und Epistemologie der computergestützten Klimamodelle herausgearbeitet.[33] Diesen Wetter- und Klimamodellen kommt in

30 Vgl. u.a. Fleming, James Rodger: Global Climate Change and Human Agency, in: ders., Jankovic, Vladimir; Coen, Deborah R. (Hg.): Intimate Universality: Local and Global Themes in the History of Weather and Climate, Sagamore Beach 2006, S. 223–248; Fleming, James R.: Historical Perspectives on Climate Change, New York, Oxford 1998; Fleming, James R.: Climate, Change, History, in: Environment and History 20 (4), 2014, S. 577–586.

31 Vgl. history.aip.org; für die kürzere Printfassung vgl. Weart, Spencer R.: The Discovery of Global Warming, Cambridge, London 2008 (Revised and Expanded Edition).

32 Für einen detaillierten Überblick der jüngsten Forschung vgl. Achermann, Dania: Abgestaubt: Die neue Vielfalt in der Geschichte der Meteorologie und Klimaforschung, in: NTM Zeitschrift für Geschichte der Wissenschaften, Technik und Medizin 27 (2), 1.6.2019; Heymann, Matthias; Achermann, Dania: From Climatology to Climate Science in the Twentieth Century, in: Mauelshagen, Franz; Pfister, Christian; White, Sam (Hg.): The Palgrave Handbook of Climate History, London 2018, S. 605–632; zu den Zusammenhängen der Klimaforschung und dem Kalten Krieg vgl. Heymann, Matthias et al.: Exploring Greenland: Science and Technology in Cold War Settings, in: Scientia Canadensis: Canadian Journal of the History of Science, Technology and Medicine 33, 2010, Nr. 2, S. 11–42; Heymann, Matthias: In Search of Control: Arctic Weather Stations in the Early Cold War, in: Doel, Ronald E.; Harper, Kristine C.; Heymann, Matthias (Hg.): Exploring Greenland: Cold War Science and Technology on Ice, New York 2016 (Palgrave Studies in the History of Science and Technology), S. 75–98; Doel, Ronald E.; Harper, Kristine C.; Heymann, Matthias (Hg.): Exploring Greenland: Cold War Science and Technology on Ice, 2016 (Palgrave Studies in the History of Science and Technology).

33 Vgl. u.a. Heymann, Matthias: Modeling Reality: Practice, Knowledge, and Uncertainty in Atmospheric Transport Simulation, in: Historical Studies in the Physical and Biological Sciences 37 (1), 2006, S. 49–85; Heymann, Matthias: Klimakonstruktionen: Von der klassischen Klimatologie zur Klimaforschung, in: Zeitschrift für Geschichte der Wissenschaften, Technik und Medizin 17 (2), 2009, S. 171–197; Heymann, Matthias: The Evolution of Climate Ideas and Knowledge, in: WIREs Climate Change 1, 2010, S. 581–597; Heymann, Matthias et al.: Exploring Greenland: Science and

zweifacher Hinsicht eine zentrale Rolle in der vorliegenden Arbeit zu: Sie verstärkten die seit dem 19. Jahrhundert etablierte, physiko-mathematische Vorstellung der Atmosphäre als einem deterministischen System und stellten in Form von Simulationen kleinräumiger Phänomene neue Instrumente für die Feldexperimente zur Verfügung. Insgesamt ist die Geschichte der Klimamodelle, etwa mit dem Standardwerk von Paul N. Edwards, *A Vast Machine*, in dem auch Zusammenhänge zur Klimabeeinflussung ausgeführt werden, gut aufgearbeitet und stellt damit eine wertvolle Grundlage dar.[34] Diesem breiten Korpus an Sekundärliteratur verdankt diese Arbeit viel. Ohne diese bereits aufgearbeiteten Inhalte oder die Thesen und Deutungsangebote wäre es nicht möglich gewesen, den zeitlichen Rahmen wie auch die geografische Ausdehnung abzudecken. Die Arbeit vermag durch die wissensgeschichtliche und transatlantische Perspektive einerseits Ergänzungen und Differenzierung anzubringen, etwa zum Statuts der computerbasierten Wetter- und Klimamodelle und andererseits schließt sie durch die systematische Analyse der wechselseitigen Beziehung von gezielter und unbeabsichtigter Klimabeeinflussung eine Leerstelle der bisherigen Literatur.

Umweltgeschichte

Eine zentrale Frage dieser Arbeit lautet, ob überhaupt und falls ja, in welchem Ausmaß und mit welchen Argumenten die Träger des Wetter- und Klimamodifikationsdiskurses eine Einflussnahme auf das Erd-Atmosphäre-System denken konnten und ob sie folglich die Menschheit als konkurrenz-

---

Technology in Cold War Settings, in: Scientia Canadensis: Canadian Journal of the History of Science, Technology and Medicine 33 (2), 2010, S. 11–42; Leggewie, Claus; Mauelshagen, Franz (Hg.): Climate Change and Cultural Transition in Europe, Leiden, Boston 2018.

34 Zur Geschichte der Klimamodelle vgl. u.a. Edwards, Paul N.: A Vast Machine: Computer Models, Climate Data, and the Politics of Global Warming, Cambridge, London 2010; Gramelsberger, Gabriele: Simulation – Analyse der organisationellen Etablierungsbestrebungen der epistemischen Kultur des Simulierens am Beispiel der Klimamodellierung, in: Halfmann, Jost; Schützenmeister, Falk (Hg.): Organisationen der Forschung: Der Fall der Atmosphärenwissenschaft, Wiesbaden 2009, S. 30–52; Gramelsberger, Gabriele: Die kausale Mechanistik der Prognosen aus dem Computer, in: Hartmann, Heinrich; Vogel, Jakob (Hg.): Zukunftswissen: Prognosen in Wirtschaft, Politik und Gesellschaft seit 1900, Frankfurt am Main 2010, S. 213–230; Dyson, George: Turings Kathedralen: Die Ursprünge des digitalen Zeitalters, Berlin 2014 (aus dem Amerikanischen von Karl Heinz Siber).

fähig mit natürlichen Phänomenen einstuften. In dieser Fragestellung liegt eine Nähe zu einer Ausrichtung der Umweltgeschichte begründet, die sich nicht ausschließlich für die anthropogenen Umwelteinflüsse und das wechselwirkende Verhältnis von Mensch und Natur interessiert,[35] sondern auch für die Geschichte der sich wandelnden, gesellschaftlichen Umweltwahrnehmungen und Mensch-Natur-Konzeptionen. Seit den 1990er Jahren finden innerhalb der Umweltgeschichte ausgehend von der Frage, ob und inwiefern dem »Umweltproblem« ein »epistemologischer Sonderstatus«[36] zuzuweisen ist, Debatten statt, wie sich der menschliche Blick auf die Umwelt und Natur konzeptualisieren lässt. Die Ambivalenz dieser Forschungsdebatten zeigt sich beispielhaft in einem Beitrag von Joachim Radkau von 1994, in dem er einerseits eine gewisse Beliebigkeit in der historischen Bearbeitung kulturell-gesellschaftlicher Wahrnehmungen von Umwelt feststellt und – mit einem Seitenhieb auf Diskursanalyse und Konstruktivismus – die Natur »als aktives Element der Geschichte« betont, dabei jedoch gleichzeitig eingesteht, dass sich »[e]ine Geschichte der ›Natur an sich‹ […] nicht schreiben« lässt.[37]

Die Vorstellung der Natur als einem aktivem Element der Geschichte ist bis heute zentral, in Teilen sogar konstitutiv für die Umweltgeschichte. Tatsächlich bietet etwa die Akteur-Netzwerk-Theorie Bruno Latours innovative Ansatzpunkte, um das Zusammenspiel von Natur- und Menschengeschichte zu analysieren. Im Folgenden schließe ich jedoch an die im Grenzgebiet von Umwelt-, Technik- und Wissenschaftsgeschichte anzusiedelnden Arbeiten an, die die wissensbasierten Mensch-Umwelt-Konzeptionen und

35 Zu den gegenwärtigen Fragestellungen der Umweltgeschichte vgl. u.a. Bork, Hans-Rudolf: Umweltgeschichte Deutschlands, Berlin 2020, S. 5 ff.; Hermann, Bernd; Sieglerschmidt, Jörn: Umweltgeschichte im Überblick, Wiesbaden 2016, S. 8 ff.

36 Kupper, Patrick: Die »1970er Diagnose«: Grundsätzliche Überlegungen zu einem Wendepunkt der Umweltgeschichte, in: Archiv für Sozialgeschichte 43, 2003, S. 325–348, hier S. 329.

37 Radkau, Joachim: Was ist Umweltgeschichte?, in: Geschichte und Gesellschaft, Sonderheft 15, 1994, S. 11–28; Zitate ebd. S. 15, 17; zu den Debatten über die den Zusammenhang von Klima und Geschichte und über den epistemologischen Sonderstatus der Umwelt vgl. auch Mauelshagen, Franz: »Anthropozän«: Plädoyer für eine Klimageschichte des 19. und 20. Jahrhunderts, in: Zeithistorische Forschungen/Studies in Contemporary History, Online-Ausgabe, 9 (1), 2012, S. 131–137; Sieferle, Rolf Peter: Einleitung: Naturerfahrung und Naturkonstruktion, in: ders. (Hg.): Natur-Bilder: Wahrnehmungen von Natur und Umwelt in der Geschichte, Frankfurt am Main 1999, S. 9–18.

ihre Verschiebungen in größeren Kontexten untersuchen.[38] Dazu analysiere ich das Verhältnis zwischen Wetter- und Klimamodifikationsdiskurses und der umfassenderen Verschiebung der Mensch-Umwelt-Konzeption wie auch der Einschätzung von Technik und Wissenschaft: Dabei lassen sich einerseits in der wissenschaftlichen und öffentlichen Auseinandersetzung über die gezielte Beeinflussung von Wetter und Klima präzise die größeren Verschiebungen hinsichtlich der Mensch-Umwelt-Konzeption fassen und andererseits aufzeigen, wie die Forschung zum Atmosphärensystem selbst zur Neubewertung des Mensch-Umwelt-Verhältnisses beitrug. Damit lässt sich diese Arbeit auch als eine wissensgeschichtliche Genealogie des von Paul Crutzen ausgerufenen Zeitalters des »Anthropozäns« bezeichnen. Nicht, indem sie dazu beiträgt, den ›realen‹ Beginn des Menschenzeitalters zu identifizieren. Sondern durch die Beantwortung der Frage, wann und mit welchen Argumenten sich die Konkurrenzfähigkeit des Menschen mit der Natur in Wissenschaft und Öffentlichkeit etablieren konnte.

Zeit, Raum und Akteure

Untersuchungszeitraum

Der Untersuchungszeitraum der Arbeit umfasst das 20. Jahrhundert mit Rückgriffen auf das 19. Jahrhundert und einem besonderen Fokus auf die Jahre 1945 bis 1980. Die Prominenz der drei Nachkriegsjahrzehnte lässt sich zunächst quantitativ begründen. Zieht man als ersten Indikator den Google-Books-Ngram-Viewer hinzu, zeigt sich sowohl im englisch- wie auch deutschsprachigen Raum ab 1945 ein deutlicher und steiler Anstieg der einschlägigen Begriffe wie »weather control«, »weather modification« oder »Wetterbeeinflussung«, der bis Mitte der 1970er Jahre seinen Höhepunkt

38 Vgl. u.a. Bonneuil, Christophe; Fressoz, Jean-Baptiste: The Shock of the Anthropocene: The Earth, History and Us, London, New York 2016; Hamblin, Jacob Darwin: Arming Mother Nature: The Birth of Catastrophic Environmentalism, Oxford 2013; Masco, Joseph: Bad Weather: On Planetary Crisis, in: Social Studies of Science 40 (1), 2010, S. 7–40; Davis, Robert: Inventing the Present: Historical Roots of the Anthropocene, in: Earth Sciences History 30 (1),.2011, S. 63–84; Hannig, Nicolai: Kalkulierte Gefahren: Naturkatastrophen und Vorsorge seit 1800, Göttingen 2019; Güttler, Nils: Nach der Natur: Umwelt und Geschichte am Frankfurter Flughafen, Göttingen 2023 (Historische Wissensforschung Band 24).

erreicht und dann in eine beinahe ebenso steile Abnahme der Begriffsverwendung übergeht.[39] Auch wenn man die grafischen Übersetzungen dieser Quantifizierungen aus guten Gründen mit einer gewissen Vorsicht nutzt,[40] so sind sie doch ein klarer Hinweis auf eine Konjunktur des Sprechens über die Kontrolle atmosphärischer Phänomene. Löst man sich von der Oberfläche und betrachtet die Begriffe in ihren Kontexten und Verwendungszusammenhängen, lässt sich eine Verschiebung feststellen, die den gewählten Untersuchungszeitraum zusätzlich rechtfertigt. Verkürzt lässt sich festhalten, dass sich ab 1945 Atmosphärenwissenschaftler, Militärs, Politiker oder Journalisten sehr positiv auf die Wetter- und Klimabeeinflussung bezogen und sie als bahnbrechende, wenn auch mitunter gefährliche Technologie einstuften. Ab 1970 häuften sich hingegen kritische Stimmen, die den problembehafteten Wirksamkeitsnachweis bemängelten, auf die Möglichkeit nachteiliger Effekte hinwiesen oder zumindest detaillierte Technikfolgenabschätzungen forderten und so den Diskurs jenseits der technischen Machbarkeit problematisieren.

Für die mit 1945 einsetzende höhere Auflösung der Untersuchung gibt es auch einen konkreten Anlass: Unmittelbar nach dem Zweiten Weltkrieg waren es die offensiv kommunizierten Resultate von Labor- und Feldexperimenten im Forschungslabor von General Electric, welche die lokale Wetterbeeinflussung zum Gegenstand einer breiten medialen Berichterstattung, politischer Regulierungsversuche sowie wissenschaftlicher Debatten machten und so wichtige Impulse für den weiteren Verlauf setzten. Der Wetter- und Klimamodifikationsdiskurs kam jedoch nicht – wie teilweise behauptet – »aus heiterem Himmel«[41], sondern stand zumindest in Teilen in einer weit zurück liegenden Tradition von Versuchen, auf Wetter und Klima ein-

39 Vgl. Weather Modification, <https://books.google.com/ngrams/graph?content=weather+modification&year_start=1800&year_end=2000&corpus=15&smoothing=3&direct_url=t1%3B%2Cweather%20modification%3B%2Cc0#>, Stand: 12.6.2021; Weather Control, <https://books.google.com/ngrams/graph?content=weather+control&year_start=1800&year_end=2000&corpus=15&smoothing=3&direct_url=t1%3B%2Cweather%20control%3B%2Cc0>, Stand: 12.6.2021; Wetterbeeinflussung, <https://books.google.com/ngrams/graph?content=Wetterbeeinflussung&year_start=1800&year_end=2000&corpus=20&smoothing=3&direct_url=t1%3B%2CWetterbeeinflussung%3B%2Cc0>, Stand: 12.6.2021.

40 Vgl. Hodel, Tobias: Das kleine Digitale: Ein Plädoyer für Kleinkorpora und gegen Grossprojekte wie Googles Ngram-Viewer, in: Nach Feierabend: Zürcher Jahrbuch für Wissensgeschichte 9, 2013, S. 103–119.

41 Byers, Horace Robert: History of Weather Modification: In: Hess, Wilmott N. (Hg.): Weather and Climate Modification, 1974 New York, S. 9. Im Original: »out of a clear sky«.

zuwirken und beruhte vor allem auf den Resultaten wolkenphysikalischer Forschung der 1930er und 1940er Jahre. Deshalb sind dem Hauptuntersuchungszeitraum Kapitel vorgelagert, die die Genealogien des Diskurses darstellen und dabei teilweise bis in die Vormoderne zurückreichen.

Der Traum der Wetter- und Klimakontrolle verblasste im Verlauf der 1970er Jahre im Kontext aufkommender Umweltbedenken und aufgrund des problemhafteten Wirksamkeitsnachweises erkennbar, sodass es gute Argumente gibt, die Hauptuntersuchung um 1980 abzuschließen. Der Wetter- und Klimamodifikationsdiskurs endete jedoch weder abrupt noch vollständig. Deshalb schließt die Arbeit mit einem kürzeren Kapitel, indem ich die zentralen Argumente bündele und zeige, welche Argumente, Wissensbestände, Praktiken und Probleme bis in die Gegenwart fortleben.

Der Kalte Krieg

Das Projekt startete mit dem Fokus auf die Wetter- und Klimamodifikationsdiskurs im Kalten Krieg. Im Verlauf des Forschungsprozess wurde deutlich, dass der Wetter- und Klimamodifikationsdiskurs keineswegs erst in der zweiten Hälfte des 20. Jahrhunderts einsetzte und die Zeit vor 1945 weit mehr als eine bloße Vorgeschichte darstellt. Trotz dieser deutlichen Erweiterungen des Analysefokus halte ich die Anfangsthese immer noch für plausibel: Der Wetter- und Klimamodifikationsdiskurs der zweiten Hälfte des 20. Jahrhunderts war eng an den Kalten Krieg gekoppelt. Es ist kein Zufall, dass der Hauptuntersuchungszeitraum noch immer in weiten Teilen mit der Periode des globalen Systemkonfliktes zusammenfällt. Deshalb muss sich diese Arbeit zum Systemantagonismus zwischen den USA und der Sowjetunion und ihren Verbündeten sowie zur einschlägigen Forschungsliteratur verhalten.[42]

Seit der Jahrtausendwende hat sich mit den »Cold War Studies« ein Forschungsfeld etabliert, das sich, wie Bernd Greiner schreibt, »aus dem normativen und intellektuellen Korsett ihres Gegenstandes«[43] emanzipierte. Selbstverständlich interessiert sich auch diese Arbeit nicht mehr für

42 Zum Kalten Krieg im Allgemeinen vgl. u.a. Gaddis, John Lewis: Der Kalte Krieg: Eine neue Geschichte, München 2008 (3); Westad, Odd Arne: The Global Cold War: Third World Interventions and the Making of Our Times, Cambridge 2005.

43 Greiner, Bernd: Kalter Krieg und »Cold War Studies«, in: Docupedia-Zeitgeschichte, 11.2.2010. Online: <https://docupedia.de/zg/Cold_War_Studies>, Stand: 11.01.2017.

eine »Schuldfrage« oder für die Bewertung politischer Entscheidungen und gesellschaftlicher Entwicklungen, muss sich jedoch zu drei großen und viel diskutierten Fragen positionieren: *Erstens* zur Frage, was den Kalten Krieg als Systemkonflikt genau auszeichnete, *zweitens* zur Frage der Periodisierung und der Konjunkturen des Konflikts und *drittens* zur Frage, ob und auf welche Weise sich Effekte des Konflikts auf Forschung, Wissenschaft und Wissen denken lassen.

Zahlreiche Arbeiten der vergangenen zwei Jahrzehnte haben gezeigt, dass sich die Effekte des Systemantagonismus nicht auf ihre militärischen und politischen Dimensionen reduzieren lassen. Dass der Kalte Krieg auch ein Kampf der Ideen war und damit weitreichende Auswirkungen auf die Kultur, Wirtschaft, Bildung und Erziehung hatte, ist längst in den Überblicksdarstellungen angekommen.[44] Eine besondere Bedeutung kam der Mobilisierung der Wissenschaften zu, die in zweifacher Hinsicht vom Kalten Krieg mitbestimmt wurden: Einerseits haben schon länger Studien auf die Politisierung verschiedener wissenschaftlicher Disziplinen hingewiesen und andererseits wurde in den letzten zehn Jahren auch hervorgehoben, wie das wissenschaftliche Wissen selbst in der Auseinandersetzung der Ideologien vom »Politische[n] des Kalten Krieges«[45] mitkonstituiert wurde.[46] Wurden vor allem die Entwicklungen der Physik und ihre Abhängigkeiten vom »militärisch-akademisch-industriellen Komplex« schon länger de-

44 Zur Rolle und Funktion der Kultur im Kalten Krieg vgl. u.a. Hecht-Gienow, Jessica: Culture and the Cold War in Europe, in: Leffler, Melvyn P.; Westad, Odd Arne (Hg.): The Cambridge History of the Cold War: Volume 1: Origins, Bd. 1, Cambridge 2010, S. 389–419; Stöver, Bernd: Der Kalte Krieg: Geschichte eines radikalen Zeitalters 1947–1991, München 2011, S. 247–296; zu den Zusammenhängen von Wirtschaft und Systemkonflikt vgl. u.a. Cooper, Richard: Economic Aspects of the Cold War, 1962–1975, in: Leffler, Melvyn P.; Westad, Odd Arne (Hg.): The Cambridge History of the Cold War: Volume 2: Crises and Détente, Bd. 2, Cambridge 2010, S. 44–64.

45 Link, Fabian: Sozialwissenschaften im Kalten Krieg: Mathematisierung, Demokratisierung und Politikberatung, in: H-Soz-Kult, 15.5.2018. Online: <http://www.hsozkult.de/literaturereview/id/forschungsberichte-3095>, Stand: 19.6.2020.

46 Für eine ausführliche Diskussion zum Verhältnis der Wissenschaften zum Kalten Krieg vgl. u.a. Wolfe, Audra J.: Competing with the Soviets: Science, Technology, and the State in Cold War America, Baltimore 2013 (Johns Hopkins Introductory Studies in the History of Science); Link, Fabian: Sozialwissenschaften im Kalten Krieg: Mathematisierung, Demokratisierung und Politikberatung, in: H-Soz-Kult, 15.05.2018. Online: <http://www.hsozkult.de/literaturereview/id/forschungsberichte-3095>, Stand: 19.06.2021; Greiner, Bernd: Macht und Geist im Kalten Krieg: Bilanz und Ausblick, in: ders.; Müller, Tim B.; Weber, Claudia (Hg.): Macht und Geist im Kalten Krieg, Hamburg 2011, S. 7–27.

tailliert untersucht,[47] hat die Forschungsliteratur der vergangenen Jahre die Verstrickungen unterschiedlicher Wissenschaften und Forschungsgebiete in den Kalten Krieg herausgearbeitet und herausgestellt, wie die Sicherheitserfordernisse des geopolitischen Konflikts, neue Waffensysteme wie Atombomben oder Lenkraketen, U-Bootabwehr, Aufklärung und Spionageabwehr oder neue Kommunikationssysteme nach Wissen über die Umwelt verlangten und in diesem Zusammenhang nahezu alle geowissenschaftlichen Disziplinen von Ausbau und Finanzierung staatlicher Stellen profitierten.[48] Ronald Doel argumentierte, dass der entscheidende Effekt der staatlichen Unterstützung die Herausbildung einer »new intellectual map« für diese Disziplinen darstellte. Die Bedürfnisse des Militärs und der nationalen Sicherheit begünstigten gewisse Forschungsrichtungen, während sie gleichzeitig die Möglichkeiten von anderen einschränkten.[49] Auch die Atmosphärenwissenschaften erfuhren durch die beispiellose Mobilisierung von Wissenschaft und Technologie zahlreiche Impulse und befanden sich insbesondere in den USA in einer – wie Paul N. Edwards betont – »mutual orientation« mit verschiedenen staatlichen und militärischen Geldgebern. Die Atmosphärenwissenschaften boten dabei ihren militärischen Sponsoren neue Technologien an, während die Sponsoren die Zuwendungsempfänger ihrerseits auf mögliche militärische Anwendungen hinwiesen.[50]

Im vergangenen Jahrzehnt wurden unterschiedliche Perspektiverweiterungen und Differenzierungen vorgenommen. So wurde der Fokus auf die US-amerikanische *Cold War Science* durch eine internationale und vor allem europäische Perspektive erweitert und nach der transatlantischen Wissenszirkulation oder nach den Auswirkungen des Systemkonflikts auf

47 Vgl. u.a. die klassischen Aufsätze von Paul Forman und Dan Kevles: Kevles, Daniel J.: Cold War and Hot Physics: Science, Security and the American State, 1945–56, in: Historical Studies in the Physical and Biological Sciences 20 (2), 1990, S. 239–264; Forman, Paul: Behind Quantum Electronics: National Security as Basis for Physical Research in the United States, 1940–1960, in: Historical Studies in the Physical and Biological Sciences 18 (1), 1987, S. 149–229.

48 Vgl. u.a. Turchetti, Simone; Peder, Roberts: Introduction: Knowing the Enemy, Knowing the Earth, in: dies. (Hg.): The Surveillance Imperative: Geosciences during the Cold War and Beyond, New York 2014, S. 1–19; Oreskes, Naomi: Science in the Origins of the Cold War, in: dies. (Hg.): Science and Technology in the Global Cold War, Cambridge 2014, S. 11–29.

49 Ronald E. Doel: »Constituting the Postwar Earth Sciences. The Military's Influence on the Environmental Sciences after 1945«, in: Social Studies of Science 33 (5), 2003, S. 635–666, S. 636.

50 Vgl. Edwards, Paul N: A Vast Machine: Computer Models, Climate Data, and the Politics of Global Warming. Cambridge, London 2010.

die Forschung in kleineren Staaten Europas gefragt.[51] Außerdem wurde das Verhältnis der Wissenschaften und politischen Entscheidungsträger nicht mehr ausschließlich als »Faustian tango«[52] eingestuft. Vielmehr wurden unterschiedliche »Grade« von Abhängigkeiten identifiziert und die Effekte weniger als durchgängige Militarisierung und »Kontaminierung« von Wissenschaft beschrieben, sondern auch die sich den beteiligten Wissenschaftlern bietenden Möglichkeiten herausgestrichen und die wechselseitige Beeinflussung von Politik und Wissenschaft als konstitutives Element der Wissensproduktion betont.[53]

Das orthodoxe Narrativ des Kalten Krieges als eine nahezu alle Aspekte internationaler Beziehungen bestimmende Periode zwischen 1945 und 1989 wurde bereits in den 1980er Jahren infrage gestellt. Besonders deutlich gegen eine solche Konzeptualisierung wie auch Periodisierung des Kalten Krieges wandte sich Anders Stephanson, der Begriff wie Konzept des Kalten Krieges in erster Linie als diskursive »Waffe« und als Propaganda der Reagan-Ad-

51 Vgl. u.a. Heymann, Matthias; Martin-Nielsen, Janet: Introduction: Perspectives on Cold War Science in Small European States, in: Centaurus 55 (3), 2013, S. 221–242; Heymann, Matthias et al.: Exploring Greenland: Science and Technology in Cold War Settings, in: Scientia Canadensis: Canadian Journal of the History of Science, Technology and Medicine 33 (2), 2010, S. 11–42; Dongen, Jeroen van; Hoeneveld, Friso; Streefland, Abel: Cold War Science and the Transatlantic Circulation of Knowledge, Leiden 2016; Eugster, David; Marti, Sibylle: Einleitung: Das Imaginäre des Kalten Krieges, in: dies. (Hg.): Das Imaginäre des Kalten Krieges: Beiträge zur einer Kulturgeschichte des Ost-West-Konfliktes in Europa, Essen 2015, S. 3–18; Bernhard, Patrick; Nehring, Holger (Hg.): Den Kalten Krieg denken: Beiträge zur sozialen Ideengeschichte, Essen 2014 (Beiträge zur Historischen Friedensforschung, Band 19); Ash, Mitchell G.: Wissenschaften und Technik im frühen Kalten Krieg: Überlegungen zu einer globalen und europäischen Perspektive, in: Reiter, Wolfgang L. et al.: Wissenschaft, Technologie und industrielle Entwicklung in Zentraleuropa im Kalten Krieg, Wien 2017, S. 15–32.

52 Dongen, Jeroen van; Hoeneveld, Friso; Streefland, Abel: Introduction, in: Dongen, Jeroen van; Hoeneveld, Friso; Streefland, Abel (Hg.): Cold War Science and the Transatlantic Circulation of Knowledge, Leiden 2016, S. 1–7, hier S. 1.

53 Zu den unterschiedlichen Abhängigkeitsgraden der Sozialwissenschaften vgl. Gilman, Nils: The Cold War as Intellectual Force Field, in: Modern Intellectual History 13 (2), 8.2016, S. 507–523; Bell, Duncan; Isaac, Joel: Introduction, in: ders. (Hg.): Uncertain Empire. American History and the Idea of the Cold War, New York 2012, S. 3–18; Solovey, Mark: Cold War Social Science: Specter, Reality, or Useful Concept?, in: Solovey, Mark; Cravens, Hamilton (Hg.): Cold War Social Science: Knowledge Production, Liberal Democracy, and Human Nature, New York 2012, S. 1–22; zum wissenschaftlichen Pluralismus vgl. u.a. Engermann, David C.: Die Ursprünge der amerikanischen Sowjetologie im Zweiten Weltkrieg, in: Greiner, Bernd: Macht und Geist im Kalten Krieg, Hamburg 2011, S. 50–76; zur den Möglichkeiten der Klimaforschung im Kontext des Kalten Krieges vgl. Oreskes, Naomi: Changing the Mission: From the Cold War to Climate Change, in: dies. (Hg.): Science and Technology in the Global Cold War, Cambridge 2014, S. 141–188.

ministration einstufte sowie den eigentlichen Systemkonflikt 1962 für beendet erklärte. Stephansons Lesart setzte sich nicht durch und erfuhr starken Widerspruch, etwa durch Odd Arne Westad, doch in den letzten 20 Jahren hat sich ein deutlich differenzierterer Blick auf den Kalten Krieg etabliert. So wurde auf die längere Vorgeschichte, die globalen Dimensionen und insbesondere auf »kältere« und »heißere« Phasen des Konflikts hingewiesen. Die folgende Arbeit schließt an diesen differenzierten Blick an und versteht sich insofern als weiteren Verkomplizierungsversuch, als der Wetter- und Klimamodifikationsdiskurs auf mehreren Ebenen mit dem Systemkonflikt verflochten war und diese Ebenen unterschiedlichen Zeitlichkeiten folgten.

Ich sehe nun drei Möglichkeiten, konkrete Effekte des globalen Systemkonflikts auf den Wetter- und Klimamodifikationsdiskurs zu denken. *Erstens* lässt sich vor allem für die langen 1950er Jahre eine sehr enge Verbindung der Forschung zu militärischen Stellen konstatieren und die Wetter- und Klimabeeinflussung dieser Zeit tatsächlich als Inbegriff von *Cold War Science* beschreiben. Die verschiedenen, teils in Konkurrenz stehenden militärischen Stellen stellten für die frühen Feldexperimente finanzielle Mittel und Ressourcen wie Flugzeuge bereit. Hintergrund dieses militärischen Interessens war der in Analogie zur Atombombe imaginierte »Wetterkrieg«. Wetter- und Klimabeeinflussung war nie *Big Science*, doch diese Anschubfinanzierung der 1950er Jahre erwies sich als sehr wirkmächtig: Dank ihr wurden verschiedene Institutionen geschaffen oder ausgebaut, in zahllosen Experimenten Wissen produziert und auf diese Weise auch die Etablierung der Wolkenphysik unterstützt. Damit wurde die Grundlage für die Forschungsrichtung gelegt, die weit über das Ende des kurzen Kalten Krieges 1962 hinaus die lokale Wetterbeeinflussung als eine Anwendungsmöglichkeit meteorologischen Wissens verhandelte – auch, als sich der »Wetterkrieg« als Phantasma entpuppte.

Zweitens war – wie bereits andeutet – der Diskurs wechselwirkend mit mehreren Technologien und Wissensfeldern verknüpft, die sich im Kontext des Systemkonflikts entwickelten oder dadurch zumindest wichtige Impulse erhielten. Diese indirekte, aber doch deutliche Koppelung an den Kalten Krieg zeigte sich besonders stark bei den Computer- und Satellitentechnologien, die als zentrale Stichwortgeber dienten, um über größere Eingriffe ins Erd-Atmosphäre-System nachzudenken. Wobei solche Eingriffe wiederum als Einsatzmöglichkeiten und damit zur Rechtfertigung der neuen Technologien beigezogen wurden. Auch hier gilt es die Konjunkturen des Konflikts im Blick zu halten: Wurde die Entwicklung des Computers und der Satelliten eindeutig im Rahmen des Wettrüstens und des »Space Race« in der heißesten Phase des Kalten Kriegs vorangetrieben und oft mit dem Verweis auf den »Wetterkrieg« als Hoffnungsträger für die Wetter- und Klimabeeinflussung verhandelt, veränderten sich seit den späten 1960er Jahren die Anwendungskontexte. Computermodelle wie auch die satellitengestützte Überwachung und Vermessung der Erde wurden nun verstärkt zur Diagnose einer von Menschen verursachten Umweltbedrohung beigezogen oder – das gilt für die computerbasierte Simulationen – als Instrumente in die Experimentalsysteme der lokalen Wetterbeeinflussung integriert.

Neben diesen Technologien, die den Diskurs stützten, lassen sich *drittens* Denkstile des Kalten Krieges und »Cold War Rationalities« identifizieren, die die Wetter- und Klimabeeinflussung als zukünftige Technologie erst erzählbar machten. So stellten »Science Forecasting«, Zukunftswissenschaften und zivilisationstheoretische Fortschrittsideen Grundlagen dar, um die Entwicklung der Technologie einerseits systematisch durchzuspielen und andererseits produzierten sie Zukunftsszenarien, die den Einsatz der Wetter- und Klimabeeinflussung notwendig erscheinen ließen.[54] Spätestens ab 1970 gestaltete sich auch in dieser Hinsicht die Situation unübersichtlicher. Während die zivilisationstheoretisch grundierten Fortschrittsideen einer rationalen Ressourcenkontrolle insbesondere von internationalen Organisationen zumindest implizit weiterverfolgt wurden, stellten nun Technikfolgenabschätzungen Zukunftswissen bereit, das die gezielte Beeinflussung jenseits der technisch-wissenschaftlichen Machbarkeit problematisierte.

Auch wenn sich folglich der Diskurs der Wetter- und Klimamodifikation auf mehreren Ebenen mit dem Systemkonflikt kurzschließen lässt, so ist doch eine gewisse Vorsicht geboten, um diesen als Explanans nicht überzustrapazieren. Diese Arbeit versucht deshalb auch die Grenzen der Wirkmächtigkeit des Kalten Kriegs im Blick zu behalten. So etablierten sich nach Stalins Tod, dem internationalen Geophysikalischen Jahr 1957/58 und dem sich ab 1960 abzeichnenden chinesisch-sowjetischen Zerwürfnis Institutionen, Gefäße und Forschungsprojekte, die den Akteuren auf fachlicher Ebene einen Austausch erlaubten. Im Topos der bedrohten Umwelt fanden

54 Zur Geschichte der Futurologie im Zusammenhang mit dem Kalten Krieg vgl. u.a. Seefried, Elke: Zukünfte, Aufstieg und Krise der Zukunftsforschung 1945–1980, Berlin, Boston 2015; Pias, Claus: »One-Man Think Tank«: Herman Kahn oder wie man das Undenkbare denkt, in: Zeitschrift für Ideengeschichte 3, 2009, S. 5–17; Hölscher, Lucian: Die Entdeckung der Zukunft, Göttingen 2016; zu den spezifischen Rationalitäten des Systemkonflikts vgl. Daston, Lorraine; Erickson, Paul; Klein, Judy L. et al.: How Reason Almost Lost Its Mind: The Strange Career of Cold War Rationality, Chicago 2013.

Wissenschaftler auf beiden Seiten des Eisernen Vorhangs einen gemeinsamen Problemhorizont, der den Systemantagonismus unterlief und sich den starren Grenzen der Blockkonfrontation entzog. Sehr konkret lassen sich diese Grenzen des Systemkonflikts anhand der Analyse der Schweizer Forschung zur Hagelabwehr zeigen, die ausgehend vom deutlich älteren land- und volkwirtschaftlichen Problem des Hagelschlags in den späten 1940er Jahren Wissen der US-amerikanischen *Cold War Science* importierte und sich in die westliche *Scientific Community* einklinkte, in den 1970er Jahren dann jedoch ihre Feldexperimente mit sowjetischen Hagelraketen durchführen konnte.

Akteure

Zunächst Meteorologen, Klimatologen, Militärs, Journalisten, Politiker, Rechtswissenschaftler, Forschungsunternehmer, internationale Organisationen, später dann Umweltaktivistinnen, Soziologinnen, Ökologen – ein äußerst heterogenes, zahlreiche Akteure mit unterschiedlichen Hintergründen umfassendes Ensemble beschäftigte sich mit der Wetter- und Klimabeeinflussung.[55] Die als Wissensgeschichte konzipierte Arbeit wird im Folgenden selbstverständlich nicht die Autorenpositionen zu stark gewichten, eine Geschichte der »großen Männer« der Wetter- und Klimabeeinflussung schreiben oder sogar hermeneutisch nach dem »eigentlich« Gemeinten fragen. Aus drei Gründen kommt diese Arbeit trotzdem nicht ohne die Nennung von Akteuren aus: Zunächst ist der Verweis auf einzelne Personen oder Personengruppen und ihre Biografien schlicht ein stilistisches Mittel, um diskursive Einheiten markieren und den in Teilen sehr technischen Inhalt – im Idealfall sogar unterhaltsam – erzählen zu können.[56] Wenn die Arbeit nun immer wieder in biografischen Skizzen die Träger des Diskurses behandelt, dann nicht mit dem Ziel, von ihrer gesellschaftlichen Stellung oder ihrer Herkunft aus die diskursiven Positionen herzuleiten, sondern ihre Aufgaben und Funktionen von der Produktion und Zirkulation

---

55 Die Akteure des Wetter- und Klimamodifikationsdiskurses waren fast ausschließlich Männer. Ich verzichte im Folgenden auf geschlechtergerechte Bezeichnungen, weil es schlicht anachronistisch wäre. Wenn Frauen erscheinen, dann wird das jedoch ausdrücklich sichtbar gemacht.

56 Vgl. Foucault, Michel: Was ist ein Autor [1969], in: ders.: Schriften zur Literatur, Frankfurt am Main, 1998, S. 7–31; Sarasin, Foucault, S. 114–121.

des Wissens her zu denken.[57] Und schließlich – und darauf wurde schon hingewiesen – stehen nicht Einzelpersonen im Fokus, sondern verschiedene Denkkollektive, deren Denkstile, verstanden als geteilte Grundannahmen, Arbeitsweisen, Theorien oder Konzepte, es herauszuarbeiten gilt.

Zentrale Träger des Diskurses waren Atmosphärenwissenschaftler der unterschiedlichen (Sub-)Disziplinen, die in unterschiedlichen Rollen den Diskurs prägten; insbesondere indem sie das rational begründete Wissen zur Verfügung stellten und so die gezielte Beeinflussung von Wetter und Klima in den Bereich des Möglichen verlegten. Namentlich die Wolkenphysik fand in der lokalen Wetterbeeinflussung gleichermaßen ein Untersuchungsobjekt wie ein Experimentalsystem und konnte sich in diesem Zusammenhang in der Nachkriegszeit als eigene Subdisziplin mit eigenen Methoden und Fragestellungen etablieren. Auch bei den Fachspezialisten für das Klima erweist sich die Frage nach geteilten Vorstellungen und Konzepten als produktiv; denn sie ermöglicht, das Augenmerk auf die Aushandlungsprozesse über den Status der Computersimulationen zu richten, die den sich abzeichnenden Denkstilwechsel der Klimatologie – von einer geografisch ausgerichteten Hilfsdisziplin der Meteorologie hin zur modernen Klimaforschung – prägten.

Nicht für alle beteiligten Akteursgruppen kann eine Analyse des Denkstils mit vergleichbar hoher Auflösung geleistet werden. Doch die Fragerichtung nach als selbstverständlich empfundenen, geteilten Theorien, Konzepten oder Instrumenten lässt sich auch auf die den »Wetterkrieg« imaginierenden Militärs, die auf eine technische Lösung des Wassermangels hoffenden Politiker oder die sich an Eigentums- und Haftungsfragen abarbeitenden Rechtswissenschaftler gewinnbringend anwenden.

Räume

Der Fokus auf das Wissen, dessen Zirkulation sowie dessen Träger zieht Konsequenzen für den Untersuchungsraum nach sich. Die Debatten, Verhandlungen und Problemfelder des Wetter- und Klimamodifikationsdiskurses lassen sich nicht immer geografisch eindeutig verorten, da sie in internationalen Zeitschriften, Monografien, Publikumsmedien oder Konferenzen ausgetragen wurden und die zentralen Akteure sich in einer

57 Vgl. Sarasin, Was ist Wissensgeschichte?, S. 169 f.

transnationalen *Scientific Community* bewegten. Verkürzt lässt sich sagen, dass diese Arbeit die Produktion und Zirkulation der ›westlichen‹ *Scientific Community* und der medialen Öffentlichkeit adressiert. Das heißt nun nicht, dass dieses Wissen ortlos war oder freischwebend zirkulierte. Wie bereits ausgeführt, dient insbesondere die Produktion des atmosphärenwissenschaftlichen Wissens als Leitschnur der Arbeit. So dienen gerade die Fallbeispiele der Feldexperimenten auch dazu, die Träger, Orte und Medien, an die Wissen zwangsläufig gebunden war, im Blick zu behalten. Das ließe sich an zahlreichen Fallbeispielen an unterschiedlichen Orten zeigen. Aus arbeitsökonomischen Gründen liegt – aufgrund der entscheidenden Impulse, die von ihr ausgingen – ein gewisser Schwerpunkt auf der US-amerikanischen Forschung; jedoch immer an die Frage nach dem Transfer in den europäischen Raum gekoppelt, der exemplarisch anhand der Schweizer Feldexperimente untersucht wird. Dass die Wahl auf die Schweiz fällt, hat mehrere Gründe: Erstens entwickelten die Schweizer Experimente zur Hagelabwehr eine internationale Strahlkraft und wurden schnell als Vorzeigeprojekte gehandelt. Deshalb lassen sich zentrale Fragen beispielhaft an den Grossversuchen herausarbeiten. Zweitens erweist sich die Analyse der Schweizer Forschung hinsichtlich des Kalten Krieges und seinen Auswirkungen auf die Debatte der Wetterbeeinflussung als reizvoll, da sie anders organisiert war als die eng an militärische Interessen gebundene US-amerikanische Forschung und sich der politischen Großwetterlage in Teilen entzog.

Die sowjetische Forschung jenseits der Eisernen Vorhangs wird nur miteinbezogen, falls sie im Rahmen der ›westlichen‹ Beschäftigung verhandelt wurde, oder – wie ab den 1960er Jahren üblich – anschloss an die internationalen Debatten. Diese Beschränkung auf die westliche Perspektive lässt sich pragmatisch wie konzeptuell begründen. Ein Miteinbezug sowjetischer Quellen hätte einerseits schlicht den Rahmen dieser Arbeit gesprengt, andererseits – und beinahe wichtiger – ist eine Rekonstruktion der ›eigentlichen‹ sowjetischen Forschung für die Beantwortung der Frage nach dem Zusammenhang von Systemkonflikt und der Formierung des westlichen Wetter- und Klimamodifikationsdiskurse nicht notwendig. Es gilt vielmehr zu zeigen, wie die lückenhaften Kenntnisse der westlichen Community über den sowjetischen Forschungsstand ein konstitutives Element des Diskurses darstellten, indem sie in Analogie zur »Raketenlücke« eine »Wetterlücke« die Imagination begünstigte.

Quellen

Die wissensgeschichtliche Herangehensweise und die Beantwortung der verschiedenen Fragerichtungen bedingen einen heterogenen Quellenkorpus, der sich weitestgehend aus publizierten Texten und grauer Literatur zusammensetzt und fachwissenschaftliche Periodika und Monografien, Forschungsberichte, Handbücher, populärwissenschaftliche Publikationen, die Berichterstattung durch Publikumsmedien sowie die populärkulturelle Verarbeitung beinhaltet. Zur Analyse der Wissensproduktion und der fachinternen Debatten ziehe ich die einschlägigen Monografien, Konferenz- und Sammelbände der Meteorologie und Klimatologie hinzu. Systematisch ausgewertet wurden zudem mehrere Fachzeitschriften, so etwa für den englischsprachigen Raum das *Bulletin of the American Meteorological Society* oder das *Journal of Applied Meteorology, Tellus, Eos, Journal of the Atmospheric Sciences* oder für den deutschsprachigen Raum die *Meteorologische Zeitschrift* und die *Meteorologische Rundschau.* Als Ergänzung und zur Einordnung der Reichweite der esoterischen Diskussionen der Meteorologen oder Klimatologen wurde auf entsprechende Aufsätze in den reichweitenstarken und angesehenen Zeitschriften *Science* und *Nature* zurückgegriffen. Für die Rekonstruktion und Analyse der Feldexperimente wurden die in *Scientific Community* zur Diskussion gestellten Beiträge ergänzt durch die publizierten wie auch interne, teils vertrauliche, heute jedoch einsehbare Forschungsberichte. Im Fall der Schweizer Hagelabwehrversuche wurde zudem die entsprechenden Dokumente des Schweizerischen Bundesarchivs hinzugezogen.

Für die Identifikation des allgemein zugänglichen Orientierungswissens und die Analyse der Wissenszirkulation greife ich zudem auf eine Reihe populärwissenschaftlicher Publikationen, die seit dem frühen 20. Jahrhundert in verständlicher Sprache einem breiten Publikum die Funktionsweise der Atmosphäre nahebrachten und die insbesondere in den 1970er Jahren im Kontext der Umweltproblematik und der ersten Diagnosen eines bedrohten Klimas einen Aufschwung erfuhren. Ebenfalls systematisch miteinbezogen wurden populärwissenschaftliche Zeitschriften unterschiedlichen Zuschnitts aus dem englisch- wie auch deutschsprachigen Raum. So etwa *Kosmos* (für das 19. und frühe 20. Jahrhundert), *Scientific American, Science-Newsletter, Weatherwise* oder *Popular Science* oder *Bild der Wissenschaft.* Um die öffentlichen Debatten nachzuzeichnen und zu untersuchen, welche Wissensbestände und Argumente in größeren gesellschaftlichen Kontexten verhandelt wurden, wurden mehrere größere und kleinere Tages- und Wochenzeitungen wie *Der Spiegel*, *Die Zeit*, *LIFE*, *New York Times* oder *Die Neue Zürcher Zeitung* in die Untersuchung integriert.

Gliederung

Die Arbeit gliedert sich in vier größere Teile: *Genealogien (ca. 1800 bis 1945)*, *Etablierung (ca. 1945 bis 1960)*, *Verhandlungen (ca. 1960 bis 1980)* und *Epilog (ca. 1980 bis 2023)*, die einer (äußerst) lockeren Chronologie folgend den Aufstieg und Niedergang des Wetter- und Klimamodifikationsdiskurses erzählen. Die Angabe der Jahreszahlen dient dabei in erster Linie zur groben Orientierung. Innerhalb der einzelnen Teile erfolgen immer wieder Vor- und vor allem Rückgriffe. Diese Inkonsequenz hat zwei Hauptgründe: Sie ist erstens der Schwierigkeit geschuldet, den verschiedenen Analyseperspektiven und thematischen Schwerpunkten gerecht zu werden und gleichzeitig Veränderungen und Entwicklungen festzuhalten. Zweitens müssen – um die thematisch teils autonomen Kapitel verständlich zu machen – Rückblenden gemacht werden. Dass die Chronologie nicht konsequent eingehalten werden kann, hat zudem einen angenehmen Nebeneffekt: Das Vor- und Zurückgreifen dient auch dazu, das im Inhaltverzeichnis ablesbare, doch sehr starke Aufstieg-Fall-Narrativ zu verkomplizieren.

Die einzelnen Kapitel wiederum sind nicht chronologisch geordnet. Sie berühren sich immer wieder, bauen jedoch nicht direkt aufeinander auf. Sie umkreisen das Thema, funktionieren als eigenständige Abhandlungen über verschiedene Wissensfelder, Experimente, Argumente oder Technologien des Wetter- und Klimamodifikationsdiskurses und spiegeln damit die Analyse- und Fragerichtungen wider.

Die Arbeit beginnt mit den *Genealogien* der Wetter- und Klimabeeinflussung. Darin behandle ich im Kapitel *Kanonen* zunächst kursorisch die vormodernen Praktiken der Wetterbeeinflussungen und zeige im Anschluss anhand der um 1900 geführten Debatte über das »Hagelschießen«, wie diese Praktiken als Präidee (Ludwik Fleck) dienten, durch die die in ihrer Eigenständigkeit noch junge Meteorologie untersucht und aufgrund welcher epistemologischen und theoretischen Schwierigkeit sie wieder in den Bereich des unsicheren Wissens abgelegt wurde. Es folgt das Kapitel *Wolken* zur Neuformulierung der Niederschlagstheorie in den 1930er und 1940er Jahren, die nicht zuletzt durch die aufkommende Luftfahrt gleichermaßen notwendig wie möglich wurde.

Die Erklärung des Niederschlags über sogenannte Sublimationsnuklei, das zeigt etwa die Forschung um den deutschen Meteorologen Walter Findeisen während des Zweiten Weltkriegs, schuf in zweifacher Hinsicht die Grundlage für den ab 1945 verstärkt einsetzenden Diskurs: Erstens boten diese zunächst nur postulierten Nuklei einen konkreten Ansatzpunkt, um in das (lokale) Wettergeschehen eingreifen zu können. Und zweitens öffneten sie – abstrakter – durch die Denkfigur des kleinen Auslösers mit großer Wirkung erstmals eine plausible Möglichkeit, mit gewaltigen Naturphänomenen in Konkurrenz treten zu können. Bereits in der Formierungsphase des Diskurses nach dem Zweiten Weltkrieg wurde die Beeinflussung respektive die Kontrolle des Wetters *und* des Klimas als Teil derselben Herausforderung verhandelt. Dabei schlossen die Pläne zur Klimabeeinflussung an Pläne zu großräumigen Klimaveränderungen an, die bereits im frühen 20. Jahrhundert formuliert worden waren und die andere ›Herkünfte‹ aufwiesen als die Wetterbeeinflussung.

Deshalb schließt der erste Teil mit dem Kapitel *Klima* und einer skizzenhaften Genealogie der Wissensbestände, die ab 1900 die gezielte Beeinflussung des Klimas in Form von Zukunftsromanen und Ingenieursplänen ermöglichten. Große Entwicklungen des 19. Jahrhunderts, wie die Einsicht in die Veränderbarkeit des Klimas, die Suche nach den Ursachen natürlicher geologischer und historischer Klimaveränderungen, die Formulierung robuster Theorien zu Funktionsweise der Meeresströmungen als Klimaelement, Theorien zur Abhängigkeit des Menschen von klimatischen Bedingungen und die großen Infrastrukturprojekte, die auf Umgestaltung und Beherrschung der Natur zielten, stellten in Teilen die Wissensbestände, Argumente und Technologien für das wissenschaftlich gestützte Sprechen über die Klimabeeinflussung nach 1945 bereit.

Der zweite Teil *Etablierung* setzt sich aus vier Kapiteln zusammen, die Formierung, Verbreitung, Transformation aber auch Grenzen des Wetter- und Klimamodifikationsdiskurses in den Nachkriegsjahren bis 1960 aufzeigen. Im Kapitel *Experimente I* behandle ich die Feldexperimente des Projekts »Cirrus«, die Schweizer Grossversuche I bis III in der Magadinoebene sowie am Beispiel des umstrittenen Meteorologen Irving Kricks kommerziell ausgerichtete »Wettermacher«. Im Zentrum stehen vier Fragen: Welche (wolkenphysikalischen) Wissensbestände ließen die Beeinflussung des Wetters möglich erscheinen, wie – und von welchen (epistemologischen) Problemen bestimmt – wurden die Experimente in der freien Atmosphäre durchgeführt, wie und von welchen Verschiebungen begleitet gestaltete sich die Wissenszirkulation von den USA in die Schweiz und wo lagen die Grenzen des wissenschaftlich Sagbaren?

Es folgt das Kapitel *Bomben*, das die Debatten über mögliche Effekte atomarer Explosionen auf atmosphärische Phänomene beleuchtet und um die Frage kreist, ob und wie eine gezielte, vor allem aber unbeabsichtigte Wetter- und Klimabeeinflussung durch die Atombombentests gedacht werden konnte. Ich zeige, wie durch mehrere Zirkulationsschlaufen das in Publikumsmedien diskutierte »Atomwetter« die Wissensproduktion anschob und sich auch als Argument der frühen Umweltbewegung etablieren konnte. Im Kapitel *Computer* beschreibe ich die Koppelung der Wetter- und Klimabeeinflussung mit der bereits in der Nachkriegszeit als Hoffnungsträgerin verhandelten Computertechnologie im Allgemeinen und der numerischen, computergestützten langfristigen Wetterprognose im Besonderen. Ich argumentiere, dass die numerische Wettervorhersage in zweifacher Hinsicht ein zentraler Pfeiler des Diskurses darstellte: Erstens stützte sie die Vorstellung der Atmosphäre als einem prognostizierbaren und letztlich kontrollierbarem System und zweitens bot sich nun mit der Simulation die Möglichkeit von Folgenabschätzungen. Um die These zu stützen, dass die Computertechnologie auf der Grundlage eines im 19. Jahrhundert verankerten physiko-mathematischen Denkstils die Vorstellung der Atmosphäre als einem letztlich deterministischen System verstärkte, skizziere ich zunächst eine kurze Geschichte der Wettervorhersage und zeige im Anschluss, wie die Computertechnologie – bald auch in der Kombination mit dem Ausbau des globalen Messnetzwerkes – nicht nur eine präzise langfristige Wetterprognose, sondern auch die Kontrolle des Wetters in Aussicht stellte. Als sich in den 1960er Jahren die Einsicht in die Grenzen der Vorhersagbarkeit durchzusetzen begann, erodierte damit auch eine zentrale Referenz – doch nicht vollständig, wie zu zeigen sein wird. Vielmehr kristallisierten sich konkrete Anwendungsbereiche für die Computersimulationen heraus.

Der dritte Teil, *Verhandlungen*, der in etwa den Zeitraum von 1960 bis 1980 abdeckt, versucht mit vier Kapiteln die komplexe Gemengelage zu erfassen, in der einerseits verschiedene Akteure die Wetter- und Klimabeeinflussung weiter mit großen Hoffnungen verbanden und andererseits Probleme und Fragen formuliert wurden, die den Diskurs zunehmend problematisierten. Das Sprechen über die Beeinflussung des Wetters und Klimas war an verschiedene Zukunftsentwürfe und -szenarien gekoppelt, die einerseits die zukünftige Technologie und deren Einsatzmöglichkeiten überhaupt erst erzählbar machten und so den Diskurs stützten und andererseits mit Blick auf die schwierig zu kalkulierenden Nebeneffekte die gezielten Eingriffe problematisierten. Diese verschiedenen, sich teil widersprechenden, sich teils ergänzenden Zukunftsszenarien versuche ich im Kapitel *Zukünfte* zu entwirren. Ich zeige zunächst, wie in Analogie zur Atombombe ein zukünftiger »Wetterkrieg« imaginiert wurde und die angenommene »Wetterlücke« in mehreren Zirkulationsschlaufen politische Maßnahmen wie auch atmosphärenwissenschaftliches Wissen generierte. Der »Wetterkrieg« war nur eine Seite der Medaille: Die neue Technologie bot sich als Lösung für zukünftige Ressourcenengpässe an und profitierte dabei von den neo-malthusianischen Prognosen einer exponentiell zunehmenden »Überbevölkerung«. Parallel dazu tauchten in den 1960er Jahren Fragen nach ökologischen, sozialen und rechtlichen Konsequenzen auf, die in Form von Technikfolgenabschätzungen ebenfalls den Blick in die Zukunft verlangten und zu einer entscheidenden Verschiebung beitrugen: In den 1970er Jahren stand nicht mehr allein die Frage der Machbarkeit im Zentrum, sondern die Frage, ob überhaupt und falls ja von welchen Maßnahmen begleitet, atmosphärische Phänomene beeinflusst werden sollten.

Daran anschließend folgt das Kapitel *Klima II*, in dem die Wechselwirkungen zwischen der gezielten Klimabeeinflussung und der seit den späten 1960er Jahren immer deutlicher zutage tretenden unbeabsichtigten Beeinflussung von Umwelt und Klima durch den Menschen untersucht werden. Die Forschung zur möglichen Beeinflussung atmosphärischer Prozesse stützte zunächst grundsätzlich die Machbarkeit gezielter Eingriffe, die wiederum als Korrekturmaßnahmen gehandelt wurden. Für die 1970er Jahre lässt sich dann auf verschiedenen Ebenen eine Verselbstständigung der Klimathematik feststellen, die im Kontext einer feststellbar erodierenden Wissenschafts- und Technikgläubigkeit die Klimakontrollpläne zunehmend verdrängten.

Das Kapitel *Grenzen* kreist um ein Problem, das in den USA sehr früh erkannt wurde: Das Problem der Haftung und des Eigentums. Waren zunächst vor allem Rechtswissenschaftler Träger dieser Debatten, wurden die ungelösten rechtlichen Probleme in den 1970er Jahren von den Atmosphärenwissenschaftlern und politischen Entscheidungsträgern aufgegriffen, um auf die Problematik der lokalen Wetterbeeinflussung, aber auch großräumigen Klimabeeinflussung hinzuweisen.

Als Abschluss des dritten Teils folgt schließlich nochmals eine detaillierte Analyse von Feldexperimenten. Anhand des Projekts »Stormfury« und des Schweizer Grossversuchs IV zeige ich, mit welchen Experimentalsystemen, Methoden und Instrumenten versucht wurde, robustes Wissen zur Wirksamkeit zu produzieren und wie die schwierige Handhabbarkeit des »Atmosphärenlabors« schließlich dazu führte, dass die Experimente zur Grundlagenforschung zurückgestuft wurden.

Die Arbeit schließt mit einem essayartig gehaltenen *Epilog*, in dem ich anhand der Themenkomplexe »Nuklearer Winter«, lokale Wetterbeeinflussung, Geoengineering und Verschwörungstheorien die zentralen Argumente der vorgängigen Kapitel bündle und gleichzeitig ausführe, welche Wissensbestände bis heute nachwirken.

Genealogien (ca. 1800–1945)

Kanonen

Mitte des 20. Jahrhunderts fügten sich verschiedene Theorien, Praktiken und Technologien zu einem Wetter- und Klimamodifikationsdiskurs zusammen, der es ermöglichte, über die gezielte Beeinflussung der Atmosphäre nicht nur nachzudenken und zu sprechen, sondern auch in der realen Atmosphäre Kontrollversuche zu unternehmen. Ein zentraler Diskursbaustein stellte dabei die Forschung zur lokalen Wetterbeeinflussung dar, die – im Gegensatz zur Klimakontrolle – nicht auf die Zukunft verweisen musste, sondern konkrete Labor- und Feldexperimente generierte.

Aus zwei Gründen entwerfe ich in diesem Kapitel eine Genealogie dieser lokalen und zeitlich begrenzten Wetterbeeinflussung: einerseits, um aufzeigen, dass die Wetterbeeinflussung nicht auf einen Ursprung um 1945 zurückgeht, sondern mehrere ›Herkünfte‹ aufweist. Andererseits dienen mir Ausführungen zu den Debatten im ausgehenden 19. und frühen 20. Jahrhundert gewissermaßen als »Folie«, vor der sich präziser zeigen lässt, worin die neue Qualität des Diskurses ab 1945 bestand. Dazu beschreibe ich *erstens* die prämodernen Praktiken, Regen zu erzeugen und Hagel abzuwehren, die als Präidee um 1900 eine erste Verwissenschaftlichung erfuhren. Es gilt zweitens zu zeigen, wie die beteiligten Meteorologen sich eine Wirksamkeit des »Hagelschießens« erklärten und welche Schwierigkeiten dazu führten, dass sie die Wetterbeeinflussung wieder in den Bereich des Aberglaubens und des unsicheren Wissens ablegten. Insbesondere in ländlichen Gebieten Europas in der ersten Hälfte des 20. Jahrhunderts weiter praktiziert, konnten das Hagel- und Wetterschießen jedoch mit entsprechenden Transformationen nach Ende des Zweiten Weltkriegs in die Wissenschaften (re)integriert werden.

Hexen, Glocken und Kanonen – die vormoderne Wetterbeeinflussung

Wenn ab 1950 Meteorologen oder Journalisten über die Beeinflussung von Wetter und Klima schrieben, stiegen sie gern mit einem Zitat ein, das zu Unrecht, aber verständlicherweise Mark Twain zugeschrieben wurde: »Alle reden über das Wetter, aber niemand tut etwas dagegen.«[1] Was sie damit meinten: Bis *jetzt* habe man nichts gegen das Wetter unternommen, nun liege die Beeinflussung der Atmosphäre jedoch in Reichweite. Das Bonmot könnte jedoch nicht falscher sein. Bereits ein flüchtiger Blick in die einschlägige Literatur zeigt, dass sich die Idee, auf irgendeine Weise in das Wettergeschehen eingreifen zu können, weit zurück verfolgen lässt. Von der Antike bis zur Neuzeit finden sich für verschiedene Kulturen glaubwürdige Überlieferungen zu Praktiken der Wetterbeeinflussung. Die Babylonier kannten den sich im Wind offenbarenden Wettergott Adad, der von Priestern besänftigt werden konnte,[2] in der hinduistischen Veda aus der Zeit 1000 v. Chr. finden sich zahlreiche Wettergottheiten, die Acoli in Ugandas oberem Nilgebiet besprengten bearbeitete Steine oder naturbelassene Quarze, um Regen zu erzeugen,[3] der Sioux-Stamm der Oglala kennt Regengebete,[4] für die Mongolen sind offizielle Zeremonien am kaiserlichen Hof zur Beeinflussung von Wetter für die Kitan-Liao-Dynastie (907–1125) überliefert[5] und dass der buddhistische Mönch Nichiren im 13. Jahrhundert erfolgreich um Regen bat, wurde noch im 19. Jahrhundert in den Holzschnitten von Tsukioka Yoshitoshi verarbeitet.[6]

In den Agrargesellschaften des europäischen Mittelalters wurde ein umfassendes, theologisch gestütztes Abwehrdispositiv von Gebeten, Zeremonien und Amuletten gegen widrige Wetterbedingungen in Anschlag gebracht. Ausgehend von der »Existenz eines allmächtigen, gütigen Schöpfers,

---

1 Vgl. u.a. o. V.: Science and the Citizen, in: Scientific American 198 (4), 1958, S. 48–55, hier S. 50. Im Original: »Everybody talks about the weather but nobody does anything about it.«

2 Vgl. Körber, Hans-Günther: Vom Wetteraberglauben zur Wetterforschung, Leipzig 1989 (2), S. 13.

3 Vgl. Pühringer, Marianne: Wetterzauberei und Schamanismus, Frankfurt am Main 2008, S. 120.

4 Vgl. ebd., S. 142.

5 Molnar, Adam: Weather-Magic in Inner Asia, with an Appendix »Alttürkische Fragmente über den Regenstein« by P. Zieme, Bloomington, Indiana 1994, S. 43.

6 Vgl. Unterhändler des Imaginären: Regenmachen im vormodernen Japan, <https://www.univie.ac.at/rel_jap/an/Essays/Regenmachen#s–mucilinda>, Stand: 25.2.2021; vgl. auch zum Regenmachen im 16. Jahrhundert im heutigen Nepal Sinclair, Iain: »Making Rain under the Mallas«, in: Environment & Society Portal, Arcadia (Summer 2022), no. 9. Rachel Carson Center for Environment and Society.

aber auch eines Widersachers«[7] konnten Eingriffe in das Naturgeschehen gedacht werden. Seit dem 10. Jahrhundert konnten Gläubige unter anderem mit dem Verweis auf die Bibelstelle »Stillung des Sturmes« im Markus-Evangelium (Markus 4, 35–41) Wettersegen sprechen, in materialisierter Form als Wetterkreuze aufstellen oder einen der zahlreichen »Wetterheiligen« anrufen.[8] Die Grenze zwischen Orthodoxie und Heterodoxie – legitimer Abwehrhandlung und gefährlicher »Zauberei« – war dabei schmal und die Figur des »Wettermachers« äußerst ambivalent. Während Handlungen im Namen Gottes gerechtfertigt waren, verfolgten die Obrigkeiten Praktiken von Außenseitern als schädliche Zauberei. Dass der Mensch grundsätzlich in der Lage war, ins Wettergeschehen einzugreifen, stand dabei außer Frage.[9] Gerade die bedeutende Rolle, die dem »Wettermachen« in Hexenprozessen zukam, zeigt, dass menschliche Eingriffe – zumindest über göttliche oder teuflische Vermittlung – ins Wettergeschehen denkbar waren.[10]

Die Akteure der Wetterbeeinflussung nach 1945 verwiesen in ihren Einleitungen gern auf ihre Vorgänger der Vormoderne, um einerseits die Wetterbeeinflussung als menschliches Bedürfnis und damit als anthropologische Konstante herauszustreichen und sich andererseits von ihnen abzugrenzen. Auch die (Meteorologie-)Geschichte folgt heute diesem Narrativ und behandelt die Wetterzauber und -praktiken als präwissenschaftlich.[11] Diese rückwirkende Einteilung in eine wissenschaftliche und eine vorwissenschaftliche Wetterbeeinflussung erweist sich jedoch aus drei Gründen als problematisch: Erstens werden damit Kategorien auf das Mittelalter oder die Frühe Neuzeit projiziert, die sich erst später herausgebildet haben. Zweitens vermag diese anachronistische Einteilung das »wilde Denken« (Claude Lévi-Strauss) des Mittelalters und die vormodernen Praktiken, die über Gebete, Sprüche, Amulette oder Zeremonien funktionierten und im Kontext eines die gesamte Lebenswelt umfassenden Glaubenssystems durchaus auch Teil einer rationalen Auseinandersetzung mit Wetter und

7 Blöcker, Monica: Wetterzauber: Zu einem Glaubenskomplex des frühen Mittelalters, in: Francia: Forschungen zur westeuropäischen Geschichte, Bd. 9, Sigmaringen 1981, S. 117–132, hier S. 118.

8 Vgl. Grabowski, Siegfried: Abwehrzauber: Kulthandlungen – Brauchtum – Aberglaube, Radeberg 2014, S. 109 f.

9 Vgl. Blöcker, Wetterzauber, S. 121.

10 Vgl. Behringer, Wolfgang: Kulturgeschichte des Klimas: Von der Eiszeit bis zur globalen Erwärmung, München 2012, S. 175–179.

11 Vgl. u.a. Byers, Horace R.: History of Weather Modification, in: Hess, Wilmot N. (Hg.): Weather and Climate Modification, New York 1974, S. 3–44, hier S. 4 f.

Klima waren, nicht adäquat zu fassen. Und drittens hält auch die meist um 1945 angesiedelte Trennlinie zwischen einer auf Magie, Aberglauben oder »falschem« Wissen beruhenden und einer wissenschaftlich fundierten Wetterbeeinflussung einer genaueren Betrachtung nicht stand. In der Folge skizziere ich die Debatte über das »Wetterschießen« um 1900, im Rahmen derer eine zunächst religiös begründete Praktik als eine Art »Präidee« (Ludwik Fleck) in säkularisierter Form Gegenstand wissenschaftlicher Debatten wurde, bevor sie (vorübergehend) wieder in den Bereich des Aberglaubens abgelegt wurde. Diese Rekonstruktion dient einerseits dazu, eine eindeutige Unterscheidung zwischen vormoderner und wissenschaftlicher Wetterbeeinflussung zu problematisieren und Kontinuitäten aufzuzeigen. Andererseits wird mit der kurzlebigen »Wetterschieß«-Debatte eine Art Folie geschaffen, von der ausgehend sich präziser zeigen lässt, worin denn tatsächlich die neue Qualität des Diskurses in der zweiten Hälfte des 20. Jahrhunderts bestand.

Im »Wetterschießen« fielen zwei Vorstellungen zusammen, die sich aufgrund der Quellenlage in der Rückschau nur mehr schwer auseinanderdividieren lassen. Zum einen finden sich spätestens seit dem Mittelalter Beispiele apotropäischer Praktiken, die auf hörbaren Analogien beruhten und über Lärm oder Geräusche funktionierten: In den Alpen wurden beispielsweise Bockshörner gegen aufziehende Unwetter eingesetzt oder steirische Almhalter pflegten »ein aufziehendes Gewitter [...] durch Geschrei und Lärmen, durch Klingeln mit Kuhschellen, Klappern mit Brettern, Rasseln mit Ketten und Blechpfannen von der Gegend abzuschrecken«.[12] Auch dem Läuten von Kirchenglocken wurde wohl seit dem 15. Jahrhundert sturmabweisende Wirkung zugeschrieben.[13] Besondere Bekanntheit erlangte die von Konrad VI., dem Abt des Schaffhauser Klosters Allerheiligen, 1486 für sein Münster in Auftrag gegebene Glocke mit der vielsagenden Inschrift »Vivos voco, mortuos plango, fulgura frango« – »Die Lebenden rufe ich, Die Toten beklage ich, die Blitze breche ich«, die Schiller 1799 als Motto vor sein *Lied der Glocke* stellen sollte.[14]

---

12 Haid, Gerlinde: Klänge gegen Naturgefahren, in: Psenner, Roland; Lackner, Reinhard; Walcher, Maria (Hg.): Ist es der Sindtfluss?, Innsbruck 2008, S. 57–74, hier S. 60.

13 Vgl. Reith, Reinhold: Umweltgeschichte der Frühen Neuzeit, München 2011 (Enzyklopädie Deutscher Geschichte, Bd. 89), S. 15.

14 Vgl. Fleming, Fixing the Sky, S. 78.

Zum anderen setzte sich mit der Entwicklung der Feuerwaffen ab dem 14. Jahrhundert die Vorstellung durch, dass das Abfeuern von Gewehren oder Kanonen einen Einfluss auf Wetterphänomene hervorruft. Auch diese Vorstellung scheint sich aus unterschiedlichen Strängen zusammenzusetzen. Die Koppelung von Schlachten und einsetzendem Niederschlag lässt sich bereits in der Antike als Topos nachweisen. Thukydides sah eine Korrelation zwischen Schlachten und Niederschlag. Plutarch kombinierte theologische und physikalische Erklärungsansätze, indem er den einsetzenden Niederschlag sowohl mit einer den Boden der Schlacht reinigenden »göttlichen Macht« als auch durch »schwere, feuchte Dünste«[15], welche die Luft verdickten, erklärte.

Auch dem zielgerichteten Abfeuern mechanischer Schusswaffen wurde wetterbeeinflussende Wirkung zugeschrieben. In der 1555 erschienenen *Historia de Gentibus Septentrionalibus*, die als zuverlässige Quelle für die Alltagsgeschichte Skandinaviens des 16. Jahrhunderts gilt, beschrieb der schwedische Bischof und Geograf Olaus Magnus (1490–1557) beispielsweise gotische Bogenschützen, die den Donner als Kampf der Götter deuteten und als Folge davon mit Pfeil und Bogen in den Kampf eingriffen. Olaus Magnus bezeichnete diese Praktik als Aberglaube und verwies sie damit aus dem vernünftigen Diskurs der Zeit.[16]

Seit dem 16. Jahrhundert war es somit möglich, Effekte von Kanonenschüssen, Böllern sowie von aufkommendem Feuerwerk auf Wetterphänomene zu denken. Die Erklärung der Wirksamkeit changierte dabei zwischen magisch-religiös und vage naturwissenschaftlich. Während österreichische Bauern »geweihte Wetterböller« nutzten, um Gewitter abzuwehren oder Regen auszulösen,[17] scheint es auch bereits säkularisierte Anwendungen gegeben zu haben, die über eine nicht weiter spezifizierte physikalische Wirkung funktionierten. Der *uomo universale* Benvenuto Cellini (1500–1571) rühmte sich beispielsweise in seiner Autobiografie, dass er im November 1538 durch das Abfeuern von Kanonenschüssen der Herzogin von Florenz Margarethe von Parma (1522–1586) einen regenfreien Einzug in Rom er-

15 Plutarch: Biographien des Plutarchs, mit Anmerkungen von Gottlob Benedict von Schirach, Vierter Theil, Berlin, Leipzig 1778, S. 317 f.; vgl. dazu auch Spence, Clark C.: The Rainmakers: American »Pluviculture« to World War II, Lincoln, London 1980, S. 11.

16 Vgl. Magnus, Olaus: Historia de Gentibus Septentrionalibus, Kopenhagen 1972, S. 106 f.

17 Vgl. Graber, Georg: Sagen aus Kärnten, Band 1, Klagenfurt 1922, S. 222.

Abb. 1: Pfeile gegen den Donner: Aberglauben gotischer Bogenschützen in der *Historia de Gentibus* von Olaus Magnus

Quelle: Olaus Magnus: Historia de Gentibus Septentrionalibus, Cap. VIII. De superstitionibus Gothorum circa tonitrua, Rom 1555, Wikimedia Commons

möglicht und so »einen Schaden von mehr als tausend Scudi verhindert [habe]«[18]:

»[E]s regnete sehr stark, und der Kastellan war äußerst verdrießlich, ich aber sprach ihm Mut ein und sagte ihm, wie ich mehrere Kanonen nach der Gegend gerichtet hätte, wo die stärksten Wolken wären; und als ich mitten in einem dichten Regen anfing, die Stücke abzufeuern, hörte es auf, und viermal zeigte sich die Sonne, und so war ich Ursache, dass dieses Fest aufs glücklichste vorbeiging.«[19]

Die Grundlage für solche vereinzelt überlieferten gezielten Eingriffe stellten naturphilosophische Analogien dar, die seit dem 16. Jahrhundert verstärkt pyrotechnische Erklärungen für atmosphärische Erscheinungen hinzuzogen.[20] Als Ende des 17. Jahrhunderts straftheologische Interpretationen von

18 Cellini, Benvenuto: Leben des Benvenuto Cellini, florentinischen Goldschmieds und Bildhauers, von ihm selbst geschrieben, Erster Teil, Stuttgart, Tübingen 1818 (übersetzt und herausgegeben von Goethe), S. 336; zu Cellini vgl. auch Spence, The Rainmakers, S. 23.

19 Cellini, Leben des Benvenuto Cellini, S. 336.

20 Vgl. Werrett, Simon: Fireworks: Pyrotechnic Arts and Sciences in European History, Chicago 2010, S. 60 ff.

Unwettern an Überzeugungskraft einzubüßen begannen und Gott aus den »Begründungszusammenhängen von Naturkatastrophen«[21] ausgegrenzt wurde, blieb die Verlinkung zwischen lauten Geräuschen und Unwettern weiter bestehen.[22] Im Zeichen der Aufklärung ging die Obrigkeit im 18. Jahrhundert vermehrt gegen das »Wetterläuten« vor[23] und ließ die Wirksamkeit des Abfeuerns von Kanonen zur Abwehr von Unwettern abklären. Dabei wurde jedoch nicht grundsätzlich die Wirksamkeit in Zweifel gezogen – im Gegenteil: Da eine Verstärkung von Unwettern oder Schäden in benachbarten Gebieten vermutet und befürchtet wurde, erließ Kaiserin Maria Theresia 1750 ein Verbot des »Wetterschießens«, das aufgrund Nichtbeachtens von ihrem Sohn und Nachfolger Joseph II. bereits erneuert werden musste.[24]

Auch in Bayern wurde das »Wetterschießen« vor 1800 wissenschaftlichen Abklärungen und gesetzlichen Regelungen unterzogen. Placidus Heinrich, Benediktinermönch und Professor für Physik und Mathematik im Kloster St. Emmeram, gewann 1788 beispielsweise mit seiner *Abhandlung über die Wirkung des Geschützes auf Gewitterwolken* die Preisfrage der kurfürstlichen Akademie der Wissenschaften Bayerns. Nach einer 140-seitigen Beweisführung hielt Heinrich den Einfluss von Kanonenschüssen als erwiesen. Als Ursache-Wirkungs-Mechanismus identifizierte er »die durch das Schießen entbundene, ausgedehnte Luft«, die nichts anderes sei als Wind, so »dass das Abschießen von den Kanonen nicht ganz ohne Wirkung seyn werde«.[25] Aufgrund von Sicherheitsbedenken wurde in der Folge jedoch ein Verbot ausgesprochen, das 25 Jahre später aufgrund »dringliche[r] Bittschriften«[26] von Gemeinden erneut überprüft wurde. Der nun beigezogene Experte Maximus von Imhof kam nun jedoch zum Schluss, »dass weder eine chemische

---

21 Schmidt, Andreas: »Wolken krachen, Berge zittern, und die ganze Erde weint ...«: Zur kulturellen Vermittlung von Naturkatastrophen in Deutschland 1755 bis 1855, Münster 1999, S. 48.

22 Vgl. Oberholzner, Frank: Von einer Strafe Gottes zu einem versicherbaren Risiko: Bemerkungen zum Wandel der Wahrnehmung von Hagelschlag in der Frühen Neuzeit, in: Zeitschrift für Agrargeschichte und Agrarsoziologie 58 (1), 2010, S. 92–101, hier S. 96–98.

23 Vgl. Haid, Klänge gegen Naturgefahren, S. 60.

24 Vgl. Pachatz, Gunter C.: Analyse der Effizienz der Hagelabwehr in der Steiermark anhand von Fallbeispielen, Graz 2005 (Wegener Zentrum für Klima und Globalen Wandel Karl-Franzens-Universität Graz, Wissenschaftlicher Bericht, Nr. 3), S. 38 f.

25 Heinrich, Placidus: Abhandlung über die Wirkung des Geschützes auf Gewitterwolken, München 1789, S. 128.

26 Denkschriften der Königlichen Akademie der Wissenschaften zu München für die Jahre 1811 und 1812, München 1812, S. iv.

noch mechanische Wirkung des Schießens auf Gewitterwolken Statt [sic!] finde«.[27]

Dass die Wirkung von Mörsern und Kanonen auf atmosphärische Phänomene im 18. Jahrhundert zwar in den Bereich unsicheren Wissens gehörte, unter wissenschaftlichen Gesichtspunkten jedoch sehr wohl denkbar war, zeigte auch das 1765 von Louis de Jaucourt in der *Encyclopédie* verfasste Lemma *orage*, in dem de Jaucourt die sich hartnäckig haltenden Berichte von Militärs als glaubwürdig und weiterer Betrachtung wert taxierte:

»Wir haben unsere Soldaten mehr als einmal sagen hören, dass der Lärm von Kanonen Stürme zerstreut und dass man in belagerten Städten nie Hagel sieht. Ich wage nicht zu versichern, dass wir uns auf diese Beobachtung verlassen können; Es scheint jedoch, dass die Zustimmung so vieler vertrauenswürdiger Menschen, die behaupten, es geschafft zu haben, von einiger Bedeutung sein muss.«[28]

Obwohl diese vormodernen Praktiken und Vorstellungen der Wetterbeeinflussung differierenden Erklärungsmustern folgten und auch uneinheitlich bewertet wurden, lässt sich doch festhalten, dass seit dem 16. Jahrhundert die Verlinkung des Abfeuerns von Kanonen mit lokalen Wetterveränderungen relativ stabil war. Diese Präidee wurde Ende des 19. Jahrhunderts erneut aufgenommen und verhandelt – nun unter neuen Vorzeichen: Einerseits traf sie nun auf eine selbstbewusstere, bereits weitgehend professionalisierte Meteorologie und andererseits auf verstärkte Vorsorge- und Präventionsbemühungen, wie sie sich im Kontext einer Neubewertung der Natur und technischen Fortschritts herausgebildet hatten.[29]

---

27 Ebd., vgl. auch von Imhof, Maximus: Über das Schiessen gegen heranziehende Donner- und Hagel-Gewitter zur zwey und fünfzigsten Wiederkehr der Stiftungsfeyer der königl. bayer. Akademie der Wissenschaften am 28. März 1811, München 1811.

28 Jaucourt, Louis: orage, L'Encyclopédie, 1. Auflage, 11. Band, 1765, <https://fr.wikisource.org/wiki/L%E2%80%99Encyclop%C3%A9die/1re_%C3%A9dition/ORAGE>, Stand: 2.3.2016. Im Original: »Nous avons oui dire plus d'une fois à nos militaires, que le bruit du canon dissipe les orages, & qu'on ne voit jamais de grêle dans les villes assiégées. Je n'oserois assurer qu'on puisse compter sur cette observation; il semble pourtant que l'accord de tant de gens dignes de foi, qui prétendent l'avoir faite, doit être de quelque considération.«

29 Vgl. Hannig, Kalkulierte Gefahren, S. 327 ff.

Albert Stigers Hagelkanonen – die Verwissenschaftlichung einer vormodernen Praktik

Albert Stiger, Winzer und Bürgermeister des steirischen Dorfs Windisch-Feistritz (heute Slovanska Bistrica in Slowenien), hatte in den 1890er Jahren ein existenzielles Problem: Beinahe jährlich wurden seine am südwestlichen Ausläufer des Bachergebirges liegenden Rebkulturen von Hagelschauern in Mitleidenschaft gezogen. Nachdem der Versuch, seinen Weinberg mit einem engmaschigen Drahtnetz vor Hagelschäden zu schützen, aus finanziellen Gründen gescheitert war, erinnerte sich Stiger an die Praktik des Hagelschießens. Diesen Rückgriff auf eine insbesondere in der Steiermark weit zurück reichende Tradition verschleierte Stiger keineswegs. Auch die ihm folgenden Fachleute legten die Herkunft offen, wobei gerade die Tatsache, dass sich das »Wetterschießen« in der Vergangenheit immer wieder Verwendung gefunden hatte, als ein Argument für dessen Wirksamkeit diente.

Die Grundlage für das »Hagelschießen« bildeten zunächst nicht die zeitgenössischen wolkenphysikalischen Theorien, sondern Stigers meteorologisches Erfahrungswissen als Winzer. Er hatte die Beobachtung gemacht, dass jedem Hagelgewitter ein »ruhige[r] atmosphärische[r] Zustand«[30] vorausging. Diese »beängstigende Ruhe und Stille«[31] sollte – so die Vorstellung Stigers – durch das Abfeuern einer Kanone gestört werden. Um die auf der Detonation beruhende Wirkung sicherzustellen, bastelte Stiger, nachdem er offenbar auf die Expertise von Handwerkern und Offizieren zurückgegriffen hatte, eine eigentliche Hagelkanone mit einer »trompetenförmigen Erweiterung«.[32] An Fronleichnam 1896 richtete er erstmals seinen modifizierten Mörser auf eine bedrohliche Hagelwolke – für Stiger mit offensichtlichem und bahnbrechendem Erfolg. Während ihm gemäß eigenen Angaben in den 30 Jahren vor 1896 jährlich die Weinernte durch Hagel zumindest teilweise zerstört worden sei, blieben seine Reben – nun angeblich geschützt durch die Hagelkanonen – verschont.[33]

Es blieb nun nicht bei dieser lokalen Episode: Ausgehend von den Erfolgsmeldungen aus der Steiermark wurden in den Folgejahren in vie-

30 Albert Stiger's Wetterschießen in Steiermark, Graz 1900 (bearbeitet von G. Suschnig, Leiter der Kammerwerke der Firma Carl Greinitz Neffen in Graz), S. 1.

31 Trabert, Wilhelm: Hagelwetter und Wetterschießen, in: Schriften des Vereines zur Verbreitung Naturwissenschaftlicher Kenntnisse in Wien 40, Wien 1900, S. 119–144, hier S. 137.

32 Albert Stiger's Wetterschießen, S. 1.

33 Vgl. ebd.

len europäischen Weinbaugebieten Hagelabwehrdispositive aufgespannt. Nicht zuletzt durch ausführliche Berichte in Zeitschriften wie der österreichischen *Die Weinlaube – Zeitschrift für Weinbau und Kellerwirtschaft* oder italienischen Pendants wie *L'agricoltura moderna* und *Il Coltivatore – Giornale d'agricoltura practica*[34] sowie Verkaufsbemühungen der Hagelkanonenproduzenten wie der Firma Carl Greinitz Neffen in Graz[35] verbreitete sich die Praxis des »Wetterschießens« nicht nur in den Weinregionen Oberitaliens und der Toskana – bis 1899 waren dort bereits 2000 »Wetterschieß-Consortien« und »Schießstationen« eingerichtet worden –,[36] sondern auch in Frankreich, Ungarn, Spanien und Russland bemerkenswert schnell.[37]

Über Norditalien gelangte das Hagelschießen in den Schweizer Kanton Tessin, wo vom Eidgenössischen Landwirtschaftsdepartement unterstützt der Agronom Gaetano Domini eine Versuchsstation mit zehn Kanonen einrichtete.[38] Franziska Hupfer hat im Detail ausgeführt, wie sich der Regierungsrat des Kantons Zürich durch die Berichterstattung in der *Meteorologischen Zeitschrift* und der *Neuen Zürcher Zeitung*[39] sowie dem Abfeuern von Hagelkanonen am Zürichsee-Ufer veranlasst sah, sich mit dem »Hagelschießen« auseinanderzusetzen. Eine Delegation unter der Leitung des kantonalen Kultur-Ingenieurs Johannes Girsberger sollte im Oktober 1900 auf einer 14-tägigen Reise nach Wien über die Steiermark und Oberitalien ins Tessin reisen. Die erstellte »Studie über das Wetterschießen in Oestereich, Italien und im Kanton Tessin«[40] führte zur Einberufung einer Kommission »für das Studium der Frage der Bekämpfung der Hagelwetter«.[41] Auch in ande-

---

34 Vgl. Girsberger, J.; Stahel, J.: Die Bekämpfung der Hagelwetter: Studie über das Wetterschiessen in Oesterreich, Italien und im Kanton Tessin und Vorschläge zur Einführung desselben im Kanton Zürich. Reisebericht erstattet an die hohe Regierung des Kantons Zürich von J. Stahel, Oberstlieutenant, und J. Girsberger, kant. Kultur-Ingenieur, in Zürich, Zürich Januar 1901; Stahel und Girsberger zitieren aus verschiedenen Zeitschriften wie *Die Weinlaube*, *L'Agricoltura* oder *Coltivatore*.

35 Vgl. Carl Greinitz Neffen: Einige Zeitungsberichte über das Wetterschiessen: Aus der Tagespost vom 8. Dezember 1899, STAZH O 20.1 Hagel; Carl Greinitz Neffen: Einige Urteile über unsere Wetterwehr-Apparate, nach 1900, STAZH O 20.1 Hagel.

36 Albert Stiger's Wetterschiessen, S. 8 f.

37 Vgl. Plumandon, J. R.: Cannon and Hail, in: Monthly Weather Review 30 (13), 1903, S. 604–607.

38 Vgl. Donini, G. an Eidgenössisches Landwirtschaftsdepartement, Bern 9.6.1900, STAZH O 20.1 Hagel; Aus dem Protokoll des Regierungsrates 1900: 1355 – Hagelschiessen, STAZH O 20.1 Hagel;

39 Neue Zürcher Zeitung, 5. Mai 1900, Morgenblatt.

40 Girsberger, Stahel, Die Bekämpfung der Hagelwetter.

41 Mitglied der siebenköpfigen Kommission war u.a. der Pflanzenphysiologe Hermann Müller-Thurgau (1850–1927); vgl. Aus dem Protokolle des Regierungsrates 1901: 492 – Hagelschiessen,

ren Schweizer Gegenden mussten sich die Behörden mit dem »Hagelschießen« auseinandersetzen. Die Landwirtschaftsschule Rütti bei Bern sprach sich für Abklärungen aus und Regierungsrat Friedrich von Wattenwyl – zuständig für »Militär und Forste« – reiste nach Graz, um die Schießversuche zu begutachten.[42]

Während sich das Grundprinzip des »Wetterschießens« in Europa nahezu unverändert verbreitete, erfuhr das Wissen bei der transatlantischen Zirkulation entsprechend der jeweiligen (Wetter- und Klima-)Kontexte Anpassung. Das europäische »Wetterschießen« erwies sich insbesondere in den USA anschlussfähig, wo bereits 1871 der Ingenieur Edward Powers das Buch *War and Weather: The Artificial Production of Rain* publiziert hatte. Powers These, die er ausgehend von der (weit zurück reichenden) beobachteten Korrelation von Schlachten und Niederschlag formuliert hatte, dass schweres Geschützfeuer Niederschlag verursachte, erlangte in den Folgejahren eine gewisse Popularität, sodass der US-Kongress 1890 dem Landwirtschaftsdepartement 9000 Dollar zur Überprüfung zur Verfügung stellte.[43] Die in den Folgejahren durchgeführten Versuche blieben zwar hinter den Erwartungen zurück, doch als die einschlägigen Zeitschriften über europäische Hagelabwehrversuche berichteten, wurde die Frage, inwiefern das Abfeuern von Kanonen Regen auslösen konnte, erneut aufgegriffen.[44]

Selbst nach Australien gelangten die europäischen »Hagelkanonen«. Der gebürtige Brite Lindley Wragge (1851–1922), mitverantwortlich für den Aufbau eines australischen meteorologischen Messnetzwerkes und die Gründung der Meteorological Society of Australasia 1886, nahm in seiner Funktion als Meteorologe des Bundesstaates Queensland an den internationalen Konferenzen 1891 in München und 1898 in Paris teil, wo er über österreichische Kollegen das »Wetterschießen« kennenlernte. Nach seiner Rückkehr nach Brisbane im Februar 1901 ließ er einen ersten Prototyp der »Stiger Vortex Guns« konstruieren und im botanischen Garten von Brisbane Versuche durchführen. Ohne detaillierte Angaben zum Wirkungsmechanismus veränderte Wragge jedoch den Anwendungszweck: Wie in den USA sollten die Kanonen nun nicht mehr Hagel verhindern, sondern Wolken ausregnen las-

---

1.4.1901, STAZH O 20.1 Hagel; vgl. dazu Hupfer, Franziska: Das Wetter der Nation: Meteorologie, Klimatologie und der schweizerische Bundesstaat, 1860–1914, Zürich 2019, S. 272–281.

42 Vgl. o. V.: Wetterschießen oder Hagelschießen, in: Die Ostschweiz, 5. Juli 1900, S. 2.

43 Vgl. Harper, Make It Rain, S. 22–25; Krehl, Peter O. K.: History of Shock Waves, Explosions and Impact: A Chronological and Biographical Reference, Berlin, Heidelberg 2008, S. 403.

44 Vgl. o. V.: Artificial Rain, in: Monthly Weather Review 28 (1), 1900, S. 22–23.

sen und damit Regen produzieren. Die Versuche galten als immerhin so vielsprechend, dass die Regierung von Queensland eine Batterie von sechs Kanonen bewilligte. Nachdem Wragge kurz darauf aus dem Staatsdienst ausscheiden musste und vor allem, als sich in der *Scientific Community* die kritischen Stimmen hinsichtlich der Wirksamkeit zu häufen begannen, gerieten auch die zu Regenkanonen umfunktionierten »Stiger Vortex Guns« in Australien in Vergessenheit.[45]

Diese Skizze der Verbreitung des »Wetterschießen« zeigt, dass es sich dabei weder um ein regional begrenztes Phänomen noch allein um eine obskure Praktik »unwissender« Bauern handelte. Das »Wetterschießen« – und darin lag der entscheidende Unterschied zur vorgängigen Debatten zur Wetterbeeinflussung – traf nun auf eine Meteorologie, die sich im Verlauf des 19. Jahrhunderts zu einer selbstständigen Disziplin auf der Grundlage der Physik entwickelt hatte. Spätestens ab 1870 wurde vermehrt von staatlicher und militärischer Seite die meteorologische Forschung gefördert, der nationale Wetterdienst eingerichtet und gleichzeitig die internationale Kooperation vorangetrieben.[46] Diese bereits international vernetzte meteorologische *Scientific Community* begleitete das »Wetterschießen« nicht nur von Anfang an, sondern verhalf ihm auch – zumindest in den ersten Jahren – durch wissenschaftlich gestützte, positive Bewertungen zu einer gewissen Glaubwürdigkeit. Insbesondere die ersten Fachkonferenzen zum »Wetterschießen« waren von einer eigentlichen Euphorie geprägt. An der ersten Konferenz im November 1899 im piemontesischen Casale Monferrato zeigte sich die Mehrheit der 500 Teilnehmer überzeugt, dass »die in diesem Jahr erzielten Erfolge

45 Zu Wragge vgl. Adamson, Peter: Clement Lindley Wragge and the Naming of Weather Disturbances, in: Weather 57, 2006, S. 359–364, Gourlay, R. J.: Clement Wragge and the Stiger, in: Weather 28 (12), 1973, S. 494–499; Newman, B. W.; Deacon, E. L.: A ›Dynamic‹ Meteorologist: Clement Wragge, 1852–1922, in: Weather 11 (1), 1956, S. 3–7.

46 Zur Entwicklung der Meteorologie im 19. Jahrhundert vgl. u.a. Höhler, Sabine: Ballonfahrer und Meteorologen: Die Frühgeschichte der Luftfahrtforschung, in: Trischler, Helmuth (Hg.): Ein Jahrhundert im Flug: Luft- und Raumfahrtforschung in Deutschland 1907–2007, Frankfurt am Main 2007, S. 31–50; Emeis, Stefan: Das erste Jahrhundert deutschsprachiger meteorologischer Lehrbücher, in: Berichte zur Wissenschaftsgeschichte 29, 2006, S. 39–51; Fleming, James Rodger: Meteorology in America, 1800–1870, Baltimore 1990; Anderson, Katharine: Predicting the Weather: Victorians and the Science of Meteorology, Chicago, London 2005; Hupfer, Das Wetter der Nation, S., 23–57, 83–107.

[des Hagelschießens] gar nicht vielversprechender sein könnten«[47] und auch in der *Meteorologischen Zeitschrift* galt um 1900 das »Wetterschießen« nicht mehr als eine abergläubische Praktik, sondern als ernst zu nehmender Untersuchungsgegenstand:

»Wenn wir vor ein paar Jahren noch vom Wetterschießen lasen, sahen wir vorsichtig nach, ob auf dem Zeitungsblatte nicht als Datum der 1. April stehe. Heute fällt das Niemandem mehr ein. Manch anfangs arg bespöttelter Gedanke hat sich schon mit der Zeit zu einem ganz nutzbringenden Dinge ausgewachsen.«[48]

In der wissenschaftlichen Auseinandersetzung mit dem »Hagel- und Wetterschießen« kristallisierten sich jedoch sehr bald zwei grundlegende epistemologische Probleme heraus, die schließlich zum Scheitern des »Hagelschießens« führten: Einerseits stellte es eine große Herausforderung dar, eine robuste Aussage zur Wirksamkeit zu treffen. Andererseits fehlte den zeitgenössischen Meteorologen eine verlässliche atmosphärenphysikalische Niederschlagstheorie, um eine allfällige Wirksamkeit plausibel erklären zu können. An den folgenden Konferenzen in Padua 1900, Lyon 1901 und Graz 1902 wich dann auch die anfängliche Begeisterung bald der Ernüchterung.[49] An der Konferenz in Graz sahen von 50 Experten gerade noch acht die Wirksamkeit als erwiesen. Die restlichen befanden die Resultate zweifelhaft bis unwahrscheinlich.[50]

Die ersten Meteorologen, die sich mit Stigers »Wetterschießen« aus dezidiert wissenschaftlicher Perspektive auseinandersetzten, stammten aus dem Umfeld der Wiener Zentralanstalt für Meteorologie. Allein die Karriereverläufe des Direktors der Zentralanstalt Josef Maria Pernter (1848–1908) und seines wissenschaftlichen Mitarbeiters Wilhelm Trabert (1863–1921) stehen stellvertretend für die Transformation der Meteorologie an der

47 Perntner, Josef Maria: Vortrag über das Wetterschiessen gehalten vom Universitäts-Professor und Director der k. k. Centralanstalt für Meteorologie und Erdmagnetismus in Wien Dr. J. M. Pernter in der meteorologischen Gesellschaft, Wien 1900, S. 11.

48 O. V.: Ueber das Hagelschießen, in: Meteorologische Zeitschrift 17 (3), 1900, S. 125–128, hier S. 128.

49 Vgl. Perntner, Josef Maria: Vortrag in der meteorologischen Gesellschaft Wien, 20. Januar 1900, in: Albert Stiger's Wetterschiessen in der Steiermark, bearbeitet von G. Suschnig, Leiter der Hammerwerke der Firma Carl Greinitz Neffen in Graz in St. Katharein an der Lamming, Graz 1900, S. 9 f.

50 Vgl. Baillaud, Jules: Bericht über die internationale Experten-Conferenz für Wetterschiessen in Graz, in: Jahrbücher der K. K. Central-Anstalt für Meteorologie und Erdmagnetismus, Wien 1902, S. 916.

Schwelle des 20. Jahrhunderts hin zu einer Physik der Atmosphäre. Der ehemalige Jesuit Pernter war promovierter Physiker und wandte sich erst nach seiner Habilitation in »Kosmischer Physik« den Geowissenschaften zu und beschäftigte sich insbesondere mit alpinmeteorologischen Problemstellungen.[51] Auch Trabert hatte zunächst Physik studiert und sich erst während seiner Zeit als Assistent an der Zentralanstalt mit seiner Habilitation 1893 auf Meteorologie spezialisiert. Als im September 1897 der steirische Landesausschuss bei der *Wiener Zentralanstalt für Meteorologie* um eine Überprüfung der Wirksamkeit »Schießversuche« durch einen Experten bat, reiste Wilhelm Trabert für eine erste Beurteilung in die Steiermark.[52]

In dieser frühen Phase der Debatte um das »Wetterschießen« war aufgrund des Fehlens jeglicher quantitativen Erhebungen eine auf den zeitgenössischen wissenschaftlichen Kriterien beruhende Aussage zur Wirksamkeit nicht möglich. Stigers offenbar mündlich geäußerte Versicherung, dass Windisch-Freistritz seit Beginn des »Wetterschießens« von Hagelwetter verschont geblieben wäre, wurde jedoch ernst genommen und die schnelle Ausbreitung der »Schießstationen« als ein Indiz für die Wirksamkeit gewertet.[53] Außerdem sah Trabert durch eine Analogie die Wirksamkeit des »Wetterschießens« gestützt. Er stellte fest, dass es in der zweiten Hälfte des 19. Jahrhunderts zu einer auffälligen Zunahme – einer Versechsfachung – von Gewittern gekommen sei, die zeitlich mit dem »Aufblühen der Industrie«[54] korrelierte. Daraus folgerte er: »Wenn nun aber so der Mensch, ohne es zu wissen und ohne es beabsichtigt zu haben, in so einschneidender Weise den Verlauf des Wetters eingegriffen hat, sollte es da nicht möglich sein, auch mit Absicht und Überlegung dem Wetter entgegenzutreten, die man geschaffen, wieder zu bannen?«[55] Zumindest lokale, unbeabsichtigte menschliche Eingriffe in die Atmosphäre konnten also bereits um 1900 gedacht werden

51 Vgl. Hammerl, Christa: Pernter, Josef, in: Neue Deutsche Biographie 20 (2001), S. 196, Online-Version: URL: https://www.deutsche-biographie.de/pnd116081988.html#ndbcontent, Stand: 10.10.2019.

52 Vgl. Hager, Will: Hydraulicians in Europe 1800–2000: A Biographical Dictionary of Leaders in Hydraulic Engineering and Fluid Mechanics, Bd. 2, Delft 2003, S. 823.

53 Trabert, Hagelwetter und Wetterschiessen, S. 137 f.; Auch Pernter betonte 1900 in einem Vortrag, dass »bis heute […] dort thatsächlich kein Hagelschaden mehr vorgekommen [sei]«, vgl. auch Pernter, Vortrag über das Wetterschiessen, S. 11.

54 Trabert, Hagelwetter und Wetterschiessen, S. 135.

55 Ebd.

und dienten hier als Argument für die grundsätzliche Möglichkeit, gezielt in Wetterphänomene eingreifen zu können.

Trabert klammerte in seiner ersten Untersuchung die Frage nach der Wirksamkeit aus – da er sie zumindest ansatzweise für gelöst hielt – und wandte sich der Frage zu, wie denn »vom wissenschaftlichen Standpunkte aus eine Wirksamkeit des Schießens denkbar [sei]«.[56] Wie der meteorologische Laie ging auch er von den sicht- respektive hörbaren Auswirkungen des »Wetterschießens« aus. Beim Abfeuern der »Pöller« in Richtung der Hagelwolke hatten sich aber bereits bei den ersten Versuchen im Sommer 1896 neben der Detonation zwei weitere Phänomene gezeigt: Ein aufsteigender »eigenthümlicher Wirbelring«[57] aus Rauch und ein Zischen und Pfeifen. Trabert sah zwei Möglichkeiten, die Wirkung des Schießens zu erklären: »Es könnte der Schall das Wirksame sein, es könnte aber auch der entstehende Luftwirbelring, der sicher die Wolkenhöhe erreiche, die Hauptsache sein.«[58] Das Interesse der Wiener Meteorologen fokussierte sich sehr bald auf diesen »ganz eigenthümliche[n] Wirbelring, ähnlich den Rauchringen der Raucher, der in sich rotiert und pfeifend wie ein Geschoss mit großer Geschwindigkeit dahinsaust« und dessen »enorme mechanische Energie«.[59] In der Folge suchten sie in der zeitgenössischen Niederschlags- resp. Hageltheorie nach einem Ansatzpunkt für den Ursache-Wirkung-Mechanismus.

In einer 1899 veröffentlichten Synthese Traberts zu den verschiedenen Hageltheorien präsentierte sich nicht nur ein beispielhafter Überblick über die Mittel meteorologischer Wissensproduktion um 1900, sondern auch die zahlreichen offenen Fragen hinsichtlich der Hagelbildung. Angesichts der fehlenden konkreten Ansatzpunkte zur Erklärung der Wirkung des »Hagelschießens« musste Trabert mit der These arbeiten, dass durch »kräftige Schallwellen sowie mechanische Erschütterungen«[60] unterkühlte Wolkentröpfchen noch vor dem Zusammenfließen zum Erstarren gebracht würden. Auch der deutsche Meteorologe Karl Mack (1857–1934) betonte 1900, dass durch Kanonenschüsse »Luftbewegungen von so außerordentlich großer

56 Trabert, Hagel und Wetterschiessen, S. 139.

57 Ebd.

58 Ebd., S. 142.

59 Beide Zitate ebd., S. 139 f.

60 Trabert, Wilhelm: Die Bildung des Hagels, in: Meteorologische Zeitschrift 16 (10), 1899, S. 433–447, hier S. 446.

Energie erzeugt würden«, um »einen zureichenden Grund für eine auf die Wetterwolken auszuübende Wirkung zu erkennen«.[61]

Abb. 2: Horizontale »Schießversuche« auf dem Schießplatz der Firma Carl Greinitz Neffen
Quelle: Ueber Hagel und Wetterschießen, in: Prometheus: Illustrirte Zeitschrift über die Fortschritte in Gewerbe, Industrie und Wissenschaft 12 (567), 1900, S. 55

Auch wenn Trabert die exakte Ursache-Wirkung-Beziehung nicht benennen konnte, so war also eine Wirkung über eine möglichst große mechanische Energie (in Form der »Wirbelringe«) denkbar. Die Konsequenz dieser Logik war, dass der »Wetterschießapparat [...], welcher die kräftigsten und dauerhaftesten Ringe erzeugt[e]«[62], am vielversprechendsten für eine erfolgreiche Hagelabwehr sei. Der erste Augenschein bei Albert Stiger selbst schien nahezulegen, dass die Kanonen die notwendige Energie zu Verfügung stellten und die »Wirbelringe« auch die entsprechende Wolkenhöhe erreichen würden. Trabert und Pernter nahmen in der Folge auf dem

61 Mack, Karl: Die Bekämpfung des Hagels durch das sogenannte Wetterschiessen, in: Jahreshefte des Vereins für vaterländische Naturkunde in Württemberg 56, 1900, S. 470–483, S. 471.

62 Pernter, Josef Maria; Trabert, Wilhelm: Untersuchungen über das Wetterschiessen, in: Meteorologische Zeitschrift 17 (9), 1900, S. 385–414, S. 387.

firmeneigenen Schießplatz des Hagelkanonenproduzenten Karl Greinitz Neffen an Versuchen teil und zeigten sich sowohl beim vertikalen als auch horizontalen Abfeuern der Kanone beeindruckt von den »staunenswerthe[n] Kraftäußerungen«.[63]

Dass in der Folge die Wirksamkeit über eine möglichst große Energiezufuhr angenommen wurde und deshalb zur Beeinflussung der gewaltigen Naturkräfte ebenso gewaltige Kräfte angewendet werden sollte, schlug sich auch in der Praxis des Schießens nieder. In Zürich beklagte beispielsweise Johannes Girsberger die »Schießdisziplin« des Hagelschießens am rechten Zürichsee-Ufer für das Jahr 1901. Da »das Schießen einzelner, zerstreut liegender Geschütze [...] von vornherein als nutzlos betrachtet werden [müsse]«, sei es unabdingbar, dass »jeweils sämtliche Geschütze in Funktion treten«.[64] Nur die konzertierte Bündelung der Hagelkanonen versprach somit Erfolg.

Da lediglich eine sehr allgemeine, nicht näher spezifizierte Wirkung des Schießens auf atmosphärische Vorgängen angenommen wurde, geriet auch das Abfeuern von Geschützen im Allgemeinen in den Fokus. Das Preußische Meteorologische Institut in Berlin publizierte im Dezember 1901 in der Meteorologischen Zeitschrift die Resultate einer Untersuchung mit dem Titel *Hat das Schießen mit Geschützen Einfluss auf Gewitter- und Hagelbildung?*[65] Das Institut war in einer Studie der Frage nachgegangen, ob »die Artillerie-Schießplätze im Bereich der preußischen Armeeverwaltung bezüglich der Witterungsverhältnisse und vor Allem der Gewitterzüge und Hagelfälle ein anderes Verhalten zu erkennen geben als ihre Umgebung«.[66] Für einen Zeitraum von drei Jahren hatte man die Gewitter- und Hagelhäufigkeit im Bereich der zwölf Schießplatzstationen analysiert und diese mit angrenzenden, von den Schießübungen nicht tangierten Gebieten verglichen.[67]. Das Preußische Meteorologische Institut versuchte über den Abgleich der

63 Trabert, Pernter, Untersuchungen über das Wetterschiessen, S. 390; vgl. dazu auch Pernter, Josef Maria: Vortrag über das Wetterschiessen gehalten vom Universitäts-Professor und Director der k. k. Centralanstalt für Meteorologie und Erdmagnetismus in Wien Dr. J. M. Pernter in der meteorologischen Gesellschaft, Wien 1900.

64 Girsberger, Johann: Auszug aus den Berichten der Wetterwehr-Genossenschaft am rechten Zürichseeufer über ihre Tätigkeit in den Jahren 1901 und 1902, Dezember 1902, STAZH O 20.1 Hagel.

65 Lachmann, G.: Hat das Schiessen mit Geschützen Einfluss auf Gewitter- und Hagelbildung?, in: Meteorologische Zeitschrift 18 (12), 1901, S. 559–566.

66 Ebd., S. 559–566.

67 Ebd., S. 599.

Abb. 3: Hagelkanonen der Maschinenfabrik und Schaffhausen, um 1900
Quelle: ETH-Bibliothek Zürich, Bildarchiv / Fotograf: Comet Photo AG (Zürich) / Com_M22-0204-0001 / CC BY-SA 4.0

Gewittertage für den Zeitraum der drei Jahre mit dem Wert der Vergleichsstationen eine belastbare Aussage zu treffen. Daraus ergab sich, dass »die Schiessplatzstationen in ihrer Gesamtheit im Jahre 4 Gewittertage weniger als das denselben benachbarte Gebiet« aufwiesen, »bezüglich der Hagelfälle jedoch keine klare Beziehung« festgestellt werden konnte.[68] Zwar gab es beträchtliche Unterschiede zum eigentlichen »Hagelschießen« – so wurde

68 Ebd., S. 563, 566.

mit Munition, dafür aber »ohne Rücksicht auf die gerade herrschenden Witterungsverhältnisse« und nicht gezielt auf Wolken geschossen –, doch es zeigten sich vergleichbare Probleme hinsichtlich des Wirksamkeitsnachweises wie beim »Hagelschießen«.[69]

Dieses grundlegende Problem fasste der französische Meteorologe Jean-Raymond Plumandon vom Observatorium in Puy-de-Dôme im Abschlussbericht des Kongresses 1901 in Lyon, der in einer englischen Übersetzung in der *Monthly Weather Review* der American Meteorological Society abgedruckt wurde, prägnant zusammen: »Ist es das Abfeuern der Kanone, das den Sturm aufgelöst hat? Das ist nicht völlig unmöglich, aber wer kann das schon mit Sicherheit sagen, da eine Auflösung sehr häufig vorkommt, ohne dass überhaupt eine Kanone abgefeuert wurde?«[70]

Die Meteorologen versuchten mit vergleichbaren Versuchsanordnungen wie die preußische Armeeverwaltung robuste Aussagen zur Wirksamkeit zu machen. Vereinfacht gesagt verfolgten sie zwei Strategien, die jedoch auch kombiniert werden konnten: Einerseits sollten – wie etwa bei einer 1900 durch den Physiker Alfredo Pochettino im Auftrag der italienischen Regierung in Conegliano durchgeführten Studie – von Hagelkanonen ungeschützte Gebiete als Kontrollgruppe dienen.[71] Andererseits wurde versucht, bei den Versuchen des Kantons Zürich am rechten Zürichsee-Ufer, die ausgebliebenen oder trotz des Schießens eingetretenen Hagelschäden mit den Wetterberichten des Meteorologischen Zentralanstalt abzugleichen, um so statistisch eine Korrelation zwischen dem Schießen und ausbleibendem Hagel herstellen und davon ausgehend einen Kausalzusammenhang postulieren zu können.[72]

---

69 Ebd., S. 560 f.

70 Plumandon, J. R.: General Report on Hail Shooting Presented to the Congress of Lyon, in: Monthly Weather Review 30 (1), 1902, S. 35–38, hier S. 35; Übersetzung hier und im Folgenden vom Autor. Im Original: »Is it the firing of the cannon that has dissipated the storm? This is not absolutely impossible, but who can affirm that it is so, since dissipation occurs very frequently without any cannon at all being fired?«

71 Vgl. Perugi, Manolo: La difesa attiva contro la grandine tra Otto e Novecento: prima indicazioni di ricerca, in: Faila, Osvaldo, Fumi, Gianpiero (Hg.): Gli agronomi in Lombardia: dalle cattedre ambulanti ad oggi, Mailand 2006, S. 343–351, hier S. 350 f.; Plumandon, Cannon and Hail, S. 604–607.

72 Vgl. Girsberger, Johann: Zusammenstellung der Berichte über den Betrieb des Wetterschiessens im Wetterwehrgebiet am rechten Zürichseeufer für das Jahr 1903 (III. Betriebsjahr), 23.4.1903, STAZH O 20.1 Hagel; Girsberger, Johann: Auszug aus den Berichten der Wetterwehr-Genossen-

Obwohl die verschiedenen Versuchsanordnungen mehrdeutige und interpretationsbedürftige Resultate lieferten, wurde aufgrund einzelner offensichtlicher Misserfolge die »überschwängliche Sicherheit«[73] hinsichtlich der Wirksamkeit des Wetterschießens der ersten Jahre problematisiert. Diese Misserfolge wurden jedoch zunächst nicht als Indizien für eine grundsätzliche Wirkungslosigkeit des Hagelschießens gedeutet; im Fokus der Erklärungsversuche für die »theils sehr starke Hagelschäden in den Wetterschiessgebieten«[74] stand weiter die fehlende Energie. So referierte Josef Maria Pernter in der *Meteorologischen Zeitschrift* im März 1901 einen Bericht des Generalinspektors der italienischen Hagelversicherungsgesellschaft in Mailand, der mehrere Fälle von Hagelschäden dokumentiert hatte, die trotz »regelrechten und ausdauernden Schießens«[75] vorgekommen wären. Pernter, der bereits auf dem noch von großem Optimismus geprägten Kongress in Padua eine sorgfältigere Beweisführung gefordert hatte, unterstützte die Berichterstattung über Misserfolge, die er als notwendig für eine »giltige (sic!)«[76] Beweisführung ansah. Die Aussage der italienischen Hagelversicherung, dass »das Wetterschießen so ziemlich nutzlos« sei, wies er jedoch als »zu rasch geschlossen und daher nicht berechtigt zurück« und zwar, weil die »kleinen Apparate und kleinen Ladungen«, die in Italien Verwendung fanden, heute schon »als unzureichend erwiesen« seien.[77]

In der Folge waren es jedoch Trabert und Pernter, die das Funktionieren jenseits des problembehafteten Wirksamkeitsnachweises grundsätzlich infrage stellten. Bei Versuchen, die Geschwindigkeit der »Wirbelringe« mithilfe von Fesselballons und auf Bergstationen zu messen, hatten sie wider Erwarten festgestellt, dass einerseits die Geschwindigkeit schnell abnahm und andererseits der Ring auch keineswegs die angenommene Höhe von bis zu 2000 Metern erreichte und somit nicht genügend Energie für eine Beeinflussung, der »gewaltige[n] Naturerscheinungen«[78] zu Verfügung stellte.

---

schaft am rechten Zürichseeufer über ihre Tätigkeit in den Jahren 1901 und 1902, Dezember 1902, STAZH O 20.1 Hagel.

73 Pernter, Josef Maria: Hagelschäden trotz Wetterschiessen, in: Meteorologische Zeitschrift 18 (3), 1901, S. 135–136, hier S. 135.

74 Ebd.

75 Ebd.

76 Ebd.

77 Alle Zitate ebd., S. 135–136.

78 Pernter, Trabert, Untersuchungen über das Wetterschiessen, S. 385/412.

In dieser Gemengelage – Einsicht in die fehlende Energie auf der einen, problembehafteter Wirksamkeitsnachweis auf der anderen Seite – ebbte der fachwissenschaftliche Diskurs zum »Wetterschießen« in den Folgejahren stark ab. Pernter selbst verkündete 1907 »Das Ende des Wetterschießens«.[79] Und ein Jahr später schaute Carl Kassners, Observator am Königlichen Preußischen Meteorologischen Institut, in einer populärwissenschaftlichen Publikation bereits mit einer gewissen Verwunderung auf die Debatte zurück: »Eigenthümlicherweise [sic!] hat das 1890 wieder angewandte Wetterschießen gegen Hagelwolken auch gerade nur zehn Jahre erlebt. [...] Jetzt hat der Leiter des amtlichen Versuchsschießfeldes in Oberitalien in einer Denkschrift das Hagelschiessen endlich für zwecklos erklärt.«[80]

Das Wetterschießen verschwand indes nicht ganz: In der Steiermark, Italien oder der Schweiz wurde bis in die 1950er Jahre – nun außerhalb des wissenschaftlich Sanktionierten – mit Kanonen und Raketen auf Hagelwolken geschossen.[81] Als sich nach dem Zweiten Weltkrieg der Wettermodifikationsdiskurs etablierte, konnte zumindest teilweise an diese weiter gepflegte Praxis und Infrastruktur angeschlossen werden. Während sich hinsichtlich des Ursache-Wirkung-Mechanismus eine entscheidende Verschiebung vollzog, sollte der Wirksamkeitsnachweis, der sich bereits um 1900 als problembehaftet erwiesen hatte, weiter eines der umstrittensten Felder des Diskurses bleiben.

Wolken

Der renommierte Meteorologe Horace Robert Byers hielt 1974 in einer 40-seitigen Einleitung eines Sammelbandes Rückschau auf die Geschichte der Wetterbeeinflussung. Beispielhaft betonte er dabei die »Geburtsstunde« 1946: »Die wissenschaftliche Wetterbeeinflussung nahm 1946 ihren Anfang.

79 Pernter, Josef Maria: Das Ende des Wetterschiessens, in: Meteorologische Zeitschrift 24 (3), 1907, S. 97–102.

80 Kassner, Carl: Das Wetter und seine Bedeutung für das praktische Leben, Leipzig 1908, S. 144.

81 Vgl. Schweizerische Hagel-Versicherungs-Gesellschaft (Hg.): Untersuchungen über die Wirksamkeit der aktiven Hagelabwehr mittelst Raketen 1945–1952, o. O. 1953 (?), S. 1–4; Hammerl, Christa; Lenhardt, Wolfgang; Steinacker, Reinhold; Steinhauser, Peter (Hg.): Die Zentralanstalt für Meteorologie und Geodynamik 1851–2001: 150 Jahre Meteorologie und Geophysik in Österreich, Graz 2001, S. 84.

Für die meisten Meteorologen kamen die Entdeckungen aus heiterem Himmel, weil sie von Personen gemacht wurden, die neu auf dem Gebiet der Meteorologie waren.«[82]

Byers bezog sich dabei auf Experimente im Forschungslabor von General Electric, wo meteorologische Laien unter der Leitung von Chemie-Nobelpreisträger Irving Langmuir zur Vereisungsproblematik bei Flugzeugen arbeiteten. Byers verschwieg die vorherigen Versuche keinesfalls, führte diese sogar ausführlicher aus als andere Autoren, doch er markiert mit 1946 strategisch einen wissenschaftlichen Beginn, um Schaefer und damit in der Folge auch sich selbst von den »unwissenschaftlichen« Vorläufern abzugrenzen. Ich möchte im folgenden Kapitel zeigen, dass die Theorien, aber auch die Experimente zur Wettermodifikation keineswegs aus dem Nichts – »aus heiterem Himmel« – kamen und ihren Ursprung auch nicht bei General Electric haben, sondern dem Problemhorizont einer als defizitär empfundenen Niederschlagstheorie entsprangen. Dazu beschreibe *erstens*, mit welchen Argumenten die Wirksamkeit der Wetterbeeinflussung im frühen 20. Jahrhundert bestritten wurde, bevor ich *zweitens* anhand der Analyse wolkenphysikalischer Forschung seit den 1920er Jahren zeige, wie über die Etablierung einer neuen Niederschlagstheorie die Beeinflussung der Atmosphäre überhaupt erst denkbar wurde.

Eine Frage der Energie – der Status der Wetterbeeinflussung im frühen 20. Jahrhundert

1919 besprach der deutsche Astronom und Geophysiker Cuno Hoffmeister (1892–1968) in einem Artikel mit dem Titel *Vom Wettermachen* in der populärwissenschaftlichen Zeitschrift *Kosmos* die verschiedenen Praktiken zur gezielten Wetterbeeinflussung. Zusammenfassend hielt er fest, »dass die Erschütterungen der Luft durch Kanonendonner und Explosionen sowie die Erhitzung durch große Brände wohl unter besonders günstigen Vorbedingungen eine geringe örtliche Beeinflussung des Wetters ausüben können«.[83]

---

82 Byers, Horace R.: History of Weather Modification, in: Hess, Wilmot N. (Hg.): Weather and Climate Modification, New York 1974, S. 3–44, hier S. 9. Im Original: »Scientific weather modification had its beginnings in 1946. To most meteorologists the discoveries came out of a clear sky because they were made by persons new to the field of meteorology.«

83 Hoffmeister, C.: Vom Wettermachen, in: Kosmos 16 (1), 1919, S. 42–45, hier S. 44.

Eine »Einwirkung auf die allgemeine Wetterlage, wie sie zur Umgestaltung des Wetters weiterer Gebiete erforderlich wäre, [sei] jedoch unter keinen Umständen anzunehmen«.[84] Mit einer Analogie verlieh Hoffmeister seiner Feststellung Nachdruck:

»Ebensowenig [sic], wie man ein Zimmer durch ein Streichholz erwärmen kann, lässt sich ein in hundert oder mehr Kilometern Abstand vorüberziehender Luftwirbel durch örtliche Einwirkungen der beschriebenen Art aus seiner Bahn ablenken.«[85]

Grundsätzlich lässt sich festhalten, dass sich mit dem Ende der wissenschaftlichen Debatten über das »Hagelschießen« weitestgehend die Ansicht durchgesetzt hatte, dass gezielte Eingriffe in Wetterphänomene auch bei der Verwendung von noch so großen Energiemengen nicht machbar waren. Wenn sich Wissenschaftler ab 1910 mit der Wetterbeeinflussung auseinandersetzten, standen sie ihr skeptisch bis ablehnend gegenüber. Als Napier Shaw (1854–1945), einer der zentralen Akteure der britischen Meteorologie im frühen 20. Jahrhundert, am 9. März 1921 vor der Aeronautical Society der Universität Cambridge über die »künstliche Kontrolle des Wetters«[86] sprach, machte er deutlich, dass er den gegenwärtigen Versuchen der Wetterbeeinflussung sehr kritisch gegenüberstand und zwar nicht, weil sie auf grundsätzlich falschen oder falsch verstandenen physikalischen Prozessen basieren würden, sondern weil sie im Vergleich zu den in der Atmosphäre wirkenden Energiemengen schlicht zu wenig bewirkten:

»Im Rahmen unseres Kenntnisstandes sind wir Herren über jedes einzelne Teilchen der Atmosphäre, das wir in unseren Laboratorien, in unseren Schornsteinen und in unseren Gewächshäusern in Flaschen abfüllen und einsperren können; aber in der freien Luft haben die gewöhnlichen unerbittlichen Gesetze, die das Verhalten der Atmosphäre steuern, [...] so gewaltige Energiemassen in Form von Wärme und Wasserdampf, dass unsere eigenen kleinen Reserven nicht in der Lage sind, einen ernsthaften Einfluss auf den Lauf der Natur auszuüben.«[87]

84 Ebd., S. 44.

85 Ebd., S. 44.

86 Das Referat wurde in verschiedenen Zeitschriften abgedruckt, hier zitiert nach Shaw, Napier: The Artificial Control of Weather, in: Monthly Weather Review 49 (4), 1921, S. 244–247. Im Original: »Artificial Control of Weather«.

87 Ebd., S. 246. Im Original: »Within our knowledge we are lords of every single specimen of the atmosphere which can bottle up and imprison in our laboratories, our furnace flues and our greenhouses; but in the open air the ordinary inexorable laws which control the behaviour of the atmosphere [...] have such enormous masses of energy in the form of warmth and water vapor in

Die Überzeugung, Wetter durch Kanonengeschosse zu beeinflussen, hielt sich im Anschluss an die Debatten um 1900 zwar hartnäckig. Entsprechende Debatten fanden aber weitestgehend außerhalb des wissenschaftlich Sanktionierten statt. Wissenschaftliche Außenseiter brachten weiterhin Hagelkanonen in Stellung und unternahmen wiederholt den Versuch, deren Wirksamkeit theoretisch zu begründen. Insbesondere Innovationen der Pyrotechnik, die nun die Entwicklung von Raketen mit hoher Steigkraft erlaubten, trugen ab 1920 zu einer erneuten Zunahme des »Hagelschießens« in Europa bei. Seit 1930 wurden beispielsweise im oberbayrischen Bezirk Rosenheim zahlreiche Raketenabwehrstationen eingerichtet,[88] und in Frankreich veröffentlichte der Offizier der Luftwaffe, Frédéric-Leon Ruby (1883–1970), Bücher und Aufsätze zum »Schutz vor Hagel«[89], in denen er die Hagelabwehr als »wahrhaftige Schlacht gegen einen gewaltigen Feind«[90] beschrieb. In Rubys Publikationen zeigte sich beispielhaft, dass mit der Rakete zwar eine neue Technologie zur Verfügung stand, das Ursache-Wirkung-Prinzip jedoch weiterhin wie um 1900 gedacht wurde. Auf der Grundlage meteorologischen Handbuchwissens stellte Ruby in seinen Publikationen drei Phänomene vor, die in der Kombination zur Bildung von Hagel führten: Die Präsenz von unterkühlten Tröpfchen, starke Aufwinde und eine elektrische Attraktion zwischen Tröpfchen und Eispartikeln in der Gewitterwolke.[91]

Über diese vereinfachte Theorie der Hagelbildung leitete er verschiedene Möglichkeiten ab, in den Niederschlagsprozess einzugreifen: Neben den Hagelkanonen und der regulären Artillerie sollten nun Hagelraketen und aus Flugzeug abgeworfene Bomben auf die Temperatur, die Luftströme oder die elektrischen Verhältnisse einwirken und damit die Hagelbildung

---

reserve that our own little reserves are not equal to making any serious impression on the course of nature.«

88 Vgl. Fels, Edwin: Der Mensch als Gestalter der Erde: Ein Beitrag zur allgemeinen Wirtschafts- und Verkehrsgeographie, Leipzig 1935, S. 12.

89 Ruby, Frédéric-Leon : La protection contre la grêle, in : Les Études rhodaniennes 11 (2), 1935, S. 155–178. Im Original : »protection contre la grêle«. Vgl. auch Ruby, Frédéric-Leon : La défense contre la grêle, in : Géocarrefour 12 (1), 1936, S. 3–24 ; Ruby, Frédéric-Léon : La Grêle et les moyens de s'en défendre : rapport sur la défense contre la grêle en 1940, Lyon 1940 ; Ruby, Frédéric-Leon : Le canon et l'avion contre la grêle. Expériences dans le Beaujolais et la région lyonnaise, in : Géocarrefour 20 (3/4), 1945, S. 252–254.

90 Ruby, Nouvelles études sur la grêle, hier S. 153. Im Original : »C'est une véritable bataille que nous engageons contre une ennemie formidable.«

91 Ebd., S. 109.

verhindern.[92] Zwar erweiterte Ruby die im Kern letztlich auf die Vormoderne zurückgehenden Methoden um weitere technische Neuerungen wie radioaktive Raketen und radioaktive Bomben, doch in der Praxis fanden dennoch ausschließlich Raketen Verwendung. Diese hatten im Gegensatz zu den Kanonen den Vorteil, dass sie sichtbar die Wolkengrenzen überschritten. Doch damit unterschieden sich die Argumente für die Wirksamkeit kaum von denjenigen seiner Vorgänger. Der Effekt wurde weiterhin über die mechanische Energie einer Explosion erklärt. Dies verdeutlichten auch die Referenzen seiner Ausführungen: Ruby zitierte mit Ausnahme eines meteorologischen Handbuchs von 1929 ausschließlich Akteure und Texte der Hagelabwehr-Debatte um 1900.[93]

Obwohl die Hagelabwehr mit Raketen weiterhin weder wissenschaftlich gestützt noch politisch unterstützt wurde, formierten sich private Hagelabwehrorganisationen: Ausgehend von den Abwehrversuchen der 1930er Jahre unter der Leitung von Ruby im französischen Weinanbaugebiet Beaujolais verbreiteten sich die Hagelraketen zunächst in der französisch-, dann auch in der deutschsprachigen Schweiz. Auch in den USA praktizierten während der 1920er und 1930er Jahre kommerzielle »Regenmacher«, für die David Starr Jordan, der Zoologe, Botaniker und ehemalige Rektor der Stanford University, den Begriff »Pluviculture« prägte. Der US-amerikanische Wetterdienst, der offenbar regelmäßig Stellung zu Wetterbeeinflussungspraktiken beziehen musste, verglich das »Regenmachen« jedoch mit Astrologie und Handlesekunst und bezeichnete es als Scharlatanerie.[94] Auch populäre Medien berichteten darüber vor allem als Kuriosum. »Seltsame Methoden, um es regnen zu lassen ..., aber sie funktionieren nie«[95], titelte etwa *Popular Science* 1936. Die *Scientific Community* begleitete die Versuche der kommerziellen Anbieter ausnahmslos kritisch mit immer denselben Argumenten: Zu groß seien die involvierten Naturkräfte, um – falls überhaupt – wirtschaftlich sinnvoll Wetter beeinflussen zu können. Oder wie sich 1933 ein Meteorologe in *Popular Mechanics* zitieren ließ:

---

92 Vgl. Ruby, Nouvelles études sur la grêle, S. 125–136.

93 Ruby bezog sich auf u.a. auf den Bericht der Hagelabwehrkonferenz in Lyon 1902 und eine französische Übersetzung von Stigers *Hagelschiessen*; vgl. Ruby, Nouvelles études sur la grêle, S. 154.

94 Vgl. u.a. Spence, Clark C.: The Rainmakers: American »Pluviculture« to World War II, Lincoln, London 1980, S. 2; Frazer, Calvin: What you Should Know about the Weather, in: Popular Mechanics 52 (2), 1929, S. 243–250.

95 Martin, Robert E.: Weird Schemes To Make It Rain – But They Never Work, in: Popular Science 129 (1), 1936, S. 34–35/115. Im Original: »Weird Schemes to Make it Rain ... but they never work«.

»Das Problem ist, dass jeder Effekt, den sie [die Regenmacher] erzeugen könnten, auf ein oder zwei Hektar Boden beschränkt wäre und dass die damit verbundenen Kosten in keinem Verhältnis zum Nutzen stehen würden. Der künstliche Regen würde buchstäblich sein Gewicht in Gold kosten.«[96]

Zur gleichen Zeit verfolgten wenige Außenseiter einen alternativen Zugang zur gezielten Beeinflussung der Atmosphäre. Sie konzentrierten sich nicht auf die Beeinflussung bereits vorhandener Wolken, sondern auf die künstliche Herstellung von Wolken durch Auslösung oder Verstärkung der Konvektion. Auch für sie stellte sich die Frage nach dem Kosten-Nutzen-Verhältnis. Doch anlässlich des enormen volkswirtschaftlichen Schadens einer anhaltenden Dürre Mitte der 1930er Jahre machten sich zwei ungarische Meteorologen die Mühe, die benötigte Energie und die Kosten für eine künstliche Regenerzeugung im Detail zu berechnen. Ausgehend von beobachteten Niederschlägen nach »Stadt-, Wald- und Petroleumbränden« planten sie ein Projekt zur »Erhitzung der bodennahen Luftschichten« durch die Verbrennung von Rohöl, um so »große Luftmassen mit grosser Geschwindigkeit in grosse Höhen über ihr Kondensationsniveau zum Aufstieg zu bringen«.[97] Angesichts der »gewaltigen Dimensionen und Energiemengen des Naturprozesses«[98] war die Praktikabilität jedoch an gewisse Bedingungen geknüpft: Nur »unter geeigneten Verhältnissen«[99] konnte auf diese Weise Niederschlag hervorgerufen werden.

Mithilfe von Messdaten von Flugzeugaufstiegen über München aus den 1930er Jahren zeigten sie auf, dass nur bei Zuständen der Atmosphäre, welche die vertikalen Austauschvorgänge unterstützten (Labilität), eine künstliche Auslösung der Kondensation denkbar war. Und selbst unter solchen »geeigneten Verhältnissen« stellte sich auch den Autoren weiterhin die Frage nach der Rentabilität. Die Berechnung, bei der die benötigte Auftriebskraft, die Kosten für das Rohöl sowie die zu bewässernde Fläche integriert wurden, schienen Görög und Rovo zumindest so vielversprechend – und vor allem günstiger als permanente Bewässerungsanlagen –, dass sie erste Ver-

96 O. V.: Can We Change the Weather?, in: Popular Mechanics 59 (4), 1933, S. 570–572/120a/122a. Im Original: »The trouble is that any effect they [the rainmakers] might create would be limited to an acre or two of ground, and that the expense involved would be out of all proportion to the benefit. Manufactured rain would literally cost its weight in gold.«

97 Alle Zitate: Görög, H.: Projekte zur künstlichen Regenerzeugung, in: Az Időjárás (Das Wetter) 1/2, Januar/Februar 1939, S. 43–45, hier S. 43.

98 Ebd., S. 45.

99 Ebd., S. 43.

suche mit zehn Tonnen Rohöl in Aussicht stellten. Die ungarischen Pläne erschienen in der Februar-Ausgabe 1939 der Zeitschrift *Das Wetter*. Ein halbes Jahr später begann mit dem Überfall auf Polen durch Nazi-Deutschland der Zweite Weltkrieg und die Ambitionen der energieaufwendigen künstlichen Konvektion wurden offenbar nicht weiterverfolgt.

Die meisten Atmosphärenwissenschaftler grenzten sich von der Wetterbeeinflussung ab und hielten sie für ein Betätigungsfeld von »Scharlatanen« und Außenseitern.[100] Wenn sich Wissenschaftler mit Praktiken der Wetterbeeinflussung auseinandersetzten, waren es Anthropologinnen und Anthropologen, die historische oder gegenwärtige magische Praktiken indigener Kulturen untersuchten.[101] Selbst fantasiebegabte Autoren mochten sich nicht so recht mit dem Thema abgeben. Im Gegensatz zur Klimabeeinflussung spielte die Wetterkontrolle in der *Science-Fiction*-Literatur der ersten Hälfte des 20. Jahrhunderts nur eine ungeordnete Rolle. In den wenigen Ausnahmen wurde die Beeinflussung der Atmosphäre bezeichnenderweise mit riesigen Maschinen oder fantastischen Energiemengen – »enormoulsy powerful space heaters« oder »blue blizzards« – imaginiert.[102]

Meteorologie und Kolloidchemie – Ansätze einer neuen Niederschlagstheorie

Damit die Wetterbeeinflussung (wieder) Gegenstand der wissenschaftlichen Meteorologie werden und die *Scientific Community* ernsthaft über die

100 Vgl. auch o. V.: Rain to be Available to Order?, in: Bulletin of the American Meteorological Society 10 (5), 1929, S. 119–120; Horton, Robert E.: What Can We Do About the Weather?, in: Bulletin of the American Meteorological Society 20 (3), American Meteorological Society, 1939, S. 85–89.

101 Vgl. u.a. Parsons, Elsie Clews: Fiesta at Sant'Ana, New Mexico, in: The Scientific Monthly 16 (2), American Association for the Advancement of Science, 1923, S. 178–183; Parsons, Elsie Clews: Waiyautitsa of Zuni, New Mexico, in: The Scientific Monthly 9 (5), 1919, S. 443–457.

102 In mehr als 3000 Science-Fiction-Texten bis 1930 wird lediglich in 42 Erzählungen Wetter- oder Klimabeeinflussung thematisiert. Meist nur sehr kursorisch und ansonsten durch den Einsatz von riesigen Energiemengen. In *The Snow Girl* von 1929 kann eine junge Wissenschaftlerin ein bisher ungekanntes Naturphänomen, den »blue blizzard« kontrollieren und damit auch alle anderen Wettererscheinungen. In *The Rain Maker* von J. Kay London aus dem Jahr 1924 gelingt es einem mexikanischen Wissenschaftler, einen riesigen Heizkörper zu konstruieren, um so Dürren und Tornados auszulösen. Vgl. Bleiler, Everett F.; Bleiler, Richard J.: Science-Fiction: The Early Years: A Full Description of More Than 3000 Science-Fiction Stories from Earliest Times to the Appearance of the Genre Magazines in 1930, Kent, London 1990, S. 923/177 f./447.

Beeinflussung von Wetter nachdenken konnte, musste erst ein neuer Denkraum eröffnet werden. Im September 1901 – noch auf dem Höhepunkt der Debatten um das »Hagelschießen« – veröffentlichte der US-amerikanische Physiker und Ingenieur William S. Franklin einen Artikel in der Zeitschrift *Science* zum Thema »Weather Control«[103].Während die Meteorologen oder Weinbauern noch über die Konstruktion und Funktionsweise möglichst großer Kanonen nachdachten, ging er das Problem der Wetterbeeinflussung von einer anderen Seite an. Franklin fand die Berichte über die Erfolge des »Hagelschießens« aus Europa bemerkenswert, nicht zuletzt, weil er sich aus physikalischer Sicht eine direkte Einwirkung über Schall oder Erschütterung nicht vorstellen konnte.[104] Franklin formulierte jedoch eine Denkfigur, die das Eingreifen in die Atmosphäre auch mit geringen Energiemengen in den Bereich des Möglichen rückte und damit die europäischen Erfolge plausibel erscheinen ließ. Seiner Meinung nach hätten Meteorologen bisher etwas Entscheidendes zu wenig berücksichtigt: Das Charakteristikum eines Sturmes sei nämlich das plötzliche Umschlagen instabiler Zustände der Atmosphäre. Dieses Umschlagen verglich er mit thermodynamischen reversiblen Prozessen und er prägte dafür den Begriff »sweeping process«[105]. Seine zentrale These war, dass selbst ein Prozess von so großem Maßstab wie ein Sturm durch eine winzige Veränderung in der Atmosphäre ausgelöst werden könne. Diese Theorie bekräftigte er mit einem Vergleich: Selbst der Flug einer Heuschrecke über Montana oder Colorado könne unter Umständen der entscheidende Faktor für das Umschlagen eines instabilen Zustands sein.[106] Befand sich das Atmosphärensystem also im »geeigneten Zustand«, konnte das Abfeuern von Hagelkanonen möglicherweise einen solchen »Domino-Sturms«[107] auslösen.

Franklins These, dass ein kleiner Auslöser in der Atmosphäre zu großskaligen Wetterphänomenen führen könne, wurde allerdings nirgendwo in der Literatur aufgegriffen, fand nicht einmal eine Erwiderung, sondern wurde schlicht ignoriert. Einzig Franklin selbst wiederholte beinahe 30 Jahre später diese thermodynamische Denkfigur und verknüpfte sie mit der Wetter-

103 Franklin, William S.: Weather Control, in: Science 14 (352), 1901, S. 496–497.

104 Vgl. Franklin, Weather Control, S. 497.

105 Ebd., S. 496.

106 Ebd.

107 Im Original »dominoe storm«; siehe Franklin, Weather Control, S. 497.

vorhersage.[108] Die Vorstellung eines instabilen Gleichgewichts, das sich mittels eines kleinen Eingriffes und einer darauf folgenden Kettenreaktion entscheidend beeinflussen ließ, wurde jedoch ab 1945 zur wesentlichen Möglichkeitsbedingung des Wetter- und später auch Klimamodifikationsdiskurses.

Während die Vorschläge von Franklin ungehört verhallten, kann eine andere Herkunft dieser Denkfigur präzise verortet werden. Entscheidend für ihre Etablierung waren Verschiebungen im wolkenphysikalischen Denkstil, die um 1920 einsetzten und nach dem Zweiten Weltkrieg in eine Neuformulierung der Niederschlagstheorie mündeten. Zu Beginn des 20. Jahrhunderts hatte sich in verschiedenen Spielarten eine Niederschlagstheorie durchgesetzt, die den Niederschlagsprozess durch Kondensation und teilweise Koaleszenz, also die Vereinigung von kleineren zu größeren Tropfen, erklärte.[109] 1906 erläutert beispielsweise *Kosmos* dem wissenschaftlich interessierten Leser die Regenbildung als »fortgesetzte Kondensation«.[110] Diese auf der Grundlage der Thermodynamik formulierte Theorie war ihm Rahmen der Transformation der Meteorologie zu einer Physik der Atmosphäre im späten 19. Jahrhundert erarbeitet worden. Die Grundzüge der Theorie zeigen sich beispielhaft in zwei nicht nur für den deutschsprachigen Raum maßgeblichen Handbüchern. In der 1926 postum erschienenen, letzten Auflage des *Lehrbuchs für Meteorologie* von Julius von Hann (1839–1921), gleichermaßen Pionier der Meteorologie wie auch der Klimatologie findet sich eine bildhafte Beschreibung:

> »Die Frage nach der Ursache des Regens ist scheinbar leicht zu beantworten, denn wir können alle Übergänge von Nebel und Wolke bis zum Regen aus der Wolke beobachten. [...] Auf Bergen kann man zuweilen beim Herabsteigen die letzten 3 Stadien der Regenbildung zugleich beobachten: oben Nebelreißen, etwas tiefer unterhalb, aber noch inmitten des Nebels, feinen Regen bis zum großtropfigen Platzregen am Fuße des Berges.«[111]

108 Vgl. Franklin, William S.: Weather Prediction and Weather Control, in: Science, 68 (1764), 1928, S. 377–378.

109 Vgl. Braham Jr., Roscoe R.: Formation of Rain: A Historical Perspective, in: Fleming, James Rodger (Hg.): Historical Essays on Meteorology 1919–1995, Boston 1996, S. 181–224, S. 182.

110 Vgl. Friesenhof, Gregor: Meteorologische Umschau, in: Kosmos 3 (7), 1906, S. 193–197, hier S. 194.

111 Hann, Julius von: Lehrbuch der Meteorologie, vierte umgearbeitete Auflage, herausgegeben von Reinhard Süring, Leipzig 1926, S. 223.

Auch Reinhard Süring (1866–1950), Direktor des Meteorologisch-Magnetischen Observatoriums in Potsdam, beschrieb in verschiedenen Publikationen die Niederschlagsentstehung als graduellen Übergang von Wasserdampf über kondensierte Wassertröpfchen zu Regentropfen. Zur Größe der Nebel- und Wolkentröpfchen stellte Süring beispielsweise 1936 fest: »Der Radius von Nebel- und Wolkentröpfchen schwankt ungefähr zwischen 0.002 und 0.05 mm. Bei etwa 0.03 bis 0.05 mm gehen schwebende Wolkentröpfchen meist in fallende Regentropfen über und können nun Halbmesser von mehr als 2.5 mm erreichen.«[112]

Diese Theorie hielt sich den Handbüchern bis weit in die 1930er Jahre hinein, büßte jedoch aus zwei Gründen immer mehr an Plausibilität ein: Erstens ergaben Messungen und Beobachtungen *in situ* bei den ab 1930 zu Forschungszwecken durchgeführten aerologischen Flügen mit der gängigen Theorie inkompatible Resultate. Schon länger als Schwäche empfunden wurde zweitens die Tatsache, dass die über verschiedene Phasen ablaufenden Niederschlagstheorie nicht mit der Beobachtung der plötzlichen Auslösung von Niederschlag vereinbar war. Die dadurch bedingten unzuverlässigen Wettervorhersagen – so die Befürchtung mancher Meteorologen im frühen 20. Jahrhundert – drohten sich negativ auf ihre wissenschaftliche Autorität auszuwirken.[113] August Schmauß (1877–1954), promovierter Physiker und ehemaliger Assistent von Wilhelm Conrad Röntgen,[114] führte 1923 – nun als Direktor der Bayerischen Landeswetterwarte – beispielhaft die Schwächen der zeitgenössischen Niederschlagstheorie hinsichtlich der Wettervorhersage aus. Er hielt es für unmöglich, allein mit den Wind- und Druckparametern eine präzise Prognose zu erstellen. Ausgangspunkt für seine Kritik war die Beobachtung, dass die »gleichen Druck- und Windzustände [nicht immer] von gleichem Wetter begleitet [seien]« .[115] Besonders augenfällig schien Schmauß dies beim Niederschlag: »Tagelang ziehen oft die schwersten Wolken über uns hinweg, ohne einen Tropfen Regen zu geben, und plötzlich öffnen sich die Schleusen des Himmels, ohne dass

112 Süring, Reinhard: Die Wolken, Leipzig 1936 (Probleme der Kosmischen Physik, herausgegeben von Prof. Dr. Christian Jensen, Band XVI), S. 61 f.

113 Vgl. Klein, Hermann J.: Meteorologische Umschau, in: Kosmos 4 (2), 1907, S. 67–72, S. 70 f.

114 Vgl. Geiger, Rudolf: Das Leben von August Schmauß (26.11.1877–10.10.1954), in: Annalen der Meteorologie 7 (3/4), 1954, S. 161–172, S. 162 f.

115 Schmauß, August: Das Problem der Wettervorhersage, Hamburg 1923 (Probleme der Kosmischen Physik, herausgegeben von Prof. Dr. Christian Jensen), S. 58.

wir anzugeben vermöchten, was sich nun verändert hat.«[116] Die Frage nach den für Niederschlag verantwortlichen Prozessen war also nicht nur für den esoterischen Kreis der Wolkenphysiker von Interesse, sondern betraf mit der Wettervorhersage auch ein zentrales Element der angewandten Meteorologie.

Dieses Problem der lokalen Wettervorhersage gab um 1920 einen entscheidenden Impuls zur Neuformulierung einer Niederschlagstheorie. Schmauß suchte nach einer Möglichkeit, die plötzliche Auslösung von Niederschlägen jenseits der Gesetzmäßigkeiten der Thermo- und Hydrodynamik zu denken. Dafür griff er auf ein Erklärungsmodell aus einem anderen Wissensfeld zurück: der Kolloidchemie. Die Kolloidchemie war (und ist bis heute) ein Teilgebiet der Chemie, das sich mit Teilchen oder Tröpfchen beschäftigt, die in einem Dispersionsmedium wie Gas oder Flüssigkeit fein verteilt sind. Mit kolloidchemischen Fragen im weiteren Sinne hatte man sich zwar seit Jahrhunderten beschäftigt, erst in der zweiten Hälfte des 19. Jahrhunderts führte die systematische Auseinandersetzung mit den physikalisch-chemischen Eigenschaften von Lösungen und chemischer Präzipitation (Niederschlag!) zur Etablierung der Kolloidchemie als eigenständiger Disziplin, in deren Kontext der britische Chemiker Thomas Graham den Begriff Kolloid einführte.[117] Für die Jahrhundertwende bezeugen nicht nur zahlreiche publizierte Monografien, sondern auch die Gründung von Zeitschriften, wie etwa die deutsche *Kolloid-Zeitschrift* oder das US-amerikanische *Journal of Physical Chemistry* und von Fachorganisationen den großen Aufschwung der Kolloidchemie.[118] So basierte der Giftgaskrieg während des Ersten Weltkrieges in weiten Teilen auf kolloidchemischer Forschung und in USA waren die Kolloide während der 1920er Jahre – ob in Chemie, Physiologie oder Physik – das »hottest topic«[119].

Bereits 1919 hatte Schmauß in der *Meteorologischen Zeitschrift* einen ersten Artikel veröffentlicht, in dem er auf die Parallelen zwischen kolloiden Lösun-

116 Ebd., S. 59.

117 Vgl. Ostwald, Wolfgang: Geschichtliche Wurzel der Kolloidwissenschaft, in: Kolloid-Zeitschrift 84 (3), 1938, S. 258–265, S. 258 f.

118 Vgl. Ostwald, Wolfgang: Grundriss der Kolloidchemie, Dresden 1909, S. v–vii; Steinkopff, Jürgen: Der Steinkopff Verlag und die Kolloidchemie, in: ders. (Hg.): Konzepte der Kolloidchemie: Aussagen aus fünf Jahrzehnten, Berlin, Heidelberg 1975, S. 130–136, S. 130 f.; Ede, Andrew: The Rise and Decline of Colloid Science in North America 1900–1935: The Neglected Dimension, Burlington 2007, S. 2.

119 Ede, The Rise and Decline of Colloid Science, S. 2.

gen und der Atmosphäre hinwies. Insbesondere die kolloidchemischen Vorstellungen von Stabilität und Instabilität schienen ihm eine Möglichkeit zu bieten, die gängigen Niederschlags- und Wolkenbildungstheorien zu ergänzen und offene Fragen zu klären. In der Folge beschrieb er die Wolke als Kolloid, dessen Lösungsmittel die Luft und das Wasser in fein verteilter Form der Wolkenelemente der kolloidal gelöste Körper sei:

»Trotz des höheren spezifischen Gewichtes fällt das Wasser nicht aus, weil es kolloidal gelöst ist, d. h. sich in einer Stabilität bewirkenden elektrischen Spannungszustand befindet. Erst wenn durch weiter noch nicht bekannte Ursachen die Spannungsdifferenz Wasser-Luft gleich Null wird, was dem isoelektrischen Punkte der kolloidalen Lösungen entspricht, können sich die bisher wie in einem Schwamm gegeneinander geschützten Wassertröpfchen zu größeren vereinigen und fallen aus, was man in der Meteorologie und in der Chemie als Niederschlag bezeichnet.«[120]

Anstatt graduelle Übergänge vorauszusetzen, ermöglichte dieses kolloidchemische Erklärungsmodell, nun also kleine und plötzliche Auslöser mit großer Wirkung zu denken. Zudem ergaben sich für Schmauß aus der Engführung der Kolloidchemie mit der Meteorologie zwei Konsequenzen: Erstens erteilte er dem Optimismus vieler Kollegen bezüglich einer zukünftigen, auf der Grundlage der Hydro- und Thermodynamik präzise berechneten Wettervorhersage eine Absage:

»Jeder Kolloidforscher und Kolloidtechniker weiß, dass man für die kolloiden Reaktionen nur Regeln, keine Gesetze aufstellen kann. [...] Man wird sich unseres Erachtens auf dem Gebiete der Wettervorhersage immer mit Wahrscheinlichkeiten an Stelle von Sichtbarkeiten begnügen müssen.«[121]

Schmauß dachte somit Wettervorhersage und Wetterbeeinflussung nicht als sich gegenseitig bedingend. Das ist insofern bemerkenswert, als nach dem Zweiten Weltkrieg gerade die Aussicht auf eine präzise Wetterprognose als Möglichkeitsgarant für die Wetterbeeinflussung diente. Für das Gebiet der Wetterbeeinflussung eröffneten sich für Schmauß hingegen unter den neuen (kolloidchemischen) Vorzeichen bisher unbekannte Möglichkeiten. Zwar würde es die »Ehrfurcht vor den in der Witterungsgestaltung zur Auswirkung kommenden Kräften, denen gegenüber auch die stärksten Kraftanstrengungen des Menschen machtlos [seien], verbieten, das Wetter zu ›machen‹«, doch das Problem der Wetterbeeinflussung sei »in den Fällen lösbar,

120 Schmauß, August, Randbemerkungen II, in: Meteorologische Zeitschrift 36, 1919, S. 11–16, S. 16.
121 Schmauß, Die Atmosphäre als Kolloid, S. 55 f.

in welchen Naturkräfte bereits zur Verfügung [stünden] und der Auslösung [harrten]«.[122]

Schmauß war keineswegs ein Außenseiter der *Scientific Community*. Er war nicht nur Ordinarius an der Münchner Universität, sondern ab 1923 auch Vorsitzender der Deutschen Meteorologischen Gesellschaft.[123] Die von ihm postulierte Analogie war jedoch zunächst umstritten, gerade weil es sich um eine Analogie handelte.[124] Noch in der 1929 erschienenen Publikation *Die Atmosphäre als Kolloid* rechtfertigte Schmauß wortreich, warum »ein Meteorologe dazu komm[e], sich mit Fragen der Kolloidforschung zu beschäftigen« und ging davon aus, dass »[es] noch eine Weile dauern [wird], bis die Meteorologie diesen Vorstellungskreis [der Kolloidforschung] assimiliert haben wird, zumal wir der Atmosphäre kaum im Experiment beikommen können«.[125] Die Unschärfe der Analogie erwies sich in der Folge jedoch als äußert produktiv sowohl für die Hypothesen- und Theoriebildung als auch für die empirische Forschung im Labor oder der freien Atmosphäre. Mit der Entlehnung der Termini aus der Kolloidchemie konzentrierte sich wolkenphysikalische Forschung vor allem auf die Auslöser – die von Schmauß postulierten »weiter noch nicht bekannte[n] Ursachen«[126] –, die von einer kolloidalen Stabilität zu einer kolloidalen Instabilität führten.

Bevor oder während die kolloidmeteorologischen Vorstellungen allmählich Eingang in die meteorologische Forschung, Theoriebildung und schließlich in die Handbücher fanden, wurden sie sehr zeitnah aufgegriffen, um – Schmauß hatte es ja bereits selbst angedeutet – über wissenschaftliche Wetterbeeinflussung nachzudenken. Bereits 1920 schloss ein kurzer Beitrag über Schmauß‹ »Analogie atmosphärischer und chemischer Zustände« mit dem Hinweis, dass – falls man geeignete Katalysatoren fände – »die Wetterbeeinflussung in greifbare Nähe«[127] rücke. Wenige Jahre später verfasste August Wendler, ein Oberstudienrat aus Erlangen, dann ein schmales Büchlein

122 Ebd., S. 56 f.

123 Vgl. Wege, Klaus: Die Entwicklung der meteorologischen Dienste in Deutschland, Offenbach am Main 2002 (Geschichte der Meteorologie in Deutschland 5), S. 62.

124 Vgl. Bartels, J.: Besprechungen: Schmauß, August und Albert Wigand, Die Atmosphäre als Kolloid, Braunschweig 1929, in: Die Naturwissenschaften 19, 8.5.1931, S. 406–407; o. V.: Die Atmosphäre als Kolloid: August Schmauß und Albert Wigand, Braunschweig (F. Vieweg & Sohn, Akt.-Ges.), 1929. Pp. 74, illus. RM. 4.80, in: Quarterly Journal of the Royal Meteorological Society 56 (233), 1930, S. 92–92.

125

126 Schmauß, Randbemerkungen II, S. 16.

127 Heller, H.: Chemie, in: Naturwissenschaftliche Wochenschrift 19 (10), 1920, S. 153–154.

mit dem Titel *Das Problem der künstlichen Wetterbeeinflussung*. Wendler setzte sich zwar gern mit wissenschaftlichen Grenzphänomenen wie etwa der Wünschelrute auseinander,[128] seine Abhandlung erschien 1927 hingegen in der durchaus renommierten, vom deutschen Astronomen Arnold Schwassmann von der Hamburger Sternwarte und dem Meteorologen und Dozenten an der Universität Hamburg, Christian Jensen, herausgegebenen Reihe *Probleme der Kosmischen Physik*. Wendler bewegte sich an den Rändern des wissenschaftlich Sagbaren und sah sich noch immer gezwungen, sich in der Einleitung zu erklären. Er gab zu, dass, »wenn man sich von außen zum erstenmal [sic!] an die Frage der Wetterbeherrschung herantretend, auf die rein physikalisch-technische Seite des Problems beschränk[e], [...] man eher geneigt [sei], einen ablehnenden Standpunkt zu vertreten«.[129]

Und auch für Wendler lautete die Kardinalfrage noch, ob »denn die im allgemeinen zur Verfügung stehenden, relativ doch recht armseligen Stoff- und Energiemengen gegenüber den zu beeinflussenden Naturgewalten«[130] überhaupt ausreichen würden. Eine »hagelverhindernde Wirkung«[131] von Kanonen und Raketen schloss er beispielsweise kategorisch aus und betonte, dass »[p]raktische Erfolge [...] auch bei sehr grossem Material- und Energieaufwand im allgemeinen versagt [blieben], wenn bei Wetterlagen mit antagonierender Tendenz gearbeitet [würde]«.[132] Anschließend führte er als einer der Ersten die von Schmauß angedeutete Denkfigur, die eine Beeinflussung jenseits der Aufwendung von riesigen und deswegen impraktikablen oder zumindest unwirtschaftlichen Energiemengen möglich erscheinen ließ, näher aus. Nach Wendler war die Grundvoraussetzung für erfolgreiche Eingriffe eine »adäquate Wetterlage«[133]. Nur über das »Prinzip der Unterstützung natürlicher Tendenzen« war der Einfluss denkbar. Als solche »adäquate Wetterlage« galten die kolloidchemisch gedachten »labilen Gleichgewichtszustände[n]« der Atmosphäre, die man mit verhältnismäßig kleinen Auslösern zu »kippen« in der Lage wäre.[134]

---

128 Vgl. Wendler, August: Zur Frage der objektiven Wünschelrutenkontrolle mit magnetometrischen Apparaten, München 1936.

129

130 Ebd., S. 20.

131 Ebd., S. 16.

132 Ebd., S. 81.

133 Ebd., S. 82.

134 Beide Zitate ebd.

Diese direkt auf die Engführung der Kolloidchemie mit der Meteorologie zurückzuführende Denkfigur des »kleinen Auslösers mit großer Wirkung« war anschlussfähig an eine weitreichendere Debatte. Das größere naturwissenschaftliche oder sogar wissenschaftsphilosophische Problem bestand darin, dass der »alte Satz energetischer Äquivalenz von Ursache und Wirkung«[135] zunehmend infrage gestellt wurde. Die Forschung zur chemischen Katalyse, die ebenfalls in der ersten Hälfte des 20. Jahrhunderts einen Aufschwung erlebt hatte,[136] gründete wie die Wolkenphysik und die darauf beruhende Wetterbeeinflussung nicht auf einer Kausalität energetischer Äquivalenz, sondern auf einer Kausalität der Anregung.[137] Während die Modellvorstellung der Wolken als Kolloid es ermöglichte – zumindest in der Theorie –, über eine wissenschaftlich fundierte Beeinflussung von Wetter zu sprechen, blieb jedoch zunächst weiterhin unklar, was denn genau die Auslöser der Umwandlung eines labilen Gleichgewichts einer Wolke und damit von Niederschlag sein könnten.

Der Auslöser

Um 1930 hatte sich unter Meteorologen gemeinhin die Ansicht durchgesetzt, dass vier Bedingungen für ein kolloidales Gleichgewicht einer Wolke sorgten respektive bei Nichterfüllung zu einem Ungleichgewicht führten: einheitliche elektrische Ladung, einheitliche Größe der Wolkenelemente, einheitliche Temperatur sowie einheitliche Bewegung der Wolkenelemente. Die Nichterfüllung einer dieser Bedingungen würde zu kolloidaler Instabilität und damit zu Niederschlag führen.[138] 1933 hielt der schwedische Meteorologe Tor Bergeron (1891–1977) an einem Kongress der Internationalen Union für Geodäsie und Geophysik in Lissabon ein Referat, in dem er im Aus-

135 Alwin Mittasch: Auslösungs-ABC, in: Zeitschrift für philosophische Forschung 6 (1951), S. 54–70, hier S. 55.

136 Vgl. Steininger, Benjamin: Katalysator – Annäherung an einen Schlüsselbegriff des 20. Jahrhunderts, in: Müller, Ernst; Schmieder, Falko (Hg.): Begriffsgeschichte der Naturwissenschaften: Zur historischen und kulturellen Dimension naturwissenschaftlicher Konzepte, Berlin 2009, S. 53–72.

137 Vgl. Färber, Eduard: A Philosophy of Catalysis, in: Isis 29 (1938), S. 398–402, S. 399.

138 Bergeron, Tor: On the Physics of Cloud and Precipitation, in: Cinquième Assemblée Générale, Lisbonne, Septembre 1933, Procès-Verbaux des Séances de l'association de Météorologie II, Mémoires et Discussions, Paris 1935, S. 156–170, S. 158.

schlussverfahren diese gängige Annahme verwarf und den festen Aggregatzustand – die Eisphase – als Auslöser kolloidaler Instabilität identifizierte.[139] Eine unterkühlte Wolke, die sowohl aus Eiskristallen als auch aus Wassertröpfchen bestand, musste – wie Bergeron berechnete – aufgrund der Differenz des Sättigungsdampfdruckes kolloidal instabil werden. Bergerons Hypothese beruhte lediglich auf einer vereinfachten Berechnung der Diffusion von Wasser zu Tröpfchen, wurde jedoch in den darauffolgenden Jahren durch die aerologische Forschung gestützt. Beobachtungen und Messungen bei Fessel- und Registrierballonaufstiegen und aerologischen Flügen legten nahe, dass tatsächlich Niederschläge *ausschließlich* aus Wolken fielen, die »wenigstens in ihrem oberen Teile in das Gebiet mit Temperaturen Unter 0° hinaufreich[t]en«.[140] Die These Bergerons fand in der Folge nicht uneingeschränkten Zuspruch. Zu widersprüchlich waren die Resultate der Forschungsflüge. Immer wieder wiesen Meteorologen, wie beispielsweise der am California Institute of Technology ausgebildete Ben G. Holzman, darauf hin, dass auch ›warmer‹ Regen beobachtet worden war, Niederschlag also, der nicht über die Eisphase entstanden war.[141]

Auch Walter Findeisen (1909–1945) vom Aerologischen Observatorium Friedrichshafen, der »Drachenstation«, wo seit 1908 mit Drachen- und Fesselballonen aerologische Messungen durchgeführt wurden,[142] verwies auf die Flüge durch Eiswolken, die wiederum gezeigt hatten, dass die verschiedenen Aggregatszustände der Wolkenelemente bei Temperaturen unter null Grad Celsius »an keine einfachen Gesetzmäßigkeiten gebunden«[143] waren. Noch bei Temperaturen von minus 20 Grad Celsius wurden Wasserwol-

139 »We have thus tried to show that none of the hitherto recognized factors of cloud coagulation represent the universal release of real precipitation (real rain and snow). Either the factor is only active at special times of the day, or under abnormal electric conditions, or can only coagulate droplets of fog-dimensions or smaller, without causing few great drops or is ineffective on the whole as a release of coagulation.« Bergeron, Tor: On the Physics of Cloud and Precipitation, S. 157.

140 Peppler, Wilhelm: Zur Aerologie der Wolken, besonders des Nimbus, in: Beiträge zur Physik der freien Atmosphäre 23, 1936, S. 275–288, hier S. 275.

141 Vgl. Holzman, Ben: A Note on Bergeron's Ice-Nuclei Hypothesis for the Formation of Rain, in: Bulletin of the American Meteorological Society 17 (11), 1936, S. 331–333; Braham Jr., Roscoe R.: Formation of Rain: A Historical Perspective, in: Fleming, James Rodger (Hg.): Historical Essays on Meteorology 1919–1995, Boston 1996, S. 181–224, hier S. 194.

142 Vgl. Wege, Die Entwicklung der meteorologischen Dienste in Deutschland, S. 52.

143 Findeisen, Walter: Die kolloidmeteorologischen Vorgänge bei der Niederschlagsbildung, in: Meteorologische Zeitschrift 55 (4), 1938, 121–133, hier S. 121.

ken, sogenannt unterkühlte Wolken, beobachtet.[144] Findeisen und seine Kollegen suchten nach einer theoretischen Erklärung für die »bei mehreren hundert aerologischen Flügen« persönlich beobachtete »scheinbar unverständliche Wahl des Aggregatszustands bei der Wolkenbildung«.[145] Im April 1938 – die NSDAP hatte soeben bei der Wahl zum »Großdeutschen Reichstag« 99,1 Prozent der Stimmen erhalten – ergänzte Findeisen in der *Meteorologischen Zeitschrift* die These Bergerons, dass »jede beträchtliche Niederschlagsbildung durch Sublimation ausgelöst«[146] würde. Um die rätselhaften Aggregatzustände zu erklären, postulierte Findeisen die Existenz von sogenannten Sublimationskernen. Diese Hypothese werde durch die »bis heute bekannten Beobachtungstatsachen gestützt und könne die »mannigfaltigen Erscheinungsformen der Eis- und Wasserwolken unschwer erklären«.[147] Wirklich fassen konnte Findeisen 1938 diese Kerne, an denen Wasser zu Eis sublimieren sollte, jedoch nicht. Weder über Herkunft – terrestrisch oder extraterrestrisch – noch über Größe und Häufigkeit konnte er exakte Angaben machen.[148] Doch die Hypothese war keineswegs aus der Luft gegriffen, die Wolkenphysiker kannten bereits seit Beginn des 20. Jahrhunderts die Bedeutung von Nuklei für die Kondensation und Alfred Wegener hatte in seinem 1911 erstmals erschienenen Standardwerk *Die Thermodynamik der Atmosphäre* eine ebenfalls über Nuklei funktionierende Eisbildung angedeutet.

Während des Zweiten Weltkrieges führte Findeisen als Mitglied des in die Luftwaffe integrierten Reichwetterdienstes seine Forschung zur Eisteilchenbildung und der Rolle der Sublimationskerne weiter. 1940 wurde die Wolkenforschungsstelle aus dem Aerologischen Observatorium in Friedrichshafen ausgegliedert und als eigenständiges Institut nach Prag verlegt, wo Räume der Technischen Hochschule bezogen wurden. Das Forschungsprogramm galt aufgrund seiner Bedeutung für die Luftfahrt als kriegsrelevant und wurde mit entsprechenden Ressourcen ausgestattet. Findeisen und seinen Kollegen standen für ihre Forschung zur Niederschlags- und Wolkenphysik neben drei Flugzeugen auch ein Labor und eine eigene Werk-

144 Vgl. ebd., S. 121.
145 Ebd.
146 Ebd., S. 133.
147 Ebd., S. 121.
148 Vgl. Findeisen, Walter: Physik der Wolken: I. Mikrophysik der Wolken, Berlin 1939, S. 35 f.

statt für die Instrumentenentwicklung zur Verfügung.[149] 1944 wurde in der Schriftenreihe *Forschungs- und Erfahrungsberichte des Reichswetterdienstes* – mit dem Vermerk »ausschließlich für den Dienstgebrauch« – *Experimentelle Untersuchungen über die atmosphärische Eisteilchenbildung I* veröffentlicht.[150] Darin zeigte sich die hybride wolkenphysikalische Forschungspraxis, die von der Anwendung von unterschiedlichen Instrumenten und Epistemologien bestimmt war. Um die wolkenphysikalischen Prozesse handhabbar zu machen, kombinierten Findeisen und seine Kollegen Beobachtungen und Messungen von aerologischen Flügen mit Laborexperimenten. Allein für die Temperatur- und Luftfeuchtigkeitsmessungen musste sie eine Versuchsreihe aufstellen, um die Fehler, »die bei der Feuchtigkeitsmessung von schnellen Flugzeugen auftreten«[151], zumindest annäherungsweise zu korrigieren.

Während die Erfassung der Parameter Temperatur und Luftfeuchtigkeit ansatzweise standardisiert und damit die Subjektivität ausgeschaltet werden sollte, dominierte bei »der Feststellung des Eisteilchengehaltes beim Durchfliegen einer Wolke«[152] eine andere epistemische Praxis. Die Wolkenelemente wurden auf einem »Beobachtungsstab« oder bei offenen Flugzeugen auf dem Handschuh aufgegangen. »Die Eisteilchen [waren] dann daran erkennbar, dass sie beim Aufprall je nach Größe kleinere oder größere weiße Flecken hinter[ließen], während die anfrierenden Wassertropfen einen gleichmäßigen Eisbelag erzeug[t]en.«[153] Im Unterschied zu den instrumentenbasierten Temperatur- und Feuchtigkeitsmessungen wurde die Menge der Eisteilchen dann von Auge ermittelt und daraus die Temperatur und Luftfeuchtigkeit in der Atmosphäre abgeleitet. Bei dieser epistemischen Praxis spielte die subjektive Erfahrung des Wissenschaftlers

149 Vgl. Wege, Die Entwicklung der meteorologischen Dienste in Deutschland, S. 78; Schulz, Gerhard: Die Arbeiten und Forschungsergebnisse der Wolkenforschungsstelle des Reichsamts für Wetterdienst in Prag, herausgegeben von Deutscher Wetterdienst der US-Zone, Bad Kissingen 1947 (Berichte des Deutschen Wetterdienstes in der US-Zone, Nr. 1), S. 3.

150 Findeisen, Walter: Experimentelle Untersuchungen über die atmosphärische Eisteilchenbildung I, herausgegeben von Reichsamt für Wetterdienst, Berlin 1944 (Forschungs- und Erfahrungsberichte des Reichswetterdienstes).

151 Findeisen, Walter: Temperatur- und Feuchtemessungen bei hohen Fluggeschwindigkeiten, herausgegeben von Reichsamt für Wetterdienst, Berlin 1941 (Forschungs- und Erfahrungsberichte des Reichswetterdienstes), S. 3.

152 Findeisen, Walter: Experimentelle Untersuchungen über die atmosphärische Eisteilchenbildung I, S. 5.

153 Ebd.

also eine ungleich größere Rolle. Diese grob geschätzte Zahl der Eisteilchen und die Annäherungen an Temperatur und Luftfeuchtigkeit der Atmosphäre wurden gekoppelt mit Laborexperimenten in der dafür eigens von Friedrichshafen nach Prag verfrachteten »Quellwolkenapparatur«. Solche Experimente boten nicht nur den Vorteil des geringeren Aufwandes, sondern ermöglichten es auch, die »thermodynamischen Bedingungen genauer zu messen [...] und vor allem von Versuch zu Versuch systematisch [zu verändern]«.[154]

Anders als die an verschiedenen Orten weltweit durchgeführten Experimente mit (adaptierten) Wilson'schen Nebelkammern verdiente die in Prag genutzte Apparatur mit einem Volumen von zwei Kubikmetern tatsächlich die Bezeichnung »Kammer«.[155] Aufgrund der Größe war das Wolkenlabor nicht portabel, sodass nur Aussagen über die Prager Luft getroffen werden konnte. Doch die Expansionsrate und damit die Abkühlung konnte so kontrolliert werden, dass sie den natürlichen Konvektionsprozessen sehr nahe kam.[156] Sowohl die Auswertung der mit einer Junkers Ju 88 durchgeführten aerologischen Flüge als auch der Laborexperimente zeigten dann, dass die sogenannte kritische Temperatur, bei der eine Wasserwolke in eine Eiswolke überging und damit kolloidale Instabilität auslöste, keine Konstante darstellte.[157] Findeisen sah dadurch die These der Sublimationskerne bestätigt. Nur so konnte die Niederschlagsauslösung plausibel und in Übereinstimmung mit Beobachtungen und Experimenten erklärt werden.

Obwohl die Versuche, die Sublimationskerne zu identifizieren, zunächst scheiterten[158] und diese damit »Phantomteilchen« blieben, lagen die Implikationen für die Wetterbeeinflussung auf der Hand. Findeisen hatte

154 Ebd., S. 7.

155 Zu den Wolkenkammern vgl. u.a. Staley, Richard: Fog, Dust and Rising Air: Understanding Cloud Formation, Cloud Chambers, and the Role of Meteorology in Cambridge Physics in the Late 19th Century, in: Fleming, James Rodger; Jankovic, Vladimir; Coen, Deborah R. (Hg.): Intimate Universality: Local and Global Themes in the History of Weather and Climate, Sagamore Beach 2006, S. 93–114.

156 Vgl. Ludlam, Frank H.: The Physics of Ice Clouds and Mixed Clouds, in: Malone, Thomas F. (Hg.): Compendium of Meteorology: Prepared under the Direction of the Committee of the Compendium of Meteorology, H. R. Byer, H. E. Landsberg, H. Wexler, B. Haurwitz, A. F. Spilhaus, H. C. Willett, H. G. Houghton, Boston 1951, S. 192–198, hier S. 194.

157 Findeisen, Experimentelle Untersuchungen über die atmosphärische Eisteilchenbildung S. 6/10 f.

158 Zu den entsprechenden Experimenten vgl. Schulz, Gerhard: Die Arbeiten und Forschungsergebnisse der Wolkenforschungsstelle des Reichsamts für Wetterdienst in Prag, herausgegeben von Deutscher Wetterdienst der US-Zone, Bad Kissingen 1947 (Berichte des Deutschen Wetterdiens-

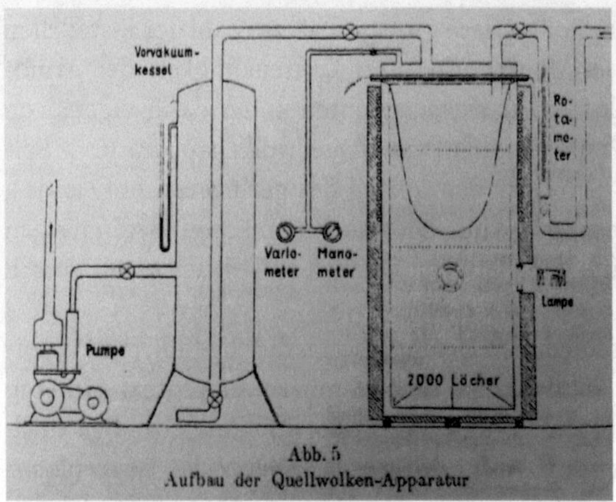

Abb. 4: Aufbau der deutschen »Quellwolkenapparatur«
Quelle: Findeisen, Walter: Experimentelle Untersuchungen über die atmosphärische Eisteilchenbildung I, Reichsamt für Wetterdienst (Hg.), Berlin 1944 (Forschungs- und Erfahrungsberichte des Reichswetterdienstes), S. 17

bereits 1938 das kolloidchemische Argument Schmauß‹ aufgegriffen, dass »das quantitative Unbedeutende [...] für den Gang der Wetterentwicklung entscheidend [sei]«.[159] Er konnte darüber hinausgehend jedoch mit den Sublimationskernen – zumindest postulierte – konkrete Auslöser anbieten:

»Durch die ungeheuer kleine Masse der Sublimationskerne werden große Wettervorgänge und große atmosphärische Energieumsetzung wirksam beeinflusst. [...] Man darf danach behaupten, dass es mit verhältnismäßig geringem Aufwand gelegentlich möglich ist, künstlich Regen zu erzeugen, Vereisungsgefahr zu beseitigen und Hagelentstehung zu verhindern.«[160]

Anscheinend blieb es nicht bei der theoretischen Formulierung Findeisens: Gerhard Schulz, Mitarbeiter Findeisens in Prag, rekonstruierte nach Ende des Zweiten Weltkrieges die Forschung und Resultate der Wolkenforschungsstelle für den Deutschen Wetterdienst der US-Zone. Darin beschrieb er einzelne »Vorversuche zu einer technischen Wetterbeeinflussung«, im Rahmen derer Kieselgur als künstliche Sublimationskerne in Wolken »eingeimpft« worden waren. Insbesondere die Versuche im September 1942 waren

tes in der US-Zone, Nr. 1). S. 9; Schulz, Gerhard: Der Einfluss von Fremdkörpern auf die Unterkühlungsfähigkeit des Wassers, in: Meteorologische Rundschau 1 (7/8), 1948, S. 237–240.

159 Findeisen, Die kolloidmeteorologischen Vorgänge bei der Niederschlagsbildung, S. 133.

160 Findeisen, Experimentelle Untersuchungen über die atmosphärische Eisteilchenbildung, S. 133.

vielversprechend verlaufen und die behandelte Wolke hatte begonnen, »sich zu zerteilen, um schließlich unter Hinterlassung eines Fallstreifens ganz zu verschwinden«.[161] Offenen Fragen, wie beispielsweise die vom Flugzeug ausgelösten Turbulenzen oder die Verbrennungsprodukte des Motors eine Rolle bei der Auslösung des (leichten) Niederschlags spielten, konnten die deutschen Meteorologen aufgrund der »ungünstigen Zeitverhältnisse«[162] – wie Gerhard Schulz in der Rückschau verharmlosend die letzte Phase der deutschen Besetzung Prags nannte – nicht mehr nachgehen.

Während in Prag eine kleine Gruppe Meteorologen wolkenphysikalische Experimente durchführten, blieb die Wetterbeeinflussung in der Öffentlichkeit zunächst weiter undenkbar. Ende September 1942 bejubelte beispielsweise die Kleine Volks-Zeitung aus Wien den Fall Stalingrads – »die Lebensader der Sowjetunion [sei] durchschnitten«.[163] Vier Seiten weiter sah sich der Autor angesichts des verregneten Sommers veranlasst, Stellung zu nehmen zur Frage: »Hat der Kanonendonner Einfluss auf das Wetter?« Nochmals wurden die Standardargumente wiederholt, wie sie seit 1910 üblich waren: Zu groß seien die natürlichen Kräfte, um ihrer mit technischen Mitteln Herr zu werden:

»Der Einfluss des Krieges auf das Naturgeschehen kann also dem Umfang nach nur dem Einsatz der technischen Mittel entsprechen. Die Frage: Hat der Krieg einen Einfluss auf das Wetter? läuft also auf die Frage hinaus: Ist die Technik in der Lage, eine Beeinflussung des Wettergeschehens herbeizuführen? Wir haben versucht, auf diese Frage Antwort zu geben und haben gefunden, dass die Mittel, die den Kampf der Völker so entscheidend beeinflussen, nicht in der Lage sind, dem gesetzmäßigen Ablauf im Naturgeschehen auch nur die geringste Richtungsänderung zu geben.«[164]

Am 8. Mai 1945 endete der dreitägige »Prager Aufstand« mit der deutschen Kapitulation und damit auch endgültig die Arbeit an der deutschen Wolkenforschungsstelle. Findeisen selbst verschwand in den Wirren dieser letzten Kriegstage im Mai 1945 in Prag,[165] erfuhr jedoch in den Nachkriegsjahren die

161 Schulz, Die Arbeiten und Forschungsergebnisse der Wolkenforschungsstelle des Reichsamts für Wetterdienst in Prag, S. 9.

162 Findeisen, Experimentelle Untersuchungen über die atmosphärische Eisteilchenbildung I, S. 9.

163 O. V.: Hat der Kanonendonner Einfluss auf das Wetter? Die nassen Sommer und die kalten Winter der letzten Jahre drängen die Frage auf, in: Kleine Volks-Zeitung, Sonntag, 27.9.1942, S. 1.

164 Alle Zitate: Hat der Kanonendonner Einfluss auf das Wetter?, S. 5.

165 Vgl. Die während des 2. Weltkrieges 1939–1945 eingetretenen Verluste an Meteorologen, Technikern, Funkern und Wetterdienstsoldaten, in: Annalen der Meteorologie 1 (1), 1948, S. 1–12, hier S. 9.

postume Ehre, dass die über die Eisphase und Sublimationsnuklei funktionierende Niederschlagstheorie nach ihm und Tor Bergeron, der zum Grandseigneur der Wolkenphysik aufstieg, benannt wurde.

Findeisen und seine Kollegen waren jedoch nicht die einzigen, die in den 1930er und 1940er Jahren zu wolkenphysikalischen Prozessen forschten und damit zur Neuformulierung der Niederschlagstheorie beitrugen. Nicht zuletzt die seit dem Ersten Weltkrieg zunehmende Bedeutung der Luftfahrt und des Luftkriegs hatte weltweit zu einem steigenden (militärischen) Interesse an Fragen zu Niederschlag und Vereisung geführt. An mehreren Orten in unterschiedlichen politischen Kontexten, aber mit vergleichbaren Erkenntnisinteressen und nahezu identischen Versuchsanordnungen wurden Experimente durchgeführt und Theorien formuliert.

In Japan arbeitete beispielsweise seit 1933 der Physiker Ukitiro Nakaya (1900–1962) an der Universität von Hokkaido zum Entstehungsprozess und zur Morphologie von Schnee. Nachdem er ausgehend von Tausenden Mikrofotografien eine Klassifikation natürlicher Schneekristalle erstellt hatte, richtete er ein Kältelabor zur künstlichen Herstellung von Schnee ein. Dazu entwickelte er eine Vorrichtung, die ihm über die Steuerung der Konvektion die Produktion von Schneekristallen erlaubte. Nakaya ging wie selbstverständlich davon aus – und ohne auf Bergeron oder Findeisen zu verweisen –, dass zur Bildung von Schneekristallen die Präsenz eines Nukleus (Staubpartikels oder Aerosols) notwendig war, an dem Wasserdampf sublimierte. In der Laborsituation dienten Kaninchenhaar oder Baumwollfilament als Nuklei der Schneekristalle. Dieses Sublimat – so Nakaya in einem längeren Artikel bereits 1938 – diente als erste Vorstufe, als Keim, für Schneekristalle. Obwohl Nakaya die Resultate seiner Grundlagenforschung teilweise auf Englisch veröffentlichte, war die Rezeption während der 1930er Jahre erschwert. Aufgrund der Implikationen seiner Forschung für die Luftfahrt interessierte sich jedoch während des Zweiten Weltkrieges die 1936 auf direkten Befehl Hitlers gegründete Deutsche Akademie der Luftfahrtforschung für seine Resultate, sodass eine Übersetzung der wichtigsten Arbeiten zwischen 1933 und 1940 erstellt wurde. Nakayas frühe Arbeiten zur Produktion künstlichen Schnees, die er 1954 in einer englischen Übersetzung der Forschergemeinschaft zur Verfügung stellte, war mit ein Grund, dass japanische Forscher nach dem Krieg in der sich etablierenden wolkenphysikalischen *Community* zu wichtigen Akteuren wurden.

Auch auf alliierter Seite wurden Experimentreihen zu wolkenphysikalischen Prozessen durchgeführt. Bohdan M. Cwilong, als Sohn polnischer Eltern in Russland geboren, war 1939 bei Kriegsausbruch im polnischen Wetterdienst tätig und kam mit der polnischen Armee über Italien und Frankreich schließlich nach England, wo er im Labor des Atmosphärenphysikers G. M. B. Dobson zu arbeiten begann und in den letzten zwei Kriegsjahren im renommierten Clarendon-Labor der Universität Oxford Experimente mit einer Wilson'schen Nebelkammer durchführte. Im Zusammenhang seiner Forschung über die Luftfeuchtigkeit in höheren Atmosphärenschichten und Kondensstreifen von Flugzeugen beschäftigte er sich – wie Walter Findeisen – mit der Flüssigphase von Wasser in der Atmosphäre, die auch bei Temperaturen weit unter null Grad Celsius Bestand hatte. 50 Jahre zuvor hatte C. T. R. Wilson die zum Klassiker avancierten Experimente mit der Nebelkammer durchgeführt. Während Wilson sich nicht für die Eiskristalle interessierte, sondern für die Tröpfchen, führte Cwilong die Experimente bei weit tieferen Temperaturen durch und kam zum Schluss, dass die Eispartikel nicht durch das Gefrieren von Wassertropfen entstehen, sondern sich direkt durch Sublimation von Wasserdampf zu Eiskristallen bildeten. Die Resultate seiner Untersuchungen bildeten die Grundlage für seine Doktorarbeit und wurden in mehreren Artikeln der Fachwissenschaft zugänglich gemacht. Cwilong verließ nach dem Zweiten Weltkrieg England und arbeitete in Kanada und Neuseeland weiter zu atmosphärischen Nuklei. Obwohl heute in Vergessenheit geraten, wurden seine Arbeiten um 1950 standardmäßig in den Publikationen zur Wolkenphysik zitiert, die sich nach Kriegsende als eigenständige Subdisziplin der Meteorologie etablieren konnte.

Die Erklärung der Niederschlagsbildung über die Eisphase unter Beteiligung von auslösenden Nuklei etablierte und verbreitete sich, begleitet von intensiven Debatten und Forschung in der sich nach dem Krieg neu formierenden, internationalen meteorologischen *Scientific Community*. Die auf der neu formulierten Niederschlagstheorie beruhende Denkfigur vom »kleinen Auslöser mit großer Wirkung« erwies sich als zentraler Pfeiler des Wettermodifikationsdiskurses, wie er sich ab 1945 formierte. Dieser Diskurs wirkte jedoch in zweifacher Weise auch auf die Wolkenphysik zurück: Bis in die 1960er Jahre hinein legitimierten Wolkenphysiker ihre Grundlagenforschung mit einer antizipierten Anwendung – der gezielten Wetterbeeinflussung. Zudem schien über die Feldexperimente zur Wetterbeeinflussung der alte Traum der Meteorologie, mit dem ›realen‹ Atmosphärenlabor arbeiten zu können, nun tatsächlich in Reichweite zu rücken.

Klima

Nach 1945 bildete sich ein Begriffspaar: Die »Wettermodifikation« fand nun meist in Kombination mit der »Klimamodifikation« Verwendung. Selbst Fachleute unterschieden nicht zwischen der Kontrolle des Wetters und Klimas, sondern sahen beide als Teile derselben Herausforderung. Um einerseits zu zeigen, dass auch der *Klima*modifikationsdiskurs durch Argumente und Wissensbestände aus dem 19. Jahrhundert mit vorbereitet wurde, und um andererseits die Unterschiede ab 1945 deutlicher benennen zu können, skizziere ich im folgenden Kapitel eine Genealogie der Klimamodifikation. Während die lokale Beeinflussung von Wetterphänomenen eine durchaus komplexe, letztlich aber deutliche Genealogie aufweist, sind die Spuren der Klimamodifikation undeutlicher.

Die übergeordnete These des Kapitels lautet dann auch, dass vier größere, miteinander verwobene Entwicklungen um 1900 erstmals das Sprechen über die gezielten Veränderungen von Klima ermöglichten und damit das zirkulierende Orientierungswissen für den Diskurs des 20. Jahrhunderts bereitstellten: *Erstens* etablierte sich im Verlauf des 19. Jahrhunderts die Vorstellung, dass sich das Erdklima gewandelt hatte und sich auch in Zukunft verändern wird. *Zweitens* und direkt daran anschließend wurden unterschiedliche Ursachen diskutiert, die nicht nur eine natürliche, sondern auch eine gezielte Veränderung durch den Menschen erstmals in den Bereich des Möglichen verlegten. *Drittens* brachte das 19. Jahrhundert ein Ingenieursdenken hervor, das die großräumige und permanente Umgestaltung der Erdoberfläche nicht nur machbar, sondern auch wünschenswert erscheinen ließ. *Viertens* etablierte sich eine eurozentrische Vorstellung vom ›guten‹ Klima, die sich bis weit ins 20. Jahrhundert hinein als wirkmächtig erwies. In dieser Konstellation ließen sich nun *fünftens* seit dem ausgehenden 19. Jahrhundert erste Pläne und literarische Zukunftsvisionen einer kontrollierten Veränderung des Erdklimas durchspielen.

Das Problem der Eiszeiten: die Geologie und die Geschichte des Klimas im 19. Jahrhundert

1905 verfasste der deutsche Astronom und Journalist Wilhelm Meyer für die populärwissenschaftliche Zeitschrift *Kosmos* einen Artikel mit dem Titel *Das Rätsel der Eiszeiten*, in dem er das klimatologische und geologische

Orientierungswissen um 1900 bündelte. Er referierte ausführlich die Forschungsergebnisse über die vergangenen Kältezeiten, Klimaschwankungen und deren Ursachen. Zudem wagte er einen Ausblick und spekulierte über die Möglichkeit zukünftiger Klimaschwankungen. Besonders strich er die Bedeutung des Golfstroms für das europäische Klima heraus und wies darauf hin, dass »ernsthlich [sic!] mit der Möglichkeit gerechnet worden [sei], dass durch teilweise Beseitigung des Hindernisses der Halbinsel Florida der Golfstrom künstlich der Küste Nordamerikas zugeführt werden könne. Die amerikanischen Ingenieure mit ihren unbegrenzten Möglichkeiten könnten uns also vielleicht in eine neue Eiszeit zurückversetzen.«[166] Damit griff Meyer nicht nur auf die zeitgenössischen Debatten über vergangene und zukünftige Eiszeiten und die maßgebliche Funktion, die dem Golfstrom als Klimaregulator zugewiesen wurde, zurück, sondern konnte sich auch auf verschiede Pläne berufen, die um 1900 eine umfassende Naturkontrolle mit technischen Mitteln versprachen.

Um überhaupt – auch wenn nur hypothetisch – eine solche Beeinflussung von Klima ins Auge fassen zu können, musste das Klima zunächst eine Geschichte erhalten und als wandelbar gedacht werden. Die Etablierung dieser Vorstellung war Teil größerer Debatten über Alter, Struktur und Geschichte der Erde, aber auch über die Methodologie und die Epistemologie der Naturwissenschaften, die im 18. Jahrhundert einsetzten und nahezu das gesamte 19. Jahrhundert andauerten. Wichtige Akteurin war dabei die Geologie, deren Institutionalisierung als eigenständiges akademisches Fach seit dem ausgehenden 18. Jahrhundert eng verknüpft war mit ökonomischen und politischen Interessen wie der Kartierung von Bodenschätzen und den imperialen Ambitionen westlicher Nationen.[167] In diesem Zusammenhang formulierten vorwiegend empirisch arbeitende Naturforscher im 18. Jahrhundert zahlreiche Fragen zur Erdgeschichte und versuchten mit unterschiedlichen Theorien geologische Funde plausibel zu erklären.[168]

166 Meyer, Wilhelm: Das Rätsel der Eiszeiten, in: Kosmos, 1905 (3), S. 70–75, hier S. 72.

167 Vgl. Bowler, Peter J.: Das große Jahrhundert der Geologie, in: Bowler, Peter J. (Hg.): Viewegs Geschichte der Umweltwissenschaften: Ein Bild der Naturgeschichte unserer Erde, Wiesbaden 1997, S. 126–161, hier S. 130 ff.

168 Die Zeit um 1800 gilt bis heute in der Geologiegeschichte gemeinhin als das »Heroische Zeitalter«. Der Begriff »Geologie« für die wissenschaftliche Untersuchung des Aufbaus, der Zusammensetzung und Entwicklung der Erdkruste etablierte sich um 1820. Zur Einordnung der Formierungsphase und den unterschiedlichen wissenschaftshistorischen Deutungen vgl. Greene, Mott: Geology, in: Bowler, Peter J.; Pickstone, John (Hg.): The Cambridge History of Sci-

Großräumige und dauerhafte Klimaveränderungen gehörten dabei zunächst nicht zum Problemhorizont. Es bestand ein breit abgestützter Konsens, dass sich die Erde seit ihrer Entstehung in einem stetigen Abkühlungsprozess befand. Einerseits wurden fossile Pflanzen und Kohleablagerung als Hinweise auf eine vergangene Warmzeit gedeutet und andererseits galt die innere Wärme der Erde als entscheidender Faktor für das Klima. Vor diesem Hintergrund schienen vergangene Klimaveränderungen wie etwa eine Kaltzeit grundsätzlich abwegig.[169] Die zahllosen Findlinge, Schleifspuren an Felsen, tiefen Flusstälern oder Fossilienablagerungen, die heute als selbstverständliche Belege vergangener Eiszeiten dienen, wurden seit dem 17. Jahrhundert auf die biblische Sintflut zurückgeführt.[170] Dieser »Deutungsrahmen Flut«[171] wies eine bemerkenswerte Beharrungstendenz auf, bis er in der ersten Hälfte des 19. Jahrhunderts zunehmend Konkurrenz erhielt. Insbesondere der britische Geologe Charles Lyell griff sowohl die Abkühlungs- als auch die Katastrophentheorien an und führte mit dem »Aktualismus« das grundlegende methodologische Prinzip der Geologie ein. Es postulierte die Gleichförmigkeit erdgeschichtlicher und gegenwärtiger geologischer Prozesse, was es überhaupt erst erlaubte, aus der Gegenwart systematische Rückschlüsse auf erdgeschichtliche Vorgänge zu ziehen.[172] Hinsichtlich des Klimas vertrat Lyell die These einer zyklischen

ence, Cambridge 2009, S. 165–184; Doel, Ronald E.; Oreskes, Naomi: The Physics and Chemistry of the Earth, in: Nye, Mary Jo (Hg.): The Cambridge History of Science, Cambridge 2002, S. 538–557.

169 Die Abkühlungstheorie ging auf Georges-Louis Leclerc de Buffon zurück, der aus den Überresten von »Elefanten« (später als Mammuts identifiziert) geschlossen hatte, dass das Klima der Fundorte in Sibirien und Nordamerika (und der Erde im Allgemeinen) wärmer gewesen sein musste. Gestützt wurde die Theorie durch die von Joseph Fourier vertretene Annahme, dass die Erdtemperatur in erster Linie auf der Temperatur im Erdinnern beruhte, die man in einem Abkühlungsprozess vermutete. Vgl. Bowler, Peter J.: The Fontana History of the Environmental Sciences, London 1992, S. 221 f.; Baere, Benoit: Natural Catastrophe in Buffon's Histoire Naturelle: Earth, Science, Aesthetics, Anthropology, in: Lyle, Louise (Hg.): Histoires de la Terre: Earth sciences and French culture, 1740–1940, Amsterdam 2008, S. 19–35.

170 Vgl. u.a. Müller-Beck, Hansjürgen: Die Eiszeiten: Naturgeschichte und Menschheitsgeschichte, München 2009, S. 11 f.

171 Krüger, Tobias: Auf dem Weg zu einem neuen Verständnis der Klimageschichte: der Alpenraum und die Anfänge der Eiszeitforschung, in: Blätter aus der Walliser Geschichte 123 (41), 2009, S. 123–160, hier S. 124.

172 Zu Bedeutung von Charles Lyell und dem Aktualismus vgl. u.a. Porter, Roy: Charles Lyell and the Principles of the History of Geology, in: The British Journal for the History of Science 9 (2), 1976, S. 91–103; Wool, David: Charles Lyell: »The Father of Geology«: As a Forerunner of Modern Ecology, in: Oikos 94 (3), 2001, S. 385–391.

Fluktuation, die er ausgelöst sah durch Verschiebungen der Erdgeografie und damit einhergehenden Veränderungen der von der Erdoberfläche absorbierten Sonneneinstrahlung.[173] Die hegemoniale Abkühlungstheorie wurde seit Mitte der 1830er Jahren auch durch die beginnenden Debatten über vergangene Kältezeiten infrage gestellt: Denn neben den katastrophischen Explosions- und Geröllfluttheorien fanden sich nun erste Thesen, die – basierend auf einer zunehmenden Beschäftigung mit Gletschern – langsam vorrückende und zurückweichende Eismassen formulierten. Die zwei Schweizer Naturforscher Jean de Charpentier und Louis de Agassiz publizierten um 1840 nahezu gleichzeitig Schriften, die mit solchen ausgedehnten Eismassen geologische Befunde deuteten.[174]

Begriff wie auch Konzept vergangener »Eiszeiten« stießen auf Widerstand und blieben bis um 1860 umstritten, gewannen jedoch durch zwei Entwicklungen an Plausibilität: Zum einen belegten glaziologische Arbeiten die landschaftsformende Kraft von Gletschern, womit diese als potenzielle Verursacher geologischer Veränderung in Betracht gezogen werden konnten. Zweitens identifizierten die Geologen an weit auseinanderliegenden Orten immer mehr Spuren vergangener Vereisungen, die sich mit dem Postulat einer Kältezeit am besten fassen und erklären ließen.[175] Während die Frage nach den Ursachen der genauen Datierung und der Anzahl vergangener Kältezeiten weiterhin erörtert wurde, übernahmen die meisten Autoren in der zweiten Hälfte des 19. Jahrhunderts die Annahme (mindestens) einer vergangenen Eiszeit. Damit ließen sich nicht nur die sichtbaren geologischen Spuren und stratigrafischen Schichten erklären, sondern auch die dokumentierten Schwankungen des Meeresspiegels, die zuvor in kein anderes Erklärungsmodell überzeugend hatten integriert werden können.[176]

173 Vgl. Bowler, Geschichte der Umweltwissenschaften, S. 144 f.

174 Zur präzisesten Beschreibung der Formierung der Eiszeitkonzeption vgl. u.a. Krüger, Tobias: Die Entdeckung der Eiszeiten: Geschichte der Technik und Naturwissenschaften, Basel 2008; Clarke, Garry K. C.: A Short History of Scientific Investigations on Glaciers, in: Journal of Glaciology 33 (S1), 1987, S. 4–24; Hevly, Bruce: The Heroic Science of Glacier Motion, in: Osiris 11, 1996, S. 66–86.

175 Vgl. u.a. Bowler, Geschichte der Umweltwissenschaften, S. 126–161.

176 Vgl. Bowler, Geschichte der Umweltwissenschaften, S. 147 f.; zur Rezeption und Etablierung der Eiszeittheorie vgl. u.a. Finnegan, Diarmid A.: The Work of Ice: Glacial Theory and Scientific Culture in Early Victorian Edinburgh, in: The British Journal for the History of Science 37 (1), 2004, S. 29–52; Rudwick, Martin J. S.: Worlds Before Adam: The Reconstruction of Geohistory in the Age of Reform, Chicago, London 2008, S. 517–534.

Ganz abgesehen von der Kadenz der Zyklen und der gleichermaßen komplizierten wie umstrittenen Frage nach den Ursachen bot nun – und das war eine entscheidende Verschiebung – allein das Wissen um zwei verschiedene, sich zyklisch abwechselnde Zustände des Klimas einen Ansatzpunkt, um – je nachdem, wo man die Gegenwart im laufenden Zyklus verortete – in ferner (geologischer) Zukunft eine Erwärmung oder Abkühlung zu antizipieren. Das Klima erhielt eine Geschichte und damit auch eine Zukunft.

Die Existenz vergangener Eis- und Warmzeiten wurde in der zweiten Hälfte des 19. Jahrhunderts nicht mehr grundsätzlich infrage gestellt, sondern fand Eingang in die geologischen und auch klimatologischen Standardwerke. Auf der Grundlage der in der Folge zunehmend popularisierten Vorstellung von Klimazyklen[177] konnte etwa Wilhelm Bölsche, einer der führenden deutschsprachigen populärwissenschaftlichen Autoren des frühen 20. Jahrhunderts, eine zukünftige Erwärmung postulieren:

> »Das Näherrücken solcher [tropischen] Klimaperioden geht mit geologischem Maß, und das ist, an kleinem Menschenmaß gemessen, ungeheuer. Vom Ausgang der diluvialen Eiszeit trennen uns erst vielleicht 30 000 Jahre, – bis zum echten Tropentertiär zurück aber sind's sicher zwei Millionen.«[178]

Die Frage nach den Ursachen vergangener und zukünftiger Klimaveränderungen erwies sich als äußert produktiv für das Nachdenken über das Klima und dessen Funktionsweise. Verschiedenen Akteure der sich erst allmählich herauskristallisierenden erdwissenschaftlichen Schwesterdisziplinen arbeiteten sich daran ab, ohne dass sich jedoch ein Konsens herausbildete. Weit ins 20. Jahrhundert hinein koexistierten unterschiedliche Erklärungsmodelle, die Veränderungen der Sonneneinstrahlungen, der Atmosphärenzirkulation oder -zusammensetzung, Hebungen und Senkungen der Landmassen oder Verschiebungen der Erdachse als die möglichen Taktgeber von Klimazyklen handelten.[179]

Hatten das Eiszeitproblem vor allem empirisch im Feld arbeitende Geologen angestoßen, interessierte sich für die Ursachen und die Funktionsweise des Klimas auch eine heterogene Gruppe von mathematisch

---

177 Vgl. u.a. Hann, Julius von: Handbuch der Klimatologie, Stuttgart 1887 (1), S. 362 ff.; Croll, James: Climate and Time in their Geological Relations: A Theory of Secular Changes of the Earth's Climate, London 1875, S. 292 ff.

178 Bölsche, Wilhelm: Eiszeit und Klimawechsel, Stuttgart 1919, S. 74.

179 Für eine tabellarische Zusammenstellung aller Theorien zum Klimawandel des 19. und frühen 20. Jahrhunderts vgl. Fleming, Historical Perspectives on Climate Change, S. 109.

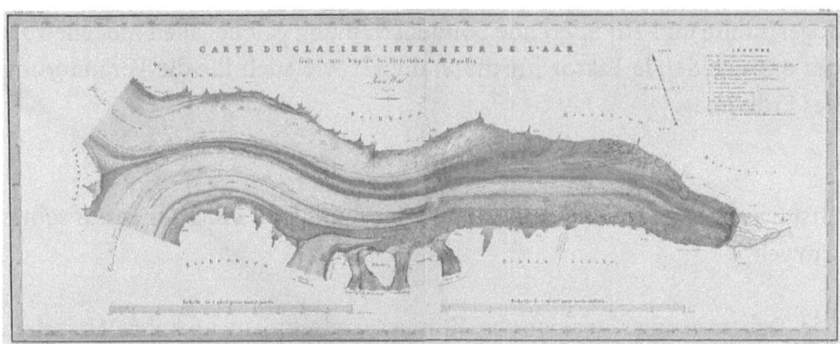

Abb. 5: Die Gletscherstudien von Louis Agassiz als wichtiger Impuls für die Eiszeit-Theorien
Quelle: Nouvelles études et expériences sur les glaciers actuels, Carte du glacier inférieur de l'Aar, Neuchâtel 1842, Zentralbibliothek Zürich, https://doi.org/10.3931/e-rara-35661

und deduktiv arbeitenden Naturwissenschaftlern.[180] So schlug etwa der französische Mathematiker Joseph-Alphonse Adhémar 1842 in seinem Buch *Révolutions de la mer* erstmals eine Lösung vor, welche die Klimaschwankungen über die Kombination zweier Rotationsbewegungen (der Erdachse und der Umlaufbahn), der sogenannten Präzession erklärte. Solche astronomischen Erklärungsmodelle, wie sie schließlich der serbische Mathematiker Milutin Milanković im frühen 20. Jahrhundert besonders wirkmächtig formulierte, und die auf die Erdachse, die Sonnenflecken oder den kosmischen Staub fokussierten, standen jedoch weiter in Konkurrenz: Erdimmanente Modelle betonten die Bedeutung von Vulkanausbrüchen, Kontinentalverschiebungen und den Verlauf von Meeresströmungen[181] und Joseph Fourier oder John Tyndall schlugen auf der Grundlage von Berechnungen und Experimenten Effekte von Änderungen des Kohlendioxidgehalts der Atmosphäre vor.[182] Trotz dieser unübersichtlichen Vielfalt an Erklärungen bestand durchaus ein Minimalkonsens: Ob die Klimaveränderungen nun mit externen oder internen Prozessen erklärt wurden – die aufgenommene,

180 Zur geologischen und geophysikalischen Tradition der Geowissenschaften vgl. Doel, Oreskes, The Physics and Chemistry of the Earth, hier S. 538 f.

181 Vgl. u.a. Bard, Edouard: Greenhouse Effect and Ice Ages: Historical Perspective, in: Comptes Rendus Geoscience 336 (7), 2004, S. 603–638; Andjelic, Tatomir P.; Berger, André: Milutin Milankovitch, père de la théorie astronomique des paléoclimats, in: Histoire & Mesure 3 (3), 1988, S. 385–402; Imbrie, John; Palmer Imbrie, Katherine: Ice Ages: Solving a Mystery, London, Basingstoke 1979, S. 69 ff.

182 Zu Fourier und Tyndall Wegbereiter des Treibhauseffekts vgl. u.a. Fleming, Historical Perspective on Climate Change, S. 55–74.

abgestrahlte und zirkulierende Sonnenstrahlung galt bei allen Modellen als der entscheidende Faktor für die Stabilität wie auch für die Veränderung des Erdklimas.

Historische Klimaveränderungen und der Einfluss des Menschen auf seine Umwelt

Die Debatten über geologische Klimaveränderungen und ihre Ursachen stießen drei Entwicklungen an, die die Vorstellung gezielter Eingriffe ins Klima maßgeblich vorbereiteten: Erstens setzte sich ein dezidiert physikalisches Verständnis der für das herrschende Klima verantwortlichen Elemente durch, das die Wechselwirkungen der verschiedenen Sphären betonte. Zweitens verdichteten sich im späten 19. Jahrhundert die Hinweise, dass es nicht nur in geologischer, sondern auch in historischer Vergangenheit Klimaschwankungen gegeben hatte. Drittens blieb zwar umstritten, inwiefern und in welchem Ausmaß der Mensch in der Lage war, auf seine klimatische Umgebung gezielt oder unbeabsichtigt einzuwirken. Doch Theorien zur Wärme- und Strahlungsbilanz boten nun einen Ansatzpunkt, um zumindest kleinräumige, menschliche Eingriffe zu denken.

Träger dieser Debatten waren nun nicht mehr ausschließlich universalinteressierte Naturwissenschaftler oder Geologen, sondern auch Vertreter einer neuen Disziplin, der Klimatologie, die sich in der zweiten Hälfte des 19. Jahrhunderts herauszubilden begann. Ihr Untersuchungsgegenstand bildete nicht die geologische Klimageschichte, sondern die historische Vergangenheit und vor allem die Gegenwart des Erdklimas. In der bemerkenswert übersichtlichen Literatur zur Geschichte der Klimatologie im 19. Jahrhundert wird zu Recht betont, dass die »klassische Klimatologie« der zweiten Hälfte des 19. Jahrhunderts einen deskriptiven Zugang verfolgte und einen statischen und geografischen Klimabegriff vertrat, womit sie sich nicht zuletzt von der Meteorologie abgrenzte.[183] Pioniere einer eigenständigen Klimatologie, wie der Direktor der Wiener Zentralanstalt für Meteorologie und Erdmagnetismus, Julius Ferdinand von Hann, charakterisierten ihre Herangehensweise als quantitativ-beschreibend und interessierten sich in Anlehnung an Alexander von Humboldts Klimaverständnis in erster Linie für die

---

183 Zum Wandel des Verständnisses und der Konzeptionen von Klima sowie der Einteilung in klassische und moderne Klimatologie vgl. Heymann, Klimakonstruktionen, S. 171–197.

Mittelwerte der meteorologischen Größen an einer bestimmten Stelle auf der Erdoberfläche.

Auch wenn sich die Verschiebung hin zur »modernen Klimatologie« erst im Kontext der Luftfahrt und der Rezeption der dynamischen Meteorologie im frühen 20. Jahrhundert vollzog und so den Blick für dynamische Aspekte des Klimas öffnete, übertrugen auch Klimatologen bereits im späten 19. Jahrhundert physikalische Erklärungsmodelle selbstverständlich auf die Atmosphäre.[184] Ab 1880 lässt sich feststellen, dass die Klimatologie auf der Grundlage der Physik verstärkt Wechselwirkungen zwischen Atmosphäre und Erdoberfläche berücksichtigte. Sowohl im deutsch- als auch im englischsprachigen Raum markierten Monografien und Aufsätze über den Wärmehaushalt oder die Strahlungsbilanz – in terminologischer Anleihe an Thermodynamik oder Physiologie – das steigende Interesse an der Beschaffenheit der Erdoberfläche als wichtigen Faktor für das Klimasystem. Der deutsche Physiker und Meteorologe Wilhelm von Bezold forderte etwa 1892 exemplarisch dazu auf, »den gesammten [sic!] Wärmehaushalt in der Atmosphäre und an der Erdoberfläche in Zusammenhang zu betrachten«.[185]

Im *Handbuch der Klimatologie,* dem disziplinbegründenden Standardwerk Julius von Hanns, das mehrere Auflagen und Übersetzungen erlebte, lassen sich sowohl die Etablierung physikalischer Prinzipien wie auch die zunehmende Engführung von Erdoberfläche und Atmosphäre nachvollziehen. Handelte von Hann in der ersten Auflage von 1883 die »klimatischen Faktoren« noch in der Einleitung ab, erhielten die »Erörterungen über die einzelnen klimatischen Faktoren« in der zweiten Auflage 1897 ein eigenes, beinahe 90 Seiten umfassendes Kapitel und wurden gemeinsam mit der »Allgemeinen Klimatologie« in einem eigenen Band abgehandelt.[186] Zwar berücksichtigte von Hann ausgehend von Messungen der Reflexionseigenschaften verschiedener Oberflächen die »Wärmereflexion oder Wärmestrahlung terrestrischer Gegenstände« bereits in der ersten Ausgabe,

184 Vgl. ebd., S. 173 f.; zur Konzeptualisierung von Klima im 19. Jahrhundert der Habsburger Monarchie vgl. Coen, Deborah: Climate in Motion: Science, Empire and the Problem of Scale, Chicago 2018.

185 Bezold, Wilhelm von: Der Wärmeaustausch an der Erdoberfläche und in der Atmosphäre, in: Sitzungsberichte der Königlich Preußischen Akademie der Wissenschaften zu Berlin, Berlin 1892, S. 1139–1168, hier S. 1139.

186 Vgl. Hann, Julius von: Handbuch der Klimatologie, Stuttgart 1883 (1), S. v; Hann, Julius von: Handbuch der Klimatologie, Stuttgart 1897 (2), S. xi.

jedoch nur mit Hinblick auf die unmittelbare Umgebung.[187] In der folgenden Auflage 1897 sah sich von Hann jedoch veranlasst, die Ausführungen zum Zusammenspiel von Erdoberfläche, Sonnenstrahlung und Atmosphäre auszubauen,[188] und in der dritten Auflagen 1908 erhielt »Die klimatische Temperatur und die strahlende Wärme« ein eigenes Unterkapitel.[189]

Neben den zentralen Figuren im deutschsprachigen Raum wie Julius von Hann oder Gustav Hellmann befassten sich auch der bereits genannte »Hagelspezialist« Wilhelm Trabert,[190] der irische Geograf Samuel Haughton[191] wie auch der russische Meteorologe Alexander Wojeikow[192] in den letzten beiden Jahrzehnten des 19. Jahrhunderts mit dem »Wärmeaustausch«, dem »Wärmehaushalt« oder der »Strahlungsbilanz« und damit mit den physikalischen Zusammenhängen von Erdoberfläche und Atmosphäre. Insbesondere die Forschung Wojeikows markierte die systematischere Bearbeitung der Wechselwirkungen zwischen Litho-, Hydro- und Atmosphäre. Er legte damit auch den Grundstein für die sowjetische Klimatologie, die sich im 20. Jahrhundert auf die Untersuchung der Wärmebilanz spezialisierte.[193] In der 1932 postum erschienenen vierten Auflage des Handbuchs von Hanns zeigte sich diese intensive Beschäftigung mit der Beschaffenheit der Erdoberfläche als klimatischer Faktor schließlich in der Verwendung eines neuen Terminus für das Rückstrahlvermögen: die »Albedo«. Der Geologe Thomas C. Chamberlin war einer der Ersten gewesen, der die »Albedo« systematisch in Überlegungen zu vergangenen Klimaveränderungen miteinbezogen hatte.[194] Ursprünglich in der Astronomie zur Bestimmung der reflektierten Lichtmenge eines Himmelskörpers verwendet, griffen die Klimatologen dann ab 1910 systematisch auf die »Albedo« als Maß für das Rückstrahlungsvermögen der

187 Alle Zitate: Hann, Handbuch der Klimatologie 1883 (1), S. 30; von Hann berief sich dabei auf die Forschung des Schweizer Meteorologen und Klimatologen Charles Dufour; vgl. ebd.

188 Dazu zitierte er die Arbeit des Schweizer Physikers Henri Dufour (weder verwandt mit Charles noch mit seinem ungleich berühmteren Namensvetter), der den »Einfluss verschiedener Färbung Oberfläche« untersuchte; vgl. Hann, Handbuch der Klimatologie, Stuttgart 1897, S. 16.

189 Vgl. Hann, Julius von: Handbuch der Klimatologie, Stuttgart 1908 (3), S. 12 ff.

190 Trabert, Wilhelm: Der tägliche Gang der Temperatur und des Sonnenscheins auf dem Sonnblickgipfel, in: Denkschriften der Wiener Akademie der Wissenschaften 49, Wien 1892.

191 Haughton, Samuel: Six Lectures on Physical Geography, Dublin 1880, S. 346 ff.

192 Vgl. Wojeikow, Alexander Iwanowitsch: Die Klimate der Erde, Jena 1887, S. 140 ff.

193 Vgl. Oldfield, Jonathan D.: Mikhail Budyko's (1920–2001) Contributions to Global Climate Science: From Heat Balances to Climate Change and Global Ecology, in: WIREs Climate Change 7 (5), 2016, S. 682–692, hier S. 685 f.

194 Vgl. Chamberlin, T. C.: An Attempt to Frame a Working Hypothesis of the Cause of Glacial Periods on an Atmospheric Basis (Continued), in: The Journal of Geology 7 (7), 1899, S. 667–685.

Erde zurück, um die Wechselbeziehung der Klimaelemente analysieren und beschreiben zu können.[195]

Diese physikalische Konzeption war jedoch nur eine Perspektive der Klimatologie, wie sie sich im 19. Jahrhundert verselbstständigte. Von größerer Bedeutung war die deskriptive und statistische Erfassung des Klimas. Solche statistischen Erhebungen waren ausschlaggebend, dass sich auch die Einsicht in die Wandelbarkeit des Klimas in historischen Zeit durchzusetzen begann. Mit Blick auf die Geschichte und Gegenwart der Menschheit hatten die meisten Naturforscher der ersten Hälfte des 19. Jahrhunderts weder Hinweise auf beobachtbare und messbare Veränderungen noch auf eine menschliche Einflussnahme gesehen. Damit traten sie empirisch der weitverbreiteten Position des 18. Jahrhunderts entgegen, die die Landkultivierung mit klimatischen Veränderungen verknüpft hatten.[196] Zwar sei das Klima grundsätzlich durch menschliche Tätigkeit beeinflussbar – wie etwa Alexander von Humboldt festhielt –, diese Effekte seien jedoch im Vergleich zur geografischen Breite oder der Höhenlage zu vernachlässigen. Noch Studien der 1860er und 1870er Jahre, die nun immerhin auf 100 Jahre meteorologischer Messdaten zurückgreifen konnten, stützten diese Ansicht und beschrieben das historische Klima als räumlich klar verortbare, permanente und stabile Hintergrundveranstaltung. Die Vegetation wurde dabei als Effekt, nicht jedoch als mögliche Ursache klimatischer Verhältnisse und Veränderungen gedacht.[197]

In der Folge waren es insbesondere Geografen und Klimatologen aus dem deutschsprachigen Raum – die Disziplinengrenzen waren weiterhin fließend –, die die Variabilität des historischen Klimas über statistische

---

195 Eine detaillierte Wissenschaftsgeschichte der Albedo wurde bisher noch nicht geschrieben. Zum Transfer von der Astronomie in die Klimatologie vgl. u.a. Wade, Herbert T.: The Sun's Radiation and Its Study, in: Scientific American 99 (15), 1908, S. 241–242; Arrhenius, Svante: Das Schicksal der Planeten, Leipzig 1911, S. 8 f.; Russell, Henry Norris: On the Albedo of the Planets and their Satellites, in: Proceedings of the National Academy of the United States of America 2 (2), 1916, S. 74–77; Hann, Julius von; Knoch, Karl: Handbuch der Klimatologie (Band 1: Allgemeine Klimalehre), Stuttgart 1932, S. 20.

196 Vgl. Zilberstein, Anya: A Temperate Empire: Making Climate Change in Early America, Oxford 2016; Mauelshagen, Franz: Ein neues Klima im 18. Jahrhundert, in: Zeitschrift für Kulturwissenschaften 10 (1), 2016, S. 39–58.

197 Mit Lorin Blodget vom Smithsonian Institute, Elias Loomis der Yale University, Charles A. Scott vom United States Coast Survey oder Cleveland Abbe vertraten wichtige Stimmen diese Ansicht und stützten sie mit mehreren Untersuchungen; vgl. Fleming, Historical Perspectives on Climate Change, S. 50–53.

Auswertungen nahelegten. Einer der ersten und auch einflussreichsten Verfechter historischer Klimaveränderungen war der deutsche Grenzgänger zwischen den Disziplinen Geografie und Klimatologie, Eduard Brückner,[198] der ab 1888 an der Universität Bern tätig war. In seine Berner Zeit fiel die Publikation der richtungsweisenden Untersuchung *Klimaschwankungen seit 1700*, in der er durch die Analyse meteorologischer Messwerte und indirekter Beobachtungen wie Angaben zu Weinernten 35 Jahre andauernde nasse und trockene Perioden postulierte und diese mit rückläufigen Ernteerträgen, Auftreten von Epidemien oder Migrationsbewegungen in Beziehung setzte.[199] Im Anschluss an die Arbeit Brückners setzten verstärkt Untersuchungen zu Klimaveränderungen ein und auch von Hann griff bereits in seinen Disziplinen-begründenden Handbüchern auf Brückners Resultate zurück, um die begriffliche Unterscheidung zwischen Klimaänderung (geologische Klimaveränderungen) und Klimaschwankungen (historische Klimaveränderungen) einzuführen.[200] Damit – und das war entscheidend für das Denken einer gezielten Beeinflussung des Klimas – hatte sich im frühen 20. Jahrhundert die Ansicht als Handbuchwissen durchgesetzt, dass das Klima auch in historischer Zeit keineswegs eine stabile Hintergrundveranstaltung war, sondern Veränderungen unterlag.

Die Ursachen für Klimaveränderungen in historischer Zeit musste Brückner offenlassen; er hielt jedoch Variationen der Sonneneinstrahlung für die plausibelste Taktgeberin seiner Klimazyklen. Ob und inwiefern der Mensch nun für Klimaveränderungen verantwortlich war, blieb im 19. Jahrhundert und auch im frühen 20. Jahrhundert umstritten. Ausgehend von den großen Eingriffen in die Umwelt verwiesen Naturschützer bereits im 19. Jahrhunderte auf weitreichende Auswirkungen. So führte etwa der US-amerikanischen Diplomat George Perkins Marsh in seinem Hauptwerk *Man and Nature or Physical Geography as Modified by Human Action* 1864

---

198 Brückner hatte in Tartu (Estland), Dresden und München mit Geografie, Paläontologie, Meteorologie und Physik ein ganzes Bündel an erdwissenschaftlichen Fächern studiert, bei Albrecht Penck zum Thema der Vergletscherung doktoriert und kurze Zeit bei Köppen an der Deutschen Seewarte in Hamburg gearbeitet, bevor er 1888 nach Bern kam; zu Brückner vgl. u.a. Hupfer, Das Wetter der Nation: Meteorologie, S. 165–175; Stehr, Nico; Storch, Hans von: Eduard Brückner – Die Geschichte unseres Klimas: Klimaschwankungen und Klimafolgen, in: Österreichischen Beiträge zur Meteorologie und Geophysik 40, Wien 2008.

199 Brückner, Eduard: Klimaschwankungen seit 1700 nebst Bemerkungen über die Klimaschwankungen der Diluvialzeit, Wien, Olmütz 1890, S. 244–272, S. 283–290.

200 Vgl. Hann, Julius von: Handbuch der Klimatologie: I. Band, Stuttgart 1908, S. 345–386.

den Zusammenhang von Wald, Wasser und Klima aus. Aufgrund dieser Wechselwirkungen war es denkbar, dass der Mensch zumindest lokale oder regionale Klimata nachteilig verändern konnte.[201] Die klimatologische Autorität Julius von Hann hingegen konnte noch im Handbuch 1897 keinen Nachweis für die Auswirkungen »fortschreitender Kultur« auf das Klima präsentieren.[202]

Um 1900 setzte mit dem Ausbau der Klimatologie in Form von Wetterdiensten oder Lehrstühlen eine Ausweitung klimatologischer Forschungsinteressen ein, die zur Etablierung erster Subdisziplinen führte.[203] Exemplarisch für diese Ausdifferenzierung, wie auch den inzwischen selbstverständlichen Miteinbezug der Erdoberfläche für das Verständnis klimatischer Prozesse, war die Habilitationsschrift *Das Klima der bodennahen Luftschicht* des deutschen Meteorologen Rudolf Geiger. Detailliert führte er darin die »Bedeutung der Bodenoberfläche« für den »Wärmeumsatz« und damit für das Mikroklima der bodennahen Luftschicht aus[204] und verwies zudem auf »[...] die Tatsache, dass der Mensch ein ungeheurer Mikroklimazerstörer ist«,[205] wobei ihm als Belege die »technische Bodenbearbeitung«[206] um 1700 in Südmähren oder die »Verwendung des Motorpflugs«[207] in den westlichen Trockengebieten der USA dienten. Geigers wegweisender, die Subdisziplin der Mikroklimatologie mitbegründender Beitrag von 1927 reflektierte also nicht nur die Bemühungen der Klimatologie, sich als Produzentin von Handlungswissen für Medizin, Land- und Forstwirtschaft zu positionieren, er zeigte auch beispielhaft an, dass nun im frühen 20. Jahrhundert die Wandelbarkeit des historischen Klimas als erwiesen galt.

---

201 George Perkins Marsh wird deshalb heute als einer der ersten Umweltschützer und Vorläufer der Theorie des Anthropozäns gelesen; vgl. u.a. Bowler, Geschichte der Umweltwissenschaften, S. 208; Crutzen, Paul; Grinevald, Jacques; Steffen, Will u.a.: The Anthropocene: Conceptual and Historical Perspectives, in: Philosophical Transactions of the Royal Society A: Mathematical, Physical and Engineering Sciences 369 (2011), S. 842–867; Davis, Robert: Inventing the Present: Historical Roots of the Anthropocene, in: Earth Sciences History 30 (1), 2011, S. 63–84.

202 Julius von Hann bezog sich dabei u.a. auf die Arbeit des US-amerikanischen Geologen Josiah Whitney, der für den Westen der USA keine Veränderung des Klimas hatte feststellten können; vgl. Hann, Julius von: Handbuch der Klimatologie, Stuttgart 1897 (2), S. 392; Zitat ebd.

203 So forderte etwa Wladimir Köppen, seit 1875 Leiter des Seewetterdienstes an der Seewarte in Hamburg, die Bereitstellung von Erklärungen lokaler Klimata als Aufgabe der Klimatologie; vgl. Heymann, Klimakonstruktionen, S. 175 f.

204 Vgl. u.a. Geiger, Rudolf: Das Klima der bodennahen Luftschicht, Wiesbaden 1927, S. 6 ff.

205 Ebd., S. 348.

206 Ebd., S. 349.

207 Ebd., S. 350.

Über Eingriffe in die Strahlungsbilanz ließ sich zudem auch die Beeinflussung – zumindest des Mikroklimas – plausibel erklären. Auch in Bezug auf das globale Klima sahen einzelne Exponenten die Möglichkeit einer menschlichen Beeinflussung, wenn auch erst in ferner Zukunft. Der schwedische Physiker und Nobelpreisträger Svante Arrhenius, dessen intensive Auseinandersetzung mit der Zusammensetzung der Atmosphäre und ihrer Funktion für Klimaveränderungen ebenfalls dem Problemhorizont der Eiszeiten entsprang, ging von einer natürlichen Abkühlung in geologischen Zeiträumen aus,[208] postulierte jedoch erstmals die Möglichkeit einer anthropogenen, gegenläufigen Klimaerwärmung durch einen verstärkten Kohlendioxidausstoß. Diese potenzielle Einflussnahme erachtete er nicht als problematisch, da er eine Abkühlung als weit folgenreicher für die menschliche Zivilisation einstufte.[209]

Der Golfstrom und das warme Europa – Meeresströmungen als Klimaregulatoren

Neben der Atmosphäre und Lithosphäre geriet im Verlauf des 19. Jahrhunderts auch verstärkt die Hydrosphäre und insbesondere die Meeresströmungen in den Fokus. Sie galten als zentrale Faktoren des Klimasystems.[210] Veränderungen von Fließrichtung und Temperatur der Meeresströmungen, ausgelöst durch tellurische Verschiebungen, wurden nicht zuletzt als mögliche Impulsgeber für Abkühlung und Erwärmung identifiziert. Die Kenntnisse über die Funktionsweise und die konkreten Auswirkungen auf die Klimaverhältnisse – insbesondere Europas – waren weitere, entscheidende Puzzleteilchen des späteren Klimamodifikationsdiskurses.

Dabei fielen Weltmeere bis weit ins 20. Jahrhundert hinein weniger ins Fach- und Interessengebiet der Klimatologie, sondern war Forschungsgegenstand der (physischen) Geografie und der sich formierenden Ozeanografie. Seit der Frühen Neuzeit waren zumindest Teile des Golfstroms als nautisches Phänomen (und Problem) bekannt. Im späten 16. Jahrhundert fixier-

208 Vgl. Arrhenius, Svante: Das Werden der Welten, übers. von L. Bamberger, Leipzig 1921, S. 71 f.

209 Zur Forschung von Svante Arrhenius und John Tyndall über Kohlendioxid vgl. u.a. Wulff, Petter: The Climate Legacy of Svante Arrhenius, in: Icon 25 (2), 2020, S. 163–169; Fleming, Historical Perspectives on Climate Change, S. 65–82.

210 Vgl. u.a. Hann, Julius von: Allgemeine Erdkunde: Die Erde als Ganzes, ihre Atmosphäre und Hydrosphäre, Prag, Wien, Leipzig 1896 (5).

ten ihn Kartografen das erste Mal auf Seekarten und im 18. Jahrhundert erhielt er vom US-amerikanischen Naturwissenschaftler und Politiker Benjamin Franklin seine Bezeichnung. Hatte der Golfstrom beispielsweise Thomas Jefferson Ende des 18. Jahrhunderts in erster Linie als lästiges Hindernis der Schifffahrt gegolten, wurde er im 19. Jahrhundert Gegenstand intensiver wissenschaftlicher Beschäftigung und galt bald als entscheidender Faktor für das gemäßigte und damit auch ›gute‹ Klima Europas.

Ab 1800 widmeten sich Akteure mit unterschiedlichen wissenschaftlichen Hintergründen, aber allesamt mit enger Beziehung zu imperialistischen Unternehmungen der Erforschung der Meeresströmungen.[211] Eine erste umfassende Übersicht erstellte James Rennell, der als Kartograf für die East India Company Karriere gemacht hatte und sich nach seiner Rückkehr nach England ab 1810 hydrografischen Fragen widmete.[212] Er beschrieb, wie der warme Golfstrom nach Osten Richtung Europa führt, wo er westlich der Azoren in die Gegenströmung überging.[213] Bereits die naturforschenden Universalgelehrten der ersten Hälfte des 19. Jahrhunderts verlinkten das warme Wasser des Golfstroms mit den milden Klimaverhältnissen Europas und erklärten so die signifikanten Temperaturunterschiede zwischen Regionen, die auf demselben Breitengrad lagen. Alexander von Humboldt berichtete 1807, noch bevor er dann in den späten 1820er Jahren Rennell persönlich kennenlernte, in seinem Buch *Ansichten der Natur* über die Temperaturmessungen des Golfstroms bei Neufundland und legte eine Beeinflussung des Klimas durch den »Fluss warmen, sich rasch fortbewegenden Wassers«[214] nahe. Auch in seinen *Kosmos*-Vorträgen 1828 erklärte er die Eisfreiheit der skandinavischen Küsten mit dem durch den Golfstrom

211 Vgl. Bowler, Geschichte der Umweltwissenschaften, S. 130.

212 Die Grundlage für Rennells Werk waren die Logbücher britischer Schiffe aus dem Zeitraum 1790 bis 1825, aus deren Aufzeichnungen er auf Verlauf und Beschaffenheit der Meeresströmungen schloss und diese in Karten übersetzte; vgl. dazu Schrier, G. van der; Weber, S. L.: The Gulf Stream and Atlantic Sea-Surface Temperatures in AD 1790–1825, in: International Journal of Climatology 30 (12), 2010, S. 1747–1763, hier S. 1748.

213 Vgl. Rennell, James: An Investigation of the Currents of the Atlantic Ocean, and of Those which Prevail Between the Indian Ocean and the Atlantic Ocean, London 1832, S. 167; zu Rennell und seinem Einfluss auf Humboldt vgl. Mills, Eric L.: The Fluid Envelope of our Planet: How the Study of Ocean Currents Became a Science, Toronto 2012, S. 34–40.

214 Humboldt, Alexander von: Ansichten der Natur (Erster Band), Stuttgart, Tübingen 1849, S. 195; vgl. auch ebd., S. 165/196.

transportierten Mengen an warmem Wasser.[215] Humboldt griff zudem als einer der Ersten systematisch auf Isothermen zurück, indem er Punkte gleicher Temperatur miteinander verband und so Meeresströmungen kartierte. Damit wurden nicht nur Temperaturunterschiede von Regionen auf demselben Breitengrad sichtbar, sondern auch eine Korrelation zwischen Wassertemperatur und Klimaverhältnissen erstellt.[216]

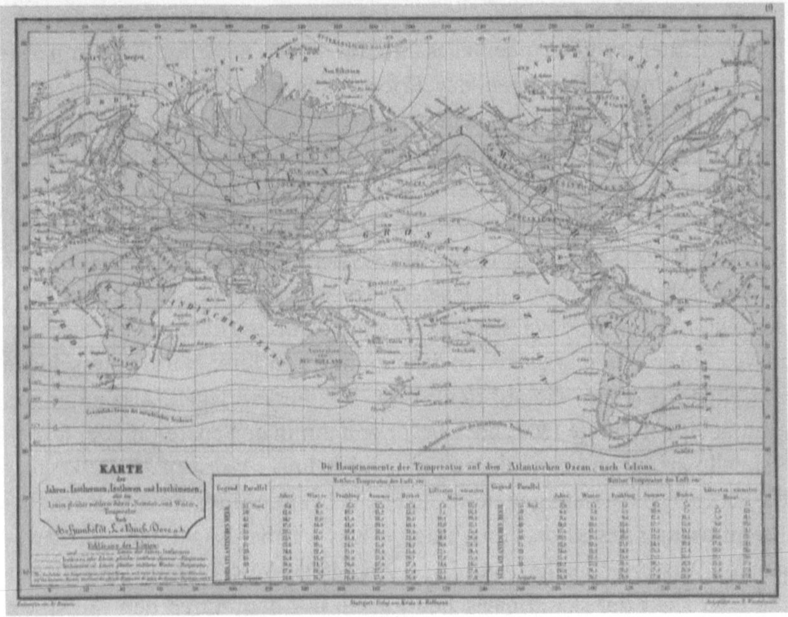

Abb. 6: Die Isothermen von Alexander von Humboldt
Quelle: Atlas zu Alex. v. Humboldt's Kosmos: in zweiundvierzig Tafeln mit erläuterndem Texte, Stuttgart 1851, ETH-Bibliothek Zürich. Rar 9055, https://doi.org/10.3931/e-rara-8930

Mitte des 19. Jahrhunderts setzte eine systematischere Beschäftigung mit den Ursachen und Wirkungen von Meeresströmungen ein,[217] die durch

215 Vgl. N. N.: Alexander von Humboldts Vorlesungen über phÿsikalische Geographie nebst Prolegomenen über die Stellung der Gestirne, Berlin 1827. Online: http://www.deutschestextarchiv.de/book/view/nn_msgermqu2345_1827?p=237, S. 231.

216 Vgl. u.a. Model, Fr.: Alexander von Humboldts Isothermen, in: Deutsche Hydrografische Zeitschrift 12 (1), 1959, S. 29–33.

217 So eine1844 vom Leiter des US-amerikanischen Office of Coast Survey, Alexander Dallas Bache, initiierte Untersuchung des Golfstroms oder die darauf aufbauenden Publikation einer Reihe

zusätzliche Quantifizierungen den Konsens über den Verlauf und vor allem über die klimatischen Effekte des Golfstroms stützte. So fand in der zweiten Hälfte des 19. Jahrhunderts der Zusammenhang zwischen Golfstrom und Klima Eingang in die Überblicksdarstellungen und Handbücher. 1855 veröffentliche Matthew Maury, Leiter des United States Naval Observatory mit *The Physical Geography of the Sea* eine erste große Überblicksdarstellung mit besonderem Fokus auf die Beschreibung und Funktionsweise der Weltmeere.[218] Für Maury gab es 1855 keinen Zweifel mehr an der Bedeutung des Golfstroms: »Eine der vorteilhaften Funktionen des Golfstroms besteht darin, die Wärme aus dem Golf von Mexiko zu transportieren, wo sie sonst übermäßig würde, und sie in Regionen jenseits des Atlantiks abzugeben, um das Klima auf den Britischen Inseln und in ganz Westeuropa zu verbessern.«[219]

In einem Vortrag, den der Schiffskapitän, Ozeanograf und persönlicher Bekannter von Maury, Silas Bent, Ende der 1860er Jahre hielt,[220] zeigte sich die gefestigte Ansicht der Abhängigkeit des europäischen Klimas vom Golfstrom besonders prägnant. Bent verlieh mit einem Gedankenspiel dem Ausmaß dieser Abhängigkeit Ausdruck:

»Denn wenn man anerkennt, dass Europa sein mildes Klima dem Golfstrom verdankt, was, wie ich glaube, heute niemand bestreitet, dann würde die Ablenkung dieses Stroms von seiner gegenwärtigen Richtung bedeuten, ganz Europa sozusagen auf einmal in seinen normalen klimatischen Zustand zu versetzen: das heißt, Frankreich und Österreich hätten das Klima Kanadas, und England, Deutschland und das nördliche Europa würden eine gefrorene Wildnis werden, wie Britisch-Amerika und Labrador.«[221]

---

von Daten und Strömungskarten 1847 vom Leiter des kurz zuvor gegründeten Naval Observatory, Matthew Fontaine Maury; vgl. dazu Deacon, Margaret: Scientists and the Sea, 1650–1900: A Study of Marine Science, London, New York 1971, S. 293.

218 Zu Bedeutung Maurys und der Entwicklung der Ozeanografie von einer geografisch und klimatologisch ausgerichteten Wissenschaft zur eigenständigen Disziplin vgl. Hamblin, Jacob Darwin: Seeing the Oceans in the Shadow of Bergen Values, in: Isis 105 (2), 1.6.2014, S. 352–363, hier S. 354.

219 Maury, Matthew Fontaine: The Physical Geography of the Sea, New York 1857, S. 49. Im Original: »One of the benign offices of the Gulf Stream is to convey heat from the Gulf of Mexico, where otherwise it would become excessive, and to dispense it in regions beyond the Atlantic for the amelioration of the climates of the British Islands and of all Western Europe.«

220 Zu Silas Bent und seiner Theorie eines eisfreien Polarmeers vgl. Stefansson, Vilhjamur: Silas Bent, in: Encyclopedia Arctica, Bd. 15 (Biographies), 1949, S. 122–129. Online: <https://collections.dartmouth.edu/arctica-beta/html/EA15-10.html>, Stand: 20.2.2020.

221 Bent, Silas: An Address Delivered Before the St. Louis Historical Society, December 10th 1868, and Repeated By Request Before the Mercantile Library Association, January 21 1869 Upon the Thermometric Gateways to the Pole, Surface Currents of the Ocean, and the Influence of the Latter

Bent beließ es nicht dabei, sondern führte aus, dass mithilfe eines Durchstichs des Isthmus von Panama eine Ablenkung des Golfstroms und damit eine gezielte Verschlechterung des (nord-)europäischen Klimas möglich wäre. Bents Ausführungen waren wohl ins Blaue gesprochen, stießen auch auf Kritik,[222] doch es deutete sich an, dass auf der Grundlage des Wissens über die Funktionsweise des Golfstroms auch eine gezielte Beeinflussung angedacht werden konnte.

Ab 1870 war der Golfstrom als (positiver) Faktor für das europäische Klima bereits breit abgestützt in der physischen Geografie und Klimatologie.[223] 1875 veröffentlichte der britische Naturforscher James Croll sein mehr als 600 Seiten starkes Hauptwerk *Climate in Time in their Geological Relations*. Croll, der sich als Autodidakt vom Pförtner über Versicherungsvertreter zum Korrespondent mit Lyell und Charles Darwin hinaufgearbeitet hatte,[224] argumentierte wiederum, dass die vom Golfstrom transportierte Wärme sich ameliorierend auf das (nord-)europäische Klima auswirkte.[225] Um 1880 war der Golfstrom als Ursache für das milde europäische Klima bereits ein Topos, der nunmehr unhinterfragt in unterschiedlichen Kontexten und Wissensfeldern angewendet werden konnte.[226] Diese auch im deutsch-

---

Upon the Climate of the World, St. Louis 1869, hier S. 8. Im Original: »For, admitting that Europe derives its mild climate from the Gulf Stream, which no one now, I believe, disputes, then to divert this stream from its present direction, would be to bring the whole of Europe at once, so to speak, to its normal climatic condition: that is, France and Austria would have the climate of Canada, and England, Germany and the Northern Europe would become a frozen wilderness, such as British America and Labrador.«

222 Vgl. u.a. J. K.: Thermal Paths to the Pole, in: Nature 6 (136), 1872, S. 101; Carpenter, W. B.: On the Gibraltar Current, the Gulf Stream, and the General Oceanic Circulation, in: Proceedings of the Royal Geographical Society of London 15 (1), 1870, S. 54–91, hier S. 88.

223 Zu den Debatten und offenen Forschungsfragen insbesondere in Großbritannien vgl. Petermann, August: The Gulf Stream and the Knowledge of the Thermal Properties of the North Atlantic Ocean and its Continental Borders, up to 1870, in: Freeden, Wilhelm; Mühry, Adolf; Petermann, August (Hg.): Papers on the Eastern and Northern Extensions of the Gulf Stream, Washington, D. C. 1871, S. 1–115, hier S. 1–6.

224 Zur Biografie und den metaphysischen Prämissen seiner Forschung vgl. Finnegan, Diarmid A.: James Croll, Metaphysical Geologist, in: Notes and Records of the Royal Society 66 (1), 2012, S. 69–88.

225 Croll, Climate and Time in their Geological Relations, S. 23 ff.; vgl. dazu Mills, Eric L.: The Fluid Envelope of our Planet: How the Study of Ocean Currents Became a Science, Toronto 2012, S. 63.

226 Vgl. u.a. Buff, Johann Heinrich: Zur Physik der Erde: Vorträge für Gebildete über den Einfluss der Schwere und Wärme auf die Natur der Erde, Braunschweig 1850, S. 182 f.; Zur Wirkung des Golfstroms gemäß Dove vgl. Dove, Heinrich Wilhelm: Klimatologische Beiträge, Bd. 1, Berlin 1857, S. 9 f.; Petermann, August: The Gulf Stream and the Knowledge of the Thermal Properties of the

sprachigen Raum zunehmende Popularisierung des Golfstroms und seiner Wirkung beruhte nicht zuletzt auf der britischen Challenger-Expedition, die von 1872 bis 1875 mit physikalischen und quantitativen Methoden die Grundannahmen belegte. Beispielhaft für die verstärkte Hinwendung zu quantitativen Methoden mit neuen technischen Hilfsmitteln stand auch der 1891 veröffentlichte Bericht *The Gulf Stream: Methods of the Investigation and Results of the Research* des US-amerikanischen Marineoffiziers John Elliott Pillsbury, der gemeinsam mit Vertretern des United States Coast and Geodetic Survey für die Jahre 1885, 1886 und 1887 mit dem Vermessungsschiff Blake direkt in der Achse des Golfstroms geankert und mit Messflügeln Richtung und Strömungsrate gemessen hatte. Pillsbury sah darin die These seiner Vorgänger über die ameliorierende Wirkung des Golfstroms nicht nur bestätigt, sondern legitimierte auch die wissenschaftliche Auseinandersetzung mit Meeresströmungen mit deren Bedeutung für Wetter und Klima.[227] Um 1900 wurden Systeme zur präzisen Erfassung von Temperatur, Salzgehalt und Fließgeschwindigkeit der Meeresströmungen entwickelt,[228] doch bei allen Fachdebatten blieb die Bedeutung des Golfstroms unumstritten.

In den ersten Jahrzehnten des 20. Jahrhunderts erschienen Hunderte von Artikeln in geografischen, meteorologischen oder klimatologischen Zeitschriften, die Orientierungswissen über den Golfstrom und seine Auswirkungen auf das europäische Klima bereitstellten.[229] Als der US-ame-

---

North Atlantic Ocean and its Continental Borders up to 1870, in: Freeden, Wilhelm; Mühry, Adolf; Petermann, August (Hg.): Papers on the Eastern and Northern Extensions of the Gulf Stream, Washington, D. C. 1871, S. 1–115; Lang, Friedrich: Eröffnungsrede bei der dreiundfünfzigsten Jahresversammlung der Schweiz. Naturforschenden Gesellschaft in Solothurn, in: Verhandlungen der Schweizerischen Naturforschenden Gesellschaft 53, 1869, S. 3–33, hier S. 11; o. V.: Die Nordfahrt der Deutschen, in: Die Gartenlaube 2 (2), 1865, S. 806–807.

227 Pillsbury, John Elliott: The Gulf Stream: Methods of the Investigation and Results of the Research, Washington, D. C. 1891, S. 14/46 f. Noch im frühen 20. Jahrhundert wurden die Daten von Pillsbury für Berechnungen beigezogen; vgl. Mills, Eric L.: The Fluid Envelope of our Planet: How the Study of Ocean Currents Became a Science, Toronto 2012, S. 156 f.

228 Zu den Details der frühen Beschäftigung mit dem Golfstrom vgl. Deacon, Margaret: Scientists and the Sea, 1650–1900: A Study of Marine Science, London, New York 1971; Stommel, Henry: The Gulf Stream, in: The Scientific Monthly 70 (4), 1950, S. 242–253; Ferrari, Raffaele; Wunsch, Carl: 100 Years of the Ocean General Circulation, in: Meteorological Monographs 59, 2018, S. 7.1–7.32.

229 Vgl. u.a. Johnston, Duncan; Shaw, W. N.; Hepworth, W. W. Campbell u.a.: The Gulf Stream: Discussion, in: The Geographical Journal 44 (6), 1914, S. 548–553, hier S. 551; Mecking, Ludwig: Der Golfstrom in seiner historischen, nautischen und klimatischen Bedeutung, Berlin 1911; Meinardus, Wilhelm: Der Zusammenhang des Winterklimas in Mittel- und Nordwest-Europa mit dem Golfstrom, in: Zeitschrift der Gesellschaft für Erdkunde 33, 1898, S. 183–200.

rikanische Ozeanograf Harry A. Marmer in seiner Funktion als Mitarbeiter des U. S. Coast and Geodetic Survey 1929 die Forschung über den Golfstrom rekapitulierte, war auch für ihn eines unumstritten:

»Während die mäßigende Wirkung des Golfstroms auf das Klima Nordamerikas vernachlässigbar ist, steht seine vorteilhafte Wirkung auf das Klima in Nordwesteuropa außer Frage. Skandinavien und das südöstliche Grönland liegen sich über die dazwischen liegenden Gewässer des Atlantischen Ozeans auf denselben Breitengraden gegenüber. Vergleichen Sie die bevölkerungsreichen und wohlhabenden Länder des einen mit den kahlen und unwirtlichen Küsten des anderen!«[230]

Diese im frühen 20. Jahrhundert breit verankerte Vorstellung der Meeresströmungen als zentrale Klimaregulatoren ermöglichte die Formulierung erster Klimakontrollutopien und blieb auch das ganze 20. Jahrhundert hindurch (letztlich bis heute) zentraler Pfeiler des Klimamodifikationsdiskurses.

Die Kontrolle der Natur – Ingenieure und Infrastruktur

Neben naturwissenschaftlichen Erklärungsmodellen zur Funktionsweise der Atmosphäre und der Meeresströmungen war in zweifacher Hinsicht der Diskurs zur Eroberung, Korrektur oder Kontrolle der Natur eine Grundvoraussetzung für die Pläne und Utopien zur Beeinflussung des Klimas. Zum einen wurde es im Rahmen der großen Begriffe wie Fortschritt und Planung sagbar und wünschenswert, eine Kontrolle oder »Korrektur« der natürlichen Verhältnisse anzustreben. Zum anderen wurden Technik und Infrastrukturen realisiert, die konkret als Referenz für die Klimabeeinflussung herangezogen werden konnten.

Die historische Forschung ist sich weitgehend einig, dass es im 18. Jahrhundert im Zeichen der Aufklärung zu einer deutlich erkennbaren Verschiebung im Verhältnis des Menschen zur Natur kam. Im Kontext des Optimismus der Aufklärung und der sich abzeichnenden Industrialisierung

---

230 Marmer, Harry A.: The Gulf Stream and Its Problems, in: Geographical Review 19 (3) 1929, S. 457–478, hier S. 477. Im Original: »While the moderating effect of the Gulf Stream on the climate of North America is negligible, there is no question as to its beneficent effects on the climate of northwestern Europe. Scandinavia and southeastern Greenland face each other across the intervening waters of the Atlantic Ocean along the same parallels of latitude. Contrast the populous and prosperous lands of the one with the bleak and inhospitable shores of the other!«

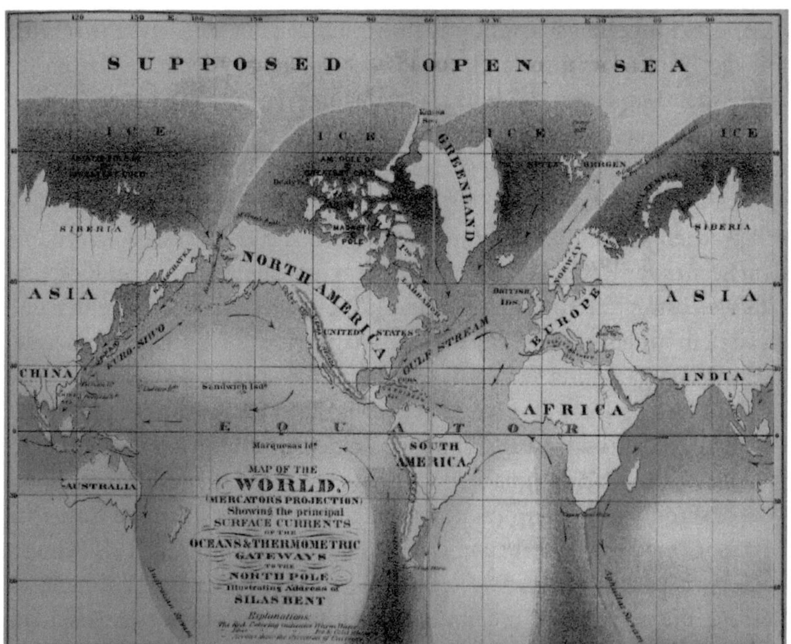

Abb. 7: Warme Meeresströmungen und ihre Effekte auf das Klima
Quelle: Bent, Silas: Upon the Thermometric Gateways to the Pole, Surface Currents of the Ocean, and the Influence of the Latter Upon the Climate of the World, St. Louis 1869, S. 8

etablierte sich ein Diskurs über die ›Eroberung der Natur‹, der die weit ins 20. Jahrhundert wirkmächtige Idee (mit-)formulierte, dass die dem Menschen feindliche Natur gezähmt und unterworfen werden müsse.[231] Gehörten für vormoderne Gesellschaften Gefährdungen durch Lawinen oder Überschwemmungen und deren meist religiöse Begründung und Verarbeitung zum Alltag, lässt sich am Beispiel des Wasserbaus für das ausgehende 18. und vor allem für das 19. Jahrhundert diese Verschiebung in der Umweltwahrnehmung zeigen: Technische Eingriffe in die Landschaft, wie etwa die Begradigung von Flüssen, versprachen nun eine Bändigung der bedrohlichen Naturphänomene.[232]

231 Vgl. Blackbourn, David: Die Eroberung der Natur: Eine Geschichte der deutschen Landschaft, München 2007, S. 11 ff.

232 Vgl. u.a. Speich Chassé, Daniel: Die Korrektion der Natur, in: Mathieu, Jon (Hg.): Geschichte der Landschaft in der Schweiz: 15000 Jahre Wandel, Zürich 2016, S. 175–188.

Dieses Eroberungsnarrativ war eng verbunden mit Ideen des Fortschritts und der Planbarkeit und damit mit »Leitvorstellungen des aufgeklärten europäischen Denkens«.[233] Das 19. Jahrhundert sah dann ein neues Ausmaß an Großprojekten zur Umgestaltung der Natur, das mit militärischer Metaphorik beschrieben wurde: Flüsse wurden begradigt, Sümpfe entwässert und seit dem letzten Drittel des Jahrhunderts Talsperren errichtet. Diese versprachen mit der Bewässerung von Feldern, der Trinkwasserversorgung, dem Schutz vor Hochwasser und der Erzeugung billiger, sauberer Elektrizität eine Lösung für ein ganzes Bündel an zeitgenössischen Problemen und wurden in zahllosen (populär-)wissenschaftlichen Artikeln als Wunder der Technik und Zähmung der Naturgewalten bejubelt.[234]

Die Umgestaltung der Landschaft, wie sie etwa David Blackbourn für das heutige Deutschland ausführlich beschreibt, beruhte auf wissenschaftlichem Wissen und technischen Umsetzungen[235] und stieß ihrerseits die Wissensproduktion über die Auswirkungen der Eingriffe in die Natur an. Insbesondere der Wasserbau und seine Effekte etablierten sich als Schnittstelle zwischen Ingenieurswesen und Geografie.[236] Bereits Ferdinand de Lesseps, die zentrale Figur beim Bau des 1869 eröffneten Sueskanals, hatte auf mögliche Klimaveränderungen durch die Oberfläche großer Staubecken hingewiesen.[237] Durch die Verbindung des Mittelmeers mit dem Roten Meer waren die zuvor nahezu vollständig ausgetrockneten Bitterseen mit Salzwasser geflühlt worden, womit sich die Strahlungsbilanz der Region nachhaltig verändert hatte. Indem Geografen und Klimatologen die Effekte der künstlich geschaffenen Wasserflächen untersuchten, produzierten sie Wissen über das Zusammenspiel der Erdoberfläche und der Atmosphäre. Die Stauung der riesigen Wassermengen – so stellten die Experten fest – führte zu hohen Wasserverlusten durch Verdunstung und damit zu

233 Speich Chassé, Daniel: Fortschritt und Entwicklung, Docupedia: Begriffe, Methoden und Debatten der zeithistorischen Forschung, 21.9.2012, <http://dx.doi.org/10.14765/zzf.dok.2.270.v1>, Stand: 26.03.2020; Laak, Dirk van: Planung, Planbarkeit und Planungseuphorie, Docupedia: Begriffe, Methoden und Debatten der zeithistorischen Forschung, 16.2.2010, <http://dx.doi.org/10.14765/zzf.dok.2.577.v1>, Stand: 26.03.2020.

234 Vgl. Blackbourn, Die Eroberung der Natur, S. 229 ff.

235 Vgl. ebd., S. 14.

236 Vgl. u.a. Reisner, Heinrich: Die Staubecken im Odergebiete: Nach geographischen Gesichtspunkten, in: Geographische Zeitschrift 15 (7), 1909, S. 370–386.

237 Vgl. Lehmann, Philipp N.: Infinite Power to Change the World: Hydroelectricity and Engineered Climate Change in the Atlantropa Project, in: The American Historical Review 121 (1), 2016, S. 70–100, hier S. 86.

nachhaltigen Veränderungen des lokalen Klimas, die ambivalent bewertet wurden.[238] Als der Hydrogeograf Wilhelm Halbfass in einem programmatischen Beitrag von 1925 »einige Aufgaben der praktischen Geographie« vorstellte, musste er die Feststellung, dass »[g]rößere Wasserflächen, die künstlich angelegt sind, [...] die meteorologischen Verhältnisse ihrer Umgebung, namentlich ihre Niederschlagsmengen und Verdunstungsfähigkeit [beeinflussen]«,[239] bereits nicht mehr weiter begründen. Diese Verbindung zwischen Ingenieurswesen mit geowissenschaftlichen Disziplinen erfuhr schließlich in der zweiten Hälfte des 20. Jahrhunderts einen weiteren Aufschwung.

Die von einer Planungseuphorie getragenen Umgestaltungen der Landschaft blieben nicht unwidersprochen, sondern waren von Kassandrarufen unterschiedlicher politischer und intellektueller Herkunft begleitet, die nicht zuletzt ästhetisch argumentierten und zum Schutz der ›schönen‹ Landschaft aufriefen.[240] Solche frühen Plädoyers – wie etwa von George Perkins Marsh – für Schutz und Aufforstung des Waldes beruhten auf der Bedeutung, die dem Wald für Bodenschutz, Wasserhaushalt und Klima zugeschrieben wurde und bedienten sich zumindest implizit der Vorstellung von sich wechselseitig bedingenden Klimaelementen. Insgesamt spielte die Opposition gegen Technik und Industrie jedoch im 19. Jahrhundert eine untergeordnete Rolle.[241] Zahlreiche Forschungsbeiträge haben für das frühe 20. Jahrhundert – sowohl für das konkrete Raumordnungshandeln als auch die (geschichtsphilosophischen) Großentwürfe zur gesellschaftlichen Zukunft – eine Zunahme nachgewiesen. Diese Selbstverständlichkeit, mit der weiter anerkannt oder sogar gefordert wurde, die Natur zu kontrollieren oder sogar zu unterwerfen, stellte den Hintergrund für großräumige Klimaveränderungspläne – insbesondere in der Zwischenkriegszeit – dar,

---

238 Vgl. Blackbourn, Die Eroberung der Natur, S. 280–287.

239 Halbfass, Wilhelm: Über einige Aufgaben der praktischen Geographie, in: Geographische Zeitschrift 31 (4), 1925, S. 233–234, hier S. 233.

240 Vgl. u.a. Blackbourn, Die Eroberung der Natur, S. 17 ff.; Speich Chassé, Daniel: Die Korrektion der Natur, in: Mathieu, Jon (Hg.): Geschichte der Landschaft in der Schweiz: 15000 Jahre Wandel, Zürich 2016, S. 175–188, hier S. 186 f.

241 Vgl. Radkau, Joachim: Die Ära der Ökologie: Eine Weltgeschichte, München 2011, S. 49 f.; Sieferle, Rolf Peter: Fortschrittsfeinde? Opposition gegen Technik und Industrie von der Romantik bis zur Gegenwart, München 1984, S. 57–64.

die eine Verbesserung der natürlichen Lebensverhältnisse und damit gesellschaftlichen Fortschritt versprachen.[242]

Klima und seine Wirkung auf den Menschen

Die Pläne zur Klimabeeinflussung in der zweiten Hälfte des 20. Jahrhundert wiesen eine bemerkenswerte Leerstelle auf: Neben Verweisen auf die landwirtschaftliche Produktion fehlten meist klare Definitionen eines wünschenswerten Klimas und damit konkrete Zielformulierungen, welches Klima durch gezielte Eingriffe anzustreben wäre. Implizit existierte jedoch sehr wohl eine Vorstellung vom idealen Klima. Diese beruhte nicht in erster Linie auf den Zahlenreihen, Berechnungen und Theorien der Klimatologen oder der Geografen, sondern setzte sich in einer komplexen Gemengelage von philosophischen, humangeografischen und evolutionstheoretischen Auseinandersetzungen mit den Zusammenhängen zwischen menschlichen Gesellschaften und Umwelt durch.

Im 18. Jahrhundert bestand ein weitgehender Konsens, dass sich erstens die Menschheit in einer starken Abhängigkeit von seiner klimatischen Umwelt befand und zweitens die Menschheit wiederum durch Kulturarbeit wie der Entwaldung auf dieses Klima einwirkte. Mit Jean-Baptiste Dubos, David Hume oder Thomas Jefferson vertraten zahlreiche Vertreter der Aufklärung die Ansicht, dass sich das jeweils herrschende Klima auf die Kultur auswirkte und erklärten historische Aufstiege und Zusammenbrüche von Zivilisationen mit Klimaveränderungen. Sie konnten sich damit in eine lange Tradition einreihen, die von Hippokrates über Albertus Magnus und Jean Bodin ins 18. Jahrhundert führte. Besonders einflussreich erwies sich in diesem Zusammenhang Charles Louis de Secondat Baron de Montesquieu, der sowohl den Charakter von Individuen als auch von ganzen Nationen durch das Klima beeinflusst sah und durch diese kausale Verknüpfung letztlich »klimadeterministisch« argumentierte.[243] Während sich im Verlauf des 19. Jahrhun-

242 Vgl. u.a. Laak, Dirk van: Planung. Geschichte und Gegenwart des Vorgriffs auf die Zukunft, in: Geschichte und Gesellschaft 34 (3), 2008, S. 305–326; Laak, Dirk van: Weiße Elefanten. Anspruch und Scheitern technischer Großprojekte im 20. Jahrhundert, Stuttgart 1999, S. 141–180.

243 Der Begriff »Klimadeterminismus« ist ein Kampfbegriff, der sich offenbar im 20. Jahrhundert durchsetzt, wobei Historisierung noch aussteht. Ich verwende ihn in der Folge aus pragmatischen Gründen und meine damit ein Denken, das Klima und den Menschen ursächlich und kausal miteinander verknüpft.

derts Klimatologen an der Frage abarbeiteten, inwiefern der Mensch auf sein Klima Einfluss zu nehmen in der Lage war, griffen unterschiedliche Fachbereiche – von Philosophie über Biologie oder Geografie zur Klimatologie – auf die klimadeterministische Denkfigur zurück, die Unterschiede zwischen »Völkern« mit unterschiedlichen klimatischen Verhältnissen erklärte.[244]

Sahen die Aufklärer wie Montesquieu oder Montaigne den Einfluss des Klimas vor allem in Effekten auf das menschliche Verhalten manifestiert, verfestigte sich im 19. Jahrhundert in Anlehnung an Argumentationen und Begrifflichkeiten der Evolutionsbiologie zusehends ein Klima- und Umweltdeterminismus, der von organischen Anpassungen an lokale Klimagegebenheiten ausging.[245] Der Soziologe Herbert Spencer systematisierte beispielsweise durch die Analogiebildung von biologischen und sozialen Prozessen den Zusammenhang von Klima und menschlicher Gesellschaft und etablierte eine direkte Verbindung zum Grad der Sonneneinstrahlung.[246]

Die Bedeutung biologischer Konzepte für die Entstehung der Humangeografie zeigte sich besonders deutlich im Werk des deutschen Zoologen und Geografen Friedrich Ratzel, der beispielsweise in der disziplinbegründenden Monografie *Anthropogeographie* von 1882 auf mehr als 500 Seiten darlegte, wie die Natur die Menschheit in Geschichte und Gegenwart bestimmte.[247] Bereits in der Einleitung, in der er das Erkenntnisinteresse, die Bedeutung und die Konzeption seiner »Anthropo-Geographie« umriss, definierte er der den Menschen als »Gegenstand der Erdkunde« und betonte die »vielfältige[n] Beeinflussung durch die Gesamtheit der geographischen Verhältnisse an der Erdoberfläche, die der Körper des Menschen

244 Vgl. u.a. Fleming, Historical Perspectives on Climate Change, S. 11–19; Stehr, Nico; von Storch, Hans: Von der Macht des Klimas: Ist der Klimadeterminismus nur noch Ideengeschichte oder relevanter Faktor gegenwärtiger Klimapolitik?, in: GAIA 9 (3), 2000, S. 187–195, hier S. 188 f.; Horn, Eva: Klimatologie um 1800: Zur Genealogie des Anthropozäns, in: Zeitschrift für Kulturwissenschaften 10 (1), 2016, S. 87–102.

245 Vgl. Grundmann, Reiner; Stehr, Nico: Klima und Gesellschaft, soziologische Klassiker und Außenseiter. Über Weber, Durkheim, Simmel und Sombart, in: Soziale Welt 48 (1) 1997, S. 85–100, hier S. 86.

246 Vgl. Peet, Richard: The Social Origins of Environmental Determinism, in: Annals of the Association of American Geographers 75 (3) 1985, S. 309–333, hier S. 313.

247 Zu Ratzel und der Bedeutung der Biologie für sein Denken vgl. u.a. Peet, Richard: The Social Origins of Environmental Determinism, in: Annals of the Association of American Geographers 75 (3), 1985, S. 309–333, hier S. 316; Müller, Gerhard H.: Friedrich Ratzel (1844–1904) als Begründer der »Allgemeinen Biogeographie«, in: Medizinhistorisches Journal 21 (1/2) 1986, S. 147–158; Hulme, Mike: Reducing the Future to Climate: A Story of Climate Determinism and Reductionism, in: Osiris 26 (1), 2011, S. 245–266, hier S. 246.

[...] erleidet«. Doch nicht nur der Körper, sondern das »im höchsten Grade empfindliche Organ des Geistes« sah er durch die geografischen Verhältnisse beeinflusst, weshalb auch »Religion, Wissenschaft, Dichtung zu einem großen Teile, solche zurückgeworfenen Spiegelungen der Natur im Geiste [seien]«.[248] Die »Wirkungen der Natur auf die Geschichte« konzeptualisierte er dabei über einen Zwischenschritt: Von der Beeinflussung der Physiologie und Psychologie des »Einzelmenschen« hin zur Beeinflussung des »Volkes«.[249] In direkter Anknüpfung an die Evolutionstheorie(n) und dem damit verbundenen Denken in sehr großen Zeiträumen behauptete Ratzel eine tiefgreifende, wenn nicht determinierende Einflussnahme der Natur auf den Menschen. Sein Verständnis der Natur als Treiberin der Geschichte beschränkte sich nicht auf das Klima, doch die klimatischen Verhältnisse nahmen eine zentrale Funktion ein. So schrieb er dem »Tropenklima« eine »erschlaffende Wirkung« zu und das Wüstenklima nutzte er als Explanans für »soziale und politische Zersplitterung«.[250]

Im englischsprachigen Raum war es insbesondere der Geograf Ellsworth Huntington, der sich an der Vorstellung des Klimas als entscheidendem Faktor für die Herausbildung von »Rassen« und »Kulturen« abarbeitete. Huntington, einer der einflussreichsten wie auch umstrittensten Klimatheoretiker seiner Zeit, formulierte in zahlreichen Publikationen im frühen 20. Jahrhundert sein wissenschaftliches Programm, das um klimatische Verhältnisse und ihre Effekte auf den Menschen und die Gesellschaft kreiste. In seiner 1915 erschienenen, bis in die 1940er Jahre neu aufgelegten Monografie *Civilization and Climate* beschrieb er eine zweifache Einflussnahme: Einerseits verknüpfte er Wetterverhältnisse mit der Produktivität und Effizienz unterschiedlicher beruflicher Tätigkeiten und andererseits – an diese These anschließend – identifizierte und kartierte er Zivilisationen, die er dann mit den herrschenden klimatischen Bedingungen nicht nur kurzschloss, sondern erklärte. Ausgehend von seiner meteorologischen Arbeitsforschung bestimmte er eine jährliche Durchschnittstemperatur von 50 Grad Fahrenheit (10 Grad Celsius) als ideal für produktive Arbeit und Kulturtätigkeit. Ergänzend betonte er jedoch weitere Faktoren – wie die relative Luftfeuchtigkeit, das Auftreten von Stürmen und die jahreszeitlichen Veränderungen –, denn das richtige Maß an klimatischer Varietät

248 Ratzel, Friedrich: Anthropogeographie, Stuttgart 1882, S. 20 f.
249 Alle Zitate ebd., S. 57; für eine tabellarische Zusammenstellung der Wirkung vgl. auch S. 61.
250 Ebd., S. 61.

wirkte sich gemäß Huntington stimulierend auf die Menschen aus.[251] In einer Rangliste der Länder mit den besten klimatischen Bedingungen – und damit ursächlich für die »Überlegenheit« westlicher Zivilisationen – rangierten entsprechend Staaten wie Deutschland, England, (Nord-)Frankreich und die USA weit oben.[252] Huntingtons Verquickung von »Rasse« und Klima mögen heute abenteuerlich anmuten. Er bediente sich jedoch der wissenschaftlichen Standards seiner Zeit, arbeitete mit instrumentell erhobenen Klimadatenreihen und seine Forschung war anschlussfähig an den klimatologischen Diskurs. Eduard Brückner beispielsweise postulierte in seinem Standardwerk *Klima-Schwankungen seit 1700* nicht nur zyklische Klimaveränderungen in historischer Zeit, sondern betonte die »vielseitige[n] Bedeutung der Klimaschwankungen für so zahlreiche Gebiete des praktischen Lebens«.[253]

Indem die Naturwissenschaftler wie Ratzel und Huntington Deutungsmodelle für die Geschichte und die Gegenwart menschlicher Gesellschaften anboten, begaben sie sich in Konkurrenz zu anderen Disziplinen. Insbesondere die Historiker lehnten seit dem Historismus des 19. Jahrhunderts klimadeterministische Erklärungen ab. Auch Vertreter der jungen Soziologie, wie Auguste Comte oder Emile Durkheim, schlossen klimatische Prozesse weitgehend aus dem sozialwissenschaftlichen Diskurs aus und überließen die Universalie Klima der naturwissenschaftlichen Seite.[254] Trotzdem findet sich in den ersten beiden Jahrzehnten des 20. Jahrhunderts in unterschiedlichen Fachgebieten die Denkfigur des die menschliche »Natur« und Kultur bestimmenden Klimas. Der englische Anthropologe Thomas Griffith Taylor, die US-amerikanische Geografin Ellen Churchill Semple, der deutsche Sozialpsychologe Willy Hellpach oder auch der deutsche Soziologe Werner Sombart dachten das »Wesen« der Menschen in direkter Abhängigkeit von Temperatur, Variabilität der Sonneneinstrahlung,

---

251 Zu Definition Huntingtons des »idealen Klimas« vgl. Huntington, Ellsworth: Civilization and Climate, New Haven 1915, S. 129–147.

252 Vgl. u.a. Stehr; von Storch, Von der Macht des Klimas, S. 189; Fleming, Historical Perspectives on Climate Change, S. 100–104.

253 Brückner, Klima-Schwankungen seit 1700, S. 286; vgl. dazu auch Stehr; von Storch, Von der Macht des Klimas, S. 192.

254 Vgl. u.a. Mauelshagen, Franz: Vom Klima zur Gesellschaft: Klimageschichten im 21. Jahrhundert, in: Welzer, Harald (Hg.): KlimaKulturen: soziale Wirklichkeiten im Klimawandel, Frankfurt am Main 2010, S. 246–269, hier S. 253; Grundmann; Stehr, Klima und Gesellschaft, soziologische Klassiker und Außenseiter, S. 86 f.

der Windverhältnisse und der Luftfeuchtigkeit und vertraten damit einflussreich klimadeterministische Vorstellungen, die sich als kompatibel erwiesen mit weitverbreiteten gesellschaftlichen Vorstellungen von Gesundheit, Klima und »Rassen«.[255] Dieser im frühen 20. Jahrhundert in unterschiedlichen Kontexten omnipräsente ›klimatische Eurozentrismus‹, der sowohl soziale Phänomene wie Krieg und Migration als auch physiologische und psychologische Eigenschaften von Ethnien mit klimatischen Verhältnissen erklärte und dabei das moderate – am besten vier Jahreszeiten umfassende – Klima bevorzugte, war zumindest implizit die Voraussetzung für die Klimabeeinflussungspläne – sowohl der ersten wie auch der zweiten Hälfte des 20. Jahrhunderts.

Pläne, Utopien und Science-Fiction – gezielte Klimabeeinflussung im frühen 20. Jahrhundert

Auf der Grundlage dieser skizzierten Wissensbestände, die in den Handbüchern, populärwissenschaftlichen Überblicksdarstellungen und Zeitschriften kursierten, konnten einfallsreiche Autoren oder ambitionierte Ingenieure – wobei die Grenzen zwischen Planung und Literatur im frühen 20. Jahrhundert fließend waren[256] – erstmals im größeren Maßstab über Maßnahmen zur Kontrolle des Klimas nachdenken. Mit Versatzstücken von Kenntnissen des Erdsystems, von Theorien zu Klimaveränderungen und von Vorstellungen eines ›guten‹ Klimas, entwarfen sie seit dem letzten Drittel des 19. Jahrhunderts Technikutopien und spielten im Genre des Science-Fiction-Romans erstmals die gezielte Klimabeeinflussung durch und reagierten damit – wie Philipp Lehmann betont – nicht zuletzt zunehmende Bedenken vor Umwelt- und Klimaverschlechterungen.[257] Waren einige Akteure dezidierte Vertreter eines Fortschritts- und Technikglaubens, konnte gerade die

255 Werner Sombart leitete beispielsweise die »jüdische Lebens- und Wirtschaftsweise« direkt aus der klimatischen Umgebung ab und prägte dafür den Begriff »Saharismus«: Sombart, Werner: Die Juden und das Wirtschaftsleben, Leipzig 1911, S. 451 f.; vgl. dazu auch Stehr; von Storch, Von der Macht des Klimas, S. 188 f.; Stehr, Nico; Storch, Hans von: Rückkehr des Klimadeterminismus?, in: Merkur 51 (6), 1997, S. 560–562, hier S. 562.

256 Vgl. Laak, Dirk van: Imperiale Infrastruktur: Deutsche Planungen für eine Erschließung Afrikas 1880–1960, Paderborn, Zürich 2004, S. 243.

257 Vgl. Lehmann, Desert Edens, S. 7 ff.

literarische Form auch dazu dienen, am Beispiel der Klimabeeinflussungspläne menschliche Hybris zu diagnostizieren.

Ausgehend von einem nahezu unerschütterlichen Vertrauen in Wissenschaft und Technik, einem damit verbundenen Ingenieursdenken sowie rassistisch-kolonialen Ideen entwarfen französische Militärs, Topografen und Ingenieure in der zweiten Hälfte des 19. Jahrhunderts erstmals Pläne zur großräumigen und permanenten Umgestaltung der Erdoberfläche, die auch auf die Beeinflussung des Klimas zielten. Der Plan sah die Schaffung eines Binnenmeeres in der Sahara vor und stand im Kontext der nach dem deutsch-französischen Krieg energisch vorangetriebenen Kolonialisierung Nordafrikas.

Der Vermesser und Topograf im Dienst der französischen Armee, François Elie Roudaire, begann sich in den frühen 1870er Jahren für eine salinische Absenkung zwischen dem Aurès, einem im heutigen Nordosten Algeriens gelegenen Gebirge und der Sahara zu interessieren. Über dieses Gebiet hatte es seit dem 18. Jahrhundert Spekulationen gegeben, die anhand von historischen Aufzeichnungen und ersten geografischen Untersuchungen nahelegten, dass sich in dieser Region in der Antike ein Meer befunden hatte. Dieser ›klimahistorische‹ Zugang und die topografische Gewissheit, dass sich die Ebene unterhalb des Meeresspiegels befand, ließ französische Geologen bereits in den 1860er Jahren erstmals über eine Wiederherstellung eines afrikanischen Binnenmeeres nachdenken. Auf der Grundlage von präzisen topografischen Vermessungen schlug Roudaire eine Reihe von Kanälen vor, die die Schotts mit dem Golf von Gabès verbinden und so zu vorteilhafteren Umwelt- und Klimabedingungen führen sollten.[258] Von 1872 bis 1883 unternahm Roudaire mehrere Expeditionen, deren gesammelte Berichte er unter dem Titel *La mer intérieure africaine* 1883 veröffentlichte. Philipp Lehmann hat dieses Projekt im Detail analysiert und weist vor allem darauf hin, dass diese versuchte Naturkontrolle eng verzahnt war mit dem französischen Imperialismus.[259] Roudaire betonte in seinen Ausführungen die Verbesserung des nordafrikanischen Klimas: Die künstlich angelegte Wasserfläche würde die Wasserverdunstung verstärken, für Regen sorgen und

258 Vgl. Cosgrove, Denis E.: Bringing the Desert to Bloom: French Ambitions in the Sahara Desert during the Late Nineteenth Century – the Strange Case of »la mer intérieur«, in: Denis E. Cosgrove; Petts, Geoff (Hg.)Water, Engineering and Landscape: Water Control and Landscape Transformation in the Modern Period, London 1990, S. 95–114.

259 Vgl. Lehmann, Desert Edens, S. 38–52.

so nicht nur die landwirtschaftliche Produktion begünstigen, sondern auch das europäische Zivilisationsprojekt vorantreiben: »Es ist im Übrigen sicher, dass es [die Schaffung des Binnenmeeres] den günstigsten Einfluss auf das Klima und folglich auf die landwirtschaftliche Produktion der umliegenden Gebiete ausüben wird.«[260] Roudaires Vision beruhte also sowohl auf einem Ingenieursdenken, das sich am Vorbild des Sueskanals orientierte, als auch auf den klimatischen Erkenntnissen zum Einfluss der Wasser- und Erdoberfläche auf das (Mikro-)Klima.

Den literarischen Auftakt unternahm mit Jules Verne der »Vater der Science-Fiction« persönlich. 1889 wurde sein Roman *Sans Dessus Dessous* veröffentlicht – zwei Jahre später folgte die deutschsprachige Erstausgabe mit dem Titel *Kein Durcheinander*. Jules Verne beschrieb darin einen ausgeklügelten Plan des Kanonenklubs Baltimore: Der Klub erwirbt zunächst scheinbar wertlose Gebiete in der Arktis. Mit dem gewaltigen Rückstoß aus dem Schuss einer Kanone will er die Erdachse geraderücken, um so das Polareis zum Schmelzen zu bringen. Dann – so der Plan – wären die Bodenschätze frei zugänglich. Für den Kanonenschuss wird ein Stollen von 600 Meter Länge und 27 Meter Durchmesser in den Kilimandscharo getrieben und ein 180 000 Tonnen schweres Geschoss platziert. Der immense Aufwand ist aufgrund eines Rechenfehlers vergeblich – am Ende passiert nichts: Das Projektil wird abgefeuert, die Erdachse bleibt in ihrer Position und das herrschende Erdklima bleibt bestehen. Die Handlung des Romans reflektierte das gesteigerte wissenschaftliche wie auch politische Interesse an den Polarregionen – 1882/1883 fand etwa das Erste Internationale Polarjahr statt – sowie die zeitgenössischen Befürchtungen hinsichtlich beschränkter Kohlevorkommen. Auch die wissenschaftliche Prämisse des Plans beruhte auf dem bereits fest etablierten Orientierungswissen, das der Sonneneinstrahlung zentrale Funktion für Stabilität wie auch Veränderung des Erdklimas zuschrieb.[261]

Wenige Jahre später veröffentlichte 1894 der US-amerikanische Unternehmer, Erfinder und Autor John Jacob Astor mit *A Journey in Other World* ei-

---

260 Roudaire, François Elie: La mer intérieure africaine: (avec cartes), Paris 1883, S. 92. Im Original: »Il est certain d'ailleurs que l'établissement de la mer intérieure exercera l'influence la plus heureuse sur le climat et par suite sur la production agricole des régions avoisinantes.«

261 Zu *Kein Durcheinander* und Jules Vernes Verhältnis zur Geophysik vgl. Stiegler, Ernst-Michael: Immer auf Achse!, in: Physik in unserer Zeit 50 (1), 2019, S. 24–27.

nen Zukunftsroman, in dem er drei Protagonisten – einen Geologen, einen Offizier und einen Erfinder – im Jahr 2000 unterschiedliche technische Entwicklungen und ihre sozialen Implikationen erleben lässt.[262] An mehreren Stellen beschreibt Astor Pläne, das Klima zu beeinflussen: Nicht nur sollten Jupiter und Mars durch eine Verschiebung der Achsen bewohnbar gemacht, auch die Polargebiete der Erde mit ihren Wetter- und Klimaextremen sollten durch ein gezieltes Geraderücken der Erdachse abgeschafft werden – oder mit den Worten des Vorsitzenden der Terrestrial Axis Straightening Company an die Regierungsvertreter im Jahr 2000:

»Meine Herren: Sie wissen, dass die Ziele dieses Unternehmens darin bestehen, die Erdachse zu begradigen, die extreme Hitze des Sommers mit der intensiven Kälte des Winters zu verbinden und das ganze Jahr über für jeden Breitengrad eine gleichmäßige Temperatur zu erzeugen.«[263]

Im Unterschied zu Jules Vernes *Kein Durcheinander* sollte die Verschiebung der Achse nicht durch eine Explosion, sondern durch eine nicht weniger ambitionierte Verlagerung enormer Wassermassen an die Pole erreicht werden. An diese Maßnahme sollte die Umleitung des Golfstroms in die Arktis anschließen, um so zusätzliche Wärme in die Arktis zu leiten. Während die technische Umsetzung wiederum auf dem wissenschaftlichen Konsens der interagierenden Klimaelemente (Sonneneinstrahlung und Meeresströmungen) beruhte, zeigte sich bei Astor die Vorstellung des moderaten, idealen Klimas: »Beschleunigen wir den Ausstieg aus den quälenden Klimaveränderungen und -extremen und bereiten wir uns darauf vor, das zu begrüßen, was unserer Meinung nach im Paradies vorherrscht – nämlich den ewigen Frühling.«[264]

Insbesondere der breit abgestützte und popularisierte Konsens über die Bedeutung des Golfstroms war die Basis für erste Gedankenspiele von Ingenieuren: Der US-amerikanische Ingenieur Carroll Livingston Riker präsentierte kurz vor dem Ersten Weltkrieg öffentlichkeitswirksam in

262 Vgl. Pfaelzer, Jean: The Utopian Novel in America, 1886–1896: The Politics of Form, Pittsburgh 1985, S. 109 f.

263 Astor, John Jacob: A Journey in Other Worlds: A Romance of the Future, 1999. Online: <http://www.gutenberg.org/files/1607/1607-h/1607-h.htm>, Stand: 6.5.2020. Im Original: »Gentlemen: You know that the objects of this company are, to straighten the axis of the earth, to combine the extreme heat of summer with the intense cold of winter and produce a uniform temperature for each degree of latitude the year round.«

264 Ebd. Im Original: »Let us speed the departure of racking changes and extremes of climate, and prepare to welcome what we believe prevails in paradise – namely, everlasting spring.«

verschiedenen Medien seine Pläne, mittels eines Damms im Atlantik den Verlauf des Golfstroms zu verändern, was zu einer Vereisung Großbritanniens und einem ganzjährigen semitropischen Klima in den USA hätte führen sollen.[265] Riker stellte diesen Plan 1912 in seinem Buch *Power and Control of the Gulf Stream* vor. Bereits auf der Titelseite verdeutlichte der etwas lang geratene Titel seine ehrgeizigen Absichten:

»Durch den Schutz des warmen, nach Norden fließenden Golfstroms vor dem Ansturm des eiskalten, nach Süden fließenden Labradorstroms kann der Mensch alle Ursachen und Auswirkungen der Meeresströmungen – die äquatorialen und die polaren Kräfte – kontrollieren.«[266]

Riker war kein »Spinner«, sondern ein gut vernetzter, erfolgreicher Ingenieur, der im Auftrag der US-amerikanischen Regierung Aufträge ausführte.[267] Sein Golfstrom-Projekt, das er in den Medien fleißig bewarb, war aber ungleich ambitionierter als seine üblichen Dammbauten. Er plante, einen 320 Kilometer langen Damm von Neufundland aus zu errichten, um so den Kurs des Labradorstroms umzuleiten. Auf diese Weise wäre der Golfstrom nicht länger nach Osten abgelenkt worden, sondern weiter nach Norden geflossen und hätte so eine Erwärmung der neufundländischen und kanadischen Küsten ausgelöst, neue Häfen ermöglicht und die Gefahr von Eisbergen reduziert:

»Dieser eiskalte Strom liefert nun eine kühlende Wirkung, die dem Gefrieren von zwei Millionen Tonnen Eis pro Sekunde in den Schoß des warmen, nach Norden fließenden Golfstroms entspricht, dessen Wärmewirkung größer ist als die, die durch die Verbrennung von einer Million Tonnen Kohle pro Minute erzeugt werden könnte. Die arktischen Regionen erleiden dadurch einen Verlust dieser Wärme und die sengende Zone einen Verlust dieser kühlenden Wirkung. Auf diesem Schauplatz vollziehen sich nun die scheinbar unnatürlichsten Arbeiten der gesamten Natur. Der Damm ist einfach, schnell und schnell zu konstruieren. Ein neues Regime des Klimas, der Wärme und wahrscheinlich auch des Lichts der Welt wäre die Folge.«[268]

---

265 Vgl. If We Damm the Gulf Stream, in: The St. Louis Star and Times, St. Louis, Missouri 9.2.1913, S. 35.

266 Riker, Carroll Livingston: Power and Control of the Gulf Stream, How it Regulates the Climates, heat and Light of the World, New York 1912. Im Original: »By protecting the warm north-flowing gulf stream from onslaught of the ice-cold south-flowing Labrador Current Man Can Control all cause and effects of ocean currents the equatorial and the polar forces.«

267 Vgl. Adler, Antony: Neptune's Laboratory: Fantasy, Fear, and Science at Sea, Cambridge, London 2019, S. 140 f.

268 Riker, Power and control of the Gulf Stream, S. 5. Im Original: »This ice cold current now delivers a refrigerating effect equivalent to the freezing of two million tons of ice every second [...] into the

Riker verlieh seinem Plan Glaubwürdigkeit, indem er sich auf die Fachliteratur berief. Er zitierte nicht nur das ozeanografische Standardwerk von Maury, sondern auch *The Gulf Stream* des Marineoffiziers Pillsbury und hob mit einer aktuellen Karte der US-amerikanischen Marine von 1912 nochmals die Bedeutung des Golfstroms für das Klima Großbritanniens und Nordeuropas hervor.[269] Zur Demonstration der ingenieurtechnischen Machbarkeit konnte er zudem den gut 20 Jahre zuvor eröffneten Panamakanal hinzuziehen, dessen Bau er als ungleich schwieriger bezeichnete.[270]

Vertrat Riker ein auf Technik, Wissenschaft und Fortschritt setzendes Programm, verwiesen literarische Bearbeitungen darauf, dass der Fortschrittsglaube im frühen 20. Jahrhundert keineswegs ungebrochen war.[271] Hatte Riker aus einer dezidiert US-amerikanischen Perspektive geschrieben, entwarf zeitgleich der österreichische Schriftsteller Hans Ludwig Rosegger mit seinem Roman *Der Golfstrom* ein von Kulturpessimismus und Sozialdarwinismus durchtränktes literarisches Klimabeeinflussungsszenario, das auf demselben Prinzip wie Rikers Ingenieurstraum beruhte.[272] In seinem »technischen Zukunftsroman«[273] beauftragt der US-amerikanische Präsident einen deutschstämmigen Ingenieur, die gesamte Halbinsel Florida abzutragen, um so den Golfstrom – »die Wärmepumpe Europas« – umzulenken. Dieser fließt in der Folge nicht mehr nach Europa, sondern entlang der amerikanischen Ostküste, was Europa im Eis und Schnee versinken und im Gegenzug Amerika erblühen lässt. Die gleichermaßen klimadeterministische wie sozialdarwinistische Pointe bei Rosegger: Während die USA nach einem kurzen wirtschaftlichen Aufschwung »verweichlichen« und »degenerieren«, erweist sich die Eiszeit in Europa als »Motor des

---

bosom of the warm north flowing Gulf Stream, whose heating effect is greater than that which could be produced by the burning of one million tons of coal every minute. The Arctic regions thereby sustain a loss of that heat, and the torrid zone of that refrigerating effect. On this arena is now enacted apparently the most unnatural workings in all nature. The jetty is easy, quick and chase, to construct. A new regime in the climate, heat and probably the light of the world would result.«

269 Ebd.

270 Vgl. ebd., S. 22.

271 Zur Fortschrittsbegeisterung im frühen 20. Jahrhundert vgl. u.a. Brüggemeier, Franz-Josef: Tschernobyl, 26. April 1986: die ökologische Herausforderung, München 1998 (20 Tage im 20. Jahrhundert), S. 58 ff.

272 Vgl. Innerhofer, Roland: Deutsche Science Fiction 1870–1914: Rekonstruktion und Analyse der Anfänge einer Gattung, Wien, Köln, Weimar 1996, S. 364 f.

273 Zur den Anfängen des Science-Fiction-Genres im deutschsprachigen Raum vgl. ebd., S. 11 ff.

kulturellen und biologischen Fortschritts«.[274] Roseggers Bevorzugung der Kälte als entscheidendem Faktor war durchaus kompatibel mit einer später von den Nationalsozialisten dankbar aufgenommen Spielart klimadeterministischen Denkens. Spielte bei einigen Vordenkern des NS-Rassismus wie Arthur de Gobineau das Klima nur eine marginale Rolle, begründete der einflussreiche, »völkisch« gesinnte Prähistoriker Gustaf Kossinna die »Überlegenheit« der weißen, germanischen »Rasse« mit ihrer Herkunft aus den kalten Norden.[275]

Auch im von Hans Dominik verfassten Roman *Atlantis* aus dem Jahr 1925 spielt die Umleitung des Golfstroms eine zentrale Rolle. Hans Dominik gehörte zu den Autoren, die im frühen 20. Jahrhundert ausgehend von Talsperren, Autos und Flugzeugen in populärwissenschaftlichen Publikationen »eine nahtlose Vergangenheit und sonnige Zukunft«[276] erzählten. Im Jahr 2000 stehen sich mit dem europäischen Staatenbund, einem Kaiserreich in Afrika und den USA drei Machtblöcke gegenüber. Die Europäer erfahren von einem Plan der Vereinigten Staaten, mit einer enormen Sprengung den Panamakanal zu erweitern. Alle Staaten des vereinigten Europas folgen dem Antrag der skandinavischen Länder und Großbritanniens und erheben »einmütigen Protest« gegen das Unterfangen, da sie das vollständige »Zerreißen« der Landenge befürchten. Ein britischer Abgeordneter führt in der Folge dem Parlament (mit Sitz in Bern) und dem Leser die dramatische Lage vor Augen:

»›Der Stab wird zerreißen, zersplittern, seine Enden werden auseinanderschnellen – weiter – weiter, werden klaffen, immer weiter klaffen, bis der Atlantik und der Pazifik sich verschmelzen und der Golfstrom unbehindert seinen Gang nach Westen nimmt. Tritt das ein – und alle Wahrscheinlichkeit spricht dafür, dann stirbt Nordeuropa!‹ […] Ich will Ihnen nicht die Schreckensbilder an die Wand malen, die Sie alle aus den Tageszeitungen kennen. Ich will nur sagen, die Nullisotherme, die Linie der mittleren Jahrestemperatur von null Grad, wird danach durch London und Berlin gehen. Das heißt, diese Orte würden in Zukunft das Klima haben, das jetzt in Nordisland und Archangelsk herrscht. Alles Land nördlich von London und Berlin würde unrettbar der Vereisung anheimfallen. Die wirtschaftlichen Folgen für Europa würden katastrophal sein.«[277]

274 Ebd., S. 365.
275 Vgl. Boia, Lucian: The Weather in the Imagination, London 2005, S. 84 f.
276 Blackbourn, Die Eroberung der Natur, S. 235.
277 Dominik, Hans: Atlantis: Ein Zukunftsroman, Stuttgart 1924, S. 36.

Das Protestschreiben bleibt folgenlos und es kommt tatsächlich zur befürchteten Katastrophe: Der Isthmus zerreißt, der Golfstrom versiegt und die Europäer fliehen nach Afrika.[278] Dominik spielte damit eine Idee durch, die seit dem frühen 20. Jahrhundert in populärwissenschaftlichen Publikationen angedacht wurde.[279]

Im frühen 20. Jahrhundert ermöglichte die Kombination einer weitreichenden Krisenerfahrung und Dekadenzdiagnosen auf der einen und dem Vertrauen in technische Lösungen auf der anderen Seite nicht nur literarische Verarbeitungen, sondern auch weit in die Zukunft gerichtete Visionen. Der Raketenpionier Hermann Oberth reichte 1922 mit *Die Rakete zu den Planetenräumen* in Heidelberg beim Astronomen Max Wolf eine Dissertation ein, in der er akribisch die Raketentechnik und ihre Anwendungen beschrieb. Weil sie schlicht die Grenzen der zeitgenössischen Astronomie sprengte, wurde sie zunächst abgewiesen. Nur ein Jahr später veröffentlichte der Wissenschaftsverlag Oldenbourg das Manuskript, das bald zu einem Bestseller wurde. Oberth entwickelte darin im Unterkapitel *Zweck und Aussichten* nicht nur das Konzept von Satelliten, die zur Kommunikation und Beobachtung dienen sollten, sondern beschrieb auch bemerkenswert detailreich – inklusive Skizze und Kostenschätzung – eine Konstruktion

---

278 Ebd., S. 150 ff.

279 Beinahe zeitgleich erschien mit Alfred Döblins Roman *Berge Meere und Giganten* eine wiederum anders gelagerte und ungleich komplexere Bearbeitung des Klimabeeinflussungssthemas, die aber ebenfalls nur im Kontext der Debatten über das Mensch-Technik-Umwelt-Verhältnis zu verstehen ist. Nach mehreren Vorstudien und auf der Grundlage intensiver Auseinandersetzung mit Fachliteratur, die Sprache und Struktur des Romans beeinflussten, lässt Döblin zunächst einen anonymen Chronisten eine Entwicklung der Menschheit darlegen, die einerseits von technischem Fortschritt und Wohlstand, andererseits von Dekadenzerscheinungen und antidemokratischen Strukturen geprägt ist. Im weiteren Verlauf der Handlung steht eine vom technokratischen Herrschaftssystem veranlasste Expedition im Zentrum, die Grönland vom Eis befreien und so neuen »Lebensraum« schaffen soll. Dazu wird das Feuer isländischer Vulkane mit »Turmalinnetzen« nach Grönland transportiert und der Eispanzer abgeschmolzen. Die menschliche Hybris wird jedoch in einer fantastischen Wende bestraft: Urzeitliche Riesenwesen erwachen und treiben die Bevölkerung Europas in unterirdische Städte. Döblins Zukunftsepos stieß zwar zunächst auf wenig Aufmerksamkeit (bis er bezeichnenderweise in den »ökologischen« 1970er Jahren wiederentdeckt wurde), steht jedoch durchaus beispielhaft für die Verschränkung der verschiedenen Wissensbestände, die eine bis zum Klima reichende Kontrolle der Natur denk- und gleichzeitig kritisierbar machten; vgl. dazu u.a. Qual, Hannelore: Natur und Utopie: Weltanschauung und Gesellschaftsbild in Alfred Döblins Roman »Berge Meere und Giganten«, München 1992, S. 262–284; Sander, Gabriele: Utopischer Roman: Berge Meere und Giganten (1924), in: Becker, Sabina (Hg.): Döblin-Handbuch: Leben – Werk – Wirkung, Stuttgart 2016, S. 83–92, hier S. 86 f.; Döblin, Alfred: Berge Meere und Giganten, München 1992.

zur Wetter- und Klimabeeinflussung: »[E]in kreisförmiges Drahtnetz«, in dessen Lücken »bewegliche Spiegel aus leichtem Metallblech eingesetzt [würden], so dass man ihnen von der Station aus durch leichte elektrische Ströme jede Stellung zur Ebene des Drahtnetzes geben kann«.[280] Durch »geeignete Stellung« – so Oberth – wäre über die gezielte Bestrahlung gewisser Erdteile die Temperatur regulierbar. Oberth dachte groß und skizzierte den Sonnenspiegel mit einem Durchmesser von 1000 Kilometern – bestehend aus Elementen von jeweils 10 Kilometern Durchmesser. Damit versprach er sich »kolossale Wirkungen«.[281] Nördliche Gebiete könnten so bewohnbar gemacht, neue Schiffspassagen erschlossen und Wetterextreme wie Nachtfrost verhindert werden. Angesichts des Nutzens betrachtete Oberth die veranschlagten drei Milliarden Mark als gute und realisierbare Investition. So realisierbar, dass er vor einer zeitnahen Umsetzung und möglichen militärische Verwendung warnte: »[M]an kann damit Munitionsfabriken sprengen, Wirbelstürme und Gewitter erzeugen, marschierende Truppen und ihre Nachschübe vernichten, ganze Städte verbrennen und überhaupt den größten Schaden anrichten.«[282] Diese Klimabeeinflussung funktionierte also nicht über eine Verschiebung der Erdachse oder eine großräumige Umgestaltung der Erdoberfläche, sondern gehörte zu einer weitreichenden, in den 1920er Jahren visionären »Eroberung des Weltalls«. Trotzdem beruhte der Oberth'sche Plan einerseits auf dem klimatologisch-geografischen Konsens, dass die Sonnenenergie die alles entscheidende Kraft der Wetter- und Klimamaschine war und zeigte in der angedeuteten Anwendung den klimatischen Eurozentrismus des frühen 20. Jahrhunderts. Ein gemäßigtes Klima ohne ökonomisch verheerende Wetterextreme – so sah nach Oberth die idealen Wetter- und Klimabedingungen der Erde aus.

Wiederum anders gelagert – aber in Bezug auf das Vertrauen in technische Lösungen durchaus vergleichbar – war das »Atlantropa«-Projekt des Münchner Architekten Herman Sörgel. Philipp Nicolas Lehmann hat überzeugend dargelegt, wie sehr »Atlantropa« ein Kinder seiner Zeit war. Einerseits war das Projekt Ausdruck einer weitreichenden Wahrnehmung politischer, gesellschaftlicher und ökologischer Krisen und andererseits manifestierte sich darin ein weiterhin ungebrochener Glaube an technologische Lösungen. Das letztlich nie realisierte, aber dank großen publizistischen Auf-

280 Vgl. Oberth, Hermann: Die Rakete zu den Planetenräumen, München, Berlin 1923, S. 86.
281 Ebd., S. 87.
282 Ebd., S. 88.

wands breit rezipierten Großprojekt war eine radikale, auf Technologie beruhende Lösung der facettenreichen Krisenerfahrung im Nachkriegseuropa und wirkte angesichts des zeitgenössischen Baus zahlreicher Staumauern, Talsperren und Dämme enormen Ausmaßes nicht vollständig utopisch.[283] Seit den späten 1920er Jahren arbeite Sörgel intensiv an seinem Projekt, das einen Staudamm zwischen Gibraltar und Marokko vorsah. Der Staudamm und die Energiegewinnung war jedoch nur der Ausgangspunkt des Plans: Er beinhaltete auch Landgewinnung durch die Absenkung des Mittelmeers sowie die Bewässerung Nordafrikas mit entsalztem Meerwasser. Schließlich war vorgesehen, in Zentralafrika einen künstlichen Süßwassersee zur Sicherstellung von Trinkwasser zu erstellen mit dem eingeplanten Nebeneffekt, dass die natürliche Verdunstung für Wolken und Regen sorgen sollte. Sörgel konnte sich dabei auf seit dem späten 19. Jahrhundert etablierte Erklärungsmodelle berufen, die großen (künstlich angelegten) Wasserflächen Einfluss auf das lokale Klima zuschrieben. Die grundlegende Veränderung des afrikanischen Klimas war unterfüttert durch klimadeterministische und rassistische Vorstellungen: Die Staumauer zwischen Marokko und Spanien sollte den Golfstrom verstärken und damit das Klima des nördlichen Europas positiv beeinflussen (wärmer und feuchter machen) und in Afrika hoffte er, ein Klima zu schaffen, das für »Weiße« geeignet war.[284]

Es lässt sich also für das frühe 20. Jahrhundert eine bemerkenswerte Häufung an Plänen und Erzählungen feststellen, die auf denselben Wissensbeständen beruhten und die Klimabeeinflussung in verschiedenen Variationen durchspielten. Dabei existierten keine Berührungspunkte zwischen der imaginierten Klimabeeinflussung und der kleinräumigen Wetterbeeinflussung. Doch auch wenn sie über andere Mittel funktionierten und von anderen Akteuren getragen wurden, so teilten doch beide Zugänge die Prämisse; und zwar dass den enormen natürlichen Phänomenen nur mit äquivalenten Maßnahmen beizukommen war: Wetterbeeinflussung wie auch die Klimakontrolle funktionierten ausschließlich über einen immensen Aufwand. Das Verschieben der Erdachse mit einer Monsterkanone, das Abtragen halber Kontinente, das Anlegen künstlicher Meere oder das Anfertigen eines tonnenschweren Spiegels im All – nur solche Eingriffe, die sich trotz einiger optimistischer Ingenieure besser mit den Mitteln der Science-Fiction plausibel erzählen ließen, versprachen einen Effekt auf das

283 Vgl. Lehmann, Desert Edens, S. 72–91; Lehmann, Infinite Power to Change the World, S. 72–80.
284 Vgl. ebd., S. 84–86.

Klima. Nach dem Zweiten Weltkrieg verbanden sich die Grundannahmen über das Klima mit weiteren Technologien und der Logik des »Triggers«: des kleinen Auslösers mit großer Wirkung. In der Kombination mit der Computer- und Satellitentechnologie und den in die Zukunft gerichteten Denkstilen des Kalten Krieges konnten sowohl die Weltraumtechnologie wie auch das Ablenken von Meeresströmungen wieder aufgenommen werden.

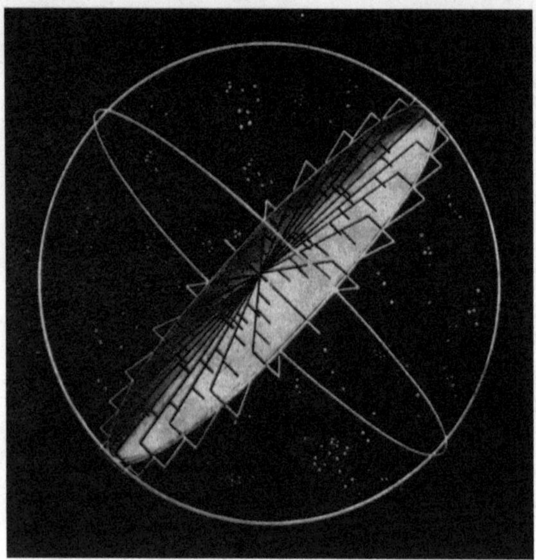

Abb. 8: Der Weltraumspiegel mit einem Durchmesser von 1000 Kilometer
Quelle, Oberth, Hermann: Die Rakete zu den Planetenräumen, München 1923

Etablierung (ca. 1945–1960)

Experimente I

Nach dem Ende der meteorologischen Debatten über »Hagelschießen« schossen zwar weiter Bauern fleißig auf Hagelwolken, doch die Wissenschaft begann erst im Rahmen wolkenphysikalischer Grundlagenforschung in den 1930er Jahren wieder über Beeinflussung nachzudenken. Unmittelbar nach dem Zweiten Weltkrieg formierte sich nun bemerkenswert schnell ein Wettermodifikationsdiskurs, der Akteure nicht nur über die Beeinflussung lokaler Wetterphänomene sprechen ließ, sondern auch zahlreiche Feldexperimente generierte und zu einem eigentlichen Boom kommerzieller Anbieter führte. Wegweisend dafür erwies sich die Wissensproduktion im Forschungslabor von General Electric. Die offensiv kommunizierten Resultate der Forschungsgruppe um den Chemie-Nobelpreisträger Irving Langmuir stellten den Ausgangspunkt dar für eine breite mediale Berichterstattung wie auch für eine intensive Beschäftigung der meteorologischen Fachgemeinschaft mit Methoden und Experimentalsystemen der lokalen Wetterbeeinflussung.

Diese Wissensproduktion und -zirkulation steht im Zentrum des folgenden Kapitels. Dazu zeige ich *erstens*, in welchem Kontext sich das Forschungslabor mit wolkenphysikalischen Fragestellungen auseinandersetzte, wie sie die neu formulierte Niederschlagstheorie übernahmen und mit welchen Mitteln sie das Wissen über die Beeinflussbarkeit von Wolken stabilisierten. *Zweitens* lege ich anhand des Projekts »Cirrus« dar, auf welchen Vorstellungen von Evidenz die frühen Feldexperimente beruhten und von welchen Konflikten diese begleitet waren. *Drittens* führe ich anhand der Schweizer Hagelabwehr aus, wie zunächst in einem letzten Rückgriff auf die Erklärungsmodelle um 1900 private Akteure, begleitet von offiziellen Stellen, ein Feldexperiment starteten und aus welchen Gründen es scheiterte. Daran anschließend führe ich *viertens* aus, wie Atmosphärenphysiker der ETH das Wissen der US-amerikanische Wissenschaftler rezipierten und davon ausgehend das Experimentalsystem anpassten und wie sich daran Debatten über adäquate Evaluationsmethoden anschlossen. Das Kapitel schließt fünftens mit einem Exkurs über die (kommerzielle) Arbeit von Irving P. Krick, indem die Grenzen des Sagbaren während dieser optimistischen Frühphase der Wetterbeeinflussung herausgearbeitet werden.

Vom Rauch zur Wolke – das Forschungslabor von General Electric

Am Morgen des 13. November 1946 zeigte das Thermometer am Flughafen in Schenectady im Bundesstaat New York null Grad Celsius. Hohe Stratus-Wolken bedeckten den Himmel, die sich jedoch allmählich aufzulösen begannen und den Blick freigaben auf einen wolkenlosen Himmel. Wissenschaftliche Mitarbeiter des Forschungslabors von General Electric (GE) unter der Leitung von Irving Langmuir warteten auf die idealen Bedingungen für eine Premiere: Erstmals sollte die künstliche Auslösung von Niederschlag, die in ihrem Labor so gut funktionierte, auf die reale Atmosphäre übertragen werden. Am Nachmittag entdeckten sie etwa 30 Meilen östlich von Schenectady in einer Höhe von gut 4000 Metern eine Wolke, deren Temperatur sie auf minus 20 Grad Celsius schätzten und die damit die geeigneten Eigenschaften für ihr Unternehmen aufwies. Langmuirs engster Mitarbeiter, Vincent J. Schaefer, hob mit einem Piloten in einer einmotorigen Fairchild 24 vom Flughafen ab und streute – nachdem sie ihr Zielobjekt erreicht hatten – drei Pfund Trockeneis über eine Länge von drei Meilen aus dem Cockpit. Auf dem Tower beobachtete der Chemie-Nobelpreisträger und Leiter der Forschungsabteilung von GE, Irving Langmuir, den Versuch durch einen Feldstecher:

> »Ich sah, wie eine Schneedecke ziemlich plötzlich etwa 600 Fuß unterhalb der Wolke zum Vorschein kam; innerhalb von drei Minuten entwickelten sich entlang der Oberseite der zuvor linsenförmigen Wolke einige kugelförmige, kumulusartige Ausbuchtungen. Diese erstreckten sich bis zu einer Höhe von etwa 500 Fuß über der Wolke, verschwanden aber nach wenigen Minuten in einem Schneeschleier.«[1]

1 Langmuir, Irving: Summary of Results Thus Far Obtained in Artificial Nucleation of Clouds: Research Laboratory Report No. RL-140, December 1948, in: Suits, C. Guy (Hg.): The Collected Works

In der Schilderung Langmuirs zeigten sich exemplarisch die Kriterien der Evidenzherstellung, wie sie bei den ersten Feldexperimenten dominierten: Für Langmuir und sein Team war das Experiment deshalb ein voller Erfolg, weil sie mit ihren eigenen Augen gesehen hatten, wie sich die Wolke nach Trockeneis-Behandlung nicht in Luft, aber in Schnee auflöste und sie dadurch das Experiment erfolgreich vom Labor auf die Atmosphäre hochskaliert hatten.

Bis heute gelten die Arbeiten der Industrieforscher von General Electric als eigentliche Geburtsstunde der wissenschaftlichen Wetterbeeinflussung. Das ist gleichermaßen richtig wie falsch. Mehrere Wissenschaftler beschäftigten sich an anderen Forschungseinrichtungen – in den USA, aber auch in Europa – mit vergleichbaren Fragestellungen. Erst durch die auf dieser Forschung beruhenden Neuformulierung der Niederschlagstheorie nach Findeisen und Bergeron konnten die konkreten, zunächst vielversprechenden Feld- und Laborexperimente von General Electric gleichermaßen Fundament wie treibenden Kraft des sich etablierenden Wettermodifikationsdiskurses nach 1945 werden. Doch auch wenn – wie bereits ausgeführt – die Wetterbeeinflussung keineswegs aus dem heiteren Himmel über Schenectady fiel, und auch dieses erste Feldexperiment aus jahrelanger Forschung in enger Kooperation mit militärischen Stellen resultierte, so waren es tatsächlich Langmuir und seine Kollegen, die die lokale Beeinflussung zum Gegenstand systematischer Experimente machten und damit entscheidende Impulse für die Forschung, die kommerzielle Nutzung und die öffentlichen Debatten gaben – nicht zuletzt, indem sie potente militärische Geldgeber mobilisierten sowie äußerst öffentlichkeitswirksam und erfolgreich ihre Erfolge kommunizierten.

Die General Electric Company war 1892 aus der Fusion der von Thomas Alva Edison gegründeten Edison General Electric Company mit der damals größten Konkurrentin, der Thomson-Houston Electric Company mit Hauptsitz in Schenectady, hervorgegangen. Hatte das firmeneigene Labor im späten 19. Jahrhundert in erster Linie zur Standardisierung und Kalibrierung

of Irving Langmuir: Cloud Nucleation, London, New York, Frankfurt am Main 1962, S. 3–23, hier S. 10. Im Original: »I saw a sheet of snow appear rather suddenly about 600 feet below the cloud; within three minutes there developed, along the top of the previously lenticular shaped cloud, some hemispherical cumulus like bulges. These extended to a height of about 500 feet above the cloud but, in a few minutes more, disappeared in a veil of snow.«

der Instrumente gedient, schuf GE um 1900 ein eigentliches Forschungslabor, um gezielt technische Innovationen zu stimulieren.[2] 1909 trat Irving Langmuir seine Stelle als stellvertretender Direktor des Labors an. Der in Göttingen bei Walther Nernst promovierte Chemiker und Physiker prägte in den Folgejahren maßgeblich die Forschung bei GE. Unter seiner Leitung kooperierte das Forschungslabor bereits im Ersten Weltkrieg mit militärischen Stellen und arbeitete insbesondere an einer Ortungstechnologie für U-Boote.[3]

Schließlich waren es die Mobilisierung der Forschungsressourcen während des Zweiten Weltkriegs und drei militärische Probleme, die noch vor dem Kriegseintritt der USA das Interesse von Langmuir und seinen Kollegen auf atmosphärenwissenschaftliche Fragestellungen lenkten: So ging der Chemical Warfare Service der United States Army 1940 in ihren Planspielen vom zukünftigen Einsatz giftigen Rauchs als Kriegswaffe aus, gegen dessen sehr kleine Partikel die für den Gaskrieg entwickelten Atemschutzmasken wirkungslos gewesen wären. Das kurz zuvor von Präsident Franklin D. Roosevelt und Vannevar Bush ins Leben gerufene National Defense Research Committee gab bei GE eine Studie zur Rauch-Filtration in Auftrag. Um die Prinzipien eines funktionierenden Filtersystem zu erarbeiten, musste sich das Team um Langmuir mit der Beschaffenheit und dem Verhalten von Rauchwolken und damit erstmals im weiteren Sinne mit wolkenphysikalischem Wissen auseinandersetzen. Der Folgeauftrag des National Defense Research Committee betraf unter Berufung auf deutsche Vorbilder die Planung einer Technik zur Produktion künstlichen Rauchs, um neuralgische Infrastruktur vor allfälligeren Bombardierungen zu schützen. Nachdem sie den für die Filtertests verwendeten Rauchgenerator modifiziert hatten, präsentierten Langmuir und Schaefer am 24. Juni 1942 dessen Wirksamkeit, indem sie ein ganzes Tal unter Rauch setzten.[4]

---

2 Vgl. Hawkins, Laurence A.: The Story of General Electric Research, New York 1950, S. 5 f.; Suits, C. Guy: Seventy-Five Years of Research in General Electric, in: Science 118 (3069), 1923, S. 451–456, hier S. 452; Carlson, W. Bernard: Innovation as a Social Process: Elihu Thomson and the Rise of General Electric, Cambridge 1991, S. 335 ff.

3 Vgl. Hawkins, The Story of General Electric Research, S. 20 f.; Coffey, Patrick: Cathedrals of Science: The Personalities and Rivalries That Made Modern Chemistry, Oxford 2008, S. 128 f.

4 Vgl. Rosenfeld, Albert: A Biography, in: Suits, C. Guy (Hg.): The Collected Works of Irving Langmuir: With Contributions in Memoriam Including A Complete Bibliography – Langmuir, The Man and Scientist, London, New York, Frankfurt am Main 1962, S. 183.

Ein drittes Projekt im Auftrag des Kriegsministeriums bestand ab 1943 in Abklärungen des Zusammenhangs von Niederschlag, Windgeschwindigkeit und Funkstörungen. Da eine allfällige japanische Invasion von Norden über Alaska und die Aleuten erwartet wurde, war die Anzahl der Patrouillenflüge über dem nordpazifischen Beringmeer stark erhöht worden. Die regelmäßig auftretenden Schneestürme führten zu Reibungselektrizität und damit zu starken Beeinträchtigungen des Funkverkehrs, ein Phänomen, das seit den 1930er Jahren bekannt war und während des Zweiten Weltkrieges auch von anderen militärischen Institutionen untersucht wurde.[5] Langmuir und sein Team von GE führten zu diesen potenziell kriegsentscheidenden Problemen – ab 1944 auch von der Army Air Force gefördert – Experimente durch, im Rahmen derer sie nun Fragen beantworten mussten, die in den Zuständigkeitsbereich der Meteorologie fielen. Als Ort für die Feldexperimente wählten die meteorologischen Quereinsteiger den Mount Washington in New Hampshire aus, wo sich seit 1932 eine privat geführte Wetterstation befand. Das sprichwörtlich »schlechteste Wetter auf der Welt«[6] auf dem knapp 2000 Meter hohen Gipfel in den Appalachen bot ideale Bedingungen für die Experimente über den Zusammenhang von Oberflächenbeschaffenheit, Schneepartikeln, hohen Luftgeschwindigkeiten und Funkstörungen.[7] Bei einer ersten Evaluation der Experimente mussten sie jedoch feststellen, dass sich die Experimentoberflächen sofort mit Reif überzogen und so keine Aussagen über die Effekte von Schneepartikeln auf verschiedene Oberflächenbelage getroffen werden konnten.[8] Die Lösung dieser Probleme der Experimentalanordnung führte Langmuir und Schaefer endgültig zu wolkenphysikalischen Fragestellungen über Beschaffenheit und Verhalten unterkühlten Wassers. Langmuir bemerkte in diesem Zusammenhang, dass auch aus feuchtigkeitsreichen Wolken nicht immer Niederschlag fiel. Eine

5 So arbeitete der Physiker und Mitarbeiter des Manhattan-Projekts, Ross Gunn (1897–1966), im Rahmen eines gemeinsamen Projektes der Army und der Navy ebenfalls ab 1944 zu vergleichbaren Fragestellungen. Und auch Gunn wandte sich nach dem Krieg als Mitarbeiter des US-amerikanischen Wetterdienstes der Atmosphärenphysik zu; vgl. Abelson, Philip H.: Ross Gunn 1897–1966, in: National Academy of Sciences (Hg.): Biographical Memoirs, Bd. 74, Washington, D. C. 1998, S. 111–123, hier S. 7.

6 Charles Brooks, Mitbegründer des Observatoriums, prägte in einem Zeitschriftenartikel den bis heute Verwendung findenden Slogan vom »worst weather on earth«; vgl. Putnam, William Lowell: The Worst Weather on Earth: A History of the Mount Washington Observatory, 1991, S. 17.

7 Vgl. Langmuir, Irving: Super-Cooled Water Droplets in Rising Currents of Cold Saturated Air, Parts I and II, Report No. RL 223, October, 1943 – August, 1944, Schenectady 1949, S. 1.

8 Vgl. ebd., S. 1 f.

mögliche Erklärung – so Langmuir – war ein Mangel an »ice nuclei«.[9] Damit beschäftigten sie sich mit Problemen, mit denen sich die Meteorologen und Atmosphärenphysiker seit den 1930er auseinandersetzten, wobei zunächst jeder Verweis auf die bereits bestehende Forschung fehlte.

Bei dieser militärischen Auftragsforschung, die auch im letzten Kriegsjahr ohne konkrete Anwendung blieb, zeigten sich beispielhaft Langmuirs Wissenschaftsverständnis und methodisches Vorgehen. Langmuir kombinierte in seiner Forschung jeweils Theorie und Experiment, ohne dabei der Theorie grundsätzlich den Vorzug zu geben. Indem er theoretische Berechnungen und Experimente zeitgleich durchführen ließ und diese wechselseitig aufeinander bezog, versuchte er Raum für Innovationen offenzuhalten.[10] So führte er selbst mit einem elektromechanischen Analogrechner umfangreiche Berechnungen durch, um etwa Aussagen über den Prozentsatz der Wassertropfen, die sich unter spezifischen Bedingungen auf bestimmten Oberflächen ablagerten, treffen zu können.[11] Unterstützt wurde er dabei von der – als erster Frau überhaupt – an der Cambridge University promovierten Physikerin Katharine Blodgett, die seit 1917 im Forschungslabor von GE arbeitete.[12] Parallel dazu führte Langmuirs Assistent Vincent J. Schaefer in der Tradition mimetischer Experimente mit einer handelsüblichen, nur geringfügig modifizierten Gefriertruhe Laborexperimente durch. Der gelernte Metallurg Schaefer war 1931 als Apparatebauer zum Forschungslabor von GE gestoßen und wurde in der Folge zum wichtigen Forschungsassistenten Langmuirs. Das Ziel seines Kühltruhenexperiments war, in der übersichtlichen und kontrollierbaren Laborsituation die unterkühlten Wolken analog zu simulieren.[13]

Im November 1946 stellte Schaefer in *Science* erstmals Resultate seiner Laborexperimente zur Untersuchung von unterkühlten Wolken und Eiskristallen vor. Das Experimentalsystem war übersichtlich und auf mechanische Objektivität ausgerichtet. Um den Kontrast von Wolke und Hintergrund zu gewährleisten, hatte er die Kühltruhe mit schwarzem Samt ausgeschlagen und eine starke Lichtquelle montiert. Indem er in die Kühltruhe hauchte,

9 Vgl. Harper, Make It Rain, S. 50.

10 Vgl. Rosenfeld, A Biography, S. 179.

11 Vgl. Havens, Barrington S.: History of Project Cirrus: Report No. RL-756, Schenectady 1952, S. 5.

12 Vgl. Irving Langmuir and Katharine Burr Blodgett, Science History Institute, 1.6.2016, <https://www.sciencehistory.org/historical-profile/irving-langmuir-and-katharine-burr-blodgett>, Stand: 25.4.2019.

13 Havens, History of Project Cirrus, S. 8.

produzierte er eine unterkühlte Wolke. Die Präsenz von Eiskristallen in der Wolke plante er dabei über die Lichtreflexionen nachzuweisen: Während Wassertröpfchen einen regelmäßigen Strahlenkranz aufwiesen, funkelten Eiskristalle in alle Richtungen. Bei den Experimenten erwiesen sich die künstlichen Miniaturwolken nun als äußerst stabil. Schaefer suchte in der Folge nach Substanzen, welche eine Umwandlung der Wasser- in eine Eiswolke initiierten. Er streute Proben von Karbon, Sulfit, Öl, Sulfur, Magnesiumoxid, Vulkanstaub, Kieselsäure und – wie bereits Findeisen – Kieselgur in die Kühltruhe. Nachdem er bei mehr als 100 Versuchen keinen Effekt hatte beobachten können, gab er ein Stück Trockeneis in die Truhe und nach wenigen Sekunden verwandelte sich das unterkühlte Wasser in Eiskristalle. Die auf diese Weise produzierten Eiskristalle fixierte Schaefer mit einer selbst entwickelten Methode als Replikas aus Harz, die er mit Kristallen aus der natürlichen Atmosphäre abglich.[14] Die unter dem Mikroskop erkenn- und fotografisch fixierbaren Ähnlichkeiten hinsichtlich Größe und Struktur deutete Schaefer als Indiz für die Vergleichbarkeit der im Labor festgestellten Prozesse mit denjenigen in der natürlichen Atmosphäre. Ohne in Forschungsberichten oder den Journalartikel auf die zeitgenössische wolkenphysikalische Forschung zu verweisen, stellte Schaefer die These auf, dass das Trockeneis »ice nuclei« bereitstellte und so die Umwandlung auslöste.

Entscheidend für die Bewertung des Experiments als Erfolg war, dass in der kleinräumigen und übersichtlichen Versuchsanordnung der Schaefer'schen Kühltruhe die Auslösung von Niederschlag durch die gezielte Einführung von Nuklei sichtbar wurde. Darin lag der Unterschied zu den vorgängigen Versuchen der Wetterbeeinflussung. Unter Laborbedingungen funktionierte die Beeinflussung für das Auge unmittelbar sichtbar und sie ließ sich durch Fotografien und Filmaufnahmen medial stabilisieren. Für Schaefer lagen die Implikationen seiner einfachen Laborversuche hinsichtlich Wetterbeeinflussung auf der Hand: Bereits im kurzen Artikel in *Science* deutete er an, dass Feldexperimente in der realen Atmosphäre geplant waren.[15]

14 Vgl. Schaefer, Vincent J.: A Method for Making Snowflake Replicas, in: Science 93 (2410), 1941, S. 239–240.

15 Vgl. Schaefer, Vincent J.: The Production of Ice Crystals in a Cloud of Supercooled Water Droplets, in: Science 104 (2707), 15.11.1946, S. 457–459, hier S. 459.

Diese »zufällige« Entdeckung entsprach dem Wissenschaftsverständnis von Langmuir, wie er es in einem Vortrag vor der National Academy of Sciences im November 1947 skizzierte, und das er »die Kunst, von unvorhergesehenen Ereignissen zu profitieren«[16] nannte. Langmuir persönlich berechnete ausgehend von Schaefers Versuchen die Wachstumsrate der Nuklei in unterkühlten Wolken bei Zugabe einer bestimmten Menge an Trockeneis. Er sah nicht die Zahl der Nuklei als den begrenzenden Faktor an, sondern die Verbreitungsrate. Er war überzeugt, dass sowohl die laterale als auch vertikale Ausbreitung der Kerne genügen würden, um eine Stratuswolke vollständig aufzulösen. Zur Überprüfung von Schaefers Laboruntersuchungen und von Langmuirs Berechnungen wurde das Experiment von der Kühltruhe auf die freie Atmosphäre übertragen – für Langmuir und in der unmittelbar folgenden medialen Berichterstattung wiederum mit bahnbrechendem Erfolg. Nicht zuletzt, weil die Forscher von GE diese Versuche sehr früh als Heureka-Moment und »Geburtsstunde« der wissenschaftlichen Wetterbeeinflussung feierten, ihre Resultate in zahlreichen, detaillierten Pressemitteilungen verbreiteten[17] und unterstützt von großzügigen Fotoreportagen popularisierten, gehören sie bis heute, auch historiografisch, zu den bekanntesten Episoden.[18]

---

16 Im Original: »the art of profiting from unexpected occurrences«; Langmuir, Irving: The Growth of Particles in Smokes and Clouds and the Production of Snow from Supercooled Clouds, in: Proceedings of the American Philosophical Society 92 (3), 1948, S. 167–185, hier S. 167.

17 Vgl. u.a.: Hammond, Roger: Vincent Schaefer Explores New Weather-Related Questions after Discovering Snow Making (Press Release General Electric Company), Schenectady 1946; Hammond, Roger; Schaefer Vincent J.: Story about how Schaefer's Snow Making Came from Studies of Aircraft Icing and the Properties of Supercooled Clouds (Press Release General Electric Company), Schenectady 1946; Stokely, James: New Flights Confirm Artificial Snow Production (Press Release General Electric Company), Schenectady 1946; Hammond, Roger: General Electric Discloses New Means of Producing Man-Made Snow Through Use of Artificial Nuclei (Press Release General Electric), Schenectady 1946; Hammond, Roger: Snow Made by Vincent Schaefer was Purer that Natural Snow, which Collects Foreign Particles on its Way to the Ground (Press Release General Electric), Schenectady 1947.

18 Die Episode von Schaefer und seiner Gefriertruhe lässt sich in allen Texten zur Geschichte der Wetterbeeinflussung nachlesen; vgl. u.a. Schrickel, Isabell: Von Cloud Seeding und Albedo Enhancement: Zur technischen Modifikation von Wetter und Klima, in: Zeitschrift für Medienwissenschaft 6, 2012, Nr. 1, S. 194–206; Harper, Kristine: Make It Rain, S. 50 ff.; Taha, Nadine: Die Wolkenphotographie in der Wettermanipulation. Zu Räumen militärisch-industrieller Unsicherheit, in: Nowak, Lars (Hg.): Medien – Krieg – Raum, Paderborn 2017, S. 327–356; Fleming, James R.: The Pathological History of Weather and Climate Modification: Three Cycles of Promise and Hype, in: Historical Studies in the Physical and Biological Sciences 38 (1), 2006, S. 3–25, hier S. 8 f.

Das Projekt »Cirrus« – die Wissensproduktion im Atmosphärenlabor

Dachte Langmuir zunächst an die Auflösung von Wolken, etwa zur sicheren Landenavigation oder zur Verringerung von Flugzeugvereisungen, erweiterte er bald die mögliche Anwendung auf die künstliche Niederschlagsauslösung und die Hagelreduktion.[19] Damit entfernte sich Langmuir nicht nur weit vom eigentlichen Erkenntnisinteresse des Projektes, sondern auch allgemein von der Ausrichtung der (Industrie-)Forschung bei GE. Die offensiv kommunizierten Resultate waren jedoch der Ausgangspunkt für zwei unterschiedliche, wenn auch sich wechselseitig bedingenden Anwendungen. Über die hervorragenden Verbindungen Langmuirs zu militärischen Stellen begann sich das Research and Development Board unter der Leitung von Vannevar Bush für die Wetterbeeinflussung zu interessieren, was letztlich der Nukleus des militärischen Nachdenkens über den »Wetterkrieg« darstellte.[20] Angesichts der weitreichenden Konsequenzen, der für die weitere Forschung notwendigen staatlichen Unterstützung in Form von Geld, Wetterdaten oder Flugzeugen und nicht zuletzt aufgrund juristischer Bedenken, nahm auch der GE-Forschungsdirektor C. Guy Suits Verhandlungen mit staatlichen Behörden auf. Nach einer erfolgreichen Demonstration eines Feldexperiments noch im Dezember 1946 wurde ein Vertrag mit dem US Army Signal Corps – indirekt waren auch das Naval Research Laboratory und die eben erst geschaffene Air Force beteiligt – abgeschlossen. Der Army Signal Corps war insofern ein naheliegender Partner, da die Fernmeldeeinheit seit ihrer Gründung 1860 einen Wetterdienst betrieb und spätestens seit 1920 auch aerologische Untersuchungen durchgeführt hatte.[21] Am 28. Februar 1947 startete das Forschungsprojekt zu Wolkenpartikeln und Wolkenmodifikation, das nach dreifacher Verlängerung bis September 1952 dauerte und als Projekt »Cirrus« in die Geschichte der Wettermodifikation einging und Feldexperimente in Honduras, Hawaii, Puerto Rico und New Mexico und Vorstudien zur Hurrikanbeeinflussung hervorbrachte.[22]

---

19 Vgl. u.a. Harper, Make it Rain, S. 52.

20 Vgl. ebd., S. 53 ff.; Fleming, Pathological History, 10 f.

21 Vgl. Fleming, James R.: Storms, Strikes, and Surveillance: The U. S. Army Signal Office, 1861–1891, in: Historical Studies in the Physical and Biological Sciences 30 (2), 2000, S. 315–332; Jeon, Chihyung: Flying Weather Men and Robot Observers: Instruments, Inscriptions, and Identities in US Upper-Air Observation, 1920–1940, in: History and Technology 26, 2010, S. 119–145.

22 Vgl. Havens, History of Project Cirrus, S. 35–71; Harper, Cold War Atmospheric Sciences in the United States, S. 228 f.

Abb. 9: Bernard Vonnegut (2. v. links) demonstriert mit Vincent J. Schaefer (im Hintergrund) und Irving Langmuir (rechts) Mitgliedern des Army Signal Corps das Cloud-Seeding in der Kühltruhe im Labor von General Electric.
Quelle: GE Research Laboratory Collection, miSci – Museum of Innovation and Science

Wegweisend für das Projekt, aber auch für den weiteren Verlauf des Wetterbeeinflussungsdiskurses insgesamt war, dass Bernard Vonnegut noch im ersten Versuchsjahr eine Substanz identifizierte, die im Labor hervorragende Eigenschaften zeigte. Vonnegut hatte 1939 am MIT in Physikalischer Chemie promoviert und stieß erst 1945 zur Forschungsgruppe von GE, wo er das wolkenphysikalische Forschungsprojekt unterstützte. Ausgangspunkt von Vonneguts Arbeit waren die Resultate Schaefers, wobei er sich nun erstmals nachweisbar auf die aktuelle meteorologische Literatur bezog und etwa eine Publikation des polnischen Physikers B. M. Cwilong zitierte, der ja während des Krieges zu den Prozessen der Niederschlagsauslösung geforscht hatte. Vonnegut suchte nach Partikeln, die als Nuklei für die Formierung von Eis bei höheren Temperaturen dienen konnten und griff dabei auf Substanzen mit einer ähnlichen Struktur wie der von Eiskristallen zurück. Er identifizierte Silberiodid als geeigneten Kandidaten und wies im Labor nach, dass die Substanz insbesondere in Form von »silver iodide smokes«, hergestellt durch das Verdampfen von Silberiodid, große Mengen an kleinen Partikeln zur Verfügung stellte.[23] Wenige Jahre, nachdem Bergeron und Findeisen ein epistemisches Ding als Auslöser von Niederschlag postuliert hatten, integrierte GE in der Folge das Silberiodid als technisches Ding in ihre Experimentalsysteme.

Das Silberiodid wurde zum Standard der Feld- und Laborexperimente und erlebte zudem 15 Jahre nach Bernard Vonneguts Laborentdeckung eine populärkulturelle Verarbeitung. Sein Bruder Kurt Vonnegut, von 1947 bis 1951 Teil der PR-Abteilung von GE, veröffentlichte 1963 die Science-Fiction-Satire *Cat's Cradle*, in welcher der Nobelpreisträger und Mitentwickler der Atombombe, Felix Hoenikker [sic!], die Substanz »ice-nine« entwickelt, die über eine Kettenreaktion alles gefrieren lässt, womit sie in Berührung kommt. Tatsächlich kommt es zur Katastrophe – Seen, Flüsse, Ozeane und Grundwasser erstarren zu Eis und Tornados verwüsten die Erde. Der Roman lässt sich ein Jahr nach der Kubakrise natürlich als Kommentar über die atomare Bedrohung lesen, gleichzeitig sind die Parallelen zu den Silberiodid-gestützten Experimenten von GE offensichtlich und als Anspielung auf den Wetterbeeinflussungsdiskurs und eine weiter reichende Reflexion über das Verhältnis von Mensch und Technologie zu erkennen.[24]

Für die Verantwortlichen startete das Projekt »Cirrus« vielversprechend – insbesondere die Kumulus-Studien, die in New Mexico im Oktober 1948 und Juli 1949 durchgeführt wurden, galten als Erfolg. Die breit gestreute Berichterstattung und die vertraulichen, internen Forschungsberichte erlauben dabei einen Einblick in die Grundannahmen und den Aufbau der Experimentalsysteme. Zwar wurden die Feldexperimente mehrfach angepasst – insbesondere die untersuchten Wolkengattungen, die Menge an Nuklei und

23 Vonnegut, Bernard: The Nucleation of Ice Formation by Silver Iodide, in: Journal of Applied Physics 18 (7), 1947, S. 593–595; Zitat S. 594; vgl. auch Vonnegut, Bernard: Occasional Report Number 13: Project Cirrus on Silver Iodide Smoke, Schenectady 1949.

24 Vgl. Fleming, Fixing the Sky, S. 46; Glorfeld, Jeff: The Genius Who Ended Up in a Vonnegut Novel, Cosmos Magazine, 9.6.2019, <https://cosmosmagazine.com/chemistry/the-genius-who-ended-up-in-a-kurt-vonnegut-novel/>, Stand: 31.5.2021; Zins, Daniel L.: Rescuing Science from Technocracy: »Cat's Cradle« and the Play of Apocalypse (Sauver la science de la technocracie: »Le berceau du chat« et le Jeu de l'Apocalypse), in: Science Fiction Studies 13 (2), 1986, S. 170–181.

die Flughöhen wurden variiert –,[25] doch die Grundlage aller Versuche war die Niederschlagstheorie nach Findeisen und Bergeron, welche die Bedeutung der Nuklei betonte. In einem Vortrag am 25. Januar 1950 vor der American Meteorological Society in New York untermauerte Langmuir zudem das wolkenphysikalische Erklärungsmodell der Wetterbeeinflussung mit einem wissenschaftsphilosophischen Argument, indem er der Kausalität der klassischen Physik, die eine Entsprechung von Ursache und Wirkung annahm, »divergente Phänomene« gegenüberstellte, die nur durch kleine Auslöser mit großer Wirkung zu fassen waren:

»In der Atomphysik, aber auch in menschlichen Beziehungen und bei meteorologischen Phänomenen gibt es jedoch Phänomene, die wir als divergente Phänomene bezeichnen können, bei denen sich große, wichtige Ereignisse aus kleinen Ursachen entwickeln, die zu divergierenden Ergebnissen führen. Regenschauer, wie sie in Trockengebieten wie New Mexico auftreten, sind gute Beispiele für divergente Phänomene.«[26]

Als solche »kleine Ursachen« konnten nun die künstlichen Nuklei gedacht werden, die über eine »chain reaction«[27] die Niederschlagsproduktion in Gang setzten.

Im Vergleich zur eingangs beschriebenen ersten Übertragung vom Labor auf die Atmosphäre wurden die Experimente laufend aufgerüstet und nun unterschiedliche Methoden der Evidenzproduktion kombiniert. Schaefer und Vonnegut entwickelten dazu verschiedene Instrumente, etwa einen Neigungsmesser für Fotokameras, um standardisierte Aufnahmen zu ermöglichen, ein Vortex-Thermometer, um die dynamische Erwärmung durch den Fahrtwind zu kompensieren und die tatsächliche Temperatur in Wolken zu messen oder Eis-Nuklei-Detektoren zur Bestimmung der natürlichen Sublimationskerne.[28] Die Identifikation geeigneter Wolken(-

25 Langmuir, Irving: Summary of Results Thus Far Obtained in Artificial Nucleation of Clouds: Research Laboratory Report No. RL-140, December 1948, in: Suits, C. Guy: Cloud Nucleation, Oxford 1962, S. 11–16.

26 Langmuir, Irving: Control of Precipitation from Cumulus Clouds by Various Seeding Techniques, in: Science 112 (2898), 1950, S. 35–41, hier S. 37. Im Original: »There are, however, in atomic physics, as well as in human affairs and meteorological phenomena, what we may call divergent phenomena, where large important events grow from small beginnings that produce diverging results. Shower formations such as those in arid regions like New Mexico are good examples of divergent phenomena.«

27 Ebd., S. 37.

28 Vgl. Havens, History of Project Cirrus, S. 23 f.; Vonnegut, Bernard: Vortex Thermometer for Measuring True Air Temperatures and True Air Speeds in Flight, in: Review of Scientific Instruments 21 (2), 1.2.1950, S. 136–141.

Abb. 10: Aufnahme der Auflösung einer Wolke im Rahmen von Projekt »Cirrus«, 1949
Quelle: GE Research Laboratory Collection, miSci – Museum of Innovation and Science

systeme) geschah unter Berücksichtigung von Höhe und Temperatur auf der Grundlage der synoptischen Wetterberichte des US-amerikanischen Wetterdienstes und von Radarbildern. In einem nächsten Schritt erfolgte der eigentliche Eingriff, über dessen Effekte Aussagen getroffen werden sollten. Aus einem Flugzeug wurden zusätzliche Sublimationsnuklei in Form von Trockeneis oder Silberiodid zur Verfügung gestellt oder dann Silberiodid über Generatoren in die Wolken eingebracht.

Für die Evaluation wurde eine ganzes Bündel an Indizien zusammengetragen. Noch immer war die Beobachtung zentral für die Überprüfung der Wirksamkeit: Aus der Luft und vom Boden aus verfolgten die beteiligten Wissenschaftler den Ablauf und übersetzten erstens ihre Beobachtungen in Sprache und hielten sie zweitens in einem Zehn-Sekunden-Intervall fotografisch fest.[29] Zudem hatte Schaefer eigens für die »Cirrus«-Experimente Regenmessgeräte entwickelt, um präzise Aussagen über die Niederschlagsmenge machen zu können. Das Hauptargument für die Wirksamkeit beruhte dann auf dem Abgleich der gemessenen Niederschlagsmenge mit his-

29 Langmuir, Irving: The Analysis of Photographic Data showing the Effects produced by supercooled Clouds with Ice Nuclei: Research Laboratory Report No. RL-140, December (1948), in: Suits, C. Guy: Cloud Nucleation, Oxford 1962, S. 19–39, S. 19.

torischen Daten – zusätzlich gestützt durch eine von Langmuir berechnete wahrscheinliche Niederschlagsmenge, die sich zusammensetzte aus der Analyse der synoptischen Situation und der Konzentration der Sublimationsnuklei. Insgesamt war sich Langmuir sicher, nachgewiesen zu haben, dass der Niederschlag außergewöhnlich hoch war, nämlich allein am 21. Juli 1949 doppelt so viel wie im gesamten Juli des Vorjahres. Diese Menge könne – so Langmuir – nicht das Ergebnis natürlich auftretender Regenfälle sein.[30] Daran schloss er sogleich eine Kosten-Nutzen-Rechnung an und betonte, dass mit wenigen Hundert Dollar eine Verdoppelung des natürlichen Niederschlags möglich wäre.[31]

Die Behauptung des zwar hochdekorierten, letztlich aber im Feld der Meteorologie unerfahrenen Langmuir stieß nun auf großen Widerstand in der *Scientific Community*, welche die von GE erhobenen Daten anders interpretierte und den gemessenen Niederschlag für kompatibel mit den natürlichen Bedingungen hielten.[32] Die American Meteorological Society setzte ein Untersuchungskomitee ein, das unter anderem direkt auf einen Beitrag Langmuirs in *Science* reagierte. Darin bestritten sie zwar nicht grundsätzlich die wolkenphysikalische Grundlage der Experimente, hebelten jedoch Langmuirs zentrales Evidenzkriterium für die Wirksamkeit aus, indem sie auf vergleichbare Niederschläge in der Vergangenheit verwiesen. Nur durch eine Reihe kontrollierter Experimente sei der Wirksamkeitsnachweis möglich, wobei sie selbst zwei unterschiedliche Zugänge für möglich hielten: Einerseits einen Abgleich des gefallenen Niederschlags nach den Eingriffen mit einem vorgängig geschätzten, natürlichen Niederschlag und andererseits eine statistische Auswertung.[33] Die Kritik aus Fachkreisen führte zwar zu einer Reaktion des Departments of Defense, das eine offizielle Erklärung, unter anderem im *Bulletin of the American Meteorological Society*, veröffentlichte, in der richtiggestellt wurde, dass die Experimente des Projekt »Cirrus« die Frage »Kannst man es regnen lassen?«[34] keineswegs beantwortet hätten und deshalb weitere Abklärungen notwendig seien: »Nur durch ein umfassenderes Verständnis der komplexen Naturphänome-

30 Vgl. Langmuir, Progress in Cloud Modification by Project Cirrus, S. 13.

31 Vgl. ebd., S. 15.

32 Vgl. Harper, Make it Rain, S. 74 f.

33 Vgl. Emmons, Gardner; Hall, Ferguson; Haurwitz, Bernhard u.a.: Dr. Langmuir's Article on Precipitation Control, in: Science 113 (2929), 1951, S. 189–192.

34 Department of Defense: Project Cirrus, in: Bulletin of the American Meteorological Society 31 (8), 1950, S. 286–287, hier S. 287. Im Original: »Can you make it rain?«.

ne, die mit der Entstehung, dem Wachstum und der Auflösung von Wolken und Stürmen verbunden sind, können endgültige Antworten hinsichtlich des potenziellen militärischen und wirtschaftlichen Nutzens gegeben werden.«[35]

Langmuir selbst wies hingegen die Einwände weitgehend zurück und auch auf den weiteren Verlauf des Wettermodifikationsdiskurses hatten sie keine grundsätzlichen Auswirkungen – zu solide war die wolkenphysikalische Basis und zu verlockend das Potenzial. So schlossen in den 1950er Jahren allein in den USA mehrere Projekte zur Wetterbeeinflussung an das Projekt »Cirrus« an. Der Army Signal Corps initiierte gleich zwei Forschungsprojekte: Ein Team um Bernard Vonnegut untersuchte die Auflösung von Nebel und die Modifikation von Wolken und Helmut Weickmann die Effekte der Zuführung unterschiedlicher Mengen von Silberiodid in Wolkensysteme. Auch die US Air Force führte gemeinsam mit der University of Chicago Feldexperimente zur Niederschlagsbeeinflussung durch, das US Weather Bureau untersuchte den natürlichen und künstlich ausgelösten Niederschlagsmechanismus an der Ostküste, die Navy realisierte das Projekt »SCUD« zum Nachweis von Seeding-Effekten bei der Formierung von Stürmen und das Office of Naval Research untersuchte die Funktion von Meersalz auf den Niederschlagsmechanismus.[36] Diese erste Debatte über den Aufbau von Experimenten, geeignete Instrumente und Methoden, um das »Atmosphärenlabor« handhabbar zu machen, war jedoch nur der Auftakt. Das Erbringen des Wirksamkeitsnachweises erwies sich – anders als in einer Kühltruhe – als entscheidende Schwachstelle für die Experimente in der freien Atmosphäre.

35 Department of Defense, Project Cirrus, S. 287. Im Original: »Only through a more complete understanding of the complex natural phenomena associated with cloud and storm formation, growth and dissipation can the final answers as to potential military and economic usefulness be obtained.«

36 Zu den US-amerikanischen Projekten im Anschluss an das Projekt »Cirrus« vgl. u.a. Harper, Kristine: Make It Rain, S. 137.

»Feind Hagel« – die ersten Feldexperimente in der Schweiz

Am 31. Mai 1950 berichtete die *Schweizer Illustrierte Zeitung*[37] unter dem Titel *Feind Hagel* auf einer Doppelseite über die zerstörerische Kraft des Hagels. Das Naturphänomen galt um 1950 selbstverständlich nicht mehr als Strafe Gottes, aber angesichts der jährlichen Hagelschäden, die auf 25 Millionen Schweizer Franken geschätzt wurden, als »Feind«, dem mit militärischen Mitteln zu entgegnen war:

> »Eine weisse Signalrakete krepiert unter schwarzen Gewitterwolken: ›Achtung Gefahr! Feind Hagel greift an!‹ Auf das Kommando einer zweiten Rakete hin eilen Schützen auf ihre Abwehrposten. Der Donner rollt von fern heran. Telephone läuten, geben Positionsmeldungen weiter: Höhe der Wolken, Niederschlag. Dann krachen die Raketen los. In der Schweiz verschiessen rund 3000 Abwehrposten mehr als 5000 Raketen im Werte bis zu 50'000 Franken jährlich – gegen den Feind Hagel.«[38]

Der Artikel ließ offen, ob mit diesen nicht nur finanziell aufwendigen Abwehrmaßnahmen das Naturphänomen beherrscht und »der Hagel wirkungsvoll bekämpft werden [könne] – oder [...] die bisherigen Erfolge nur Zufälle [seien]«.[39] Doch selbst unter Einbezug aller zur Verfügung stehenden Technologien schienen die Erfolge zumindest fraglich: »Der Kampf wird umsichtig, ernsthaft, zuweilen verbissen geführt. Wer ist der Stärkere? Der Mensch des Atomzeitalters gesteht es ungern ein: er ist den Naturgewalten unterlegen.«[40]

Im Zentrum des Artikels stand ein ab 1948 durchgeführtes Feldexperiment in der Tessiner Magadinoebene. Denn die Frage, ob und mit welchen Mitteln die Hagelabwehr funktionierte, war um 1950 auch in der Schweiz tatsächlich Gegenstand wissenschaftlicher Abklärungen. Während sich das Projekt »Cirrus« eindeutig in den Kontext des frühen Kalten Krieges und die damit einhergehende »mutual orientation« von Militär und Wissenschaft einordnen lässt, wurden diese beinahe zeitgleichen Feldversuche in der Schweiz nicht nur von anderen Akteuren getragen. Sie beruhten in den Anfängen auch nicht auf der aktualisierten Niederschlagstheorie, sondern

---

37 »Mit zeitnahen Bildreportagen« unter Werner Meier (Chefredakteur 1941–1972) war die Schweizer Illustrierte Zeitung (ab 1965 nur noch Schweizer Illustrierte) Marktführerin in der Nachkriegszeit. Vgl. Scherrer, Adrian: Schweizer Illustrierte, in: Historisches Lexikon der Schweiz, 10.6.2011. Online: <http://www.hls-dhs-dss.ch/textes/d/D48823.php>, Stand: 21.1.2019.

38 W.R.: Feind Hagel, in: Schweizer Illustrierte Zeitung, 31.5.1950, S. 46–47, hier S. 48.

39 W.R., Feind Hagel, S. 47.

40 Ebd., S. 48.

erfolgten in einem (letzten) Rückgriff auf vergleichbare Techniken und Erklärungsmodelle der Zeit um 1900.

Spätestens ab 1910 war es unter Meteorologen Konsens, dass das Abfeuern von Kanonen keinen nachweisbaren Einfluss auf die Entstehung oder die Intensität von Hagel hat. Mit ausschlaggebend für diese Einschätzung war die Einsicht, dass die Effekte der Hagelkanonen, wie der Schall oder die Rauchentwicklung, gar nicht erst die Höhe der Hagelwolken erreichten. Als allgemein akzeptierter und staatlich geförderter Umgang mit der Hagelproblematik galt seit dem späten 19. Jahrhundert die Hagelversicherung. Die Gründung der Schweizerischen Hagel-Versicherungsgesellschaft auf Initiative Schweizer Bauern 1880[41] stellte »ein[en] tief greifende[n] Einschnitt«[42] in der Handhabung von Hagelschäden dar und kennzeichnete den Übergang von einer (nachträglichen) Schadensbewältigung zu einer Schadensvorsorge. Die Hagelabwehr – wie die Versicherung ebenfalls eine Präventivtechnik[43] – wurde jedoch parallel dazu außerhalb des wissenschaftlichen Sanktionierten weiter angewendet. Obwohl die Hagelabwehr mit Raketen weiterhin weder wissenschaftlich gestützt noch politisch unterstützt wurde, formierten sich auf private Initiative Hagelabwehrorganisationen: Ausgehend von den Abwehrversuchen der 1930er Jahren in französischen Weinanbaugebieten verbreiteten sich die Hagelraketen zunächst in der französisch-, dann auch in der deutschsprachigen Schweiz. Anfang der 1940er Jahre gab es mehrere lokale Zusammenschlüsse und 1944 wurde die Schweizerische Vereinigung für Hagelbekämpfung gegründet.[44]

41 Vgl. Schmid, Colette: Die Geschichte der Hagelversicherung. Dossier Nr. 408, Schweizer Hagel, Landwirtschaftlicher Informationsdienst LID, 12.4.2005, <https://www.lid.ch/medien/dossier/detail/info/artikel/1-die-geschichte-der-hagelversicherung/>, Stand: 22.1.2019.

42 Mauelshagen, Franz: Die Vergesellschaftung des Hagelrisikos: zur Geschichte der landwirtschaftlichen Hagelversicherung in der Schweiz, 1818–1950, in: Traverse: Zeitschrift für Geschichte 4 (21), 2014, S. 60–71, hier S. 62.

43 Vgl. Hannig, Nicolai: Resilienz – Vorgriffe auf Naturgefahren in Deutschland und in der Schweiz seit 1800, in: Bernhardt, Markus; Scheller, Benjamin; Brakensiek, Stefan (Hg.): Ermöglichen und Verhindern: Vom Umgang mit Kontingenz, 2016, S. 167–190, hier S. 176.

44 Vgl. u.a. die Abwehrorganisationen in Langenthal oder Herzogenbuchsee: o. A.: Chronik der Berner Woche, in: Die Berner Woche 32 (33), 1942, S. 966; Die Berner Woche 32 (21), 1942, S. 703; die Verwendung von Hagelraketen im Oberaargau: o. A.: Chronik der Berner Woche, in: Die Berner Woche 32 (32), 1942, S. 798; Hagelabwehr am Zürichsee: Heer, Gottlieb Heinrich: Hagelraketen steigen, in: Am häuslichen Herd: Schweizerische illustrierte Monatsschrift 56 (20), 1952, S. 397–398.

In diesem Kontext wurde ab 1948 im Tessin ein erstes Feldexperiment – später in Grossversuch I umbenannt – geplant und durchgeführt, das zur Abklärung der Wirksamkeit dienen sollte. Angestoßen wurde es weder von wissenschaftlichen Institutionen noch vom Bundesstaat, es ging vielmehr auf die Initiative der Tessiner Landwirte zurück. Die zwischen dem Lago Maggiore und Giubiasco liegende Magadinoebene war dank der ab 1888 durchgeführten Eindämmungsarbeiten des Ticino zur bedeutenden Landwirtschaftszone geworden,[45] wobei die Hagelfrequenz spätestens seit den 1920er Jahren als überdurchschnittlich und problematisch wahrgenommen wurde. Als etwa der Agronom Hans Bernhard, Geschäftsführer der »quasi-staatlichen Landwirtschafts-Planstelle«[46] Schweizerische Vereinigung für Innenkolonisation und industrielle Landwirtschaft, 1925 einen ausführlichen Bericht zur »Kolonisation der Magadinoebene« für das Volkswirtschaftsdepartement veröffentlichte, wies er darauf hin, dass die »Versicherungsprämien […] die höchsten in der ganzen Schweiz«[47] seien. Zusätzlich verstärkt wurde das »Hagelproblem« ab 1937 mit dem Anbau von Tabakpflanzen, die sich als besonders anfällig für Hagelschlag erwiesen. Nachdem in den unmittelbaren Nachkriegsjahren die Hagelschäden besonders groß ausgefallen waren, entschieden sich die Vertreter der Schweizer Einkaufsgenossenschaft für Inlandtabak (Société coopérative pour l'achat du tabac indigène/Sota) im Juli 1947 bei der jährlichen Preisfestsetzung zu systematischen Versuchen »mit der aktiven Hagelbekämpfung«,[48] die vom Tessiner Tabakproduzenten Essagra AG mit Sitz in Gordola organisiert und finanziert werden sollten.[49] Mit der »aktiven Hagelbekämpfung« verwies man nun nicht auf die in den USA unter militärischer Patronage bereits stattfindenden Versuche, sondern reagierte auf ein konkretes Problem landwirtschaftlicher Ressourcen und griff ein weiteres, nun letztes Mal auf die Theorien und Praktiken des späten 19. Jahrhunderts zurück.

45 Guzzi-Heeb, Sandro: Magadinoebene, Historisches Lexikon der Schweiz, 22.10.2009, <http://www.hls-dhs-dss.ch/textes/d/D20331.php>, Stand: 22.1.2019.

46 Morandi, Pietro: Bernhard, Hans, HLS-DHS-DSS.CH, <http://www.hls-dhs-dss.ch/textes/d/D6177.php>, Stand: 9.3.2019.

47 Bernhard, Hans: Die Kolonisation der Magadinoebene: Gutachten erstattet an das Schweiz. Volkswirtschaftsdepartement von der Geschäftsstelle der Schweiz. Vereinigung für Innenkolonisation und industrielle Landwirtschaft in Zürich, Bd. 23, Bern-Bümpliz 1925 (Schriften der Schweizerischen Vereinigung für Innenkolonisation und industrielle Landwirtschaft), S. 19.

48 Grossversuch zur Bekämpfung des Hagels auf der Magadinoebene, Tätigkeitsbericht Nr. 1, 1948, Bern 1949, S. 3.

49 Vgl. ebd., S. 2–4.

Zum Jahreswechsel 1948 setzten die Initianten sowohl die Schweizerische Hagel-Versicherungsgesellschaft als auch die Abteilung für Landwirtschaft des schweizerischen Volkswirtschaftsdepartement über die Pläne in Kenntnis. Die Hagelversicherung beobachtete schon länger die schweizweite, privat organisierte Hagelabwehr, hatte jedoch festgestellt, dass »der Erfolg der Abwehr mittelst Raketen sehr ungewiss [sei]«[50] und begrüßte deshalb die systematischen Abklärungen. Im März 1948 folgte eine Besprechung am Zürcher Hauptsitz der Hagelversicherungsgesellschaft, an der Vertreter der Abteilung für Landwirtschaft, der Meteorologischen Zentralanstalt Zürich, der Essagra AG sowie der Schweizerischen Vereinigung für Hagelbekämpfung das weitere Vorgehen besprachen und die Organisation festlegten. Vier Hauptakteure waren in der Folge am Projekt beteiligt: Die Essagra AG sollte in Zusammenarbeit mit der Sezione Intercomunale Sopracenerina dell'Unione di Coltivatori di Tabacco die praktische Durchführung der Feldexperimente gewährleisten. Das Volkwirtschaftsdepartement beteiligte sich mit 50 Prozent (ca. 10 000 Schweizer Franken) an der Beschaffung der Hagelraketen, stellte zudem Munition und Kartenmaterial zur Verfügung und erklärte sich bereit, die Zusammenarbeit der verschiedenen Akteure zu koordinieren. Die Meteorologische Zentralanstalt mit der Zweigstelle Osservatorio Ticinese in Locarno-Monti beriet die Firma Essagra bei meteorologischen Fragen und war mitverantwortlich für den Warn-, Signal- und Meldedienst und die statistische Auswertung wurde der Schweizerischen Hagelversicherungsgesellschaft übertragen.[51]

Mitte Mai 1948 stellte die Abteilung für Landwirtschaft in einer Pressemitteilung den »Versuch zur Bekämpfung der Hagelbildung« der Öffentlichkeit vor, wobei die staatliche Beteiligung an den Versuchen mit volkswirtschaftlichen Einbußen durch Hagelschäden gerechtfertigt wurde. Die Angaben zu den jährlichen Hagelschäden in Millionenhöhe beruhten auf den

50 Schweizerische Hagel-Versicherungs-Gesellschaft: Zweiter Zwischenbericht über aktive Hagelabwehr (nicht zur Veröffentlichung bestimmt), Zürich September 1948, S. 1 (Bundesarchiv, E7220A#1000/1945#112*, 413, Hagelabwehr in der Magadinoebene, 1948).

51 Vgl. Thams, Johann Christian: Schlussbericht der Eidg. Kommission zum Studium der Hagelbildung und der Hagelabwehr über den Grossversuch Nr. I zur Bekämpfung des Hagels auf der Magadinoebene (Tessin) 1948 bis 1952, Bern 1954, S. 1 f.; Aufbau einer Hagelabwehrorganisation in der Magadinoebene, Sitzungsprotokoll, 16. März 1948, Schweizerisches Bundesarchiv, E7220A#1000/1945#112*, Hagelabwehr in der Magadinoebene, 1948, Informationsschreiben an die Bundesräte Rodolphe Rubatelle (Volkswirtschaftsdepartment) und Ernst Nobs (Finanz- und Zolldepartement) (Schweizerisches Bundesarchiv, E7220A#1000/1945#112*, 413, Hagelabwehr in der Magadinoebene, 1948).

Erhebungen der obligatorischen Hagelversicherung der Tabakbauer. Da in der Schweiz seit Jahren in »immer größerem Umfang mit Raketen gegen die Hagelbildung gekämpft«[52] werde, müsse »die Frage beantwortet werden, ob mit den in der Schweiz gebräuchlichen Hagelabwehrraketen und unter Einhaltung des in der Schweiz verwendeten Abwehrsystems die Hagelbildung verhindert werden könne oder nicht«.[53]

Weder das Erkenntnisinteresse, die Abwehrmethoden noch die wolkenphysikalischen Grundlagen unterschieden sich damit von der Debatte um 1900. Bei der Versuchsplanung und im ersten Versuchsjahr fehlte jeglicher Verweis auf die zeitgleich stattfindenden Versuche in den USA oder die aktualisierte Niederschlagstheorie. Die erste Versuchsreihe basierte implizit weiterhin auf der Annahme, dass die Wirkung über die (mechanische) Energie der Explosion und damit über die äquivalente Energiezufuhr zu denken war.[54] Obwohl die Meteorologische Zentralanstalt beteiligt war, wurde in diesem ersten Versuch auf der Magadinoebene auf eine Formulierung des Ursache-Wirkung-Prinzips auf der Grundlage einer Niederschlags- und Hageltheorie nahezu vollständig verzichtetet. Im ersten Tätigkeitsbericht wurde lediglich darauf verwiesen, dass »[d]ie Vorgänge in der Atmosphäre, die zur Bildung von Hagel führen, [...] wissenschaftlich noch zu wenig abgeklärt [seien]«.[55]

Auch das Experimentdesign war nahezu identisch mit den Untersuchungen um 1900: Der Abgleich der Anzahl der Hagelfälle während des Versuchszeitraum von 1948 bis 1952 mit Aufzeichnungen eines »ungeschützten« Kontrollzeitraums von 1943 bis 1947 sollte eine Aussage über die Wirksamkeit ermöglichen. Anders als das Projekt »Cirrus«, das schnell verschiedene Methoden der Evidenzherstellung kombinierte, griff man damit auf eine quantitative Methode zurück. Was auf dem Papier nachvollziehbar und einfach klang, war jedoch äußerst voraussetzungsreich. Eine erfolgreiche Durchführung des Versuchs hing vom Zusammenspiel unterschiedlicher Akteure, Techniken und Epistemologien ab: Grundvoraussetzung war, dass die Hagelabwehr zuverlässig, das heißt bei allen auftretenden Hagelgewittern, funktionierte. Die meteorologische Exper-

52 Pressemitteilung der Abteilung für Landwirtschaft des Eidgenössischen Departements für Volkswirtschaft vom 13. Mai 1948, zitiert nach: Tätigkeitsbericht Nr. 1, S. 10.

53 Thams, Schlussbericht, S. 4.

54 Vgl. ebd., S. 1 f.

55 Tätigkeitsbericht Nr. 1, S. 10.

tise des Osservatorio Ticinese diente mit Sicherstellung der »Kenntnis des zu erwartenden Wetters«[56] als Entscheidungshilfe für das Abfeuern der Raketen.

Die Tessiner Meteorologen übersetzten zweimal täglich die globalen, telegrafisch übermittelten Wetterdaten in eine synoptische Wetterkarte, die Aussagen über die »Gewittertendenz« gestattete.[57] Ausgehend von dieser über den regulären Radiosender Monte Ceneri ausgestrahlten Prognose entschieden die Verantwortlichen der »Schiessstationen« – vor allem Mitarbeiter der Essagra AG – über die Notwendigkeit der Bereitschaft. Aufgrund der komplexen orografischen Beschaffenheit der Tessiner Landschaft und den oft lokalen Gewittern erwies sich das lokale, eigentlich für klimatologische Zwecke eingerichtete Messnetzwerk jedoch als zu grobmaschig, sodass der »Hagelalarm« über die direkte Beobachtung der meist von Italien über den Lago Maggiore heranziehenden Gewitterfronten ausgelöst wurde. Telefonisch oder durch Signalraketen versetzten die Meteorologen die Posten in den »Abwehrzustand«.[58] »[F]ür das wirksame Schiessen«[59] stellte zudem die Bestimmung der Wolkenhöhe eine zentrale Voraussetzung dar. Als Hilfsmittel wurde den beteiligten Laien eine gezeichnete Panoramakarte von den die Magadinoebene einrahmenden Hügelzügen abgegeben. Die Höhenangaben der verschiedenen Erhebungen ermöglichten eine grobe Bestimmung der Wolkenhöhe. Die Kenntnis um die Wolkenhöhe waren deshalb entscheidend, weil die verwendeten Raketentypen mit 1200 und 700 Metern eine beschränkte Steighöhe aufwiesen.

Über die Hagelabwehrraketen waren zudem weitere Akteure in den Versucht involviert. Hergestellt wurden diese Raketen von der Pyrotechnischen Fabrik Müller in Kreuzlingen am Bodensee und der Hans Hamberger AG im Bernischen Oberried Beide Raketenproduzenten waren bereits im 19. Jahrhundert gegründet worden, als sich über Frankreich und der Erfindung des neuen Explosivstoffs Nitrozellulose die zivile Produktion und das private Abfeuern von Feuerwerk etablierte.[60] Mit den Hagelabwehrraketen

56 Ebd., S. 17.

57 Ebd.

58 Vgl. Thams, Schlussbericht, S. 8.

59 Tätigkeitsbericht Nr. 1, S. 20.

60 Vgl. Berger, Beat: Explosivstoffe, in: Historisches Lexikon der Schweiz (HLS) – Schweizer Geschichte, 2005. Online: <http://mobile.hls-dhs-dss.ch/m.php?article=D14005.php>, Stand: 22.2.2019; Berger, Beat: The History of Explosives in Switzerland – Selected Highlights, in: CHIMIA International Journal for Chemistry 58 (6), 2004, S. 352–354; Schmalz, K. L.: Bern-Pulver:

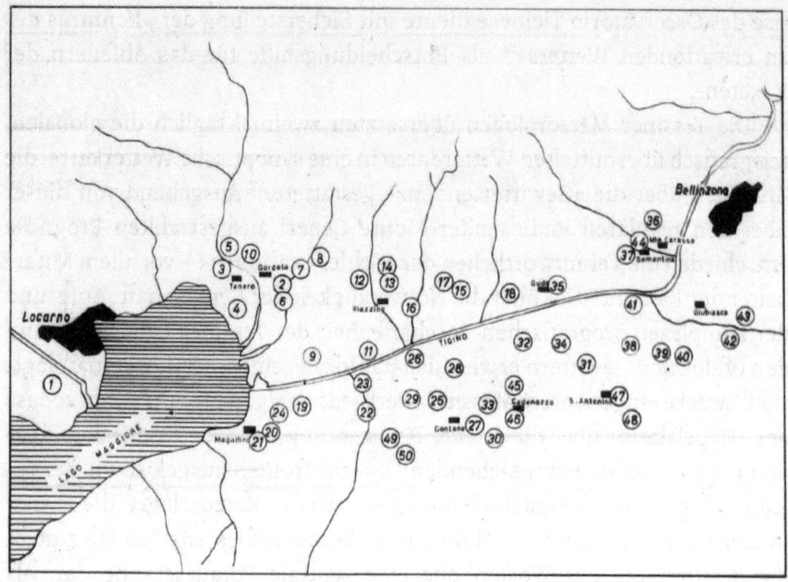

Abb. 11: Position der Abwehrposten auf der Magadinoebene im letzten Versuchsjahr 1952
Quelle: Abteilung für Landwirtschaft des Eidg. Volkwirtschaftsdepartementes (Hg.): Schlussbericht der »Eidg. Kommission zum Studium der Hagelbildung und Hagelabwehr« über den Grossversuch Nr. I zu Bekämpfung des Hagels der Magadinoebene (Tessin) 1948–1952, Bern 1954, S. 9

fanden die Kunstfeuerwerkproduzenten neue Absatzmöglichkeiten. Mitbeteiligt bei der Hamberger AG an der Entwicklung solcher Hagelraketen war exakt während des ersten Versuchsjahres 1948 der Raumfahrtpionier Hermann Oberth.[61] Oberth, der ja in seiner Dissertation *Die Rakete zu den Planetenräumen* bereits von der Klimakontrolle geträumt hatte, war während des Zweiten Weltkrieges an der Heeresversuchsanstalt Peenemünde an der Entwicklung der ersten funktionsfähigen, mit Flüssigkeitstriebwerk ausgestatteten »Großrakete Aggregat 4« und an einer Ammoniumnitrat betriebenen Flugabwehrrakete beteiligt.[62] Im beschaulichen Berner Oberland experimentierte Oberth nun mit neuen Antrieben für die Hagelabwehrra-

Vom Pulvermachen und Salpetergraben im alten Bernbiet, in: Berner Zeitschrift für Geschichte und Heimatkunde 18, 1956, S. 93–130.

61 Ineichen, Hugo: Ueber die Entstehung der Kunstfeuerwerkfabrik Hans Hamberger AG, 19.2.1914, <http://studer-schweiz.ch/downloads/hambergeroberried.pdf>, Stand: 28.2.2019, S. 18 f.

62 Ingenhaag, Karl-Heinz: Oberth, Hermann Julius, in: Neue Deutsche Biographie, Bd. 19, 1999, S. 400–402. Online: <https://www.deutsche-biographie.de/pnd118589229.html#ndbcontent>,

keten. Nachdem sich die Oberth'schen Antriebssysteme als impraktikabel herausgestellt hatten, zog er schließlich 1950 nach Italien weiter, wo er für die italienische Kriegsmarine in La Spezia die Ammoniumnitrat-Flugabwehrrakete weiterentwickelte.[63]

Die Hagelraketen erwiesen sich auch bei den Feldexperimenten ab 1948 als grundsätzliche Schwachstelle. Da sie äußerst wetteranfällig waren und nur bei idealen Bedingungen überhaupt ihre maximale Steighöhe erreichten, war die Grundvoraussetzung – nämlich, dass die Raketen innerhalb der Wolken explodierten – keinesfalls gesichert. Die unter der Anleitung von Jakob Aeberli, Rebmeister an der Landwirtschaftlichen Schule Wülflingen-Winterthur und Mitglied der Schweizerischen Vereinigung für Hagelbekämpfung, geschaffenen 50 Abwehrposten erfüllten jedoch noch eine zweite Funktion: Sie dienten nicht nur als Abschussbasis für die Hagelraketen, sondern auch als »Gewitterbeobachtungsposten«.[64] Das meteorologische Beobachtungsnetzwerk, das für die Auswertung des Hagelfalls diente, wurde somit durch den Beizug meteorologischer Laien ergänzt. Diese wurden persönlich geschult und mit Merkblättern angewiesen, eine vorgefertigte Meldekarte auszufüllen.[65] Die Angaben zum Ort, Uhrzeit, Regen- oder Hageldauer, Niederschlagsintensität (stark, mittel, schwach), Größe der Hagelkörner, Gewitterverlauf, Windrichtung und -stärke mussten – so die ausdrückliche Anweisung auf dem Merkblatt – am Folgetag ans Osservatorio geschickt werden.[66] Diese Angaben dienten jedoch lediglich als Korrektiv. Denn die Wirksamkeit wurde nicht über die meteorologischen Größen – nämlich die Anzahl und die Intensität der Hagelfälle – überprüft. Die beteiligten Meteorologen erachteten das Netz an meteorologischen Beobachtungsstationen als zu weitmaschig für eine präzise Erfassung der

---

Stand: 28.02.2019; Barth, Hans: Hermann Oberth: Der wirkliche Vater der Weltraumfahrt, Düsseldorf 2008, S. 228.

63 Ingenhaag, Karl-Heinz: Oberth, Hermann Julius, in: Neue Deutsche Biographie, Bd. 19, 1999, S. 400–402. Online: <https://www.deutsche-biographie.de/pnd118589229.html#ndbcontent>; Ineichen, Hugo: Ueber die Entstehung der Kunstfeuerwerkfabrik Hans Hamberger AG, 19.2.2014, <http://studer-schweiz.ch/downloads/hambergeroberried.pdf>, Stand: 28.2.2019, S. 19.

64 Vgl. Thams, Schlussbericht, S. 7; Aeberli, Jakob: Kostenvoranschlag für die Errichtung einer Hagelabwehr in der Magadinoebene Kanton Tessin, Wülflingen 1948 (Schweizerisches Bundesarchiv, E7220A#1000/1945#112*, 413, Hagelabwehr in der Magadinoebene, 1948).

65 Vgl. Tätigkeitsbericht Nr. 1, S. 17–20.

66 Vgl. Fenomeni Temporaleschi, in: Grossversuch zu Bekämpfung des Hagels auf der Magadinoebene, Tätigkeitsbericht Nr. 1, 1948, Bern 1949, Beilage 17a.

Hagelfälle und griffen deshalb auf die von der Hagelversicherung festgestellten Hagelschäden zurück.[67]

Nach wenigen Monaten Vorbereitungszeit war im Sommer 1948 die Versuchsinfrastruktur, wie die Auswahl der »Abwehrposten« und das »Melde- und Uebermittlungswesen«,[68] so weit abgeschlossen, dass der Grossversuch I gestartet werden konnte. Bereits am Ende des ersten Versuchsjahres mussten die beteiligten Meteorologen jedoch feststellen, dass »ein wissenschaftliches Fundament für derartige Abwehrversuche völlig fehlte«.[69] Um die wissenschaftlichen Standards garantieren zu können, wurde die Schaffung einer Eidgenössischen Kommission zum Studium der Hagelbildung und der Hagelabwehr angeregt, die am 30. Juni 1950 ihre Arbeit aufnahm. Damit übernahmen Geophysiker den von Tabakproduzenten initiierten Versuch und es bildete sich ein »Forschungsdreieck«[70] zwischen dem Eidgenössischen Institut für Schnee- und Lawinenforschung, dem Osservatorio Locarno Monti der Meteorologischen Zentralanstalt und der ETH. Die beteiligten Wissenschaftler hatten unterschiedliche Spezialgebiete, geeint wurden sie von einem dezidiert mathematisch-physikalischen Verständnis von Wissenschaft.

Johann Christian Thams, der als Leiter des Osservatorio Ticinese bereits den ersten Versuch begleitet hatte, arbeitete nach seinem Physikstudium unter Walter Mörikofer am Eidgenössischen Institut für Schnee- und Lawinenforschung (ESLF) in Davos vor allem zu den Strahlungsverhältnissen.[71] Marcel de Quervain hatte an der ETH als Assistent von Paul Scherrer 1944 promoviert und forschte ab 1945 ebenfalls in Davos zu den mechanischen und thermischen Eigenschaften von Schnee, bevor er am National Research Council in Ottawa, Kanada, 1948 bis 1949 an der internationalen Schneeklassifikation arbeitete. Nach seiner Rückkehr übernahm er die Leitung des ESLF und war ab 1962 zunächst als Dozent, ab 1969 bis 1981 als Titularprofes-

67 Vgl. Thams, Schlussbericht, S. 4 f.

68 Beide Zitate: Tätigkeitsbericht Nr. 1, S. 6.

69 Thams, Schlussbericht, S. 12.

70 Quervain, Marcel de: Raymund Sänger, 1895–1962, in: Verhandlungen der Schweizerischen Naturforschenden Gesellschaft 142, 1962, S. 235–243, hier S. 238.

71 Vgl. Fröhlich, Claus: Two Centuries of Atmospheric-Radiation Research in Switzerland, in: Willemse, Saskia; Furger, Markus (Hg.): From Weather Observations to Atmospheric and Climate Sciences in Switzerland: Celebrating 100 Years of the Swiss Society for Meteorology, Zürich 2016, S. 249–278, hier S. 252.

sor für Lawinenverbau und Wolkenphysik an der ETH tätig.[72] Den Vorsitz übernahm mit Raymund Sänger eine zentrale Figur der Schweizer Atmosphärenphysik. Sänger hatte ab 1916 an der ETH Mathematik und Physik studiert, nach seiner Habilitation 1931 als Rockefeller Research Fellow am Caltech Pasadena zwei Jahre geforscht, bevor er 1948 er zum Titularprofessor an der ETH ernannt wurde. Mit der Atmosphärenphysik war Sänger erst während des Zweiten Weltkriegs in seiner Funktion als Artillerieoffizier der Schweizer Armee in Kontakt gekommen, als er sich mit rechnerischen Flugbahnkorrekturen unter Berücksichtigung atmosphärischer Zustände auseinandergesetzt hatte.[73]

Als Vorsitzender der Eidgenössischen Kommission gründete Sänger an der ETH eine eigene Forschungsstelle und versuchte in der Folge systematisch den Ursache-Wirkung-Prozess der Hagelraketen über die bestehende meteorologische Theorie herzuleiten. Er sah zwei Möglichkeiten: eine »rein mechanische Wirkung des Explosionsvorganges« sowie eine »physikalisch-chemische Wirkung der bei der Explosion erzeugten Verbrennungsprodukte«.[74] Die mechanische Erklärung diskutierte Sänger anhand der Publikation von Frédéric-Léon Ruby, wobei er einen Effekt sowohl der Explosion der Sprengladungen als auch der sich ausbreitenden Schallwellen auf die Hagelbildung grundsätzlich infrage stellte und nahezu wortwörtlich die Einwände seiner Kollegen aus der Zeit um 1900 wiederholte: »Auch bei reichlicher Bestückung eines zu schützenden Gebietes mit Abwehrposten bleibt es, gesamthaft betrachtet, damit schwer verständlich, wie durch rein mechanische Einwirkung der Raketenexplosion der Hagelbildung beigekommen werden könnte.«[75]

72 Vgl. Trüeb, Evelyn Boesch: Quervain, Marcel de, Historisches Lexikon der Schweiz, <http://www.hls-dhs-dss.ch/textes/d/D48533.php>, Stand: 30.1.2019; Jaccard, Claude: Eidg. Institut für Schnee- und Lawinenforschung Davos-Weissfluhjoch. Zum Rücktritt von Marcel de Quervain, in: Schweizer Ingenieur und Architekt 80 (23), 1980, S. 562–563.

73 Die Forschung Sängers zum Einfluss atmosphärischer Zustände auf die Flugbahn von Geschossen war zunächst unter Verschluss. In den Nachkriegsjahren konnte er die Ergebnisse jedoch publizieren. Vgl. u.a. Sänger, Raymund: Einfluss von böenartigem Wind auf die Geschossbahn, in: Helvetica Physica Acta 23 (I/II), 1950, S. 143–158.

74 Sänger, Raymund: VII. Die Abwehrmittel des Grossversuchs I, in: Thams, J. C.: Schlussbericht der Eidg. Kommission zum Studium der Hagelbildung und der Hagelabwehr über den Grossversuch Nr. I zur Bekämpfung des Hagels auf der Magadinoebene (Tessin) 1948 bis 1952, Bern 1954, S. 29.

75 Sänger, Die Abwehrmittel des Grossversuchs I, S. 31.

Sängers Ausführungen zur »[p]hysikalisch-chemische[n] Wirkung der Pulverschwaden«[76] zeigen hingegen, dass er bereits in den späten 1940er Jahren vertraut war mit der Neuformulierung der Niederschlagstheorie nach Bergeron und Findeisen, wie sie in den Nachkriegsjahren in den einschlägigen Zeitschriften diskutiert wurde.[77] Er zog in Betracht, dass die »Explosionsschwaden der im Grossversuch I verwendeten Hagelraketen« Gefrierkerne zur Verfügung stellen und so zumindest die Größe der Hagelkörner beeinflussen konnten. In der Zusammenarbeit mit dem Gaslaboratorium der Eidgenössischen Materialprüfungsanstalt (EMPA) hatten sie jedoch festgestellt, »dass keine Anzeichen vorliegen, die auf eine Vermehrung der Gefrier- bezw. Sublimationskerne durch die Bestandteile der Pulverschwaden schliessen lassen«.[78] Ein noch grundsätzlicherer Einwand der Meteorologen betraf den Raketenkulminationspunkt: Johann Christian Thams hielt fest, dass im Sommer die Nullgradgrenze in Gewitterwolken weit über der Steighöhe der Raketen lag. So war eine wie auch immer beschaffene Wirkung der raketenbasierten Hagelabwehr schlicht nicht denkbar.[79] Sänger beschränkte sein abschließendes, negatives Urteil jedoch ausdrücklich auf die Verwendung der Hagelraketen. Damit deutete er bereits die Neuorientierung der nachfolgenden Experimente an, die endgültig mit der vormodernen Praktik des »Hagelschießens« brachen.[80]

Eine der Hauptaufgaben der Eidgenössischen Kommission zum Studium der Hagelbildung und der Hagelabwehr bestand darin, »eine Uebersicht über die einschlägigen Arbeiten auf dem Gebiete der künstlichen Beeinflussung der Wettervorgänge zu gewinnen«.[81] Das Projekt »Cirrus«, das inzwischen nicht nur unter Fachleuten, sondern auch in einer breiten Öffentlichkeit diskutiert wurde,[82] galt dabei als wegweisend. Die detaillierten

76 Ebd.

77 Vgl. u.a. Bergeron, Tor: Über den Mechanismus der ausgiebigen Niederschläge, in: Berichte des deutschen Wetterdienstes in der US-Zone, 1950, Nr. 12, S. 225–232; Bergeron, Tor: Über den Mechanismus der ausgiebigen Niederschläge, in: Berichte des Deutschen Wetterdienstes in der US-Zone, 1950, Nr. 12, S. 225–232.

78 Beide Zitate: Sänger, Die Abwehrmittel des Grossversuchs I, S. 33.

79 Thams, Schlussbericht, S. 17.

80 Vgl. Sänger, Die Abwehrmittel des Grossversuchs I, S. 35.

81 Zusammengestellt vom Osservatorio Ticinese della Centrale Meteorologica Svizerra: Zusammenfassung der Arbeiten des »Project Cirrus« (Research Laboratory, General Electric), Locarno-Monti 1.2.1951, S. iii.

82 Langmuir und Schaeffer berichteten mehrfach in fachwissenschaftlichen Zeitschriften über ihre Forschung und ließen sich in populärwissenschaftlichen Publikationen porträtieren. Vgl. u.a.

Forschungsberichte waren zwar nicht als geheim eingestuft, doch in der Praxis 1950 selbst für die Wolkenphysiker der ETH nicht ohne Weiteres erhältlich. Raymund Sänger stellte den Kontakt in die USA zu Vincent J. Schaefer her, der die über 20 grauen, dünnen Broschüren mit dem prägnanten Logo von General Electric auf dem Cover in die Schweiz schickte.

Bei der Rezeption existierten nun in zweifacher Hinsicht Übersetzungsschwierigkeiten: Um sie den Beteiligten zugänglich zu machen, mussten sie erstens vom Englischen ins Deutsche übertragen werden und zweitens entsprachen die verwendeten Begrifflichkeiten der US-Amerikaner nicht in jeden Fall dem deutschen Sprachgebrauch. Während die Forscher von General Electric etwa konsequent von Sublimationskernen (»sublimation nuclei«) sprachen, verwendeten die Schweizer den Terminus »Gefrierkerne«[83]. Die Verwendung der unterschiedlichen Begrifflichkeiten war nicht einfach ein Problem der Übersetzung vom Englischen ins Deutsche (oder umgekehrt), sondern stand stellvertretend für Diskussionen in der wolkenphysikalischen Forschergemeinschaft. Es herrschte Uneinigkeit hinsichtlich der Phasenübergänge bei der Bildung von Eis. Die Annahme von Findeisen, nämlich dass Wasserdampf an entsprechenden Nuklei direkt zu Eis sublimierte, wurde in den Nachkriegsjahren infrage gestellt und die These vertreten, dass das unterkühlte Wasser in den Wolken an Nuclei gefriert.[84] Für die Wetterbeeinflussung spielte dieses wolkenphysikalische Detail eine untergeordnete Rolle: Allein der Konsens, dass der Niederschlag über Nuklei funktionierte, stellte die Möglichkeit eines gezielten Eingriffs ins Wetter

---

Hicks, Clifford B.: Weather a la Carte, in: Popular Mechanics, 1949, S. 167–171; Sheridan, Martin: The Worst Weather in the World, in: Scientific American 178 (4), 1948, S. 154–156; Schaefer, Vincent J.: The Production of Ice Crystals in a Cloud of Supercooled Water Droplets, in: Science 104 (2707), 1946, S. 457–459; Langmuir, Irving: Control of Precipitation from Cumulus Clouds by Various Seeding Techniques, in: Science 112 (2898), 1950, S. 35–41. Auch der eingangs zitierte Beitrag in der Schweizer Illustrierten Zeitschrift verwies bereits auf die neu formulierte Niederschlagstheorie mit Gefrierkernen, vgl. W. R.: Feind Hagel, in: Schweizer Illustrierte Zeitung, 31.5.1950, S. 46–47, hier S. 47.

83 Vgl. zusammengestellt vom Osservatorio Ticinese della Centrale Meteorologica Svizzera: Zusammenfassung der Arbeiten des »Project Cirrus« (Research Laboratory, General Electric), Locarno-Monti 1.2.1951, S. iii.

84 Vgl. u.a. Weickmann, Helmut: Die Eisphase in der Atmosphäre, Bd. 6, Bad Kissingen 1949 (Berichte des Deutschen Wetterdienstes in der US-Zone); Houghton, Henry G.: On the Physics of Clouds and Precipitation, in: Malone, Thomas F. (Hg.): Compendium of Meteorology: Prepared under the Direction of the Committee of the Compendium of Meteorology H. R. Byer, H. E. Landsberg H. Wexler B. Haurwitz, A. F. Spilhaus, H. C. Willett, H. G. Houghton, Boston 1951, S. 165–181, hier S. 174 f.

in Aussicht. Die neu formulierte Niederschlagstheorie ermöglichte eine Neubewertung der Hagelabwehr und ließ auch in der Schweiz eine weitere wissenschaftliche Auseinandersetzung mit ihr opportun erscheinen.

Wie sehr das »Project Cirrus« in der Schweiz rezipiert wurden und letztlich Pate stand, zeigt sich in der Vorbereitung und Durchführung des 1953 unmittelbar an den ersten Versuch anschließenden Grossversuch II. Nachdem ein (mechanischer) Effekt der herkömmlichen Sprengstoffraketen weder wolkenphysikalisch hergeleitet noch empirisch nachgewiesen werden konnte, setzte die Kommission nun auf das Abwehrmittel Silberiodid, das über sogenannte Bodengeneratoren in die Wolken gebracht und dort als zusätzliche Sublimationsnuklei dienen sollte.[85]

Die Schweizer Atmosphärenphysiker adaptieren dabei – ohne es im Detail zu thematisieren – die US-amerikanischen Forschungsergebnisse für ihre Zwecke. Anstatt der Auslösung von Niederschlag wie beim »Project Cirrus« stand ja die Verhinderung oder zumindest Abschwächung von Hagel im Fokus. Die potenzielle Wirksamkeit des Silberiodids begründeten sie nun damit, dass die zur Verfügung gestellten, künstlichen Silberiodid-Gefrierkerne, »die äusserst schnelle Bildung von grösseren, mehr oder weniger kompakten Eiskörnern«[86] verhindern könnte. Der Vorgang des Einbringens künstlicher Gefrierkeime wurde im englischsprachigen Raum als »Seeding« bezeichnet, das die Schweizer mit »Impfen« übersetzten. Dafür standen mit Ballons, Flugzeugen und »Bodengeneratoren« verschiedene Technologien zur Verfügung, die von den Schweizern geprüft wurden. Zwar wäre mit dem 1939 eröffneten Flughafen Locarno eine ideale Infrastruktur vorhanden gewesen, doch der Einsatz von Flugzeugen und Ballonen wurde aus Sicherheits- und Kostengründen verworfen und das Prinzip der Bodengeneratoren aus den USA übernommen.[87] Die von der Werkzeugmaschinenfabrik Oerlikon Bührle & Co. produzierten Generatoren bestanden

---

85 Vgl. Thams, J. C.; Aufdermaur, A.: Die Ergebnisse des Grossversuches III zur Bekämpfung des Hagels im Tessin in den Jahren 1957–1963: Schlussbericht im Auftrage der »Eidg. Kommission zum Studium der Hagelbildung und der Hagelabwehr«, Bd. 2, Zürich 1966 (Veröffentlichungen der Schweizerischen Meteorologischen Zentralanstalt), hier S. 1.

86 Grossversuch II zur Bekämpfung des Hagels auf der Magadinoebene, 1. Versuchsjahr, Tätigkeitsbericht Nr. 6, 1953, Bern 1953, S. 3.

87 Vgl. Thams, Johann Christian: Wie steht es heute mit der Hagelbekämpfung?, in: Die Grüne: Schweizerische Landwirtschaftliche Zeitung 85 (22), 1957, S. 603–612, hier S. 605. Ab 1946 wurden im Project Thunderstorm, das von Horace B. Byers geleitet wurde, erstmals gezielt eine P-61 für Forschung in situ eingesetzt. Vgl. Hann, Julius von; Reinhard Süring: Lehrbuch der Meteorologie (zweiter Band), Leipzig 1951, S. 1068.

aus einer Batterie an Gasflaschen, die über einen Druckregler, einen Zeitgeber und ein Magnetventil mit dem windgeschützten Brenner verbunden waren. In Azeton gelöstes Silberiodid wurde in eine Gasflamme gespritzt und so in den gasförmigen Aggregatzustand überführt. Bei der Abkühlung bildeten sich Tausende Silberiodidkristalle, die »vom Boden aus abgeblasen und durch Konvektionsströme und Aufwinde in die Atmosphäre getragen wurde[n]«.[88]

Dieses indirekte Einbringen des Silberiodids verkomplizierte allerdings das experimentelle Setting. Zunächst war meteorologisches Wissen notwendig, um den Transfer des Silberiodids an den gewünschten Ort zu gewährleisten und zudem konnten auf diese Weise die Wolken nur mit einer zeitlichen Verzögerung »geimpft« werden. Deshalb mussten auch die Abwehrposten angepasst werden. Eine Erkenntnis des ersten Versuchs bestand darin, dass gefährliche Hagelgewitter aus Südwesten heranzogen, sodass die Abwehrposten »weit ins italienische Gebiet vorgeschoben werden [mussten]«.[89]

Die Evaluationsmethode bezeichneten die Verantwortlichen erneut als »statistisch«. Die Hagelfälle des Zeitraums des Grossversuch II sollten wiederum mit einem »ungeschützten« Zeitraum abgeglichen werden. Während das Ursache-Wirkung-Prinzip beim Grossversuch II nun auf soliden wolkenphysikalischen Annahmen beruhte, identifizierten die Beteiligten – während der Aufwind bereits regelmäßig Silberiodidkristalle in die Tessiner Gewitterwolken blies – zwei zentrale Probleme: Erstens konnte der Transfer des Silberiodids in die Gewitterwolken nur in Ansätzen nachvollzogen werden. So ergaben selbst die durchgeführten spurenanalytischen Untersuchungen des Regenwassers keinen Hinweis auf die Beteiligung der Silberiodids am Niederschlagsprozess.[90] Zweitens blieb – da keine »direkt sichtbaren physikalischen Vorgänge [...] beobachtet [wurden]« – für die Bewertung der Wirksamkeit einzig die »Mittel der mathematischen Statistik«[91] übrig.

88 Aufdermaur, Thams, Die Ergebnisse des Grossversuches III zur Bekämpfung des Hagels im Tessin in den Jahren 1957–1963, S. 1.

89

90 Vgl. Grossversuch II zur Bekämpfung des Hagels auf der Magadinoebene, 4. Versuchsjahr Tätigkeitsbericht Nr. 9, Bern 1956, S. 65 f.

91 Beide Zitate: Grossversuch II zur Bekämpfung des Hagels auf der Magadinoebene, S. 66.

Ab 1950 diskutierte die wolkenphysikalische Forschergemeinschaft vermehrt über Design und Evaluation der Feldexperimente.[92] Die Schweizer Atmosphärenphysiker schalteten sich mit dem zweiten Feldexperiment in diese internationalen Debatten ein und richteten 1954 ein Internationales Symposium für experimentelle Meteorologie in Zürich aus, an dem mit Vincent J. Schaefer, Basil John Mason oder Horace B. Byers die zentralen Akteure der Wolkenphysik und Wetterbeeinflussung teilnahmen, die auch in den Folgejahren regelmäßige Teilnehmer an den Konferenzen waren.[93] Im Kontext dieser Diskussionen um aussagekräftige Experimentdesigns wurde die Aussagekraft des statistischen Nachweises nun auch in der Schweiz problematisiert. Die Beteiligten waren sich uneinig, inwiefern auf der Grundlage einer fünfjährigen Versuchsperiode eine robuste Aussage über die Wirksamkeit getroffen werden könne.[94] Das Urteil des als Experte herbeigezogenen Doktoranden in Wahrscheinlichkeitsrechnung Paul Schmid von der Eidgenössischen Anstalt für das forstliche Versuchswesen (EAFV) war dann so vernichtend, dass der Versuch nach vier Jahren abgebrochen wurde, »weil eine einwandfreie wissenschaftliche Auswertung nicht möglich [sei]«.[95] In der von Sänger herausgegeben Zeitschrift für angewandte Mathematik und Physik, die in den 1950er Jahren zu einem zentralen Ort der Debatten um Wetterbeeinflussung avancierte,[96] legte Schmid seinen grundsätzlichen Einwand dar,

92 Vgl. u.a. Mason, Basil John: Design and Evaluation of Large-Scale Rain-Making Experiments, in: Nature 175 (4454), 1955, S. 448–452.

93 Vgl. Sänger, Raymund: Opening Address, in: Archiv für Meteorologie, Geophysik und Bioklimatologie, Serie A 8 (3), 1955, S. 145–146; Mason, Basil John: The Physics of Natural Precipitation Processes, in: Archiv für Meteorologie, Geophysik und Bioklimatologie, Serie A 8 (3), 1955, S. 159–179; Sänger, Raymund: Notizen über Fragen der Atmosphären-Physik und künstlichen Wetterbeeinflussung im Zusammenhang mit der Reise des Berichterstatters nach Kanada und USA, September/Oktober 1957 (Schweizerisches Bundesarchiv, 5–07.3-01, J2.332-01#2012/119#1170*, Künstliches Auslösen von Regen: Berichte, Korrespondenz, 1952–1957).

94 Grossversuch II zur Bekämpfung des Hagels auf der Magadinoebene, 4. Versuchsjahr Tätigkeitsbericht Nr. 9, Bern 1956, S. 66 f.; Dessens, Henri: Quelques théories de l'ensemencement des nuages soumises au contrôle expérimental, in: Archiv für Meteorologie, Geophysik und Bioklimatologie, Serie A 8 (3), 1955, S. 147–158.

95 Aufdermaur, Thams, Die Ergebnisse des Grossversuches III zur Bekämpfung des Hagels im Tessin in den Jahren 1957–1963, S. 1.

96 Vgl. Schaefer, Vincent J.: Some Problems Concerning Weather Control, in: Zeitschrift für angewandte Mathematik und Physik ZAMP 14 (5), 1963, S. 523–528; Painter, Page R.; Schaefer, Vincent J.: Permanent Replicas of the Crystalline Structure of Hailstones, in: Zeitschrift für angewandte Mathematik und Physik ZAMP 11 (4), 1960, S. 318–326; Weickmann, Helmut K.: A Realistic Appraisal of Weather Control, in: Zeitschrift für angewandte Mathematik und Physik ZAMP 14 (5), 1963, S. 528–543. Zur Rolle Sängers für die Zeitschrift vgl. de Quervain, Raymund Sänger, S. 235–239.

der die natürlichen Schwankungen der jährlichen Niederschlagsmengen betraf. Da diese stark variierten, würde man mit dem aktuellen Experimentdesign – so Schmid – »nie zu einem Entscheid gelangen können«.[97]

Der Schweizer Grossversuch III – die Etablierung der statistischen Evaluation

Nachdem Paul Schmids Beurteilung zum abrupten Ende des zweiten Versuchs geführt hatte, wurde er beauftragt, eine Methode zur statistischen Auswertung zu entwerfen. Schmid legte zunächst dar, dass auch die immer wieder ins Auge gefasste Versuchsordnung mit einem orografisch vergleichbaren Kontrollgebiet äußerst problembehaftet war. Es konnte gemäß Schmid nicht ausgeschlossen werden, dass die Niederschlagsmenge des Kontrollgebiets vom behandelten Gebiet abwich und damit eine Auswertung verunmöglichte. Der Statistiker Schmid formulierte zudem einen grundlegenden Einwand und identifizierte die subjektiven Entscheidungen der verantwortlichen Meteorologen als entscheidende Schwachstelle. Schmid sah nur eine Möglichkeit für »eine[r] objektive[n] Beantwortung [der] Versuchsfrage«[98]: Es musste über einen Zufallsentscheid sichergestellt werden, dass die Entscheidung, ob ein Gewitter »geimpft« wurde oder nicht, nicht »subjektiv« von verantwortlichen Meteorologen beeinflusst wurde.

Er entwickelte in der Folge eine Versuchsanordnung, die auf statistischen Standards beruhte. Diese sah vor, dass zunächst auf der Grundlage meteorologischer Kriterien entschieden wurde, ob ein Gewitter geimpft werden sollte. In einem nächsten Schritt entschied dann ein Zufallsexperiment, ob das Gewitter behandelt wurde oder als Vergleichsgewitter diente. Durch die Messung der Regenmenge erhielt man zwei Wertepaare und Regressionsgrade, die eine Aussage über die Wahrscheinlichkeit der Wirksamkeit der Impfung ermöglichten. Der große Vorteil lag gemäß Schmid nun darin, dass der »Versuch in sich abgeschlossen«[99] war. Die Daten der vergangenen Perioden waren damit nicht mehr notwendig und der subjektive Einfluss der Beteiligten war ausgeschlossen. Nachdem der Doktorand Schmid seine statistische Methode der Kommission vorgelegt hatte, stellte er fest, dass sich zur

97

98 Ebd., S. 163.

99 Ebd., S. 163.

selben Zeit ein ungleich renommierterer Statistiker ebenfalls mit dem Wirksamkeitsnachweis der Wetterbeeinflussung beschäftigte. Der polnisch-US-amerikanische Mathematiker Jerzy Neyman[100] hatte für ein Feldexperiment in Santa Barbara, Kalifornien, ebenfalls ein auf der Zufallsordnung beruhendes Experimentdesign entworfen.[101] Und kurz darauf kreuzten sich die Wege von Neyman und Schmid: Nachdem Schmids Doktorarbeit 1958 in den renommierten Annals of Mathematical Statistics erschienen war, erhielt er bei Neyman eine Assistenzstelle im kalifornischen Berkeley.[102]

Die Arbeiten Neymans und Schmids markierten den Beginn einer dauerhaften und komplizierten Beziehung zwischen Statistikern und Atmosphärenphysikern. Einerseits griffen die Atmosphärenphysiker für die Auswertung ihrer Feldexperimente in der Folge gezielt auf die statistischen Methoden zurück, andererseits stellten Statistiker wie Neyman die Aussagekraft der Feldexperimente immer wieder infrage. Bis in die späten 1970er Jahre hinein trat Neyman, der noch 1968 die Arbeit seines ehemaligen Assistenten zitierte,[103] als mahnende Stimme auf und intervenierte regelmäßig, indem er die Methoden des Wirksamkeitsnachweises kritisierte.[104]

Auf der Grundlage von Schmids Experimentdesign startete 1957 der dritte Grossversuch. Konkret entschieden die Meteorologen des Wetterdienstes in Locarno-Monti am Vorabend, ob eine Gewittersituation für den nächsten Tag zu erwarten war, wobei »[j]ede subjektive Beeinflussung des Ergebnisses [...] von vornherein ausgeschlossen werden [sollte]«.[105] Eine Schwachstelle blieb hingegen weiter bestehen: Die Erhebungen der Hagelschäden konnte

100 Zur Bedeutung von Jerzy Neyman vgl. Desrosières, Alain: Die Politik der Großen Zahlen: Eine Geschichte der statistischen Denkweise, Berlin, Heidelberg, New York 2005, S. 252–257.

101 Vgl. Schmid, Statistische Erwägungen bei Versuchen zur Beeinflussung der Niederschläge, S. 165.

102 Vgl. Lanz, Adrian: Zum Hinschied von Paul Schmid-Haas, in: Schweizerische Zeitschrift für Forstwesen 168 (2), 2017, S. 110–111, hier S. 110; Bachmann, Peter: Paul Schmid-Haas im Ruhestand, in: Schweizerische Zeitschrift für Forstwesen 146 (12), 1995, S. 947–949, hier S. 947 f.

103 Vgl. Neyman, Jerzy; Scott, Elizabeth L.; Wells, Marcella A.: Influence of Atmospheric Stability Layers on the Effect of Ground-Based Cloud Seeding, I. Empirical Results, in: Proceedings of the National Academy of Sciences of the United States of America 60 (2), 1968, S. 416–423.

104 Vgl. u.a. Neyman, Jerzy; Scott, Elizabeth L.; Vasilevskis, Marija: Randomized Cloud Seeding in Santa Barbara, in: Science 131 (3407), 1960, S. 1073–1078; Neyman, Jerzy: Experimentation with Weather Control, in: Journal of the Royal Statistical Society 130 (3), 1967; Neyman, Jerzy: A Statistician's View of Weather Modification Technology (A Review), in: Proceedings of the National Academy of Sciences of the United States of America 74 (11), 1977, S. 4714–4721.

105 Aufdermaur, A.; Thams, J. C.: Die Ergebnisse des Grossversuches III zur Bekämpfung des Hagels im Tessin in den Jahren 1957–1963: Schlussbericht im Auftrage der »Eidg. Kommission zum

weiterhin nicht quantitativ erfasst werden. Sie beruhte auf Beobachtungen und Schätzungen zur Dauer und Intensität des Hagelfalls sowie der Größe der Hagelkörner.[106]

Da sich das Atmosphärenlabor weiterhin als schwierig handhabbar erwies, trieben die Kommissionsmitglieder ab Mitte der 1950er Jahre die Planungen eines Hagellabors voran, um »das physikalische Grundproblem unabhängig von den bestehenden, mehr theoretischen Arbeiten von der experimentellen Seite her anzupacken«.[107] Der gebürtige Frauenfelder Roland List, Leiter der Hagel-Forschungsabteilung am ESLF in Davos, führte 1959 beispielhaft die Schwierigkeiten in der Handhabung des Atmosphärenlabors aus: Eine »direkte Messung an Ort und Stelle der Hagelbildung«[108] stand weiterhin schlicht außer Frage. Ein Flug in Hagelwolken galt als zu gefährlich und die »Messmethodik« als ungenügend. Auch ein indirekter Zugriff auf die Entstehungsbedingungen durch Studien zu Struktur der Hagelkörner schloss List aus. Die vielfältigen Hagelstrukturen wären zwar »prinzipiell das Produkt ihrer Entstehungsgeschichte«,[109] doch »Rückschlüsse auf die ursprüngliche Gewitterwolke«[110] waren nur qualitativ herstellbar und entsprachen damit nicht den Ansprüchen der Wolkenphysiker, die »sichere und genaue Angaben« nur durch serielle, mess- und damit vergleichbare Experimente gewährleistet sahen.[111] Die künstliche Produktion von Hagelkörnern unter »atmosphärischen Verhältnissen analogen Bedingungen« sollte ein sogenannter Hagelversuchskanal ermöglichen. In der Folge wurde bis 1959 unter der Leitung von Marcel de Quervain am ESLF auf dem Weissfluhjoch in Davos ein vertikaler Windkanal als Hagellabor eingerichtet.[112] Für den Standort Weissfluhjoch hatten sich die Verantwortlichen deshalb entschieden, weil mit den Kälteräumen ein Teil der Infrastruktur bereits zur Verfügung stand und das Institut bereits seit längerer Zeit praktische

---

Studium der Hagelbildung und der Hagelabwehr«, Bd. 2, Zürich 1966 (Veröffentlichungen der Schweizerischen Meteorologischen Zentralanstalt), S. 3.

106 Vgl. ebd., S. 3.

107

108 List, Der Hagelversuchskanal, S. 381.

109 Ebd.

110 Ebd.

111 Alle Zitate ebd.

112 Vgl. dazu auch Garvey, Dennis M.: Testing of Cloud Seeding Materials at the Cloud Simulation and Aerosol Laboratory, 1971–1973, in: Journal of Applied Meteorology 14 (5), 1.8.1975, S. 883–890.

Erfahrungen mit Untersuchungen zu Vereisungsphänomenen in Natur und Windkanal gesammelt hatte.[113]

Die Einrichtung des Hagelversuchskanals war wiederum eine interinstitutionelle Unternehmung, die hauptsächlich durch die Abteilung für Landwirtschaft des Eidgenössischen Volkswirtschaftsdepartements finanziert wurde. Neben de Quervain und Sänger war auch der Professor für Aerodynamik an der ETH, Jakob Ackeret, an der Entwicklung beteiligt. Mit der Produktion beauftragten sie unter anderem die Sulzer AG in Winterthur.[114] Die nicht zuletzt raumbedingte Schwierigkeit einer Nachbildung der Atmosphäre wurde gelöst, indem man sich auf ein einzelnes, isoliertes Hagelkorn beschränkte. Um das Experiment offen zu gestalten, wurden nur die maßgeblichen Experimentalparameter wie die Umgebungstemperatur der Luft, die Luftfeuchtigkeit, der Wassergehalt, das Spektrum der Sublimations- und Kondensationskerne sowie die Fallgeschwindigkeit definiert. Auf eine Regulierung des Luftdrucks wurde aus Kostengründen zunächst verzichtet und lediglich annäherungsweise über den Laborluftdruck von 2665 Metern über Meer bestimmt. Am »Nervenzentrum des Hagelversuchskanals«[115] ließen sich diese Parameter gezielt variieren, wodurch sich die Atmosphärenphysiker eine Annäherung an die natürlichen Bedingungen der Atmosphäre versprachen.

Der 1959 fertiggestellte Hagelversuchskanal wurde zum Herzstück der Schweizer Grundlagenforschung. Die Forschung in Davos generierte mehrere Doktorarbeiten, zahlreiche Konferenz- und Zeitschriftenbeiträge und lancierte Karrieren. Raymund Sänger selbst war um 1960 Stammgast an den Konferenzen zur Wolkenphysik: 1959 in Woods Hole, Massachusetts, 1960 in Verona und 1961 in Canberra und Sydney präsentiert er die Zwischenresultate des randomisierten Versuchs in der Magadinoebene und die Grundlagenforschung seiner Forschungsstelle.[116] Während Sänger das Ende des dritten Grossversuchs nicht mehr erlebte – er starb überraschend 1962 im Alter von 67 Jahren – war für Roland List die Arbeit mit dem Davoser Hagellaboratorium Ausgangspunkt einer Karriere als Wolkenphysiker mit dem Spezialge-

113 Vgl. List, Der Hagelversuchskanal, S. 385.

114 Vgl. ebd., S. 413.

115 Ebd., S. 396.

116 Sänger, Raymund: The Swiss Randomized Hail Suppression Project in the Tessin: Paper Presented at the Conference on the Physics of Precipitation, June 3–5, 1959, at Woods Hole, Massachusetts, Bd. Nr. 28, Zürich 1960 (Wissenschaftliche Mitteilungen / Eidgenössische Kommission zum Studium der Hagelbildung und der Hagelabwehr).

biet der Hagelbildung. Bereits 1963 erhielt er eine Professur für Meteorologie in Toronto und 1982 bis 1984 hatte er das Amt des stellvertretenden Generalsekretärs der Meteorologischen Weltorganisation inne.[117] Insbesondere List publizierte noch im Verlauf des dritten Versuches mehrfach Resultate seiner Forschung im Hagelversuchskanal, etwa zum Einfluss von Luftdruck und Feuchtigkeit auf den Hagelkornwachstum oder die keimbildende Wirkung des Silberiodids und bestätigte damit, dass die Versuche auf soliden wolkenphysikalischen Grundlagen beruhte.[118] Dabei wurden die Ergebnisse der Davoser Laboruntersuchungen nicht direkt kurzgeschlossen mit dem parallel dazu durchgeführten Feldexperiment, dienten jedoch zur Einordnung der Resultate.

Als nach fünf Jahren 1962 der Grossversuch III abgeschlossen und mit Methoden ausgewertet wurde, die sowohl meteorologischen als auch statistischen Standards genügten, fiel das Fazit der Eidgenössischen Kommission hinsichtlich der Hagelabwehr ernüchternd aus: Im gesamten Versuchsgebiet war »die Anzahl der Hageltage in der Impfserie signifikant grösser als in der Vergleichsserie«.[119] Daraus konnte geschlossen werden, dass durch »die Impfung der Gewitterwolken mit Silberiodid [...] die Bildung von Hagel weder vermindert noch verhindert werden [konnte]«.[120] Im Gegenteil: Die Resultate legten nahe, dass »die Impfung der Wolken [...] [den Niederschlag] wahrscheinlich gefördert hat«.[121] Eine Analyse der gesamten Niederschlagsmenge ergab zudem, dass sich diese bei bestimmten Wetterlagen »erheblich vermehrt[e]«.[122] Die Feststellung der niederschlagsteigernden Wirkung von Silberiodid war nicht nur kompatibel mit der eigenen Grundlagenforschung, sondern entsprach auch dem weitgehenden Konsens der wolkenphysikalischen Forschergemeinschaft. Die Aussagekraft der Resultate wurde jedoch sogleich eingeschränkt: Für die beteiligten Atmosphärenphysiker

117 Curriculum Vitae Roland List, <http://www.atmosp.physics.utoronto.ca/people/list/curricul.htm>, Stand: 7.4.2019.

118 Vgl. u.a. List, Roland: Zur Beeinflussung des Hagelkornwachstums, in: Zeitschrift für angewandte Mathematik und Physik ZAMP 13 (4), 1962, S. 393–401; List, Roland: Über einen Einfluss des AgJ auf den atmosphärischen Vereisungsprozess, in: Zeitschrift für angewandte Mathematik und Physik ZAMP 12 (5), 1.9.1961, S. 474–476; List, Roland: Wachstum von Eis-Wassergemischen im Hagelversuchskanal, in: Helvetica Physica Acta 32 (4), 1959, S. 293–296.

119 Thams; Aufdermauer, Die Ergebnisse des Grossversuches III zur Bekämpfung des Hagels im Tessin in den Jahren 1957–1963, S. 3.

120 Ebd., S. 29.

121 Ebd., S. 28.

122 Ebd.

blieben zu viele Fragen unbeantwortet – von der Dosierung über die besonderen orografischen Beschaffenheit der Magadinoebene bis zur Bildung der Hagelkörner –, um eine allgemeingültige Aussage zu treffen. Entsprechend forderten sie weitere Forschung – »sowohl im Laboratorium als auch in der freien Atmosphäre«.[123]

Das dritte Schweizer Feldexperiment trug in zweifacher Hinsicht zum weiteren Verlauf des internationalen Wettermodifikationsdiskurses bei: Erstens stützten die Resultate die These der grundsätzlichen Machbarkeit der Wetterbeeinflussung und zweitens wurde während der 1960er Jahre das Schweizer Experimentdesign immer wieder als vorbildliches Beispiel beigezogen. Bis zum nächsten (und letzten) Schweizer Feldexperiment sollte es jedoch 15 Jahre dauern. Erst im Kontext neuer Technologien, wie Radar, und sowjetischen Hagelabwehrsystemen, überarbeiteten wolkenphysikalischen Erklärungsmodellen sowie statistischen Evaluationsmethoden führte eine neue Generation von Atmosphärenphysikern in der Schweiz ab 1977 einen weiteren Versuch durch. Doch die Frage nach der Wirksamkeit der Hagelabwehr hatte entscheidende Impulse für die wolken- und atmosphärenphysikalische Grundlagenforschung in der Schweiz gesetzt, im Rahmen derer nicht nur Wissen und Instrumente produziert wurden, sondern auch die Atmosphärenphysik 1962 als eigenständiges Fach mit einem Lehrstuhl an der ETH institutionell verankert wurde.

Der begabte Mr. Krick – die Grenzen des Sagbaren

Irving P. Krick starb im Alter von 90 Jahren 1996 im kalifornischen Pasadena. Selbst im bemüht höflichen Nachruf des offiziellen Organs der American Meteorological Society ließ der Autor durchblicken, dass dessen Ansichten und unternehmerischen Tätigkeiten oft kontrovers waren.[124] Seine einst vielversprechende wissenschaftliche Karriere hatte einen Knick erfahren, der stellvertretend für die Grenzen des Sagbaren steht. Denn selbst in der optimistischen Frühphase der Wetterbeeinflussung gab es sehr wohl Stan-

---

123

124 Im Original: »[...] Krick's views and entrepreneurial activism were often controversial.« Bundgaard, Robert C.; Cale, Richard E.: Necrologies: Irving P. Krick (1906–1996), in: Bulletin of the American Meteorological Society 78 (2), American Meteorological Society, 1997, S. 278–281, hier S. 278.

dards, die es als Wissenschaftler zu beachten galt. Bis zum Ende des Zweiten Weltkriegs war Krick ein angesehenes Mitglied der meteorologischen *Scientific Community*. Er hatte den meteorologischen Lehrstuhl am Caltech mit aufgebaut und noch vor dem Krieg war er in Deutschland mit den Arbeiten Ludwig Weickmanns zu den Langzeitprognosen in den Kontakt gekommen, der das ›Vorhersageproblem‹ über Analogien zu historischen Wetterdaten zu lösen versucht hatte. Während des Kriegs stellte er gemeinsam mit Ben Holzman als eines von drei meteorologischen Teams die Vorhersagen für die Operation »Overlord« zur Verfügung und verfasste programmatische Texte zur Zukunft und Bedeutung der Meteorologie.[125]

Nach Kriegsende war Krick zunächst ans Caltech zurückgekehrt, um seine Arbeit an der bereits umstrittenen Methode langfristiger Wettervorhersage fortzusetzen. Als sein langjähriger Förderer Robert A. Millikan in den Ruhestand trat, strich dessen Nachfolger Lee DuBridge das Programm. Krick verließ 1948 das Caltech, um sich selbstständig zu machen und als einer der Ersten überhaupt ein kommerzielles Unternehmen für Wettervorhersage und -beeinflussung zu gründen.[126] Er orientierte sich dabei zunächst an der von Langmuir, Schaefer und Vonnegut offensiv beworbenen Methode des Cloud-Seeding, ließ sich deren Forschungsberichte zukommen und besuchte im Februar 1950 persönlich das Forschungslabor von General Electric.[127] Seit den späten 1940er Jahren führte er im Auftrag von Farmern mehrere Projekte zu Niederschlagsbeeinflussung in den US-Bundesstaaten Kalifornien und Arizona, bevor er 1950 in Denver ein neues Cloud-Seeding-Unternehmen gründete. Bis 1953 hatte er in 18 Bundesstaaten und sechs Ländern 150 Projekte durchgeführt und glaubte nicht nur eine Zunahme des Schneefalls in den Rocky Mountains, sondern auch die Erhöhung des Wasserstands eines Wasserreservoirs mit Zahlen belegen zu können. Kricks Projekte der frühen 1950er Jahre waren Ausdruck einer starken Zunahme an kommerziellen »Wettermachern und -beratern«, die angesichts der Dürren

125 Fleming, James R.: Sverre Petterssen, The Bergen School, and the Forecast for D-Day, in: Proceedings of the International Commission on History of Meteorology 1 (1), 2004, S. 75–84; vgl. dazu auch das Kapitel *Bomben*.

126 Vgl. Randalls, Samuel: Weather Profits: Weather Derivatives and the Commercialization of Meteorology, in: Social Studies of Science 40 (5), 2010, S. 705–730, hier S. 709 f.

127 Vgl. Fleming, Fixing the Sky, S. 99–101.

in den Great Plains ihre Dienste sowohl einzelnen Farmern wie auch großen landwirtschaftlichen Konzernen anboten.[128]

In dieser Zeit war Krick und seine Wetterbeeinflussung in Publikumsmedien stark präsent. Bereits als Robert Jungk in den späten 1940er Jahren durch die USA reiste, um Material für seinen 1952 publizierten Bestseller *Die Zukunft hat schon begonnen* zu sammeln, gab Irving Krick bereitwillig Auskunft über seine Tätigkeit. Im Unterkapitel »Die Wettermacher« berichtet Jungk zunächst, wie er bei »offiziellen Versuchsflügen der amerikanischen Streitkräfte mitmachen durfte«[129] und im Forschungslabor von General Electric auf Irving Langmuir traf. Am ausführlichsten ließ Jungk Irving Krick, den Mann »mit dem weichen, vollen Gesicht und der starken, grauen Haarmähne, der aus der Jagd nach fetten Regenwolken ein Großgeschäft gemacht hat«[130] zu Wort kommen. Krick zeigte ihm die Zentrale, wo seine Mitarbeiter die Wettervorhersage erstellen, erklärte ihm die Funktionsweise der Silberiodidgeneratoren und berichtete vor allem über seine großen Erfolge.[131]

Dieses mediale Echo stand im Kontrast zu Kricks Publikationstätigkeit. Neben seinem 1956 veröffentlichten populärwissenschaftlichen Buch *Sun, Sea and Sky*, in dem er nicht nur seine Vorhersagemethode bewarb, sondern auch ausführlich die Funktionsweise der Wetterbeeinflussung besprach, publizierte er nur eine Handvoll Vorträge und Aufsätze – kaum mehr in den einschlägigen Journals der meteorologischen *Community*, sondern in der Zeitschrift der American Water Works Association (AWWA). Die 1881 gegründete AWWA war eine zentrale Akteurin der US-amerikanischen Wasserwirtschaft und war mit ihren Bemühungen, die Standards der Wasserversorgung und -qualität zu gewährleisten, die folgerichtige Adressatin für Kricks Operationen.

---

128 Vgl. u.a. Cannon, Howard W. (Hg.): Weather Modification: Programs, Problems, Policy, and Potential (Prepared at the Request of Hox. Howard W. Cannon, Chairman Committee on Commerce, Science, and Transportation U. S. Government), Washington, D. C. 1978, S. 48 f.; Fleming, The Pathological History of Weather and Climate Modification, S. 12 f.; Spiegler, David B.: A History of Private Sector Meteorology, in: Historical Essays on Meteorology 1919–1995, American Meteorological Society, Boston, MA, 1996, S. 417–441, hier S. 420 f.

129 Jungk, Robert: Die Zukunft hat schon begonnen: Amerikas Allmacht und Ohnmacht, Stuttgart, Hamburg 1954 (9), S. 173.

130 Ebd., S. 176.

131 Vgl. ebd., S. 176–178.

Im letzten für die Fachgemeinschaft verfassten Aufsatz, der 1952 im Hauptorgan der American Geophysical Union erschien, legte Krick eine statistische Evaluationsmethode dar, auf deren Grundlage er in den Folgejahren die Wirksamkeit seiner Cloud-Seeding-Operationen behauptete. Das Grundprinzip von Kricks Methode beruhte auf einer statistischen Auswertung und einem Abgleich der monatlichen Niederschläge von Ziel- und Kontrollgebieten.[132] Um zufällige Schwankungen zu erkennen und die Korrelation zwischen Ziel- und Kontrollgebieten zu verbessern, nutzte Krick erstens das arithmetische Mittel der Niederschlagswerte der Kontrollstationen und berechnete zweitens den zu erwartenden Niederschlag der Zielgebiete. Obwohl die Daten unvollständig waren – wie Krick auch eingestand –, fiel seine Auswertung der über sieben Monate an unterschiedlichen Standorten durchgeführten Operationen positiv aus. Nicht nur sei eine signifikante Steigerung der monatlichen Niederschläge durch dauerhaftes »Seeding« feststellbar, die Niederschläge seien auch milder und besser verteilt.[133]

In der frühen Phase der Wettermodifikation, als an unterschiedlichen Orten um valide Evaluationsmethoden gerungen wurde, wurde Kricks Vorschlag zunächst ernst genommen und Gegenstand von Diskussionen. John Summersetts Fazit einer Anwendung von Kricks Methode in derselben Zeitschrift ein Jahr später fiel dann jedoch bereits ernüchternd aus: »Zumindest in Oregon und Washington kann man nur zu dem Schluss kommen, dass das Cloud Seeding unwirksam ist.«[134] Mit wolkenphysikalischen Argumenten – und damit grundlegender – griff Helmut Weickmann Kricks Behauptung einer verbesserten Niederschlagsverteilung an. Die Beeinflussung der Niederschlagsintensität funktioniere in erster Linie durch die Stärke des Aufwindes und weniger, wie Krick betonte, durch die Zahl der Sublimationsnuklei.[135]

Krick ließ sich von solchen Einwänden nicht beeindrucken und ging nun deutlich auf Distanz zu seinen akademischen Kollegen. Am 4. März 1954 hielt er ein Referat vor der Royal Society of Arts, das einen Einblick in seine Argu-

132 Krick, Irving P.; Smith, T. B.: Some Evaluations of Sustained Cloud-Seeding Operations, in: Eos, Transactions American Geophysical Union 33 (1), 1952, S. 53–56, hier S. 53.

133 Ebd., S. 56.

134 Summersett, John: Discussion of »Some Evaluations of Sustained Cloud-Seeding Operations«, in: Eos, Transactions American Geophysical Union 34 (1), 1953, S. 137–140, hier S. 137. Im Original: »In Oregon and Washington, at least, it can only be concluded that cloud seeding is ineffective.«

135 Weickmann, Helmut: Report of the Committee on Cloud Physics, 1951–1953, in: Eos, Transactions American Geophysical Union 35 (4), 1954, S. 637–644, hier S. 640.

mente und sein Verständnis der Meteorologie erlaubt. Arrangiert hatte den Auftritt vor der altehrwürdigen Kultureinrichtung der britische Marineoffizier L. G. Garbett, ein Kollege aus der Zeit seiner Prognosetätigkeit während des Zweiten Weltkriegs. Kricks Ausführungen in London zeigten, dass der Konflikt nicht in erster Linie die zugrunde liegenden wolkenphysikalischen Theorien betraf: Begleitet von einer Diapräsentation führte er in direktem Anschluss an die Forschung von General Electric und Tor Bergeron detailliert die Funktionsweise des Cloud-Seedings aus, beschrieb die Bedeutung der Nuklei, führte die Untersuchungen zu den verschiedenen »Impfsubstanzen« aus und erklärte die Impfmethoden mit dem Silberiodid-Generator.[136]

Der Widerspruch zu seinen Kollegen bestand nicht in konkurrierenden Theorien zur Funktionsweise der Wetterbeeinflussung, sondern in den Mitteln der Evidenzerzeugung der Wirksamkeit. Krick identifizierte zwei Zugänge für die Überprüfung der Frage, ob »der Mensch die Niederschlagsmenge steigern kann und um wie viel«.[137] Der erste Zugang umfasste die Durchführung von Experimenten mit einzelnen Wolken, die über die simultane Messung der Wolkenelemente funktionierten. Für Krick konnten mit einem solchen Experimentdesign zwar Aussagen über die Funktionsweise natürlichen Niederschlags getroffen sowie bis zu einem gewissen Grad ein visueller Nachweis der Modifikation von Wolken gewonnen werden, doch es sei aufgrund der natürlichen Variabilität des Niederschlags unmöglich, die Wirksamkeit zu bestimmen.[138]

Krick schlug nun am Beispiel seiner eigener Operationen eine Alternative zu diesem von allen universitären und staatlichen Untersuchungen verwendeten Experimentdesign vor: »Ein zweiter Ansatz besteht in der Entwicklung von Wolkenimpfungstechniken, die eine genaue Lokalisierung der Auswirkungen während des Durchgangs von ausgedehnten und kontinuierlichen Regengürteln ermöglichen. Dies ermöglicht die Akkumulation einer Zunahme der Niederschläge im Zielgebiet, die groß genug ist, um im Vergleich zu den Niederschlägen in den umliegenden unbeeinflussten Gebieten erkannt zu werden. Eine aussagekräftige Bewertung dieser Unterschiede erfordert eine große Anzahl von Daten. Diese können am schnells-

136 Vgl. Krick, Irving P.: Weather Modification and its Value to Agriculture and Water Supply, in: Journal of the Royal Society of Arts 102 (4924), Royal Society for the Encouragement of Arts, Manufactures and Commerce, 1954, S. 447–468, hier S. 451–455.

137 Ebd., S. 449. Im Original: »Can man augment rainfall and by how much?«

138 Ebd., S. 449.

ten gewonnen werden, wenn eine große Anzahl verschiedener und über lange Zeiträume andauernder Operationen durchgeführt wird.«[139] Während die Wolkenphysiker sich an den ersten Konferenzen über die Experimentalsystem zu verständigen begannen und vorschlugen, dass eine kontrollierte und randomisierte Serie von ›Einzelbehandlungen‹ der am vielversprechendste Zugang darstellte, funktionierte Kricks Methode zwar auch statistisch, aber über den Abgleich mit Kontrollgebieten.

Wenige Monate später wiederholte er in einem ersten längeren Vortrag auf der jährlichen Konferenz der American Water Works Association die Überlegenheit seiner Herangehensweise. Er strich dabei nochmals die potenziellen Nutzen der Wetterbeeinflussung für die Landwirtschaft heraus und betonte, dass die Effizienz des »endlosen Kreislaufs von Verdunstung, Verdampfung, Niederschlag und Wasserablauf«[140] durch gezielte Eingriffe erhöht werden könne. Mit dieser eindeutigen Aussage zur Wirksamkeit stand er im Widerspruch zu seinen akademischen Kollegen, die in den frühen 1950er Jahren die Frage der Wirksamkeit nicht eindeutig geklärt sahen und weitere Forschung im Labor und im Feld forderten. Für Krick lag jedoch das grundlegende Problem genau beim Design dieser Feldexperimente, da die zeitlich begrenzten und kleinräumigen Experimente aufgrund von »Variabilität der natürlichen Niederschlagsmuster«[141] keine Aussage erlaubten. In der Folge erklärte er nicht nur die von den kommerziellen »Wettermachern« entwickelte Methodologie für valide und erfolgversprechend, sondern die Frage nach der Wirksamkeit in weiten Teilen bereits für beantwortet. Kricks Herangehensweise bestand in der statistischen Evaluation großer Datensätze, die er durch Hunderte Stunden großräumigen und dauerhaften Seedings gewann. Konkret beruhte Kricks Methode auf einer Kombination von Ziel- und Kontrollgebieten und statistischen Erhebungen zu den durchschnittlichen Niederschlagsverhältnissen in der fraglichen

139 Krick, Weather Modification and its Value to Agriculture and Water Supply, S. 450. Im Original: »A second approach has been to develop cloud seeding techniques which permit accurate pinpointing of effects during the passage of widespread and continuous rain belts. This provides for the accumulation of rainfall increase in the target area of sufficient magnitude to be detected with respect to rainfall in surrounding uninfluenced areas. Conclusive assessments of these differentials require a large quantity of date. These can be obtained most rapidly by carrying out a large number of diverse and sustained operations for long periods.«

140 Krick, Irving P.: Progress in Weather Control, in: Journal – AWWA 46 (8), 1954, S. 803–817, hier S. 804. Im Original: »endless cycle of evaporation, transpiration, precipitation, and runoff«.

141 Krick, Progress in Weather Control, S. 804. Im Original: »variability in natural rain patterns«.

Region. Kricks Analyse von 200 000 Stunden aktiver Wetterbeeinflussung ergab, dass der natürliche Niederschlag um mindestens 20 Prozent bis zu 80 Prozent gesteigert worden war.[142] Seine Position hinsichtlich der Wirksamkeit der künstlichen Niederschlagsauslösung widersprach nicht nur der wissenschaftlichen Zurückhaltung seiner Kollegen. Sowohl das Experimentdesign als auch die Auswertung wichen von den Standards seiner Kollegen an den Universitäten und im staatlichen Wetterdienst ab.

Für eine von der Universität of New Mexico durchgeführte und vom Weather Bureau finanzierte Evaluation der Cloud-Seeding-Resultate in New Mexico und Arizona für die Jahre 1951 und 1951 hatte Krick die Daten seiner Operationen beigesteuert. Der Meteorologe C. Eugene Buell schätzte 1955 ausgehend von den gemessenen Bedingungen die voraussichtliche Menge des natürlichen Niederschlags und glich diesen mit dem während des Cloud-Seedings gefallenen Niederschlag ab. Sein Fazit widersprach Krick sowohl hinsichtlich der Validität der Evaluation als auch der festgestellten Niederschlagssteigerung. Die Daten entsprächen nicht einem akzeptablem Signifikanzniveau, sodass Buell nur übrigblieb, weitere Abklärungen zu empfehlen: »Aus den analysierten Daten geht hervor, dass ein zusätzlicher Niederschlag infolge von Cloud Seeding höchstens 10 % betragen kann. Die statistischen Methoden zur Ermittlung eines so geringen Betrags müssen erheblich verfeinert werden.«[143]

Auch hinsichtlich der Wettervorhersage verließ Krick zusehends das sichere Terrain des wissenschaftlichen Konsenses. War während des Zweiten Weltkriegs seine auf Statistik und dem Abgleich historischer mit gegenwärtigen Mustern beruhende Herangehensweise noch allgemein akzeptiert gewesen, verschob sich in den Nachkriegsjahren der Fokus immer mehr hin zur computerbasierten, numerischen Wettervorhersage. So fand im umfassenden *Compendium of Meteorology* von 1951 Kricks Methode als Beispiel für analoge Wettervorhersagen noch ausdrücklich Erwähnung, wenn auch mit dem Hinweis, dass sich die Anwendung bisher nicht besonders erfolgreich

142 Vgl. Krick, Weather Modification and its Value to Agriculture and Water Supply, S. 465.

143 Buell, C. Eugene: An Evaluation of the Results of Cloud Seeding in Western New Mexico and Southeastern Arizona During July and August, 1951 and 1952, in: Bulletin of the American Meteorological Society 36 (1), American Meteorological Society, 1.1.1955, S. 6–15, hier S. 6. Im Original: »It seems evident from the data analyzed that if there is an additional rainfall duet to cloud seeding it can, at most, not exceed an amount of about 10 %. Statistical methods to establish so small an amount must be very refined.«

erwiesen habe.[144] Während Meteorologen am IAS unter John von Neumann intensiv an einer praktikablen numerischen Vorhersage arbeiteten und erste Erfolge vorweisen konnten, blieb Krick der in der Tradition Weickmanns stehenden Methode der Klassifizierung von Wetterlagen treu.

1959 präsentierte er erneut an der Jahreskonferenz der AWWA die Anwendungsbereiche und Funktionsweise seines »Longe-Range Forecasting«. Seine Methode beruhte auf der Analyse des systematischen Verhaltens der Bestandteile der »erdumlaufenden atmosphärischen Druckwellen«.[145] Daran anschließend identifizierte er Strömungsmuster der Atmosphäre, die er in einem Katalog von Wettertypen zusammenfasste. Dieses historische Archiv von Wetterkarten nutzte er nun für die Erstellung langfristiger Wettervorhersagen: »Dies geschieht durch den Abgleich der prognostizierten Wettertypen mit ähnlichen Fragmenten der historischen Aufzeichnungen, wodurch eine Prognose des zukünftigen Wetterverhaltens auf der Grundlage der Eigenschaften ähnlicher Wetterereignisse in der Vergangenheit ermöglicht wird.«[146] Krick ergänzte seine in den 1930er Jahren am Caltech entwickelte Methode nun mit der Computertechnologie und plante den Aufbau eines historischen Wetterarchivs der gesamten nördlichen Hemisphäre. Ein computerbasierter Abgleich der Wettermuster sollte – so Kricks Behauptung – in Zukunft Prognosen für mehr als ein Jahr ermöglichen.[147]

In den späten 1950er Jahre spitzte sich der Konflikt zwischen der *Scientific Community* und Krick zu. Krick vertrat weiterhin offensiv die Position, dass die Wirksamkeit der Wetterbeeinflussung bewiesen sei, während etwa der Leiter des US-amerikanischen Weather Bureaus Francis W. Reichelderfer angesichts uneindeutiger Resultate weitere Abklärungen forderte.[148] Zudem begab er sich mit veröffentlichen Vorhersagen für 28 Tage im Voraus

144 Vgl. Willett, Hurd Curtis: The Forecast Problem, in: Malone, Thomas F. (Hg.): Compendium of Meteorology: Prepared under the Direction of the Committee of the Compendium of Meteorology H. R. Byer, H. E. Landsberg H. Wexler B. Haurwitz, A. F. Spilhaus, H. C. Willett, H. G. Houghton, Boston 1951, S. 731–746, hier S. 737 f.

145 Krick, Irving P.: Long-Range Weather Forecasting as a Water Supply Tool, in: Journal – AWWA 51 (11), 1959, S. 1366–1376, hier S. 1370. Im Original: »globe-circling atmospheric pressure waves«.

146 Ebd., S. 1371. Im Original: »This is done by matching the projected weather type sequences with similar fragments of the historical record, thus permitting a synthesis of future weather behavior based upon the characteristics of similar weather occurrences in past history.«

147 Ebd., S. 1371 f.

148 Vgl. Boesen, Victor: Storm: Irving Krick vs. the U. S. Weather Bureaucracy, New York 1978, S. 106 f.

in direkte Konkurrenz zum staatlichen Wetterdienst.[149] 1958 kam es schließlich zum endgültigen Bruch zwischen Krick und der American Meteorological Society (AMS). Krick hatte im Frühjahr 1957 im *Remington Rand Systems Magazine* einen Artikel mit dem Titel *Univac Pinpoints the Weather* veröffentlicht, in dem er weiterhin die Überlegenheit seiner Methode behauptete und mit der Computertechnologie mehrjährige Vorhersagen in Aussicht stellte. Er beharrte auf seiner Methode und einer Trefferquote von 85 Prozent auf mehrere Monate oder sogar Jahre hinaus, während Jerome Namias von der AMS eine präzise Vorhersage über einen Zeitraum von 72 Stunden hinaus für unseriös hielt – Krick musste aus der wichtigsten wissenschaftlichen Organisation der Meteorologie austreten.[150]

Sein Austritt tat jedoch weder seinem kommerziellen Erfolg noch seinem Bekanntheitsgrad Abbruch. Der umtriebige Krick baute sich mehrere Standbeine auf: So stellte er für große Hollywoodproduktionen die Wettervorhersage bereit, erklärte in den Disney-Studios im Mickey Mouse Club Kindern die Grundlagen der Meteorologie, sorgte – gemäß eigenen Angaben erfolgreich – bei den Olympischen Winterspielen 1960 in Squaw Valley für den dringend benötigten Schneefall und prognostizierte das Wetter für die Inaugurationsfeier John F. Kennedys.[151] Seine abweichenden Ansichten und Tätigkeiten als »Wettermacher« machten ihn auch im europäischen Raum bekannt. Verschiedene Tages- und Wochenzeitungen berichteten über seine Arbeit. 1959 ließ ihn beispielsweise die *Neue Zürcher Zeitung* als Fürsprecher der Wetterbeeinflussungsversuche zu Wort kommen und 1963 veröffentlichte *Der Spiegel* unter dem Titel *Kricks Tricks* einen längeren Artikel über seine Vorhersagemethode.[152]

Im Verlauf der 1960er Jahren stellte Krick jedoch seine Vortrags- und Publikationstätigkeit offenbar vollständig ein und auch die medialen sowie fachwissenschaftlichen Debatten über seine umstrittenen Methoden verstummten. Als 1974 die National Oceanic and Atmospheric Administration

---

149 Vgl. u.a. News and Notes, in: Bulletin of the American Meteorological Society 36 (4), American Meteorological Society, 1.4.1955, S. 170–191; Krick, Irving P.: Prairie Weather, in: The Country Guide, 3.1955, S. 5.

150 Vgl. Boesen, Storm, S. 107.

151 Vgl. u.a. Boesen, Storm, S. 72–90; McLaughlin, Mark: Snow-Starved Olympics Need Irving Krick, in: Snowy Range Reflections: Journal of Sierra Nevada History and Biography 6 (2), 2015. Online: <https://www.sierracollege.edu/ejournals/jsnhb/v6n2/krick.html>, Stand: 23.5.2020; Fleming, Fixing the Sky, S. 102.

152 Vgl. Kricks Tricks, in: Der Spiegel (37), 11.9.1963, S. 86–88.

nochmals eine umfassende Zusammenschau der vergangenen und gegenwärtigen Wetter- und Klimabeeinflussungsversuche veröffentlichte, waren Kricks Operationen nur noch einen kurzen Abschnitt in der historischen Rückschau wert – für die Wolkenphysiker und Meteorologen war eine ernsthafte Auseinandersetzung mit Kricks Methoden und Behauptungen nicht mehr notwendig.[153]

Bomben

»I got it. I got it. Why don't we nuke them? They start forming off the coast of Africa, as they're moving across the Atlantic, we drop a bomb inside the eye of the hurricane and it disrupts it. Why can't we do that?«[154]

Donald Trump, August 2019

Die Vorstellung, mittels (großer) Explosionen und damit durch die Zufuhr äquivalenter Energiemengen auf das Wetter und das Klima einzuwirken, spielte wie bereits erwähnt für den Diskurs ab 1945 keine Rolle mehr. Die Etablierung des »Trigger«-Arguments ließ die Verwendung von enormen Energiemengen unnötig erscheinen. Es gab jedoch eine wichtige Ausnahme: Mit den ersten Atombombenexplosionen rückte die Machbarkeit der Wetterbeeinflussung zumindest kurzzeitig in Reichweite. Im folgenden Kapitel zeige ich *erstens*, auf welche Weise und auf welcher theoretischen Grundlage die *Scientific Community* zum Konsens gelangte, dass kein nennenswerter Einfluss von Atombombenexplosionen auf atmosphärische Erscheinungen festzustellen und denkbar sei. *Zweitens* führe ich aus, wie in Publikumsmedien geführte Debatten über das »Atomwetter« mit ausschlaggebend waren, dass Meteorologen in einer erneuten Zirkulationsschlaufe die möglichen Effekte auf die Atmosphäre zum Forschungsobjekt erhoben und die Resultate wieder zurück in die Öffentlichkeit spielten. *Drittens* lege ich dar, wie diese

153 Vgl. Elliott, Robert D.: Experience of the Private Sector, in: Hess, Wilmot N. (Hg.): Weather and Climate Modification, New York 1974, S. 45–89, hier S. 73.

154 Gemäß Augenzeugen stellte Donald Trump diese Frage während eines Briefings im August 2019; vgl. Swan, Margaret; Talev, Jonathan: Trump Suggested Dropping Nuclear Bombs into Hurricanes to Stop Them From Hitting the U. S., Axios, <https://www.axios.com/trump-nuclear-bombs-hurricanes-97231f38-2394-4120-a3fa-8c9cf0e3f51c.html>, Stand: 2.3.2021.

sich hartnäckig haltende Verlinkung von Atombomben mit Wetteranomalien von einer zunehmenden Wissenschaftsskepsis getragen wurde und sich so in den 1950er Jahren auch als Argument der frühen Umweltbewegung etablieren konnte.

»Tausend Sonnen« – Atombomben und ihre potenziellen Auswirkungen auf Wetter und Klima

Am 16. Juli 1945 um 5:29:45 Uhr Ortszeit wurde kurz vor Sonnenaufgang in der White Sands Missile Range im US-Bundesstaat New Mexico »The Gadget« gezündet. Die erste jemals ausgelöste Kernwaffenexplosion setzte eine Sprengkraft frei, die 21 Kilotonnen TNT entsprach. Die Druckwelle war noch in einer Entfernung von 160 Kilometer zu spüren und der Wüstensand auf dem Testgelände schmolz zu grünem Glas. Nur rund 270 Zeugen, verteilt auf verschiedene Kontrollposten, wohnten aus vermeintlich sicherer Entfernung dem zunächst streng geheimen Trinity-Tests bei. Die Berichte der Hauptprotagonisten, der Physiker und Militärs des Manhattan-Projekts, gleichen sich: Aus einer Entfernung von zehn Meilen sah etwa der italienische Physik-Nobelpreisträger und stellvertretende Leiter des Labors in Los Alamos, Enrico Fermi, als erstes einen intensiven Blitz, fühlte dann die Hitze auf seinem Körper und hatte den Eindruck, dass die Landschaft heller erleuchtet sei als bei Tageslicht.[155] Sein US-amerikanischer Kollege Edwin M. McMillan beschrieb einen Feuerball und Thomas Farrell, der stellvertretende General der Feldoperationen des Projektes, sah die Umgebung in einer Intensität beleuchtet, die die Mittagssonne um ein Vielfaches übertraf.[156] Und alle Beobachter zeigten sich beeindruckt von der pilzförmigen Wolke, die innerhalb weniger Minuten Tausende von Kilometern in den Himmel wuchs.[157] Angesichts der verheerenden Wirkung der jüngsten technologischen Errungenschaft suchten die Beteiligten nach Worten und fanden sie hauptsächlich in Form von Naturvergleichen. Auch der wissenschaftliche Leiter des Manhattan-Projekts und »Vater der Bombe«, Robert Oppenhei-

---

155 My Observations During the Explosion at Trinity on July 16, 1945. Enrico Fermi, <http://www.atomicarchive.com/Docs/Trinity/Fermi.shtml>, Stand: 19.12.2018.

156 Vgl. Jones, Vincent C: Manhattan: The Army and the Atomic Bomb, Washington, D. C. 1985., S. 517.

157 Eyewitness Accounts of the Explosion at Trinity on July 16, 1945. Edwin M. McMillan, <http://www.atomicarchive.com/Docs/Trinity/McMillan.shtml>, Stand: 19.12.2018.

mer, zitierte in der Rückschau frei aus der hinduistischen Schrift *Bhagavad Gita* und sprach vom »Strahlen von tausend Sonnen«[158] und Edward Teller, einer der größten Kernwaffen-Enthusiasten, ignorierte die Anweisung, sich auf den Boden zu legen, schützte sich aber immerhin mit Schweißerbrille und Sonnencreme vor der künstlichen Sonne.[159]

Die Atombombenabwürfe auf Hiroshima und Nagasaki Anfang August 1945 beendeten endgültig den Zweiten Weltkrieg und markierten gleichzeitig den Beginn einer neuen Ära, die sowohl für die Wissenschaftslandschaft als auch für das Nachdenken über Mensch und Technologie tiefgreifende Veränderungen mit sich brachte.[160] Das sehr bald ausgerufene »atomare Zeitalter« wurde in der Folge äußerst ambivalent verhandelt. Die Menschheit schien an einer entscheidenden Kreuzung angelangt: Einerseits drohte angesichts der neuen Waffe der »Doomsday«, andererseits wurde über die ›friedliche‹ Nutzbarmachung der neuen Technologie spekuliert, die ein technologisch generiertes Paradies versprach.[161] Diese tiefe Verstrickung der (Geo-)Wissenschaften in den (sich anbahnenden) Kalten Krieg wie auch das Changieren zwischen der Atombombe mit der zur Ikone geronnenen pilzförmigen Wolke als »Gemeinplatz der intellektuellen und populären Katastrophismen«[162] und den »megalomane[n] Visionen eines mit ziviler Nuklearkraft betriebenen modernen Garten Eden«[163] lässt sich beispielhaft an der Produktion und Zirkulation von Wetterwissen zeigen.

Unmittelbar nach dem öffentlichen Bekanntwerden der Atombombenabwürfe über Japan und des erfolgreichen Tests in der Wüste von New Mexico begannen unterschiedliche Akteure, über den Zusammenhang von Atombombenexplosionen und atmosphärischen Phänomenen

158 Das vollständige Zitat lautet: »If the radiance of a thousand suns were to burst into the sky, that would be like the splendor of the Mighty One – I am become Death, the shatterer of worlds.« Zum ersten Mal erscheint das berühmt gewordene Zitat in Robert Jungks 1958 erschienenen Buch *Brighter than a Thousand Suns.* Zur Überlieferungsgeschichte vgl. Hijiya, James A.: The *Gita* of Robert Oppenheimer, in: Proceedings of the American Philosophical Society 144 (2), 2000, S. 123–167, hier S. 123 f. Im Original: »the radiance of a thousand suns«.

159 Vgl. Edward Teller, RIP: The Controversial Life of the Father of the H-Bomb, in: The New Atlantis (3), 2003, S. 105–107, hier S. 105.

160 Vgl. u.a. Oreskes, Naomi: Science in the Origins of the Cold War, in: dies. (Hg.): Science and Technology in the Global Cold War, Cambridge, MA 2014, S. 11–29, hier S. 16.

161 Vgl. u.a. Weart, Spencer R.: The Rise of Nuclear Fear, Cambridge 2012, S. 81.

162 Bürkner, Daniel: Atomare Ängste und Erlösungsutopien: Zum Diskurs um atomare Bedrohung und den ›Klimawandel‹, in: Zeitschrift für Kulturwissenschaften 2, 2009, S. 55–66, hier S. 56.

163 Gassert, Philipp: Popularität der Apokalypse: Zur Nuklearangst seit 1945, in: Aus Politik und Zeitgeschichte 61 (46/47), 2011, S. 48–54, hier S. 48.

Abb. 12: Der Feuerball während des Trinity-Tests 15 Sekunden nach der Explosion
Quelle: United States Department of Energy / Public Domain

nachzudenken. Nicht nur Laien, auch Wissenschaftler äußerten sowohl Befürchtungen, dass eine unkontrollierte Beeinflussung stattfände, als auch Hoffnungen, die neue Technologie zur Kontrolle von Wetter und Klima einzusetzen. Kurz nach 1945 war es zunächst eine offene meteorologische Frage, ob und inwiefern ein Effekt atomarer Explosionen auf die Atmosphäre denkbar war – so hatten die meteorologischen Berater unter der Leitung von Jack M. Hubbard, die mit ihren Wetterprognosen den Zeitpunkt des Trinity-Tests mit festgelegt hatten, eine Wetterbeeinflussung ausdrücklich befürchtet.[164]

Die ersten Meteorologen, die sich mit dieser Frage auseinandersetzten, verfügten über einen vergleichbaren Werdegang und nahmen in ihrer Funktion als Armeeangehörige an den Atombombentests teil. Mit Donald N. Yates und Ben Holzman hatten zwei am California Institute of Technology (Caltech) ausgebildete Meteorologen die Vorbereitungen und den Ablauf

164 Zur Erstellung der Wetterprognose für den Trinity-Test vgl. u.a. Rhodes, Richard: The Making of the Atomic Bomb, New York 2012 [E-Book], S. 1564–1716.

des Trinity-Tests begleitet.[165] Am Caltech hatte der in Ungarn geborene Physiker und Aerodynamiker Theodore von Kármán gemeinsam mit Robert Millikan zu Beginn der 1930er Jahre ein zunächst auf die Privatwirtschaft zugeschnittenes Meteorologie-Programm initiiert.[166] Während des Zweiten Weltkrieges richtete das Caltech sein Meteorologieprogramm nicht nur gezielt auf die Ausbildung von Meteorologen der US-Streitkräfte aus, sondern ging auch eine enge Zusammenarbeit mit der United States Army Air Force (USAAF) ein. Holzman, der während des Krieges unter anderem die Long-Range Forecasting Section der USAAF geleitet hatte,[167] stellte auch im Juli 1946 bei der Operation Crossroads auf dem Bikini-Atoll, nun gemeinsam mit Arthur Albert Cumberledge,[168] in dreifacher Hinsicht meteorologische Expertise für die Tests »Able« und »Baker« bereit: Zunächst mussten sie Wettervorhersagen erstellen und so den idealen Zeitpunkt für die Detonation bestimmen. Die Hauptkriterien für die idealen meteorologischen Bedingungen waren ein nahezu wolkenfreier Himmel, um die fotografische Dokumentation zu gewährleisten und insbesondere passende Windrichtungen, die kontaminierte Atmosphäre weg vom Personal tragen

165 Vgl. Bainbridge, K. T.: Trinity, Los Alamos Scientific Laboratory, LA-6300-H, National Technical Information Service, Los Alamos 1976. Online: <http://www.atomicarchive.com/Docs/pdfs/00317133.pdf>, Stand: 14.12.2018, S. 25.

166 Konkreter Anlass für die Aufnahme von Meteorologie (als Subprogramm der Aeronautik) ins Curriculum des Caltech war der Absturz des Luftschiffs U. S. S. Akron am 4. April 1933. Von Kármán betonte die Bedeutung der Meteorologie für die Luftfahrt und wies auch darauf hin, dass es sich bei zwei prominenten meteorologischen Fragestellungen – atmosphärische Wellen und atmosphärische Turbulenzen – letztlich um aerodynamische Probleme handelte. Vgl. Lewis, J. M.: Cell Tech's Program in Meteorology: 1933–1948, in: Bulletin of the American Meteorological Society 75 (1), 1994, S. 69–82, S. 69 f.

167 Ben Holzman war nach seinen Studium am Caltech zunächst als Meteorologe für Fluggesellschaften tätig, bevor er selbst am Caltech unterrichtete. Nach Kriegseintritt der USA dient er als Senior Forecaster für die U. S. Strategic Air Forces und war an den Vorhersagen sowohl für die Bombardierung wie auch die Invasion Europas mitverantwortlich. Nach seiner Mitarbeit bei den Atombombentest wandte er sich auch der Wettermodifikation zu und leitete im Rang eines Brigadier Generals die Air Force Cambridge Research Laboratories. Nach seinem Austritt aus der Armee 1964 übernahm er Positionen bei der NASA und der NOAA.

168 Cumberledge hatte 1941 seinen Masterabschluss in Meteorologie am MIT gemacht und diente darauf auf der USS Hornet der US Navy. Unter anderem führte er die Wettervorhersagen für das Doolittle-Bombardement auf Tokio am 18. April 1942. Als die USS Hornet versenkt wurde, schwamm er mehrere Stunden im Wasser, bevor er gerettet werden konnte. Von 1943 bis 1945 war er im Office of the Chief of Naval Operations tätig; vgl. Fuller, John: Thor's Legions: Weather Support to the U. S. Air Force and Army, 1937–1987, Boston 2015, S. 216.

würden.[169] Auf der Grundlage dieser synoptischen Wettervorhersage, die ständig mit Informationen der Wetteraufklärungsflugzeuge rückgekoppelt wurde, wählte das Task Force Command den 1. Juli für den »Able«-Test.

Neben der Prognose idealer Testbedingungen interessierten sich die Meteorologen jedoch auch für die Effekte der Explosion auf die Atmosphäre. Es galt insbesondere die Berichte über Regenstürme zu überprüfen, die angeblich nach den Atombombenabwürfen über Japan aufgetreten waren.[170] Das Interesse an Zusammenhängen zwischen regulärer wie auch atomarer Bombardierungen und Wetterphänomenen zeigt sich auch an der zunehmenden Popularisierung des Begriffs »Feuersturm« im Sinne eines meteorologischen Phänomens, das auch bei Luftangriffen auf deutsche Städte beobachtet worden waren.[171] Die zeitgenössische meteorologische Theorie bot zwei Erklärungsansätze, um solche Beeinflussungen zu denken: Erstens war es 1946 nicht völlig ausgeschlossen, dass die enorme Energie der Explosion in Kombination mit der Menge an verdampftem Wasser die Konvektion unterstützte und damit ein Unwetter oder sogar einen Taifun verursachte. Zweitens zog man ausgehend von den wolkenphysikalischen Debatten um 1945 in Betracht, dass die hohe Konzentration ionisierter Partikel als regenauslösende Nuklei dienen könnte.[172]

Die Resultate der meteorologischen Abklärungen und die »[a]erological aspects of the Bikini Bomb Test« veröffentlichte Cumberledge bereits im Februar 1947 in der populärwissenschaftlichen Zeitschrift *The Scientific Monthly*. Cumberledge, der auf ein sehr dichtes, sowohl Wetterstationen wie auch Flugzeuge umfassendes Beobachtungsnetz hatte zurückgreifen können, berichtete dabei von zwei meteorologischen Phänomenen: Kurz nach der Explosion hätten leichte radioaktive Regenschauer eingesetzt. Diese seien jedoch auf den bestehenden atmosphärischen Zustand zurückzuführen und nicht auf die Explosion. Die gemessene Radioaktivität sei zudem lediglich das Resultat von radioaktiven Partikeln, die in die bestehenden Regenwolken ›gefallen‹ seien und so gering, dass sie nur von »akademischem Inter-

---

169 Im Original: »the contaminated atmosphere away from personnel participating in the tests« Cumberledge, A. A.: Aerological Aspects of the Bikini Bomb Test, in: The Scientific Monthly 64 (2), 1947, S. 135–147, S. 137.

170 Ebd., S. 146.

171 Vgl. Floyd, John I.; Laurino, Richard; Rodden, Robert M.: Exploratory Analysis of Fire Storms, Prepared for the Office of Defense, Department of the Army, Washington, D. C. 1965.

172 Cumberledge, Aerological Aspects of the Bikini Bomb Test, S. 145.

esse«[173] sei. Eine systematische Messung der Fallouts zur Abschätzung der Gesundheitsrisiken erfolgte erst mit dem geheimen Projekt Gabriel ab 1949 im Auftrag der Atomic Energy Commission (AEC).[174]

Cumberledges Fokus lag hingegen auf den atmosphärischen Phänomenen wie der zur Ikone gewordene Atomwolke:

»Eines der interessantesten Phänomene, das im Zusammenhang mit den beiden Atomexplosionen in Bikini beobachtet wurde, waren die Wolkenkammereffekte. Jede Explosion wurde von der Bildung einer kuppelförmigen Wolke begleitet, die später die Form eines Doughnuts annahm, als die Spitze der Kuppel durch die daraus resultierende Aufwärtsbewegung des Balles heißer Gase beim ersten Test und durch die Wassersäule beim zweiten Test unterbrochen wurde.«[175]

Diesen Effekt führte Cumberledge auf die Kombination der adiabatischen Abkühlung und der hohen Luftfeuchtigkeit zurück. Er sah jedoch, abgesehen von der zwar prägnanten, letztlich aber lokalen und ephemeren Wolkenbildung, keine Hinweise auf eine Beeinflussung: »Es kann festgehalten werden, dass bei den Bikini-Tests Able und Baker abgesehen von rein lokalen Wolkenerscheinungen keine signifikanten meteorologischen Effekte auftraten.«[176] Für die Erklärung dieser Diagnose einer ausgebliebenen Wetterbeeinflussung griff er auf die zeitgenössische meteorologische Theorie zurück und führte aus, dass Stürme durch den vertikalen Transport feuchter Luftmassen über einen längeren Zeitraum und über verhältnismäßig großen Gebieten entstünden. Die plötzliche Freisetzung der Energie der Atombombe könne deshalb keinen Einfluss auf die Konvektion haben. Außerdem seien insbesondere in der Atmosphäre über dem Meer aufgrund der hygroskopischen Salzpartikel ausreichend natürliche Kondensationsnuklei vorhanden, sodass eine Atombombenexplosion nicht ins Gewicht falle.[177] Folgerichtig

173 Ebd., S. 146. Im Original: »academic interest«.

174 Vgl. u.a. Bruno, Laura A.: The Bequest of the Nuclear Battlefield: Science, Nature, and the Atom During the First Decade of the Cold War, in: Historical Studies in the Physical and Biological Sciences 33 (2), 2003, S. 237–260.

175 Cumberledge, Aerological Aspects of the Bikini Bomb Test, S. 146. Im Original: »One of the most interesting phenomena noted in connection with the two atomic explosions at Bikini was the cloud chamber effects. Each explosion was accompanied by the formation of a dome-shaped cloud which later took the form of a doughnut as the top of the dome was disrupted by the resulting upward movement of the ball of hot gases in the first test and by the water column in the second test.«

176 Ebd., S. 147. Im Original: »It can be said that no significant meteorological influence other than purely local cloud effects resulted from the Bikini tests Able and Baker.«

177 Ebd., S. 145.

sah er auch keine realistische Möglichkeit, die neue Technologie für die gezielte Beeinflussung zu nutzen:

»Die gewonnenen Erkenntnisse werfen auch ein Licht auf die umgekehrte Frage, nämlich ob es möglich ist, bestimmte atmosphärische Naturphänomene wie Taifune, Hurrikane und Tornados durch eine plötzliche Freisetzung von vom Menschen kontrollierter Energie zu zerstören. Gegenwärtig scheint diese Möglichkeit unwahrscheinlich. [...] Die enormen Energien, die zur Bewältigung von Naturphänomenen über längere Zeiträume erforderlich sind, sind bei vom Menschen verursachten Explosionen noch nicht erreichbar [...].«[178]

Ein solcher gezielter Einsatz, den Cumberledge für unrealistisch hielt, wurde seit 1945 vereinzelt in Betracht gezogen. Der erste, der ausgehend von der neuen Waffe eine Wetterbeeinflussung in Aussicht stellte, war Irving Krick.[179] Krick war, wie bereits ausgeführt, kein fachfremder Laie, sondern gehörte zum selben Denkkollektiv wie Holzman und Cumberledge. Er war sowohl Teil der meteorologischen Forschergemeinschaft als auch des »militärisch-akademischen Komplexes«, wie er sich in den Kriegsjahren herausgebildet hatte. Wie Holzman hatte er nach seinem Physikstudium am 1934 im Rahmen des Meteorologieprogramms am Caltech promoviert und leitete mit ihm während des Zweiten Weltkrieges eine 150 Mitarbeiter zählende Einheit, die Vorhersagen für die USAAF erstellte.[180] In den letzten beiden Kriegsjahren war Krick Teil einer von Theodore von Kármán, dem wissenschaftlichen Berater des Oberkommandierenden der USAAF, handverlesenen Beratergruppe, die ausgehend vom Zweiten Weltkrieg über die zukünftige Entwicklung der Luftstreitkräfte nachdenken und eine »Prognose der technologischen Entwicklung« durchführen sollte.[181] Im Dezember 1945 reichte Krick den Report *War and Weather* ein,[182] der in den Abschluss-

178 Ebd., S. 147. Im Original: »The evidence obtained also sheds light on the reverse of this problem, that is, whether it is possible to destroy certain atmospheric phenomena of nature such as typhoons, hurricanes, and tornadoes by a sudden release of man-controlled energy. At present this possibility seems remote. [...] The tremendous energies required over considerable periods of time to cope with natural phenomena are still not attainable in man-made explosions [...].«

179 Siehe Kapitel *Der begabte Mr. Krick – die Grenzen des Sagbaren*.

180 Vgl. dazu Lewis, Cal Tech's Program in Meteorology, 1994, S. 69 f.

181 Vgl. Gorn, Michael H.: Harnessing the Genie: Science and Technology Forecasting for the Air Force 1944–1986, Washington, D. C. 1988, S. 15–21. Im Original: »technological forecasting«.

182 Krick, Irving P.: War and Weather: A Report Prepared for the AAF Scientific Advisory Group, Dayton 1945.

bericht mit dem bezeichnenden Titel *Toward New Horizons. Science – The Key to Air Supremacy* einfloss.[183]

Kricks Bericht bestand aus drei Teilen. Zunächst fasste er in einer historischen Rückschau die Entwicklung des militärischen Wetterdienstes zusammen, im zweiten Teil verglich er den US-amerikanischen mit dem deutschen Wetterdienst während des Zweiten Weltkrieges und skizzierte im dritten Teil die »Future Trends in Military Weather Service«[184]. Bei den Empfehlungen zur zukünftigen Ausrichtung der Meteorologie für den militärischen (aber auch zivilen Einsatz) folgte er den üblichen Narrativen, die auf das 19. Jahrhundert zurückgingen: Er forderte Ausbau und Verbesserung des Mess- und Kommunikationsnetzes, internationale Kooperation und vor allem ein konzertiertes Forschungsprogramm.[185] Zwei Aspekte sind bemerkenswert: Erstens fehlte jeglicher Verweis auf die Computertechnologie oder nur die numerische Wettervorhersage – zu sehr war Krick in seiner eigenen, in der synoptischen Tradition der Wettervorhersage stehenden Methode verhaftet. Zweitens verfasste er einen eigenen Absatz zu »Atomic Energy Applied to Meteorology«.[186] Gut vier Monate, nachdem die Atombombenwürfe auf Hiroshima und Nagasaki die verheerende Energie der Atombomben nochmals eindrücklich demonstriert hatten, dachte Krick also über deren Nutzbarmachung für meteorologische Zwecke nach. Bereits in der vorangestellten Zusammenfassung hielt er fest: »Die Atomenergie könnte genutzt werden, um bestimmte Wetterphänomene zu kontrollieren.«[187] Ohne die Funktionsweise im Detail auszuführen, schränkte Krick die Anwendungsmöglichkeiten jedoch ein. Selbst die Atombombe war gemäß Krick lediglich bei geeigneten atmosphärischen Voraussetzungen konkurrenzfähig mit der natürlichen Energie:

»Die kontrollierte Nutzung von Atomenergie durch Meteorologen kann zur Verstärkung bestimmter Wetterphänomene oder zur lokalen Freisetzung von atmosphärischer Instabilität führen, da die Energie in lokalen konvektiven Stürmen und die Energie, die zur Auflösung von Nebel benötigt wird, in der Größenordnung der aus Atomquellen verfügbaren Energie liegt. Natürlich kann die Notwendigkeit der Nebelauflösung in naher Zukunft durch die Vervollkommnung von Blindlandevorrichtungen vollständig minimiert werden.

183 Kármán, Theodore von (Hg.): Toward New Horizons: A Report to General of the Army H. H. Arnold, Washington, D. C. 1945, S. 56.

184 Krick, War and Weather, S. iii.

185 Ebd., S. 11–14.

186 Ebd., S. 14.

187 Ebd., S. 2. Im Original: »Atomic Energy may be used to control certain weather phenomena.«

Außerdem ist es denkbar, dass die friedlichen Einsatzmöglichkeiten solcher Konzepte bedeutender sind als ihre militärische Nutzung.«[188]

Nahezu zeitgleich bemühte der bekannte Wissenschaftsjournalist und Pulitzerpreis-Gewinner David Dietz in seinem äußerst optimistischen Ausblick *Atomic Energy in the Coming Era* das vermeintliche Mark-Twain-Bonmot »Everybody talks about the weather but nobody does anything about it«, um nun – wenn auch nicht weiter präzisierte – Pläne einer atomaren Wetterkontrolle zu präsentieren: »Sie werden etwas dagegen [das Wetter] tun. Der Grund dafür ist, dass der Mensch zum ersten Mal in der Geschichte der Welt Energie in ausreichender Menge zur Verfügung haben wird, um mit den Kräften von Mutter Natur fertig zu werden.«[189]

Während Kricks und Dietz' Vorschläge eine direkte Beeinflussung der Atmosphäre durch Atomenergie dachten, wurde auch erstmals die Idee formuliert, die Atombombe als Instrument zur indirekten Beeinflussung zu nutzen. Der britische Biologe, spätere UNESCO-Generalsekretär Julian Huxley und sowohl früher Verfechter des Umweltschutzes als auch einer rationalen Kontrolle der Natur durch Technik und Wissenschaft, skizzierte 1946 die Möglichkeit, mit Atombomben in die Strahlungsbilanz der Erde einzugreifen, um so das Klima zu verändern. Einige Dutzende bis mehrere Hundert Atombomben in einer angemessenen Höhe über der Arktis gezündet, würden – so Huxley – die Eismassen, die er ein »Relikt der letzten Eiszeit«[190]

188 Ebd., S. 14. Im Original: »The controlled use of atomic energy by meteorologists may result in the synthesis of certain weather phenomena or forced local release of atmospheric instability since the magnitude of the energy within local convective storms and that required for the dissipation of fog is of the order of that available from atomic sources. Of course, the need for fog dissipation may be completely minimized in the near future by the perfection of blind-landing devices. Furthermore, it is conceivable that the peacetime applications of such concepts may be more significant than their military uses.«

189 Dietz, David: Atomic Energy in the Coming Era, New York 1945, S. 17. Im Original: »They will do something about it [the weather]. The reason is that for the first time in the history of the world, man will have at his disposal energy in sufficient amounts to cope with the forces of Mother Nature.«

190 Julian Huxley, zitiert nach: Deese, R. S.: The New Ecology of Power: Julian and Aldous Huxley in the Cold War Era, in: McNeill, J. R.; Unger, Corinna R. Unger (Hg.): Environmental Histories of the Cold War, Washington, D. C. 2010, S. 279–300, hier S. 284. Im Original: »relic of the last Ice Age«.

nannte, zum Schmelzen bringen und so das kalte Klima des Nordens grundlegend verändern.[191]

Doch auch diese Vorstellung der Kernwaffen als Instrument zur Umgestaltung der Erdoberfläche blieben in den späten 1940er Jahren zunächst die Ausnahme. Zwar wurde ausgehend von der Forschung zur lokalen Wetterbeeinflussung auch die gezielte dauerhafte Veränderung des Klimas angedacht, doch die Atombombe als Technologie war nicht Bestandteil des wissenschaftlich gestützten Diskurses. Das lag nicht etwa an ethischen Bedenken, sondern daran, dass sich nach den Abklärungen von Holzman und Cumberledge innerhalb der *Scientific Community* schnell der Konsens etablierte, dass selbst die Energie einer Atombombe nicht mit Naturphänomenen konkurrieren konnte. Für die Meteorologen des U. S. Weather Bureau Ivan Ray Tannehill und William Humphreys war beispielsweise eine Beeinflussung nicht erklär- und damit auch nicht denkbar. Angesichts der Forderungen des Bürgermeisters von Miami Beach, Herbert A. Frink, Ende August 1945 an Präsident Truman, einen Einsatz der neuen Technologie gegen Wirbelstürme zu prüfen, ließen sie sich in der Presse zitieren, dass eine Atombombe lediglich »a drop in the bucket«[192] wäre.

Die Forderung von Herbert A. Frink war keine kuriose Einzelepisode. In der Öffentlichkeit entspann sich seit den ersten Kernwaffenexplosionen eine Debatte sowohl über den gezielten Einsatz als auch über Wetteranomalien, die als ungewollte Nebeneffekte galten.[193] In der zweiten Hälfte der 1940er Jahre wurde sowohl die Atomic Energy Commission als auch das U. S. Weather Bureau mit Vorwürfen und Bedenken hinsichtlich der Atomwaffentest konfrontiert, was insbesondere in Publikumsmedien regelmäßig thematisiert wurde. Als beispielsweise der Winter 1948/1949 im US-amerikanischen Westen rekordverdächtige Winterstürme und große Mengen an Eis und Schnee brachte, erhielt das U. S. Weather Bureau zahlreiche schriftliche und telefonische Hinweise, dass die Bikini-Tests für den ungewöhnlich harten Winter verantwortlich seien. Ivan Ray Tannehill, Hurrikan-Experte und leitender Meteorologe beim Wetterdienst, musste Stellung beziehen. Obwohl

191 Zu Julian Huxley und seiner Mensch-Umwelt-Konzeption vgl. Wu, Aaron Z.: Bridging Ideologies: Julian Huxley, Détente, and the Emergence of International Environmental Law, in: Simpson, Gerry; Craven, Matthew; Pahuja, Sundhya (Hg.): International Law and the Cold War, Cambridge 2019, S. 189–213.

192 O. V.: A-Bomb Drop in Bucket in Hurricane, Experts Says: Explosions Would Affect Only Small Area and Might Storm Worse, They Say, in: Pittsburgh Post Gazette, 28.8.1945, S. 1.

193 Weart, The Rise of Nuclear Fear, S. 99.

er keine eindeutige Erklärung für »das schlechteste Wetter aller Zeiten«[194] – als das es das *Time Magazine* bezeichnete – abgeben und lediglich auf die Komplexität der Atmosphäre verweisen konnte, so schloss er deutlich aus, dass der stürmische und schneereiche Winter in irgendeiner Form mit den Atombombentests in Verbindung stand. Noch deutlicher widersprach er der offenbar kursierenden Verschwörungstheorie, dass »die Roten« das Wetter manipulierten.[195]

Die Ansicht, dass selbst die Atombombe nicht mit der natürlichen Energie der Atmosphäre konkurrieren konnte, war wenige Jahre später bereits meteorologisches Handbuchwissen. In der Publikation *The Effects of Atomic Weapons*, die auf Anregung eines Beratergremiums der Atomic Energy Commission 1950 zusammengestellt worden war, wurde nochmals betont, dass die befürchteten Effekte auf das Wetter ausgeblieben waren: »Faktisch sind keine derartigen Auswirkungen beobachtet worden […].«[196] Ebenso wurde dem gezielten Einsatz nochmals ausdrücklich eine Absage erteilt:

> »Es wurde die Vermutung geäußert, dass bestimmte zerstörerische Naturphänomene wie Wirbelstürme, Tornados oder Kältewellen durch eine plötzliche Freisetzung der großen Energiemengen, die eine Atombombe liefert, beseitigt werden könnten. Es ist jedoch sehr fraglich, ob dies möglich wäre, da die für notwendig gehaltenen Energiemengen eine Größenordnung haben, die derzeit nicht erreichbar ist.«[197]

Auch Holzman wiederholte 1951 in der populärwissenschaftlichen Zeitschrift *Weatherwise* das Argument und stärkte es mit einem quantitativen Vergleich zusätzlich: »Einen Hurrikan mit einer Atombombe auszulösen oder zu zerstören – diese Idee kann man getrost verwerfen. […] Um zum

---

194 O. V.: Science: Funny Winter, in: Time, 14. März 1949. Online: <http://content.time.com/time/magazine/article/0,9171,794703-2,00.html>, Stand: 15.12.2018. Im Original: »worst weather in history«.

195 Vgl. u.a. o. V.: Maybe you Have Reason for West's Bad Weather?, in: Star News, 21.2.1949, S. 4; o. V.: Weather Bureau Denies Reds Created Blizzards, in: The Miami News, 21.2.1949, S. 6.

196 Vgl. Glasstone, Samuel (Hg.): The Effects of Atomic Weapons: Prepared for and in Cooperation with the U. S. Department of Defense and the U. S. Atomic Energy Commission, Under the Direction of the Los Alamos Scientific Laboratory, Los Alamos 1950. Online: <http://archive.org/details/TheEffectsOfAtomicWeapons>, Stand: 14.12.2018, S. 36. Im Original: »Actually no such effects have been observed […].«

197 Ebd., S. 36. Im Original: »The suggestion has been made that certain destructive, natural phenomena, such as hurricanes, tornadoes, or cold waves could be dispelled by a sudden release of the large amounts of energy provided by an atomic bomb. But it is very doubtful if this could be done, because the amounts of energy that appear to be necessary are of a higher order of magnitude than those at present attainable.«

Beispiel nur einen mittelgroßen Hurrikan zu erreichen, bräuchte man etwa 1000 Atombomben.«[198] Diese Umrechnung der Energie von Naturphänomenen in die durch atomare Explosionen freigesetzte Energie etablierte sich in den frühen 1950er Jahre als meteorologischer Topos, der in beide Richtungen funktionierte: Einerseits verdeutlichte er die immense Zerstörungskraft etwa von Wirbelstürmen, und andererseits verlieh er der Aussichtslosigkeit eines gezielten Einsatzes von Kernwaffen *gegen* solche Phänomene Ausdruck. Auch in den 1960er Jahren zeigte er sich deutlich, etwa in der populärwissenschaftlichen Abhandlung des stellvertretenden Direktors des National Center for Atmospheric Research in Boulder, Colorado, Philip D. Thompson:

»Die bei diesen atmosphärischen Umwandlungen freigesetzten Energiemengen sind ungeheuer. Ein sommerliches Gewitter verschwendet während seiner kurzen Lebensdauer etwa die Energie von einem Dutzend Hiroshima-Bomben – und 45 000 Gewitter brauen sich täglich zusammen. Ein Hurrikan entfacht fast den gleichen Energiebetrag in einer einzigen Sekunde.«[199]

Für die meteorologische *Scientific Community* stand somit ab 1950 weder eine gezielte noch eine unbeabsichtigte Beeinflussung zur Debatte. Daran änderte auch der am 1. November 1952 unter dem Codenamen Ivy Mike durchgeführte Test der ersten vollständigen Wasserstoffbombe nichts, obwohl diese mit ihrer unvorstellbaren Sprengkraft von mehr als zehn Megatonnen TNT ihre Vorgängerinnen bei weitem überstieg. Abweichende Meinungen galten – wie etwa Ben Holzman herausstrich – als »fantasievolle Spekulationen«.[200] Und solche »Spekulationen« wurden weiterhin angestellt: Privatpersonen schickten weiter zahllose Zuschriften an den US-amerikanischen Wetterdienst und die Atomic Energy Commission, die sowohl eine Nutzbarmachung der Atombombe für die Wetterbeeinflussung vorschlugen oder Wetteranomalien mit den Atombombentest verlinkten.[201]

198 Holzman, Ben: The Effect of Atomic Bomb Explosions on Weather, in: Weatherwise 4 (1), 1951, S. 3–4/9, hier S. 4. Im Original: »About starting or destroying a hurricane with an atomic bomb – these ideas can be dismissed summarily. [...] For example, to match just a moderate-sized hurricane one would need approximately 1000 atomic bombs.«

199 Thompson, Philip D.; O'Brien, Robert: Das Wetter, 1966 (aus dem Englischen übertragen von Hans P. Drath) [Life – Wunder der Wissenschaft], S. 35.

200 Holzman, The Effect of Atomic Bomb Explosions on Weather, S. 3. Im Original: »fanciful speculations«.

201 Vgl. u.a. Machta, Lester; Harris, D. Lee: Effects of Atomic Explosions on Weather, in: Science 121 (3134), 1955, S. 75–81, hier S. 75: »Every year since the explosion of the first atomic bomb, both

Mit der Zunahme der Kernwaffentest in den frühen 1950er Jahren und insbesondere mit der Zündung der ersten Wasserstoffbombe scheint sich der Fokus vom gezielten Einsatz der Atombombe entschieden auf das »atomic weather« verlagert zu haben. Nachdem die ersten Abklärungen keinerlei Hinweise auf eine solche unkontrollierte Beeinflussung nahegelegt hatten, sorgten die hartnäckigen öffentlichen Debatten dafür, dass sich Meteorologen in unterschiedlichen Positionen dem von vielen Menschen konstatierten Problem nochmals annahmen.

»Atomic Weather« – Wissensproduktion und -zirkulation

Im Mai 1954 schrieb der begeisterte Angler, Jäger und Hobby-Forscher John Alden Knight einen kurzen, scharf formulierten Artikel für die Tageszeitung *Reading Eagle* aus Reading, Pennsylvania: »Ich denke darüber nach, der Atomic Energy Commission eine Rechnung für drei Wochen Urlaub zu schicken, die sie mir, wie ich glaube, verdorben haben.«[202] Der Grund für seinen Ärger: Kaltes, unwirtliches Wetter hatte ihm den Angelurlaub im März 1954 in den Florida Keys vermiest. Er habe nicht nur einen Pullover tragen müssen, auch die Fische hätten auf die ungewöhnlichen Wetterbedingungen reagiert und kaum angebissen. Für Knight war klar, dass das ungewöhnliche Wetter mit den Atombombentests in Verbindung stand: »Ich möchte daran erinnern, dass die Atombombenjungs am 1. März letzten Jahres eine Bombe abgeworfen haben, die um ein Vielfaches stärker war als die, die Iwo Jima plattgemacht hat.«[203] Knight irrte sich zwar im Datum – er meinte wohl die Bikini-Testreihe Castle und Bravo vom 28. Februar – und zeigte sich nicht besonders sattelfest in japanischer Geografie, doch die Verknüpfung

---

the U. S. Weather Bureau and the Atomic Energy Commission have received many letters suggesting that atomic bombs should be used to dissipate hurricanes and tornadoes or otherwise undesirable weather.« Vgl. dazu auch Holzman, The Effect of Atomic Bomb Explosions on Weather, S. 4. »During the planning of the subsequent atomic tests at Bikini in 1946 and at Eniwetok in 1948, I was again plagued with numerous letters and admonishments to the effect that an atomic bomb exploded in these tropical air masses would really start something in the atmosphere – either a vigorous thunderstorm or an incipient typhoon«;

202 Knight, John Alden: Weather Pattern Set by Atomic Explosion, Sportsman Contends, in: Reading Eagle, 16.5.1954, S. 35. Im Original: »I'm thinking of sending the Atomic Energy Commission a bill for three weeks of the vacation I believe they ruined for me.«

203 Ebd., S. 35. Im Original: »I will recall that on March 1 last the atomic boys let loose a bomb that was great many times stronger than the one which flattened Iwo Jima.«

der Atombombentest mit seiner persönlichen Erfahrung von Wetteranomalien ist nur ein besonders prägnantes Beispiel für die anhaltenden Bedenken. Die Debatte um das »atomic weather« wurde keineswegs nur in US-amerikanischen Lokalzeitungen ausgetragen. Auch der US-amerikanische Kongress begann sich für die Atombomben und ihre potenziellen Auswirkungen auf die Atmosphäre zu interessieren. Die Tornados, die im Frühjahr 1953 den mittleren Westen und den Bundesstaat Massachusetts heimsuchten (»tornado epidemics«[204]), galten etwa den Kongressabgeordneten James E. Van Zandt und Ray S. Madden als gefährlicher Nebeneffekt der Atombombentests.

Die Meteorologen reagierten in der medial aufbereiteten Debatte mit immer denselben Argumenten: Sie hätten keinerlei Hinweise auf Veränderungen des Wetter induziert durch eine Atombombenexplosion und außerdem – »Verglichen mit einem Tornado ist eine Atomexplosion schwach – ein bloßes Spritzen«.[205]

Als jedoch die zahlreichen Atomwaffentest 1954 erneut zusammenfielen mit Wetterverhältnissen, die viele als ungewöhnlich wahrnahmen, wurde das »Atomwetter« nochmals – und nun auch außerhalb der USA – verstärkt Gegenstand wissenschaftlicher Abklärungen. Unter Aufgebot aller zur Verfügung stehenden Daten, meteorologischen Erklärungsmodellen und Techniken wurde erneut versucht, stabiles Wissen über den Zusammenhang von Atombombenexplosionen und Wetteranomalien zu produzieren. Wie bei den Feldexperimenten zur gezielten Wetterbeeinflussung offenbarte sich das zentrale epistemologische Problem: Der Nachweis einer kausalen Verknüpfung zwischen dem Eingriff in die Atmosphäre und den zeitlich darauffolgenden atmosphärischen Prozessen war äußerst komplex. Die Meteorologen verfolgten zwei Strategien, um das Problem handhabbar zu machen: Einerseits wurden über eine statistische Herangehensweise Aussagen über die Wahrscheinlichkeit eines Zusammenhangs getroffen und andererseits verschiedene Ursache-Wirkung-Prinzipien geprüft.

Diese Herangehensweise lässt sich exemplarisch an drei Studien aufzeigen. Graham Sutton, Direktor des British Meteorological Office, präsentierte 1955 in *Nature* eine von ihm selbst initiierte Untersuchung. Gezielt grenzte er sich gegen die Spekulationen ab (»leider oft schlecht formuliert und

---

204 Kaempffert, Waldemar: Atom Bombs and Tornadoes, in: New York Times, 14.6.1953, S. E11.

205 O. V.: Atom Bombs and Tornadoes, in: Bulletin of the Atomic Scientists 9 (6), 1953, S. 228. Im Original: »compared with a tornado an atomic explosion is feeble – mere sputter«.

emotional«[206]) und sah seine Studie als einen Versuch, »objektiv zu prüfen, ob es Gründe für die Vermutung eines spezifischen Zusammenhangs zwischen den von Menschen verursachten Störungen über dem Pazifik und dem Wetter von Mitte 1954 in anderen Teilen der Welt gibt«.[207] Das Problem, das sich Sutton und seinen Kollegen stellte, war ein zweifaches: Erstens existierten keine verlässlichen Daten zu den teilweise geheim durchgeführten thermonuklearen Tests. Zweitens – und das war letztlich das Haupthindernis – identifizierte Sutton weiterhin große Unsicherheiten bezüglich der grundlegenden Funktionsweise der atmosphärischen Prozesse: »In diesem Moment kann höchstens versucht werden, die Plausibilität dessen zu prüfen, was für viele Menschen eine feste Überzeugung ist.«[208]

Sutton und seine Kollegen suchten dann auch nur sekundär nach atmosphärenphysikalischen Ansatzpunkten, um einen Einfluss auf das Wetter theoretisch herleiten zu können, sondern glichen in erster Linie die Wetterverhältnisse von 1954 mit Aufzeichnungen der Vergangenheit ab. Dabei zeigte sich, dass das Wetter keineswegs so ungewöhnlich war, wie gemeinhin angenommen wurde. In Westeuropa war der Sommer 1954 zwar etwas kühler und feuchter als im Durchschnitt, er kam jedoch nicht mal ansatzweise an die Extremwerte (etwa der Jahre 1879 oder 1912) heran. Das Argument wurde zusätzlich gestützt durch einen Abgleich mit den langfristigen klimatologischen Trends, die seit einigen Jahren kühlere und regenreichere Sommer verzeichneten.[209] Auch wenn Sutton die Resultate der Studie relativierte, indem er darauf hinwies, dass allein für eine robuste Aussage über eine Korrelation zwischen Atombombentests und Wetterphänomenen eine sorgfältige statistische Analyse und damit ein längerer Zeitraum notwendig gewesen wäre, sah er wie seine Vorgänger keine Hinweise auf atombombenbedingte Effekte: »Somit sprechen sowohl die klimatologischen als auch die aerologischen Beweise gegen die Annahme,

206 Sutton, Graham: Thermonuclear Explosions and the Weather, in: Nature 175 (4451), 1955, S. 319–321, hier S. 319. Im Original: »unfortunately, often ill-formed and emotional«.

207 Ebd., S. 321. Im Original: »to examine objectively if any grounds exist for suspecting a unique relationship between man-made disturbances over the Pacific and the weather of mid-1954 in other parts of the world«.

208 Ebd., S. 319. Im Original: »At this stage the most that can be attempted is an examination of the plausibility of what is, for many people, a firmly held belief.«

209 Ebd., S. 319.

dass thermonukleare Explosionen, soweit sie bekannt sind, einen ansonsten schönen Sommer ruiniert haben.«[210]

Als Graham Sutton sich wenige Jahre später in der populärwissenschaftlichen Zeitschrift *The New Scientist* im Vergleich zu seinen Kollegen äußerst pessimistisch zu den Möglichkeiten der gezielten Wetter- und Klimabeeinflussung äußerte und sie – wenn überhaupt – in eine ferne Zukunft verwies, machte er auch nochmals deutlich, dass erstens keinerlei Beweise zu durch Atomwaffen ausgelösten Wetterveränderungen vorlägen und zweitens der gezielte Einsatz unmöglich wäre, da es keine Möglichkeit gäbe, die Effekte präzise abzuschätzen.[211]

Nahezu gleichzeitig wie Sutton führten auch die Meteorologen des US-amerikanischen Wetterdienstes Lester Machta und Harris D. Lee 1954 eine systematische Studie durch, deren Resultate sie im Januar 1955 in *Science* unter dem Titel *Effects of Atomic Explosions on Weather* veröffentlichten. Sie konnten dabei erstmals auf neue, von der Atomic Energy Commission zur Verfügung gestellte Daten zurückgreifen.[212] Sie gestanden zwar ein, dass ein erster Blick auf die klimatischen Daten es tatsächlich nahelegten, Wetteranomalien mit den Atombombenexplosionen zu assoziieren, doch nach einer sorgfältigen Prüfung der Daten verwarfen sie diese Hypothese. Anders als Sutton, der über den statistischen Zugang eine Aussage zur Wahrscheinlichkeit eines Zusammenhangs gemacht und die möglichen Zusammenhänge von Ursache und Wirkung nur skizziert hatte, stellten Harris und Machta zunächst »vernünftige Hypothesen«[213] zur Ursache und Wirkung zusammen. Dazu bezogen sie die *Scientific Community* mit ein und schrieben im Vorfeld der Studie alle wichtigen meteorologischen Organisationen in den USA an. Von den 80 Antworten sah die Hälfte überhaupt keine Möglichkeit einer potenziellen Verbindung zwischen Atombombenexplosionen und Wetterveränderungen. Auch die anderen Vertreter schlossen

---

210 Ebd., S. 320. Im Original: »Thus both the climatological and aerological evidence are unfavourable to the suggestion that thermonuclear explosions, so far as they are known to have occurred, ruined what might otherwise have been a fine summer.« Vgl. u.a. auch o. V.: Don't Blame Weather on A-Bomb: Scientists say, in: The Milwaukee Journal, 19.4.1955, S. 13.

211 Vgl. Sutton, Graham: Man's Attempts to Control the Weather, in: The New Scientist 4 (94), 1958, S. 744–746.

212 Machta, Lester; Harris, D. Lee: Effects of Atomic Explosions on Weather, in: Science 121 (3134), 21.1.1955, S. 75–81, S. 81.

213 Machta, Harris, Effects of Atomic Explosions on Weather, S. 76. Im Original: »reasonable hypothesis«.

eine direkte Beeinflussung über die Energiezufuhr grundsätzlich aus,[214] schlugen jedoch drei Erklärungsmöglichkeiten vor:

»Die anderen schlugen vor, dass die atomaren Trümmer als Wolkenimpfstoff dienen könnten; dass die radioaktive Natur der Trümmer Veränderungen in den elektrischen Parametern der Atmosphäre hervorrufen könnte, [...] oder dass der aus einer Atomexplosion resultierende Staub die Menge der Sonnenstrahlung, die die Erde erreicht, reduzieren könnte.«[215]

Die Veränderung der Strahlungsbilanz durch Staubpartikel, die später immer mehr ins Zentrum rückte und letztlich zum zentralen Stichwort für das Sprechen über den nuklearen Winter wurde, war Mitte der 1950er Jahre somit nur eine (und zwar die letztgenannte) von drei Hypothesen. Dass die Mehrzahl in der Bereitstellung von Wolkenimpfstoff (»seeding agents«) eine Möglichkeit der Beeinflussung sahen, war hingegen kein Zufall. Wie bereits erwähnt, wurden ab 1950 die Versuche des Forschungslabors von General Electric auch in der Öffentlichkeit und der meteorologischen *Scientific Community* rezipiert und diskutiert. Indem nun auch Harris und Machta in der Überprüfung der Hypothese auf die Forschung von General Electric zurückgriffen und die mögliche Wirkung von Eiskernen fokussierten, integrierten sie auch die Atombombe in die Trigger-Logik. Eine direkte energetische Konkurrenz mit der Natur war ausgeschlossen, aber eine Auslösung oder Unterstützung von atmosphärischen Phänomenen durch kleine Ursachen schien auf der Grundlage meteorologischer respektive wolkenphysikalischer Theorie denkbar. In Zusammenarbeit mit Vincent J. Schaefer von General Electric prüften sie zunächst einen Zusammenhang zwischen dem radioaktiven Fallout und der Anzahl der Nuklei. Eine simultane Messung des Fallouts und der Nuklei auf dem Mount Washington ergab jedoch, dass »atomare Rückstände« nicht als Nuklei infrage kamen, da die Anzahl der gemes-

214 Machta und Harris verliehen mit einem Vergleich ebenfalls nochmals der Aussichtlosigkeit einer direkten Beeinflussung Ausdruck: »The Energy of a nominal A-Bomb (equivalent to 20'000 tons of TNT) is 2×10^{13} cal. This is divided into thermal and kinetic energy although the latter will also ultimately be converted into thermal energy. The thermal energy from the sun falling on 1 mi^2 of Nevada ground during an average spring day supplies as much heat as two nominal bombs. The energy released by the condensation of water in a typical thunderstorm is equivalent to 13 nominal bombs«; siehe Machta, Harris, Effects of Atomic Explosions on Weather, S. 78.

215 Ebd., S. 76. Im Original: »The other suggested that the atomic debris might serve as a cloud seeding agent; that the radioactive nature of the debris might produce changes in the electric parameters of the atmosphere, [...] or that the dust resulting from an atomic explosion might interfere with the amount of solar radiation reaching the earth.«

senen Nuklei nicht mit der gemessenen Radioaktivität korrelierte. Damit kamen als mögliche Nuklei nur noch die durch Explosion in die Atmosphäre geschleuderten (Boden-)Partikel infrage. Staubproben der Nevada Test Site wurden im Air Force Cambridge Research Center und im Labor von General Electric in Schenectady untersucht – mit negativem Resultat. Damit ließ sich auch auf der Grundlage der neuesten Wettermodifikationstheorien keinerlei Einfluss der Atombombe auf Wetterphänomene nachweisen.[216]

Um die zweite These zur elektrischen Leitfähigkeit der Atmosphäre zu testen, griffen Harris und Lester auf Daten des Tucson Geomagnetic Observatory der Carnegie Institution zurück. Diese zeigten nur in einem Fall der Testreihe aus dem Jahre 1953 eine signifikante Veränderung der elektrischen Parameter der Atmosphäre. Und ein grafischer Abgleich der Kurven der natürlichen Leitfähigkeit mit einer theoretisch berechneten radioaktiv induzierten Leitfähigkeit legte – wenn überhaupt – eine nur geringe Abweichung nahe, sodass ein Einfluss auf atmosphärische Prozesse nicht denkbar war.

Nur ein kurzer Abschnitt war den möglichen Effekten auf die Strahlungsbilanz gewidmet. Als Referenz galt dabei der Ausbruch des Krakatau 1883, der mehrere Kubikkilometer vulkanischen Schutts in die Atomsphäre geschleudert und zu einer messbaren Abnahme der Sonneneinstrahlung geführt hatte. Aufgrund der ihnen zur Verfügung stehenden Daten konnten sich die Autoren jedoch keine signifikante Reduktion der weltweiten Sonneneinstrahlung vorstellen: »Die Staubmenge, die erforderlich ist, um eine signifikante Verringerung der weltweit einfallenden Strahlung zu bewirken, und die von den Explosionen in Nevada erzeugte Menge scheinen um mehrere Größenordnungen voneinander abzuweichen.«[217]

Die Autoren der bis dahin ausführlichsten Studie hielten in der Zusammenfassung zwar fest, dass es nicht möglich sei, jegliche Verbindung von Wetteranomalien und Atombomben auszuschließen, unter Berücksichtigung der zur Verfügung stehenden Beobachtungen, Daten und Theorien sei ein Einfluss von Atombombenexplosionen auf Wetterphänomene jedoch unwahrscheinlich.[218] Die Existenz solcher Effekte war also weder über Be-

216 Vgl. ebd., S. 77. Im Original: »atomic debris«.

217 Ebd., S. 78. Im Original: »[T]here appear to be many orders of magnitude separating the amount of dust required to produce any significant reduction in the world-wide incoming radiation and that produced by the Nevada explosions.«

218 Ebd., S. 75.

obachtungen oder statistischer Aufbereitung nachweisbar, noch existierten plausible theoretische Grundlagen, die solche Effekte nahelegten.

D. Lee Harris setzte sich auch im Detail mit Zunahme der Tornados auseinander, welche die politischen Debatten in den USA maßgeblich mitbestimmt hatte. Im November 1954 hielt er einen Vortrag auf der Jahrestagung der American Meteorological Society, in dem er diese Untersuchung zu möglichen Zusammenhängen von Atombombenexplosionen und der Frequenz von Tornados präsentierte. Die Erkenntnisschwierigkeiten waren bei der Tornado-Frage noch verschärft. Nicht nur fehlte, wie Harris gemeinsam mit Machta ja bereits dargelegt hatte, eine plausible theoretische Herleitung der Beeinflussung, auch zum fraglichen Nebeneffekt – den Tornados – war keine robuste Formierungstheorie vorhanden. Harris konnte auch nicht, wie etwa Sutton, hinsichtlich der Regentage nahelegen, dass überhaupt keine Wetteranomalien zu verzeichnen waren und es sich also um ein Scheinproblem handelte. Denn die Tornado-Saison 1953, die mit 532 Tornados mit mehr als 200 das nächste Rekordjahr übertraf, war statistisch nachweisbar ungewöhnlich.[219]

Harris führte in der Folge eine weitere Größe in seine Statistik ein: die Dichte des Messnetzwerkes. Zwar wurden Tornados auch vom Weather Bureau selbst beobachtet und aufgezeichnet, meistens stammten die Angaben jedoch von Laien, die von Meteorologen verifiziert wurden: »Die erste Voraussetzung, die ein Sturm erfüllen muss, bevor er als Tornado klassifiziert und in die Statistik aufgenommen werden kann, ist, dass er dem Wetteramt gemeldet wird.«[220] Harris stellte in der Folge die These auf, dass gar keine »reale« Zunahme an Tornados existierte, sondern die Tornados lediglich besser erfasst würden. Um diese These zu belegen, glich er für 28 Regionen in sechs Bundesstaaten die durchschnittliche Tornadohäufigkeit mit der jeweiligen Bevölkerungsdichte für die Jahre 1921 bis 1953 ab. Mit dem Ergebnis, dass in 22 von 28 Regionen die höhere Bevölkerungsdichte mit der Tornadohäufigkeit korrelierte. Da es keine theoretische Grundlage gab, um diese Korrelation anderweitig zu erklären, sah er seine These gestützt.

---

219 Harris, D. Lee: Effects of Atomic Explosions on the Frequency of Tornadoes in the United States, in: Monthly Weather Review 82 (12), 1954, S. 360–369, S. 360; vgl. dazu auch Hamblin, Jacob Darwin: Arming Mother Nature: The Birth of Catastrophic Environmentalism, Oxford 2013, S. 150.

220 Harris, Effects of Atomic Explosions on the Frequency of Tornadoes in the United States, S. 361. Im Original: »[T]he first requirement that any storm must satisfy before ice can be classified as a tornado and appear in the statistics, is that it be reported to the Weather Bureau.«

Wissenschaftsskepsis und Umweltbedenken

Wie sehr das »Atomwetter« nun in den 1950er Jahren auch außerhalb des US-amerikanischen Kontextes verhandelt und als letztlich globales Problem angesehen wurde, zeigt sich auch daran, dass sich die Meteorologische Weltorganisation einschaltete. 1954 wurde ihr Generalsekretär mit der Bereitstellung aller zur Verfügung stehenden Informationen zu Effekten von Atomexplosionen beauftragt.[221] Knapp zwei Jahre später erklärte die WMO die Untersuchung für vorläufig beendet. Die Sichtung der relevanten Forschung habe keine Hinweise von »large-scale effects« ergeben. Obwohl man es sich offenhielt, bei neuen Informationen auf das Thema zurückzukommen, beschäftige sich die WMO die gesamten 1950er Jahre hindurch nicht mehr damit. In der Folge interessierte sich die meteorologische *Scientific Community* hingegen stark für die ›friedliche‹ Form der Atomenergie. Die WMO berief 1956 etwa ein Expertenpanel ein, um die meteorologischen Aspekte der Atomenergie zu untersuchen. Dabei stand jedoch die Anwendung der Nukleartechnologie für Forschungszwecke in Form neuer Messinstrumente im Fokus.[222]

Auch politisch engagierte Wissenschaftlerinnen und Wissenschaftler, die sich bereits Mitte der 1950er Jahre explizit mit den Gefahren der Atomwaffen auseinandersetzten und einen Stopp der Tests forderten, konnten sich eine Beeinflussung des Wetters nicht vorstellen. Als an einer von der Chemie-Nobelpreisträgerin Irène Joliot-Curie gemeinsam mit ihrem Mann Frédéric organisierten Konferenz in Paris 1956 japanische Meteorologen das unüblich kalte Wetter mit den Bikini-Tests verknüpften, stießen sie auf Ablehnung und wurden vom Biophysiker Eugene Rabinowitch, Mitbegründer des *Bulletin of Atomic Scientists*, der sich bereits 1945 gegen einen Einsatz von Atomwaffen ausgesprochen hatte, als »Alarmisten« bezeichnet.[223]

Die Entwarnung der Meteorologischen Weltorganisation und die auch in Publikumsmedien immer wieder den Befürchtungen und Spekulationen über das »Atomwetter« entgegengestellte Expertise der Meteorologen zeigte offensichtlich wenig Wirkung. Die Angst vor dem »Atomwetter«

221 World Meteorological Organization (Hg.): Fifth Session of Executive Committee, in: WMO Bulletin 3 (4), 1954, S. 120–123, hier S. 121.

222 Ebd., S. 86 f.

223 Vgl. Rabinowitch, Eugene: International Cooperation of Atomic Scientists, in: Bulletin of the Atomic Scientists 12 (2), 1956, S. 34–37/61, hier S. 34 f.

erwies sich als sehr hartnäckig und erreichte mit ein wenig Verzögerung auch Kontinentaleuropa. Nahezu alle größeren und kleineren Medien im deutschsprachigen Raum thematisierten das »Atomwetter« – von *Die Zeit*, die über die Abklärungen der WMO berichtete,[224] über den deutschen Südwestfunk, der in der Sendereihe *Aus Forschung und Technik* »den Nestor der deutschen Meteorologen«[225] Ludwig Weickmann befragte, bis zum offiziellen Organ des schweizerischen Metallarbeiter-Verbandes, das bei der Meteorologischen Zentralanstalt nachfragte, ob denn das »außergewöhnliche Wetter auf die Atombombe zurückzuführen [sei]«.[226] Johann Häfelin (1908–1970), einer der Fachleute für künstliche Wetterbeeinflussung der Zentralanstalt,[227] wiederholte das Argument seiner Kollegen und übertrug es in den Schweizer Kontext:

> »Bei der Explosion einer Atombombe, bei der 1 Kilogramm Uran gespalten wird, dürfte etwa eine Energiemenge von einer Million Kilowattstunden frei werden. Das ist also tausendmal weniger als zum Beispiel bei dem […] Gewitter über der Stadt Luzern. Die Energien von Atomexplosionen stellen also nur einen äußerst kleinen Bruchteil der Energien dar, die in der Atmosphäre wirksam sind und können darum nicht wetterwirksam sein.«[228]

Nicht alle Zeitschriften ließen die Expertise der Meteorologen unkommentiert stehen. Verschiedene Medien unterschiedlicher politischer Ausrichtung nahmen das Unbehagen sehr wohl ernst. Im September 1953 titelte etwa die der sozialliberalen Partei Landesring der Unabhängigen nahestehende Zeitung *Die Tat* angesichts der »erhöhten Wetterkatastrophen in aller Welt« die Frage: »Ist nicht doch die Atombombe daran schuld?«, bot mit der Radioaktivität eine weitere Ursache für die Wetteranomalien an und fragte suggestiv, ob denn »die Meteorologen, die eigentlichen Wetterfachleute, in ihren Erkenntnissen schon so weit [seien], dass sie alle beurteilen können

224 O. V.: Atomares Wetter?, in: Die Zeit, Hamburg 18.11.1954. Online: <https://www.zeit.de/1954/46/atomares-wetter>, Stand: 23.9.2019.

225 O. V.: Funk für Anspruchsvolle: Die Wiederentdeckung der Erzählung, in: Die Zeit, Hamburg 16.8.1956. Online: <https://www.zeit.de/1956/33/die-wiederentdeckung-der-erzaehlung/komplettansicht>, Stand: 14.1.2020.

226 O. V.: Können Atombomben das Wetter beeinflussen?, in: Die Tat 53 (25), 1954, S. 6.

227 Vgl. Häfelin, Johann: Künstlicher Regen: Separatabdruck aus: Neue Zürcher Zeitung, Beilage »Technik«, vom 7. und 14. September 1949, Nr. 1810 und Nr. 1862, Zürich 1949.

228 O. V.: Können Atombomben das Wetter beeinflussen?, in: Neue Zürcher Nachrichten 50 (89), 1954, S. 6.

[sic]«.[229] Noch skeptischer positionierte sich als unmittelbare Reaktion auf den Abschlussbericht der WMO 1956 die Schweizer Zeitschrift *Zivilschutz*. Das Organ des im Kontext des Kalten Krieges gegründeten privaten Schweizerischen Bundes für Zivilschutz beurteilte die »kühne Behauptung, dass kein Grund bestehe, aus den bisherigen Kernexplosionen auf merkliche Witterungsbeeinflussung zu schließen«, äußerst skeptisch, da – so die Begründung – »[d]iese vorläufige Schlussnahme von Fachleuten im Widerspruch zu weitverbreiteten menschlichen Empfindungen [...] [steht]«.[230] Die wissenschaftlich hergeleitete Stellungnahme der WMO wurde also mit der subjektiven Empfindung konfrontiert und die Experten- und Wissenschaftsskepsis mit der Zitation einer »eineinhalb Jahrhunderte alte[n] Dichterweisheit« des aufklärungskritischen Lyrikers Matthias Claudius untermauert: »Seht ihr den Mond dort stehen? / Er ist nur halb zu sehen / und ist doch rund und schön. / So sind wohl manche Sachen, / die wir getrost belachen, / weil unsre Augen sie nicht sehn.«[231]

Auf diese anhaltende Wissenschafts- und Expertenskepsis reagierten einige Fachleute merklich ungehalten. Als der Schweizer Journalist Walter Lammert für *Die Tat* in Bad Homburg den deutschen Meteorologen Franz Baur besuchte, nannte dieser die Vorstellung einer Einflussnahme eine »fixe Idee«: »Man kann nicht darum eine unrichtige Meinung zu einer richtigen stempeln, weil man immer wieder das Unrichtige behauptetet.«[232] Eine Strategie der Wissenschaftler, die ihrerseits die wissenschaftlichen objektiven Verfahren den unzuverlässigen subjektiven Erfahrungen gegenüberstellten, bestand in einer ›Anthropologisierung‹. Der Schweizer »Chefmeteorologe« Johann Häfelin argumentierte 1953 in der *Schweizerischen Hochschulzeitung*, dass bereits »bei der Einführung der Eisenbahn bald einmal dieses neue ›Teufelsding‹ als der Urheber von anormalen Witterungsvorgängen, von Missernten und anderem Unheil angesehen worden«[233] sei und als das Nachrichtenmagazin *Der Spiegel* im Dezember 1957 »Das Bom-

229 O. V.: Ist nicht doch die Atombombe daran schuld?, in: Die Tat 248 (18), 1953, S. 8.

230 O. V.: Wetterbeeinflussung durch Atombombenexplosion?, in: Schweizerischer Bund für Zivilschutz (Hg.): Zivilschutz 3 (13), 1956, S. 104.

231 Ebd., S. 104; zitiert wird hier die dritte Strophe von Matthias Claudius' *Abendlied* aus dem Jahr 1779.

232 Lammert, Walter: Das Gerede vom »Atomwetter« eine fixe Idee, in: Die Tat, 1956, S. 7–8, hier S. 7.

233 Häfelin, Johann: Atombombe, Wetter, künstlicher Regen, in: Schweizerische Hochschulzeitung 26 (3), 1953, S. 256–262, hier S. 256.

benwetter«[234] kalauerte, ließen sich Meteorologen zur Aussage hinreißen, dass es sich bei den Befürchtungen lediglich um eine allgemeine ›menschliche‹ Skepsis gegenüber neuen Technologien handelte: »Viele menschlichen Erfindungen – Schießpulver, Rundfunk, Flugzeuge und Fernsehen – hat man für Wetter und Klima-Änderungen verantwortlich gemacht.«[235]

Trotzdem blieb das »Atomwetter« die gesamten 1950er Jahre hindurch im Repertoire der Publikumsmedien. Wenn als ungewöhnlich empfundene Wetterlagen auftraten, die Kernwaffentestkadenz erhöht oder neue Forschungsresultate veröffentlicht wurde, griffen die Medien darauf zurück. Der »Glaube« an die wetterbeeinflussende Wirkung der Atombombe wurde immerhin so ernst genommen, dass Quantifizierungsversuche unternommen wurden. 1956 berichtete etwa die *Meteorologische Rundschau* über eine »repräsentativen Bevölkerungsumfrage durch das Institut für Demoskopie in Allensbach«.[236] 2134 Personen über 18 Jahre aus den unterschiedlichen Gebieten der Bundesrepublik waren befragt worden, ob sie der Ansicht seien, »dass das unbeständige Wetter von den Atombomben [komme]«.[237] 49 Prozent hatten die Frage mit Ja, 34 Prozent mit Nein beantwortet und 17 Prozent keine Meinung geäußert. *Der Spiegel* widmete diesen offenbar von vielen Menschen diagnostizierten und in den Boulevardmedien zugespitzten Wetteranomalien zwei Jahre später sogar eine Titelseite: Auf dem Cover eine Wetterkarte Europas – inklusive einem aus den Isolinien geformten (Wetter-)Frosch, im Vordergrund ein Foto des Präsidenten des Deutschen Wetterdienstes Georg Bell –, darunter der Titel »Die Natur macht Sprünge«[238]. Wie in den USA oder Großbritannien traten auch in der Bundesrepublik die Meteorologen als Experten an, um mit langen Zahlenreihen die »subjektiven Erlebnisse[n] einiger weniger Tage – besonders der arbeitsfreien Wochenenden und Urlaubstage«[239] zu entkräften. Die Expertise der Meteorologen wurde dabei der öffentlichen Wahrnehmung gegenübergestellt – eine seitengroße Grafik illustrierte die Ergebnisse einer weltweiten Umfrage.

---

234 O. V.: Das Bombenwetter, in: Der Spiegel, 11.12.1957, S. 52–53.

235 Ebd., S. 52.

236 Faust, Heinrich: Über die Verbreitung des Glaubens an eine Wetterbeeinflussung durch Atomexplosionen, in: Meteorologische Rundschau 9 (5/6) 1956, S. 109–110, S. 109.

237 Ebd., S. 109.

238 Cover zur Titelgeschichte Unverändert veränderlich, in: Der Spiegel (34), 20.8.1958, S. 38–46.

239 Unverändert veränderlich, in: Der Spiegel (34), 20.8.1958, S. 38–46, hier S. 38.

Nachdem die USA, die Sowjetunion und Großbritannien 1957/58 die Tests nochmals intensiviert hatten und damit das Wettrüsten vor dem ersten Moratorium einen weiteren Höhepunkt erreichte, wurden weltweit Stimmen laut, die nach einem Zusammenhang zwischen Atombomben und Wetter fragten.[240] Die Bundesrepublik bewegte sich dabei mit 51 Prozent Zustimmung zur Aussage, dass »Atombomben-Explosionen das Klima verändert haben« im Mittelfeld. An der Spitze Österreich mit 62 Prozent – weniger überzeugt schienen die Dänen mit 24 Prozent Zustimmung. Das Nachrichtenmagazin übernahm jedoch nicht unkritisch die Aussagen der Meteorologen, sondern deutete Möglichkeiten der Wetterbeeinflussung an. Zwar wurde die Neuauflage von *The Effects of Nuclear Weapons* zitiert, in der erneut die von Harris und Machta identifizierten drei Beeinflussungsmöglichkeiten besprochen und als unwahrscheinlich bezeichnet wurden. Der *Spiegel*-Artikel verwies jedoch auch auf neue Messungen zur elektrischen Leitfähigkeit, die Horace Byers, Leiter des Meteorologie-Departments der Universität Chicago, präsentiert hatte und die eine Versechsfachung der Leitfähigkeit der Luft seit den Testserien der Atom- und Wasserstoffbomben belegten. Diese beträchtliche Zunahme der Leitfähigkeit bot nun erneut einen Ansatzpunkt, um über einen Einfluss auf das Wetter nachdenken zu können.[241]

In diesem Kontext konnte das von einer tiefgehenden Wissenschaftsskepsis getragene »Atomwetter« auch zum Topos der frühen Umweltbewegung werden. Die ersten Ansätze dieser Bewegung kamen (noch) nicht aus dem Lager der politischen Linken, sondern standen noch in der Tradition des rechts-konservativen Landschaft- und Naturschutzes. 1958 veröffentlichte der ehemalige SA-Mann, Förster und Autor von Heimat- und Naturromanen, Günther Schwab, das Buch *Tanz mit dem Teufel*. Darin streiten sich junge Menschen, ob die Welt nun von Gott und vom Teufel bestimmt sei. Die Aufklärung bringt ein Besuch beim Teufel selbst, der als eine Art Manager »von einem Hochhaus in New York aus sein Unwesen treibt«[242] und verschiedene Zeugen auftreten lässt, die sein Wirken ausdrücklich

240 Vgl. Hamblin, Arming Mother Nature, S. 124 f.

241 Vgl. o. V. Das Bombenwetter, in: Der Spiegel, 10.12.1957. Online: <https://www.spiegel.de/wissenschaft/das-bombenwetter-a-706aaea5-0002-0001-0000-000041760040>, Stand: 6.11.2023.

242 Kupper Patrick: Abschied von Wachstum und Fortschritt. Die Umweltbewegung und die zivile Nutzung der Atomenergie in der Schweiz (1960–1975), Zürich 1998 (Reprints zur Kulturgeschichte der Technik 2), S. 18.

bezeugen. Einer der Zeugen ist der bereits genannte Horace Byers, dessen Rede Schwab nahezu wortwörtlich aus dem *Spiegel* übernahm:

»Es spricht Dr. Byers: ›Das Gleichgewicht der Atmosphäre ist sehr empfindlich. Die Fortsetzung der Atomversuche wird das Klima der Erde verändern. Allein die Atomversuchsstationen schleudern jeden Tag viele Pfund Radium in die Atmosphäre. Dadurch wird die ganze Atmosphäre ionisiert, und dies beeinflusst zwangsläufig die Wetterbildung. [...] Die Leitfähigkeit der Luft hat sich seit Beginn der Kernwaffenversuche um das Sechsfache verstärkt. [...] Das führt zu einer Verstärkung der Gewittertätigkeit, Vermehrung der Stürme und Naturkatastrophen.‹«[243]

Bei Schwab erschien das »Atomwetter« somit als ein Beispiel unerwünschter Nebeneffekte der technischen Hybris der Menschheit. Auch wenn Schwabs Einfluss zu gering blieb, um ihn als Begründer der Umweltbewegung zu bezeichnen, so legen die hartnäckigen Debatten um das »Atomwetter« doch nahe, dass bereits in den 1950er Jahren eine Verschiebung im Mensch-Umwelt-Verhältnis einsetzte. Für zahlreiche Leserinnen, Leserbriefschreiber, Umfrageteilnehmerinnen und vor allem auch Umfragekonzipienten schien es außer Frage zu stehen, dass der Mensch mit der Atombombe zum ernsthaften Konkurrenten der Natur geworden war.[244]

Zwar beharrte die überwiegende Mehrheit der Meteorologen darauf, dass sich ein Einfluss von Atombomben auf die Atmosphäre weder nachweisen noch erklären ließ, doch dass der Mensch grundsätzlich in der Lage war, seine Umwelt zu verändern – ob gezielt oder ungewollt – konnte spätestens ab 1960 nur mehr schwer abgestritten werden.[245] Dass nun auch verstärkt Kernwaffen als mögliches Mittel zur Beeinflussung des Klimas verhandelt wurden, war nur scheinbar ein Widerspruch. Denn diese Planspiele funktionierten nicht über eine direkte Beeinflussung atmosphärischer Phänomene, sondern über eine indirekte. Die Atombombe sollte dabei lediglich als machtvolles Instrument dienen, um die Strahlungsbilanz der Erde zu verändern oder Meeresströmungen abzulenken. Im Fokus stand also nicht die lokale Wetterbeeinflussung, sondern eine globale oder zumindest hemisphärische Veränderung des Klimas. Dass solche Eingriffe grundsätzlich möglich waren, stand außer Frage.

---

243 Schwab, Günther: Der Ganz mit dem Teufel: Ein abenteuerliches Interview, Hannover 1958, S. 374 f.

244 Vgl. Masco, Joseph: Bad Weather: On Planetary Crisis, in: Social Studies of Science 40 (1), 2010, S. 7–40.

245 Vgl. Hamblin, Arming Mother Nature, S. 127 f.

So sah es der in Deutschland geborene Direktor des Klimatologie-Büros des US-amerikanischen Wetterdienstes, Helmut Landsberg, in seinem Artikel *Climate Made to Order* 1961 im *Bulletin of the Atomic Scientists* für erwiesen an, dass das Klima bereits verändert wurde – etwa durch lokale Umgestaltung der Erdoberfläche oder auch den Ausstoß von Kohlendioxid, während er gleichzeitig die Vorstellung der atomaren Wetterbeeinflussung lediglich der menschlichen Psyche und Skepsis gegenüber neuen Technologien zuschrieb.[246] Die Grenzen der gezielten Beeinflussung sah er weniger bei der technischen Machbarkeit als bei den (noch) fehlenden Mitteln für Folgenabschätzungen. Bereits einige Jahre früher hatte mit Harry Wexler einer der einflussreichsten US-amerikanischen Meteorologen der Nachkriegsjahrzehnte eine kostengünstige und effiziente Vision entwickelt, die er 1958 in *Science* unter dem Titel *Modifying the Weather on Large Scale* vorstellte. Er berechnete, dass die Detonation von zehn Wasserstoffbomben mit einer Sprengkraft von je zehn Megatonnen im Nordpolarmeer eine bis in acht Kilometer Höhe reichende quasi-permanente Eiswolke produzieren würde, die den Strahlungsverlust reduzieren, damit die Oberflächentemperatur erhöhen und letztlich zum Schmelzen des Polareises führen sollte. Das zentrale Problem für Wexler stellte wie bei Landsberg nicht die Machbarkeit dar, sondern die komplexe Folgenabschätzung. Inwiefern dieser Eingriff »ein Segen für die Menschheit« wäre, musste er deshalb offenlassen. Zwar wäre in gewissen ariden Gegenden eine Zunahme des Niederschlags zu erwarten, dabei konnte jedoch die Gefahr einer »neuen Eiszeit« für subarktische Regionen nicht ausgeschlossen werden.[247]

---

246 Landsberg wiederholte nochmals die Argumente seiner Vorgänger: »In spite of the huge energies involved in climate, many people think man already has changed the earth's climate. Since prehistoric times, every weather catastrophe-flood or drought, hurricane frequency or a change in this tracks, tornado incidence or torrential downpours – has been blamed on human interference. In prescientific times, the ›interference‹ was sometimes considered to be action displeasing to the gods. During the Civil War, and even during World War I, the cannonades were supposed to the culprits. Lately, nuclear explosions have been blamed for moving hurricanes into populated areas on the east coast of the U. S. despite the fact that they had been occurring there long before atomic age, and have occurred there since the test moratorium went into effect. None of these imputed relations can stand up to objective calculations and statistical tests«; siehe Landsberg, Helmut: Climate Made to Order, in: Bulletin of the Atomic Scientists 17 (9), 1961, S. 370–373, hier S. 371.

247 Vgl. Wexler, Harry: Modifying Weather on Large Scale, in: Science, New Series 128 (3331), 1958, S. 1058–1063, hier S. 1061–1063. Im Original: »a blessing to mankind«.

Auch wenn solche Planspiele letztlich Planspiele blieben, so waren sie in den späten 1950er Jahren und 1960er Jahren angesichts des Projektes »Plowshare«, im Rahmen dessen zwischen 1957 und 1975 Hunderte von Millionen Dollar für Pläne zur ›friedlichen‹ Nutzung der Atombombe etwa für den Bergbau oder der Erdölgewinnung ausgegeben wurden, weniger fantastisch, als sie heute anmuten[248] – umso mehr, als auch die indirekte Klimabeeinflussung anfänglich als Anwendungsmöglichkeit verhandelt wurde.[249] Die Vorstellung einer indirekten Beeinflussung blieb auch wirkmächtig, als die Debatte um das »Atomwetter« nach Inkrafttreten des Vertrags über das Verbot von Kernwaffenversuchen in der Atmosphäre 1963 allmählich verstummte. Sie stellte nicht nur die zentrale Voraussetzung dar, um ab 1980 über den nuklearen Winter nachzudenken, sondern war auch eine der Grundlagen für die Debatten über den anthropogenen Klimawandel, wie sie im Verlaufe der 1960er Jahre verstärkt geführt wurden.

Computer

Bereits ein flüchtiger Blick auf die Quellen und die Forschungsliteratur zeigt, dass der Wetter- und Klimamodifikationsdiskurs an die Computertechnologie gekoppelt war. Während die Geschichte der computerbasierten numerischen Wettervorhersage und der Klimamodelle aus wissenschaftshistorischer Perspektive zumindest für den angelsächsischen Raum gut erforscht ist, schließt die bestehende Literatur die Wetter- und Klimamodifikation meist kursorisch oder anekdotisch mit dem Aufkommen der Computertechnologie kurz.

Im Folgenden leuchte ich diese Zusammenhänge genauer aus und lege dar, wie sich das Verhältnis von (aufkommender) Computertechnologie und Wetter- und Klimamodifikationsdiskurs gestaltete. Die kapitelübergreifende These lautet, dass die computerbasierte Simulation der Atmosphäre in zweifacher Hinsicht mit den Debatten über die Wetter- und Klimabeein-

248 Vgl. Wolfe, Audra J.: Competing with the Soviets: Science, Technology, and the State in Cold War America, Baltimore 2013 (Johns Hopkins Introductory Studies in the History of Science), S. 1 f.

249 Vgl. Proceedings of the Second Plowshare Symposium, Part V. Scientific Applications of Nuclear Explosives in the Fields of Nuclear Physics, Seismology, Meteorology, Space, Livermore 1959, S. 64 ff.

flussung verknüpft war: Einerseits befeuerten die numerischen Simulationen von Wetter- und Klimaprozessen die Vorstellung der Atmosphäre als einem zwar komplexen, aber letztlich prognostizier- und beherrschbaren physikalischen System. Andererseits war sie als Folgenabschätzung die Grundvoraussetzung, um über groß angelegte und permanente Klimabeeinflussung nachzudenken zu können. Um zu zeigen, dass die numerische Wettervorhersage nicht eine grundsätzlich neue Idee war, skizziere ich *erstens* eine kurze Geschichte der Wettervorhersage. Davon ausgehend frage ich *zweitens*, ob und inwiefern die Aussicht auf eine computerbasierte Wettervorhersage den Wetter- und Klimamodifikationsdiskurs mittrug und wie die Satellitentechnologie nicht nur den benötigten Dateninput zur Verfügung zu stellen versprach, sondern auch die Konzeption eines komplexen interagierenden Erd-Atmosphäre-Systems erlaubte. *Drittens* führe ich aus, wie sich in den 1960er Jahren die Einsicht in die Grenzen der Vorhersagbarkeit durchsetzte und welche Folgen aus dem Wegbrechen eines zentraler Pfeiles der Wetter- und Klimabeeinflussung resultierten.

Das Problem einer wissenschaftlichen Wettervorhersage

Im 1959 veröffentlichten belgischen Comicband *S. O. S. Metéores: Mortimer à Paris*[250] spielt in Westeuropa seit Monaten das Wetter verrückt. Professor Mortimer, Atomphysiker, Scotch-Liebhaber und Pfeifenraucher,[251] reist nach Paris und hegt bald einen Verdacht, der sich im Verlauf der Handlung bestätigt: Eine fremde Macht manipuliert gezielt das Wetter. Mortimer wird entführt und der für die Wetteranomalien verantwortliche Wissenschaftler, Milosh Georgevitch, erklärt ihm die Funktionsweise im Detail: Ein feinmaschiges Messnetzwerk, ein schneller Datenaustausch und ein neuartiger Computer erlauben es ihm, atmosphärische Phänomene nicht nur zu analysieren und punktgenau vorherzusagen, sondern mit gezielten Eingriffen auch zu kontrollieren. Mortimer wirft daraufhin ein: »Aber … die enorme

250 Das französische Original erschien als achte Folge der Serie *Blake et Mortimer*, gezeichnet von Edgar P. Jacobs, von Januar 1958 bis April 1959 als Fortsetzungsgeschichte im *Le Journal de Tintin*. Übersetzung des Autors nach der englischen Fassung: Jacobs, Edgar P.: S. O. S. Meteors, Ashford 2009 [E-Book].

251 Vgl. Dax, Max: Eleganz und Silhouette (Interview mit Yves Sente), in: Süddeutsche Zeitung, 7.7.2019. Online: <https://www.sueddeutsche.de/kultur/comic-klassiker-eleganz-und-silhouette-1.4514954>, Stand: 31.10.2019.

Energie, die für ein solches Unterfangen benötigt wird, wo bekommt man diese her???!« Georgevitch drückt nun einen Knopf, eine Tür öffnet sich und gibt den Blick auf eine riesige Maschine frei: »Ja, der alte Traum des berühmten Physikers Planté, der in künstlich hergestellten Kugelblitzen den Akkumulator von morgen sah, ist nun wahr geworden ...«[252]

Das Abenteuer *S. O. S Metéores* von Mortimer – der selbstverständlich gemeinsam mit dem MI5-Agenten Blake dem verrückten Professor noch rechtzeitig das Handwerk legt – weicht in einem entscheidenden Punkt vom ›realen‹ Wettermodifikationsdiskurs ab, indem es die Eingriffe über große Energiemengen imaginiert, war jedoch insgesamt eine gut informierte, populärkulturelle Verarbeitung des wissenschaftlichen Diskurses. Mit der offensichtlichen Anspielung auf den Kalten Krieg wurde nicht nur eine zentrale Rahmenbedingung thematisiert, sondern mit Computern, Satelliten und Radar Schlüsseltechnologien des Wetter- und Klimamodifikationsdiskurses aufgegriffen, welche die Vorstellung der Atmosphäre als ein zwar komplexes, aber letztlich prognostizier- und beherrschbares physikalisches System generierten.

Diese enge Verschränkung von Erfassung, Berechnung und Prognose des Wetters mit dessen Kontrolle wurde erst durch Entwicklungen nach dem Zweiten Weltkrieg möglich, das Problem der Vorhersage Wetters war hingegen ein altes. Die drei heute eng miteinander verknüpften meteorologischen Traditionen – die Aufzeichnung von Wetterbeobachtungen, die Erklärung der atmosphärischen Vorgänge und die Vorhersage des Wetters – lassen sich bis in die Antike zurückverfolgen.[253] Auf der Grundlage von Aristoteles' *Meteorologica* versuchte bereits dessen Schüler Theophrastus (370/71–288/87), aus Beobachtungen atmosphärischer Ereignisse ein Regelwerk zu erstellen, um so zukünftige Entwicklungen vorherzusagen und im 16. Jahrhundert erstellten zahlreiche Autoren ausgehend von der Idee, dass die jeweiligen Positionen der Planeten in ihrer Relation das Wetter beeinflussten, astrometeorologische Wetterprognosen.[254] Diese Vorhersagen

---

252 Jacobs, S. O. S. Meteors, S. 52 f.

253 Diese drei Traditionen trennten sich im Verlauf des 19. Jahrhunderts im Rahmen der im Folgenden beschriebenen Entwicklungen und vereinten sich erst in der nach dem Zweiten Weltkrieg; vgl. dazu Nebeker, Calculating the Weather, S. 2.

254 Zur vormodernen Wettervorhersage und Meteorologie vgl. u.a. Zinszer, Harvey A.: Meteorological Mileposts, in: Scientific Monthly 58 (4), 1944, S. 261–264; Jankovic, Vladimir: The End of Classical Meteorology, c. 1800, in: Geological Society, London, Special Publications 256 (1), 1.1.2006, S. 91–100; Brunt, David: Meteorology and Weather Lore, in: Folklore 57 (2), Juni 1946, S. 66–74;

waren jedoch auch nach Einführung erster Messgeräte ab dem 17. Jahrhundert nicht das Resultat von Quantifizierung und mathematischer Berechnung, sondern funktionierten über die Deutung von Wetterzeichen. Erst im späten 18. Jahrhundert wurde die Meteorologie von einer Wissenschaft, die sich für die Gesamtheit der vielfältigen und zahlreichen sublunaren Phänomene interessierte, zu einer Wissenschaft, die sich an Physik und Chemie orientierte und deren Untersuchungsgegenstand atmosphärische Erscheinungen waren. In diesem Kontext wurde die Atmosphäre erstmals als Labor chemischer, physikalischer und elektrischer Prozesse verstanden und damit zu einem auf der Grundlage von Naturgesetzen vorhersagbaren Fluid.[255]

Das war die Grundvoraussetzung dafür, dass sich im Verlauf des 19. Jahrhunderts die junge Disziplin Meteorologie um belastbare, den Kriterien einer Naturwissenschaft genügende Vorhersagen bemühen konnte. Der durch die kommerzielle Telegrafie ermöglichte Datenaustauch und der Auf- und Ausbau eines Messnetzwerks gestatteten die Zusammenschau verschiedener Wetterinformationen sowie eine grafische Übersetzung. Diese Wetterkarten, wie sie ab 1850 allmählich Eingang in die meteorologische Praxis fanden, stellten das Fundament für die sogenannte synoptische Methode dar.[256] Ab 1870 veröffentlichten verschiedene nationale Wetterdienste tägliche Wettervorhersagen, die auf Basis verhältnismäßig weniger Daten von Windgeschwindigkeit und Druckverhältnissen und nur mit losem Einbezug physikalischer Theorie das zukünftige Wetter grafisch extrapolierten.[257]

Da diese synoptische Wettervorhersage weiterhin unzuverlässige Resultate lieferte, stand sie in direkter Konkurrenz zum traditionellen Wetterwissen der Bauern, Schäfer und Seeleute und blieb auch innerhalb der

---

Frisinger, H. Howard: History of Meteorology to 1800, Boston 1983, S. 26 f.; Sieglerschmidt, Jörn: Complexion and Climate: An Attempt at an Outline of Weather Outlooks in Europe from the Beginnings until Today, in: Mauelshagen, Franz (Hg.): Climate Change and Cultural Transition in Europe, 2018, S. 23–59.

255 Vgl. Jankovic, The End of Classical Meteorology, S. 91–100.

256 Vgl. u.a. Monmonier, Mark: Telegraphy, Iconography, and the Weather Map: Cartographic Weather Reports by the United States Weather Bureau, 1870–1935, in: Imago Mundi: The International Journal for the History of Cartography 40 (1), 1988, S. 15–31.

257 Vgl. Nebeker, Calculating the Weather, S. 36 f.; diese Entwicklung wurde für verschiedene nationale Kontexte aufgearbeitet, vgl. u.a. Hupfer, Franziska: Das Wetter der Nation: Meteorologie, Klimatologie und der schweizerische Bundesstaat, 1860–1914, Zürich 2019; Fleming, James Rodger: Meteorology in America, 1800–1870, Baltimore 1990; Anderson, Katharine: Predicting the Weather: Victorians and the Science of Meteorology, Chicago, London 2005.

meteorologischen Community umstritten. Als etwa der britische Marineoffizier Robert FitzRoy, der vormalige Kommandant von Darwins Beagle, ab 1860 als meteorologischer Mitarbeiter des britischen Board of Trade zunächst Sturmwarnungen und dann allgemeine Wettervorhersagen veröffentlichte, war er heftiger Kritik ausgesetzt.[258] Die Kritik zeigte sich besonders deutlich in England, aber mit Julius Hann, Gustav Hellman und Georges Ryet standen auch führende Protagonisten aus Österreich, Deutschland und Frankreich aufgrund der mangelhaften Genauigkeit und Reichweite der Vorhersage ablehnend gegenüber. Wie problembehaftet die Produktion einer zuverlässigen Vorhersage war, bewies allein die zurückhaltende Handhabung des 1872 gegründeten dänischen Wetterdienstes, der sich auf drei Angaben beschränkte: schönes Wetter, instabiles Wetter, schlechtes Wetter.[259]

Die Kluft zwischen dem selbst formulierten Anspruch der Meteorologie, eine Physik der Atmosphäre zu sein und dem Scheitern der Vorhersagepraxis wurde bereits 1876 vom deutschen Physiologen und Physiker Hermann von Helmholtz angesichts des Unvermögens, auch nur den Beginn und das Ende eines Regenschauers zu bestimmen, als Kränkung beschrieben.[260] Helmholtz, der sich ausgehend von Thermo- und Hydrodynamik im Herbst seiner Karriere mit meteorologischen Fragen auseinanderzusetzen begann, zweifelte zwar an der Praktikabilität einer Vorausberechnung des Wetters, da »wir nur solche Vorgänge in der Natur vorausberechnen [können], bei denen kleine Fehler im Ansatze der Rechnung auch nur kleine Fehler im Endergebnis hervorbringen. Sobald labiles Gleichgewicht sich einmischt,

258 Vgl. Anderson, Katharine: Looking at the Sky: The Visual Context of Victorian Meteorology, in: The British Journal for the History of Science 36 (3), 2003, S. 301–332, hier S. 305 f.

259 Vgl. Nebeker, Calculating the Weather, S. 39.

260 Helmholtz illustriert das Unvermögen der Meteorologen, das Wetter vorherzusagen mit einem Zitat des Sturm-und-Drang-Dichters Gottfried August Bürger: »Wenn der Astronom entdeckt, dass eine Sonnenfinsternis 600 Jahre vor Christo um fünf Viertelstunden falsch aus seiner Rechnung hervorgeht, so verräth ihm dies bisher noch nicht gekannte Einflüsse von Ebbe und Fluth auf die Bewegung der Erde und des Mondes, und der Schiffer auf fernem Meere controlirt seine Uhr nach den ihm vorausgesagten Augenblicken, wo die Verfinsterungen der Jupitertrabanten eintreten werden. Fragt man dagegen einen Meteorologen, was morgen für Wetter sein werde, so wird man durch die Antwort jedenfalls erinnert an Bürger's Mann, der das Wenn und das Aber erdacht‹, und man darf es den Leuten kaum verdenken, wenn sie bei solchen Gelegenheiten lieber auf Hirten und Schiffer vertrauen, denen die Achtsamkeit auf die Vorzeichen der Witterung durch manchen Regen und Sturm eingepeitscht worden ist«; siehe Helmholtz, Hermann von: Wirbelstürme und Gewitter, in: Deutsche Rundschau VI, 1876, S. 363–380, hier S. 363.

ist diese Bedingung nicht mehr erfüllt.«[261] Doch nach Helmholtz war das Problem nicht unlösbar, sondern durch Kenntnisse der zugrunde liegenden Gesetzmäßigkeiten zu lösen:

»So besteht für unsern Gesichtskreis noch der Zufall; aber er ist in Wirklichkeit nur der Ausdruck für die Mangelhaftigkeit unseres Wissens und die Schwerfälligkeit unseres Combinationsvermögens. Ein Geist, der die genaue Kenntnis der Thatsachen hätte und dessen Denkoperationen schnell und präzis genug vollzogen würden, um den Ereignissen vorauszueilen, würde in der wildesten Launenhaftigkeit des Wetters nicht weniger, als im Gange der Gestirne, das harmonische Walten ewiger Gesetze anschauen, was wir nur voraussetzen und ahnen.«[262]

In der *Scientific Community* herrschte Ende des 19. Jahrhunderts weitgehender Konsens zu den Ursachen des Vorhersageproblems: Neben dem lückenhaften Messnetzwerk galt auch die theoretische Grundlage der atmosphärischen Prozesse als unzureichend. Damit genügte die Wettervorhersage, wie sie praktiziert und täglich in Zeitungen abgedruckt wurde, nicht den wissenschaftlichen Ansprüchen. Ab 1900 finden sich dann erste konkrete Zielformulierungen, die Wettervorhersage an den wissenschaftlichen Idealen einer Atmosphärenphysik auszurichten. Die ersten beiden Befürworter einer solchen auf Mathematik und Physik beruhenden Wettervorhersage hatten ihre Karriere bezeichnenderweise nicht in der in ihrer Selbstständigkeit noch jungen Disziplin Meteorologie, sondern in benachbarten Wissensfeldern begonnen.

Der US-Amerikaner Cleveland Abbe (1838–1916) hatte bereits eine Karriere als Astronom hinter sich, bevor er 1871 zum leitenden Meteorologen des neu geschaffenen US-amerikanischen Wetterdienstes aufstieg und der Norweger Vilhelm Bjerknes (1862–1951) hatte zunächst in Stockholm Mechanik und Physik studiert und sich erst danach der Meteorologie zugewandt. Abbe hielt im Februar 1901 an der Johns-Hopkins-Universität in Baltimore einen Vortrag über die physikalischen Grundlagen einer langfristigen Wettervorhersage.[263] Ausgangspunkt seiner Ausführungen war die Feststellung, dass die gegenwärtigen Wettervorhersagen primitiv und ihre Reichweite mit

261 Ebd., S. 380.

262 Ebd., S. 380.

263 Zu diesem Thema sprach er auch im August desselben Jahres vor der American Association for the Advancement of Science, bevor eine Zusammenfassung in der Zeitschrift der American Meteorological Society abgedruckt wurde; vgl. Abbe, Cleveland: The Physical Basis of Long-Range Weather Forecasts, in: Monthly Weather Review 29 (12), 1901, S. 551–561, hier S. 551.

höchstens drei Tagen sehr begrenzt seien. Als Ursache dafür identifizierte er, dass die Wetterkarten zwar auf Beobachtungen, die abgeleiteten Prognosen jedoch bloß Ausdruck von Erfahrungen seien und physikalischer Theorien kaum einbezogen würden. Mit Verweis auf die Entwicklung der Astronomie (von Kopernikus zu La Place) entwickelte er ein teleologisches Narrativ, das seiner Hoffnung Ausdruck verlieh, dass sich auch die Meteorologie von einer vorwiegend empirischen zu einer ›rationalen‹ – gemeint war deduktiven – Wissenschaft entwickeln werde.[264] Er schlug eine Wettervorhersage vor, die nicht wie bisher über die Durchschnittsberechnungen oder das Abgleichen von Typen funktionierte, sondern auf der Lösung mathematisch-physikalischer Formeln basierte:

»Die Methoden, die am besten geeignet sind, um die Probleme anzugehen, sind nicht die der Typen und Mittelwerte, sondern die der analytischen Mechanik, und erst nachdem die Probleme vollständig analytisch und algebraisch dargelegt worden sind, wird es uns wahrscheinlich gelingen, geometrische und grafische Hilfsmethoden zu ihrer Lösung zu entwickeln, die schließlich zur Grundlage eines Systems gemacht werden können, das von praktischen Fachleuten leicht zu handhaben ist.«[265]

In der Folge legte Abbe eine ganze Reihe von Gesetzen dar, die die atmosphärischen Bewegungen bestimmten und von deren Lösung er sich präzise und langfristige Wettervorhersagen erhoffte. Nur drei Jahre später schlug Bjerknes, wie sein US-amerikanischer Kollege, ebenfalls eine mathematische Lösung des Wettervorhersageproblems vor. Während Abbe weniger eine konkrete Methode präsentierte, sondern in erster Linie eine Vision entworfen hatte, die nur durch intensive Grundlagenforschung und internationaler Kooperation zu verwirklichen war, stellte Bjerknes nun unter dem bezeichnenden Titel *Das Problem der Wettervorhersage, vom Standpunkte der Mechanik und Physik*[266] in der deutschsprachigen *Meteorologischen Zeitschrift* ein kon-

---

264 Ebd., S. 551; zum teleologischen Narrativ von Abbes Text vgl. Majdik, Zoltan P.; Platt, Carrie Anne; Meister, Mark: Calculating the Weather: Deductive Reasoning and Disciplinary Telos in Cleveland Abbe's Rhetorical Transformation of Meteorology, in: Quarterly Journal of Speech 97 (1), 2011, S. 74–99.

265 Ebd., S. 554. Im Original: »The Methods most appropriate for attacking the problems are not those of types and averages, but those of analytical mechanics, and it is only after the problems have been fully stated analytically and algebraically that we are likely to succeed in devising auxiliary geometrical and graphical methods of solving them that may eventually be made the basis of a system easily handled by practical experts.«

266 Bjerknes, Vilhelm: Das Problem der Wettervorhersage, betrachtet vom Standpunkte der Mechanik und der Physik, in: Meteorologische Zeitschrift 18 (6), 1904, S. 663–667.

kretes und übersichtliches Set von sieben Gleichungen bereit, die das Verhalten der Wärme, Luftbewegung und Feuchtigkeit bestimmten.[267] In einem ersten diagnostischen Schritt sollte durch Messungen der Anfangszustand der Atmosphäre bestimmt und in einem zweiten prognostischen Schritt unter Anwendung der Bewegungsgesetze berechnet werden, wie sich dieser Zustand im Verlauf der Zeit verändert.[268]

Auch wenn Bjerknes auf die Komplexität des Problems hinwies, orientierte er sich an einem epistemologischen Ideal, das letztlich auf der Vorstellung von Mechanik in der Tradition seines ehemaligen Vorgesetzten Heinrich Hertz beruhte und das bei ausreichenden Kenntnissen natürlicher Phänomene eine Aussage über deren zukünftige Entwicklung in Aussicht stellte.[269] Auch der Text von Bjerknes war programmatisch zu verstehen und auf eine mehr oder weniger weit entfernte Zukunft gerichtet. Er trieb jedoch in der Folge – zunächst als Direktor des Geophysikalischen Instituts in Leipzig und nach seiner kriegsbedingten Rückkehr nach Norwegen in Bergen – die Erneuerung der Vorhersagemethoden voran. Dabei gingen von zwei wissenschaftsexternen Entwicklungen wichtige Impulse für die Meteorologie aus: Erstens war der Einsatz von neuartigen Waffen im Ersten Weltkrieg, wie die weitreichende Artillerie und chemische Kampfstoffe, abhängig von verlässlichem meteorologischen Wissen.[270] Zweitens initiierte die aufkommende Luftfahrt weitere Forschungsarbeit zu einer zuverlässigen Wettervorhersage, da sie einerseits erstmals umfangreiche Messungen der oberen Atmosphärenschichten zur Verfügung stellte und andererseits selbst auf Wetter-

267 Vgl. Spänkuch, Dietrich: Zur Entwicklung der Meteorologie in der zweiten Hälfte des 20. Jahrhunderts, in: Beiträge zur Festsitzung der Klasse Naturwissenschaften zu Ehren des 75. Geburtstages von Wolfgang Böhme, Berlin 2002, S. 11–60, S. 35; Weart, Spencer R.: The Development of General Circulation Models of Climate, in: Studies in History and Philosophy of Modern Physics 41, 2010, S. 208–217, hier S. 208 f.

268 Vgl. Lynch, Peter: The Origins of Computer Weather Prediction and Climate Modeling, in: Journal of Computational Physics 227 (7), 2008, S. 3431–3444, hier S. 3432; Gramelsberger, Gabriele: Calculating the Weather: Emerging Cultures of Prediction in Late Nineteenth- and Early Twentieth-Century Europe, in: Heymann, Matthias; Gramelsberger, Gabriele; Mahony, Martin (Hg.): Cultures of Prediction in Atmospheric and Climate Science: Epistemic and Cultural Shifts in Computer-Based Modelling and Simulation, London, New York 2017, S. 45–67, S. 57.

269 Vgl. Friedman, Robert Marc: Appropriating the Weather: Vilhelm Bjerknes and the Construction of Modern Meteorology, Ithaca, London 1989, S. 51–53.

270 Vgl. u.a. Harper, Kristine: Cold War Atmospheric Sciences in the United States: From Modeling to Control, in: Dongen, Jeroen van; Hoeneveld, Friso; Streefland, Abel (Hg.): Cold War Science and the Transatlantic Circulation of Knowledge, Bd. 51, Leiden 2016 (History of Science and Medicine Library), S. 217–242, hier S. 217; Friedman, Appropriating the Weather, S. 57.

informationen angewiesen war. In diesem Kontext entwickelte Bjerknes eine hybride Methode, die sich zwar am Ideal einer exakten Atmosphärenphysik orientierte, allerdings weiterhin in erster Linie auf der grafischen Extrapolation von Wetterkarten und dem Erfahrungswissen von Meteorologen beruhte.[271]

Der Traum einer berechneten Wettervorhersage wurde jedoch weiter geträumt. Exemplarisch manifestierte er sich in der 1922 veröffentlichten Abhandlung *Weather Prediction by Numerical Process* des britischen Physikers und Friedensaktivisten Lewis Fry Richardson.[272] Richardson erörterte darin seinen letztlich gescheiterten Versuch, eine Mathematik-basierte Wettervorhersage in die Praxis umzusetzen. Auf der Grundlage von Bjerknes stellte Richardson ein Set von sieben Gleichungen auf, die unter der Voraussetzung der Kenntnis des Anfangszustandes das Verhalten der Atmosphäre bestimmen sollten.[273] Richardson hatte sechs Wochen benötigt, um durch die numerische Lösung der Gleichungen eine rückwirkende »Prognose« der Wetterveränderung für den 20. Mai 1910 an zwei Orten zu berechnen und lag damit spektakulär falsch.[274] Trotzdem beharrte er auf der Idee, dass es grundsätzlich möglich sei, die atmosphärischen Veränderungen numerisch handzuhaben. In der Einleitung machte er deutlich, dass er sich mit dieser (zukünftigen) Wettervorhersage wie seine Vorgänger an der Astronomie orientierte.

Ausganspunkt seiner Überlegungen war nämlich das 1767 erstmals erschienene astronomische Jahrbuch *Nautical Almanac* – »dieses Wunderwerk

---

271 Vgl. Friedman, Robert Marc: Constituting the Polar Front, 1919–1920, in: Isis 73 (3), 1982, S. 343–362.

272 Richardson, Lewis Fry: Weather Prediction by Numerical Process, Cambridge 1922.

273 Die ersten drei Formeln von Richardson bestanden im Wesentlichen aus den Newton'schen Gesetzen. Die vierte Gleichung besagt, dass, wenn die Massendichte an einem Ort abnimmt, die Materie sich von ihr entfernt haben muss, die fünfte Gleichung besagt das Gleiche für den Wassergehalt, die sechste legt fest, dass Wärmezufuhr entweder zu Temperaturanstieg führt oder Arbeit verrichtet und die siebte Gleichung kombiniert das Boyle'sche Gesetz (das Volumen eines Gases ist bei konstanter Temperatur umgekehrt proportional zum Druck, dem es ausgesetzt ist) und dem Charles'schen Gesetz, dass das Volumen sich direkt proportional zur absoluten Temperatur verhält; vgl. dazu Dalmedico, Amy Dahan: History and Epistemology of Models: Meteorology (1946–1963) as a Case Study, in: Archive for History of Exact Sciences 55 (5), 2001, S. 395–422, hier S. 398.

274 Vgl. Weart, The Development of General Circulation Models of Climate, S. 208, Lynch, From Richardson to Early Numerical Weather Prediction, S. 4 f.

der genauen Vorhersage«[275] –, das die Astronavigation auf See erlaubte. Richardson betonte, dass die »astronomische Geschichte« nicht auf dem Prinzip der Wiederholbarkeit beruhte und schloss daran die rhetorische Frage an: »Warum sollten wir dann erwarten, dass eine gegenwärtige Wetterkarte genau in einem Katalog des vergangenen Wetters zu finden ist?«[276] Mit der Feststellung, dass sich das Wetter nicht wiederholte, setzte er sich nochmals deutlich von der üblichen Praxis der synoptischen Wettervorhersage ab, die vergangenen atmosphärischen Zustände mit aktuellen abzugleichen und auf der Grundlage von Erfahrungswissen eine Vorhersage ableitete. Richardson schwebte eine Wettervorhersage vor, die der Vorgehensweise der Astronavigation insofern entsprach, als sie auf »Differentialgleichungen und nicht auf die partielle Wiederkehr von Phänomenen in ihrem Ensemble«[277] beruhte. Einschränkend hielt er lediglich fest, dass es ein kompliziertes Vorhaben sei – »weil die Atmosphäre kompliziert ist«.[278] Das zentrale Problem stellte für ihn nun nicht mehr ein fehlender Einbezug atmosphärenphysikalischer Theorien dar, sondern die Geschwindigkeit der Berechnung: »Vielleicht wird es eines Tages in der fernen Zukunft möglich sein, die Berechnungen schneller voranzutreiben als das Wetter [...]. Aber das ist ein Traum.«[279]

Richardson war zwar der Einzige, der eine konsequente Umsetzung versuchte, doch mit seiner Konzeptualisierung der Atmosphäre war er keineswegs ein Außenseiter. Viele zeitgenössische Meteorologen betrachteten, selbst als sich in den 1930er und 1940er Jahren die Quantenmechanik etablierte und die Physik jenseits von einfachen Kausalitäten zu denken begann, makroskopische Phänomene – und als solches wurde die Atmosphäre eingestuft – weiterhin als deterministisch im Sinne von Laplace.[280] Als unhintergehbare Schwachstelle galt nun nicht mehr die fehlende theoretische Fundierung, sondern die mangelhafte Datenlage und vor allem die beschränkte Rechenleistung. Die Umsetzung in die Praxis, und damit

275 Richardson, Weather Prediction by Numerical Process, S. vii. Im Original: »that marvel of accurate forecasting«.

276 Beide Zitate ebd. Im Original: »astronomical history«; »Why then should we expect a present weather map to exactly represented in a catalogue of past weather?«.

277 Ebd. Im Original: »differential equations, and not upon the partial recurrence of phenomena in their ensemble«.

278 Ebd. Im Original: »because the atmosphere is [complicated]«.

279 Ebd. Im Original: »Perhaps some day in the dim future it will be possible to advance the computations faster than the weather advances [...] But that is a dream.«

280 Vgl. Nebeker, Calculating the Weather, S. 188 f.

eine Angleichung an die Vorhersagemethoden der Astronomie, war deshalb schlicht nicht absehbar. Gerade das Scheitern von Richardsons Praxisversuch galt seinen Kollegen als Beweis für die Impraktikabilität seines mathematischen Zugangs.[281] Diese Versuche einer mathematischen Lösung des Wettervorhersageproblems kamen in der ersten Hälfte des 20. Jahrhunderts ohne Verweis auf die Beeinflussung von Wetter und Klima aus. Weder wurden die Versuche und Ideen einer mathematischen Vorhersage der Atmosphäre um die Kontrolle erweitert, noch wurden zu den Experimenten der lokalen Wetterbeeinflussung Vorhersagen hinzugezogen.

Mit einer Ausnahme: Sechs Jahre nach Richardsons Publikation zog im September 1928 mit dem Okeechobee-Hurrikan ein folgenschwerer Wirbelsturm über Puerto Rico, die Bahamas und Florida und forderte das Leben von mehr als 4000 Menschen.[282] William S. Franklin, Physiker am Massachusetts Institute of Technology, der beinahe 30 Jahre zuvor bereits über die Möglichkeiten der Wetterbeeinflussung nachgedacht hatte, nahm die Naturkatastrophe zum Anlass, um die Idee von Richardson aufzugreifen. Wie andere Zeitgenossen verwies er sie jedoch angesichts bereits bestehender Rechenmaschinen in den Bereich des Unwahrscheinlichen: »Diese Lösung wäre völlig unpraktikabel, es sei denn, Lord Kelvins Maschine zur Lösung simultaner linearer Gleichungen könnte für 10'000 simultane Gleichungen eingesetzt werden, was äußerst fraglich ist.«[283] Als Alternative schlug er eine Ergänzung der synoptischen Wettervorhersage vor, die über Klassifizierung von mehreren Tausend Großwetterlagen funktionierte. In der Folge führte er jedoch als einer der Ersten überhaupt die potenzielle Bedeutung einer zur Verfügung stehenden, präzisen Wettervorhersage für die Wetterbeeinflussung aus und zwar, indem er sie mit der »Logik des Triggers« kombinierte. Zwar sei es unmöglich – so Franklin – mit der Energie etwa eines Wirbelsturms zu konkurrieren, doch bei einer Vorhersage der entscheidenden instabilen Zustände der Atmosphäre wäre man in der Lage, diese mit verhältnismäßig geringem Energieaufwand frühzeitig auszulösen und so den Sturm zu verhindern.[284] Die Idee Franklins, die Wettervorhersage zur Iden-

281 Vgl. u.a. Shaw, Napier: Meteorological Theory in Practice, in: Nature 110 (2771), 1922, S. 762–766.

282 Vgl. Neely, Wayne: The Great Okeechobee Hurricane of 1928, Bloomington 2014, S. 227 ff.

283 Franklin, William S.: Weather Prediction and Weather Control, in: Science 68 (1764) 1928, S. 377–378, S. 377. Im Original: »This solution would be utterly impracticable unless Lord Kelvin's machine for solving simultaneous linear equations could be to made practicable for 10.000 simultaneous equations, which is extremely doubtful.«

284 Ebd., S. 378.

tifikation eines geeigneten Ortes und Zeitpunkts für einen Eingriff zu nutzen, verhallte jedoch angesichts der fehlenden Rechenleistung, des lückenhaften Messnetzwerks und der Praxis einer Wettervorhersage, die weiterhin eher als Kunst denn als Wissenschaft galt, unwidersprochen.

»Electronic Computer Device« – die computerbasierte Vorhersage und die Kontrolle der Atmosphäre

Mitte der 1940er Jahre schien nun das Unwahrscheinliche einzutreffen und die Erfüllung von Richardsons Traum angesichts der ersten elektronischen Computer – dieser Begriff ging just um 1945 von der rechnenden Person auf die Maschine über[285] – in Reichweite zu rücken. Elektronische Rechner wie der seit 1943 im Ballistic Research Laboratory der US-Armee von J. Presper Eckert und John Mauchly entwickelte ENIAC (Electronic Numerical Integrator and Computer)[286] versprachen, die erforderliche Rechenleistung und -geschwindigkeit zur Verfügung zu stellen, um die Herangehensweise der Meteorologie an die der Astronomie anzugleichen. Noch in der Formierungsphase der Computertechnologie, bevor die tatsächliche Reichweite abgeschätzt werden konnte, diente der Computer als Katalysator des bis ins 19. Jahrhundert zurückreichenden meteorologischen Traumes.

Im Oktober 1945, gut einen Monat, nachdem der Zweite Weltkrieg mit der Kapitulation Japans zu Ende gegangen war, ließ Vladimir K. Zworykin dem Mathematiker John von Neumann ein zwölfseitiges Papier mit dem Titel *Outline of a Weather Proposal* zukommen.[287] Zworykin, nach der Oktoberrevolution aus Russland geflohen, hatte 1926 an der Universität in Pittsburgh als Elektroingenieur provomiert und trug in den Folgejahren durch seine Forschung beim Elektronikhersteller Radio Corporation of America in Camden, New Jersey, maßgeblich zur Entwicklung der Fernsehtechnologie bei.[288] Der Fernsehpionier wies mit seinem *Proposal* von Neumann, der in den Kriegsjahren zu einem der einflussreichsten Wissenschaftler und

285 Vgl. Ceruzzi, Paul E.: A History of Modern Computing, 2003, S. 1.

286 Ebd.

287 Zworykin, Vladimir K.: Outline of a Weather Proposal, October 1945 (Reprint), in: History of Meteorology 4, 2008, S. 57–79. Vgl. dazu auch u.a. Fleming, Fixing the Sky, S. 192 ff; Harper, Weather by Numbers, S. 5 f.

288 Mit der Entwicklung der Kineskop-Röhre war Zworykin eine zentrale Figur für die Entwicklung eines kommerziell verwertbaren Fernsehsystems; vgl. dazu Nebeker, Frederik: In His

Wissenschaftsunternehmer aufgestiegen war,[289] auf die Implikationen der sich abzeichnenden Computertechnologie für die Meteorologie hin und forderte nichts weniger als »[ein] langfristiges, groß angelegtes Programm zur Wetter- und Klimavorhersage und -kontrolle«.[290] Angesichts der Bedeutung für Landwirtschaft und Flugverkehr – so Zworykin – könne die Bedeutung einer präzisen langfristigen Prognose nicht überbewertet werden.

Diese präzise Wettervorhersage sah er jedoch nur als Ausgangspunkt für zukünftige, gezielte Eingriffe in atmosphärische Phänomene: »Eine Wettervorhersage auf der Grundlage wissenschaftlicher Erkenntnisse über die Faktoren, die das Wetter beeinflussen, wäre der erste Schritt zu einem Versuch, das Wetter zu kontrollieren, ein Ziel, das von allen vorausschauenden Menschen als möglich angesehen wird.«[291] Damit erweiterte Zworykin als einer der Ersten überhaupt auf der Grundlage der antizipierten Computertechnologie das potenzielle Anwendungsfeld der Meteorologie von der Erklärung und Vorhersage atmosphärischer Phänomene um deren Kontrolle. Der meteorologische Laie identifizierte drei Haupthindernisse auf dem Weg zur präzisen langfristigen Wettervorhersage und damit als Zwischenschritt zur Wetterkontrolle: Das erste Hindernis – die Kenntnisse der zugrunde liegenden physikalischen Gesetzmäßigkeiten – hielt er optimistisch bereits für beseitigt. Für die zwei weiteren – die mangelhafte Datenlage und Schwierigkeiten der komplexen Berechnungen – sah er in absehbarer Zukunft Lösungen. Radiosonden und Raketen würden die entsprechenden relevanten Daten liefern und der elektronische Rechner die Verarbeitung gewährleisten.[292] Ein Blick auf die mit sechs Titeln sehr übersichtlich gehaltene Bibliografie von Zworykins *Proposal* zeigt, dass

Own Words: Vladimir Zworykin, Television Pioneer, in: Proceedings of the IEEE 90 (11), 2002, S. 1811–1817.

289 Von Neumanns Karriere steht exemplarisch für eine Veränderung der Rolle der Mathematiker hin zu Experten mit engen Beziehungen zur politischen Macht und Leiter großer Forschungsprojekte im Verlauf der ersten Hälfte des 20. Jahrhunderts; vgl. Dalmedico, History and Epistemology of Models, S. 395 f.

290 Zworykin, Outline of a Weather Proposal, S. 6. Im Original: »[a] long range, large scale program for weather and climatic prediction and control«.

291 Zworykin, Outline of a Weather Proposal, S. 1. Im Original: »[W]eather prediction based on scientific knowledge of the factors influencing weather would be a first step in any attempt in the control of weather, a goal recognized as eventually possible by all foresighted man.« Vgl. dazu auch Schrickel, Isabell: Von Cloud Seeding und Albedo Enhancement, S. 198; Harper, Weather by the Numbers, S. 5 f.

292 Vgl. Zworykin, Outline of a Weather Proposal, S. 1 f.

die antizipierte Computertechnologie lediglich als Katalysator des älteren Traums diente: der Mathematisierbarkeit des Wetters. Denn als zentrale Referenz für die Machbarkeit der langfristigen Wetterprognose führte Zworykin *Weather Prediction by Numerical Process* von Lewis Fry Richardson an.

Als Zworykin seinen Vorschlag formulierte, waren weder technische Details geklärt, geschweige denn die Tragweite der Technologie absehbar. Der Adressat John von Neumann hatte erst ein gutes Jahr vorher vom ENIAC-Projekt erfahren und seit seinem wegweisenden *First Draft of Report on EDVAC* waren gerade mal sechs Monate vergangen.[293] Zworykins Einschätzung beruhte also lediglich auf der antizipierten Rechenleistung, die nun Richardsons Idee Realität werden lassen sollte. John von Neumann bedankte sich jedenfalls persönlich bei Zworykin und erklärte sich einverstanden mit dessen Ausführungen:

> »Ich stimme Ihnen voll und ganz zu, dass, sobald die Methoden der Vorhersage ausreichend fortgeschritten sind, der unmittelbar folgende Schritt die Vorhersage von hypothetischen Situationen sein sollte. Mit anderen Worten: Erforschung der Folgen verschiedener kontrollierbarer Veränderungen der Absorptions- und Reflexionseigenschaften des Bodens und einer Reihe geeigneter atmosphärischer Phänomene, die künstlich herbeigeführt werden können.«[294]

Während Zworykin in Form eines naturwissenschaftlichen Ideals die Diagnose der Atmosphäre um die Prognose und in letzter Konsequenz die Kontrolle ergänzt hatte und damit die Atmosphäre zu einem kontrollierbaren Labor runterskalierte, fokussierte von Neumann also bereits auf die Vorhersage hypothetischer Situationen zur Folgenabschätzung von bestimmten Eingriffen ins Erdsystem, die vor allem auf die Veränderung der Albedo zielen sollten.

Zworykins 14-seitiger Vorschlag war weit entfernt von der tatsächlichen Vorhersagepraxis der Meteorologen, die gerade noch während des Krieges mit der synoptischen Methode die Streitkräfte unterstützt hatten, doch er blieb nicht folgenlos: Er lenkte nicht nur die Aufmerksamkeit von

293 Vgl. Ceruzzi, A History of Modern Computing, S. 21 f.

294 Zworykin, Outline of a Weather Proposal, o. S. Im Original: »I agree with you completely that once the methods of prediction are sufficiently advanced the immediately following step should be prediction from hypothetical situations. In other words: exploring the consequences of various controllable changes in the absorption and reflection properties of the ground and of a number of suitable atmospheric phenomena which can be brought about artificially.«

Francis Reichelderfer, dem Direktor des US-amerikanischen Wetterdienstes und seinem Leiter des wissenschaftlichen Dienstes, Harry Wexler, auf die Anwendung der Computertechnologie, sondern war tatsächlich auch mitverantwortlich, dass John von Neumann die Wettervorhersage als einen geeigneten Anwendungsbereich für die Rechenmaschine ins Auge fasste.[295] Von Neumann hatte sich in seiner bereits langen Karriere zwar im Rahmen seiner Arbeit in Los Alamos mit Hydrodynamik, aber nie mit Meteorologie auseinandergesetzt. Er sah nun in der Wettervorhersage ein ideales Testfeld für die neue Technologie, da eine Beschreibung von sich bewegenden, von Luft umgebenen Meeresmassen auf einem rotierenden Körper besonders komplex und nur numerisch, nicht analytisch angegangen werden konnte.[296]

Um das Vorhersageproblems mithilfe des Computers, zu lösen, versammelte von Neumann eine Gruppe theoretischer Meteorologen am Institute of Advanced Study in Princeton, zu deren Leiter er Jule Gregory Charney ernannte. Charney hatte zunächst Physik und Mathematik an der University of Los Angeles studiert, bevor er im Kontext des Zweiten Weltkrieg zur Meteorologie wechselte. Nach Abschluss seiner Doktorarbeit 1946 und einem Aufenthalt in Oslo stieß er zum berühmten und für die US-amerikanische Meteorologie so einflussreichen Department von Carl-Gustaf Rossby an der Universität Chicago.[297] Rossby war bereits in den 1920er Jahren in die USA gekommen und hatte mit seiner Forschung und Lehrtätigkeit, zunächst für das U. S. Weather Bureau, dann für das MIT und schließlich für die University of Chicago maßgeblich dazu beigetragen, dass sich die synoptische Methode der Bergener Schule auch in den USA durchgesetzt hatte. Als einer der einflussreichsten Meteorologen seiner Zeit unterhielt er ein großes Beziehungsnetz und stellte mit der 1949 gegründeten Zeitschrift *Tellus* ein wichtiges Organ für den internationalen Austausch der Forschung zur Verfügung.[298] Über die persönliche Beziehung zu Charney und zu von Neumann

295 Vgl. u.a. Gramelsberger, Simulation, S. 32; Harper, Weather by the Numbers, S. 96–98.

296 Vgl. Harper, Kristine C.: The Scandinavian Tag-Team: Providers of Atmospheric Reality to Numerical Weather Prediction Efforts in the United States (1948–1955), in: Proceedings of the International Commission on History of Meteorology 1 (1), 2004, S. 84–92, hier S. 85.

297 Vgl. Weart, The Development of General Circulation Models of Climate, S. 209; zur Zusammensetzung der Forschungsgruppe, Klärung der Kooperation mit anderen Institutionen und der Aushandlung einer gemeinsamen Herangehensweise vgl. Harper, Weather by the Numbers, S. 96–119.

298 Vgl. ebd., S. 123.

blieb Rossby auch nach seiner Rückkehr nach Stockholm der Arbeitsgruppe in Princeton verbunden und damit weiter einflussreich für die amerikanische Meteorologie.[299]

Das IAS-Meteorologie-Projekt stellte nun bereits im Finanzierungsantrag an das Office of Research and Invention (ORI) der US-amerikanischen Navy nicht nur eine schnelle Prognose der kurz- und langfristigen Wetterentwicklung in Aussicht, sondern ausdrücklich auch die Wetterkontrolle.[300] Bevor das ambitionierte Projekt in Princeton so richtig startete, war also die Aussicht auf die Wetterkontrolle bereits in die Antragsrhetorik der Protagonisten eingeflossen. Wenige Monate, nachdem das Projekts aufgegleist worden war, trafen sich im Januar 1947 Zworykin und von Neumann in New York persönlich an einer von der American Meteorological Society und dem Institute of Aeronautical Sciences gemeinsam organisierten Konferenz. Während von Neumann über die zukünftige Anwendung der leistungsstarken Rechner in der Meteorologie sprach, ging Zworykin, wie bereits in seinem *Proposal*, einen Schritt weiter und stellte nun der breiten Öffentlichkeit die Wetterkontrolle in Aussicht. Sein Hauptargument wiederum: Der Computer werde durch seine Geschwindigkeit alle relevanten Faktoren atmosphärischer Phänomene künstlich nachbilden und so die Grundlage für deren Kontrolle schaffen.[301] Im Bericht des *Science Newsletter* über Zworykins Vortrag erschien das Argumentationsmuster besonders deutlich:

»Er [Zworykin] sagte, sie [die Wetterkontrolle] würde von Informationen abhängen, die aus sehr schnellen Berechnungen von Wetterberichten regulärer Observatorien abgeleitet werden, wobei die Berechnungen jetzt durch ein elektronisches Rechengerät möglich sind. Die Anwendung elektronischer Rechner, die speziell für die Wettervorhersage entwickelt wurden, kann Vorhersagen für Tage im Voraus in wenigen Minuten liefern. Das Gerät selbst würde das Wetter nicht vorhersagen; es würde auch nicht zur Kontrolle der unternommenen Schritte verwendet werden. Es würde lediglich die Wahrscheinlichkeiten aus den in ausgedehnten Gebieten gesammelten Daten über Luftdruck, Temperatur, Luftfeuchtigkeit, Windgeschwindigkeit in verschiedenen Höhen und anderen Informa-

299 Zu Rossby und seinem Einfluss auf die US-amerikanische Meteorologie vgl. u.a. Fleming, James Rodger: Inventing Atmospheric Science: Bjerknes, Rossby, Wexler, and the Foundations of Modern Meteorology, Cambridge 2016, S. 77–128.

300 Vgl. Harper, Weather by the Numbers, S. 103.

301 Vgl. Fleming, James Rodger: Beyond Prediction to Climate Modeling and Climate Control: New Perspectives from the Papers of Harry Wexler, 1945–1962, in: Donner, Leo (Hg.), Atmospheric General Circulation Models: Complexity, Synthesis and Computation, Cambridge, New York, Melbourne, Madrid 2011, S. 51–75, hier S. 61.

tionen, die der Meteorologe verwendet, innerhalb von Minuten statt der derzeit erforderlichen Stunden berechnen. Die Kontrollschritte würden der Vorhersage folgen.«[302]

Während Zworykin optimistisch nicht nur die Wettervorhersage, sondern auch die folgende Kontrolle prognostizierte und die Medien über die fantastisch klingenden Anwendungsmöglichkeiten der »mathematischen Maschinen« berichteten,[303] unternahm in den späten 1940er Jahren die Forschungsgruppe in Princeton erste tastende Versuche mit der Berechnung hydrodynamischer Gleichungen atmosphärischer Strömungen. Da sich die Gleichungen weder für numerische noch für analytische Lösungen eigneten, wurden die mathematischen Modelle systematisch vereinfacht, sodass die unwichtigen Phänomene rausgefiltert, die als wichtig erachteten meteorologischen Phänomene erfasst wurden.[304] 1949 erschien im *Journal of Meteorology* ein erster ausführlicher Aufsatz von Jule Charney zur numerischen Wettervorhersage, in dem er vorschlug, das Vorhersageproblem durch eine Reduktion von einem drei- auf ein zweidimensionales Modell zu lösen. Auch wenn er ebenfalls Hoffnungen in die jüngste Entwicklung der »große digitale Rechenmaschinen« setzte, warnte er angesichts der »ernsthaften Hindernisse« vor allzu großem Optimismus und stellte sogar die grundlegende Frage: »Kennen wir eigentlich die Gesetze, die die Bewegung der Atmosphäre bestimmen?«[305]

In der *Scientific Community* der Nachkriegsmeteorologie war tatsächlich noch nicht abzusehen, ob sich die numerische Wettervorhersage durch-

---

302 Weather Control Predicted, in: The Science News-Letter 51 (7), 1947, S. 102. Im Original: »It [weather control] would depend he [Zworykin] said, upon information derived from very rapid calculations made from weather reports from regular observatories, the calculations being now possible by an electronic computing device. The application of electrical and electronic devices specially designed for weather forecasting may yield predictions for days ahead in a matter of minutes. The device itself would not predict weather; neither would it be used in control steps taken. It would merely compute, in minutes instead of the hours now required, the probabilities from data collected from extended areas regarding pressure, temperature, humidity, wind velocity at different altitudes and other information used by the weather forecaster. The control steps would follow the prediction.«

303 Vgl. u.a. Davis, Harry M.: Mathematical Machines, in: Scientific American 180 (4), April 1949, S. 28–39.

304 Vgl. Dalmedico, History and Epistemology of Models, S. 401.

305 Alle Zitate: Charney, Jule: On a Physical Basis of Numerical Prediction of Large-Scale Motions in the Atmosphere, in: Journal of Meteorology 6 (6), 12.1949, S. 371–385, S. 371. Im Original: »large-scale digital computing machines«; »serious obstacles«; »Do we actually know the laws governing the motion of the atmosphere?«.

setzen würde. Lag der Fokus von Charney und seinen Kollegen auf der numerischen Handhabung, wurden zeitgleich auch statistische Methoden geprüft,[306] und in der Praxis dominierte weiterhin die synoptische Wettervorhersage. Die Diskussionen – sowohl in den Medien als auch in der wissenschaftlichen Gemeinschaft – fanden zunächst vor allem in den USA statt. In Deutschland wurden die Bemühungen um statistische Langzeitprognosen, wie sie Ludwig Weickmann und Franz Baur propagiert hatten, auch nach Kriegsende weiter verfolgt[307] und in Großbritannien stieß die computerbasierte Vorhersage bis Mitte der 1960er Jahre auf große Widerstände.[308]

In den USA gerann jedoch, fern der Fachdebatten über die konkrete technische Umsetzung oder der Verhandlung größerer wissenschaftstheoretischer und -philosophischer Fragen, die Verlinkung von Wettervorhersage und Wetterkontrolle zum Topos. Gerade durch die Ausblendung der komplexen Rechenoperationen und genauen Funktionsweise, die sich nicht nur, aber vor allem in Publikumsmedien manifestierte, erschien der Computer als »Black Box«.[309] Das »Wunder im Wartestand«[310] verstärkte als abstrakte Referenz die Vorstellung der Atmosphäre als ein deterministisches System, das gemäß den Idealen neuzeitlicher Naturwissenschaft nicht nur berechnet und vorhergesagt, sondern letztlich eben auch kontrolliert werden könne. Die »Black Box Computer« ermöglichte es, die Kontrolle der Atmosphäre zu imaginieren, ohne die konkrete Funktionsweise zu erläutern. So hatte etwa der Präsident der RCA, David Sarnoff, bereits im Oktober 1946 über Regen und Sonnenschein per Knopfdruck spekuliert,[311] bevor er im Juli 1947 in der populärwissenschaftlichen Zeitschrift *Scientific American* seine Vision der zukünftigen Wetterkontrolle wiederholte, die er angesichts der Fortschritte der computergestützten Wettervorhersage in Reichweite sah.[312] Der Verweis zurück auf Richardson, während gleichzeitig die eigentliche Funktionswei-

306 Vgl. Dalmedico, History and Epistemology of Models, S. 407.

307 Vgl. u.a. Der Wolken-Mathematiker, ZEIT ONLINE, <https://www.zeit.de/1961/24/der-wolken-mathematiker>, Stand: 13.1.2020.

308 Vgl. Martin-Nielsen, Janet: Scientific Forecasting? Performing Objectivity at the UK's Meteorological Office, 1960–1970s, in: History of Meteorology 8, 2017, S. 202–222.

309 Vgl. Gugerli, David: Wie die Welt in den Computer kam: zur Entstehung digitaler Wirklichkeit, Frankfurt am Main 2018, S. 18–22.

310 Rid, Thomas: Maschinendämmerung: Eine kurze Geschichte der Kybernetik, Berlin 2016, S. 197.

311 Vgl. Fleming, Beyond Prediction to Climate Modeling and Climate Control, S. 60; Harper, Make It Rain, S. 49.

312 Sarnoff, David: Science Reaches Upward, in: Scientific American 177 (1), 1947, S. 6–9.

se der Computer ausgespart wurde, verstetigte sich in den 1950er Jahren. So nahm die *Weather*, die Zeitschrift populärwissenschaftlichen Zuschnitts der Royal Meteorological Society, 1957 nahezu wortwörtlich Richardson Traum auf und postulierte die Angleichung meteorologischer Methoden an die astronomische:

»In der fernen Zukunft dieses elektronischen Zeitalters könnten langfristige Vorhersagen für das ganze Jahr eine neue Bedeutung erlangen, indem sie von der Astrologie zur Meteorologie, vom *Old Moore's Almanack* zur Januarausgabe von *Weather* übergehen. Oder vielleicht wird die Wetterkontrolle soweit fortgeschritten sein, dass unser Wetter, wie unsere Sommerzeit, Wochen im Voraus durch Parlamentsgesetze festgelegt wird.«[313]

Die Computertechnologie fungierte auch in der Folge weiterhin ohne detaillierte Verweise auf die ›tatsächliche‹ Arbeit mit dem neuartigen Instrument, etwa auf das erste Klimamodell von Norman A. Philips, als Stichwortgeberin des Wetter- und Modifikationsdiskurses. So diente auch bei der sich in den 1960er Jahren verstärkenden populärkulturellen Verarbeitung der Wetter- und Klimakontrolle der Computer dazu, den eigentlichen Akt der Beeinflussung auszulassen. Ob nun in der James-Bond-Parodie *Our Man Flint* von 1966, in der Doctor-Who-Folge *The Seeds of Death* von 1969 oder der Perry-Rhodan-Episode *In der Betonwüste* 1971: Die entscheidenden Kontrollinstrumente waren »weather machine«, »weather control station« oder »Wettermanipulatoren im Orbit«.[314]

Diese Verlinkung von Vorhersage und Kontrolle lässt sich nicht einfach als Phänomen einer populärwissenschaftlichen Vereinfachung oder boulevardesken Zuspitzung abtun. Spätestens ab Mitte der 1950er Jahre griffen auch Fachleute verstärkt in Anträgen, Überblicksdarstellungen und programmatischen Beiträgen die Argumentation in zwei Spielarten auf: Erstens in Form eines wissenschaftstheoretischen Ideals, das die Atmosphäre als kontrollierbares Labor imaginierte, andererseits als antizipiertes Instrument zur Folgenabschätzung von Eingriffen in die Atmosphäre. Als etwa John von Neumann 1955 in der Wirtschaftszeitschrift *Fortune* unter

313 Editorial – Control, in: *Weather* 12 (1) 1957, S. 2. Im Original: »In the far distant future of this Electronic Age, long-lange forecasts for the entire year may earn a new respectability, passing from astrology to meteorology, from Old Moore's Almanack to the January issue of *Weather*. Or perhaps weather control will so far advance that our weather, like our summer daylight, will be decreed weeks in advance by Acts of Parliament.«

314 Vgl. Mann, Daniel: Our Man Flint, 16.1.1966; Mann, Daniel: Our Man Flint, Action, Adventure, Comedy, Fantasy, Sci-Fi, 1h48m, Twentieth Century Fox, 16.1.1966; Voltz, William: Perry Rhodan: In der Betonwüste, o. O. 1971 [E-Book], Position 66.

dem dramatischen Titel *Can We Survive Technology?* über das Verhältnis Mensch und Technologie und dessen zukünftige Entwicklung nachdachte, behandelte er auf immerhin gut drei (von 15 Seiten) die zukünftige Wetterkontrolle. Dabei dachte er an weit mehr als an die bisherigen lokalen Wetterbeeinflussungsversuche: »Aber Wetter- und Klimakontrolle sind viel umfassender als ›Regen machen‹.« Für Neumann stand auch die Machbarkeit großräumiger und vor allem permanenter Klimabeeinflussung durch gezielte Veränderung der Strahlungsbilanz außer Frage. Als Beleg diente ihm dabei die unbeabsichtigte Beeinflussung – wie der steigende Kohlendioxidgehalt durch die Verbrennung von Öl und Kohle oder reflektierende Partikel nach Vulkanexplosionen. Einschränkend hielt er jedoch fest, dass angesichts der letztlich globalen Tragweite eine detaillierte Abschätzung der Folgen erforderlich sei:

»Die Hauptschwierigkeit besteht darin, die Auswirkungen eines solchen drastischen Eingriffs im Detail vorherzusagen. Aber unser Wissen über die Dynamik und die steuernden Prozesse in der Atmosphäre nähert sich rasch einem Stand, der eine solche Vorhersage ermöglichen würde.«[315]

Ähnlich wie von Neumann dachte auch Harry Wexler die computerbasierte Wettervorhersage als ein konkretes Instrument, um die Folgen großräumiger Beeinflussung abzuschätzen. Wexler, Leiter der Forschungsabteilung des US-amerikanischen Wetterdienstes, hatte bereits 1945 Mauchly und Zworykin kennengelernt und gehörte bis zu seinem frühen Tod 1962 als ausgewiesener Fachmann zu den zentralen Akteuren des Wetter- und Klimamodifikationsdiskurses. Unter anderem fungierte er als offizielle Verbindungsperson zwischen dem Institute of Advanced Study und dem US-Wetterdienst und unterstützte gemeinsam mit Carl-Gustaf Rossby John von Neumann.[316] In einem Artikel in *Science* 1958 skizzierte Wexler verschiedene Möglichkeiten, ins Atmosphärensystem einzugreifen. Ohne eine computerbasierte Folgenabschätzung bestünde jedoch die Gefahr, »Heil-

315 Beide Zitate: von Neumann, John: Can We Survive Technology?, in: ders., Bródy, F; Vámos, Tibor: The Neumann Compendium, Singapore 1995, S. 658–673, hier S. 659. Im Original: »But weather control and climate control are really much broader than ›rain making‹.«; »The mainly difficulty lies in predicting in detail the effects of any such drastic intervention. But our knowledge of the dynamics and the controlling processes in the atmosphere is rapidly approaching a level that would permit such prediction.«

316 Fleming, Beyond Prediction to Climate Modeling and Climate Control, S. 51.

mittel herzustellen, die schlimmer sind als die Krankheit«.[317] Auch wenn Wexlers Einschätzung zurückhaltender ausfiel als bei manchen Kollegen, so schloss er angesichts des konstatierten Fortschrittes die Wetter- und Klimabeeinflussung zumindest nicht aus: »Jüngste Fortschritte in der Kenntnis der allgemeinen Zirkulation der Atmosphäre sollten es in einigen Jahren ermöglichen, eine genauere quantitative Abschätzung der meteorologischen Effekte zu erzielen [...].«[318]

Neben dieser präzise benannten Anwendungsmöglichkeit der numerischen Wettervorhersage fand der Topos auch in seiner wissenschaftsphilosophischen und -theoretischen Spielart weiter Verwendung. 1961 hielt beispielsweise der Präsident der American Meteorological Society, Thomas F. Malone, die *Opening Adress* der *International Conference on Cloud Physics* in Canberra, Australien. Er referierte die neuesten Fortschritte und die zukünftigen Ziele der Wolkenphysik. Bei Malone zeigte sich besonders deutlich, dass die Beeinflussung, Modifikation oder sogar Kontrolle von Wetter und Klima in eine spezifisch naturwissenschaftliche Logik eingeschrieben war:

> »Wenn wir das Postulat akzeptieren [...], dass der Gewinn wissenschaftlicher Erkenntnisse, die Nutzung dieser Erkenntnisse und die Folgen dieser Nutzung für die Menschheit untrennbar miteinander verbunden sind, kann das meteorologische Problem als ein vierfaches analysiert werden: (1) Beschreibung dieses komplexen hydrodynamischen Systems, (2) Verständnis der physikalischen Prozesse, die für sein Verhalten verantwortlich sind, (3) Vorhersage der zukünftigen Zustände des Systems und schließlich (4) Steuerung derjenigen physikalischen Prozesse, die möglich sind, um die zukünftigen Zustände in einer günstigen Weise zu beeinflussen.«[319]

Bei Malone war die Vorstellung der Atmosphäre als zwar komplexes, aber erklär-, prognostizier- und damit konsequenterweise kontrollierbares Sys-

317 Wexler, Harry: Modifying Weather on Large Scale, in: Science 128 (3331) 1958, S. 1058–1063, hier S. 1058. Im Original: »to produce cures worse than the ailment«.

318 Ebd., S. 1063. Im Original: »Recent advances in knowledge of the general circulation of the atmosphere should make it possible in a few years to achieve a more accurate quantitative estimate of the meteorological consequences [...].«

319 Malone, Thomas F.: Opening Adress: Some Implications of Progress in the Atmospheric Sciences, in: International Conference on Cloud Physics, Australia, September 1961, Paris 1962, S. 5–10, S. 6. Im Original: »If we accept the postulate [...] that the acquisition of scientific knowledge, the utilization of that knowledge, and the consequences for mankind of that use are all inextricably linked, the meteorological problem can be analyzed as the fourfold of (1) describing this complex hydrodynamic system, (2) understanding the physical processes which are responsible for its behaviour, (3) predicting the future states of the system, and ultimately, (4) controlling such of those physical processes, as may be practicable, to influence future states in a beneficial manner.«

tem besonders deutlich erkennbar. Doch auch für die Meteorologen, die der Wetter- und Klimabeeinflussung kritisch gegenüberstanden und sowohl an der Machbar- wie auch Wünschbarkeit der Technologie zweifelten, stand die Abhängigkeit der Wetterkontrolle von der Wettervorhersage außer Frage. Der walisische Meteorologe und Mathematiker Graham Sutton dämpfte beispielsweise 1958 in einer Besprechung der Forschung und Experimente zur Wetter- und Klimabeeinflussung die Erwartungen mit dem Hinweis, dass derzeit aufgrund der Komplexität atmosphärischer Prozesse und der mangelhaften Datenlage eine langfristige Wettervorhersage nicht möglich sei: »So gesehen ist eine Kontrolle derzeit ausgeschlossen, selbst wenn wir die Gewissheit hätten, dass wir Veränderungen nach Belieben herbeiführen können. Der Tag der internationalen Debatten über die Wetterkontrolle liegt glücklicherweise noch in weiter Ferne.«[320]

»Eyes in Outer Space« – das Internationale Geophysikalische Jahr und die Vermessung des Erd-Atmosphäre-Systems

Der Auf- und Ausbau eines dichten, gleichmäßigen horizontalen wie vertikalen Messnetzwerks war spätestens seit Mitte des 19. Jahrhunderts ein Desiderat und gehörte zu den Standardforderungen der Meteorologen. Bereits die WMO-Vorgängerorganisation, die 1873 gegründete Internationale Meteorologische Organisation, hatte die Erhebung von Wetterinformationen, die Standardisierung der Messmethoden und die Vereinheitlichung der Informationen vorangetrieben. Als sich nun Mitte der 1950er Jahre abzeichnete, dass die numerische Wettervorhersage sich durchsetzen würde – der schwedische Wetterdienst stellte 1954 als Erster weltweit auf computerbasierte Vorhersagen um, 1955 folgte der US-amerikanische Wetterdienst – erhielt die Forderung nach großen Mengen an Informationen eine reale Grundlage. Auch wenn es noch beinahe ein Jahrzehnt dauern sollte, bis die numerische Wettervorhersage die auf Erfahrungen beruhenden Prognosen an Genauigkeit übertraf,[321] so generierten sowohl die routinemäßige Erstel-

320 Sutton, Graham: Man's Attempts to Control the Weather, in: The New Scientist 4 (94), 1958, S. 744–746, hier S. 746. Im Original: »This being so, any question of control is ruled out at present, even if we had the assurance that we know how to cause changes at will. The day of the international disputes over weather control – mercifully, it's still distant.«[661]

321 Vgl. Weart, The Development of General Circulation Models of Climate, S. 209.

lung als auch die Optimierungsversuche eine zusätzliche Nachfrage nach Daten.

Bereits Bjerknes hatte 1904 betont, dass der Erfolg einer auf Mathematik und Physik beruhenden Wettervorhersage insbesondere von der Erfassung der Informationen höherer Luftschichten abhing.[322] Hatte Bjerknes an Flugzeuge und Ballone gedacht, galten gut 50 Jahre später die Raketen und vor allem die Satelliten in der *Scientific Community*, aber auch in der Öffentlichkeit schon vor ihrer ersten Anwendung als Hoffnungsträgerinnen für die Meteorologie und insbesondere die Wettervorhersage, da sie eine wichtige Lücke im Messnetzwerk zu schließen versprachen.[323] Als *Die Zeit* beispielsweise 1957 einen mehrseitigen Ausblick auf das bevorstehende Erste Internationale Geophysikalische Jahr bot, stand der »erste künstliche Mond am Himmel«, der mit seinen »Mess-, Registrier-, Speicher-, Sendegeräte[n]« erstmals überhaupt aus sehr großer Höhe über einen längeren Zeitraum konstant Messungen vornehmen und so zu Erkenntnissen über »die allgemeinen Austauschvorgänge der Atmosphäre« verhelfen sollte, im Zentrum der Berichterstattung.[324]

Wie die Computertechnologie war auch die Satellitentechnologie in ihrer Entstehung maßgeblich vom Systemkonflikt des Kalten Krieges bestimmt. Da hoch fliegende Strahlflugzeuge, ballistische Flugkörper oder die Kontrolle des radioaktiven Niederschlags unmittelbar von Wissen über atmosphärische Bewegungen abhängig waren, bestand immenses militärisches Interesse an globalen Wetterinformationen. Aber auch die nach dem Krieg neu gegründete Meteorologische Weltorganisation (WMO) versuchte über die Grenzen des Konflikts hinweg intensiv an der Integration nationaler Wetterbeobachtungen und Kommunikation in ein funktionierendes globales System zu arbeiten.[325] Das Internationale Geophysikalische Jahr 1957/58 stellte nun einen konzertierten Versuch dar, die Erde als ein zusammenhängendes physikalisches System zu vermessen und zu untersuchen.[326]

322 Vgl. Friedman, Appropriating the Weather, S. 54.

323 Vgl. Edwards, Paul N.: Meteorology as Infrastructural Globalism, in: Osiris 21 (1), 2006, S. 229–250, hier S. 230/245.

324 In einem Punkt lag der Autor falsch. Er ging davon aus, dass die USA im Rahmen des Vanguard-Projektes den ersten Satelliten ins All schießen würden; vgl. Nitschmann, Leo: Erde, Meer und Atmosphäre, in: Die Zeit, Hamburg 9.5.1957. Online: <https://www.zeit.de/1957/19/erde-meer-und-atmosphaere>, Stand: 13.1.2020.

325 Vgl. Edwards, Meteorology as Infrastructural Globalism, hier S. 243.

326 Zur Verschränkung (geo-)politischer Interessen und Überwachung der Umwelt vgl. u.a. Turchetti, Simone; Roberts, Peder: Introduction: Knowing the Enemy, Knowing the Earth, in: dies.

Das eine Milliarde schwere Forschungsunternehmen, an dem Zehntausende Wissenschaftler aus 66 Ländern beteiligt waren, bemühte einerseits das Ideal wissenschaftlichen Internationalismus, konnte sich jedoch nicht vollständig der Logik des Kalten Krieges entziehen. Es wurde begünstigt durch das militärische und staatliche Interesse an globalen Daten, unterlief jedoch auch als bewusst auf Kooperation und Austausch zielendes Unternehmen den Systemantagonismus des Kalten Krieges. Im Rahmen des IGJ schoss die Sowjetunion nicht nur mit Sputnik den ersten künstlichen Erdsatelliten in seine Umlaufbahn; groß angelegte Expeditionen etwa in die Antarktis und gezielte Analysen der Meeresströme lieferten auch neue Erkenntnisse zur Funktionsweise des Erd-Atmosphäre-Systems.[327]

Abb. 13: Der Versuch der »Völkerverständigung«: US-amerikanische Briefmarke zum Geophysikalischen Jahr 1957/ 1958
Quelle: Swedish National Museum of Science and Technology / Public Domain

Das Geophysikalische Jahr war ein medial begleitetes und nachbereitetes Großereignis. Wenn nun Journalisten oder beteiligte Wissenschaftler über der Forschungsarbeit und -resultate berichteten, gehörte die Beeinflussung der Atmosphäre als eine mögliche Applikation der gewonnen Erkenntnisse zu einem beliebten Stichwort und diente nicht zuletzt als Rechtfertigung des immensen Aufwandes. In der Berichterstattung über die vielfältige

(Hg.): The Surveillance Imperative: Geosciences during the Cold War and Beyond, New York 2014, S. 1–19; van Keuren, David K.: Cold War Science in Black and White: US Intelligence Gathering and Its Scientific Cover at the Naval Research Laboratory, 1948–62, in: Social Studies of Science 31 (2), 2001, S. 207–229; Krige, John: Crossing the Interface from R & D to Operational Use: The Case of the European Meteorological Satellite, in: Technology and Culture 41 (1), 2000, S. 27–50.

327 Vgl. Doel, Oreskes, The Physics and Chemistry of the Earth, hier S. 555.

Forschung des IGJ verschob sich zwar der Fokus auf den Computer-Input, doch das Argument veränderte sich nicht grundsätzlich: Technologien wie Raketen, Satelliten und Sonden versprachen nun, die gewünschten Daten zur Verfügung zu stellen, der Computer würde Prognosen erstellen und damit die Grundlage für gezielte Eingriffe schaffen. Auch das *Bulletin of Atomic Scientist*, als blockübergreifender Ort der Debatte geschaffen, ließ mehrfach Beteiligte über das Großunternehmen und seine Folgen berichten.[328] Jewgeni Konstantinowitsch Fjodorow (1910–1981), Geophysiker, Polarforscher, dekorierter Held der Sowjetunion und Leiter des Hydrometeorologischen Dienstes der Sowjetunion, veröffentlichte noch im April 1959 einen Artikel über *Some Lessons of the International Geophysical Year*.[329] Darin beschrieb er das Geophysikalische Jahr als Teil eines fortschreitendes Prozesses, im Rahmen dessen die menschliche Gesellschaft in ihren Aktivitäten von den natürlichen Bedingungen, etwa dem Klima oder der geologischen Struktur dank der Wissenschaften, zunehmend unabhängig werde. Angesichts der groß angelegten internationalen Kooperation zur Verbesserung der Kenntnisse des Erd-Atmosphäre-Systems sah Fjodorow nun ein weiteres Ziel am Horizont: vom Schutz vor und der Nutzung von natürlichen Phänomenen hin zu deren Beherrschung. Als konkretes Beispiel für die Beherrschung der Natur führte er in der Folge ausführlich die Kontrolle des Wetters und der Klimas aus, die er dank umfassender Kenntnisse des Systems mit kleinen Eingriffen zu regulieren hoffte.[330]

Als eine Art Bilanz des Geophysikalischen Jahres erschien im November 1960 im *Life Magazine* eine aufwendig gestaltetes, zweiteiliges *New Portrait of our Planet*, das ausführlich über die Forschungstätigkeiten und -resultate des berichtete. Sowohl der Text, der von einer Reihe wichtiger Vertreter der Geowissenschaftler unterstützt worden war,[331] als auch die spektakulären

328 Vgl. u.a. Sullivan, Walter: The IGY – Scientific Alliance in a Divided World, in: Bulletin of the Atomic Scientists 14 (2), 1958, S. 68–72; Berkner, Lloyd Viel: The International Geophysical Year, 1957–1958: A Pattern for International Cooperation in Research, in: Proceedings of the American Philosophical Society 101 (2), 1957, S. 159–163.

329 Fedorov, E. K.: Some Lessons of the International Geophysical Year, in: Bulletin of the Atomic Scientists 15 (3), 1959, S. 155–159; zur Rezeption Fjodorows und der Wetter- und Klimakontrolle vgl. auch Probe Planned on Changing the Weather, in: The Science News-Letter 86 (9), 1964, S. 134–134.

330 Vgl. Fedorov, Some Lessons of the International Geophysical Year, S. 155/157 f.

331 So waren mit William Donn und Maurice Ewing zwei wichtige Geologen beteiligt, mit Roger Revelle und V. E. Keeling zwei Atmosphärenwissenschaftler, die zum anthropogenen Klimawandel arbeiteten, und schließlich auch Harry Wexler; vgl. The New Portrait of our Planet II: Surprises of Seas and Skies, in: Life, November 1960, S. 76–88b, hier S. 88b.

Illustrationen von Antonio Petruccelli vermittelten den Leserinnen und Lesern eine deutliche Botschaft: Im Rahmen des Geophysikalischen Jahres hatten Wissenschaftler ein globales, engmaschiges Vermessungs- und Beobachtungsdispositiv aufgespannt, das nun neue Erkenntnisse über das Erd-Atmosphäre-System lieferte. Sonden hatten zu Einblicken in die Meeresströme verholfen, Radiosonden, unbemannte oder bemannte Ballone die Atmosphäre vermessen und Satelliten erste Fotos großer Teile der globalen Wolkensysteme geschossen. Diese Messungen gaben auch Auskunft über die Quantität und die Verteilung der Sonnenenergie und erlaubten letztlich in Kombination mit weiteren Messungen die Produktion der ersten konsekutiven Wetterkarten.[332]

Deutlich zeigte sich, dass selbst die im All die Erde umrundenden Satelliten nicht ausschließlich auf die Atmosphäre gerichtet waren, sondern ein Erd-Atmosphäre-System konzeptualisiert wurde. Auch die *LIFE*-Reportage zog nun die Schlussfolgerung, die in den 1960er Jahren immer folgte, wenn über die Vermessung, Analyse und Prognose atmosphärischer Prozesse gesprochen wurde, und die Blattmacher setzten den zweideutigen Untertitel »Promising Forecast – Control of Weather«. Obwohl das IGJ durchaus als ein gelungenes Beispiel für internationale wissenschaftliche Kooperation jenseits der ideologischen Grenzen galt, konnte sich der Diskurs der Wetter- und Klimabeeinflussung der politischen Großwetterlage nicht entziehen. So war es drei Jahre nach Sputnik nicht möglich, die Beeinflussung der Atmosphäre zu denken, ohne nicht auch den »Wetterkrieg« zu befürchten. Henry Houghton ließ sich in diesem Zusammenhang mit den Worten zitieren: »Ich schaudere, wenn ich an die Konsequenzen denke, die sich ergeben, wenn die Russen als erste eine praktikable Methode zur Wetterkontrolle entdecken.«[333]

Im Ausblick auf diese potenzielle Einflussnahme räumte die Reportage einerseits der Forschungsarbeit von Joanne Malkus (später Simpson) zum Cloud-Seeding viel Platz ein, andererseits verwischten die Grenzen zwischen Wetter- und Klimabeeinflussung. Denn auf der Grundlage der Vorstellung eines interagierenden Erd-Atmosphäre-Systems ließ sich die Beeinflussung der Atmosphäre nicht allein über direkte Eingriffe in die Atmosphäre konzipieren, sondern auch über die Erdoberfläche:

332 Vgl. The New Portrait of our Planet II, S. 76–88b.

333 Ebd., S. 88. Im Original: »I shudder to think of the consequences if the Russians are the first to discover a feasible method of weather control.«

»Ein großer Bereich der Kontrolle ist das Wasser, denn Wasser ist ein Schlüssel zum Wetter. Große Wassermassen sind der beste Absorber für die Sonnenwärme und ein Thermostat für die Welt. Im Wasserdampf der Wolken liegt die Quelle allen Regens. Wissenschaftler haben bereits festgestellt, dass die Entstehung neuer Oberflächengewässer das lokale Wetter verändern kann. […] Ein fantastischer und radikaler neuer russischer Vorschlag würde das Wetter in einem interkontinentalen Maßstab verändern. Dieser Vorschlag sieht vor, einen 46 Meilen langen Damm über die Beringstraße zu bauen, das kalte Nordpolarmeer abzupumpen und durch wärmeres Wasser zu ersetzen. Über viele Jahre hinweg könnte dies die gesamte arktische Zone erwärmen und der U. S. S. R. mindestens 3000 Meilen zusätzliche eisfreie arktische Küstenlinie bescheren. Es könnte auch die Tropen nach Norden ausdehnen und die Winterstürme im Norden reduzieren, was Kalifornien, das für seine Wasserversorgung auf die Stürme im Norden angewiesen ist, zu einer hoffnungslos trockenen Wüste machen würde.«[334]

An dieser Stelle konvergierten verschiedene zentrale Argumente des Diskurses: Die »Trigger«-Logik des kleinen Auslösers, die an Paranoia grenzende Kalter-Krieg-Phantasmen hinsichtlich der Sowjetunion und die Unsicherheiten bezüglich der Folgen.

Die als revolutionär betrachtete Satelliten- und Computertechnologie beflügelte die Fantasie – nicht nur der Wissenschaftler, sondern auch der Publikumsmedien. So führte der 1959 erschienene Dokumentarfilm mit Animationselementen *Eyes in Outer Space* detailliert die zukünftige Anwendung der Wettersatelliten aus.[335] Der in Kooperation des US-amerikanischen Verteidigungsministeriums mit Walt Disney produzierte, gut 20-minütige Film imaginierte auf der Grundlage der Computer- und Satellitentechnologie die Beeinflussung des Wetters. Die zentrale Aussage wiederholte nahezu wortwörtlich Zworykins Idee von 1945: Die in Umlaufbahnen zirkulierenden Satelliten würden als »eyes in outer space« das Verständnis atmosphärischer Prozesse verbessern und Daten bereitstellen und der Computer die benötig-

---

334 Ebd. Im Original: »A great area of control is water, for water is a key to weather. In big bodies it is the best absorber of the sun's heat and a thermostat for the world. In the vapor of clouds it is the source of all rain. Already scientists have found that the creation of new bodies of water can effect changes in local weather. […] A fantastic and radical new Russian proposal would alter weather on an intercontinental scale. This proposal is to build a 46-mile-long dam across the Bering Strait, pump out the cold Arctic Ocean and replace it with warmer water. Over many years this could warm the whole Arctic zone and give the U. S. S. R. at least 3000 miles more ice-free Arctic coastline. It could also extend the tropics northward and reduce winter storms in the north, making California – which relies on northern storms for its water supply – a hoplessly arid dessert.«675

335 Kimball, Ward: Eyes in Outer Space, 26:08, 1959. Online: <https://www.youtube.com/watch?v=Xw9Leq98IRU>, Stand: 7.7.2019.

ten Berechnungen leisten, um – das wird ausführlich gezeigt – gefährliche Wirbelstürme zu erkennen, den richtigen Ort und Zeitpunkt festzustellen, um dann gezielt mit Silberiodidgeneratoren, »Roboterflugzeugzeugen« oder Raketen punktgenau eingreifen zu können.[336] Das staatlich geförderte Disney-Zukunftsszenario führte also exemplarisch zentrale Bedingungen des Wetter- und Klimamodifikationsdiskurses zusammen: Wurden in der »Trigger-Logik« des kleinen Auslösers die bereits praktizierten Eingriffen wie das Cloud-Seeding mit vollständiger Berechnung der atmosphärischen Prozesse durch die (zukünftige) Entwicklung der (Satelliten-)Technologie und Computertechnologie zusammengedacht, schien vollständige Kontrolle der Atmosphäre in Reichweite zu rücken.

Das Szenario lag insofern richtig, als dass das IGJ tatsächlich nur den Auftakt für die Bemühungen um ein immer dichteres, mehrdimensionales Überwachungsnetz darstellte und wenig später die Satelliten zu zentralen Erkenntnisinstrumenten der Meteorologie wurden. In den frühen 1960er Jahren begann die Planung einer globalen Informationsstruktur – der World Weather Watch – und am 1. April 1960 schossen die US-Amerikaner mit dem Television Infrared Observational Satellite (TIROS 1) einen ersten spezialisierten Wettersatelliten ins All, der nun nicht nur Daten aus unbekannter Höhe, sondern auch die ersten Satellitenbilder lieferte.[337] 1961 nahmen Harry Wexler und sein Kollege Morris Neiburger TIROS I und nun auch dessen Nachfolger TIROS II zum Anlass, um in *Scientific American* die Funktionsweise und Einsatzmöglichkeiten von Wettersatelliten ausführlich und publikumswirksam zu besprechen. Für die Zukunft stellten sie sich ein ganzes System solcher Satelliten vor, das nicht nur eine automatische und damit von Menschen unabhängige Erstellung der Wettervorhersage ermöglichen, sondern zugleich als Voraussetzung für die Beeinflussung des Wetters dienen sollte:

»Man kann sich einen idealen Wetterdienst vorstellen, bei dem Satelliten ihre globalen Daten automatisch in elektronische Digitalrechner einspeisen, die die Daten verarbeiten und ohne menschliches Zutun Wettervorhersagen erstellen. Man kann noch viel weiter in die Zukunft blicken und sich computergesteuerte Geräte vorstellen, die in der Lage sind,

336 Ebd., 18:25–20:35.

337 Zur Etablierung dieses »infrastructural globalism« vgl. Edwards, Meteorology as Infrastructural Globalism, hier S. 239/246.

das vorhergesagte Wetter – wenn es ungünstig ist – zu ändern, bevor es eine Chance hat, sich zu entwickeln.«[338]

Obwohl zunächst noch unklar war, wie die Satellitentechnologie im Detail für meteorologische Zwecke eingesetzt werden sollte, wurde nun die auf der Wettervorhersage basierende Wetterkontrolle auch außerhalb des esoterischen Kreises der Atmosphärenwissenschaft zur beliebten Rechtfertigungsstrategie der Forschung. Insbesondere die National Aeronautics and Space Administration (NASA), die am 1. Oktober 1958 offiziell ihre Arbeit aufgenommen hatte, sah ein zentrales Anwendungsfeld der Raumfahrttechnologie in der Bereitstellung von Daten, die zu einer Verbesserung der Wettervorhersage führen und so als Grundlage für die Wetter- und Klimabeeinflussung dienen sollte. So beauftragte im März 1966 der von John F. Kennedy zur effektiveren Koordination und Planung wissenschaftlicher und technologischer Projekte ins Leben gerufene Federal Council for Science and Technology[339] ein Komitee mit einer Bestandsaufnahme zur Wetter- und Klimabeeinflussung. Es war nicht zuletzt ein Versuch, eine Übersicht über die zahlreichen – teilweise in Konkurrenz stehenden – Programme zur Wetterbeeinflussung unterschiedlicher staatlicher Agenturen zu erhalten. Wenige Monate später reichte Homer E. Newell in seiner Funktion als stellvertretender Leiter der Abteilung für Raumfahrtwissenschaft und -anwendungen der NASA einen beinahe 100 Seiten umfassenden Forschungsbericht mit Empfehlungen für ein nationales Programm zur Wetterbeeinflussung, in dem die Satellitentechnologie als integraler Bestandteil der Wetterbeeinflussung behandelt wurde.

338 Neiburger, Morris; Wexler, Harry: Weather Satellites, in: Scientific American 205 (1), 1961, Nr. 1, S. 80–97, hier S. 81. Im Original: »One can visualize an ideal weather service in which satellites automatically feed their global reports into electronic digital computers that process the data and produce weather forecasts without human intervention. One can look much further in time and imagine computer-controlled devices capable of modifying the predicted weather – if it is unfavorable – before it has a chance to develop.«

339 Zur Gründung, Funktion und Anbindung an weitere Institutionen vgl. Federal Council for Science and Technology: The Role of the Federal Council for Science and Technology: Report for 1963 and 1964, Washington, D. C. 1965, S. 1–5.

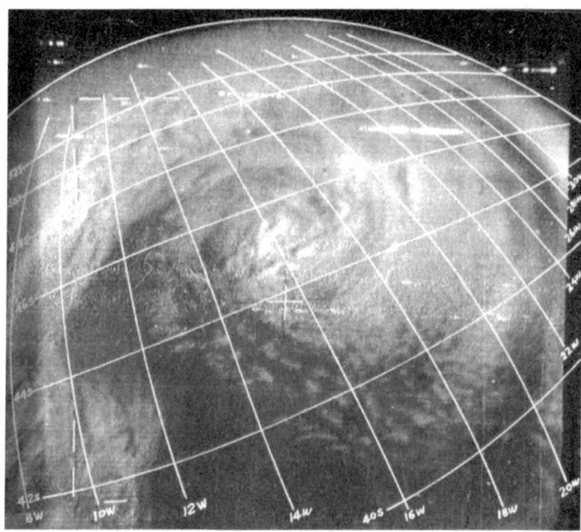

Abb. 14: Aufnahme eines Zyklons im Südatlantik durch den Wettersatelliten TIROS I am 28. April 1960
Quelle: NASA / Public Domain

Der Flügelschlag der Seemöwe – die Einsicht in die Grenzen der Vorhersagbarkeit

Bis Anfang der 1960er Jahren herrschte in der *Scientific Community* – bis auf wenige Ausnahmen – die Ansicht vor, dass mit der Computertechnologie, einer guten Datenlage und entsprechenden Modellen eine langfristige Wettervorhersage im Bereich des Möglichen lag. Als beispielsweise der Mitarbeiter am IAS Philip D. Thompson 1961 die als Einführung für Studierende gedachte Publikation *Numerical Weather Analysis and Prediction* veröffentlichte, berief er sich immer noch auf Richardson, verglich die Meteorologie mit der Astronomie und zeigte sich aufgrund der soliden theoretischen Basis und der »extrem leistungsfähigen Instrumente« – damit waren natürlich die Computer gemeint – zuversichtlich, eine Miniaturatmosphäre oder zumindest ein Modell davon produzieren zu können.[340] Die Meteorologen wie Thompson waren sich zwar bewusst, dass ihre Daten lückenhaft und unpräzise waren, doch sie gingen davon aus, dass kleine Abweichungen oder Fehler bei den Anfangswerten lediglich zu kleinen Abweichungen bei den simu-

340 Philip D. Thompson: Numerical Weather Analysis and Predictions, New York 1961, S. 11/13. Im Original: »extremely powerful instruments«.

lierten Endzuständen führten und deshalb auch eine langfristige Wetterprognose möglich sei.[341] Es existierten unterschiedliche Grade an Optimismus und einzelne skeptische oder kritische Stimmen; eine relevante Debatte über grundsätzliche Grenzen der Vorhersagbarkeit fand jedoch nicht statt. Das ist insofern bemerkenswert, als Mathematiker seit dem späten 19. Jahrhundert intensiv über die Empfindlichkeit der Anfangsbedingungen für den Endzustand eines Systems nachdachten.

Bereits 1876 hatte der schottische Physiker James Clerk Maxwell (1831–1879) in seiner Einführung in die Naturwissenschaften *Matter and Motion* darauf hingewiesen, dass die Maxime, dass gleiche Ursachen immer gleiche Effekte erzeugten, zwar für viele, aber nicht für alle physikalischen Systeme zutraf. Es gäbe – so Maxwell – durchaus Fälle, in denen eine kleine Anfangsvariation zu einer großen Änderung des Endzustandes des Systems führen könne.[342] Ausgehend von diesem Argument problematisierte der vielseitige französische Mathematiker und Physiker Henri Poincaré (1854–1912) den naturwissenschaftlich angenommenen Determinismus noch entschiedener und weit über die mathematische *Community* hinaus wirkmächtiger. In seinem breit rezipierten Buch *Wissenschaft und Methode* von 1908 nannte er explizit meteorologische Phänomene als Beispiele für »zufällige Erscheinungen«,[343] die eine Voraussage verunmöglichten:

»Weshalb bereitet es den Meteorologen so viele Schwierigkeiten, das Wetter mit einiger Sicherheit vorauszusagen? Weshalb scheint uns das Eintreten von Regengüssen und Stürmen gänzlich vom Zufall abzuhängen, so dass manche Leute es für ganz natürlich halten, um Regen und gutes Wetter zu beten, während doch dieselben Leute es lächerlich finden würden, wenn man eine Sonnenfinsternis durch Gebete herbeiführen wollte? [...] Die Meteorologen erkennen wohl, dass das Gleichgewicht stabil ist und dass irgendwo ein Zyklon entstehen wird; aber wo, das können sie nicht angeben; ein Zehntelgrad mehr oder weniger an irgendeiner Stelle, und der Zyklon bricht nicht hier, sondern dort aus, und seine Verwüstungen treffen Gegenden, die sonst verschont geblieben wären. Wenn man diesen Zehntelgrad gekannt hätte, so wäre das Eintreffen des Sturmes vorauszusehen gewesen, aber die Beobachtungen waren weder hinreichend dicht noch hinreichend genau, und deshalb macht es den Eindruck, als sei alles dem Zufall überlassen. Auch hier finden wir wieder denselben Gegensatz zwischen einer sehr kleinen Ursache, die für den Beob-

341 Vgl. ebd., S. 14.

342 Vgl. Maxwell, James Clerk: Matter and Motion, London 1920, 13 f.; vgl. dazu auch Ghys, Étienne: The Butterfly Effect, in: Cho, Sung Je (Hg.): The Proceedings of the 12th International Congress on Mathematical Education: Intellectual and Attitudinal Challenges, Cham, Heidelberg, New York 2015, S. 19–39, hier S. 21 f.

343 Poincaré, Henri: Wissenschaft und Methode, Leipzig, Berlin 1914, S. 56.

achter nicht wahrnehmbar ist, und sehr beträchtlichen Folgeerscheinungen, die manchmal furchtbares Unheil anrichten.«[344]

Anders als Helmholtz, der ja 30 Jahre zuvor ebenfalls an den Vorhersagemöglichkeiten instabiler Gleichgewichtssysteme gezweifelt hatte, hielt Poincaré solche Vorhersagen in der Praxis, selbst »wenn die Naturgesetze [...] kein Geheimnis mehr enthielten«, für unmöglich, »da wir doch den Anfangszustand nur annäherungsweise kennen«.[345]

Ende der 1940er Jahre beschäftigte sich nun nahezu zeitgleich mit von Neumann ein weiterer prominenter Mathematiker mit atmosphärischen Phänomenen. Doch anders als dieser schloss der Kybernetik-Pionier Norbert Wiener in seinem 1948 erschienenen, grundlegenden Buch *Cybernetics or Communication and Control in the Animal or the Machine* direkt an Poincaré an und lehnte die Vorstellung einer langfristigen und präzisen Wettervorhersage ab, die über eine Wahrscheinlichkeitsverteilung hinausging.[346] Er griff den Vergleich von Astronomie und Meteorologie auf, jedoch ausschließlich, um die beträchtlichen Unterschiede herauszustellen und zu betonen, dass die Anzahl der bei atmosphärischen Prozessen involvierten Partikel so enorm sei, dass eine Erfassung des Ausgangszustandes auch unter Einbezug aller meteorologischen Stationen weltweit schlicht unmöglich sei.[347] Wiener blieb auch in der Folge skeptisch und wiederholte 1955 seine Einwände am Berkeley Symposium on Mathematical Statistics:

»Die Meteorologie ist ein Paradebeispiel für das alte Sprichwort: For want of a nail the shoe was lost. / For want of a shoe the horse was lost. / For want of a horse the rider was lost. / For want of a rider the message was lost. / For want of a message the battle was lost. / For want of a battle the kingdom was lost.«[348]

Diente die Logik des kleinen Auslösers mit großer Wirkung also einerseits als zentrales Argument, um Naturphänomene überhaupt erst für eine ge-

---

344 Ebd., S. 57; vgl. dazu auch Ghys, The Butterfly Effect, S. 23 f.; Gramelsberger, Die kausale Mechanistik der Prognosen aus dem Computer, S. 227.

345 Poincaré, Wissenschaft und Methode, S. 55.

346 Wiener, Norbert: Cybernetics Or Communication and Control In the Animal and the Machine, Cambridge 1985 (4), S. 33.

347 Ebd., S. 33.

348 Wiener, Norbert: Nonlinear Prediction and Dynamics, in: Neyman, Jerzy (Hg.): Proceedings of the Third Berkeley Symposium on Mathematical Statistics and Probability, Volume 3: Contributions to Astronomy and Physics, Berkeley, Los Angeles, London 1956, S. 247–252, hier S. 248; vgl. dazu auch Dalmedico, History and Epistemology of Models, S. 408. Im Original: »Meteorology is a living exemplification of the old proverb: ...«

zielte Beeinflussung handhabbar zu machen, unterminierte sie andererseits in der Wiener'schen Version die Hoffnung auf eine präzise Vorhersage.

Als Startpunkt einer innermeteorologischen Fachdebatte über das Verhältnis von Anfangsbedingungen und Prognose gilt in der Forschungsliteratur der heute kanonische Aufsatz *Deterministic Nonperiodic Flow*[349] von Edward N. Lorenz, der 1963 im *Journal of the Atmospheric Sciences* veröffentlicht wurde. Lorenz hatte sich nach seinem Mathematikstudium nach Kriegseintritt der USA für einen Meteorologiekurs des Army Air Corps am MIT eingeschrieben, wo er nach seinem Abschluss als Dozent übernommen wurde. Nach Kriegsende blieb er dem MIT und der Meteorologie treu und erhielt 1948 seinen Doktortitel. 1957 trat er schließlich auf Empfehlung von Jule Charney eine Festanstellung am MIT an, wo er von seinem Vorgänger ein Forschungsprojekt zur statistisch-empirischen Wettervorhersage – wie sie Norbert Wiener sich vorgestellt hatte – erbte.[350] Selbst in der numerischen Wettervorhersage geschult, unternahm Lorenz den Versuch, Aussagen über die Vor- und Nachteile der jeweiligen Zugänge zu machen. Dazu wollte er vergleichsweise einfache nonlineare Modelle mit dem Computer berechnen, um so eine große Menge an Ausgabedaten zu erzeugen, die er mit den Resultaten der statistischen Methoden abzugleichen plante. Auf seinem eigenen Computer, einem Royal McBee LPG-30, simulierte er das Verhalten der Atmosphäre über einen Zeitraum von mehreren Monaten. Dabei versuchte er gemäß eigenen Angaben bei einem Durchgang eine Abkürzung zu nehmen und einen Durchlauf zu verlängern, indem er die Simulation eines früheren Durchgangs in der Mitte startete. Er erwartete eine Duplikation – sah jedoch, dass die beiden Simulationen sehr schnell voneinander abwichen. Nachdem eine Fehlfunktion des Computers ausgeschlossen hatte, registrierte er, dass die Anfangszustände der Durchläufe leicht voneinander abwichen: Die Variablen waren einmal auf drei, einmal auf sechs Dezimalstellen gerundet. Zuvor hatten die meisten Kollegen – inklusive Lorenz selbst – angenommen, dass sich die Atmosphäre wie die

349 Lorenz, Edward N.: Deterministic Nonperiodic Flow, in: Journal of the Atmospheric Sciences 20 (2), 1963, S. 130–142.

350 Zu Leben und Karriere von Edward Lorenz vgl. u.a. Gleick, James: Chaos: Making a New Science, New York 2008, S. 9–32; Palmer, T. N.: Edward Norton Lorenz: 23 May 1917–16 April 2008, in: Biographical Memoirs of Fellows of the Royal Society 55, 2009, S. 139–155.

meisten physikalischen Systeme verhielt und ähnliche Initialzustände auch zu ähnlichen Resultaten führen würden.[351]

In der Rückschau lässt sich Lorenz' Zufallsentdeckung sowie sein darauf beruhender Aufsatz als Beginn der Einsicht in die Grenzen der Vorhersagbarkeit und der Chaosforschung bezeichnen. Ein unmittelbarer Effekt auf die Arbeiten zur numerischen Wettervorhersage im Allgemeinen und damit auch auf die Verlinkung der Wettervorhersage mit der Wetterkontrolle im Besonderen blieb jedoch zunächst aus. Der Traum der Atmosphäre als Laplace'sches System, des Monate im Voraus berechneten Wetters und einer darauf beruhenden Beeinflussung starb einen langsamen und leisen Tod. Das lag nicht zuletzt daran, dass die Anwendung der computerbasierten Verfahren in den frühen 1960er Jahren noch in ihren Anfängen steckten. Allein die Berichte über den Stand der numerischen Methode, die die WMO ab 1960 von den nationalen Wetterdiensten einforderte, verdeutlichten, wie weit man von einer flächendeckenden Einführung weg war.[352] Da die Praxisanwendung noch in weiter Ferne lag, konnte die von Lorenz initiierte Einsicht in die Grenzen der Vorhersagbarkeit überhaupt nicht wie eine Bombe einschlagen.

Auch die Verlinkung zwischen einer imaginierten computerbasierten perfekten Vorhersage atmosphärischer Phänomene und deren Kontrolle erwies sich als stabil und löste sich nur langsam. So konnte im März 1965 die Zeitschrift *Popular Science* noch problemlos den optimistischen Titel setzen: »Das Wetter – jetzt können wir etwas dagegen tun.«[353] Anlass dazu gab der 1961 lancierte IBM 7030 Stretch, der mit seiner Rechenleistung ein Modell der Erdatmosphäre produzieren und so als Grundlage für die Kontrolle von Wetter und Klima dienen sollte: »Was jetzt geschieht und die US-Wissenschaftler so groß denken lässt, ist ein aufregender Durchbruch: Mit Hilfe von Supercomputern machen unsere Wetterexperten einen Traum wahr – sie wollen ein Modell erstellen, das sich genauso verhält wie die zirkulie-

351 Zu den mathematischen Details, wie den von Lorenz verwendeten Differenzialgleichungen zur Beschreibung der Konvektion vgl. Ghys, The Butterfly Effect, S. 25–27.

352 So beklagte Australien die lückenhafte Datenlage der südlichen Hemisphäre, vgl. Radok, U.: Numerical Weather Analysis and Forecasting in Australia: A Report Prepared for the WMO, Melbourne 1963.

353 Armagnac, Alden P.: The Weather: Now We Can Do Something About It, in: Popular Science 186 (3) 1965, S. 80–84/206, hier S. 84. Vgl. dazu auch Computer Mimics Weather, in: The Science News-Letter 82 (20), 1962, S. 315–315; Probe Planned on Changing the Weather, in: The Science News-Letter 86 (9), 1964, S. 134–134.

rende Atmosphäre der Erde. Damit werden sie in der Lage sein, das Wetter weiter im Voraus zu prognostizieren als je zuvor. Und durch die Simulation eines großen Planes zur Wetterkontrolle kann genau vorhergesagt werden, wie und wo die Auswirkungen sein werden.«[354]

Im selben Jahr veröffentlichte zudem die WMO eine Bestandsaufnahme der numerischen Methode hinsichtlich ihrer routinemäßigen Anwendung. Die internationale Arbeitsgruppe sah die numerische Wettervorhersage auf gutem Weg: Sie sei der konventionellen (synoptischen) Methode überlegen und könne bereits jetzt in Teilen automatisiert werden. Als Hindernis galten nicht die Modelle, die Sensibilität der Anfangszustände oder die Rechenleistung, sondern das weiterhin zu wenig dichte Netzwerk.[355] Wenn auch nicht im Fokus des Berichtes, so argumentierte auch die WMO noch 1965, dass langfristige Prognosen den Schüssel für die Beeinflussung und Kontrolle des Klimas darstelle.[356] Ein Jahr später entwarf der Artikel *Assault on the Weather* im *UNESCO Courier* nochmals explizit auf der Grundlage der Computertechnologie die Nutzbarmachung der Atmosphäre als Ressource:

»Wenn Meteorologen mathematische Modelle erstellen können, die der Atmosphäre gerecht werden, wird der Computer nicht nur genaue Vorhersagen machen, sondern ihnen auch helfen, vorauszusehen, was mit dem weltweiten Wetter geschehen würde, wenn der Mensch den Golfstrom umleitet, die Beringstraße staut, Öl auf die Ozeane gießt oder das arktische Eis schwärzt. […] Das Wetter wird seiner Eigenschaft beraubt, uns unvorbereitet zu überraschen, und kann stattdessen zum Wohle des Menschen genutzt werden.«[357]

---

354 Armagnac, The Weather, S. 84. Im Original: »What's happening now, that makes U. S. scientists think so big, amounts to an exciting breakthrough: With supercomputers, our weather men are making a dream come true – to produce a model that will behave just like the earth's circulation atmosphere. It will enable them to predict the weather farther in advance than ever before. And, by simulating a major weather-making plan, it will foretell precisely what the effects will be, and where.«

355 Dobrishman, E. M.; Eliassen, A. u.a.: The Present Situation with Regards to the Application of Numerical Methods for Routine Weather Prediction and Prospects for the Future: Report by the Joint CA/CSM Working Group on Numerical Weather Predictions, Bd. 67, Geneva 1965 (Technical Note), S. xii.

356 Dobrishman, Eliassen: The Present Situation with Regards to the Application of Numerical Methods for Routine Weather Prediction and Prospects for the Future, S. 14.

357 Muntenau, Robert L.: Global Assault on the Weather, in: The UNESCO Courier 19, November 1966, S. 17–23, hier S. 23. Im Original: »When meteorologists can produce mathematical models which are faithful to the atmosphere, the computer will not only forecast accurately, it should also help him [sic] to anticipate what would happen to the world's weather if man diverted the Gulf Stream, dammed the Bering Strait, poured oil on the oceans, or blackened the Arctic ice. […] The weather

Auch der Geophysiker Gordon J. F. MacDonald, der sich seit den frühen 1960er Jahren mit der Wetterbeeinflussung beschäftigte, dem Komitee der National Academy of Science zur Untersuchung der Wetterbeeinflussung vorstand und auch Teil der beratenden Kommission der National Science Foundation war, entwarf noch Ende der 1960er Jahre die Atmosphäre als ein deterministisches System und stellte weiterhin die Wetterbeeinflussung in Aussicht. 1968 veröffentlichte er in der Oktoberausgabe des *Bulletin of Atomic Scientists* eine – wie er selbst eingestand – optimistische Sicht auf die Machbarkeit der Wetterbeeinflussung. Aus drei Gründen sah er jedoch eine solche Einschätzung gerechtfertigt: Erstens seien sowohl Verständnis als auch die Modellierung der physikalischen Prozesse der Atmosphäre weit fortgeschritten, sodass eine Simulation der Atmosphäre möglich sei. Zweitens könnten dank der hohen Rechengeschwindigkeit und -leistung der Computer diese Modelle gerechnet werden und drittens sei eine Reihe von Instrumenten für die Erkennung und Beobachtung atmosphärischer Veränderungen entwickelt worden:

> »Meteorologische Satelliten werden Plattformen bieten, von denen aus die Atmosphäre nicht nur aus geografisch unzugänglichen Regionen, sondern auch mit neuen physikalischen Parametern beobachtet werden kann. Solche Beobachtungen sind unabdingbar, wenn man die längerfristigen Folgen einer gezielten Manipulation auch nur kleiner Elemente der Atmosphäre angemessen verstehen will.«[358]

Gerade weil für MacDonald die Fortschritte bei der Datengewinnung, der Modellierung oder der Berechnung keinerlei Zweifel an der grundsätzlichen Machbarkeit ließen, wies er jedoch auf die weitreichenden ökologischen, gesellschaftlichen und rechtlichen Konsequenzen hin.

Wie sehr die Wetter- und Klimabeeinflussung auf der Grundlage der Computer- und Satellitentechnologie auch während der 1960er Jahre zum Repertoire der atmosphärenwissenschaftlichen Forschungsinteressen gehörte und wie wirkmächtig sich die Koppelung von Vorhersage und Kon-

---

will be robbed of its power to catch us unawares, and may instead be harnessed for man's greater comfort.«

358 Vgl. MacDonald, Gordon J. F.: Science and Politics in Rainmaking, in: Bulletin of the Atomic Scientists 24 (8), 1968, S. 11–14, hier S. 14; vgl. auch MacDonald, Gordon J. F.: Weather and Climate Modification – Problems and Prospects, in: Bulletin of the American Meteorological Society 47 (1), 1966, S. 4–20. Im Original: »[M]eteorological satellites will provide platforms from which the atmosphere can be observed not only from geographically inaccessible regions, but also with new physical parameters. Such observations are essential if the longer-term consequences of deliberate manipulation of even small elements of the atmosphere are to be understood adequately.«

trolle erwies, manifestierte sich auch in einem von der National Academy of Sciences in Auftrag gegebenen, mehr als 100 Seiten umfassenden *Outline of International Programs in Atmospheric Physics* aus dem Jahr 1963. An diesem Überblick über die atmosphärenwissenschaftliche Forschung hatten Schlüsselfiguren der *Scientific Community* wie Sverre Pettersen, Professor für Meteorologie an der Chicago University und Präsident der American Meteorological Society, Walter Orr Roberts, Direktor des National Center of Atmospheric Research in Boulder sowie der bereits erwähnte Jule Charney mitgewirkt. Sie behandelten die »Beeinflussung von Wetter und Klima«[359] nicht nur wie selbstverständlich als eigenständiges Kapitel, sondern führten sie auch bei der Besprechung etwa der Satelliten- und Computertechnologie als mögliche Weiterentwicklung auf. Auf der Ebene dieses Forschungsberichts wird hingegen deutlich, dass die atmosphärischen Bewegungen zwar weiterhin als deterministisch angenommen,[360] gleichzeitig jedoch mehrere Probleme bei der Simulation mathematischer Modelle identifiziert wurden. Begrenzend schien nicht mehr allein die Rechenleistung der Computer, sondern die zur Verfügung stehenden »numerischen Verfahren« sowie die »Bestimmung der physikalischen Bestandteile der mathematischen Modelle«.[361] Ab 1960 lässt sich also auch ohne direkten Bezug auf die Arbeit Lorenz' beobachten, dass die Modelle in den Fokus rückten und damit eine Simulation der Atmosphäre thematisiert wurde, die über das im 19. Jahrhundert wurzelnde physiko-mathematische Verständnis hinausging.

Großspurigen Ankündigungen, die sich explizit auf die Wettervorhersage bezogen, verstummten ab 1970 zusehends und die so stabile Koppelung von Wettermodifikation und computerbasierter Simulation löste sich. Damit fiel ein zentrales Element des Diskurses weg – jedoch nur in Teilen. Die Verlinkung der Computertechnologie oder, genauer gesagt, der computerbasierten Simulationen atmosphärischer Phänomene mit der Wetter- und Klimakontrolle, verschwand nicht vollständig, sondern differenzierte sich in zwei unterschiedliche Richtungen aus: Erstens entwickelten sich aus der Arbeit zu Wettervorhersagen die ersten Klimamodelle, die ab den

359 Ad Hoc Committee on International Programs in Atmospheric Sciences and Hydrology: An Outline of International Programs in the Atmospheric Sciences: A Report to the Geophysics Research Board, National Academy of Sciences-National Research Council, Washington, D. C. 1963, S. 62. Im Original: »[m]odification of weather and climate«.

360 Ebd., S. 11.

361 Ebd., S. 12. Im Original: »numerical procedures«; »specification of the physical ingredients of the mathematical models«

1970er Jahren zur Berechnung und Folgenabschätzung für die gezielte, nun aber auch vermehrt unbeabsichtigten Klimabeeinflussung genutzt wurden. Zweitens fanden numerische Modell lokaler Wettererscheinungen wie etwa Wirbelstürme seit Mitte der 1960er Jahre Eingang in die Experimentalsysteme zur lokalen Wetterbeeinflussung. Detaillierte Computermodelle, welche die Evaluation der Feldexperimente auf eine physikalische und nicht mehr statistische Basis zu stellen versprachen, ergänzten ab den 1970er Jahren als konkretes Instrument – und nicht mehr als abstrakte Referenz – die Feldexperimente zur lokalen Wetterbeeinflussung der Wolkenphysiker.

Verhandlungen (ca. 1960–1980)

Zukünfte

Abgesehen von den beschriebenen Feldexperimenten oder den (kommerziellen) Operationen zur Niederschlagsauslösung oder Hagelabwehr verwies der Wetter- und insbesondere der Klimamodifikationsdiskurs auf eine mehr oder weniger unbestimmte Zukunft. Wenn Meteorologen, Atmosphärenwissenschaftler, Militärs oder Journalisten über die Kontrolle oder die Beeinflussung der Atmosphäre sprachen, taten sie das, indem sie die gegenwärtige Situation und die Erfahrung der jüngsten Entwicklungen in die Zukunft extrapolierten. Im folgenden Kapitel zeige ich, dass der Diskurs zur gezielten Beeinflussung des Wetters und Klimas nicht allein von naturwissenschaftlicher (Grundlagen-)Forschung bestimmt war, sondern in mehrfacher Sicht von Denkstilen des Kalten Krieges profitierte, die das Denken in Szenarien und Prognosen bevorzugten.

Drei unterschiedliche Formen von ›Zukünften‹ waren mit dem Sprechen über die Wetter- und Klimabeeinflussung verhakt: *Erstens* stellte das Aufkommen der Zukunftswissenschaften insbesondere in Form des »Science Forecasting« Instrumente und Methoden bereit, um die (Weiter-)Entwicklung der Wetter- und Klimabeeinflussung in Aussicht zu stellen. Dabei ließ sich die Wetter- und Klimabeeinflussung in Analogie zur Nukleartechnologie sowohl als »Wetterwaffe« wie auch als bahnbrechende Ressourcen-Technologie beschreiben. *Zweitens* war der Wetter- und Klimabeeinflussungsdiskurs anschlussfähig an Prognosen, die angesichts der steigenden menschlichen Bevölkerung vor Ressourcenengpässen warnten – oder diese bereits diagnostizierten. Im Kontext des Erstarkens neo-malthusianischer Positionen galt die Beeinflussung von Wetter und Klima als eine Möglichkeit, um diese Entwicklungen abzufedern. *Drittens* gerieten in den 1960er

Jahren jedoch die Effekte der potenziellen Wetter- und Klimabeeinflussung in den Fokus, die wiederum mittels Zukunftsentwürfen abgeschätzt werden sollten. Diese Prognosen der ökologischen, gesellschaftlichen oder rechtlichen Konsequenzen gezielter Eingriffe hatten nun das Potenzial, den Diskurs jenseits von Fragen der Machbarkeit zu problematisieren.

»Wetterwaffe« – Debatten über den Einsatz von Wetter- und Klimabeeinflussung zu Kriegszwecken

Im November 1972 veröffentlichte die deutsche Wochenzeitung *Die Zeit* einen Artikel mit dem Titel *Schwierigkeiten beim Wettermachen*, in dem die Versuche besprochen wurden, mit technischen Mitteln in Konkurrenz zu den Naturgewalten zu treten:

> »Nach jeder Unwetterkatastrophe konstatieren die Leitartikler, hier habe sich wieder einmal gezeigt, dass der Mensch trotz allen technischen Fortschritts doch einigen Naturgewalten noch ziemlich schutzlos preisgegeben sei und nichts gegen sie auszurichten vermöchte. Das stimmt natürlich, aber um so nachdrücklicher bemüht man sich, hier Wandel zu schaffen und auch in Wetterfragen die höhere Gewalt der Natur durch die tiefere Einsicht der zuständigen Behörden zu ersetzen, also: das Wetter teils zu machen, teils zu verhindern.«[1]

Der Artikel sah die »Schwierigkeiten« bei der Kontrolle atmosphärischer Phänomene nicht allein im noch ungeklärten Status der Wirksamkeit begründet, sondern darin, dass es nicht ausschließlich »menschenfreundliche Absichten« gäbe und deshalb die Gefahr einer »geophysikalischen Kriegsführung« bestände.[2] Diese ambivalente Einschätzung der Wetter- und Klimabeeinflussung – als zivile und ›friedliche‹ Technologie einerseits und als potenzielle Kriegswaffe andererseits – war bezeichnend. Tatsächlich konnte die Beherrschung der Atmosphäre seit den späten 1940er Jahren, wie die immer als zentrale Referenz beigezogene Nukleartechnologie sowohl die Apokalypse als auch den ›Garten Eden‹ bedeuten. Als Dual-Use-Technologie gedacht, profitierte die Wetter- und Klimamodifikation in zweifacher Hinsicht von Denkstilen des Kalten Krieges: Erstens versprachen zivilisationstheoretisch grundierte Kontrollutopien weiterhin die Unterwerfung der

1 Hatje, Jan: Schwierigkeiten beim Wettermachen, in: Die Zeit, Hamburg 3.11.1972. Online: <https://www.zeit.de/1972/44/schwierigkeiten-beim-wettermachen>, Stand: 3.7.2020.

2 Alle Zitate: Hatje, Schwierigkeiten beim Wettermachen.

Natur und zweitens erwies sich der imaginierte »Wetterkrieg« als äußerst produktiv.

Wie erwähnt, gehörte die Wetterbeeinflussung bereits in Robert Jungks 1952 erstmals publizierter Reportage über die bereits angebrochene Zukunft *Die Zukunft hat schon begonnen* zum Repertoire der Beschreibung möglicher Zukünfte. Als in den 1950er Jahre eine Palette an Theorien, Instrumenten und Methoden die Zukunft nicht nur abschätz-, sondern auch planbar zu machen versprachen und ›die Zukunft‹ zu einer »neu konzeptionalisierten wissenschaftlichen und intellektuellen Kategorie avancierte«[3],stellte die Beeinflussung der Atmosphäre kein zentrales, aber doch gängiges Motiv der Zukunftsentwürfe dar. Die ersten, die ausführlich und publikumswirksam, wenn auch noch nicht basierend auf einer eigenen Methodologie, über die Zukunft der Wetterbeeinflussung nachdachten, waren hingegen US-amerikanische militärische oder militärnahe Institutionen. Sie gehörten seit den späten 1940er Jahren zu den nicht zu unterschätzenden Taktgebern des Diskurses. Die Militärs hatten ein genuines Interesse an klimatischen und meteorologischen Bedingungen.

Mit Clausewitz' *Im Kriege* hatte im 19. Jahrhundert eine systematische und theoriegebundene Auseinandersetzung mit atmosphärischen Phänomenen und ihren Auswirkungen auf militärische Operationen eingesetzt, im Ersten Weltkrieg war mit dem Einsatz von Giftgas erstmals die Atmosphäre als Medium in die Kriegsführung miteinbezogen worden[4] und seit dem Zweiten Weltkrieg galt geografisches und klimatologisches Wissen als kriegsentscheidend.[5] Die sich abzeichnende Wetterbeeinflussung musste den Militärtheoretikern nun besonders verlockend erscheinen, stellte sie doch in Aussicht, die »Friktionen« des Wetters, die bisher nur in Wahrscheinlichkeiten gehandhabt werden konnten, beherrschen zu können.[6] Die wechselseitige Orientierung zwischen Wissenschaft und militärischen Institutionen generierte nun konkrete Forschungsprojekte. Der mit Irving

3 Seefried, Elke: Zukünfte: Aufstieg und Krise der Zukunftsforschung 1945–1989, Berlin, Boston 2015 (Quellen und Darstellungen zur Zeitgeschichte, Band 106), S. 1.

4 Vgl. Sloterdijk, Peter: Luftbeben: An den Quellen des Terrors, Frankfurt am Main 2002, S. 7–25.

5 Vgl. Farish, Matthew: Creating Cold War Climates: The Laboratories of American Globalism, in: McNeill, John Robert (Hg.): Environmental Histories of the Cold War, Cambridge 2010, S. 51–83.

6 Vgl. Engbert-Pedersen, Anders: Krieg und Militär: Kriegsatmosphären: Stendhals La Chartreuse de Parme im Kontext von Clausewitz' Kriegstheorie und Minards thematischer Karthographie, in: Büttner, Urs, Theilen, Ines (Hg.): Phänomene der Atmosphäre: Ein Kompendium Literarischer Meteorologie, Stuttgart 2017, S. 54–67.

Langmuir persönlich bekannte Vannevar Bush, Direktor des Office of Scientific Research and Development, nahm die Forschung bei General Electric zum Anlass, um ein Komitee unter der Leitung von Carl-Gustaf Rossby mit Abklärungen zu den Möglichkeiten der Wetterbeeinflussung – insbesondere ihrer militärischen Anwendung – zu beauftragen. Die Schlussfolgerung des Berichts, dass es zwar viele offene – wissenschaftliche wie rechtliche – Fragen gäbe, die Wetterbeeinflussung jedoch sowohl in wirtschaftlicher als auch militärischer Hinsicht vielversprechend sei, war gewissermaßen der Startschuss für eine anhaltende Auseinandersetzung verschiedener militärischer Institutionen mit der Wetterbeeinflussung. Daraus resultierte nicht zuletzt die Unterstützung von Langmuirs Forschung im General Electric Research Laboratory durch das United States Army Signal Corps.[7]

Auch andere ranghohe Militärs wie Harold T. Orville, einflussreicher meteorologische Berater Dwight D. Eisenhowers, traten in der Öffentlichkeit wie auch in politischen Gremien als lautstarke Fürsprecher der Wetter- und Klimabeeinflussung als zukünftige Kriegswaffe auf. Orville hatte nach seinem Studium am MIT seit Mitte der 1930er Jahre als Meteorologe für die US Navy gearbeitet und zeichnete sich als Leiter des Naval Aerological Service während des Zweiten Weltkrieges unter anderem für die meteorologische Vorbereitung von Luftangriffen verantwortlich. Noch bevor er 1950 in den Ruhestand trat, war er für die Amtsdauer 1948/49 Präsident der American Meteorological Society und wurde dann nach der Wahl Eisenhowers 1953 von diesem zum Vorsitzenden des U. S. Advisory Committee on Weather Control ernannt.[8] In dieser Funktion bewarb er die gesamten 1950er Jahre hindurch öffentlich die Möglichkeiten der Wetterkontrolle und warnte zugleich vor den militärischen Implikationen einer »Wetterwaffe«.

Noch bevor das Committee on Weather Control ihren verhalten optimistischen Abschlussbericht über die Wirksamkeit der Wetterbeeinflussung veröffentlichte, verkündete Orville 1954 in einer Titelgeschichte der letzten Mai-Ausgabe der Zeitschrift *Collier's* unter Berufung auf seine wissenschaftliche und militärische Autorität (»Er ist der Wetterexperte des Präsidenten«) weit wegweisendere Möglichkeiten. Zwar war der Titel noch als Frage gestellt – »Weather Made to Order?« – doch bereits im Lead erschien die

7 Vgl. Harper, Kristine C.: Climate Control: United States Weather Modification in the Cold War and Beyond, in: Endeavour 32 (1), 2008, S. 20–26, hier S. 20; Harper, Make It Rain, S. 52–56.

8 Vgl. Berry, Frederic A.: Howard Thomas Orville 1901–1960, in: Bulletin of the American Meteorological Society 41 (11), 1960, S. 649–650.

Stoßrichtung deutlicher: »In 40 Jahren, so ein führender Experte [Orville], könnten wir Tornados auflösen und Regen oder Schnee praktisch nach Belieben produzieren.«[9] Gestützt durch Fotografien und Grafiken zu den Cloud-Seeding-Experimenten und mit dem Verweis auf die zukünftige Rolle des Computers entwarf er ein Panorama an Einsatzmöglichkeiten, das auch den Einsatz als Kriegswaffe umfasste: »Es ist sogar denkbar, dass wir das Wetter als Kriegswaffe einsetzen, um Stürme zu erzeugen oder zu zerstreuen, je nachdem, was die taktische Situation erfordert.«[10] Orville entwarf die Atmosphäre als ein deterministisches System. Damit war die Beherrschung des Wetters letztlich nur eine Frage der Kenntnisse über atmosphärische Prozesse und das Erlangen dieser Kenntnisse sei in einem konzertierten Effort, vergleichbar mit dem Manhattan-Projekt, machbar. Orville war kein Futurologe, der auf ein bestimmtes Set von Methoden und Instrumenten zurückgriff, um die Zukunft der Meteorologie zu entwerfen, plausibilisierte jedoch seine optimistische Einschätzung mit einem historischen Vergleich:

»Ich denke, dass das Wolkenimpfen in acht Jahren die Technik der Wetterveränderung ungefähr so weit gebracht hat, wie die Luftfahrt in ihren ersten acht Jahren vorankam. Wenn die Wetterforschung weiterhin mit dem Tempo des Fortschritts in der Luftfahrt Schritt hält, besteht meiner Meinung nach eine ausgezeichnete Chance, dass der von mir skizzierte Grad der Wetterkontrolle in vier Jahrzehnten erreicht werden kann.«[11]

9 Beide Zitate: Orville, Harold T.: Weather Made to Order?, in: Collier's Weekly, 28.5.1954, S. 25–29, hier S. 25. Im Original: »He's Weather Adviser to the President«; »Within 40 years, a top expert [Orville] says, we may break up tornadoes and produce rain or snow virtually at will.« Zu Harold T. Orville vgl. Fleming, James R.: The Pathological History of Weather and Climate Modification: Three Cycles of Promise and Hype, in: Historical Studies in the Physical and Biological Sciences 37 (1), University of California Press 2006, S. 3–25, hier S. 10 f.; Kwa, Chunglin: The Rise and Fall of Weather Modification: Changes in American Attitudes towards Technology, in: Miller, Clark A: Changing the Atmosphere: Expert Knowledge and Environmental Governance, Cambridge 2001, S. 135–165, hier S. 139 f.; Hamblin, Jacob Darwin: Arming Mother Nature: The Birth of Catastrophic Environmentalism, Oxford 2013, hier S. 130 f.

10 Orville, Weather Made to Order?, S. 25. Im Original: »It is even conceivable that we could use weather as a weapon of warfare, creating storms or dissipating them as the tactical situation demands.«

11 Ebd., S. 26. Im Original: »I think that cloud-seeding in eight years has carried the technique of weather modification about as far as aviation progressed during its first eight years. If weather research continues to match the pace of air progress, I believe there's an excellent chance that the degree of weather control I have outlined can be achieved in four decades.«

Der Optimismus von Orvilles Einschätzungen entsprach nur in Teilen dem seiner Kollegen aus der Akademie. Doch auch Meteorologen außerhalb des militärisch-industriellen Komplexes bedienten sich sehr wohl der zukünftigen Wetterkontrolle, um die Relevanz der eigenen Forschung herauszustellen. Orville selbst beharrte sowohl auf der Machbarkeit als auch auf seinem Zeitplan und tingelte die gesamten 1950er Jahre durch Publikumsmedien und stellte – korrespondierend mit den Konjunkturen des noch jungen Kalten Krieges – die zukünftige Wetterkontrolle in Aussicht. Inzwischen konnte er sich auf prominente Mitstreiter berufen; sowohl der Vorsitzende des US-amerikanischen Komitees zum Internationalen Geophysikalischen Jahr, Joseph Kaplan, als auch Edward Teller hatten sich vergleichbar geäußert. So beschwor Edward Teller im November 1956 im Rahmen einer Anhörung des Military Preparedness Committee des US-amerikanischen Senats die Gefahr einer russischen Wetterkontrolle:

»Stellen Sie sich bitte eine Welt vor, in der die Russen das Wetter im großen Stil kontrollieren können, in der sie die Niederschläge über Russland verändern können, und das – und ich spreche hier von einer sehr konkreten Situation – könnte sehr wohl die Niederschläge in unserem Land in negativer Weise beeinflussen. Sie werden sagen: ›Es ist uns egal. Es tut uns leid, wenn wir euch geschädigt haben. Wir versuchen lediglich, das zu tun, was wir tun müssen, damit unser Volk leben kann.‹ Was für eine Welt wird das sein, in der sie diese neue Art der Kontrolle haben und wir nicht? Ich denke, wenn Sie darüber nachdenken – dieses und andere Beispiele werden Ihnen sehr deutlich vor Augen führen – was es bedeuten könnte, eine Macht zweiter Klasse zu werden.«[12]

Teller entwarf also die Möglichkeit eines ›Wetterwettrüstens‹, indem er die Logik des atomaren Wettrüstens auf die zukünftige Entwicklung der Wetterbeeinflussung übertrug.

12 Edward Teller im November 1956, zitiert nach: United States Congress Senate: Hearings Before the Committee on Commerce. Weather Modification Hearings, Eighty-Ninth Congress, First and Second Sessions, Washington, D. C. 1966, S. 422. Im Original: »Please imagine a world in which the Russians can control weather in a big scale, where they can change the rainfall over Russia, and that – and here I am talking about a very definite situation – that might very well influence the rainfall in our country in an adverse manner. They will say, ›We don't care. We are sorry if we hurt you. We are merely trying to do what we need to do in order to live our people live.‹ What kind of a world will it be where they have this new kind of control and we do not? I think as you think – that this and other examples totally become very vivid on your mind – what it might mean to become a second-class power.«

Wie Jacob Darwin Hamblin herausgearbeitet hat, erreichte das Sprechen über eine zukünftige »Wetterwaffe« 1958 einen vorläufigen Höhepunkt. Die sich mit Sputnik deutlich abzeichnende Zukunft der Satelliten, das groß angelegte geowissenschaftliche Forschungsunternehmen des Ersten Internationalen Geophysikalischen Jahres sowie Fortschritte in der Computertechnologie dienten als Anknüpfungspunkte für die in zahlreichen Publikumsmedien geäußerten Bedenken hinsichtlich eines zukünftigen »Wetterkrieges«. Harold T. Orville persönlich äußerte sich etwa im Juni 1958 in einem mehrseitigen und reich illustrierten Beitrag in *Popular Science* wiederum ausführlich zur drohenden Gefahr der »Wetterwaffe«.[13] Dabei entwarf er zunächst zwei entgegengesetzte Horrorszenarien – einerseits Nordamerika als lebensfeindliches Trockengebiet mit zu Sümpfen geschrumpften Seen und andererseits reißende Wassermassen, die ganze Städte unter sich begruben –, die er nun angesichts der gegenwärtigen Entwicklung bereits am Horizont sah: »Die Wetterkontrolle ist eine Herausforderung, der wir uns zu Lebzeiten stellen müssen. Klug eingesetzt, könnte sie die Erde in einen Garten Eden verwandeln. Als Waffe könnte sie verheerender sein als ein Atomkrieg.« Im Unterschied zu den frühen 1950er Jahren diente nun das Cloud-Seeding nur mehr als Ausgangspunkt: Orville bezog ausdrücklich die großräumige und permanente Beeinflussung klimatischer Verhältnisse mit ein und skizzierte sieben Möglichkeiten, die allesamt auf einer Regulierung der Wärmeverteilung beruhten. Orville verlieh seinen Szenarien Dringlichkeit und Plausibilität, indem er zunächst er auf den rasanten Fortschritt der Wissenschaft im Allgemeinen verwies und imaginierte zudem einen sowjetischen Vorsprung im Rennen und die Wetterkontrolle: »Die Russen könnten uns bei der Wetterkontrolle voraus sein, und das beunruhigt unsere Wissenschaftler noch mehr als die technischen Probleme, die damit verbunden sind. […] Wir können uns nicht auf das Glück verlassen, dass wir das Wetter als Erste kontrollieren können.«[14]

Wie sehr das atomare Wettrüsten auch in der Öffentlichkeit als Referenz diente und wie sehr der Sputnik als Katalysator die Debatten zukünftiger Kriegsführung diente, zeigt beispielhaft ein Beitrag vom 13. Januar 1958 im

13 Orville, Howard T.; Lagemann, John Kord: Weather as a Weapon, in: Popular Science 172 (6), 1958, S. 56–59, hier S. 56.

14 Orville, Weather as a Weapon, S. 59. Im Original: »The Russians may be ahead of us in weather control, and this worries our scientists even more then than the technical problems involved. […] We cannot trust to luck that we will be first to control the weather.«

LIFE Magazine. Anlass des Artikels waren zwei voneinander unabhängige Berichte zur nationalen Sicherheit, die jedoch beide zu vergleichbaren Schlussfolgerungen gekommen waren. Sowohl der *Gaither Report*, den Eisenhower zur Entwicklung eines neuen Verteidigungssystems in Auftrag gegeben hatte,[15] als auch der privat finanzierte *Rockefeller Report* wiesen auf die Verwundbarkeit der USA hin. Dieser diagnostizierten »Verteidigungskrise« war – so die Empfehlung – nur mit schnellen und entschlossenen Gegenmaßnahmen wie beispielsweise der Entwicklung von Interkontinentalraketen, U-Booten oder Schutzbunkern zu begegnen.[16] Neben diesen direkt auf die nukleare Bedrohung zielenden Maßnahmen forderten verschiedene Wissenschaftler – auch Howard T. Orville – jedoch auch eine allgemeine wissenschaftliche Offensive, die unterschiedliche wissenschaftliche Disziplinen und Technologien – wie die Wetter- und Klimamodifikation – umfassen sollte.[17]

In diesen Verhandlungen zur »Wetterwaffe« manifestierte sich exemplarisch das für den Kalten Krieg konstitutive Wirklichkeitsprinzip, das die Grenzen zwischen ›Realem‹ und ›Imaginären‹ auflöste.[18] Denn die vor dem Hintergrund der tatsächlichen (oder imaginierten) Raketen- und Satellitenlücken angenommenen »Wetterlücke« zeitigte konkrete Effekte. So wurden mehrere Institutionen und Organisationen geschaffen oder mit großzügigen finanziellen Ressourcen unterstützt, die sich Fragen nationaler Sicherheit annehmen und in diesem Kontext wiederum über den Wetterkrieg nachdenken sollten. Als direkte Reaktion wurde nicht nur das Science Advisory Committee ins Leben gerufen, sondern auch mit der Advanced Research Project Agency (ARPA) eine Institution, die sich in den kommenden Jahrzehnten intensiv mit Fragen der nationalen Sicherheit auseinandersetzte und in diesem Zusammenhang unter anderem den »Wetterkrieg« konzeptuell weiterdachte.

15 Der *Gaither Report*, benannt dem Vorsitzenden des Komitees H. Rowan Gaither, wurde von mehreren Experten erstellt und als streng geheim eingestuft. Teile daraus gelangten jedoch an die Öffentlichkeit; vgl. Snead, David: Eisenhower and the Gaither Report: The Influence of a Committee of Experts on National Security Policy in the Late 1950s, Richmond 1997. Online: <https://digitalcommons.liberty.edu/fac_dis/57>, Stand: 19.06.2020.

16 Vgl. O. V.: Gaither et al.: The Citizens Speak up to Advise the Administration in a Time of Crisis, in: LIFE 44 (2), o. D., S. 13–25., S. 13–15.

17 Ebd., S. 16.

18 Vgl. Eugster, David; Marti, Sibylle: Einleitung: Das Imaginäre des Kalten Krieges, in: dies.(Hg.): Das Imaginäre des Kalten Krieges: Beiträge zur einer Kulturgeschichte des Ost-West-Konfliktes in Europa, Essen 2015, S. 3–14, hier insbesondere S. 14.

ARPA zog ab 1960 eine Gruppe externer Berater hinzu, die sich aus angesehenen Physikern und Mathematikern zusammensetzte und sich selbstbewusst nach dem Anführer der Argonauten »JASON« tauften. Die Kerngruppe bestand aus den Manhattan-Projekt-Veteranen Murph Goldberger, Murray Gell-Mann, John Wheeler und William Nierenberger, die sich als *defense intellectuals* in der Tradition von John von Neumann, Ernest Lawrence und Edward Teller verstanden.[19] Nachdem sie sich in den Anfangsjahren vor allem auf Probleme der Raketenabwehr konzentriert hatten, wandten sie sich mit dem Beginn des Vietnamkrieges breiteren Fragestellung zur Kriegsführung zu und nahmen zusätzliche Mitglieder auf – nun auch aus anderen Wissensgebieten – wie den Geophysiker Gordon MacDonald. MacDonald entwickelte sich in den 1960er Jahren zum eigentlichen Spezialisten für Wetterbeeinflussung. Er wurde 1962 in die National Academy of Sciences und ihr Committee on Atmospheric Sciences berufen, wo er ab 1963 als gewählter Vorsitzender des Panel on Weather and Climate Modification fungierte.[20] Dabei diente ihm sehr früh – wie im Übrigen auch Edward Teller – die ungewollte und unkontrollierte anthropogene Klimabeeinflussung als Argument für die Machbarkeit. Während einige JASON-Mitglieder, wie etwa Murray Gell-Mann, in den Sozialwissenschaften und dem Verständnis menschlicher Motivation den Schlüssel erfolgreicher Kriegsführung sahen, betonten andere die Bedeutung überlegener Technologie. Insbesondere Gordon MacDonalds zeigte sich dabei als Verfechter der zukünftigen »Wetterwaffe«. Er maß den meteorologischen und klimatischen Verhältnissen kriegsentscheidende Bedeutung zu und nutzte historische Klimaveränderungen als Explanans für kriegerischer Konflikte: Dürren, Fluten, Krankheiten und Hunger hätten die Menschen immer an die Grenzen des menschlichen Überlebens gebracht, was in Krieg über die noch verbleibenden Ressourcen resultiert habe.[21]

Der »Wetterkrieg« war keine Phantasterei einer einzigen Gruppe von *defense intellectuals*, sondern bestimmte durchaus das militärische Denken

19 Zur Formierung von ARPA und JASON vgl. Weinberger, Sharon: The Imagineers of War: The Untold Story of DARPA, the Pentagon Agency That Changed the World, New York 2017, S. 93 ff.

20 Zu Gordon J. MacDonald vgl. Munk, Walter; Oreskes, Naomi; Muller, Richard: Gordon James Fraser MacDonald, July 30, 1929 – May 14, 2002, in: National Academy of Sciences (Hg.): Biographical Memoirs, Volume 84, Washington, D. C. 2004, S. 225–248; MacDonald, Gordon J.; Fleming, James Rodger: Oral History Interview with Gordon J. F. MacDonald, <https://www.aip.org/history-programs/niels-bohr-library/oral-histories/32156>, Stand: 10.07.2021.

21 Vgl. Jacobsen, Annie: The Pentagon's Brain: A Uncensored History of DARPA, America's Top Secret Military Agency, New York, Boston, London 2015, S. 181–223.

über JASON hinaus. Auch das westliche Verteidigungsbündnis NATO suchte nach adäquaten Antworten auf die Ereignisse in den späten 1950er Jahren und beauftrage eine Expertengruppe unter der Leitung des »grand old man of science forecasting«[22] Theodore von Karman, die Waffenentwicklung und Kriegsführung der kommenden 15 Jahre abzuschätzen. Das Komitee um Karman extrapolierte den gegenwärtigen Stand der Forschung optimistisch (oder nach anderer Lesart pessimistisch) in die Zukunft und prognostizierte für 1970 die großräumige Kontrolle der Umwelt als Kriegsführung – und als Teil davon: die Wetter- und Klimabeeinflussung.[23]

Selbst der Denker des Undenkbaren, der »one-man think tank«[24] Herman Kahn, schaltete sich in die Produktion der Zukunftsentwürfen des »Wetterkriegs« mit ein. Der RAND-Chefstratege veröffentliche 1960 in der Publikation *On Thermonuclear War* seine kühlen Überlegungen zu Strategien und Konsequenzen eines thermonuklearen Kriegs.[25] Kahn äußerte sich darin sowohl zur unbeabsichtigten als auch zur gezielten Beeinflussung atmosphärischer Phänomene: Während er im Kapitel »Will the Survivors Envy the Dead?« die Folgen eines Atomkriegs auslotete und dabei bemerkbare, aber nicht verheerende klimatische Effekte eines massiven Atomschlags auf das Wetter für möglich hielt,[26] stellte er im dritten Teil des Buches, einer Art hypothetischen Geschichte der Zukunft mit Fokus auf waffentechnische Innovationen,[27] den Einsatz gezielter Wetter- und Klimabeeinflussung als Waffe vor. Unter Berufung auf von Neumanns Artikel *Can We Survive Technology?* und die Computer- und Satellitentechnologie, stellte er die Wetter- und Klimawaffe in Aussicht:

»Es ist durchaus möglich, dass die Wetterkontrolle als Waffe eingesetzt werden kann. Einige Länder könnten zum Beispiel versucht sein, die unterschiedlichen Auswirkungen

22 Hamblin, Jacob Darwin: Arming Mother Nature: The Birth of Catastrophic Environmentalism, Oxford 2013, S. 135.

23 Vgl. Hamblin,: Arming Mother Nature, S. 135–140.

24 Pias, Claus: »One-Man Think Tank«: Herman Kahn oder wie man das Undenkbare denkt, in: Zeitschrift für Ideengeschichte, 2009, Nr. 3, S. 5–17.

25 Bereits ein Jahr zuvor erwähnte Kahn die Klimakontrolle, neben Raumfahrt, verschiedenen Waffensystemen und günstigen Satelliten in einer Analyse der Rüstungsspirale als zukünftige Technologie; vgl. Kahn, Herman: The Arms Race and Some of Its Hazards, in: Daedalus 89 (4), 1960, S. 744–780.

26 Vgl. Kahn, Herman: On Thermonuclear War, Princeton 1961, S. 91.

27 Vgl. Horn, Eva: Die apokalyptische Fiktion: Weltende und Zukunftsmodellierung im Kalten Krieg, in: Bernhard, Patrick (Hg.): Den Kalten Krieg denken: Beiträge zur sozialen Ideengeschichte, Essen 2014, S. 43–61, hier S. 50.

sinkender Temperaturen als Waffe in einem Kalten oder leicht erwärmten Krieg einzusetzen. Die Russen und die Kanadier könnten für diese Technik besonders anfällig sein. Die Russen können natürlich Vergeltung üben. Sie könnten z. B. die Polkappen schmelzen oder den Golfstrom umleiten oder etwas ähnlich Schlimmes tun. Obwohl diese beiden Vorschläge aus dem Stegreif nicht allzu wahrscheinlich erscheinen, würde ich keine Wetten abschließen.«[28]

Kahn folgte in seiner Erzählung dem üblichen Eskalationsmuster der Rüstungsspirale und ergriff zudem – obwohl er die Methoden der Szenariotechnik erst im 1965 erschienen Buch *Thinking about the Unthinkable* programmatisch ausführte – in Form dieser hypothetischen Historiografie bereits eine Methodologie, die es ihm erlaubte, zukünftige Möglichkeiten systematisch zu erzählen.[29] Dabei stellten für ihn nicht mehr die kleinräumigen Experimente der Niederschlagsexperimente die Grundlage dar, um die Eingriffe zu denken, sondern der Einsatz der Atombombe, der nicht direkt auf die Atmosphäre, sondern auf die neuralgischen Punkte des gesamten Erd-Atmosphäre-Systems zielten. Er bezog sich dabei auf Forschung, die im Rahmen der Operation »Plowshare« durchgeführt worden war.[30]

Dass nun sowohl Orville als auch Kahn nicht mehr in erster Linie auf die lokale Wetterbeeinflussung zielten, sondern letztlich an die Beeinflussung des globalen Klimasystems dachten, war kein Zufall: Mit dem Ausbau des globalen Messnetzwerkes und dem Einsatz von Computermodellen begann sich ein neues Verständnis von Klima zu etablieren – weg von einem statischen geografischen, hin zu einem dynamischen und globalen Klimabegriff. Um 1960 häuften sich in diesem Kontext Absichtserklärungen oder Zukunftsentwürfe, die nun erstmals über die Beeinflussung lokaler Gege-

28 Kahn, Herman: On Thermonuclear War, Princeton, New Jersey 1961, S. 483 f. Im Original: »It is quite possible weather control could be used as a weapon. For example, some countries might be tempted to use the differential effects of dropping temperature as a weapon in a cold or mildly heated war. The Russians and the Canadians might be particularly vulnerable to this technique. The Russians, of course, can retaliate. They might do something like melting the polar ice caps or diverting the Gulf Stream, or something equally nasty. Although these two suggestions do not seem too likely, offhand, I would not make any bets.«

29 Vgl. u.a. Horn: Die apokalyptische Fiktion, S. 50; Pias: »One-Man Think Tank«, S. 5–17; Ghamari-Tabrizi, Sharon: Simulating of the Unthinkable: Gaming Future War in den 1950s and 1960s, in: Social Studies of Science 30 (2), 2000, S. 163–223.

30 Vgl. Proceedings of the Second Plowshare Symposium, Part V, Scientific Applications of Nuclear Explosives in the Fields of Nuclear Physics, Seismology, Meteorology, Space, Livermore 1959, S. 66 ff.

benheiten hinausdachten und globale und permanente Veränderungen vorschlugen.

Die Äußerungen der Tellers, Orvilles oder Kahns in ihren Publikationen, den Medien und Senatsanhörungen oder die Analyse zukünftiger Gefahren geheimer, vom Pentagon finanzierter Beratungsgremien waren weiterhin nur in Teilen gedeckt durch die Forschung und weit in die Zukunft gerichtet. Ein Blick auf die Programmpunkte der um 1960 ausgerichteten Konferenzen zeigt, dass sich die Fachleute mit ungleich kleinteiligeren, aber auch konkreteren Fragen beschäftigten. An der von der National Academy of Sciences finanzierten »Skyline«-Konferenz 1959 beispielsweise wurde einleitend wie üblich auf die mögliche Tragweite der Wetterbeeinflussung verwiesen, doch im Fokus standen in erster Linie Experimentdesigns zur Evaluation der Wirksamkeit.[31] Und die Klimawissenschaftler verbanden zwar große Hoffnungen mit den Computermodellen und stellten erstmals Fragen zu einer potenziellen unbeabsichtigten Beeinflussung des Klimas, doch insgesamt war die Umsetzung einer Klimakontrolle für Fachleute noch nicht absehbar. Die offensiv und in Dauerschleife vorgetragenen Ideen des »Wetterkriegs« stießen deshalb auch auf Widerstand aus der *Scientific Community:* Der Physiker und Direktor der National Science Foundation, Alan T. Waterman, ließ öffentlich die Ansicht korrigieren, dass Wetter auf Bestellung »um die Ecke«[32] sei, und Universitätsmeteorologen wie Robert F. Fleagle äußerten – ganz abgesehen von Fragen zur Wirksamkeit – bereits in den frühen 1960er Jahren ethische Bedenken.[33]

Zudem beschränkte sich der Diskurs hinsichtlich der Wetterwaffe weitestgehend auf die USA. Sporadisch berichteten größere und kleinere deutschsprachige Tages- und Wochenzeitungen über die Pläne der US-amerikanischen Militärs und Meteorologen, doch meist war der »Wetterkrieg« nicht viel mehr als eine übersetzte Agenturmeldung wert.[34] Beispielhaft für die Haltung deutscher Meteorologen berichtete Martin Rodewald vom

31 Vgl. u.a. National Academy of Sciences; National Research Council (Hg.): Report of the Skyline Conference on the Design and Conduct of Experiments in Weather Modification, Washington, D. C. 1959, S. iii–vi/1–4.

32 Lear, John: Dreams of Weather Control, in: The New Scientist 4 (98), 1958, S. 960. Im Original: »around the corner«.

33 Vgl. Harper, Make It Rain, S. 82.

34 Vgl. dazu u.a. o. V.: Rüstung/Wetterkontrolle: Den Regen abmelken, in: Der Spiegel, 22.1.1958, Nr. 4, S. 29; o. V.: Sonnenschein an Feiertagen, in: Der Spiegel 8, 30.6.1954, Nr. 27, S. 25.

Deutschen Wetterdienst in der *Zeit* über eine meteorologische Fachtagung im Oktober 1954 in Hamburg. Diese stand zufällig, aber doch sinnigerweise im Zeichen des wenige Tage zuvor verstorbenen August Schmauß, der mit der Engführung von Kolloidchemie und Wolkenphysik das Tor zur Wetterbeeinflussung erst aufgestoßen hatte.[35] Über die geladenen »Wettermacher« F. H. Ludlam und Vincent J. Schaefer äußerte sich dann Rodewald eher spöttisch: »Die zwei Experten [...] zeigten wunderbare farbige Wolkenfilme – aber von irgendeinem bemerkenswerten Fortschritt der Wolkenimpfungsexperimente (*cloud seeding*) war nicht die Rede.«[36] Rodewald sah zwar die »Morgenröte einer ›Revolution der Wettervorhersage‹«, doch hinsichtlich der »Zukunftsphantasie der *W-Waffe*« zeigte er sich erleichtert, dass die Meteorologie »arg hinter der Physik, Biologie und Chemie herhinkt«.[37]

Dass sich die Debatte über den Wetterkrieg auf die USA beschränkte, lag nicht zuletzt in der dortigen Verzahnung von Politik und Wissenschaft begründet. Galten in den USA technische Innovation und militärische Verwertbarkeit als zentrale Kriterien für die Forschungsförderung, betrieb in der BRD der Staat erst in den 1960er Jahren wieder eine aktive Forschungspolitik.[38] Kleinere Forschungsprojekte zur Wetterbeeinflussung wurden bis Mitte der 1950er unter direkter Leitung der US-Armee durchgeführt und eine systematische Auseinandersetzung, etwa am Institut für die Physik der Atmosphäre in Oberpfaffenhofen zur Hagelbekämpfung, lässt sich erst ab 1960 feststellen.[39]

Die hochfliegenden Pläne der Wetterkontrolle waren somit geografisch beschränkt, stießen in der *Scientific Community* wie auch in Publikumsmedien auf Widerstand oder korrelierten schlicht nicht mit dem Stand der Forschung. Doch sie blieben wiederum nicht folgenlos: Vielmehr trugen Orville & Co. in einer weiteren Zirkulationsschlaufe nicht nur zur zunehmende Popularisierung bei – sie waren aufgrund ihrer Nähe zu politischen Entscheidungsträgern auch mitverantwortlich, dass die weitere Beschäftigung mit

35 Vgl. Kapitel *Wolken*.

36 Rodewald, Martin: Die Wissenschaft vom Wetter, in: Die Zeit, Hamburg 21.10.1954. Online: <https://www.zeit.de/1954/42/die-wissenschaft-vom-wetter/seite-3>, Stand: 30.6.2020.

37 Ebd.

38 Seefried, Elke: Zukünfte, Aufstieg und Krise der Zukunftsforschung 1945–1980, Berlin, Boston 2015, S. 51 f.

39 Zu den deutschen Projekten und insbesondere der Forschung zur Hagelabwehr in Oberpfaffenhofen vgl. Achermann, Dania: Institutionelle Identität im Wandel: Zur Geschichte des Instituts für Physik der Atmosphäre in Oberpfaffenhofen, 2016, S. 197–218.

der Wetterbeeinflussung auf der politischen Agenda blieb und die Forschung mit entsprechenden Ressourcen ausgestattet wurde. So entschied das für die Forschungsförderung verantwortliche Komitee des US-Senats 1966 auf der Grundlage der Statements und der öffentlichen Äußerungen von Orville und Teller, dass die Wetterbeeinflussung ein weiter zu unterstützendes Unterfangen sei.[40]

Der drohende Wetterkrieg war weiterhin nur die eine Seite der Medaille: Korrespondierend mit dem Diskurs über die Nukleartechnik wurde die Kontrolle der Atmosphäre nicht nur als Bedrohung oder revolutionäre Waffe gedacht, sondern auch als Instrument ›friedlicher‹ Beherrschung der Natur. 1962 erschien etwa *Profiles of the Future* (auf Deutsch: *Ausblicke in die Zukunft der Technik*) des britischen Physikers und Science-Fiction-Autors Arthur C. Clarke. Er unternahm darin nicht den Versuch, *die* Zukunft vorauszusagen, sondern Grenzen zu definieren, innerhalb derer sich potenzielle Zukünfte bewegen konnten. Auch wenn Clarke nicht ausführlich auf die Wetter- und Klimakontrolle einging, so bewegte sie sich doch innerhalb dieser Grenzen möglicher Entwicklungen.[41] Die Wetterkontrolle datierte auf das Jahr 2015 – die Übernahme des gesamten Erd-Atmosphäre-Systems auf 2050.[42] Explizit als ein globales Projekt der gesamten Menschheit und damit als direkte Alternative zum atomaren Wettrüsten nahm John F. Kennedy in einer Rede vor der UN-Versammlung im September 1961 auf die Wetter- und Klimabeeinflussung Bezug:

»Zu diesem Zweck werden wir auf Vorschläge drängen, die Charta der Vereinten Nationen auf die Grenzen der menschlichen Erforschung des Universums auszudehnen, den Weltraum der friedlichen Nutzung vorzubehalten, Massenvernichtungswaffen im Weltraum oder auf Himmelskörpern zu verbieten und allen Nationen die Geheimnisse und Vorteile des Weltraums zu erschließen. Wir werden weitere gemeinsame Anstrengungen aller Nationen bei der Wettervorhersage und schließlich bei der Wetterkontrolle vorschlagen.«[43]

40 Vgl. United States Congress Senate Committee on: Hearings Before the Committee on Commerce. Weather Modification Hearings, Eighty-Ninth Congress, First and Second Sessions, Washington, D. C. 1966, S. 426 f.

41 Vgl. Clarke, Arthur C.: Im höchsten Grade phantastisch: Ausblicke in die Zukunft der Technik, Düsseldorf, Wien 1963, S. 204 f.

42 Vgl. ebd., S. 208 f.

43 Kennedy, John F.: Adress to the UN General Assembly. 25.9.1961. Im Original: »To this end, we shall urge proposals extending the United Nations Charter to the limits of man's exploration of the universe, reserving outer space for peaceful use, prohibiting weapons of mass destruction in space or on celestial bodies, and opening the mysteries and benefits of space to every nation. We

Die mit viel Pathos unter dem Eindruck des Todes von UN-Generalsekretär Dag Hammarskjöld vorgetragenen Worte korrelierten nicht mit der schmutzigen Realität der kommenden Kubakrise und des Vietnamkriegs – über den Wetterkrieg wurde in der Folge intensiver nachgedacht denn je.

Versprach Clarkes Zukunftsentwurf, eine zunehmende Unabhängigkeit des Menschen von seiner Umwelt mit Mitteln der Technik zu erlangen und entwarf Kennedy eine Utopie zur Überbrückung des Systemantagonismus, zeigte sich in mehreren Artikeln und Forschungspapieren, die von Mitarbeiterin der RAND Corporation erstellt wurden, das Changieren zwischen Entwürfen des »Doomsday« und ziviler, nutzbringender Naturkontrolle. Die RAND Corporation zur Sicherung wissenschaftlicher Expertise von der US Air Force geschaffen, wurde als Non-Profit-Forschungsinstitution mit engen Verbindungen zur Air Force und der Atomic Energy Commission zum Inbegriff einer *Cold-War-Science*-Institution.[44] RAND klärte für unterschiedliche militärische und staatliche Stellen die Möglichkeiten der gegenwärtigen und insbesondere der zukünftigen Technologie ab und erstellte in diesem Zusammenhang auch mehrere Berichte zum Themenkomplex Wetter- und Klimabeeinflussung.[45] Selbst Albert Wohlstetter, seit 1951 bei der RAND Corporation und prominenter Denker des Nuklearkriegs, bezog die ambivalenten Einsatzmöglichkeiten der Wetter- und Klimabeeinflussung in seine Überlegungen mit ein. Im Oktober 1964 veröffentlichte er im *Bulletin of the Atomic Scientists* einen programmatischen Text über das Verhältnis von Wissenschaft, Technologie und die Möglichkeiten sowie Grenzen ihrer Vorhersagbarkeit. Dabei nannte er die Wetter- und Klimabeeinflussung als Paradebeispiel für eine Dual-Use-Technologie mit weitreichenden politischen Implikationen:

shall propose further cooperative efforts between all nations in weather prediction and eventually in weather control.«

44 Zu RAND und der Wissensproduktion vgl. Rocco, Philip: Wissensproduktion in der RAND Corporation, in: Greiner, Bernd; Müller, Tim B.; Weber, Claudia (Hg.): Macht und Geist im Kalten Krieg, Hamburg 2011 (Studien zum Kalten Krieg, Band 5), S. 301–320; Hounshell, David: The Cold War, RAND, and the Generation of Knowledge, 1946–1962, in: Historical Studies in the Physical and Biological Sciences 27 (2), 1997, S. 237–267.

45 Vgl. u.a. Fletcher, Joseph O.: Controlling the Planet's Climate, in: Impact of Science on Society XIX (2), 1969, S. 151–168; Greenfield, Stanley Marshall et al: A Rationale for Weather-Control Research, in: Eos 43 (4), 1962, S. 469–489; Rapp, R. Robert; Huschke, Ralph E.: Weather Information: Its Uses, Actual and Potential, Mai 1964 (Memorandum RM-4083-USWB, United States Weather Bureau / Department of Commerce).

»Eine letzte Möglichkeit, die Natur zu verändern, nämlich die Fähigkeit, das Wetter zu kontrollieren, steckt noch in den Kinderschuhen, nämlich in den kleinen, lokalen Versuchen der Regenerzeugung. Schon jetzt könnte ein Ort auf Kosten eines anderen profitieren – etwa durch die Umleitung eines Flusses. Aber zu den drastischen Veränderungen des Klimas und der Atmosphäre, die der Mensch eines Tages bewirken kann, gehören die Veränderung des Meeresspiegels, die mögliche Überflutung von Festlandsockeln und Küstenstädten, die langfristige Erwärmung großer Regionen und die Abkühlung anderer. Ganz abgesehen von der Kriegsanwendung dieser Veränderungen stellen diese Möglichkeiten divergierender Interessen hier alles in den Schatten, was wir im arabisch-israelischen Konflikt um den Jordan oder sogar in den Wasserstreitigkeiten zwischen Kalifornien und Arizona erlebt haben.«

Wohlstetter wies dezidiert auf die Schwierigkeiten hin, zukünftige technische Entwicklungen vorherzusagen. Doch seiner komplexen Analyse der Zusammenhänge von Gesellschaft, Technologie und Kriegsführung lag die Vorstellung einer fortschreitenden, wissenschaftlichen und technologischen Entwicklung zugrunde, die die Wetter- und Klimakontrolle als Dual-Use-Technologie (»cataclysm or paradise«) in den Bereich des Möglichen verlegte – auch wenn er sich nicht auf einen bestimmten Zeithorizont festlegen wollte. Die Wetter- und Klimakontrolle galt Wohlstetter nun deshalb als risikobehaftet, weil sie, wie Kommunikationssysteme oder Trägersysteme für Kernwaffen, ermöglichten, von jedem Punkt der Erde Einfluss auf einen anderen, beliebigen Punkt zu nehmen. Wohlstetters Konzeptualisierung von Phänomenen einer »small world« eröffnete damit verhältnismäßig früh den Blick auf die globalen Zusammenhänge.[46]

Wenn in der Rückschau diese Pläne des »Wetterkriegs« wie schlechte (oder richtig gute) Science-Fiction wirken, geht gern vergessen, dass die Umsetzung in die Praxis sehr wohl erfolgte und dabei die Grenzen zwischen ziviler (wolkenphysikalischer) Grundlagenforschung und militärischer Anwendung verwischten. Kristine C. Harper hat gezeigt, dass Wetterbeeinflussung in zweifacher Hinsicht als Instrument US-amerikanische Politik im globalen Systemkonflikt eingesetzt wurde: Einerseits als diplomatisches Mittel zur Unterstützung von Verbündeten und andererseits tatsächlich als »Waffe« im Vietnamkrieg. So sollte das Projekt GROMET in den 1960er Jahren dringend benötigtes Wasser für die Landwirtschaft Indiens bereitstellen und die Unterstützung des blockfreien Staats sichern. Nahezu zeitgleich überführte die

46 Vgl. Wohlstetter, Technology, S. 12–15; beide Zitate ebd., S. 12.

US Navy die zuvor lediglich imaginierte (und von den Gegnern belächelte) »Wetterwaffe« mit dem Projekt »Compatriot« in die Praxis.[47]

Nachdem bereits das Projekt »Cirrus« ja maßgeblich von militärischen Stellen unterstützt worden war, unterhielten verschiedene Teilstreitkräfte der USA seit den frühen 1960er Jahren Forschungsprojekte, die auf die Beeinflussung atmosphärischer Phänomene zielten und teilweise an zivile Projekte angeschlossen waren. Die Naval Ordnance Test Station China Lake in der Mojave-Wüste entwickelte beispielsweise pyrotechnische Geräte zur punktgenauen Einbringung des Silberiodids in Wolkensysteme, die im Projekt »Stormfury« Verwendung fanden.[48] Die Resultate von »Stormfury« wurden in der Folge wieder zurückgespielt. Sie bildeten die Grundlage für das geheime, vom Innen- und Verteidigungsministerium veranlasste »Popeye«-Experiment, das im Herbst 1966 die Wirksamkeit der Niederschlagsauslösung und -verstärkung in Laos in unmittelbarer geografischer Nähe zu Vietnam überprüfte. Das Experiment wurde mit großem personellem Aufwand und unter Einbezug von Satelliten-, Radarbildern, Film- und Fotoaufnahmen, Oberflächen- und Atmosphärenmessungen durchgeführt. Teile der Auswertung wurden erst gut 15 Jahr später veröffentlicht,[49] der Administration von Lyndon B. Johnson wurde jedoch ein überragender Erfolg kommuniziert und das Cloud-Seeding zu Kriegszwecken als einsatzfähig gemeldet.

In einem Memorandum an den Außenminister David Dean Rusk vom 13. Januar 1967 wurde eine Niederschlagssteigerung von sagenhaften 82 Prozent angegeben: »Unserer Ansicht nach waren die Experimente eindeutig erfolgreich, was darauf hindeutet, dass die US-Regierung zumindest unter solchen Wetter- und Geländebedingungen, wie sie hier herrschten, die Möglichkeit einer signifikanten Wettermodifikation realisiert hat.«[50] Die Frage

47 Vgl. Harper, Make It Rain, S. 201–229; Harper, Kristine: Cold War Atmospheric Sciences in the United States: From Modeling to Control, in: Dongen, Jeroen van; Hoeneveld, Friso; Streefland, Abel (Hg.): Cold War Science and the Transatlantic Circulation of Knowledge, Leiden 2017, S. 217–242; Harper, Kristine C.: Environmental Diplomacy in the Cold War: Weather Control, the United States, and India 1966–1967, in: McNeill, John Robert (Hg.): Environmental Histories of the Cold War, Cambridge 2010, S. 115–137.

48 Vgl. Kapitel *Experimente II.*

49 Vgl. Frisby, E. M.: Weather Modification in South-East Asia, 1966–1972, in: The Journal of Weather Modification 14 (1), 1982, S. 1–6.

50 274. Memorandum From the Deputy Under Secretary of State for Political Affairs (Kohler) to Secretary of State Rusk, Office of the Historian, 13.1.1967, <https://history.state.gov/historicaldocuments/frus1964-68v28/d274>, Stand: 20.6.2020. Im Original: »In our view, the ex-

der Wirksamkeit war damit aus Sicht des Verteidigungs- und Außenministeriums geklärt und der Einsatz, von dem man sich in erster Linie erschwerte Bedingungen für feindliche Truppen- und Materialtransporte versprach, genehmigt. Da jedoch weitere Effekte auf die Umwelt bis hin zu weitreichenden Veränderungen der pflanzlichen Lebenszyklen – auch in den angrenzenden Ländern Thailand und Laos – nicht ausgeschlossen werden konnten, wurde auf die rechtlichen Aspekte hingewiesen:

> »Es gibt also rechtliche und vielleicht auch moralische oder philosophische Aspekte bei der Frage, ob die USA die Fähigkeit nutzen sollten, die wir entwickelt zu haben scheinen, um die Wetterbedingungen erheblich zu verändern. Wir können nicht leichtfertig die Verantwortung für die einseitige Veränderung des Klimas und möglicherweise der Landformen in anderen Staaten übernehmen und insbesondere keinen Wetterkrieg mit ungewissem Schadensausmaß für die Zivilbevölkerung führen.«[51]

Diese ethischen Vorbehalte sowie die Hinweise auf weiter reichende Konsequenzen widerspiegelten bereits die einsetzenden Debatten über allfällige, unbeabsichtigte und vor allem unkontrollierbare Nebeneffekte. Die Verantwortlichen ließen sich offenbar davon nicht irritieren und starteten den operativen Einsatz der »Wetterwaffe«. Während US-amerikanische und sowjetische Forscher sich bereits regelmäßig auf Konferenzen trafen und sich gegenseitig Besuche abstatteten,[52] flogen von 1967 bis 1972 die US Air Force und die US Navy jeweils während der sommerlichen Monsunzeit insgesamt 2602 Einsätze.[53] Die Operation wurde nicht aufgrund mangelnden Erfolgs abgebrochen, sondern weil am 3. Juli 1972 die *New York Times* auf der Frontseite einen Artikel des Investigativjournalisten Seymour Hersh mit dem Titel *Rainmaking is Used as Weapon by U. S.* veröffentlichte. Hersh hatte bereits 1968 ein Buch über die US-amerikanische chemische und biologische Kriegsführung veröffentlicht und im Januar 1972 mit einer ausführlichen Reportage zum Massaker von Mỹ La Bekanntheit erlangt. Nun löste er mit dem Bericht

---

periments were undeniably successful, indicating that, at least under weather and terrain conditions such as those involved, the U. S. Government has realized a capability of significant weather modification.«

51 Ebd. Im Original: »There are thus legal, and perhaps moral or philosophical, aspects to the question whether the US should utilize the capability we seem to have developed to alter weather conditions significantly. We cannot lightly assume responsibility for unilaterally altering climate, and possibly landforms, in other sovereignties, and particularly for initiating weather warfare with an uncertain extent of injury to civilian populations.«

52 Vgl. Kapitel *Experimente II*.

53 Vgl. Harper, Make It Rain, S. 225.

über die Wetterbeeinflussungsversuche in Vietnam erneut mediale Empörung aus. Die Sowjetunion reichte ein offizielles Protestschreiben bei der UN ein, im US-Senat wurden Anhörungen zur Aufklärung einberufen.[54] Der demokratische Senator Clairborne Pell brachte eine Resolution, die Verhandlungen eines internationalen Abkommens über ein Verbot geophysikalischer Modifikationen zu Kriegszwecken verlangte.[55]

Als im Kontext der Anti-Vietnamkriegsproteste die militärische Auftragsforschung grundsätzlich kritisiert wurde, geriet nun auch die »Wetterwaffe« ins Visier der Kriegsgegner. So publizierte die Gruppe Scientists and Engineers for Social and Political Action (SESPA) an der Universität Berkeley 1972 eine Broschüre mit dem Titel *Science Against the People: The Story of JASON*. Die Aktivisten veröffentlichen darin erstmals eine Namensliste der JASON-Mitglieder und verurteilten deren Beteiligung am Vietnamkrieg aufs Schärfste. Dabei diente der Einsatz der Wettermodifikation für Kriegszwecke als Paradebeispiel für eine durch militärische Interessen kontaminierte Wissenschaft.[56] War zuvor die Frage nach der Machbarkeit zentral gewesen und hatten Militärs, Politiker und durchaus auch Wissenschaftler angesichts des drohenden »Wetterwettrüstens« im Sinne einer militärischen *prepardness* eigene Forschung gefordert, um die Asymmetrie der Wissensproduktion aufrechtzuerhalten, häuften sich nun die Stimmen, die die Technologie als grundsätzlich problematisch kritisierten.

Das Interesse militärischer und geheimdienstlicher Stellen an der Beeinflussung des Wetters und Klimas erlosch damit nicht vollständig. Das US-Verteidigungsministerium hatte beispielsweise noch 1969 mit »Nile Blue« ein neues ARPA-Projekt zur Klimamodifikation lanciert und finan-

---

54 Zur Wetterkriegsführung in Vietnam und den Folgen vgl. Harper, Kristine C.: Climate Control: United States Weather Modification in the Cold War and Beyond, in: Endeavour 32 (1), 2008, S. 20–26, hier S. 25; Fleming, James R.: Fixing the Weather and Climate: Military and Civilian Schemes for Cloud Seeding and Climate Engineering, in: Rosner, Lisa (Hg.): The Technological Fix. How People Use Technology To Create and Solve Problems, New York 2004, S. 175–200, hier S. 188 ff.; Purrett, Louise A.: Weather Modification as a Future Weapon, in: Science News 101 (16), 1972, S. 254–255.

55 Vgl. Juda, Lawrence: Negotiating a Treaty on Environmental Modification Warfare: The Convention on Environmental Warfare and its Impact Upon Arms Control Negotiations, in: International Organization 32 (4), 1978, S. 975–991, hier S. 977.

56 Vgl. Berkeley SESPA: Science Against the People: The Story of JASON, Berkeley 1972; zu SESPA und den Protesten gegen JASON vgl. Reiter, Wolfgang L.: Physik, Vietnam und der militärisch-industrielle Komplex, in: Rathkolb, Oliver; Stadler, Friedrich (Hg.): Das Jahr 1968 – Ereignis, Symbol, Chiffre, Göttingen 2010, S. 125–151.

zierte dieses bis Mitte der 1970er Jahre weiter.[57] Auch die deklassifizierten Geheimdienstdokumente der 1970er Jahre legen nahe, dass weiterhin Arbeitsgruppen über die Beeinflussung der Umwelt zu Kriegszwecken nachdachten (und es wohl bis heute tun).[58]

Abb. 15: Die Wetterbeeinflussung als Teil des Umweltkriegs
Quelle: Bulletin of the Atomic Scientists 25 (5) 1961), S. 40

Spätestens in den 1970er Jahren verlor jedoch die Antizipation der »Wetterwaffe« sichtlich an Schwung und Plausibilität. Die Wirksamkeit der Wetterbeeinflussung war auf der Grundlage der Feldexperimente umstrittener denn je. Zudem wurde seit Bekanntwerden von Projekt »Compatriot« der Wetter- und Klimabeeinflussungsdiskurs verstärkt auch international von ethischen und rechtlichen Debatten über die Legitimität der Umweltbeeinflussung zu Kriegszwecken begleitet.[59] In den 1960er Jahren etablierte sich außerdem eine Zusammenarbeit zwischen Meteorologen und Atmo-

57 Vgl. Leitenberg, Milton: Studies of Military R & D and Weapons Development, o. O. 1984, S. 12 ff. Online: <https://fas.org/man/eprint/leitenberg/preface.pdf>, Stand 11.03.2018.

58 Vgl. u.a. die gern von Verschwörungsideologen zitierte Studie der US Air Force House, Tamzy J.; Near, James B.; Shields, William B u.a.: Weather as a Force Multiplier: Owning the Weather in 2025, o. O. 1996.

59 Vgl. u.a. o. V.: »Wetterkrieg«, in: Neue Zürcher Zeitung, 23.10.1974, S. 4; o. V.: Enthüllungen über den »Wetterkrieg«, in: Der Bund 127 (148), 28.6.1976, S. 32; Shapley, Deborah: Weather Warfare: Pentagon Concedes 7-Year Vietnam Effort, in: Science 184 (4141), 1974, S. 1059–1061.

sphärenphysikern über den Eisernen Vorhang hinweg, sodass der Stand sowjetischer Forschung bekannt war und nicht mehr als die große Unbekannte und damit als Projektionsfläche für die Paranoia des Kalten Krieges dienen konnte. Letztlich verschob sich das Interesse der atmosphärenwissenschaftlichen Forschung und der Öffentlichkeit. Nicht mehr die gezielte, sondern die ungewollte und unkontrollierte Beeinflussung – nun in erster Linie des Klimas – geriet in den Fokus der Wissenschaft – aber auch der Geheimdienste.

Wetter- und Klimabeeinflussung und das ›rationale‹ Ressourcenmanagement

Die Wetterbeeinflussungsversuche, ob sie nun auf religiösen Deutungsmustern oder naturwissenschaftlichen Erklärungen beruhten, waren – soweit sie sich zurückverfolgen lassen – eng gekoppelt an Fragen der Landwirtschaft. Ob die mittelalterlichen Sturmglocken gegen Unwetter, das Hagelschießen um 1900 zum Schutz der Rebenkulturen oder das Regenmachen um 1950 in den USA – die Mehrheit der Versuche, das Wetter zu beeinflussen, wurde angestoßen und getragen von Vertretern der Landwirtschaft. Diese verfolgten letztlich die Zielsetzung, die landwirtschaftlichen Erträge zu schützen oder die Anbaubedingungen zu verbessern. In der Nachkriegszeit etablierte sich – im Anschluss an Diskussionen der 1930er Jahre – ein Ernährungsdiskurs, der von verschiedenen Akteuren getragen wurde und der nicht nur gegenwärtige Probleme identifizierte, sondern auch die Zukunft miteinbezog.

Noch vor den wirkungsmächtigen Zukunftsprognosen um 1970 konnte so die Wetterbeeinflussung als mögliche Technologie zur Lösung eines Problemkomplexes verhandelt werden, der Fragen zunehmender Bevölkerung, Ernährung, Bodenbeschaffenheit und Wasserversorgung umfasste. Diese Verknüpfung festigte sich in den 1960er Jahren, als sich das Interesse der Zukunftswissenschaften nicht mehr in erster Linie auf die Entwicklung von Wissenschaft und Technologie beschränkte, sondern komplexere und weitreichendere Zukünfte zu entwerfen begannen. Begünstigt durch ein letztlich deterministisches Systemdenken wurde nun nach Bevölkerungsentwicklung, Rohstoffverknappung und nach dem Einfluss des Menschen auf seine Umwelt gefragt. Doch bereits um 1950 herrschte ein weitreichender Konsens, dass die Sicherung der Ressourcenversorgung im Allgemeinen und der Wasserversorgung im Besonderen ein zentrales Anliegen darstellte. Zwar problematisierten (konservative) Naturschützer bereits in den 1950er Jahren, ausgehend vom »Wasserproblem«, menschliche Eingriffe in die Umwelt,[60] doch gezielte technische Eingriffe waren weiterhin breit abgestützt.

Dass sich die Ressourcenfragen bereits in den 1950er Jahren vor allem in Hinsicht auf die Zukunft mit neuer Dringlichkeit stellte, lag insbesondere an den Diagnosen eines globalen Bevölkerungswachstums. Beinahe 20 Jahre bevor Paul. R. Ehrlich 1968 *The Population Bomb* veröffentlichte, zirkulierte in Fach- wie auch Publikumsmedien nicht nur bereits der Begriff der »Bevölkerungsbombe«, sondern auch die zentralen Argumente von Ehrlichs späterem Bestseller.[61] An diese Debatten konnten unterschiedliche Akteure anschließen und die Wetterbeeinflussung als mögliche Lösung für die Ressourcenproblematik in Stellung bringen. Als in der Nachkriegszeit beispielsweise im Westen der USA die Bevölkerung stark zunahm, antizipierten Stadtverwaltungen, Wasserkraftproduzenten, Landwirtschaft und Industrie eine mangelhafte Wasserversorgung als beschränkenden Faktor einer weiteren Expansion. Anknüpfend an nationale Wasserbauprojekte der 1930er Jahre waren mit Dämmen, mehrstufigen Bewässerungsprojekten und umfangreichen Brunnenbohrungen große Infrastrukturprojekte das Mittel der Wahl, trockene Gegenden mit Wasser zu versorgen.[62] Die Wetterbeeinflussung erwies sich nun als sehr anschlussfähig an die Wasserthematik und wurde ab den frühen 1950er Jahren als eine weitere Möglichkeit der Wasserversorgung ins Auge gefasst. Insbesondere kommerzielle »Regenmacher« wie etwa Irving P. Krick propagierten die Nutzung des Wasser des »Luftmeeres«.[63]

Ausgehend von den publizierten Resultaten der US-amerikanischen Feldexperimente und den Fachdebatten einer zunehmend organisierten *Scientific Community* der Wolkenphysik schien sich mit der Wetterbeeinflussung

60 Vgl. u.a. Hornsmann, Erich: ... sonst Untergang: die Antwort der Erde auf die Missachtung ihrer Gesetze, Rheinhausen 1951; Demoll, Reinhard: Ketten für Prometheus: Gegen die Natur oder mit ihr?, München 1954.

61 Vgl. Desrochers, Pierre; Hoffbauer, Christine: The Intellectual Roots of Paul Ehrlich's The Population Bomb: Fairfield Osborn's »Our Plundered Planet« and William Vogt's »Road to Survival« in Retrospect, in: The Electronic Journal of Sustainable Development 1 (3), 2009, S. 36–61, hier S. 37 f.

62 Vgl. Hays, Samuel P.: Beauty, Health, and Permanence: Environmental Politics in the United States, 1955–1985, Cambridge 1987, S. 13 ff.

63 Vgl. Harper, Climate Control, S. 20.

ein neues Instrument im Arsenal zur Zähmung der Natur abzuzeichnen, sodass weltweit Projekte gestartet wurden – gerade in Regionen, wo fehlender Niederschlag als Problem galt. So wurden in Australien seit 1947 vereinzelte Experimente durchgeführt, die Mitte der 1950er Jahre zu einem Forschungsprojekt ausgebaut wurden und auch in Südafrika führte mit der Council for Scientific and Industrial Research die wichtigste staatliche Organisation für Forschung und Entwicklung ab 1947 Feldexperimente durch.[64] Für die Wolkenphysik diente der Verweis auf die Bedeutung des Wassers als Ressource wiederum als forschungspolitisches Argument, um die Relevanz der eigenen Forschung herauszustreichen.[65]

Die Ressourcenfrage stellte sich um 1950 jedoch nicht nur national, sondern betraf auch den Problemhorizont verschiedener UN-Sonder- und internationaler Nichtregierungsorganisationen, die in zahlreichen Programmen und Kooperationen Fragen der Ernährung, Weltbevölkerung und Ressourcen behandelten. In der 1945 in Kraft getretenen Charta der Vereinten Nationen fehlte zwar jeder Verweis auf Ressourcen, Umwelt oder Nachhaltigkeit, doch als Bedingungen für das übergeordnete Ziel der Sicherung von Frieden und Stabilität rückten bereits in der Nachkriegszeit im Zeichen des Wiederaufbaus unterschiedliche Ressourcen in den Fokus von UN-Sonderorganisationen.[66] Dabei stellte – anders als bei der »Wetterwaffe« – der politisch-militärische Systemkonflikt nicht den zentralen Bezugsrahmen dar. Vielmehr waren es ein von Ideen des Fortschritts und der Modernisierung bestimmter Entwicklungsdiskurs, der die Programme und Maßnahmen internationaler Organisationen legitimierte. Das auf einer linearen Modernisierungstheorie basierende Wachstumsparadigma bestimmte auch die internationale Politik mit seiner Prämisse, dass »Entwicklungsländer« den gleichen Weg in Richtung Industrialisierung und Wachstum einschlagen würden. Damit wurde der Entwicklungsdiskurs nicht ausschließlich vom »Kampf« der Ideen und Ideologien des Kalten Krieges bestimmt, sondern auch vom Prozess der Dekolonisation.[67]

64 Vgl. O. V.: Referate, in: Meteorologische Rundschau 3 (1/2), 1950, S. 43.

65 Vgl. u.a. Fletcher, Neville H.: The Physics of Rainclouds, Cambridge 1962 (with an Introductory Chapter by P. Squires and a Foreword by E. G. Bowen), S. v.

66 Vgl. Schrijver, Nico: Development without Destruction: The UN and Global Resource Management, Bloomington 2010, S. 3440.

67 Vgl. u.a. Frey, Marc; Kunkel, Sönke; Unger, Corinna R.: Introduction: International Organizations, Global Development, and the Making of the Contemporary World, in: dies. (Hg.): International Organizations and Development, 1945–1990, New York 2014, S. 1–22; Selcer, Perrin: Fabri-

Die United Nations Educational, Scientific and Cultural Organization (UNESCO) hob einen drohenden Ressourcenmangel schon in den späten 1940er Jahren auf ihre Agenda. Die Auseinandersetzung mit Umwelt und Natur ging dabei bereits über das Konzept der Konservierung der Natur hinaus, wie es sich etwa in der Schaffung von Nationalparks manifestiert hatte, und zielte auf den Schutz des Planeten als Umwelt – und insbesondere Ressourcenlieferant – des Menschen.[68] Das konstatierte »Umweltproblem« wurde jedoch nur in Teilen als ein Problem menschlicher Eingriffe verhandelt. Bei den UN-Organisationen wie der UNESCO dominierte weiterhin ein tiefgehendes Vertrauen in Wissenschaft, Technologie und Fortschritt, wobei sich die Akteure an den Qualitätskriterien Effizienz und Rationalisierung orientierten und letztlich ein globales Zivilisationsprojekt vorantrieben. Stellvertretend für diese Mensch-Umwelt-Konzeption stand der erste UNESCO-Generalsekretär, Julian Huxley, der sich einerseits für Erhalt und Schutz der Umwelt einsetzte, andererseits aber auf Wissenschaft und Technik beruhende gezielte Eingriffe in die Umwelt nicht nur befürwortete, sondern für unumgänglich hielt. So hatte Huxley ja, wie bereits ausgeführt, den Einsatz von Atombomben für die Neugestaltung klimatischer Verhältnisse vorgeschlagen.[69]

In diesem Kontext sandte die UNESCO Ende April 1951 ein vierköpfiges Expertenteam nach Pakistan, um die Planung und den Aufbau geowissenschaftlicher Institutionen des in seiner Unabhängigkeit jungen Staates zu unterstützen. Als Teil dieses größer angelegten Projektes entwarf der verantwortliche Meteorologe Edward E. Fournier d'Albe ein wolkenphysikalisches Forschungsprojekt mit Hauptfokus auf die künstliche Niederschlagsauslösung. Eine Ausgabe des von der UNESCO in mehreren Sprachen herausgegebenen *UNESCO Courier* von 1952 mit dem Titel *Pushing Back the Desert Frontiers* verdeutlichte, dass Fournier d'Albes Arbeit mehr war als wissen-

---

cating Unity: the FAO-UNESCO Soil Map of the World, in: Historical Social Research 40 (2), 2015, S. 174–201, hier S. 174; Brendel, Benjamin: Konvergente Konstruktionen: Eine Globalgeschichte des Staudammbaus, Frankfurt am Main, New York 2019, S. 257 ff.; Seefried, Elke: Rethinking Progress. On the Origin of the Modern Sustainability Discourse, 1970–2000, in: Journal of Modern European History 13 (3) 2015, S. 377–400, hier S. 379 f.

68 Vgl. Wöbse, Anna-Katharina: »The World After All Was One«: The International Environmental Network of UNESCO and IUPN, 1945–1950, in: Contemporary European History 20 (3) 2011, S. 331–348, hier S. 333 f.

69 Vgl. Wu, Aaron Z.: Bridging Ideologies: Julian Huxley, Détente, and the Emergence of International Environmental Law, in: Simpson, Gerry; Craven, Matthew; Pahuja, Sundhya (Hg.): International Law and the Cold War, Cambridge 2019, S. 189–213, hier S. 192 ff.

schaftliche Unterstützung einer jungen Nation: Sie war Teil von größer angelegten Bemühungen, dem Problem der fehlender Ressourcen mit Wissenschaft und Technik entgegenzutreten. Bereits der einleitende Text argumentierte nicht nur über einen tiefgehenden Klimadeterminismus – so wurde der Untergang antiker Kulturen ausschließlich mit Klimaveränderungen erklärt –, er zeigt auch bereits die steigenden Bevölkerungszahlen als Teil des Problemhorizontes: »In einer Zeit, in der die Bevölkerung täglich um etwa 55.000 Menschen zunimmt, befindet sich die Zivilisation in einem Wettlauf mit der Zeit und gegen den Hunger.«[70] Menschliche Eingriffe wurden dabei durchaus als Problem identifiziert, aber nur falsche und übermäßige (»merciless exploitation«, »careless exploitation«). Rettung versprach nicht eine Beschränkung menschlichen Zutuns, sondern wissenschaftsbasiertes Handeln: »Durch den internationalen Austausch von Ingenieuren und wissenschaftlichen Erkenntnissen haben alle Nationen die Chance, eine Welt des Mangels in eine Welt des Überflusses zu verwandeln.«[71]

Zur geforderten wissenschaftlichen Offensive gehörte nicht nur die Bereitstellung klimatologischen Wissens zur Identifikation bedrohter Gebiete, sondern auch das Cloud-Seeding, das gleich in zwei Beiträgen als mögliche Lösung vorgestellt wurde. Der Wissenschaftsjournalist Gerald Wendt führte die Funktionsweise des Cloud-Seedings aus, um die Wirksamkeit jedoch für extrem trockene Gebiete sogleich einzuschränken. Die Niederschlagsauslösung sei nur bei vorhandenen Wolken möglich und die Herstellung von Wolken lägen aufgrund der involvierten Energie jenseits der menschlichen Möglichkeiten – »zumindest bis er [der Mensch] lernt, Atomenergie statt Kohle zu nutzen«.[72] Im Zentrum des zweiten Beitrags, einer Reportage aus der der pakistanischen Provinz Belutschistan, stand die Arbeit von Edward Fournier d'Albe. Auch wenn sich Fournier d'Albe um die Rolle des zurückhaltenden Wissenschaftler bemühte – etwa den Titel »Rain Maker« ablehnte – und auf die ausstehende Grundlagenforschung verwies – die Reportage ließ wenig Zweifel: Die künstliche Niederschlagsauslösung könnte in Zukunft Wasser

70 O. V.: Arid Zones, in: The UNESCO Courier 5 (7), 1952, S. 3–4, hier S. 3. Im Original: »For at a time in history when population is increasing at the rate of some 55000 a day, civilization is running a race against time and famine.«

71 Alle Zitate: ebd., S. 3–4. Im Original: »By the sharing of engineers and scientific knowledge on an international scale, all nations have a chance to turning a world of want into a world of plenty.«

72 Wendt, Gerald: Coaxing Rain Out of the Clouds, in: The UNESCO Courier 5 (7), 1952, S. 10. Im Original: »at least until he learns to utilize atomic energy instead of coal«.

für moderat aride Gebiete liefern und damit eine Antwort auf Wasser- und Nahrungsmangel sein.[73]

Die Vorstellung der Wetterbeeinflussung als einer Technologie, um die Situation in ariden und deshalb als landwirtschaftlich prekär beschriebenen Gebieten zu verbessern, manifestierte sich auch drei Jahre später in der Spezialausgabe des *UNESCO Courier* 1955 mit dem Titel *Conquest of the Desert*. Diese Spezialausgabe war eine Bestandsaufnahme der Bemühungen, die Wüstenregionen bewohnbar zu machen und ist beispielhaft für Ambivalenz des UNESCO-Projekts, wie sie Matthias Heymann in seinem Aufsatz über das Arid Zone Programme beschreibt. Die Beiträge sind einerseits durchzogen von (alarmistischen) Narrativen über die Wüstenbildung sowie einer kolonialen Perspektive und gleichzeitig Ausdruck ernsthafter Forschungsbemühungen.[74] Die Wüste wurde als lebensfeindliche Umwelt beschrieben, die bisher selbst der Wissenschaft widerstanden hätte. Nur mit einem internationalen Effort – so die Stoßrichtung der Ausgabe – sei es in Zukunft möglich, »das Wirkungsfeld des Menschen auf die entlegensten, trockensten und in vielerlei Hinsicht unangenehmsten Regionen dieses Planeten auszudehnen«.[75] Als Teil der Lösung wurde in einem ausführlichen und reich illustrierten Artikel wiederum »rain made to order«[76] vorgestellt. Neben der US-amerikanischen und australischen Forschung dienten insbesondere die von der UNESCO initiierten und von den pakistanischen Behörden weitergeführten Experimenten als vielversprechende Beispiele.[77] Dass die Wetterbeeinflussung als Teil eines fortschreitenden Zivilisationsprojekts erzählt wurde, zeigte auch die Rahmung des Texts: In einem Kastentext wurden vergangene und gegenwärtige religiöse Praktiken des Regenmachens beschrieben. Dieser Einschub stellte die Wetterbeeinflussung einerseits als überzeitliches Desiderat dar und diente andererseits als Argument, um sich mit dem wis-

---

73 Behrman, Daniel: Is Artificial Rain Possible in the Parched Lands of Baluchistan?, in: The UNESCO Courier 5 (7), 1952, S. 11.

74 Vgl. Heymann, Matthias: Climate as Resource and Challenge: International Cooperation in the UNESCO Arid Zone Programme, in: European Review of History: Revue européenne d'histoire 27 (3), 2020, S. 294–320.

75 UNESCO; Wendt, Gerald (Hg.): One-Fourth of the Earth (Special Issue: Conquest of the Desert), in: The UNESCO Courier (8/9), 1955, S. 3. Im Original: »to extend man's realm to the farthest, driest and in many ways unpleasantest regions of this planet«.

76 Ebd.

77 Vgl. o. V.: Man's Dream Down the Ages: Rain Made to Order (Special Issue: Conquest of the Desert), in: The UNESCO Courier (8/9), 1955, S. 51–57, hier S. 53–55.

senschaftsbasiertem Cloud-Seeding von den »primitiven Regenmachern«[78] abzugrenzen.

Um 1950 war die Wetterbeeinflussung bereits Bestandteil dieser »Überbevölkerungs«-Debatte, sodass auch deren frühe Vertreter Stellung zur neuen Technologie beziehen mussten. Fairfield Osborn, der mit seinem 1948 erschienenen und breit rezipierten Buch *Our Plundered Planet* mit am Anfang des Wiederauflebens neo-malthusianischer Positionen stand, musste sich bereits 1953 in seiner nächsten Publikation *The Limits of Earth* zur Frage der Wetterkontrolle verhalten. Dabei bescheinigte er dieser zwar Potenzial, schränkte eine zukünftige Einwendung jedoch ein, indem er – bereits bemerkenswert global und systemisch gedacht – auch das atmosphärische Wasser als eine letztlich limitierte Ressource beschrieb, die wie der natürliche Niederschlag von Ort zu Ort variieren würde.[79]

In den 1950er Jahren etablierten sich zudem zwei Wissensfelder als konkrete Schnittstellen zwischen der Wasser- und Bodenbeschaffenheitsdebatte und atmosphärenwissenschaftlicher Expertise: die Agrarmeteorologie und die Hydrologie. Agrarmeteorologische Fragestellung zu den Wechselwirkungen zwischen Wetter, Klima und Landwirtschaft finden sich zwar bereits seit dem späten 19. Jahrhundert, doch erst nach dem Zweiten Weltkrieg konnte sich die Agrarmeteorologie als Subdisziplin etablieren. Die Meteorologische Weltorganisation beschloss bereits auf ihrer ersten Konferenz 1950 die Schaffung einer Kommission für Agrarmeteorologie, die sich mit dem Verhältnis von atmosphärischen Bedingungen und der Tier- und Pflanzenwelt auseinandersetzen, die Ansprüche der Landwirtschaft an die Wettervorhersage identifizieren sowie Abklärungen zur künstlichen Beeinflussung der Wetterbedingungen treffen sollte.[80] Auch die Hydrologie galt Mitte des 20. Jahrhunderts noch als vorwiegend deskriptiv und empirisch vorgehende Hilfswissenschaft der Geografie oder der Wassertechnik, erhielt jedoch durch die Diagnose des Wassermangels wichtige Impulse für neue Fragestellungen und Methoden. Wiederum schuf die WMO fünf Jahre nach ihrer Gründung ein erstes Komitee für hydrometeorologische Belange und suchte den engen Austausch mit der International Association

78 Ebd., S. 56. Im Original: »[p]rimitive rain-makers«.

79 Vgl. Osborn, Fairfield: The Limits of the Earth, Boston 1953, S. 204.

80 Vgl. Secretariat of the World Meteorological Organization (Hg.): First Congress of the World Meteorological Organization, Paris, 19 March – 29 April 1951, Genf 1951, S. 39; Rubiato, J. M.: Meteorology and Agriculture, in: WMO Bulletin 2 (1), 1953, S. 13–18.

of Scientific Hydrology (IASH), einem Unterverband der Internationalen Union für Geodäsie und Geophysik.[81]

Bereits ein 1953 veröffentlichter, programmatischer Beitrag zum Thema »Weather Resources«[82] im *WMO Bulletin* von Francis W. Reichelderfer, Direktor des US Weather Bureau sowie Mitbegründer und erster Präsident der WMO, deutete die inhaltlichen Schnittmengen der Wissensfelder an. Er hielt fest, dass weltweit natürliche Ressourcen erschlossen würden, dabei jedoch die Ressourcen Wetter und Klima trotz ihrer zentralen Bedeutung für Handel, Industrie, Landwirtschaft, Gesundheit und Transport übersehen werden. Es folgte ein Plädoyer für internationale Forschung und Kooperation mit benachbarten Disziplinen (und damit natürlich für die noch junge WMO), um in Zukunft die latenten Ressourcen in Wetter und Klima dank praktischer Anwendung meteorologischen Wissens in konkreten (ökonomischen) Nutzen umzuwandeln. Als Maßnahmen nannte Reichelderfer nicht nur die Verbesserung der Wettervorhersagen und Ausbau des Messnetzwerks, sondern auch die Wetterbeeinflussung.[83]

In der Folge positionierte sich die WMO über agrarmeteorologische und hydrologische Fragestellung als Koordinatorin nationaler Bemühungen und Verfechterin angewandter Wissenschaft. Bereits die erste offizielle Stellungnahme der WMO zur Wetterbeeinflussung, ein 1954 veröffentlichtes, vorläufiges Gutachten verdeutlichte, dass die Förderung der Experimente mit der Ressourcenfrage begründet wurde. Es bestand aus einer Zusammenfassung von Berichten aus Ländern, deren Nahrungsmittelproduktion aus klimatologischen Gründen als problematisch galt: So berichtete aus Britisch-Ostafrika – bereits inmitten des zunehmenden antikolonialen Widerstands – der englische Meteorologe David Arthur Davies über seine durchgeführten Experimente, deren Resultate zwar uneindeutig waren, bei Erfolg jedoch große Vorteile für die Landwirtschaft versprachen. Auch aus Südafrika, Australien, Argentinien oder Indien erstatteten die verantwortlichen Meteorologen und Wolkenphysiker Bericht über ihre jüngsten Experimente – immer

81 Vgl. Rosbjerg, Dan; Rodda, John: IAHS: A Brief History of Hydrology, in: History of Geo- and Space Sciences 10, 2019, S. 109–118; Bras, Rafael L.: A Brief History of Hydrology, in: Bulletin of the American Meteorological Society 80 (6), 1999, S. 1151–1165.

82 Reichelderfer, Francis W.: Weather Resources, in: WMO Bulletin 2 (1), 1953, S. 2–5.

83 Vgl. ebd., S. 5.

mit dem Verweis auf das landwirtschaftliche Potenzial der künstlichen Niederschlagsauslösung.[84]

Die WMO bekräftige in der Folge, etwa beim Second World Meteorological Congress im April und Mai 1955 in Genf die zentrale Rolle der Meteorologie beim »water resource management«[85]. Dabei ging es in erster Linie darum, internationale Standards durchzusetzen, den Austausch der verstreuten Forschung zu gewährleisten und die traditionellen hydrologischen Methoden der Flutwarnungen zu unterstützen.[86] Doch auch die Wetterbeeinflussung wurde nun verstärkt als ein neues Werkzeug der angewandten Hydrologie betrachtet und in Publikumsmedien als Lösung für die Ressourcenknappheit dargestellt.[87] 1961 widmete die WMO die Juli-Ausgabe ihres Bulletins der im Juli 1961 gestarteten Freedom from Hunger Campaign ihrer UN-Schwesterorganisation Food and Agriculture Organization (FAO). Die 1945 gegründete FAO war das Zentrum der als Problem verhandelten Ernährungs- und Ressourcenfragen und die Freedom from Hunger Campaign ein Großunternehmen, das nicht zuletzt von Rationalisierungs- und Modernisierungsstrategien getragen wurde.[88] Der FAO-Generaldirektor Binay Ranjan Sen hob angesichts der weltweit Millionen von hungerleidenden Menschen in der Einleitung die Relevanz der Meteorologie für die Nahrungsmittelproduktion hervor:

»Am Himmel wachsen keine Feldfrüchte. Aber zum Himmel müssen die meisten Bauern blicken, die auf ein gutes Jahr hoffen. Wetter und Landwirtschaft sind seit jeher miteinander verbunden. Daher muss ein Programm zur Erzeugung von mehr Nahrung Unterstützung und Anreize aus der Wissenschaft des Wetters, der Meteorologie, suchen.«[89]

84 Vgl. World Meteorological Organization (WMO): Artificial Inducement of Precipitation: With Special to the Arid and Semi-Arid Regions of the World (a Preliminary Report Prepared by the Technical Division of the WMO Secretariat), Geneva 1954 (Technical Note).

85 Vgl. Second World Meteorological Congress, in: WMO Bulletin 4 (3), 1955, S. 94–105, hier S. 99.

86 Vgl. o. V.: Water Resource Development, in: WMO Bulletin 3 (4), 1954, S. 143–144.

87 Vgl. Dilloway, A. J.: Applied Meteorology and Electric Power Supply, in: WMO Bulletin 3 (4), 1954, S. 137–141, hier S. 140; vgl. auch J. L. G.: Meteorology in South America: First Session of Regional Association III, in: WMO Bulletin 3 (1), 1954, S. 6–9.

88 Vgl. Unger, Corinna R.: Agrarwissenschaftliche Expertise und ländliche Modernisierungsstrategien in der internationalen Entwicklungspolitik, 1920er bis 1980er Jahre, in: Geschichte und Gesellschaft 41 (4), S. 552–579, hier S. 565 f.

89 Sen, Binay Ranjan: The Basic Freedom – A Campaign Against Hunger, in: WMO Bulletin 10 (3), 1961, S. 133–137, hier S. 133. Im Original: »No crops grow in the sky. But it is to the sky the most farmers looking for a good year must raise their eyes. Weather and agriculture have been wedded throughout history. Thus, a program to produce more food must seek from the science of weather, meteorology aid and stimulus.«

Mehr als ein Jahrzehnt, bevor der Club of Rome die bedrohlichen Szenarien für das Jahr 2000 entwarf, nahm Sen die bereits drastisch beschriebene Gegenwart zum Ausgangspunkt, um über Auswirkungen der steigenden Bevölkerungszahlen auf die Nahrungsmittelsituation nachzudenken:

> »Jedes Jahr gibt es 50 Millionen Menschen mehr auf der Welt. Bis zum Jahr 2000 wird sich unsere derzeitige Bevölkerung von 3000 Millionen mindestens verdoppelt haben [...]. Selbst wenn es nicht mehr als 6000 Millionen sein werden, muss die Weltproduktion von Getreide in den kommenden Jahren um mehr als 100 Prozent und die Produktion von tierischen Erzeugnissen um 200 bis 300 Prozent gesteigert werden.«[90]

Angesichts dieser Prognose forderte Sen drastische Maßnahmen und damit auch den Einbezug meteorologischen Wissens. Nannte Sen vor allem (langfristige) Vorhersagen von Wetter und Wind als nützliche Instrumente zur Lösung landwirtschaftlicher Probleme, führte der britische Agrarmeteorologe Lionel Percy Smith im direkt anschließenden Beitrag *Weather and Food* detaillierter die potenzielle Hilfestellung der Meteorologie für die Agrarwissenschaften aus. Für Smith stellten die Messungen und Beobachtungen der Wetterparameter nur den Ausgangspunkt dar; vielmehr sollten Meteorologen Agrarwissenschaftler unterstützen, die Verbindung zwischen den registrierten Wetterbedingungen und Effekten auf das natürliche Wachstum festzustellen. Smiths Beitrag war zweigeteilt: Im ersten Teil führte er die vielgestaltige Abhängigkeit der Nahrungsmittelproduktion von meteorologischen und klimatischen Bedingungen aus, um damit die Bedeutung der (Agrar-)Meteorologie zu unterstreichen. Im zweiten Teil drehte er den Blickwinkel um 180 Grad und fragte nach dem menschlichen Einfluss auf seine Umwelt. Smith beschrieb diesen Einfluss mitnichten als eine Gefahr, sondern als eine weit zurück reichende Erfolgsgeschichte, die angesichts der weiter fortschreitenden Wissenschaft Ansatzpunkt für die Lösung zukünftiger Probleme bot.

Zwar dachte Smith bei der Wetter- und Klimakontrolle in erster Linie an Bewässerungssysteme oder die Beeinflussung des Mikroklimas, doch es war offensichtlich, dass die Ernährungs- und Wasserproblematik anschlussfähig waren für den virulenten Diskurs über die Wetter- und Klimabeeinflus-

---

90 Ebd., S. 134. Im Original: »There are 50 million more people in the world every year. By the year 2000, our present population of 3000 million will have at least doublet itself [...]. Even if the figure turns out to be no more than 6000 million, world production of cereals will need to be increased by over 100 percent, and production of animal products by between 200 and 300 percent in the coming years.«

sung.[91] Smith selbst schlug nur ein Jahr später in der Publikation *Weather and Food*, einer im Rahmen der Freedom from Hunger Campaign von der WMO herausgegebene Basisstudie, die Brücke, indem er die Wetterbeeinflussung nun neben Bewässerung, Schädlings- und Frostbekämpfung als Mittel zur Bekämpfung des globalen Hungers besprach. Er tat dies differenzierter als viele seiner zeitgenössischen Kollegen, wies etwa auf den noch ausstehenden Wirksamkeitsnachweis hin und deutete bereits weiter reichende rechtliche Fragen an, doch er gestand ein, dass angesichts des potenziellen Nutzens für semiaride Gebiete weitere Forschung unabdinglich war.[92]

Verwiesen die programmatischen Texte der Meteorologen oder die Programme der UNESCO in den 1950er Jahren vorwiegend auf lokale Niederschlagsauslösung, rückte um 1960 – wie auch bei den Diskussionen über den »Wetterkrieg« – die Beeinflussung des Klimas in den Fokus. Dabei konnte wiederum auf eine weiter zurück reichende Tradition zurückgegriffen werden. Bereits 1946 hatte der Klimatologe Helmut Landsberg eine Schrift mit dem Titel *Climate as a Natural Resource* veröffentlicht, in der er die klimatischen Ressourcen – im Unterschied etwa zu den mineralischen – als unerschöpflich bezeichnete und die Klimatologie und ihre Instrumente als Expertin für deren Nutzung ins Spiel brachte. Landsberg hielt 1946 die Möglichkeiten menschlicher Einflussnahme noch für äußerst begrenzt und er sah die Rolle der Klimatologie in erster Linie in der Bereitstellung von Wissen über die unterschiedlichen klimatischen Bedingungen, auf dessen Grundlage eine Anpassung des Menschen an die Begebenheiten geplant werden sollte.[93]

15 Jahre später sah die Welt anders aus: Der Planet wurde als globales System konzeptualisiert, Satelliten kreisten um die Erde, Computer berechneten die ersten globalen Zirkulationsmodelle und auch die Einsicht in den anthropogenen Einfluss auf die Umwelt begann sich durchzusetzen. In diesem Kontext konnten selbst Spezialisten für die lokale Wetterbeeinflussung in Form ambitionierter Zukunftspläne über weiträumige und permanente Beeinflussung der Niederschlagsmuster nachdenken. An der zweiten Konferenz für Wolkenphysik, die im Juni 1959 im kleinen Hafenort Woods Hole,

91 Vgl. Smith, Lionel Percy: Weather and Food, in: WMO Bulletin 10 (3), 1961, S. 138–143.

92 Vgl. ebd., S. 59 f.

93 Vgl. Landsberg, Helmut: Climate As a Natural Resource, in: The Scientific Monthly 63 (4), 1946, S. 293–298.

Sitz der gleichnamigen Oceanographic Institution, ausgerichtet wurde, diskutierten mit Jerome Namias, Bernard Vonnegut und Tor Bergeron im Anschluss an ein Referat über künstliche Konvektion zentrale und ernst zu nehmende Akteure der *Scientific Community* über die Möglichkeit, Zentral- und nordafrikanische Gebiete mittels einer Kombination von wasserbaulichen Maßnahmen und durch Atomenergie verdunstetem Meerwasser die Verteilung der Niederschläge grundlegend zu verändern und so das Problem der Mangelressource Wasser anzugehen.[94] Auch Helmut Landsberg sah 1961 nun menschliche Eingriffsmöglichkeiten. Er strich zwar in seinem Artikel *Climate Made to Order* im *Bulletin of the Atomic Scientists* weiterhin die Abhängigkeit des Menschen von klimatischen Bedingungen heraus, nannte nun aber auch hypothetische Eingriffe – wie etwa einen Damm bei der Straße von Gibraltar –, um so zumindest das regionale Klima Nordafrikas hinsichtlich landwirtschaftlicher Produktion günstiger zu gestalten.[95]

Die Konzeptualisierung des Planeten als ein zusammenhängendes, physikalisches System verfestigte sich im Verlauf der 1960er Jahre und verschränkte sich nun zunehmend mit Umweltbedenken. In dieser Gemengelage gewann auch der Überbevölkerungsdiskurs weiter an Bedeutung und erfuhr nun erste Übersetzungen in politische Maßnahmen. Die Verquickung der unterschiedlichen, sich wechselseitig beeinflussenden Entwicklungen und Argumentationsstränge zeigt sich beispielhaft in der ab 1966 aufkommenden Metapher des »Raumschiffs Erde«. Sabine Höhler betont die Ambivalenz der Metapher, die einerseits auf die Fragilität des Planeten, die beschränkten Platzverhältnisse und die Endlichkeit der Ressourcen verwies, andererseits – indem sie den Planeten mit technisch-wissenschaftlichem Vokabular fasste –, weiterhin Ansatzpunkte für gezielte Eingriffe in die Natur bot.[96] Zur Raumschiffmetapher passte auch, dass sich im Verlauf der 1960er Jahre der aus der Betriebswirtschaft stammende Begriff »Management« etablierte. Die Ressourcen – auch atmosphärischen Ressourcen – sollten ›rational‹ gehandhabt werden.

94 Vgl. Dessens, Henri: A Project for a Formation of Cumulonimbus by Artificial Convection, in: Weickmann, Helmut (Hg.): Physics of Precipitation: Proceedings of the Cloud Physics Conference, Woods Hole, Massachusetts, June 3–5, 1959, 1960, S. 396–401, hier S. 399–401.

95 Vgl. Landsberg, Helmut: Climate Made to Order, in: Bulletin of the Atomic Scientists 17 (9), S. 370–373.

96 Vgl. u.a. Höhler, Sabine: Spaceship Earth in the Environmental Age, 1960–1990, New York 2015, S. 2 f.

Das weiter zunehmende Interesse internationaler Organisationen an Fragen der Wasserversorgung kulminierte 1965 in der von der UNESCO auf Anregung der Association of Hydrological Sciences gestarteten Internationalen Hydrologischen Dekade, an der wiederum die WMO sowie die FAO beteiligt waren. Ausgangspunkt des interdisziplinären Forschungsunternehmens war die Feststellung, dass die Wasserressourcen begrenzt seien und gleichzeitig aufgrund der wachsenden Bevölkerung, des Ausbaus der Industrie und der Intensivierung der Landwirtschaft der Wasserverbrauch zunehme.[97] Bereits während der Vorbereitungen wurde betont, dass angesichts des globalen Problems und der komplexen Untersuchungsgegenstände, die die Biosphäre, die Lithosphäre und die Hydrosphäre umfassten, interdisziplinäre Grundlagenforschung geleistet werden musste. Dabei war die Wettermodifikation von Anfang als technisches Instrument zur Steigerung der Effektivität der Wasserversorgung angedacht.[98]

Dass die Hydrologie mit der Meteorologie dabei mehr als nur den Forschungsgegenstand ›Wasser‹ gemein hatte, sondern Mitte der 1960er Jahre auch über das sich verfestigende Verständnis eines Erd-Atmosphäre-Systems verbunden war, zeigte sich beispielhaft 1966 in einem Beitrag von Raymond L. Nace, Mitinitiant der Hydrologischen Dekade und leitender Hydrologe des United States Geological Survey zu den Perspektiven der Hydrologie. Darin strich er heraus, dass die Hydrologie gelernt habe, die unterschiedlichen Dimensionen – Erdoberfläche und Atmosphäre – zusammenzudenken. Diese Vorstellung eines Erd-Atmosphäre-Systems machte für Nace die Wetterbeeinflussung einerseits zu einem Gegenstand der Hydrologie – andererseits konnte dieser systemische Blick die Wetterbeeinflussung auch problematisieren. So wies Nace in diesem Zusammenhang auf die nur schwierig abschätzbaren Folgen möglicher Eingriffe auf andere Systembestandteile hin.[99]

Konkrete Forschungsresultate zur Wetterbeeinflussung generierte die WMO im Rahmen des Hydrologischen Dekade trotz dieser Absichtserklä-

97 Vgl. u.a. Keller, Reiner: The International Hydrological Decade – The International Hydrological Programme, in: Geoforum 7 (2), 1976, S. 139–143.

98 Vgl. u.a. A Plan for International Cooperation in Hydrology, in: International Association of Scientific Hydrology. Bulletin 6 (4) 1961, S. 10–26, hier S. 10 f/25; Nace, Raymond L.: Status of the International Hydrological Decade, in: Journal of the American Water Works Association 57 (7), 1965, S. 819–823, hier S. 821.

99 Nace, Raymond L.: Perspectives in Water Plans and Projects, in: Bulletin of the American Meteorological Society 47 (11), 1966, S. 850–856, hier S. 850 f./854 f.

rungen nicht.[100] Das änderte jedoch nichts daran, dass Mitte der 1960er Jahre die Wetter- und Klimabeeinflussung eng verzahnt war mit dem Problem der zunehmenden Weltbevölkerung und sich Akteure aus unterschiedlichen Wissensfeldern darauf berufen konnten. Einerseits beriefen sich weiter die Wolkenphysiker auf die düsteren Zukunftsaussichten, um die Relevanz ihrer Grundlagenforschung herauszustreichen, andererseits griffen Ressourcenspezialisten – Biologen, Demografen, Sicherheitspolitiker –, die weiterhin technische Lösungen der Umwelt- und Naturprobleme bevorzugten, auf die Wetterbeeinflussung zurück.

Als Tor Bergeron, der ja mit seiner wolkenphysikalischen Forschung die künstliche Niederschlagsauslösung so richtig lanciert hatte, 1965 die internationale Konferenz für Wolkenphysik in Tokio und Sapporo eröffnete, stellte er nochmals das Potenzial der angewandten Meteorologie angesichts der – so Bergeron – ernsthaft gefährdeten Umwelt heraus:

»Es ist inzwischen allgemein bekannt, dass selbst in Zeiten relativen Friedens die natürliche Umwelt der Menschheit in vielfältiger Weise ernsthaft gefährdet ist: Dürre, sinkender Grundwasserspiegel und Bodenerosion (zusammen mit dem alarmierenden Bevölkerungswachstum) machen herkömmliche Mittel im Kampf gegen den Welthunger nutzlos.«[101]

Bergeron problematisierte zwar menschliche Eingriffe in die Natur und betonte ausdrücklich, dass ein großer Teil der diagnostizierten Gefahren auf einer unklugen Handhabung der Ressourcen beruhte, bot jedoch sogleich weitere gezielte, wissenschaftsbasierte Eingriffe als Lösung an:

»Die Gefahren, die diese Umwelt bedrohen, müssen nicht nur erkannt und vorhergesagt werden, sondern wir sollten auch versuchen, sie zu verändern oder sogar zu verhindern. Die meisten dieser Prozesse werden durch die Atmosphäre entweder verstärkt oder unterdrückt. Die technische Entwicklung übersteigt heutzutage selbst sehr kühne Vorhersagen. Wir sollten daher jetzt beginnen, nicht nur für die nächsten Jahre zu planen, sondern

---

100 Der Hauptbeitrag der WMO umfasste eine Sammlung hydrologischer Karten; vgl. UNESCO (Hg.): Hydrological Maps: A Contribution to the International Hydrological Decade, Paris 1977.

101 Vgl. Bergeron, Tor: Opening Address at the International Conference on Cloud Physics, Tokyo and Sapporo, 1965, hg. v. Meteorologiska Institutionen Universität Uppsala (Reprinted from the Proceedings of the International Conference on Cloud Physics Tokyo and Sapporo, May 24 – June 1, 1965), S. 6–12, hier S. 6. Im Original: »It is now universally realized that even in times of relative peace the natural environment of mankind is severely endangered in a manifold ways: Drought, sinking ground-water level and soil erosion (together with the alarming rate of population increase) make conventional means futile in the struggle against world famine.«

für den Zeitraum, der nach einer Generation, im Jahr 2000, erreicht sein wird. Zu diesem Zeitpunkt könnte die Wetterbeeinflussung zu einer noch wichtigeren Aufgabe geworden sein als die Wettervorhersage.«[102]

Aus der Perspektive fehlender, respektive knapper werdender Ressourcen berief sich Walter R. Schmitt beinahe zeitgleich auf die Wetterbeeinflussung. Schmitt hatte in München Physik studiert, danach als Geophysiker für das Erdölunternehmen Shell gearbeitet, bevor er an die renommierte Scripps Institution of Oceanography wechselte und sich in der Folge vor allem zum Wasserressourcenmanagement arbeitete. In einem 70-seitigen Artikel mit dem Titel *The Planetary Food Potential*, erschienen in den *Annals of the New York Academy of Sciences*, schätzte Schmitt die rasant wachsende Weltbevölkerung als Bedrohung für die Nahrungssicherheit ein. Seine Antwort darauf beruhte jedoch nicht auf einer Beschränkung, sondern zielte weiter auf die absichtliche – und vor allem rationale und effiziente – Kontrolle der Umwelt. Als konkrete Maßnahmen empfahl er Wasserrückgewinnung, Nutzung des Grundwassers (etwa durch die nukleare Sprengung von Kratern), genetische Forschung zur Entwicklung salztoleranter Pflanzen und stellte für die Zukunft wiederum die Kontrolle des Wetters und Klimas als technische Lösung vor.[103]

Auch die professionellen Futurologen wie Robert U. Ayres vom Hudson Institute diskutierten angesichts der prognostizierten »Überbevölkerung« die Wetterkontrolle als rettende Technologie[104] und 1966 rechtfertigte die National Science Foundation ihre Forschungsförderung mit der Ressourcenfrage sowie der wachsenden Weltbevölkerung und rief angesichts der zunehmenden Dringlichkeit zur intensiven Auseinandersetzung auf:

»Obwohl sowohl beim Erwerb grundlegender Kenntnisse über die Atmosphäre als auch bei der Entwicklung technischer Anwendungen beträchtliche Fortschritte erzielt wurden, ist das Tempo notwendigerweise langsam. Wenn wir das Potenzial der Wettermodifika-

---

102 Ebd. Im Original: »The dangers threatening this environment must not only be appreciated and forecast; we should also try to modify or even prevent them. Most of these processes are either enhanced or repressed by the atmosphere. Technical development is nowadays rapidly outgrowing even very bold predictions. We should, therefore, now begin to plan, not only for the next few years, but for the state to be reached after one generation, in the year 2000. Weather Modification may in fact at that time have become a task of even greater importance than Weather Forecasting.«

103 Vgl. Schmitt, Walter R.: The Planetary Food Potential, in: Annals of the New York Academy of Sciences 118, März 1965, S. 647–718, hier S. 658–659, 667/689/730.

104 Vgl. Ayres, Robert U.: Technology and the Prospects for World Food Production, New York 1966.

tion zu unseren Lebzeiten bewerten und nutzen wollen, um zur Lösung von Problemen der Ressourcenbewirtschaftung und der Weltbevölkerung beizutragen, bevor sie kritisch werden, müssen die Anstrengungen in der Atmosphärenforschung, sowohl in der Grundlagenforschung als auch in der angewandten Forschung, beschleunigt werden.«[105]

Die Wetter- und Klimabeeinflussung als Instrumente des Ressourcenmanagements der Atmosphäre wurde auch in den 1970er Jahren weiterhin als Lösung für das prognostizierte Bevölkerungswachstum und Ressourcenknappheit verhandelt. UNESCO, WMO und die IAHS unterstützten weiterhin Experimente zu Wetterbeeinflussung – nun im Kontext der auch in der Öffentlichkeit diskutierten »Grenzen des Wachstums«. So startete die WMO noch 1976 ein groß angelegtes Precipitation Enhancement Project mit dem Ziel, die Wirksamkeit der künstlichen Niederschlagsauslösung abzuklären.[106] Seit den ausgehenden 1960er Jahren verkomplizierte sich jedoch der Diskurs zusätzlich. Die Debatten über Natur und Umwelt erlebten einen Aufschwung, verselbstständigten sich und mit der Prognose eines anthropogenen Klimawandels tat sich ein weiteres Problemfeld auf. Zudem wurde verstärkt die Technologie der Wetter- und Klimabeeinflussung an sich problematisiert. Als der neuseeländische Atmosphärenwissenschaftler W. J. Maunder 1970 in seiner 430-seitigen Publikation *The Value of Weather* die Wetter- und Klimabeeinflussung nochmals im Detail auf ihren ökonomischen Nutzen und ihre Tauglichkeit zur Nutzung der atmosphärischen Ressourcen überprüfte, musste er nicht nur bereits ausführlich die ungewollte Beeinflussung des Klima mitbehandeln, sondern auch ausführlich Stellung zu möglichen Nebeneffekten beziehen.[107]

105 National Science Foundation (Hg.): Weather Modification: Sixth Annual Report for Fiscal Year Ended June 30, 1964, Washington, D. C. 1965, S. 2 f. Im Original: »While substantial progress has been made, both in acquiring fundamental knowledge of the atmosphere and in developing engineering applications, the pace has necessarily been slow. If we are to evaluate and exploit the potential of weather modification in our lifetimes in order to help solve problems of resource management and world population before they become critical, the effort in atmospheric research, both fundamental and applied, must be accelerated.«

106 Vgl. u.a. Kovacs, G.: Report on the Activities of IAHS for the Period 1971–1975, in: Hydrological Sciences Bulletin 20 (4) 1975, S. 399–410, hier S. 408; Palas, T.: WMO Commission for Hydrology, in: Hydrological Sciences Bulletin 22 (1), 1977, S. 39–40, hier S. 40; o. V.: WMO, in: Hydrological Sciences Bulletin 20 (4), 1975, S. 501–502; World Meteorological Organization: Precipitation Enhancement Project (PEP), Report of the First Session of the Interim Precipitation Enhancement Project Board, Genf 1976.

107 Vgl. Maunder, W. J.: The Value of the Weather, London 1970.

»Soll es getan werden?« – gesellschaftliche und ökologische Folgenabschätzungen

Die Vorhersage zukünftiger Wissenschaft und Technologie hatte das Denken einer gezielten Beeinflussung des Wetters und des Klimas überhaupt erst ermöglicht. In den 1960er Jahren tauchten nun Fragen auf, die über die bloße technische Umsetzung hinausgingen und deren Beantwortung ebenfalls nach Zukunftsentwürfen verlangte. Zwar hatten ja bereits die Promoter der Computertechnologie wie John von Neumann in den 1950er Jahren herausgestellt, dass eine Folgenabschätzung – insbesondere für Eingriffe ins Klima – unabdingbar wäre – damit meinten sie jedoch lediglich eine über Computersimulationen bestimmte Abschätzung des zukünftigen Klimas. Auch die Wolkenphysiker interessierten sich zunächst fast ausschließlich für die technisch-naturwissenschaftliche Frage, ob und auf welche Weise die Wetter- und Klimabeeinflussung funktionierte.

Die nun ab 1960 aufkommenden Abschätzungen möglicher gesellschaftlicher Folgen wurden in einer komplexen Gemengelage möglich: Zunächst hatten die Zukunftswissenschaften ihren Horizont erweitert und sie fragten nicht mehr ausschließlich nach Anwendungsmöglichkeiten und Möglichkeitsbedingungen technischer Innovationen. Zudem stießen nicht zuletzt die Debatten über den »Wetterkrieg« ethische und rechtliche Fragen an, die die Wetter- und Klimabeeinflussung jenseits der Machbarkeit – wiederum in Anlehnung an die Atomtechnologie – problematisierten. Schließlich lässt sich auch durch die Linse des Wetter- und Klimabeeinflussungsdiskurses eine weiter reichende Erosion der Wissenschafts- und Technikgläubigkeit konstatieren.

Bereits an der Oberfläche der einschlägigen Forschungsberichte kann diese Erweiterung des Problemhorizontes abgelesen werden. Der Abschlussbericht des Advisory Committee on Weather Control 1957 hatte zwar nach einer wohlwollenden Beurteilung dezidiert weitere Abklärungen gefordert, damit jedoch ausschließlich an die Förderung und Finanzierung von weiteren Projekten und Programmen naturwissenschaftlicher (Grundlagen-)Forschung gedacht. Wenige Jahre später sahen sich mit der National Academy of Sciences (NAS) und der National Science Foundation (NSF) zwei wichtige Förderinnen der Grundlagenforschung verpflichtet, den Blickwinkel zu erweitern: Das Komitee für Atmosphärenwissenschaften der National Academy of Sciences ernannte bereits im November 1963 ausdrücklich als Reaktion auf zunehmende Bedenken hinsichtlich weitreichender Folgen ein

Gremium zur Wetter- und Klimabeeinflussung. Eine umfassende wissenschaftliche Beurteilung sollte nun nicht nur die wissenschaftlich-technische Machbarkeit prüfen, sondern eine breite Abschätzung des Potenzials und der Einschränkungen für die Zukunft liefern.[108]

Ein Jahr später schuf angesichts der jüngsten Entwicklungen (Computertechnologie, Atmosphärenmodelle, Verbesserung der Datenlage) auch die National Science Foundation 1964 eine Special Commission on Weather Modification mit dem Auftrag, rechtliche, ökonomische und soziale Fragen in ihren Bericht miteinzubeziehen. In enger Zusammenarbeit dieser zwei Institutionen wurden innerhalb der kommenden zwei Jahre mehrere Berichte und Aufsätze veröffentlicht. Dabei konzentrierte sich das Panel on Weather and Climate Modifcation der NAS, das sich wie ein Who's who der Wetter- und Klimabeeinflussung las,[109] vorwiegend auf atmosphärenphysikalische Aspekte und die Evaluationsmethoden. Der 1965 eingereichte Bericht der NSF-Sonderkommission enthielt nun jedoch eine facettenreiche Abschätzung der physikalischen, biologischen, rechtlichen, sozialen und politischen Implikationen.[110]

Diese Ausrichtung schlug sich auch in der Zusammensetzung der Kommission nieder. Mit Thomas F. Malone nahm nur ein Atmosphärenwissenschaftler Einsitz und die Fachgebiete der restlichen Kommissionsmitglieder spiegelten die Neuausrichtung der Fragestellungen wider: Der Vorsitzende A. R. Chamberlain war Professor für Ingenieurswissenschaft mit dem Spezialgebiet Hydrodynamik, John C. Dreier war ehemaliger Diplomat und lehrte Internationale Beziehungen an der Johns Hopkins University, der Spieltheoretiker (und späterer Nobelpreisträger) Leonid Hurwicz vertrat die Wirtschaftswissenschaften, Arthur W. Murphy war Rechtswissenschaft-

108 Vgl. National Science Foundation (Hg.): Weather and Climate Modification: Report of the Special Commission on Weather Modification, Washington, D. C. 1965, S. 5; MacDonald, Gordon J. F.: Weather and Climate Modification – Problems and Prospects, in: Bulletin of the American Meteorological Society 47 (1), 1966, S. 4–20, hier S. 4.

109 Mitglieder des Panels waren u.a. mit Gordon J. MacDonald, Jule G. Charney vom IAS, Ralph E. Huschke von der RAND Corporation, Edward Lorenz vom MIT, Joanne Simpson, Helmut Weickmann, Joseph Smagorinsky von der ESSA zentrale Akteure der Wolkenphysik, Meteorologie und des Wetter- und Klimamodifikationsdiskurses; vgl. National Academy of Sciences (Hg.): Weather and Climate Modification: Problems and Prospects, Final Report of the Panel on Weather and Climate Modification to the Committee on Atmospheric Sciences, Washington, D. C. 1966 (Volume II, Research and Development), S. viii.

110 Vgl. National Science Foundation (Hg.): Weather and Climate Modification: Report of the Special Commission on Weather Modification, Washington, D. C. 1965, S. v.

ler und Mitglied der Atomic Energy Commission, der Geograf Gilbert F. White war Mitbegründer der geografischen Risikoforschung und Spezialist für Hochwasserschutz, der Ozeanograf William S. von Arx forschte an der Woods Hole Oceanographic Institution, und Karl M. Wilbur brachte Expertise in Zoologie ein.[111]

In der Einleitung identifizierten die Autoren angesichts der zunehmenden und zahlreichen menschlichen Einflussnahmen auf die Umwelt drei Hauptprobleme für die Zukunft: großflächige Kriegsführung, die Zunahme der Weltbevölkerung und die Umweltverschmutzung. Die Wetter- und Klimabeeinflussung galt dabei einerseits weiterhin im Sinne einer weitreichenden Natur- und Umweltkontrolle als Strategie zur Lösung diverser Problemkonstellationen:

> »Eine Einschätzung der Aussichten für eine absichtliche Veränderung des Wetters und des Klimas kann auf das ultimative Ziel ausgerichtet sein, die Nutzung der Umwelt in eine größere Harmonie mit ihren Eigenschaften und mit den Bedürfnissen des Menschen zu bringen – sei es für die Nahrungsmittelproduktion, für den Schutz vor Überschwemmungen, um den Fortbestand der biologischen Arten zu sichern, um die Umweltverschmutzung zu stoppen oder aus rein ästhetischen Gründen.«[112]

Andererseits wurde nun die technische Lösung aus verschiedenen Perspektiven auf weiter reichende Konsequenzen hin befragt. Im Kapitel »Biological Aspects« zeigte sich beispielhaft, dass die Autoren Mitte der 1960er Jahren von ökologischen Prämissen ausgingen und Lebewesen und ihre Umwelt als interagierendes Ökosysteme verstanden. Aus einer solchen ökologischen Perspektive, die sich in den 1960er Jahren sowohl in Wissenschaft als auch in der Gesellschaft etablierte, war es unerlässlich, mögliche Effekte der Wetter- und Klimabeeinflussung auf Pflanzen und Tiere abzuklären, da sie wiederum auf den Menschen zurückwirken konnten. Für diese Abklärungen wurde das Forschungskomitee der Ecological Society of America beigezogen, das sich nun erstmals überhaupt der Frage von möglichen Auswirkungen eines zukünftigen – in diesem Falle gezielten – Klimawandels an-

111 Vgl. ebd., S. iii–iv.

112 Ebd., S. 7. Im Original: »An appraisal of the prospects for deliberate weather and climate modification can be directed toward the ultimate goal of bringing use of the environment into closer harmony with its capacities and with the purposes of man – whether this be for food production, relief from floods assuring the continuance of biologic species, stopping pollution, or for purely aesthetic reasons.«

nahm.[113] Angesichts der Komplexität der involvierten Systeme und der Unmöglichkeit, mit Laborexperimenten aussagekräftige Resultate zu generieren, hielten sich die Ökologen mit detaillierten und vor allem quantitativen Prognose zurück, skizzierten aber auf der Grundlage paläoökologischer und Langzeitstudien mögliche Tendenzen, die nahelegten, dass die Wetter- und insbesondere die Klimabeeinflussung äußerst problematische Effekte haben könnte. Einzig die Erhöhung lokalen Niederschlags in Trockengebieten wurde als unproblematisch eingestuft. Grundsätzlich galt jedoch: »Die Lebewesen sind an das tatsächlich herrschende Wetter angepasst, und jede Veränderung dieses Wetters wirkt sich im Allgemeinen nachteilig aus.«[114] Die Ausführungen der beigezogenen Ökologen mündeten also in grundsätzlichen Vorbehalten, die Warnung vor leichtfertigen irreversiblen Eingriffen und die Forderung einer sorgfältigen Überwachung der Experimente.[115]

Auch für das Kapitel »The Human Effects of Weather and Climate Modification« griff das Komitee auf externe Experten zurück. Insbesondere die Resultate einer 1965 vom National Center for Atmospheric Research in Boulder, Colorado, ausgerichteten Konferenz, die nun ausschließlich auf die sozialen und ökonomischen Konsequenzen fokussierte, diente als Grundlage der Einschätzung. Der 1966 eigenständig erschienene Konferenzband *Human Dimensions of Weather Modification* verwies dann auch exemplarisch auf die Erweiterung des Problemhorizontes und zeigte, wie die Vorstellung von interagierenden (Öko-)Systemen den Denkraum für eine gezielte Beeinflussung einerseits öffnete, andererseits auch über das Potenzial verfügte, diese aufgrund von unbeabsichtigten Nebeneffekten grundsätzlich zu problematisieren: So identifizierte Gilbert F. White, Konferenzteilnehmer und Komiteemitglied, mit der atmosphärischen Zirkulation, dem hydrologischen Kreislauf, dem biologischen Ökosystem und menschlichen Aktivitäten vier miteinander verzahnte Systeme. Die Komplexität interagierender Systeme erschwerte nun gemäß White die Abschätzung der Effekte: »Im Hinterkopf [...] steht immer die begründete Befürchtung, dass

113 Die Resultate wurden auch im Bulletin of the Ecological Society of America veröffentlicht; vgl. Livingstone, Daniel A. u.a.: Biological Aspects of Weather Modification, in: Bulletin of the Ecological Society of America 47 (1) 1966, S. 39–78.

114 National Science Foundation (Hg.): Weather and Climate Modification: Report of the Special Commission on Weather Modification, Washington, D. C. 1965, S. 69. Im Original: »Living things are adapted to the weather that actually prevails, and any change in that weather will be generally deleterious.«

115 Vgl. ebd., S. 70.

Veränderungen in einem kleinen Gebiet weitreichende Auswirkungen haben könnten.«[116] Die Konferenzteilnehmer verzichteten darauf, konkrete Aussagen zu voraussichtlichen Effekten zu treffen, forderten jedoch angesichts möglicher Auswirkungen auf die »Lebensqualität« – einer zentralen Kategorie der 1960er Jahre – weitere Abklärungen und interdisziplinäre Forschung.[117]

Herausgeber des Bandes war der in England geborene ehemalige Fulbright-Stipendiat W. R. Derrick Sewell. Er hatte Wirtschaft und Geografie studiert und Mitte der 1960er Jahre eine Assistenzprofessur für Geografie an der University of Chicago inne, bevor er nach Kanada an die University of Victoria wechselte und dort einen Lehrstuhl für Geografie und Wirtschaft bekleidete.[118] Sewell war einer der ersten und auch in den Folgejahren einer der aktivsten Wissenschaftler, der über verschiedene Kanäle die Zukunft der Wetterbeeinflussung jenseits der Machbarkeit befragte. Sewell, dessen Hauptforschungsgebiet das Wassermanagement war, zweifelte keineswegs an der Machbarkeit und hegte auch keine grundsätzlichen Bedenken hinsichtlich der Eingriffe in die Natur, sondern hielt sie für ein vielversprechendes Instrument mit großem ökonomischem Potenzial. Genau aufgrund des diagnostizierten Potenzials hielt Sewell es jedoch für unabdingbar, die weitreichenden Folgen abzuschätzen und mit angemessenen Maßnahmen aufzufangen oder zu begleiten.[119]

Mitte der 1960er Jahre hatten sich damit Ansätze einer Technikfolgenabschätzung bereits etabliert. Diese boten in zwei Richtungen Anschlussmöglichkeiten: Einerseits galten sie wie bei Sewell als zusätzliches Instrument einer ›rationalen‹ Forschungsplanung und andererseits können sie als Symptom einer einsetzenden kritischeren Wahrnehmung von Wissenschaft und Technik gelesen werden.[120] Thomas F. Malone gestand beispielsweise in einer 1967 in *Science* veröffentlichten Forschungsbilanz ein, dass sich die *Scientific*

116 White, Gilbert F.: Approaches to Weather Modification, in: Sewell, W. R. Derrick (Hg.): Human Dimensions of Weather Modification, Chicago 1966, S. 19–23, hier S. 23. Im Original: »Always in the background of thought […] is the reasonable fear that modification in a small area might have profound impacts far away.«

117 Vgl. National Science Foundation (Hg.), Weather and Climate Modification, S. 80–97.

118 Vgl. Forster, Harold D.: Obituary for William Robert Derrick Sewell, 1931–1987, in: Natural Resources Journal 29 (1), 1989, Online: <https://digitalrepository.unm.edu/nrj/vol29/iss1/1>, Stand: 08.07.2020.

119 Vgl. Sewell, W.R. Derrick: Introduction: The Problem in Perspective, in: Sewell, W.R. Derrick (Hg.): Human Dimensions of Weather Modification, Chicago 1966, S. 1–18.

120 Vgl. Seefried, Zukünfte, S. 450 f.

Community nicht nur mit Fragen der Machbarkeit und Wirksamkeit auseinanderzusetzen habe:

»Es wurde deutlich festgestellt, dass die Implikationen und Probleme, die mit der Wettermodifikation verbunden sind, die Grenzen der physikalischen Wissenschaften, der internationalen Beziehungen, des Rechts und der staatlichen Regulierung sowie der Entscheidungsstruktur der Bundesregierung überschreiten […].«[121]

Verstand auch Malone die Technikfolgenabschätzung als notwendige Ergänzung der groß angelegten und interdisziplinären Forschung zur Wetter- und Klimabeeinflussung, problematisierten Abschätzungen von unerwünschten Nebeneffekten in einer wissenschafts- und technologiekritischen Variante zunehmend die Wetter- und Klimamodifikation: Eingriffe in die Umwelt wurden verstärkt als problematisch oder zumindest erklärungsbedürftig wahrgenommen. 1968 veröffentlichte beispielsweise der britische Wissenschaftsjournalist Nigel Calder den Sammelband *Unless Peace Comes: A Scientific Forecast of New Weapons*, in dem Experten über die Zukunft der Kriegsführung nachdachten. Bereits ein Jahr später erschien in der von Robert Jungk mit herausgegebenen Reihe »Modelle für eine neue Welt« die deutsche Übersetzung mit dem Titel *Eskalation der neuen Waffen: Friede oder Untergang?* Gordon MacDonald, JASON-Mitglied und einer der qualifiziertesten Denker des »Wetterkriegs« trug nun einen Aufsatz mit dem Titel *How to Wreck the Environment* bei, in dem er die Möglichkeiten geophysikalischer Waffen erläuterte, durch deren Entwicklung er weiterhin das »Gleichgewicht des Schreckens« bedroht sah. Angesichts eines erheblichen Fortschritts der Geowissenschaften sah MacDonald die Lücke zwischen Science-Fiction (er zitierte als Beispiel den bereits erwähnten Roman von Jules Vernes *Schuss am Kilimandscharo*) und der Realität sich schließen, wobei er exemplarisch mit dem »Trigger« argumentierte:

»Der Schlüssel zur geophysikalischen Kriegsführung liegt in der Identifizierung von Instabilitäten in der Umwelt, bei denen die Zugabe einer kleinen Energiemenge eine weitaus größere Energiemenge freisetzen würde. […] Um diese Instabilität auszulösen, könnte die erforderliche Energie gewaltsam durch Explosionen oder sanft durch kleine Metallstücke

121 Malone, Thomas F.: Weather Modification: Implications of the New Horizons in Research, in: Science 156 (3777), 1967, S. 897–901, hier S. 897. Im Original: »[T]here was forthright recognition that the implications and issues involved in weather modification transcend the boundaries of the physical sciences, in international relations, in law and governmental regulation, and in the decision-making structure of the federal government […].«

eingebracht werden, die als Katalysatoren oder Keime schnelle Veränderungen hervorrufen können.«[122]

Während er dem Cloud-Seeding nur bescheidenes militärisches Potenzial bescheinigte, hielt er die Beeinflussung des Klimas über die Veränderung der Albedo in arktischen Regionen zwar für logistisch herausfordernd, in ihren Konsequenzen jedoch für ungleich gefährlicher.[123] 1968 zeigt sich nun am Beispiel MacDonalds exemplarisch die Erweiterung des Problemhorizontes: Seine Ausführungen beruhten noch immer auf klimadeterministischen Prämissen und er referierte weiterhin entlang der bekannten diskursiven Pfeiler wie der Kenntnisse der Gesetzmäßigkeiten, Beobachtungsinstrumente (Satelliten) und Berechnungsmöglichkeiten (Computer) den Stand und mögliche Entwicklungen von Wissenschaft und Technik, doch der Denker des Wetterkriegs MacDonald betonte nun vor allem die komplexen (völker-)rechtlichen, ökonomischen und sozialen Folgen, die es zu berücksichtigen galt.[124]

Um 1970 lässt sich somit eine deutliche Verschiebung erkennen: von der Frage, ob die Technologie machbar sei, zur Frage, ob sie überhaupt erstrebenswert sei. So etwa 1969 in einem Beitrag des französisch-US-amerikanischen Mediziners und Umweltaktivisten René Dubos an einem von der OECD ausgerichteten Symposium zu den Perspektiven der Planung, wo er mit einer »Social Merit Matrix« die Wettermodifikation auf ihre ökonomischen, kulturellen und politischen Implikationen hin befragte.[125] Besonders deutlich warnte der Pionier der Biometeorologie Frederick Sargent in seinem Beitrag *A Dangerous Game: Taming the Weather* vor voreiligen Eingriffen und verwies auf die »komplexen Auswirkungen und Folgen, die sich aus ak-

---

122 MacDonald, Gordon J. F.: How to Wreck the Environment, in: Calder, Nigel (Hg.): Unless Peace Comes: a Scientific Forecast of New Weapons, New York 1968, S. 181–205, hier S. 183; vgl. auch MacDonald, Gordon: Wie man die Welt zerstören kann, in: Calder, Nigel (Hg.): Eskalation der neuen Waffen: Friede oder Untergang?, Stuttgart, Hamburg 1969, S. 197–210. Im Original: »The key to geophysical warfare is the identification of the environmental instabilities to which the addition of a small amount of energy would release vastly greater amounts of energy. [...] To trigger this instability the required energy might be introduced violently by explosions or gently by small bits of metal able to induce rapid changes by acting as catalysts or nucleating agents.«

123 MacDonald, How to Wreck the Environment, S. 186/193 f.

124 MacDonald, How to Wreck the Environment, S. 204.

125 Vgl. Dubos, René: Future-Oriented Science, in: Jantsch, Erich (Hg.): Perspectives of Planning. Proceedings of the OECD Working Symposium on Long-Range Forecasting and Planning, Bellagio, Italy 27th October – 2nd November 1968, Paris 1969, S. 158–175, hier S. 171.

tuellen und geplanten Umweltmanipulationen ergeben«.[126] Der Biometeorologe Sargent mit dem Blick für die Zusammenhänge zwischen Wetter und Klima und Lebewesen nahm die Wetter- und Klimabeeinflussung als risikobehaftete Technologie wahr, für deren Einsatz er eine detaillierte Abschätzung der (biologischen) Folgen und ein verbessertes Verständnis der komplexen Interaktionen für notwendig erachtete.[127]

Diese Fragerichtung schlug sich nun auch in Forschungsarbeiten nieder, die untersuchten, wie Tier- und Pflanzenwelt auf Veränderungen von Niederschlagsmustern reagierten oder ob und inwiefern sich intensive Nutzung des ›Impfstoffs‹ Silberiodid auf die Umwelt auswirkte.[128] Die Wetter- und Klimabeeinflussung geriet in diesem Zusammenhang zunehmend in den Verdacht, ein *technical fix* zu sein, dessen Anwendung unabsehbare Folgen haben könnte oder das Problem sogar verschlimmern würde. Zahlreiche historische Arbeiten haben darauf hingewiesen, dass die Zukunftswissenschaften ab 1970 »ihren optimistischen Höhepunkt«[129] überschritten hatten und nach den Folgen des technischen und sozialen Fortschritts gefragt wurde. Die Bedeutungsverschiebung des Begriffs *technological fix* zeigte diese Veränderung an. Hatte ihn der Physiker Alvin Weinberg 1967 noch emphatisch verwendet und darunter eine günstige technische Lösung für ein Problem verstanden, galt er ab 1970 bereits als ironische Wendung.[130]

Darauf mussten die Fachleute reagieren und in diesem Kontext erfuhren die Konferenzen und Publikationen eine Erweiterung: Keiner der Akteure konnte in den 1970er Jahren über die Beeinflussung der Atmosphäre schreiben oder sprechen, ohne zumindest einerseits in einem Kapitel oder einem

---

126 Sargent, Frederick: A Dangerous Game: Taming the Weather, in: Bulletin of the American Meteorological Society 48 (7), 1967, S. 452–459, hier S. 452; für weitere Abschätzungen der ökologischen Folgen vgl. u.a. auch Edmondson, W. T.: Ecology and Weather Modification, in: Fleagle, Robert Guthrie (Hg.): Weather Modification: Science and Public Policy, Seattle 1969, S. 87–93; Cooper, Charles F.: Ecological Effects of Weather Modification: A Problem Analysis, Ann Arbor 1969. Im Original: »complex implications and consequences arising from current and planned environmental manipulations«.

127 Vgl. Sargent, A Dangerous Game, S. 459.

128 Vgl. u.a. Cooper, Charles F.; Jolly, William C.: Ecological Effects of Weather Modification (sponsored by U. S. Department of the Interieur, Bureau of Reclamation), Ann Harbor Mai 1969. Hodge, V. F.; Folsom, T. R.: Estimate of the World Budget of Fallout Silver Nuclides, in: Nature 237, 12.5.1972, S. 98–99; Crookshank, H. R.; Younger, R. L.: Chronic Exposure of Sheep to Silver Iodide, in: Water, Air, and Soil Pollution 9 (3), 1.4.1978, S. 281–287.

129 Hölscher, Lucian: Die Entdeckung der Zukunft, Göttingen 2016, S. 300.

130 Vgl. Rosner, Lisa: Introduction, in: dies. (Hg.): The Technological Fix. How People Use Technology To Create and Solve Problems, New York 2004, S. 1–12.

Vortrag die möglichen gesellschaftlichen Folgen zu behandeln und andererseits über den ungewollten Klimawandel zu sprechen. Als 1973 Wilmot N. Hess von der National Oceanic and Atmospheric Administration (NOAA) in einem mehr als 800 Seiten zählenden Sammelband Beiträge wichtiger Akteure der Wetter- und Klimabeeinflussung versammelte, wurden selbstverständlich im Detail die experimentellen Settings und die Evaluationsmethoden der unterschiedlichen Experimente dargelegt, doch es war nicht mehr möglich, gesellschaftliche Fragen außen vor zu lassen.

So besprach der Pionier der Klimamodelle, Joseph Smagorinsky, ausführlich den unbeabsichtigten Klimawandel und eines der sieben großen Kapitel behandelte mit mehreren Beiträgen die rechtlichen und soziologischen Fragen.[131] Im Beitrag des Soziologen J. Eugene Haas vom Institute of Behavioral Science der University of Colorado, der sich bereits zuvor mit sozialen Implikationen der Feldexperimente auseinandergesetzt hatte,[132] wird deutlich, dass zur Beurteilung der Wetterbeeinflussung nun eine neue Größe miteinbezogen wurde – die Öffentlichkeit. Haas führte an verschiedenen Orten in der USA Interviews durch, um Interessengruppen zu identifizieren und einen Überblick über die öffentliche Meinung zu erhalten. Auf den ersten Blick zeigten die Resultate zwar, dass eine Mehrheit der Befragten die Beeinflussung befürwortete und davon zu profitieren hoffte, doch Haas betonte, dass dieses Bild täuschen konnte. Denn auf die formulierten Fragen, inwiefern es eine gute Idee sei, Feldexperimente durchzuführen oder ob selbst sorgfältig geplante Experimente die »balance of nature« stören würde, sah er einen erheblichen Anteil der Teilnehmer Bedenken äußern.[133] Auch wenn Haas noch keinen weitverbreitenden Widerstand diagnostizieren konnte, so stellten sich doch schwierige Fragen – etwa nach dem Schutz von Minderheiten. Allein schon die Ausrichtung der Studie verdeutlichte, dass weder die Wetter- noch die Klimabeeinflussung weiter als uneingeschränkte Patentlösung für nationale und globale Problemlagen durchgingen. Mit Bezug auf Haas' Forschung sah *Science News* bereits 1973

131 Vgl. Hess, Wilmot N. (Hg.): Weather and Climate Modification, New York 1974, S. ix–xiii.

132 Vgl. Haas, Eugene J.; Krane, Sigmund: Social Implications of the National Hail Research Experiments (Final Report to the National Center for Atmospheric Research) Boulder 1972.

133 Haas, Eugene J.: Social Aspects of Weather Modification, in: Bulletin of the American Meteorological Society 54 (7), 1973, S. 647–657, hier S. 652; für soziologische Analysen der Hagelabwehr vgl. Changnon, Stanley A.; Farhar, Barbara C.; Swanson, Earl R.: Hail Suppression and Society, in: Science 200 (4340), 1978, S. 387–394.

schwierige Zeiten für die Wetterbeeinflussung aufziehen: »eine schwarze Wolke über den Cloud-Seedern«.[134]

In der Folge liefen zahllose Feldexperimente weiter, doch der große Traum schien allmählich zu verblassen. In einer der letzten ausführlichen populärwissenschaftlichen Abhandlungen im deutschsprachigen Raum zur Wetterbeeinflussung mit dem Titel *Wetter nach Wunsch?* lässt sich die aufkommende Skepsis bereits am Untertitel – »Perspektiven und Gefahren der künstlichen Wetterbeeinflussung« sowie am Inhaltsverzeichnis ablesen. Der Wiener Wissenschaftsjournalist Georg Breuer teilte sein Buch 1976 nämlich in drei Hauptkapitel: Neben den »Wissenschaftlichen und technischen Voraussetzungen« und den »Methoden und Anwendungsmöglichkeiten« mussten Mitte der 1970er Jahre auch ausführlich die »Probleme und Gefahren« behandelt werden.[135] Und als sich der US-Senat 1978 zum letzten Mal ausführlich mit der Thematik befasste, verlangte das Committee on Commerce, Science and Transportation eine umfassende Überblicksdarstellung zum Status des Wissens und Technologie – insbesondere aber auch der sozioökonomischen, ökologischen und rechtlichen Implikationen.[136]

Die Konferenzprogramme und Inhaltsverzeichnisse lasen sich in den 1970er Jahren wie Abwandlungen der populären Slogans der Umweltbewegung: »everything is connected to everything«[137], hatte Barry Commoner 1971 in seinem Buch *The Closing Circle* als »Erstes Gesetz der Ökologie« postuliert und der Umweltaktivist David Brower prägte die Handlungsanweisung »Think globally, act locally«.[138] Da alles zusammengedacht wurde – die Atmosphäre, die verschiedenen Ökosysteme, die menschliche Gesellschaft – musste bei einem Eingriff zwangsläufig mit Auswirkungen auf andere Bereiche gerechnet werden. Deshalb war es auch bei noch so kleinen und räumlich begrenzten Eingriffen unabdingbar, die anderen Bereiche im Blick zu behalten und letztlich global zu denken.

---

134 O. V.: A Black Cloud over Cloud Seeders, in: Science News 103 (10), 1973, S. 148–149, hier S. 148. Im Original: »a black cloud over cloud seeders«.

135 Breuer, Georg: Wetter nach Wunsch: Perspektiven und Gefahren der künstlichen Wetterbeeinflussung, Stuttgart 1976, S. xx.

136 Vgl. Cannon, Howard W. (Hg.): Weather Modification: Programs, Problems, Policy, and Potential (Prepared at the Request of Hox. Howard W. Cannon, Chairman Committee on Commerce, Science, and Transportation U. S. Government), Washington, D. C. 1978, S. 475 ff/487 ff.

137 Commoner, Barry: The Closing Circle: Nature, Man and Technology, New York 1971, S. 39; zu Barry Commoner vgl. Radkau, Ära der Ökologie, S. 144 f.

138 Die Herkunft des Slogans ist nicht unumstritten; vgl. Radkau, Joachim; Hahn, Lothar: Aufstieg und Fall der deutschen Atomwirtschaft, München 2013, S. 300.

Hatten unterschiedliche Zukunftsszenarien den Diskurs zur gezielten Beeinflussung von Wetter und Klima zunächst gestützt und plausibilisiert, unterliefen und delegitimierten sie ihn somit seit der zweiten Hälfte der 1960er zunehmend. Sewell selbst brachte es bereits 1973 auf den Punkt:

»Die Wettermodifikation ist eine Technologie, die von der Gesellschaft zunehmend kritisch beäugt wird. Wie viele andere Technologien wurde auch sie in der Vergangenheit häufig geprüft. Der Unterschied besteht darin, dass sich die Gruppe der Bewertenden gewandelt hat und sich die Kriterien der sozialen Erwünschtheit in den letzten zwei oder drei Jahren drastisch verändert haben. Die Frage lautet nicht mehr ›wird es funktionieren‹, sondern eher »›sollte es getan werden?‹«.[139]

Während die Wirksamkeit der lokalen Wetterbeeinflussung im Verlauf der 1970er Jahre verstärkt in Zweifel gezogen wurden, bestand zwischen den Verfechtern des gezielten Managements und denjenigen, die die ketzerische Frage stellten, ob ein Einsatz sinnvoll sei, ein implizites Einverständnis: Die zunehmenden Hinweise eines bereits stattfindenden, von Menschen gemachten Klimawandels ließen wenig Zweifel, dass eine Beeinflussung grundsätzlich möglich war. Der Fokus verschob sich jedoch und die unbeabsichtigte Klimaveränderung gewann an Relevanz. Die sich verfestigenden Prognosen des anthropogenen Klimawandels wurden jedoch weiter ambivalent bewertet. Nahmen ihn einige Akteure als Beweis für die Möglichkeit und als Aufforderung mit rationalen – sprich technischen Mitteln – zu begegnen, werteten andere den Klimawandel als Symptom für ein grundsätzlicheres Versagen menschlicher Eingriffe in die Umwelt.

Klima II

Der Diskurs zur gezielten Beeinflussung des Klimas war auf mehreren Ebenen mit den in den 1960er Jahren einsetzenden Diagnosen und Prognosen einer unbeabsichtigten Beeinflussung der Atmosphäre verzahnt.

139 Sewell, W. R. Derrick: Climate and Weather Control, in: Annals of the New York Academy of Sciences 216, Mai 1973, S. 30–42, hier S. 30. Im Original: »Weather modification is one technology that is being subjected to increasing social scrutiny. Like many other technologies, it has often been assessed in the past. The difference is that the membership of the group of assessors has changed and the criteria of social desirability have altered dramatically in the past two or three years. The question is no longer ›will it work‹ but rather ›should it be done?‹«

Diese zunehmende Auseinandersetzung mit anthropogenen Einflüssen auf das Klima spielte sich häufig, wenn auch nicht immer, im Modus der Prognose ab und war eng gekoppelt an eine weiter reichende Neubewertung des Mensch-Umwelt-Verhältnisses. Da die Pläne zur Klimakontrolle und die Befürchtung eines unkontrollierten Klimawandels zumindest in Teilen auf denselben Wissensbeständen beruhten und die Debatten sich medial in den 1970er Jahren verselbstständigten, werden die Zusammenhänge und Wechselwirkungen von gezielter und ungewollter Beeinflussung der Atmosphäre in einem eigenständigen Kapitel behandelt.

Ich zeige im folgenden Kapitel *erstens*, wie die Forschung zur anthropogenen Klimaveränderung den Klimabeeinflussungsdiskurs stützte, indem sie robustes Wissen zur Funktionsweise des globalen Atmosphärensystems bereitstellte und so die Machbarkeit zu belegen schien. *Zweitens* führe ich aus, wie sich in den 1960er Jahren das Sprechen über eine durch menschliche Tätigkeit bedrohte Atmosphäre etablieren konnte, während gleichzeitig gezielte Eingriffe bis weit in die 1970er Jahre als technische Korrekturmaßnahmen verhandelt wurden. *Drittens* stelle ich dar, wie die geopolitischen Überlegungen des globalen Systemkonflikts neben den aufkommenden Umweltbedenken einen Resonanzraum bildeten, in dem sich das Bedrohungspotenzial einer zukünftigen Klimaabkühlung entfaltete und schließe *viertens* mit einer Beschreibung, wie sich der Interessensfokus der beteiligten Wissenschaftler sowie der Publikumsmedien verschob, sodass die Fragen zur gezielten Beeinflussung im Kontext einer zunehmend kritischen Perspektive auf Fortschritt, Wachstum, Wissenschaft und Technik an Dringlichkeit verloren.

Das »geophysikalische Großexperiment« – die Formierung der Klimaforschung

Vom 3. bis 5. Mai 1954 – auf dem Bikini-Atoll wurde gerade die Kernwaffentestserie »Operation Castle« durchgeführt – trafen sich die Mitglieder der American Geophysical Union zur 35. Jahreskonferenz in Washington, D. C. und präsentierten die Forschungsergebnisse des vergangenen Jahres.[140] Im kurzen Bericht des *The Science News-Letter* über die Tagung stand dann eine Diskussion über den Zusammenhang von Klima und Geschichte im Zen-

140 Vgl. o. V.: Union, Section, and Committee Activities, in: Eos, Transactions American Geophysical Union 35 (3), 1954, S. 534–541.

trum. Die anwesenden Geophysiker verknüpften politische Umbrüche und territoriale Expansionen der vergangenen 40 Jahre russischer Geschichte kausal mit kleinen, aber bedeutenden Veränderungen der Durchschnittstemperatur. Mit Blick auf den gegenwärtigen Systemkonflikt lautete die Schlussfolgerung: »Ein über einen längeren Zeitraum andauernder Rückgang der durchschnittlichen Sommertemperatur in Russland um nur drei Grad könnte mehr dazu beitragen, den Kalten Krieg zu gewinnen als all die Kämpfe isolierter ›Polizeiaktionen‹ in seltsamen Ecken der Welt.«[141] Der kurze Text in der populärwissenschaftlichen Zeitschrift war hauptsächlich eine griffige »Cold War Speculation«[142] und doch durchaus bezeichnend für den Stand der noch weitestgehend mit geologischen und geografischen Argumenten geführten Debatten über das Erdklima und dessen Veränderungen. Nicht nur hallte darin deutlich der klimadeterministische Topos der bedrohlichen Kälte aus dem 19. Jahrhundert nach, er war auch eine Anspielung auf den »Wetterkrieg«, wie er in dieser Frühphase des Kalten Krieges verhandelt wurde. Zudem lag eine künstliche Beeinflussung des Klimas noch außer Reichweite und selbst die für natürliche Klimaveränderungen verantwortlichen Prozesse galten als noch unzureichend erforscht: »Es gibt jedoch keine bekannte Möglichkeit, Temperaturen im großen Maßstab künstlich zu beeinflussen. Tatsächlich müssen Wissenschaftler immer noch ein großes Rätsel lösen: die Ursache oder die Ursachen der vergangenen Eiszeiten.«[143] Schließlich war besonders bezeichnend, was nicht thematisiert wurde: Eine unbeabsichtigte und unkontrollierte Beeinflussung des Klimas gehörte in der ersten Hälfte der 1950er Jahre noch nicht auf die Traktandenlisten von geowissenschaftlichen Konferenzen.

Als in den Nachkriegsjahren im Anschluss an die neu formulierte Niederschlagstheorie und die Experimente im Forschungslabor von General Electric das Sprechen über die Wetterbeeinflussung wie auch die Durchführung von Experimenten einsetzten, war die Erweiterung der Kontrolle vom Wetter auf das Klima wenig mehr als bloße Rhetorik. Für die lokale

141 O. V.: Cold War Speculation, in: The Science News-Letter 65 (20), 1954, S. 310. Im Original: »A drop of as little as three degrees in the average summer temperature in Russia continued over a period of time, could do more to win the cold war than all the fighting of isolated ›police actions‹ at odd corners of the world.«

142 Ebd.

143 Ebd. Im Original: »There is no known way, however, to influence temperatures artificially on a large scale. As a matter of fact, one great mystery scientists still have to solve is the cause or causes of the previous Ice Ages.«

Wetterbeeinflussung existierten neue, konkrete Ansatzpunkte. Der Diskurs über Klimaveränderungen hingegen folgte 1950 noch den Argumenten des frühen 20. Jahrhunderts, ohne dass jedoch auf die Technikutopien zur Klimabeeinflussung der Schriftsteller und Ingenieure verwiesen worden wäre. Die Expertise lag weiterhin nicht allein bei Klimatologen, sondern auch bei Geologen und Geografen. Ein Konsens bestand dahingehend, dass das Klima Veränderungen unterlag. Als Ursachen wurden fast ausschließlich natürliche Prozesse wie Vulkanausbrüche, Sonnenzyklen, Variationen der Erdachse, Kontinentalverschiebungen oder Veränderungen der Erdoberfläche diskutiert. Das zeigte sich beispielsweise bei dem vom britischen Geografen Charles Ernest Pelham 1951 verfassten Beitrag *Geological and Historical Aspects of Climatic Change* in einem mächtigen, von der US Air Force angeregten Kompendium.[144] In Brooks' Abriss fehlte nicht nur jeder Hinweis auf eine menschliche Einflussnahme, auch der Status von Klimavorhersagen galt um 1950 als unsicher, da sie ausschließlich über die Extrapolation vergangener Klimazyklen in die Zukunft funktionierten. Brooks wies immerhin auf die Bedeutung von solchen – weit in die Zukunft gedachten – Klimaveränderungen hin: »Das Problem [des Klimawandels] ist nicht ausschließlich akademisch, denn es gibt an Anzeichen dafür, dass wir uns bereits jetzt in einer Periode des Klimawandels befinden, der lebenswichtige, aber bisher unvorhersehbare Folgen für die Zivilisation haben könnte.«[145]

Ein Bündel von Gründen führte dazu, dass sich im Verlauf der 1950er Jahre ein von Menschen verursachter Klimawandel am Problemhorizont der geowissenschaftlichen Forschung abzuzeichnen begann. Mehrere historiografische Arbeiten der letzten Jahre haben überzeugend herausgearbeitet, dass mit Beginn des Kalten Krieges insbesondere in den USA die militärische und staatliche Finanzierung geowissenschaftlicher Disziplinen massiv zunahm, sodass sie in der Höhe nur von der Physik übertroffen wurde.[146] Al-

---

144 Brooks, Charles Ernest Pelham: Geological and Historical Aspects of Climatic Change, in: Malone, Thomas F. (Hg.): Compendium of Meteorology, Prepared under the Direction of the Committee of the Compendium of Meteorology, Boston 1951, S. 1004–1018.

145 Ebd., S. 1018; vgl. dazu auch Landsberg, Helmut: Physical Climatology, DuBois 1942 (2). Im Original: »The problem [of climatic change] is not entirely academic, for signs are not wanting that we are even now in a period of climatic change which may have vital, but so far unpredictable, consequences for civilization.«

146 Vgl. u.a. Hacker, Barton: Military Patronage and the Geophysical Sciences in the United States: An Introduction, in: Historical Studies in the Physical and Biological Sciences 30 (20), 2000,

lein zur Durchführung von Atombombentest waren die Militärs sowohl auf meteorologisches Wissen (Nachverfolgung des Fallouts) als auch auf geologisches Wissen (Überprüfung der Sprengkraft) angewiesen. Diese »mutual orientation«[147] wirkte nicht nur auf die Atmosphärenwissenschaften, sondern auch auf geowissenschaftliche Nachbardisziplinen wie Geologie und Ozeanografie, die weltweit – zusätzlich begünstigt durch verstärkten internationalen Austausch – einen Aufschwung erfuhren.[148] Gemäß Ronald Doel war der entscheidende Effekt dieser militärischen Förderung, dass sich eine »new intellectual map« für diese Disziplinen durchsetzte. Die Bedürfnisse des Militärs und der nationalen Sicherheit begünstigten gewisse Forschungsrichtungen, während sie gleichzeitig die Möglichkeiten von anderen einschränkten.[149]

Diese von Sicherheitsbedenken des Systemkonflikts angestoßene Forschung trug mit dazu bei, dass sich insbesondere in den USA im Verlauf der 1950er Jahre eine Klimaforschung herauszubilden begann, die nur mehr wenig mit der traditionellen Klimatologie gemein hatte.[150] Drei zunächst weitgehend unabhängige Entwicklungen waren dafür entscheidend: Erstens stieß die Computertechnologie nicht nur intensive Forschungsarbeiten zu Methoden der Wettervorhersage an, sondern eröffnete auch neue Möglichkeiten für die wissenschaftliche Auseinandersetzung mit dem Klima. Der bereits erwähnte wissenschaftliche Leiter des Meteorologieprojekts am IAS, Jule Charney, betrachtete den Computer auch als »induktive Maschine« zur Durchführung von Simulationsexperimenten.

Einen ersten Schritt in diese Richtung unternahm der junge Meteorologe Norman A. Phillips, dessen Karriere als Meteorologe, wie bei vielen seiner Kollegen, mit einem den Kriegszeiten geschuldeten, gerafften Studiengang

---

S. 309–313, Hamblin, Jacob Darwin: Oceanographers and the Cold War: Disciples of Marine Science, Seattle 2005; Oreskes, Naomi; Krige, John (Hg.): Science and Technology in the Global Cold War, Cambridge 2014.

147 Edwards, Vast Machine: Computer Models, S. 112. Edwards verwendet den Begriff für die Atmosphärenwissenschaften. Vergleichbare Kooperationen lassen sich jedoch für die Geowissenschaften insgesamt feststellen.

148 Zu Europa vgl. Heymann, Matthias; Martin-Nielsen, Janet: Introduction: Perspectives on Cold War Science in Small European States, in: Centaurus 55 (3), 2013, S. 221–242.

149 Ronald E. Doel: Constituting the Postwar Earth Sciences: The Military's Influence on the Environmental Sciences after 1945, in: Social Studies of Science 33 (5), 2003, S. 635–666, S. 636.

150 Zu dieser Verschiebung und der Namensgebung vgl. Heymann, Matthias: Klimakonstruktionen: Von der klassischen Klimatologie zur Klimaforschung, in: Zeitschrift für Geschichte der Wissenschaften, Technik und Medizin 17 (2) 2009, S. 171–197.

der US-Luftwaffe gestartet war. Nach Kriegsende promovierte er an der von Carl-Gustaf Rossby geprägten University of Chicago, bevor er als wissenschaftlicher Mitarbeiter ans IAS wechselte, wo er 1955 erstmals über einen Zeitraum von 31 Tagen ein Atmosphärenmodell durchrechnen ließ. Dank radikaler Vereinfachung des Modells (es unterschied weder zwischen Land und Meer, noch bezog es die Topografie mit ein) umging er das Problem, realistische Ausgangsdaten einspeisen zu müssen. Trotz der offensichtlichen Mängel produzierte das Modell realitätsnahe atmosphärische Phänomene. Phillips Resultate wurden von der (noch überschaubaren) *Community* begeistert aufgenommen und waren der Ausgangspunkt für eine Neuausrichtung der klimatologischen Forschung. Denn diese erste einfache Version eines globalen Zirkulationsmodells war nun kein Instrument zur Produktion einer (realistischen) Wettervorhersage mehr, sondern ein Instrument zur Herstellung simulierter Experimente, mit dessen Hilfe sich atmosphärische Parameter verändern ließen und die potenziellen Konsequenzen für das globale Klima berechnet werden konnten. Die der Klimasimulation eingeschriebene Zukunftsperspektive trug maßgeblich dazu bei, dass sich der Fokus verschob und die Klimaforscher sich nicht mehr für die Erfassung der globalen Zirkulation und erst recht nicht für die statistische Auswertungen von Klimadaten interessierten, sondern für den Wandel des Klimas und seine Ursachen. Damit entwickelte sich die Klimatologie von einer in erster Linie datenbasierten und beschreibenden zu einer global orientierten und theoriegeleiteten Wissenschaft.[151]

Zweitens geriet als potenzieller Hauptfaktor für vergangene wie auch zukünftige Klimaveränderungen der Kohlendioxidanteil der Atmosphäre in den Fokus der Forschung. Ausgelöst wurde das Interesse an Kohlendioxid und seiner Funktion für das Klima durch die Arbeiten des Geochemikers Hans Suess und des Ozeanografen Roger Revelle von der vornehmlich durch die US Navy finanzierten Scripps Institution of Oceanography. Sie konnten mit der neu entwickelten Radiokarbonmethode aufzeigen, dass die Weltmeere nicht die gesamte Menge des durch die Verbrennung fossiler Brennstoffe freigesetzten Kohlendioxid aufnahmen. Angesichts des weiter zunehmenden Verbrauchs fossiler Brennstoffe sprachen sie bereits 1957 von

151 Vgl. u.a. Heymann, Klimakonstruktionen, S. 183–187; Heymann, The Evolution of Climate Ideas and Knowledge, S. 581–597; Edwards, A Vast Machine, S. 139–177.

einem »einem geophysikalischen Großexperiment«,[152] das die Menschheit durchführe, und forderten weitere Abklärungen.[153]

Drittens untersuchte der Physiker Gilbert N. Plass, unterstützt vom Naval Research Laboratory, nahezu zeitgleich, zunächst jedoch unabhängig von Revelle und Suess, den Zusammenhang von Treibhausgasen und der Absorption von infraroter Wärmestrahlung. Er legte nicht nur nahe, dass eine Erhöhung des Kohlendioxids sich auf die Erdtemperatur auswirkte, sondern quantifizierte erstmals überhaupt diese durch menschliche Tätigkeit verursachte Temperaturerhöhung und zwar auf ein Grad Celsius pro Jahrhundert. Mit Svante Arrhenius und Guy Callendar hatten prominente Wissenschaftler bereits seit dem späten 19. Jahrhunderts auf der Grundlage theoretischer Überlegungen einen Zusammenhang zwischen zunehmendem Kohlendioxidgehalt und steigender Temperatur angenommen. Doch erst als Mitte der 1950er Jahre erneut Diskussionen über eine Zunahme des Kohlendioxids angestoßen wurden, zeichnete nun sich mit den Simulationsexperimenten eine Möglichkeit ab, die Zusammenhänge gezielt zu untersuchen.[154]

Revelle und Suess gelang es, zur weiteren Überprüfung ihrer These mit der Unterstützung von Harry Wexler im Rahmen des Internationalen Geophysikalischen Jahres bescheidene Geldmittel zu beschaffen und den jungen Geochemiker Charles David Keeling mit Kohlendioxidmessungen in der Atmosphäre zu beauftragen. Bereits im ersten Versuchsjahr registrierte Keeling im Mauna-Loa-Observatorium auf Hawaii mit einem Spektrophotometer einen Anstieg des Kohlendioxids und legte 1960 der *Scientific Community* in der einschlägigen Zeitschrift *Tellus* weitere Indizien für einen Kohlendioxidanstieg vor. Die erste Version der inzwischen zur Ikone avancierten Keeling-Kurve war der Ausgangspunkt für eine verstärkte Wiederaufnahme der

152 Revelle, Roger; Suess, Hans E.: Carbon Dioxide Exchange Between Atmosphere and Ocean and the Question of an Increase of Atmospheric CO2 during the Past Decades, in: Tellus 9 (1), 1957, S. 18–27, hier S. 19. Im Original: »large scale geophysical experiment«.

153 Vgl. u.a. Weart, Spencer: Roger Revelle's Discovery. Online: <https://history.aip.org/climate/Revelle.htm>, Stand: 11.9.2020; Weart, Spencer R.: Global Warming, Cold War, and the Evolution of Research Plans, in: Historical Studies in the Physical and Biological Sciences 27 (2), 1997, S. 319–356, hier S. 355 f.

154 Zu Plass vgl. u.a. Heymann, The Evolution of Climate Ideas and Knowledge, S. 332 f.; Fleming, James: Global Environmental Change and the History of Science, in: Nye, Mary Jo (Hg.): The Cambridge History of Science, Volume 5: The Modern Physical and Mathematical Sciences, Cambridge 2002, S. 634–650, hier S. 647 f.;

»Treibhaus«-Theorie und ein entscheidender Impuls für die intensivere Auseinandersetzung mit einem möglichen Klimawandel.[155]

In der übergeordneten und bis ins 19. Jahrhundert zurückreichenden Debatte zu den Ursachen vergangener und zukünftiger Klimaveränderungen blieb die »Treibhaus«-Theorie um 1960 zunächst nur eine unter vielen. Eine internationale, im Rahmen des Arid Zone Programme von der UNESCO und der WMO durchgeführte Konferenz 1961 zum Thema Klimaveränderungen ermöglicht einen Einblick in die Formierungsphase der Klimawissenschaft, die bereits nicht mehr statistisch dachte und große Hoffnungen in zukünftige Anwendungen der Computermodelle setzte. Allein schon die uneinheitliche Terminologie – »changes of climate«, »climatic change«, »climatic fluctuations« – stand stellvertretend für die unterschiedlichen Klimabegriffe, die offenen Fragen und das Ringen um eine gemeinsame Verständigung. Die Konferenzteilnehmer konzentrierten sich zunächst nicht auf den menschlichen Einfluss auf das Klima, sondern suchten Antworten auf die grundsätzlichere Frage nach den für Klimaveränderungen in geologischer wie auch historischer Zeit verantwortlichen natürlichen Faktoren. Vor allem galt die Frage, ob und inwiefern menschliche Tätigkeit Auswirkungen auf die Klimaprozesse hatte und damit in Konkurrenz mit den natürlichen Kräften treten konnte, nicht als abschließend beantwortet.

Zwar wurden die Resultate von Keeling und seinen Kollegen rezipiert und als starke Indizien für eine Erwärmung gewertet, doch zugleich weitere, teilweise gegenläufige Effekte menschlicher Einflussnahme postuliert: etwa eine in Anlehnung an die Vulkantheorien angenommene Abkühlung oder Klimaveränderungen aufgrund von Albedo-Modifikationen durch die verstärkte Bodenkultivierung.[156] Der Beitrag des deutschen Klimatologen und Spezialisten für die Strahlungsbilanz Hermann Flohn zeigte zudem exemplarisch, wie sehr die gezielte Beeinflussung klimatischer Verhältnisse und die Bedenken einer unkontrollierten, unvorteilhaften Einflussnahme

155 Vgl. u.a. Spencer: Money for Keeling: Monitoring CO2. Online: <https://history.aip.org/climate/Kfunds.htm#L_0639>, Stand: 11.9.2020; Heymann, The Evolution of Climate Ideas and Knowledge, S. 591.

156 Vgl. u.a. die folgenden Beiträge: Flohn, Hermann: Theories of Climatic Change From the Viewpoint of the Global Energy Budget, in: UNESCO (Hg.): Changes of Climate: Proceedings of the Rome Symposium (Organized by UNESCO and the World Meteorological Organization), Paris 1963, S. 339–344; Sutcliffe, R. C.: Theories of Recent Changes of Climate: Introductory Remarks, in: UNESCO (Hg.): Changes of Climate: Proceedings of the Rome Symposium (Organized by UNESCO and the World Meteorological Organization), Paris 1963, S. 277–280.

auf denselben naturwissenschaftlichen Prämissen beruhte. Flohn konnte sich einerseits auf der Grundlage von Oberflächenveränderungen positiv auf den Vorschlag Tor Bergerons einer gezielten Veränderung der Niederschlagsmuster in Nordafrika beziehen und andererseits seinen Beitrag mit Blick auf die menschliche Aktivitäten und die rasch ansteigende Weltbevölkerung mit mahnenden Worten abschließen: »Daher sollten wir uns ganz ernsthaft die Gefahr vor Augen führen, dass solche Auswirkungen unbeabsichtigt zum Nachteil der Menschheit wirken und zwar auf unumkehrbare Weise.«[157]

Dieser an Fachkonferenzen zumindest als Option ins Auge gefasste, von Menschen verursachte und potenziell bedrohliche Klimawandel wurde um 1960 – anders als das »Atomwetter« – sowohl in den USA als auch im deutschsprachigen Raum nur vereinzelt Gegenstand der medialen Berichterstattung. Gilbert N. Plass selbst veröffentlichte etwa im Juli 1959 im *Scientific American* einen Artikel, in dem er für interessierte Laien seine These ausführte, dass der Kohlendioxidgehalt der Atmosphäre der zentrale Faktor für die Regulierung der Erdtemperatur sei. In Kombination mit der Feststellung eines zunehmenden Ausstoßes von Treibhausgasen ließ sich nun die Frage formulieren: »Wie beeinflussen menschliche Aktivitäten das Klima der Zukunft?«[158] In der Bundesrepublik griff beispielsweise *Die Zeit* 1961 in einem Bericht über die erwähnte UNESCO-Konferenz die Indizien einer menschenverursachten Erwärmung auf:

> »Die Grenze des Packeises hatte sich in den zwanzig Friedensjahren nach Norden zurückgezogen und damit einen Seeweg freigegeben, der noch im Ersten Weltkrieg unbefahrbar war – die Folge einer Klimaänderung, die man an vielen Stellen der Erde seit etwa hundert Jahren festgestellt hat.«[159]

Die Resultate des Internationalen Geophysikalischen Jahres vermochten dabei die Theorie der Erwärmung zu stützen. So hatten sowjetische Messungen eine Abnahme der Eisdecke an der Küste des Kaiser-Wilhelm-II.-Lands

157 Flohn, Theories of Climatic Change From the Viewpoint of the Global Energy Budget, S. 344. Im Original: »Thus we ought to visualize quite seriously the danger that such effects are acting involuntarily against the benefit of mankind, but in an irreversible manner.«

158 Plass, Gilbert N.: Carbon Dioxide and Climate, in: Scientific American 201 (1), S. 41–47, hier S. 41; bereits 1953 berichtete *Popular Mechanics* über Plass' These; vgl. o. V.: Growing Blanket of Carbon Dioxide Raises Earth's Temperature, in: Popular Mechanics 100 (2), 1953 S. 119. Im Original: »How do man's activities influence the climate of the future?«

159 O. V.: Leben wir am Ende der Eiszeit?, in: Die Zeit, Hamburg 20.10.1961. Online: <https://www.zeit.de/1961/43/leben-wir-am-ende-der-eiszeit>, Stand: 9.7.2021.

um acht Meter seit 1900 ergeben.[160] In der populären Bearbeitung gewann ein Aspekt besonders an Deutlichkeit: Die Erwärmungsdiagnosen und -prognosen malten nicht zwangsläufig ein apokalyptisches Bild. Vielmehr versprach der Rückgang des Eises neue Seewege, Fischgründe oder sogar »Lebensraum«.[161] Diese positive Bewertung einer Klimaerwärmung schloss an die klimadeterministischen Argumente an, die sich bereits im Verlauf des 19. Jahrhunderts verfestigt hatten. So hatte ja bereits Svante Arrhenius 1908 auf die positiven Effekte des steigenden Kohlendioxidgehalts der Atmosphäre gehofft und 1933 vertrat auch der US-amerikanische Geograf und Geologe William Morris Davies die Ansicht, dass die Polargebiete aufgrund der Erwärmung in Zukunft nützliche und bewohnbare Regionen werden könnten.[162] Als 1961 der US-amerikanische Meteorologe und Klimatologe J. Murray Mitchell in den *Annals of the New York Academy of Sciences* die neuesten Erkenntnisse zu den langfristigen Klimatrends vorstellte, deutete er ebenfalls die Möglichkeit an, dass der steigende Kohlendioxidgehalt einer natürlichen Abkühlung entgegenarbeitete und er sah darin eine »fortlaufende Verbesserung des Weltklimas«.[163] Dieses eurozentrische und tendenziell klimadeterministische Narrativ, mit der positiv besetzten Erwärmung auf der einen und der negativ besetzten Abkühlung auf der anderen Seite blieb bis in 1970er Jahre hinein wirkmächtig und war mit ein Grund, dass eine Debatte über die Erwärmung in der Öffentlichkeit erst mit Verzögerung einsetzte und eine kommende Kälteperiode zunächst als weitaus bedrohlicher galt.

»Wiederherstellung der Umweltqualität« – Wetter- und Klimamodifikation als Gegenmaßnahmen

Die Entstehung der neuen Disziplin Klimaforschung wurde also nicht durch eine bereits etablierte Problemwahrnehmung eines menschengemachten Klimawandels angestoßen, sondern lag, wie etwa der Klimatologie-Historiker Matthias Heymann herausstreicht, vielmehr im technischen Apriori

160 Ebd.

161 Vgl. Rodewald, Martin: Am Ende der »Kleinen Eiszeit«, in: Die Zeit, Hamburg 20.8.1953. Online: <https://www.zeit.de/1953/34/am-ende-der-kleinen-eiszeit>, Stand: 9.7.2021.

162 Vgl. Weart, Past Cycles, S. 3.

163 Mitchell Jr., J. Murray: Recent Secular Changes of Global Temperature, in: Annals of the New York Academy of Sciences 95, Oktober 1961, S. 235–250, hier S. 247. Im Original: »continuing amelioration of world climate«.

der Simulationsexperimente begründet.[164] Tatsächlich profitierten die frühen Vertreter der Klimaforschung natürlich von Forschungsgeldern und den neuen, zur Verfügung stehenden Instrumenten; trotzdem wurde ihre Forschungsarbeit auch mitbegünstigt durch eine sich abzeichnende Verschiebung der Umweltwahrnehmung. So begründeten bereits Gilbert Plass oder Charles Keeling in den 1950er Jahren die Relevanz ihrer Forschungsarbeit mit der zunehmenden und möglicherweise nachteiligen Beeinflussung der Umwelt. Die einsetzende Beschäftigung mit einem mescheninduzierten Klimawandel war also gleichermaßen Ausdruck wie Katalysator von sich an unterschiedlichen Orten formierenden Umweltbedenken.

Um 1960 lassen sich verschiedene Ereignisse als Vorboten der neuen Umweltbewegung und einer neuen Mensch-Umwelt-Konzeption lesen: Bereits Ende der 1950er Jahre wurden Vorbehalte hinsichtlich des nuklearen Fallouts sowie der Entsorgung von Atommüll artikuliert und 1962 beschrieb Rachel Carsons in *Silent Spring*, einem Schlüsseltext der neuen Umweltbewegung, die verheerenden Auswirkungen von Pestiziden. Die Umweltbewegung, die sich ab Mitte der 1960er Jahre zunächst vor allem in den USA in Öffentlichkeit und Politik Gehör verschaffte, wurde zudem mitvorbereitet durch Neuausrichtungen der politischen Agenda des westlichen Konsensliberalismus. Prominente Ökonomen wie John Kenneth Galbraith propagierten eine Verbesserung der Umwelt- und Lebensqualität. Auf diesen Prämissen beruhte auch das von Lyndon B. Johnson 1964 vorgelegte sozialpolitische Reformprogramm der »Great Society«, das explizit den Zustand der Umwelt mit einschloss. Damit wurde – zumindest in den USA – die Umweltverschmutzung bereits nach 1960 als politisches Problem wahr- und ernst genommen.[165]

Diese einsetzenden Debatten über die Bedrohung der Umwelt sowie die Etablierung einer Klimawissenschaft, die sich für vergangene und zukünftige Klimaveränderungen interessierte, hatte für den Wetter- und Klimamodifikationsdiskurs weitreichende Konsequenzen. Zunächst – und das ist wenig überraschend – verankerte das wissenschaftlich gestützte Wissen über die Effekte menschlichen Handelns auf Umwelt und Atmosphäre, das allmählich Eingang in Handbücher und Publikumsmedien fand, die Idee der Machbarkeit gezielter Eingriffe. Die Prognose einer unkontrollierten Beeinflussung der Atmosphäre schloss somit die gezielten Eingriffe keineswegs

164 Heymann, Klimakonstruktionen, S. 191 f.

165 Vgl. Seefried, Elke: Rethinking Progress. On the Origin of the Modern Sustainability Discourse, 1970–2000, in: Journal of Modern European History 13 (3) 2015, S. 377–400, hier S. 381.

aus. Im Gegenteil: Bereits in den 1950er Jahren hatte ja vereinzelt der Verweis auf eine bereits stattfindende oder zukünftige unbeabsichtigte Beeinflussung – etwa bei John von Neumann– zur Plausibilisierung der gezielten Beeinflussung gedient. Insbesondere die Forschungsarbeiten über die Strahlungs- respektive Wärmebilanz boten nun ein solides Fundament, um Eingriffe plausibel anzudenken.

Die Akteure des Wetter- und Klimabeeinflussungsdiskurses mussten sich in diesem Zusammenhang bereits in den frühen 1960er Jahren zur Umweltproblematik und zum unkontrollierten Klimawandel verhalten. So forderte 1962 ein RAND-Autorenkollektiv in einer ausführlichen Bestandsaufnahme der »Weather-Control Research«, die unbeabsichtigte Beeinflussung des Wetters und Klimas durch Luftverschmutzung miteinzubeziehen, um so natürliche von anthropogenen Klimaveränderungen präzise unterscheiden zu können.[166] Auch in den bereits erwähnten Berichten der National Science Foundation und der National Academy of Sciences 1964/65 zur Wetter- und Klimabeeinflussung wurde eine verstärkte Auseinandersetzung mit der unbeabsichtigten Beeinflussung der Atmosphäre im engeren wie auch mit der Umweltverschmutzung im weiteren Sinne angedacht. Erstmals wurde dabei die Frage formuliert, ob der menschliche Einfluss die natürlichen Prozesse zu übersteuern begann:

> »Bis vor kurzem hat die schiere Größe der physischen Umwelt wahrscheinlich ausgereicht, um die Einflüsse der Aktivitäten des Menschen auf die Umwelt selbst zu überlagern. Wir können jedoch nicht mit einem ausreichenden Maß an Gewissheit behaupten, dass diese Bedingungen immer noch gelten.«[167]

In Übereinstimmung mit der bereits umweltaffinen gesellschaftspolitischen Ausrichtung berief das Science Advisory Committee von Lyndon B. Johnson kurz darauf ein Panel on Environmental Pollution ein. Allein die Titelgebung des 1966 erschienen Berichts *Restoring the Quality of Our Environment* sowie die Rhetorik von Johnsons Begleitbrief waren bezeichnend für die ambivalen-

---

166 Greenfield, Stanley Marshall et al.: A Rationale for Weather-Control Research, in: Eos 43 (4), 1962, S. 469–489, hier S. 470.

167 National Academy of Sciences (Hg.): Weather and Climate Modification: Problems and Prospects, Final Report of the Panel on Weather and Climate Modification to the Committee on Atmospheric Sciences, Washington, D. C. 1966 (Volume II, Research and Development), S. 82. Im Original: »Until recently the sheer massiveness of the physical environment probably has been sufficient to override the influences of man's activities upon the environment itself. We cannot maintain with any degree of certainty, however, that such conditions still hold.«

te Handhabung der diagnostizierten Umweltprobleme. Johnson bezeichnete im Vorwort die Luftverschmutzung einerseits als »eines der größten Probleme unserer Gesellschaft«, andererseits sah er in Wissenschaft und Technik weiterhin den Schlüssel zu »Kontrolle und Management der Verschmutzung«.[168] Mehrere Subpanels legten ihre Berichte etwa zur Bodenkontaminierung, Wasser- und Luftqualität und deren gesundheitlichen Effekte vor. 1965 – zehn Jahre, nachdem im esoterischen Kreis der Geowissenschaften Debatten über den »Treibhaus«-Effekt einsetzt hatten – gehörte der steigende Kohlendioxidgehalt der Atmosphäre nun zu den schlüssigen Umweltbedrohungsszenarien. Der Bericht war mit Roger Revelle, Charles D. Keeling, dem Geologen Wallace Broecker, dem Geochemiker Harmon Craig sowie dem Klimamodellspezialisten Joseph Smagorinsky mit arrivierten Fachleuten besetzt, die auch in den kommenden Jahren den Diskurs der anthropogenen Klimaveränderung mitprägten.

Vier Aspekte des Berichtes gilt es herauszustreichen: Erstens schlossen diese frühen Texte zum Klimawandel direkt an die Umwelt- und Luftverschmutzungsdiagnose an: So bezeichneten die Autoren die Zunahme von Karbondioxid als »invisible pollutant«.[169] Zweitens war für das Bedrohungsszenario die Vorstellung eines »natürlichen« Gleichgewichts entscheidend, das aufgrund der beschleunigten Zufuhr des über Jahrmillionen abgelagerten Kohlendioxids gestört zu werden drohte. Drittens galten die computerbasierten Modelle zwar als Hoffnungsträger, die in den kommenden Jahren präzisere Vorhersagen erlauben sollten, die Prognose einer Erwärmung beruhte jedoch noch nicht auf Computersimulationen, sondern auf einer Extrapolation des von Keeling gemessenen und visualisierten Anstiegs im Verhältnis zur geschätzten, zukünftigen Verbrennung fossiler Brennstoffe. Viertens wurde einerseits die (Kohlendioxid)Verschmutzung gleichermaßen als Fakt wie als globales Problem beschrieben, andererseits fehlte jegliche Forderung, die in Richtung einer Beschränkung der Emissionen zielte. Das entsprach der Ausrichtung des gesamten Berichtes, der Umweltverschmutzung und -zerstörung als letztlich unumgängliche (Neben-)Effekte der zivilisatorischen Entwicklung verstand: »Die Probleme der Umwelt-

168 Beide Zitate: President's Science Advisory Committee: Restoring the Quality of Our Environment: Report of the Environmental Pollution Panel, Washington, D. C. November 1965, S. iii. Im Original: »one of the most pervasive problems of our society«; »control and management of the pollution«.

169 President's Science Advisory Committee: Restoring the Quality of Our Environment, S. 112.

verschmutzung werden in dem Maße an Bedeutung gewinnen, wie unsere Technologie und unser Lebensstandard weiter zunehmen.«[170] Hinsichtlich des Klimawandels bot sich damit nur eine Lösung an: dem technologisch induzierten Problem wiederum mit Technologie zu begegnen. Die Autoren schlugen im Kollektiv vor, Optionen gezielter, ausgleichender Maßnahmen zu prüfen. Als am vielversprechendsten galten ihnen dabei Eingriffe, die auf eine Veränderung der Strahlungsbilanz (in entgegengesetzter Richtung) zielten. Dazu formulierten sie zwei konkrete Vorschläge: das Abdecken großer Meeresgebiete mit schwimmenden, reflektierenden Partikeln sowie – und hier trafen sich Techniken der Wetterbeeinflussung und der anthropogene Klimawandel – die Modifikation von Wolkensystemen durch das Einbringen von Nuklei.[171]

Diese Position, die eine von Menschen verursachte Bedrohung von Umwelt und Klima anerkannte und gleichzeitig weiterhin gezielte technische Eingriffe befürwortete, lässt sich in den 1960er Jahren bei verschiedenen Akteuren an unterschiedlichen Orten beobachten. Der 1965 geschaffenen Environmental Science Services Administration (ESSA) war sie sogar ins Forschungsprogramm eingeschrieben. In der ESSA waren verschiedene Institutionen innerhalb des Department of Commerce im Rahmen einer Reorganisation zusammengefasst worden, wobei das Weather Bureau und die Coast and Geodetic Survey die zwei Hauptpfeiler der neuen Institution bildeten. Gleichzeitig wurden die Institutes for Environmental Research, der Environmental Data Service und das National Environmental Satellite Center neu geschaffen. Die neue Institution – so das Leitbild – sollte Sicherheit und Wohlergehen der Öffentlichkeit gewährleisten sowie Informationen zum Zustand und zukünftigen Entwicklung des Erd-Atmosphäre-Systems liefern und parallel dazu die Machbarkeit gezielter Modifikation und Kontrolle umweltbezogener Phänomene prüfen.[172] Tatsächlich etablierte sich die ESSA in den Folgejahren als wichtiger Akteur in zwei Bereichen: Sie lancierte unter anderem gemeinsam mit der US Navy das groß angelegte Projekt »Stormfury« zur Beeinflussung von Wirbelstürmen,[173] war jedoch auch ein wissenschaftlicher Knotenpunkt zur Erforschung der Luftver-

170 Environmental Science Services Administration (ESSA): Science and Engineering: July 13, 1965 to June 30, 1967, Washington, D. C. April 1968, S. 1. Im Original: »Pollution problems will increase in importance as our technology and standard of living continue to grow.«

171 Ebd., S. 127.

172 Vgl. ebd., S. 1.

173 Vgl. Kapitel *Experimente II*.

schmutzung und der »nachteiligen Veränderungen von Wetter und Klima«. Diese unbeabsichtigte Beeinflussung war für die ESSA-Wissenschaftler wiederum nur mit den Wissensbeständen und Argumenten denkbar, die auch die Grundlage für die Wetter- und Klimamodifikation darstellten: eine Veränderung der Strahlungsbilanz, durch die Zunahme von Kohlendioxid, Ozon oder die Beeinflussung von Niederschlagsmustern durch künstliche Nuklei.[174]

Die aufkommenden Bedenken hinsichtlich einer Beeinträchtigung der Lebensqualität – etwa durch eine Klimaveränderung – wirkten sich also weiterhin nicht auf die Bewertung gezielter Einflussnahmen aus. Die Etablierung einer robusten Erklärung der Funktion des Kohlendioxids für die Strahlungsbilanz und damit für das globale Klima ließ nun aus atmosphärenwissenschaftlicher Perspektive nur mehr wenig Zweifel an der Machbarkeit gezielter Beeinflussung. Zudem wurde die bewusste Modifikation weiter als Lösung verhandelt und sogar die kontrollierte und vollständige Übernahme des Erd-Atmosphäre-Systems ins Auge gefasst. Der 1969 formulierte Vorschlag des RAND- und späteren NOAA-Mitarbeiters, Joseph O. Fletcher, in der von der UNESCO herausgegebenen Zeitschrift *Impact of Science on Society*, war nur eines, wenn auch ein besonders prägnantes Beispiel für die gezielte Korrektur des selbst induzierten Klimawandels. Nach ihm sollte also die Kontrolle über das fragile Raumschiff Erde gleich vollständig übernommen werden:

»Darüber hinaus werden sich die unbeabsichtigten Folgen menschlichen Handelns in nur wenigen Jahrzehnten um ein Vielfaches erhöhen, und zwar genau zu einer Zeit, in der der rasch wachsende Druck auf die weltweite Nahrungsmittelproduktion die sozialen Folgen immer gravierender werden lässt. Die unausweichliche Schlussfolgerung ist, dass ein zielgerichtetes Management der globalen Klimaressourcen schließlich notwendig werden wird, um unerwünschte Veränderungen zu verhindern.«[175]

174 Vgl. Environmental Science Services Administration (ESSA): Science and Engineering: July 13, 1965 to June 30, 1967, Washington, D. C. April 1968, S. 85. Zitat ebd. Im Original: »adverse changes in weather and climate«.

175 Fletcher, Joseph O.: Controlling the Planet's Climate, in: Impact of Science on Society XIX (2), 1969, S. 151–168, hier S. 151. Im Original: »Furthermore, the inadvertent consequences of human activity will increase manyfold in only a few decades, precisely at a time when rapidly growing pressures on world food production make the social consequences ever more serious. The inescapable conclusion is that purposeful management of global climatic resources will eventually become necessary to prevent undesirable changes.«

Dass die Umweltbedenken und Kontrollfantasien sich Ende der 1960er Jahren auch auf internationaler Ebene kombinieren ließen, zeigte die von der UNESCO 1968 in Paris ausgerichtete Biosphärenkonferenz, die als wichtigster Vorläufer der Konferenz der Vereinten Nationen über die Umwelt des Menschen 1972 in Stockholm und damit als eigentlicher Auftakt für die internationale politische Auseinandersetzung mit Umweltfragen gilt.[176] Die Teilnehmenden teilten weiterhin die zentralen Prämissen des Ressourcendiskurses, wie sie sich bereits in den 1950er Jahren etabliert hatten. Es trifft zwar zu, dass die Fragerichtung der »klassischen« Klimatologie in den 1960er Jahren gewissermaßen umgedreht wurde: Hatten seit dem 18. Jahrhundert die Effekte des Klimas auf den Menschen interessiert, wurde nun zunehmend nach den Auswirkungen menschlichen Handelns auf das Klima gefragt.[177] Doch erst die befürchtete Rückkoppelung der Umwelt als Ressourcenlieferantin auf den Menschen verhalf der Umwelt- und der Klimafrage zu ihrer Dringlichkeit. Neu waren jedoch eine systemische und letztliche globale Konzeptualisierung der Biosphäre sowie eine neuartige Einschätzung ihrer Bedrohung. Zwar sei – so etwa der sowjetische Bodenkundler Viktor Kovda – das Biosphärensystem bemerkenswert stabil, doch nur bis zu einem gewissen Punkt. Bei zu starken Eingriffen sei das Gleichgewicht gefährdet – mit verheerenden Folgen für Pflanzen, Tiere, Boden- und Wasserbeschaffenheit und damit auch für den Menschen.[178] Doch die Ambivalenz – mit der Diagnose einer von Menschen verursachten Umweltkrise auf der einen Seite und der Rhetorik eines rationalen Ressourcenmanagements auf der anderen – durchzog die gesamte Konferenz. So konnten sich die Verantwortlichen für das Panel über die Probleme der Wasserressourcen (u.a. mit dem bereits erwähnten Raymond L. Nace) noch immer auf die lokale Wetterbeeinflussung berufen, gleichzeitig jedoch die Bedrohung der Biosphäre durch Eingriffe herausstellen und die Bedeutung von Folgenabschätzung betonen.[179]

176 Vgl. u.a. Radkau, Joachim: Die Ära der Ökologie: Eine Weltgeschichte, München 2011, S. 127.

177 Vgl. Heymann, The Evolution of Climate Ideas and Knowledge, S. 591 f.

178 Vgl. Kovda, Viktor: Contemporary Scientific Concepts Relating to the Biosphere, in: UNESCO (Hg.): Use and Conservation of the Biosphere: Proceedings of the Intergovernmental Conference of Experts on the Scientific Basis for Rational Use and Conservation of the Resources of the Biosphere Paris, 4–13 September 1968, Paris 1970, S. 13–29, hier S. 13 f.

179 Vgl. Pereira, H. C.; Dimitrescu, S.; Penman, H. L. u.a.: Water Resources Problems: Present and Future Requirement for Life, in: UNESCO (Hg.): Use and Conservation of the Biosphere: Proceedings of the Intergovernmental Conference of Experts on the Scientific Basis for Rational Use and Conservation of the Resources of the Biosphere Paris, 4–13 September 1968, Paris 1970, S. 71–85.

Und im Abschlussbericht wurde einerseits die zunehmende Luftverschmutzung sowie eine Veränderung des Kohlendioxidgehalt der Atmosphäre beklagt und andererseits angesichts des steigenden Ressourcenbedarfs weiterhin technische Lösungen gefordert.[180]

Sowohl anthropogene Klimaveränderungen als auch weiter reichende Diagnosen einer bedrohten Umwelt wurden also bereits in den 1960er Jahren thematisiert, sodass sich 1970 nicht als harte Epochenschwelle identifizieren lässt. Doch um den Dekadenwechsel lassen sich mehrere Ereignisse feststellen, die die Verfestigung einer neuen Mensch-Umwelt-Konzeption nahelegen.[181] Die Schaffung der Environmental Protection Agency (EPA) durch Richard Nixon oder das *Time*-Cover mit dem einflussreichen Ökologen Barry Commoner 1970, die ersten Kommissionsmitteilungen zur Umweltpolitik der Europäischen Gemeinschaft 1971/1972, gefolgt von der Stockholmer UN-Konferenz 1972 markierten die Etablierung und Institutionalisierung des Umweltschutzes als Politikfeld, dessen Internationalisierung sowie eine intensivierte mediale Bearbeitung. Zudem verschränkten sich Umweltschutzanliegen in den USA seit Mitte der 1960er-, in Westeuropa seit Anfang der 1970er Jahre zusehends mit der (linken) Gegenkultur. Im 1970 erstmals ausgerufenen »Earth Day« präsentierte sich diese neue Umweltbewegung, die nun nicht nur Eingriffe in die Natur, sondern auch verstärkt das wirtschaftliche Wachstum problematisierte. Schließlich durchdrangen Umweltschutz und Wachstumskritik auch die Zukunftswissenschaften. Hatte bei der Gründung des Club of Rome 1966 »Umwelt« noch nicht als Analysekategorie fungiert, war sie dann 1972 bei der wirkmächtigen Publikation *Grenzen des Wachstums* zentraler Bestandteil der Algorithmenunterstützten Weltprognose.[182]

Die Debatten über den anthropogenen Klimawandel erhielten in diesem Kontext zusätzlichen Auftrieb und verselbstständigten sich seit den frühen

---

180 UNESCO (Hg.): Use and Conservation of the Biosphere: Proceedings of the Intergovernmental Conference of Experts on the Scientific Basis for Rational Use and Conservation of the Resources of the Biosphere Paris, 4–13 September 1968, Paris 1970, S. 209 f.

181 Zur Debatte über die Epochenschwelle um 1970 vgl. u.a. Uekötter, Frank: Eine ökologische Ära? Perspektiven einer neuen Geschichte der Umweltbewegungen, in: Zeithistorische Forschungen 9 (1), 2012, S. 108–114.

182 Vgl. u.a. Seefried, Elke: Zukünfte, Aufstieg und Krise der Zukunftsforschung 1945–1980, Berlin, Boston 2015, S. 261 ff.

1970er Jahren auch medial.[183] Von den Akteuren des Wetter- und Klimamodifikationsdiskurses selbst wurde die Zeit um 1970 insofern als Epochenschwelle aufgefasst, als sie nun nicht mehr umhin kamen, unbeabsichtigte Veränderungen des Klimas und der Umwelt in ihre Überlegungen miteinzubeziehen. Der Atmosphärenwissenschaftler Stanley A. Changnon, der als Leiter des Illinois State Water Survey die gezielte Beeinflussung der Atmosphäre kritisch, aber durchaus befürwortend begleitete, hielt für das Jahr 1972 fest:

»Ich denke, das Jahr 1972 wird als der Moment in die Geschichte eingehen, in dem die Umweltbedenken hinsichtlich der Modifikation des Wetters begannen. Es gab viele Hinweise auf die öffentliche Befürchtung mit Blick auf die Umweltauswirkungen geplanter Modifikation des Wetters und der unbeabsichtigten Veränderung von Wetter und Klima.«[184]

Changnons Einschätzung war in zweifacher Hinsicht exemplarisch: Erstens erfuhren im Kontext der kursierenden Umweltbedenken die Programme der einschlägigen Fachkonferenzen tatsächlich eine Erweiterung. Zunächst in Nebensätzen oder einzelnen Abschnitten, bald jedoch in eigenen Panels behandelten die Atmosphärenwissenschaftler nun über die unbeabsichtigte Klimabeeinflussung.[185] Zweitens war es kein Zufall, dass Changnon die unbeabsichtigte Beeinflussung sowohl von Wetter als auch Klima nannte: Um 1970 wurden beide Phänomene als Teil desselben Problemkomplexes verhandelt. Damit fielen sie in den Zuständigkeitsbereich der Klimawissenschaftler wie auch der Wolkenphysiker. So zirkulierte das Wissen zur gezielten lokalen Wetterbeeinflussung auch zurück und fand nun Anwendung, um unkontrollierte Veränderungen abzuklären. Der Cloud-Seeding-Pionier Vincent Schaefer griff etwa 1970 auf die wolkenphysikalische Theorie zurück, um eine Beeinflussung von Niederschlagsmustern und Wetterla-

183 Vgl. Gramelsberger, Gabriele: Berechenbare Zukünfte. Computer, Katastrophen und Öffentlichkeit. Eine Inhaltsanalyse futurologischer und klimatologischer Artikel der Wochenzeitschrift »Der Spiegel«, in: Communication Cooperation Participation (CCP) 1, 2007, S. 28–51, hier S. 33 ff.

184 Changnon, Stanley A.: Weather Modification in 1972: Up or Down?, in: Bulletin of the American Meteorological Society 54 (7), 1973, S. 642–646, hier S. 645. Im Original: »I think that 1972 will be noted as the time when environmental concern over weather modification began. There have been many kinds of evidence of public concern with the environmental ramification of planned alterations of weather and with the inadvertent modification of weather and climate.«

185 Vgl. u.a. American Meteorological Society (Hg.): Second National Conference on Weather Modification, April 7–9, 1970, Santa Barbara, California, Boston 1970.

gen durch Luftverschmutzung zu postulieren.[186] Auch die Forschung des Atmospheric Physics and Chemistry Laboratory der ESSA zu »Inadverent Modification of Weather and Climate by Atmospheric Pollutants« basierte sowohl auf den Klimamodellen, die aufgrund des Kohlendioxidanstiegs eine Erwärmung nahelegten, als auch auf den etablierten Erklärungen zum Niederschlagsprozess und dessen Anwendung für die gezielte Wetterbeeinflussung.[187] Im Vorwort des Labordirektors Helmut Weickmann, selbst einer der Akteure der gezielten Wetterbeeinflussung, zeigte sich zudem deutlich, dass sich um 1970 auch Wissenschaftler einer staatlichen Institution angesichts eines bedrohten Planeten nicht mehr ungebrochen auf Technik, Wissenschaft und Fortschritt beziehen konnten:

»Der Gedanke, dass der Mensch seinen eigenen Planeten und die Umwelt, die er für seinen Lebensunterhalt braucht, verschmutzt, hat in diesen Jahren sprunghaft an Gewicht gewonnen. Nach den beispiellosen Triumphen von Wissenschaft und Technik durch die Nutzung der Kernenergie, die Überwindung der Schallmauer und die Raumfahrt, nachdem der Mensch auf dem Mond gelandet und spazieren gegangen ist, scheint sich genau die Technologie, die die Wissenschaft zu ihren Triumphen getragen hat, gegen ihn zu wenden. Im Weltraum wird dem Menschen bewusst, dass er vollständig auf seinen eigenen Planeten angewiesen ist, und das Gespenst einer verschmutzten und vergifteten Umwelt beginnt, den Drang nach technischem Fortschritt zu überschatten. Es hat sich von den Städten ausgehend über den gesamten Globus ausgebreitet und ruft den Erstickungstod durch Luftverschmutzung und den Wandel zu einem unwirtlichen Klima durch ›Wetterverschmutzung‹ hervor.«[188]

Behandelte Weickmann in seiner technikkritischen Volte die Beeinflussung des Atmosphäre noch als Teil einer weiter reichenden Umweltproblematik, lässt sich für die Jahre ab 1970 eine Verselbstständigung der Klimathematik

186 Vgl. Schaefer, Vincent J.: Auto Exhaust, Pollution and Weather Patterns, in: Bulletin of the Atomic Scientists 26 (4), 1970, S. 31–33.

187 Vgl. Barrett, E. W.; Pueschel, R. F.; Weickmann, H. K. u.a.: Inadvertent Modification of Weather and Climate by Atmospheric Pollutants (ESSA Technical Report ERL 185-APCL 15), Boulder 1970, S. 102 f.

188 Weickmann, Helmut: Foreword, in: ebd., S. ii. Im Original: »The idea that man is polluting his own planet and the environment which he needs for his livelihood has reached maturity in these years by leaps and bounds. After unprecedented triumphs of science and technology through conquering nuclear energy, the sound barrier, space travel, after man has landed an walked on the moon, it seems that the very technology which carried science to its triumphs is turning against him. Once in space man has become aware that he is utterly confined to his own planet and the spectre of a polluted poisoned environments begins to overshadow the urge for technological progress. It has merged from the cities and has spread over the globe, invoking choking death from air pollution, and changes towards an inhospitable climate through ›weather pollution‹.«

beobachten. War der menschenverursachte Klimawandel bisher im mehr oder weniger esoterischen Kreis von Fachspezialisten diskutiert worden, wurden nun erste Konferenzen ausgerichtet, die den Klimawandel zum zentralen Forschungsgegenstand und Problem erhoben. Auf Initiative des MIT-Professors Carroll Wilson fand 1970 eine einmonatige Konferenz zum Einfluss des Menschen auf die Umwelt – inklusive eigener Sektion zur Klimasektion – statt. Nur ein Jahr später, direkt darauf aufbauend, folgte eine Konferenz, die ausschließlich die »Inadvertent Climate Modification« zum Thema hatte. Dabei signalisierte allein die Bezeichnung, dass die gezielte wie auch unbeabsichtigte Klimaveränderung demselben Problemhorizont entstammte und auf denselben Wissensbeständen beruhte. Organisator der Konferenz war mit William W. Kellogg ein Atmosphärenwissenschaftler, dessen Karriere idealtypisch für die Nachkriegsjahrzehnte verlaufen war. Nachdem er während des Zweiten Weltkriegs das Meteorologie-Programm der Luftwaffe durchlaufen hatte, promovierte er an der University of Los Angeles, bevor er als Mitarbeiter der RAND-Corporation sowohl Studien zur Satellitenanwendung als auch zum nuklearen Fallout erstellte.

1964 holte ihn schließlich Walter Orr Roberts ans NCAR nach Boulder in Colorado, wo er sich verstärkt dem anthropogenen Klimawandel zuwandte. Im 1971 von Kellogg unter dem Titel *Inadvertent Climate Modification* publizierten Konferenzbericht deutete dann bereits der Paratext mit dem Zitat eines Sanskrit-Gebets einen neuen Tonfall an: »Oh Mother earth, ocean girdled and mountain-breasted, pardon me for trampling on you.«[189] Hatten gut zehn Jahre zuvor erstmals Klimatologen, Meteorologen und Geografen die Frage nach menschlichem Einfluss aufgeworfen und weitere Abklärungen gefordert, war die Ausgangslage nun eine andere: Für die Teilnehmer der Konferenz 1971 standen die tiefgreifenden Auswirkungen der ungewollten Klimabeeinflussung außer Frage – über die konkreten Folgen konnte man sich hingegen nicht verständigen. Die Autoren identifizierten verschiedene menschliche Aktivitäten, für die gegenläufige Effekte auf das Klima denkbar waren: Das Verbrennen fossiler Brennstoffe und der zunehmende Automobil- und Luftverkehr konnten durch die Erhöhung des Kohlendioxids zu einer Erwärmung beitragen, die wachsende Luftverschmutzung durch Ruß- und Schmutzpartikel hingegen auch Sonnenstrahlung reflektieren und so einer Abkühlung Vorschub leisten. Insgesamt – und das war

189 Massachusetts Institute of Technology (Hg.): Inadvertent Climate Modification: Report of the Study of Man's Impact on Climate (SMIC), Cambridge, London 1971, S. v.

entscheidend – bewerteten sie Maßnahmen, die in der Vergangenheit als Mittel zur gezielten Klimabeeinflussung behandelt worden waren, nun zurückhaltender. Erstens warnten sie vor der Veränderung der Strahlungsbilanz durch Manipulationen der Erdoberfläche, wie dem Bau von Staumauern oder der Umleitung von Flüssen, da diese regionale, wenn nicht sogar globale Rückwirkungen haben könnte. Zweitens galt auch das Cloud-Seeding nicht mehr als technisches Heilmittel zur Behebung des Ressourcennotstandes, sondern aufgrund der Veränderungen der Niederschlagsmuster als mögliches Risiko.[190]

Die Konferenz war ferner explizit international ausgerichtet: Die BRD war beispielweise mit Hermann Flohn, Hans-Walter Georgii und Christian Junge gleich dreifach vertreten. Eine Neuerung und durchaus ein Zeichen einer weiter reichenden politischen Détente der 1970er Jahre war die Konferenzteilnahme von sowjetischen Kollegen. Zumindest auf dem Papier hatten seit der Gründung der UNO oder der WMO offizielle Gefäße für den wissenschaftlichen Austausch über den »Eisernen Vorhang« hinweg existiert und insbesondere das Geophysikalische Jahr war als grenzübergreifendes Großunternehmen konzipiert gewesen, doch ein intensiver Austausch von Atmosphärenwissenschaftlern, der auch gegenseitige Besuche erlaubte, etablierte sich erst in den 1960er Jahren. Die Teilnahme von Michail I. Budyko, Leiter des Geophysikalischen Hauptobservatoriums in St. Petersburg, stand somit stellvertretend für den verstärkten wissenschaftlichen Austausch über die Blockgrenzen hinweg.

Die sowjetische Klimatologie hatte sich in der Tradition der Geowissenschaftler Alexander I. Wojeikow und Wladimir I. Wernadski, die bereits um 1900 die Idee einer globalen Atmosphärenzirkulation und die Bedeutung der Bodenbeschaffenheit für atmosphärische Prozesse betont hatten, seit den 1950er Jahren mit der Wärme- und Wasserbilanz der Atmosphäre auseinandergesetzt, nicht zuletzt um vorsätzliche und nachhaltige Veränderungen der Umwelt, wie sie Stalins Plan zur Umgestaltung der Natur ab 1948 vorsah, vorzubereiten. Auch nach Stalins Tod wurden gigantische Umgestaltungspläne, wie etwa der Dawidow-Plan zur Bewässerung von Trockengebieten durch die Umlenkung sibirischer Flüsse oder der Borisov-Plan zur Erwärmung der nördlichen Hemisphäre durch einen Damm in der Beringstraße,

190 Vgl. ebd., S. 9–14.

weiterverfolgt.[191] Budyko selbst wies jedoch bereits in den 1960er Jahren auf die enormen und nur schwer abschätzbaren Effekte von solchen Modifikationen hin und als er 1969 in *Tellus* erstmals ausführlich auf Englisch seine Berechnungen zu den Auswirkungen von Variationen der Sonnenstrahlung auf das Erdklima vorstellte, prognostizierte er zwar eine natürliche Abkühlung, strich jedoch heraus, dass für eine präzise Prognose der Klimaentwicklung die Effekte menschlicher Einflussnahme mitberücksichtigt werden müssten.[192] Mit ihrem Changieren zwischen Kontrollutopien und den Verweisen auf eine problematische, unkontrollierte Beeinflussung erwies sich die sowjetische Klimatologie als äußerst anschlussfähig an die westlichen Debatten, die sich ab 1970 mehrheitlich auf die Effekte einer unbeabsichtigten Beeinflussung des Klimas konzentrierten, dabei die gezielten Maßnahmen jedoch noch nicht vollständig ausschlossen.[193]

Ein Jahr später fand vom 5. bis 16. Juni 1972 in Stockholm die Konferenz der Vereinten Nationen über die Umwelt des Menschen statt, über die mehr als 1300 Medienvertreter berichteten. Begleitet von NGO-Alternativkonferenzen und von Aktionen Tausender Umweltaktivistinnen debattierten 1250 Delegierte aus 113 Staaten über den Schutz der Umwelt.[194] Ein Verweis auf einen möglichen Klimawandel fehlte in den 26 Prinzipien der offiziell verabschiedeten Umweltdeklaration gänzlich und der 80-seitige Konferenzbericht sprach sehr kursorisch die Empfehlung aus, Wahrscheinlichkeit und Ausmaß von klimatischen Veränderungen sorgfältig zu prüfen.[195] Noch im selben Jahr erschien jedoch der von Barbara Ward und René Dubos zusammengestellte, inoffizielle Konferenzbericht *Only One Earth: The Care and Maintenance of a Small Planet*, der auf der Korrespondenz mit Experten aus 59 Ländern beruhte. Mit Walter Orr Roberts, Roger Revelle und dem deutschen Meteorologen Hans-Walter Georgii vom Meteorologisch-Geophysikalischen

---

191 Zur sowjetischen Klimatologie und der Forschung Budykos vgl. Oldfield, Jonathan D.: Mikhail Budyko's (1920–2001) Contributions to Global Climate Science: From Heat Balances to Climate Change and Global Ecology, in: WIREs Climate Change 7 (5), 2016, S. 682–692.

192 Vgl. Budyko, M. I.: The Effect of Solar Radiation Variations on the Climate of the Earth, in: Tellus 21 (5), 1969, S. 611–619, hier S. 618.

193 Zu den Details der unterschiedlichen Zugänge der ›westlichen‹ und sowjetischen Klimatologie vgl. Lydolph, Paul E.: Fedorov's Complex Method in Climatology, in: Annals of the Association of American Geographers 49 (2), 1959, S. 120–144.

194 Vgl. u.a. Schulz-Walden, Thorsten: Anfänge globaler Umweltpolitik: Umweltsicherheit in der internationalen Politik (1969–1975), München 2013, S. 235 f.

195 Vgl. United Nations (Hg.): Report of the United Nations Conference on the Human Environment, Stockholm, 5–6 June 1972, New York 1973, S. 20.

Institut der Universität Frankfurt wurden auch Atmosphärenwissenschaftler beigezogen, deren Ausführungen zur Klimabeeinflussung im fünften (von sechs) Kapitel »Planetary Order« ausgeführt wurden. Anders als in der Kompromisslösung der offiziellen Verlautbarung galt »the envelope of the atmosphere« als Ort, wo sich die Verwundbarkeit und die Interdependenzen der gesamten Biosphäre am deutlichsten zeigten und auf den sich Tätigkeiten des industriellen Menschen deutlich erkennbar auszuwirken beginne.[196] Ein zentrales Argument, den ungewollten Klimabeeinflussung auch angesichts der großen Naturkräfte zu denken, stellte die »Trigger«-Logik dar:

»Die Wissenschaftler [...] richten ihre Aufmerksamkeit auf die Punkte, an denen menschliche Handlungen, so winzig ihre Auswirkungen angesichts der Gesamtskala des Energiesystems des Planeten auch erscheinen mögen, dennoch eine jener kleinen, aber schicksalhaften Veränderungen auslösen können, die das Gleichgewicht der Wippe verändern.«[197]

Zwei Hebel für solche kleinen, aber verhängnisvollen Eingriffe wurden identifiziert: Erstens die Verstärkung der Treibhauseffektes durch zusätzliches Kohlendioxid, zweitens eine Abkühlung durch die Zunahme der Luftverschmutzung. In welche Richtung sich der Temperaturhaushalt des Erd-Atmosphäre-System bewegen würde, darüber vermochten sich Akteure um 1970 weiterhin nicht zu verständigen.

Dass 1972 der Fokus weiterhin nicht allein auf einer Erderwärmung lag, sondern auch eine Abkühlung in Betracht gezogen wurde, widerspiegelte die zeitgenössischen Debatten. Denn parallel und mit entsprechenden Wechselwirkungen zu den frühen internationalen Konferenzen, der einsetzenden medialen Berichterstattung und den ersten tastenden politischen Maßnahmen zum Schutz der Umwelt erwiesen sich die 1960er Jahre als sehr produktives Jahrzehnt. Verschiedene geowissenschaftlichen Disziplinen produzierten mit unterschiedlichen Methoden, Technologien und Forschungsinteressen an geografisch weit auseinanderliegenden Orten Wissen, das in den 1970er Jahren in einen bereits breit abgestützten Konsens über die problematische anthropogene Einflussnahme auf Umwelt und

196 Dubos, René J.; Ward, Barbara: Only One Earth: The Care and Maintenance of a Small Planet, New York 1972, S. 191.

197 Dubos, Ward, Only One Earth, S. 192. Im Original: »Scientists are [...] turning their attention to the points at which human actions, however minuscule their effects may seem when set against the total scale of the planet's energy system, may nonetheless trigger off one of those small but fateful changes which alter the balance of the seesaw.«

Klima mündete. Die Diskussionen in der *Scientific Community* wie auch in populärwissenschaftlichen und medialen Bearbeitungen verkomplizierten sich jedoch, sodass keine Einigkeit über die zukünftige Entwicklung des Klima erzielt werden konnte: Während einige Protagonisten auf der Bedeutung der Treibhausgase und der Gefahr einer Erwärmung beharrten, sahen andere durch die zunehmende Verdunklung der Atmosphäre aufgrund der Luftverschmutzung eine neue Kältezeit am Horizont.

Kommende Eis- oder Warmzeit?[198] – zwischen technischer Kontrolle und Rückzug

Am 7. Dezember 1979 koppelte die Punkband *The Clash* die Single *London Calling* aus dem gleichnamigen Album aus. Über die so prägnanten, staccatoartigen Gitarrenanschläge beschwört Joe Strummer Endzeitszenarien: »The ice age is coming, the sun's zooming in / Engines stop running, the wheat tastes so thin / A nuclear error, but I have no fear / 'Cause London is drowing / I live by the river.«[199] Zu dieser Aufzählung einer ganzen Reihen von Katastrophen ließ sich Strummer gemäß eigenen Angaben von Zeitungsschlagzeilen inspirieren.[200] Das scheint nicht abwegig, denn tatsächlich häuften sich in den 1970er Jahren in Publikumsmedien die Schlagzeilen, die eine Bedrohung der Umwelt ausriefen. Dazu gehörten die Problematisierung von Kernkraft (»a nuclear error«), die Klimaerwärmung (»the sun's zooming in«) sowie die gefährdete Versorgung mit Nahrungsmitteln (»the wheat tastes so thin«). Dass Strummer prominent auch eine globale Abkühlung (»the ice age is coming«) besang, war ebenfalls kein Zufall: In den 1960er Jahren näherten sich die Geologie und die Klimaforschung zeitweise an und fanden sowohl eine gemeinsame Sprache als auch gemeinsame Forschungsinteressen und ermöglichten damit ab 1970 die Diskussionen über eine kommende Kälteperiode.[201]

---

198 Das folgende Unterkapitel beruht in Teilen auf einem Aufsatz von 2017: Kaiser, Manuel: Kommende Kälte: Eiszeitszenarien im Kalten Krieg, in: Der *kalte* Krieg: Kältegrade eines globalen Konflikts, Zürich 2017 (Nach Feierabend: Zürcher Jahrbuch für Wissensgeschichte), S. 137–155.

199 The Clash, official Website, <https://www.theclash.com/>, Stand: 8.5.2021.

200 Vgl. Songfacts: London Calling by The Clash – Songfacts, <https://www.songfacts.com/facts/the-clash/london-calling>, Stand: 13.5.2021.

201 Zur um 1980 beliebten Kälte-Metaphorik insbesondere in der Popkultur vgl. Berger Ziauddin, Silvia; Eugster, David; Wirth, Christa: Editorial. James Bond fährt Ski – Kältegrade eines globa-

Seit den 1950er Jahren hatten einzelne Akteure Prognosen einer zukünftigen Abkühlung gewagt, die sich jedoch als inkompatibel mit der herrschenden Lehrmeinung erwiesen.[202] In der Folge erhielten die Geologen im Rahmen des *Cold-War*-Settings[203] bahnbrechende Instrumente: Mit der Radiokarbonmethode konnten geologische Ablagerungen und Fossilien präzise datiert und so die traditionellen Pollenanalysen ergänzt werden und ein von Harold Urey entdecktes und von Cesare Emiliani weiterentwickeltes Verfahren, welches das Verhältnis von schwereren und leichteren Sauerstoffisotopen als Proxy-Thermometer nutzte, erlaubte die Rekonstruktion vergangener Temperaturen.[204] An verschiedenen Orten wurde im Verlauf der 1960er Jahre intensiv an der Vervollständigung des Bildes vergangener Klimata gearbeitet.[205] Besonders aufschlussreich erwies sich ein 1966 geborgener, 1387 Meter langer, bis auf den Felsuntergrund reichender Eisbohrkern im Camp Century auf Grönland, wo das US-Militär aufgrund der geopolitisch bedeutenden Lage in geophysikalische Forschung investiert hatte.[206] Dänischen Wissenschaftlern um Willi Dansgaard gelang es, aus den einzelnen Schneeschichten die jeweiligen klimatischen Bedingungen zum Zeitpunkt ihrer Ablagerungen zu bestimmen. Die Rekonstruktion bestätig-

---

len Konflikts, in: dies. (Hg.): in: Der *kalte* Krieg: Kältegrade eines globalen Konflikts, Zürich 2017 (Nach Feierabend: Zürcher Jahrbuch für Wissensgeschichte).

202 So postulierte etwa der Mikropaläontologe Cesare Emiliani 1954 an einem Seminar der American Meteorological Society in Chicago einen Abkühlungsprozess und war auf massiven Widerstand der anwesenden Meteorologen gestoßen, da sie Vorhersagen über die Extrapolation vergangener Temperaturaufzeichnungen ablehnten; vgl. o. V.: Predict New Ice Age, in: The Science News Letter 66 (26), 1954, S. 402; Emiliani, Cesare: Pleistocene Temperatures, in: The Journal of Geology 63 (6), 1955, S. 538–578.

203 Die Technologien wurden von Forschungsgruppen um die drei ehemaligen Mitarbeiter im Manhattan-Projekt Harold Urey, Harrison Brown und Willard Libby am 1945 gegründeten Institute of Nuclear Studies der University of Chicago entwickelt; vgl. Shindell, Matthew: From the End of the World to the Age of the Earth: The Cold War Development of Isotope Geochemistry at the University of Chicago and Caltech, in: Oreskes, Naomi (Hg.): Science and Technology in the Global Cold War, Cambridge 2014, S. 107–140, hier S. 111.

204 Vgl. Weart, Past Cycles, S. 5 f.

205 Der tschechische Paläoklimatologe George Kukla rekonstruierte beispielsweise anhand von Lössschichten in einem böhmischen Steinbruch detailliert vergangene Temperaturschwankungen und Wallace S. Broecker datierte über radioaktive Isotope Korallenriffe und dokumentierte so temperaturbedingtes Ansteigen und Fallen des Meeresspiegels; vgl. dazu David R. Oldroyd: Die Biographie der Erde, S. 221; Weart, Past Cycles, S. 7.

206 Vgl. Heymann, Matthias: Exploring Greenland: Science and Technology in Cold War Settings, in: Scientia Canadensis. Canadian Journal of the History of Science, Technology and Medicine 33 (2), 2010, S. 11–42.

te nicht nur die bereits bekannten Klimaereignisse. Sie lieferte auch eine hochauflösende, ununterbrochene, hunderttausend Jahre zurückreichende Aufzeichnung vergangener Klimaverhältnisse, die Klimaveränderungen in geologischen Zeiträumen ebenso wie kleinere Schwankungen in historischer Zeit, wie die mittelalterliche Warmzeit und die darauffolgende Abkühlung ab 1400, belegte.[207]

Ende der 1960er Jahre existierte ein detailliertes, durch zahlreiche Forschungsergebnisse breit abgestütztes Bild der Klimazyklen. Sodass prominente Exponenten wie Cesare Emiliani oder Wallace S. Broecker die These vertreten konnten, dass die rekonstruierten Klimakurven mit den von Milanković berechneten langperiodischen Klimaschwankungen übereinstimmten. Damit schien die Ursache für vergangene – und auch zukünftige natürliche Klimaveränderungen – gefunden, was zumindest in der geologischen *Scientific Community* zu einer Neubewertung des Prognosepotenzials von Klimaaufzeichnungen führte. Als sich Ende Januar 1972 eine Gruppe von Eiszeit-Spezialisten an der Brown University auf Rhode Island zu einer Konferenz mit dem Titel »When will the Present Interglacial End?« traf, konnten sie sich während des zweitägigen Austausches zwar nicht auf eine Ursache einigen, sondern griffen mit Vulkanismus, Veränderungen des Magnetfeldes, Sonnenzyklen und -flecken weiterhin auf ein ganzes Bündel an klimabeeinflussenden Faktoren zurück. Doch allein das nun robuste Wissen um die Zyklizität des Erdklimas reichte aus, dass die Mehrheit der Teilnehmer eine deutliche, wenn auch zeitlich vage Vorhersage wagte: »Warme Intervalle wie das gegenwärtige waren nur von kurzer Dauer, und das natürliche Ende unserer warmen Epoche ist zweifellos nahe, wenn man es auf der geologischen Zeitskala betrachtet.«[208]

Dieser geologische Befund verband sich ab 1970 mit den Erkenntnissen der atmosphärenwissenschaftlichen Forschung, die nicht nur den durch Kohlendioxid verstärkten Treibhauseffekt, sondern auch die abkühlende, die Sonneneinstrahlung zurückhaltende Wirkung luftverschmutzender Partikel untersuchte. Damit schloss man an die älteren Vulkantheorien an, die nicht zuletzt durch Studien zum Fallout der Atombombentest gestützt

207 Vgl. Martin-Nielsen, Janet: The Deepest and Most Rewarding Hole Ever Drilled: Ice Cores and the Cold War in Greenland«, in: Annals of Science 70 (1), 2013, S. 47–70, S. 60–62.

208 Kukla, George; Matthews, Robert: When will the Present Interglacial End?, in: Science 178 (4057), 1972, S. 190–202, S. 191. Im Original: »Warm intervals like the present one have been short-lived and the natural end of our warm epoch is undoubtedly near when considered on geological time scale.«

wurden. Diese hatten aufgezeigt, dass feiner, in die Atmosphäre eingebrachter Staub über Jahre dort verbleiben konnte. J. Murray Mitchell, der diese Fallout-Studien mitdurchgeführt hatte, berechnete 1969, dass zwei Drittel einer seit 1940 gemessenen Abkühlung auf Vulkanausbrüche zurückzuführen seien. Nahezu zeitgleich wies der britische Meteorologe Hubert Horace Lamb mit seinem *Dust Veil Index* einen Zusammenhang zwischen atmosphärischem Staub und kühleren Temperaturen in der Vergangenheit nach.[209] Auf dieser Grundlage rückten die anthropogenen Schwebeteilchen und ihre Wirkung auf das Klima in den Fokus der Klimawissenschaften. 1971 formulierte nicht nur Mitchell die These, dass Emissionen zusätzlich zu einer Abkühlung beitrugen. Auch die ersten wegweisenden numerischen Berechnungen von S. Ichtiaque Rasool und Stephen H. Schneider legten nahe, dass eine weitere Verdoppelung des atmosphärischen Staubs eine Abkühlung des Planeten um 3,5 Grad Celsius zur Folge haben könnten.[210] Der US-amerikanische Meteorologe Reid Bryson, der wie viele seine Kollegen über den Militärdienst während des Zweiten Weltkriegs zur Meteorologie gekommen war und danach in Chicago promovierte,[211] war einer der wichtigsten Fürsprecher einer solchen Klimaabkühlung und prägte in diesem Zusammenhang den Begriff »human volcano«,[212] der die Verschränkung der Vulkantheorie mit der Luftverschmutzung deutlich markierte.

Als um 1970 die geologischen und klimatologischen Argumente konvergierten, beförderten sie das massenmediale Sprechen über eine kommende Eiszeit. Im Januar 1970 titelte die *Washington Post*: »Colder Winters Held Down of New Ice Age – Scientists see Ice Age in the Future«[213] und die *Los Angeles Times* fragte: »Is Mankind Manufacturing A New Ice Age for Itself?«[214] Angesichts des kalten Januars 1970 berief sich die Washington Post einerseits auf die Aussage Reid Brysons, der die Bedeutung der »man's pollution«[215] hervorhob und andererseits betonte der Geologe James A. Austin vom Mas-

209 Vgl. Dörries, Matthias: In the Public Eye: Volcanology and Climate change Studies in the 20th Century, in: Historical Studies in the Physical and Biological Sciences 37 (1), 2006, S. 87–125.

210 Vgl. Weart, Aerosol: Volcanoes, Dust, Clouds and Climate, S. 1–9.

211 Vgl. Weart, Spencer: Rise of Interdisciplinary Research on Climate, in: Proceedings of the National Academy of Sciences of the United States of America 110, 2013, S. 3657–3664, hier S. 3659.

212 Anderson Jr.; Alan: Weather Forecast for the Future:?, in: Lakeland Ledger, 29.12.1974, S. 6 D.

213 Boldt, David R.: Colder Winters Held Down of New Ice Age: Scientists See Ice Age in the Future, in: The Washington Post, 11.1.1970.

214 Bengelsdorf, Irving S.: Is Mankind Manufacturing A New Ice Age for Itself?, in: Los Angeles Times, 15.1.1970.

215 Ebd.

sachusetts Institute of Technology die großen astronomischen Zyklen. Diese Artikel zeigten beispielhaft, wie zwei Argumente aus unterschiedlichen Wissensfeldern – die natürliche, zyklische Abkühlung und die Luftverschmutzung – sich verstärkten und so eine kommende Eiszeit plausibel erscheinen ließen.

Für eine bereits fortschreitende Abkühlung ließen sich in den frühen 1970er Jahren zudem zahlreiche, (vermeintlich) offensichtliche Indizien finden. Kühle, verregnete Sommer, sich ausdehnendes Polar- und Gletschereis oder nach Süden treibende Eisberge verliehen einerseits den wissenschaftlichen Thesen Plausibilität,[216] andererseits entsprachen sie der Aufmerksamkeitsökonomie der Publikumsmedien, die nun alle Wetterextreme mit einer Klimaveränderung erklärten und bei Wissenschaftlern die entsprechende Expertise einholten.[217] Der neue globale und dynamische Klimabegriff ermöglichte es zudem, verstreute, teils gegenläufige Wetterphänomene miteinander zu verknüpfen:

»Das Klima ist ein weltweites, zusammenhängendes System. Bedeutende Veränderungen können nicht in einem Teil des Systems stattfinden, ohne dass es an anderen Stellen zu weiteren Veränderungen kommt. Nicht alle Klimazonen müssen sich ändern, aber es gibt dynamische Beziehungen, die die klimatischen Veränderungen in verschiedenen Teilen des Globus miteinander verbinden.«[218]

In dieser Logik konnten Flutkatastrophen in Japan, Rekord-Regenfälle in den USA, unübliche milde Winter in Nordeuropa und verheerende Dürren in Afrika als Puzzleteile eines größeres Musters – »Teil von globalen klimatischen Turbulenzen«[219] – betrachtet werden.

Das bedrohte Klima – und insbesondere die Eiszeitszenarien – wurden nun zu einem Thema, das eine breite Öffentlichkeit interessierte und mit dem sich Geld verdienen ließ. In den 1970er Jahren wurden mehrere, teils auflagenstarke Bücher auf den Markt gebracht, die Orientierungswissen

---

216 Vgl. Flohn, Hermann: Instabilität und anthropogene Modifikation des Klimas, in: Annalen der Meteorologie 9, 1974, S. 25–31, S. 28.

217 Vgl. o. V.: Eisberge südwärts, in: Der Spiegel, 11.1.1971, S. 110; o. V.: Aktuelle Wissenschaft – Das Jahr der Eisberge, in: Bild der Wissenschaft 10 (8), 1973, S. 3.

218 Reid A. Bryson: The Lessons of Climatic History, in: Environmental Conservation 2 (3), 1975, S. 163–170, S. 164. Im Original: »Climate is a world-wide, integrated system. Significant changes cannot take place in one part of the system without other changes occurring in other places. Not all climates must change, but there are dynamics connections that interlink climatic changes in various parts of the globe.«

219 O. V.: Another Ice Age?, in: Time, 24.6.1974, S. 86. Im Original: »part of global climatic upheaval«.

über natürliche und künstliche Klimaveränderungen bereitstellten. 1974 erschien *The Weather Machine* des englischen Wissenschaftsjournalisten Nigel Calder, das in verschiedenen Sprachen mehrere Auflagen erlebte und auf dessen Grundlage die BBC eine zweistündige Spezialsendung produzierte, deren deutsche Fassung im Januar 1975 auch im ZDF ausgestrahlt wurde.[220] Buch und Film berichteten über die aktuelle geowissenschaftliche Forschung, erklärten mit zahlreichen Fotos und Diagrammen die Funktionsweise der »Wettermaschine« und prognostizierten mögliche klimatische Veränderungen. Der Untertitel – »Droht eine neue Eiszeit?« – war vor allem publikumswirksam gesetzt. Denn auch für Calder war einerseits klar, dass eine Eiszeit nur nach geologischen Maßstäben unmittelbar bevorstand und »irgendwann innerhalb der kommenden zweitausend Jahre einsetzen [würde]«[221] und andererseits führte auch er die Möglichkeit einer gegenläufigen Entwicklung durch den Anstieg von Kohlendioxid aus. Die gezielte Beeinflussung von Wetter und Klima wurde bei Calder bereits nicht mehr als ernstzunehmende »Reparaturmaßnahme« verhandelt. Er besprach zwar sowohl die sowjetischen als auch US-amerikanischen Experimente zur lokalen Wetterkontrolle und sah in ihnen auch einen erfolgversprechenden Ansatzpunkt für die Kontrolle des Klimas (»It's a trigger«[222]), betonte jedoch die weitreichenden Konsequenzen solcher Eingriffe und die entsprechenden politisch-rechtlichen Implikationen: »Denn was für den einen ein Schiffbruch ist, ist für den anderen die Ernte.«[223]

In *Die Wettermaschine* zeigte sich außerdem exemplarisch, dass sich Mitte der 1970er Jahre eine Referenz herauskristallisierte, die zur Dringlichkeit der Klimaproblematik beitrug: die sogenannte »Kleine Eiszeit«. Diese spielte nun nicht mehr in ferner geologischer, sondern in verhältnismäßig naher historischer Vergangenheit und konnte – im Gegensatz zu Glazialzeiten des Pleistozäns – nicht nur mit abstrakten Temperaturkurven beschrieben werden, sondern fiel auch in den Gegenstandsbereich der Geschichtswissenschaften. Bereit auf den ersten Seiten verwies Calder – illustriert mit einem Bild einer niederländischen Winterlandschaft aus dem 15. Jahrhundert – ausführlich auf die »Kleine Eiszeit«, eine von ungewöhnlichen Wetter- und

220 Vgl. Calder, Nigel: Die Wettermaschine. Droht eine neue Eiszeit?, übers. von Jürgen Schwab, Bern 1975.

221 Calder, Die Wettermaschine, S. 150.

222 Calder, Nigel: The Weather Machine and the Threat of Ice, New York 1977, S. 85.

223 Calder, The Weather Machine, S. 94. Im Original: »[B]ecause one man's shipwreck is another man's harvest.«

Klimabedingungen geprägte Periode zwischen 1400 und 1850.[224] Der Bezug auf diese »Kleine Eiszeit« machte den Zeitraum greif- und beschreibbar und zeigte vor allem auch, dass selbst kleinere Schwankungen des Klimas gravierende Folgen haben konnten.

Dieses Wissen lieferte nun nicht die Geologie oder die Klimaforschung, sondern die sich in den 1960er Jahren ebenfalls formierende, »im Grenzgebiet zwischen Geschichtswissenschaft und Klimatologie«[225] operierende Historische Klimatologie. Klimatologen wie Hubert Horace Lamb oder Historiker wie Emmanuel Le Roy Ladurie griffen auf die naturwissenschaftliche Rekonstruktion historischer Klimata zurück und ergänzten diese mit schriftlichen und bildlichen Quellen. Indem sie als historische Folgeforschung nach gesellschaftlichen Auswirkungen von Klimaschwankungen fragten, bespielten sie die »Kleine Eiszeit« mit Inhalten. Insbesondere Le Roy Ladurie versuchte zwar dem Vorwurf des Klimadeterminismus zu entgehen, indem er davon absah, die Menschheits- und Klimageschichte kausal miteinander zu verknüpfen. Doch bei allen Vorbehalten Le Roy Laduries, die klimatischen Bedingungen als Aktant historischer Entwicklungen zu denken, vermittelte sein 1967 erschienenes Standardwerk *Historie du climat depuis l'an mil* den Eindruck der »Kleinen Eiszeit« als eine durchgängig kalte, regnerische und unwirtlichen Epoche, die er passend mit Bildern vorrückender Gletscher illustrierte.[226] In den 1970er Jahren gehörte nun nicht mehr die in abstrakter Zukunft liegenden, Europa und Amerika vollständig bedeckenden Eismassen, sondern diese weniger drastisch anmutenden, aber greifbaren Kältejahre der »Kleinen Eiszeit« zum Repertoire aller Texte, die sich mit zukünftigen Klimaveränderungen auseinandersetzten.

1976 organisierte die US-amerikanische Anthropologin Margaret Mead gemeinsam mit William W. Kellogg eine prominent besetzte, interdisziplinäre Konferenz. Die Atmosphärenwissenschaften waren etwa durch Walter Orr Roberts vom NCAR und J. Murray Mitchell von der NOAA (vorher ESSA) vertreten und die Geologie durch Wallace S. Broecker und John Imbrie von der Brown University. Mitte der 1970er Jahre waren nun auch Rechtwissen-

224 Vgl. ebd., S. 15–21.

225 Mauelshagen, Franz: Vom Klima zur Gesellschaft: Klimageschichten im 21. Jahrhundert, in: Welzer, Harald (Hg.): KlimaKulturen. Soziale Wirklichkeiten im Klimawandel, Frankfurt am Main 2010, S. 246–269, hier S. 242 f.

226 Vgl. ebd., S. 242–255.

schaftlerinnen wie Edith Brown Weiss, Soziologinnen wie Barbara West oder der gleichermaßen bedeutende wie umstrittene Stichwortgeber für die Umweltbewegung, James Lovelock, der wenige Jahre zuvor erstmals die Gaia-Hypothese von einer sich selbst regulierenden Biosphäre vorgestellt hatte,[227] vertreten. Klimaveränderungen – ob gezielt oder unbeabsichtigt – wurden nicht mehr als ein rein naturwissenschaftliches Problem wahrgenommen. Die Zusammenfassung der Konferenzbeiträge, die ein Jahr später unter der prägnanten Formel *The Atmosphere: Endangered and Endangering* veröffentlicht wurde, umfasste Szenarien der Abkühlung wie auch der Erwärmung und schloss auch gezielte Eingriffe nicht gänzlich aus.[228]

Der Fokus der Konferenz lag jedoch auf der Abschätzung der Effekte des sich verändernden Klimas. Die Gefährdung des Klimas – und hier folgten die meisten Teilnehmerinnen und Teilnehmer weiter der älteren Ressourcendebatte – galt deshalb als Bedrohung, weil eine Verschlechterung der Lebensbedingungen befürchtet wurde. Stephen H. Schneider griff etwa auf die Arbeiten der Historischen Klimatologie zurück, um auf die Zusammenhänge von Nahrungsmittelproduktion und Klimaveränderung und damit auch auf die Bedeutung der eigenen Forschung hinzuweisen: »Abrupte Klimaveränderungen und abrupte Veränderungen in der Nahrungsmittelproduktion haben historische Vorläufer. [...] Die ›Kleine Eiszeit‹ zwischen etwa 1550 und 1850 war eine Zeit wiederkehrender Ernteausfälle in Europa und England.«[229] Die prognostizierten Klimaveränderungen im Allgemeinen und eine kommende Kälteperiode im Besonderen ergaben Mitte der 1970er Jahre in Kombination mit der »Bevölkerungsexplosion« ein besonders düsteres Zukunftsszenario. Die Aussicht auf sinkende Ernteerträge aufgrund einer globalen Abkühlung akzentuierte die neo-malthusianischen Argumente. Reid Bryson hatte bereits in einem Artikel, der bezeichnenderweise 1975 in der

---

227 Vgl. Lovelock, J. E.: Gaia as Seen Through the Atmosphere, in: Atmospheric Environment (1967) 6 (8), 1.8.1972, S. 579–580; Lovelock, James E.; Margulis, Lynn: Atmospheric Homeostasis by and for the Biosphere: the Gaia Hypothesis, in: Tellus 26, 1.1.1974, S. 2–10.

228 Vgl. Broderick, Anthony: The Atmosphere and its Climate, in: Kellogg, William W.; Mead, Margaret (Hg.): The Atmosphere: Endangered and Endangering, Washington, D. C. 1977, S. 9–30.

229 Schneider, Stephen H.: Climatic Variability and Its Impact on Food Production, in: Kellogg, William W.; Mead, Margaret (Hg.): The Atmosphere: Endangered and Endangering, Washington, D. C. 1977, S. 49–63, hier S. 51. Im Original: »Abrupt changes in climate and abrupt changes in food production have historical precedent. [...] The ›Little Ice-Age‹ between about 1550 and 1850 was a period of recurrent crop failures in Europe and England.«

kurz zuvor gegründeten Zeitschrift für Umweltforschung *Environmental Conservation* erschien, nachdrücklich vor den möglichen politischen und gesellschaftlichen Folgen gewarnt:

»Da die Welt immer dichter bevölkert ist, hat die Mobilität der Menschen abgenommen. [...] Eine Massenbewegung eines Volkes von Viehzüchtern zu grüneren Weiden würde zu Blutvergießen führen, wenn die Migration nationale Grenzen überschreitet. Wir wissen, dass dies zu großen sozialen Verwerfungen und der Zerstörung von Kulturen führen kann.«[230]

In diesem Kontext erschien bereits die klimatische Gegenwart so bedrohlich, dass politische Maßnahmen gefordert und umgesetzt wurden. So begriffen Atmosphärenwissenschaftler, Politiker und Journalisten die Dürren in der Sowjetunion oder das Auftreten von El Niño vor der Küste Perus 1972, die reduzierte Lebensmittelproduktion aufgrund des starken Monsuns 1973 in Indien[231] oder die Hungerkatastrophe in der Sahelzone in den frühen 1970er Jahren mit der Revolution in Äthiopien, die eine Gruppe marxistischer Offiziere an die Macht gebracht und damit die politische Landkarte zugunsten der Sowjetunion verschoben hatte, nicht mehr als Einzelphänomene, sondern als Ausdruck eines umfassenderen Klimawandels.[232] Die Geheimdienste reagierten auf die als Bedrohung für die politische Ordnung empfundenen Wetter- und Klimaereignisse der frühen 1970er Jahre und begannen, die Klimaforschung hinsichtlich ihrer geheimdienstlichen Bedeutung zu evaluieren und Folgenabschätzungen durchzuführen. Basierend auf einer unter Reid Bryson durchgeführten Studie zur Abkühlung hatte die Forschungsabteilung der CIA bereits 1974 in einem Report betont, dass die Stabilität von Staaten von einem zuverlässigen Nahrungsmittelangebot abhänge. Angesichts der Abkühlung drohe nun eine »Ära der Dürre, Hungersnot und politischen Unruhen in der westlichen Welt«[233]. Auch die JASON-Gruppe, die den

230 Calder, Die Wettermaschine, S. 10. Im Original: »As the world has become more crowded the mobility of population decreased. [...] A mass movement of a nation of pastoralists to greener pastures would lead to bloodshed if the migration crossed national boundaries. We know that great social disruption and the destruction of cultures can result.«

231 Vgl. u.a. White, Robert M.: Climate at the Millenium, in: World Meteorological Organization (Hg.): Proceedings of the World Climate Conference: A Conference of Experts on Climate and Mankind, Geneva, 12–23 February 1979, Genf 1979, S. 3–11, hier S. 3.

232 Vgl. Behringer, Kulturgeschichte des Klimas, S. 250.

233 Central Intelligence Agency (Office of Research and Development): A Study of Climatological Research as It Pertains to Intelligence Problems, Washington, D. C. August 1974, S. 1. Im Original: »Era of drought, famine, and political unrest in the western world«.

Wetterkrieg konzeptuell mitvorbereitet hatte, begann sich im Sommer 1978, mit Gordon MacDonald als Vorsitzendem, mit den zukünftigen wie auch gegenwärtigen Folgen von Klimaveränderungen auseinanderzusetzen. Sie unterstrichen die Bedeutung von (vergangenen) Klimaveränderungen für politisch-gesellschaftliche Ereignisse und plädierten angesichts der Dringlichkeit der Klimafrage für sicherheitspolitische Auseinandersetzungen.[234]

Die Sorge um eine anthropogen ausgelöste oder zumindest verstärkte Klimakrise folgte jedoch nur teilweise der Logik des Systemkonflikts, sondern löste blockübergreifend den imaginierten Wetterkrieg als Bedrohungsszenario ab. So verfolgte auch Michail I. Budyko, ab 1970 regelmäßiger Gast internationaler Konferenzen, in seinen Texten, die nun auch ins Englische übersetzt wurden, nahezu wortwörtlich dieselbe Argumentationslinie: Er diagnostizierte eine Klimakrise, strich die Bedeutung des Klimas für Landwirtschaft und Gesellschaft heraus und besprach zudem gezielte Eingriffe als Gegenmaßnahmen.[235] Um die sozialen und politischen Folgen abschätzen zu können, griffen sowohl offizielle Stellen als auch Journalisten auf die von Herman Kahn entwickelten Szenario-Technik zurück und versuchten in einer Form »experimentellen Erzählens«[236], die verschiedenen Auswirkungen unterschiedlicher klimatischer »Zukünfte« handhabbar zu machen. So erstellte beispielsweise die CIA drei Projektionen zur Getreideproduktion in der Sowjetunion[237] und die Verfasser des populärwissenschaftlichen Buches *The Weather Conspiracy* entwarfen »scenarios of survival«.[238]

Die verschiedenen populärwissenschaftlichen Publikationen Mitte der 1970er Jahre verband der Konsens, dass anthropogene Klimaveränderungen ein Problem darstellten. Gleichzeitig steckte die Bandbreite der vorgeschlagenen Gegenmaßnahmen die Übergangsphase von einer von Fortschritts- und Technikoptimismus geprägten Zeit hin zu einem auf Selbstbeschränkung beruhenden »ökologischen Zeitalter« ab. Der Journalist Lowell Ponte

234 Abarbanel, H.; MacDonald, Gordon; Munk, Walter u.a.: The Long Term Impact of Atmospheric Carbon Dioxide on Climate, JASON Technical Report, JSR-78-07, 1979, S. 1.

235 Vgl. Budyko, M. I.: The Future Climate, in: Eos, Transactions American Geophysical Union 53 (10), 1972, S. 868–874; Budyko, M. I.: Climatic Changes, Washington, D. C. 1977.

236 Pias, Claus: »One-Man Think Tank«: Herman Kahn oder wie man das Undenkbare denkt, in: Zeitschrift für Ideengeschichte, 3 (3), 2009, S. 5–17, S. 12.

237 Vgl. Central Intelligence Agency: USSR: The Impact of Recent Climate Change on Grain Production, Oktober 1976, https://www.cia.gov/library/readingroom/docs/DOC_0000499885.pdf. (Stand: 12.12.2017).

238 The Impact Team: The Weather Conspiracy: The Coming of the New Ice Age, New York 1977, S. 123–140.

stellte etwa in seinem 1976 erschienenen Buch *The Cooling* nicht nur basierend auf der zeitgenössischen Forschung die zwei gegenläufigen, anthropogenen Klimawandelszenarien vor, sondern schlug drei Optionen zu Abwendung der Gefahr vor: Erstens ein Wandel der Gesellschaft, also ein Umdenken hinsichtlich des Energieverbrauchs und der Umweltzerstörung, zweitens die Beeinflussung des lokalen Klimas und Wetters durch Albedoveränderungen, Cloud-Seeding und Hagelabwehr und drittens die vollständige Übernahme des globalen Erd-Atmosphäre-Systems beispielsweise durch die gezielte Produktion von Kohlendioxid zur Verstärkung des Treibhauseffektes, das Abschmelzen des Polareises mittels Wasserstoffbomben oder die Aufheizung Grönlands durch Kernkraft.[239]

Die konkurrenzfähige Menschheit – die Etablierung der Klimaerwärmung und die Problematisierung gezielter Eingriffe

Die Atmosphärenwissenschaftler, Ozeanografen oder Geologen waren bei diesem Diskurs, der ständig zwischen dem »Pathos der Einen Welt«[240] und handfesten sicherheitspolitischen Bedenken changierte, keine Zaungäste. Sie richteten sich aktiv an die Öffentlichkeit, versuchten Einfluss auf die Politik zu nehmen und belieferten Denkfabriken und Geheimdienste mit Informationen. Die für die Klimaforscher neue Erfahrung, dass ihre Expertise politischen Einfluss hatte und klimatische Themen nun prominent in Zeitungen behandelt und sogar zu populärwissenschaftlichen Beststellern verarbeitet wurden, führte innerhalb der *Scientific Community* zu einer Debatte über die Art und Weise der Kommunikation wissenschaftlicher Resultate im Allgemeinen und den Status der Prognosen im Besonderen.

Stephen H. Schneider reagierte beispielsweise vehement auf die Publikation von *The Cooling* und verband seine Erwiderung mit einer grundsätzlichen Kritik an »instant books«, die in seinen Augen oft für mehr Verwirrung sorgten, statt wissenschaftliche Kontroversen zu erhellen. Er befürchtete, dass die Wissenschaft mit zugespitzten Thesen diskreditiert und ihr politischer Einfluss eingeschränkt würde.[241] Schneider gehörte zur ersten Generation der Klimawissenschaftler, die bereits während ihrer

239 Vgl. Ponte, Lowell: The Cooling, Englewood Cliffs 1976, S. 215–231.

240 Radkau: Die Ära der Ökologie, S. 139.

241 Schneider, Stephen H.: Against Instant Books, in: Nature 270 (22), 1977, S. 650.

Ausbildung mit computerbasierten Klimamodellen in Kontakt gekommen waren. Im Rahmen seiner Promotion in Plasmaphysik besuchte er Seminare an der Columbia University New York bei den Pionieren der globalen Zirkulationsmodelle, Joseph Smagorinsky und Ichtiaque Rasool. Sie lenkten Mitte der 1960er Jahre sein Interesse auf die Klimawissenschaft. Bereits als Postdoktorand am NASA Goddard Institute for Space Studies vertrat er 1971 gemeinsam mit Rasool in *Science* die These, dass die kühlenden Effekte von Aerosolen stärker wären als die Erwärmung durch den sich verstärkenden Treibhauseffekt. Ab 1972 am National for Atmospheric Research in Boulder tätig, gehörte er zu den zentralen Akteuren der einsetzenden Klimawandeldebatte. Einerseits als Forscher, indem er etwa die Funktion von Wolken im atmosphärischen System untersuchte, aber auch als meinungsstarker Popularisierer atmosphärenwissenschaftlicher Expertise, der sich selbst öffentlichkeitswirksam in Zeitschriften, Zeitungen oder mit populärwissenschaftlichen Publikationen an den Debatten beteiligte.[242]

1976 brachte er mit der Autorin Lynne E. Mesirow das Buch *The Genesis Strategy: Climate and Global Survial* heraus, das zwei Jahre später unter dem Titel *Klima in Gefahr: Strategien zur Beherrschung des Wetters* auch in Deutschland erschien. Es mochte wissenschaftlich besser abgestützt und in den Aussagen nuancierter sein als Pontes *The Cooling*, doch letztlich stellte es ebenfalls einen Versuch dar, die Fakten zu ordnen und für ein breites Publikum Strategien für den Umgang mit dem bedrohten Klima darzulegen. Die *The Genesis Strategy* vereinte dabei exemplarisch die zentralen Diskursbausteine: Schneider betonte die Bedeutung des Klimas als Ressourcengarant für den Menschen, besprach die Konsequenzen des Bevölkerungswachstums, beschrieb die menschliche Tätigkeit als Konkurrenz für die Natur (»Nature is Getting Competition«[243]) und kam auch nicht umhin, sich mit der Frage zu beschäftigen, ob und inwiefern der ungewollten Beeinflussung mit gezielten Maßnahmen zu begegnen sei. Dabei erwähnte er zwar Wetter- und Klimamodifikationsmaßnahmen, wie Eingriffe in die Erdalbedo, das Abschmelzen von Arktiseis oder das Cloud-Seeding aus, doch er hielt sie nicht für eine angemessene Reaktion auf die Herausforderung, sondern für eine Verschiebung des Problems: »that is, to fix a technological fix with yet another fix.«[244]

242 Vgl. Ehrlich, Paul. R.: Stephen Schneider (1945–2010), in: Science 329 (5993), 2010, S. 776.

243 Mesirow, Lynne E.; Schneider, Stephen H.: The Genesis Strategy: Climate and Global Survival, New York, London 1976, S. xvii.

244 Ebd., S. 228.

War Schneider um 1970 noch als ein Verfechter einer von Menschen ausgelösten Abkühlung öffentlich in Erscheinung getreten, mochte er sich wenige Jahre später nicht mehr so dezidiert positionieren und führte sowohl die Kohlendioxid-induzierte Erwärmung als auch die Aerosol-basierte Abkühlung als mögliche Effekte auf. Dass Schneider die wissenschaftlichen Unsicherheiten offenlegte, entsprach der jüngsten Forschung, die dazu beitrug, dass der Eiszeit-Diskurs allmählich abklang. Denn ab 1975 – und dafür war *The Genesis Strategy* ein gutes Beispiel – wurde die Trennung zwischen natürlichen Prozessen und anthropogener Klimaveränderung deutlicher formuliert und der Mensch als *der* dominierende Klimafaktor etabliert. Auch J. Murray Mitchell erklärte sich etwa 1977 mit der (geologischen) Prognose einer natürlichen zukünftigen Eiszeit grundsätzlich weiterhin einverstanden, formulierte nun als Atmosphärenwissenschaftler jedoch einen entscheidenden Einwand:

»Wenn der Mensch seinen ständig wachsenden Energieverbrauch beibehält [...] und dabei die globale Atmosphäre weiter verschmutzt, wird es vielleicht nicht mehr viele Jahre oder Jahrzehnte dauern, bis seine Auswirkungen den ›Rauschpegel‹ der natürlichen Klimavariabilität durchbrechen und deutlich erkennbar werden.«[245]

Die Konkurrenzfähigkeit des Menschen mit den natürlichen Kräften war damit seit Mitte der 1970er Jahren wissenschaftlicher Konsens und als Studien zudem zeigten, dass die Luftverschmutzung – der »human volcano« – weniger abkühlend wirkte als angenommen, rückte der durch den Menschen verursachte Anstieg von Kohlendioxid in der Atmosphäre – und damit eine zukünftige Erwärmung – ins Zentrum der Atmosphärenwissenschaft. Damit zerfiel die kurzlebige Allianz der Geologen und Klimaforscher, die den Denkraum für eine kommende Eiszeit geöffnet hatte. Auch in den Publikumsmedien verloren die Eiszeitprognosen an Bedeutung. In der Bundesrepublik prognostizierte *Bild der Wissenschaft* 1979 beispielsweise keine Eiszeit mehr, sondern fragte vorsichtig: »Eiskeller oder Treibhaus?« Und der im Text zitierte deutsche Physiker Heinz Haber war sich sicher, »dass der natürliche Rhythmus einer irdischen Klimaschwankung zum Kalten hin Anfang

245 Mitchell, J. Murray: Carbon Dioxide and Future Climate, in: Weatherwise 44 (4), 1991 (Reprint von 1977), S. 17–23, hier S. 18. Im Original: »If man continues his ever growing consumption of energy [...], and in the process adds further pollution to the global atmosphere, it may not be very many years or decades before his impact will break through the ›noise level‹ of natural climatic variability and become clearly recognizable.«

des nächsten Jahrhunderts überrollt werden wird durch eine von Menschen verursachte Erwärmung unseres Planeten.«[246]

Bei Heinz Haber lässt sich in diesem Zusammenhang zudem die oft schwer zu fassende Verschiebung in der Wahrnehmung von Technik und Wissenschaften greifen. Haber war Ende des Zweiten Weltkriegs mit der Operation »Paperclip« in die USA gekommen, wo er sich als Pionier der Luft- und Raumfahrtmedizin etablierte. Trat er in den 1950er und 1960er Jahren in den USA und dann auch in Deutschland als optimistischer Vertreter einer fortschreitenden Wissenschaft und Technik auf – so führte er 1957 durch den Disney-Dokumentarfilm *Our Friend the Atom* oder erklärte im deutschen Fernsehen die Grundlagen der Wetter- und Klimabeeinflussung –, änderte sich um 1970 sein Tonfall.[247] Bereits in seiner populärwissenschaftlichen Abhandlung *Stirbt unser blauer Planet?* 1973 gestand er ein, dass er »[i]n dem Optimismus der damaligen Zeit […], den Rauch, die Dämpfe und die Flamme übersehen [habe], die das Auftauchen des Geistes aus der Flasche begleiteten«.[248] Basierend auf dieser Neubewertung von Technologie konnte Haber für die drastisch geschilderten und illustrierten Auswirkungen auf die Umwelt und Natur keinen einfachen »technological fix« – wie etwa gezielte Gegenmaßnahmen gegen die Klimaerwärmung – anbieten, sondern hoffte vielmehr auf das Lernvermögen der Menschen.

Was bedeutete dieser in den späten 1970er Jahren immer deutlicher zutage tretende Konsens, dass der Mensch erstens in der Lage war, mit natürlichen Kräften zu konkurrieren und es zweitens bereits tat? Obwohl ja der Wirksamkeitsnachweis durch das bereits unkontrolliert ablaufende geophysikalische Experiment globalen Ausmaßes erbracht schien, wurde die Klimabeeinflussung auch als technisches Korrekturmittel kaum mehr in Betracht gezogen. Als 1977 ein vom National Research Council in Auftrag ge-

---

246 Haber, Heinz: Eiskeller oder Treibhaus? Das Klima in der Zukunft unserer Erde, in: Bild der Wissenschaft 16 (12), Dezember 1979, S. 33–37, S. 35.

247 Zu Haber und seiner Tätigkeit für Walt Disney vgl. Telotte, J. P.: Animating Space: Disney, Science, and Empowerment, in: Science Fiction Studies 35 (1), 2008, S. 48–59; Luske, Hamilton: Our Friend the Atom, Adventure, Drama, Family, Walt Disney Productions, 22.1.1957; zu Haber und der Wetter- und Klimabeeinflussung vgl. o. V.: In fünf Jahren zum Mond? Ein Spiegel-Gespräch mit dem Raumfahrt-Mediziner Professor Dr. Heinz Haber, in: Der Spiegel, 16.10.1957, Nr. 42, S. 46–69; in der letzten Folge der 13-teiligen Reihe *Was sucht der Mensch im Weltraum?* stellte Haber 1968 in der ARD ausführlich die Voraussetzung der Wetter- und Klimabeeinflussung vor; vgl. Künstliches Wetter und Klima, Episode 13, Was sucht der Mensch im Weltraum?, 1968.

248 Haber, Heinz: Stirbt unser blauer Planet? Die Naturgeschichte unserer übervölkerten Erde, Stuttgart 1973, S. 90.

gebener Bericht über die Zusammenhänge von Energie und Klima(wandel) erschien, an dem mit Thomas F. Malone und Louis J. Battan wichtige Akteure des Wetter- und Klimamodifikationsdiskurses mitgearbeitet hatten, rieten die Verantwortlichen aus zwei Hauptgründen von Gegenmaßnahmen ab: Erstens sei eine Veränderung der Albedo zwar theoretisch möglich, im benötigten Ausmaß jedoch weder praktikabel noch zuverlässig. Zweitens seien die nachteiligen Nebeneffekte auf die Umwelt gleichermaßen unvermeidbar wie zu wenig prognostizierbar.[249]

Die Argumente gegen einen solchen Einsatz hatten William W. Kellogg und Stephen H. Schneider gemeinsam bereits 1974 in ihrem Artikel *Climate Stabilization: For Better or for Worse?* ausgeführt. Erstens verstehe man – so Kellog und Schneider – zwar die Funktionsweise des Erd-Atmosphäre-Systems ausreichend, um gewisse »leverage points« für die Beeinflussung zu identifizieren, doch letztlich sei das Wissen und die Prognosemöglichkeit doch zu beschränkt, um die Folgen im Detail zuverlässig abschätzen zu können. Zweitens identifizierten sie einen unvermeidlichen Konflikt, der in den Jahren zuvor kaum zur Sprache gekommen war: Eine Einigung zu erzielen, welche klimatischen Verhältnisse als optimal galten, schien ihnen mit Blick auf das global gedachte Phänomen als ein äußerst komplexes Unterfangen.[250]

Ein harter Bruch lässt sich jedoch nicht konstatieren. Vielmehr löste sich die seit den 1950er Jahren bestehende Verknüpfung von *Wetter-* und *Klima*modifikation. Wurde die Forschung zur lokalen Wetterbeeinflussung weiterverfolgt, wandte sich die klimawissenschaftliche *Scientific Community* immer mehr der unkontrollierten Beeinflussung zu und verlor die gezielte Klimabeeinflussung – auch als Gegenmaßnahme – aus den Augen.

Exemplarisch für diese Umorientierung stand eine von der WMO 1977 beschlossene und 1979 vom 12. bis 23. Februar in Genf durchgeführte Conference of Experts on Climate and Mankind. Das Ziel der Konferenz: einerseits einen Überblick über das Wissen zu natürlichen und anthropogenen Klimaveränderungen zu erhalten und anderseits die Implikation von solchen Veränderungen abzuschätzen.[251] Dass der Mensch nachteilig auf die Um-

249 Vgl. National Research Council (Hg.): Energy and Climate: Studies in Geophysics, Washington, D. C. 1977, S. 13 f.

250 Kellogg, W. W.; Schneider, S. H.: Climate Stabilization: For Better or for Worse?, in: Science 186 (4170), 1974, S. 1163–1172, hier S. 1163/1172.

251 Vgl. Davies, D. A.: Foreword, in: World Meteorological Organization (Hg.): Proceedings of the World Climate Conference: A Conference of Experts on Climate and Mankind, Geneva, 12–23 February 1979, Genf 1979, S. viii–ix.

welt und das Klima einwirkte, stand für die versammelten Klimaexperten aus aller Welt ebenso außer Frage wie die zahlreichen Rückkoppelungen des Klimas auf die Menschheit. Mehrere Beiträge führten die Abhängigkeit und Vulnerabilität von Gesellschaften aus, indem sie im Detail die Auswirkungen des Klimas auf die Land- und Forstwirtschaft oder die Fischerei aufzeigten.[252] Angesichts dieser Diagnose einer doppelten Bedrohung – des Klimas und damit der Menschheit – beschwor Robert M. White, ehemaliger Leiter des US Weather Bureau, der ESSA sowie der NOAA, in der Keynote die Bedeutung zukünftiger Forschung.[253] Denn insbesondere das Prognosepotenzial der computergenerierten Klimamodelle war Ende der 1970er Jahre weiterhin umstritten. Es herrschte Uneinigkeit, ob und inwiefern sich das Klimasystem mit seinen Komponenten der Atmosphäre, der Hydrosphäre, der Kryosphäre und Lithosphäre mit den komplexen Feedbackschlaufen beschrieben werden konnte und ob angesichts der noch immer als limitiert wahrgenommen Informationen eine verlässliche Prognose möglich sei.[254] Im Abschlussbericht konnte sich die Teilnehmer immerhin auf die Formulierung einigen, dass die Modelle trotz der starken Vereinfachungen annäherungsweise Auswirkungen eines Kohlendioxidanstiegs simulieren konnten: »Es scheint sich jedoch ein Konsens dahingehend abzuzeichnen, dass die Modelle trotz der starken Vereinfachungen die korrekte Sensitivität wahrscheinlich recht gut wiedergeben.«[255]

Kaum mehr eine Rolle spielte die gezielte Klimamodifikation – weder als Instrument zur Verbesserung des bestehenden Klimas noch als technische Gegenmaßnahme –, auch wenn sie nicht ausdrücklich ausgeschlossen wurde. So plausibilisierte etwa Jewgeni Fjodorow die Machbarkeit gezielter Eingriffe mit der Diagnose des Klimawandels: »Wenn wir akzeptieren, dass der Mensch in der Vergangenheit in der Lage war, das Klima zu verändern, ohne dies zu beabsichtigen, dann sollte es im Prinzip möglich sein, ähnliche

252 Vgl. u.a. Baumgartner, A.: Climatic Variability and Forestry, in: ebd., S. 581–607; Cushing, D. H.: Climate Variation and Marine Fisheries, in: ebd., S. 608–632; Weihe, Wolf H.: Climate, Health and Disease, in: ebd., S. 313–368; Chia-Cheng, Chang: Study on the Climatic Change and the Exploitation of Climatic Resources in China, in: ebd., S. 406–425.

253 Vgl. White, Robert M.: Climate at the Millennium, in: ebd., S. 3–11.

254 Vgl. O. V.: Report on Discussion Held During the First Week of the Conference, in: ebd., S. 695–708, hier S. 696.

255 Ebd., S. 696. Im Original: »A consensus seemed to emerge, however, to the effect that, in spite of the extensive simplifications of the models, they were probably approximating the correct sensitivity fairly well.«

Veränderungen absichtlich herbeizuführen.«[256] Auch in einem gemeinsam formulierten »Appeal to Nations« wurde die Möglichkeit gezielter Interventionen genannt, jedoch – und das war entscheidend – gekoppelt an die Warnung vor einer übereilten Anwendung, da bisher detaillierte Folgenabschätzungen fehlten – und zwar nicht nur hinsichtlich der naturwissenschaftlichen, sondern auch sozialen und rechtlichen Nebeneffekte und auch keine internationale Abkommen beständen.[257]

Während also das Vertrauen in eine technische Lösung sichtbar erodierte und diese kaum mehr als Teil einer seriösen Strategie für den Umgang mit den Klimaveränderungen gehandelt wurde, sahen einige Konferenzteilnehmer Ressourcenverbrauch, Umweltverschmutzung und Bevölkerungswachstum als das zugrunde liegende Problem und forderten ein wirtschaftliches Umdenken. Fjodorow beispielsweise stellte – mit direktem Bezug auf *Grenzen des Wachstums* – die Reduktion des Energie- und Treibstoffverbrauchs ins Zentrum seiner skizzierten Strategie[258] und Mitarbeiter des International Institute for Applied System Analysis in Laxenburg bei Wien, das 1972 als internationales Institut zur Förderung wissenschaftlicher Zusammenarbeit über die Grenzen des Systemkonflikts gegründet worden war,[259] präsentierte Szenarien, die durch die Forcierung alternativer Energiequellen (Atom- und Sonnenenergie) der Klimaveränderung entgegenwirken sollten.[260]

Beinahe alle Teilnehmer betonten die zahlreichen offenen Fragen und forderten in erster Linie deren Klärung durch weitere Forschung. Auch hinsichtlich der Maßnahmen und politischer Empfehlungen existierte 1979 kein Konsens. Eine Verschiebung zeichnete sich jedoch ab: Der Klimawandel und seine Folgen sollten vorgängig verhindert und nicht nur ein »technological fix« repariert werden. In der Gemengelage einer erodierenden Wissen-

256 Vgl. Fedorov, E. K.: Climate Change and Human Strategy, in: World Meteorological Organization (Hg.): Proceedings of the World Climate Conference: A Conference of Experts on Climate and Mankind, Geneva, 12–23 February 1979, Genf 1979, S. 15–26, hier S. 19. Im Original: »If we accept that man has in the past been able to alter the climate without intending to do so, then in principle it should be possible to achieve similar changes deliberately.«

257 Vgl. An Appeal to Nations, in: ebd., S. 713–716, hier S. 714 f.

258 Vgl. Fedorov, Climate Change and Human Strategy, S. 23 f.

259 Vgl. Seefried, Zukünfte, S. 192 ff.

260 Vgl. Williams, Jill; Häfele, Wolf; Sassin, Wolfgang: Energy and Climate: A Review with Emphasis on Global Interactions, in: World Meteorological Organization (Hg.): Proceedings of the World Climate Conference: A Conference of Experts on Climate and Mankind, Geneva, 12–23 February 1979, Genf 1979, S. 15–26.

schafts- und Technologiegläubigkeit, die nicht zuletzt von Abschätzungen zu Chancen und Risiken von Technologie und Wissenschaft angestoßen und begleitet wurde, und der Diagnose eines ernsthaft bedrohten Klimas verlagerte sich das wissenschaftliche, politische und öffentliche Interesse und die gezielten Korrekturmaßnahmen gerieten für mehr als zwei Jahrzehnte nahezu in Vergessenheit.[261]

Grenzen

Juristen gehörten zu den ersten atmosphärenwissenschaftlichen Laien, die sich intensiv mit der Wetterbeeinflussung auseinandersetzten. Vor dem Hintergrund medialer Berichterstattung und erster Klagen übersetzten sie die zeitgenössische wolkenphysikalische Forschung bereits in den späten 1940er Jahren in rechtswissenschaftliche Auslegeordnungen. Im folgenden Kapitel untersuche ich diesen wechselwirkenden Prozess der (versuchten) Verrechtlichung der als neuer Technologie verhandelten Wetter- und Klimabeeinflussung, der in größere Debatten – etwa die Frage nach Vor- und Nachteilen des Föderalismus oder nach der Verantwortung der Wissenschaft einbettet war. Die kapitelübergreifende These lautet, dass die juristischen Fragen, welche die Wetter- und Klimabeeinflussung aufwarfen, mit ausschlaggebend waren, dass der Diskurs jenseits der Machbarkeit problematisiert wurde.

Um diese These herauszuarbeiten, muss ich zeitlich nochmals ausholen und skizziere dazu *erstens*, wie in den USA die Wetterbeeinflussung hinsichtlich der rechtlichen Konzepte Eigentum und Haftbarkeit – sowohl in Theorie als auch Praxis – Probleme sehr früh aufwarf und mit welchen Instrumenten und Wissensbeständen Juristen diese zu lösen versuchten. *Zweitens* zeige ich, wie die rechtliche Beweislast vom weiterhin prekären atmosphärenwissenschaftlichen Wirksamkeitsnachweis abhing und deshalb ein Versagen des Common Law befürchtet wurde. *Drittens* führe ich aus, wie sich vor allem mit den Experimenten zur Hurrikanbeeinflussung und den Plänen zur Klima-

261 Vgl. Feichter, Johann; Quante, Markus: From Predictive to Instructive: Using Models for Geoengineering, in: Heymann, Matthias; Gramelsberger, Gabriele; Mahony, Martin (Hg.): Cultures of Prediction in Atmospheric and Climate Science: Epistemic and Cultural Shifts in Computer-based Modelling and Simulation, London, New York 2017, S. 178–194.

kontrolle Fragen nach der Verantwortung und der Risikoabsicherung mit einer neuen Dringlichkeit stellten, die sich nicht allein durch juristische Konzepte beantworten ließen. Schließlich lege ich *viertens* dar, wie die rechtliche Auseinandersetzung mit dem grenzübergreifenden Phänomen der Wetter- und Klimabeeinflussung in den 1970er Jahren eine Internationalisierung erfuhr und verstärkt als ein umweltrechtliches Problem betrachtet wurde.

Eigentum und Haftung – frühe rechtliche Regelungsversuche

Im September 1947 erschien im *LIFE Magazine* eine Reportage über »Nick the Rainmaker«, einen Rancher und stolzen Flugzeugbesitzer aus Arizona. Dieser hatte über die Medien von den Experimenten bei General Electric erfahren und begann in der Folge selbst Wolken mit Trockeneis zu impfen und seine Dienste auch anderen Farmbesitzern anzubieten. Ob die Wetterbeeinflussung wirklich funktionierte, ließ der Text offen – doch falls ja, warf sie heikle Fragen auf oder wie *LIFE* abschließend formulierte:

> »Aber als die wissenschaftliche Regenerzeugung den Niederschlag aus der Sphäre göttlicher Handlungen entfernt hatte, tauchte ein Problem auf, das die Regenmacher beschäftigte: Welche Gesetze oder moralischen Werte sollten für das Umleiten von Regen gelten, der offensichtlich für andere Regionen bestimmt war?«[262]

Die zahlreichen Zeitungsartikel und Zeitschriftenreportagen, die sich in den ausgehenden 1940er Jahren den Experimenten bei General Electric, vor allem aber auch den Nachahmern, den Farmern und Unternehmern, widmeten, verwiesen gewöhnlich auf die fehlenden rechtlichen Grundlagen. So konstatierte beispielsweise auch *Time* ein »seltsames gesetzliches Vakuum, ausgelöst durch die Wissenschaft«.[263] Diese Berichterstattung in Publikumsmedien waren mit ausschlaggebend, dass sich Rechtswissenschaftler mit der rechtlichen Regelung der Wetterbeeinflussung als einer neuen Technologie zu beschäftigen begannen.

---

262 O. A.: Nick the Rainmaker, in: LIFE, 8.9.1947, S. 53–56. Im Original: »But as scientific rain-making removed precipitation from the category of acts of God, one problem emerged to plague the rain makers: what set of laws or moral values should apply to the waylaying of rain obviously destined for other regions?«

263 Science: Whose Rain?, in: Time, 22.12.1947, S. 44. Online: <http://content.time.com/time/magazine/article/0,9171,793979,00.html>, Stand: 19.11.2020. Im Original: »odd legal vacuum, caused by science«.

Dass neue Technologien – und als solche wurde die Wetterbeeinflussung gedacht – für Konflikte und Unsicherheit sorgten und damit Gegenstand rechtswissenschaftlicher Abhandlungen wurden, war grundsätzlich nichts Neues: Seit dem 19. Jahrhunderts hatten mit der Eisenbahn, dem Telefon, den Automobilen oder den Flugmaschinen zahlreiche technische Entwicklungen Eingang in den rechtlichen Diskurs gefunden.[264] Angesichts der medial ausgerufenen »Revolution des Regenmachens«[265] stellte sich auch für die Verrechtlichung der Wetterbeeinflussung eine Reihe grundlegender Fragen – oder wie es der angehende Anwalt, Alexander L. Bensinger, in einer der ersten Auslegeordnungen überhaupt ausdrückte: »eine Flut an rechtlichen Problemen«.[266]

Die Artikel von Nachwuchswissenschaftlern wie Bensinger, die Ende der 1940er Jahren Artikel in angesehenen juristischen Fachzeitschriften erschienen, identifizierten zwei Hauptproblemkomplexe und setzten damit die Eckpfeiler der juristischen Debatte der kommenden Jahre: Erstens stellte sich die Frage nach konkurrierenden Besitzansprüchen auf die Wolken oder auf das atmosphärische Wasser und zweitens die Frage nach der Haftung und damit der rechtlichen Handhabung möglicher Schäden Unbeteiligter. Daran schlossen weitere technische Fragen an: Auf welche Rechtsfeldern sollte sich die die Rechtswissenschaft bei der Ausarbeitung der Regelungen berufen? Und vor allem: Wie sollten diese durchgesetzt werden?[267]

Für die Regelung der neuen Technologie und zur Schaffung entsprechender Rechtsbegriffe stand den Rechtswissenschaften mit der Analogie ein bewährtes Instrument zur Verfügung.[268] Zur Beantwortung der Eigentumsrechte lotete etwa Bensinger bestehende Bestimmungen in vergleichbaren Geltungsbereichen aus und verwies zunächst auf die »Ad-coelum«-Doktrin,

---

264 Vgl. Dommann, Monika: Rechtinstrumente: die Übersetzung von Technik in Recht, in: Schweizerische Zeitschrift für Geschichte 55 (1), 2005, S. 17–33, hier S. 17 ff.

265 Ball, Vaughn C.: Shaping the Law of Weather Control, in: Yale Law Journal 58 (2), 1949, S. 213–244, hier S. 214; Whitney, R.: Storm Over Rain: Artificial Weather Rouses Legal and Social Problems, in: The New York Times, 14.12.1947, S. 33. Im Original: »revolution in rainmaking«.

266 Bensinger, Alexander L.: From Man-Made Rain, a Flood of Legal Problems, in: Temple Law Quarterly 22 (1), 1949, S. 99–105, hier S. 99. Im Original: »a flood of legal problems«. Vgl. dazu auch den Artikel im *Stanford Law Review*, der »a great novelty of legal problems« feststellte: o. V.: Who Owns the Clouds?, in: Stanford Law Review 1 (1), 1948, S. 43–63, hier S. 45.

267 Vgl. Bensinger, From Man-Made Rain, S. 99 f.

268 Zur Geschichte und Anwendung der rechtlichen Analogie vgl. u.a. Schauer, Frederick; Spellman, Barbara A.: Analogy, Expertise, and Experience, in: The University of Chicago Law Review 84 (1), 2017, S. 249–268.

die im angelsächsischen Rechtsraum seit dem 18. Jahrhundert als Prinzip des Sachenrechts galt und besagte, dass ein Landeigentümer auch den Luftraum (und das Erdreich) über respektive unter seinem Eigentum beanspruchen konnte. Dieses Prinzip war jedoch mit dem Aufkommen der Luftfahrt zunehmend infrage gestellt geworden[269] und auch hinsichtlich der Wetterbeeinflussung mit Operationen in mehreren Tausend Metern Höhen war unklar, wie weit sich dieses Recht erstreckte.[270] Eine nahezu gleichzeitig veröffentlichte ausführliche Auseinandersetzung in der *Stanford Law Review* ging noch einen Schritt weiter und verwarf eine Regelung des Eigentums der Wolken über die »Ad coelum« mit dem Argument, dass sie nie den Status eines Gesetzes gehabt hätte, sondern vielmehr als bildliche Wendung die vollständige Eigentümerschaft betonte.[271]

Neben Analogien zur Nutzung des Luftraums, von Öl und Gas oder von Wildtieren (»ferae naturae«),[272] die zwar alle als verlockend eingestuft, jedoch als unzureichend zurückgewiesen wurden, schien das Wasserrecht mehrere vielversprechende Anknüpfungspunkte zu bieten. Die Analogie zwischen dem sich in gasförmigem Zustand bewegenden Wasser in der Atmosphäre und dem fließenden Wasser auf oder unterhalb der Erdoberfläche war insofern naheliegend, als die Wetterbeeinflussung ja sehr früh als Lösung für die Ressourcenprobleme diskutiert wurde. Die *Standford Law Review* suchte beispielsweise eine Lösung der Nutzungs- und Eigentumsrechte über die Besitzergreifung von Wolken, da diese durch die Wetterbeeinflussung erstmals in den Bereich des Möglichen verlegt wurde. Die Durchsetzung eines Rechtsanspruchs auf Wolken – so das Fazit – musste jedoch an deren flüchtiger Natur scheitern und Wolken in dieser Argumentationslinie als Gemeineigentum gelten.[273]

Als besonders vielversprechend wurde hingegen eine Anwendung der »riparian rights« eingestuft, die in den USA eines von drei Rechtssystemen zur Allokation von Wasserressourcen darstellten und den Anrainern von

---

269 Vgl. Banner, Stuart: Who Owns the Sky? The Struggle to Control Airspace from the Wright Brothers On, Cambridge, London 2008, S. 16–25.

270 Vgl. Bensinger, From Man-Made Rain, S. 99 f.

271 Vgl. Who Owns the Clouds?, S. 48 f.

272 Vgl. u.a. Bensinger, From Man-Made Rain, S. 104 f.; Ball, Shaping the Law of Weather Control, S. 236; Who Owns the Clouds?, S. 46 f.

273 Vgl. Who Owns the Clouds?, S. 46–48.

fließenden Gewässern eine angemessene Nutzung zugestand.[274] Diese ließen sich über die »natural rights« (nicht zu verwechseln mit dem *ius naturale*) des Common Law herleiten, die einem Grundbesitzer die Nutzung seines Landes im natürlichen Zustand erlaubte. Auch hier konnten Einwände formuliert werden: Zunächst hatten letztlich alle – und nicht ausschließlich Anrainer – Zugriff auf die Atmosphäre und zudem betraf die angemessene Nutzung nur die *natürlichen* Ressourcen, was eine Adaption für eine *künstliche* Niederschlagsauslösung erschwerte. Verkompliziert wurde die Sache zusätzlich dadurch, dass die »riparian rights« auch in den USA nicht von allen Bundesstaaten anerkannt waren oder unterschiedlich angewendet wurden. Im Westen hatten mehrere Staaten aufgrund der trockenen klimatischen Bedingungen »›public water‹ statutes«[275] verabschiedet, um so eine effiziente Nutzung des verfügbaren Wassers zu gewährleisten. Für eine allfällige Gesetzgebung zur Regelung der Wetterbeeinflussung auf der Grundlage der »riparian rights« musste aufgrund der unterschiedlichen, sich teilweise widersprechenden Handhabung der Wassernutzung Widerstand einzelner Bundesstaaten erwartet werden.[276]

Trotz all dieser ausgeführten Schwierigkeiten sah etwa die *Stanford Law Review* in der Anwendung der »natural rights« die vielversprechendste Möglichkeit, da sie einerseits Grundeigentümer, die Wasser benötigten, schützten und andererseits die Wetterbeeinflussungsversuche nicht völlig zum Erliegen brächten. Diesem Urteil schloss sich der Assistenzprofessor an der Ohio State University Vaughn C. Ball im angesehenen *The Yale Law Journal* an. Er veröffentlichte im Januar 1949 den Artikel *Shaping the Law of Weather Control* und sah in der Einstufung der Atmosphäre als eine Wasserquelle ebenfalls die Möglichkeit, bestehendes Wasserrecht zu adaptieren. Dabei könnte ein Kläger den »natural flow« geltend machen und darauf bestehen, dass ihm »der endlose Luftstrom in seinem natürlichen Zustand«[277] zustehe, andererseits könnte die »reasonable use rule« angewendet werden, die es Grundbe-

274 Vgl. Dellapenna, Joseph W.: United States: The Allocation of Surface Waters, in: Dellapenna, Joseph W.; Gupta, Joyeeta (Hg.): The Evolution of the Law and Politics of Water, Dordrecht 2009, S. 189–204.

275 Who Owns the Clouds?, S. 57.

276 Vgl. ebd., S. 51–58.

277 Ball, Shaping the Law of Weather Control, S. 234. Im Original: »the endless stream of air in its natural state«.

sitzern erlaubte, Oberflächenwasser zu nutzen, auch wenn dies zur Schädigung eines anderen Grundbesitzers führte.[278]

Ball sah auch für das zweite zentrale Problem, die Handhabung durch Beeinflussung des Wetters verursachter Personen- und Sachschäden, durchaus Anwendungsmöglichkeiten bestehender Rechtsbestimmungen.[279] Anhand eines hypothetischen Modellfalls erörterte er die mögliche Lösung von Rechtsstreitigkeiten durch die Anwendung bereits bestehender juristischer Konzepte: Eine Privatperson A löst mit der Abgabe von Trockeneis aus einem Flugzeug Schneefall eines Sturmsystems aus, der auf einer Fläche von 20 Quadratmeilen ein Stadt- und Industriegebiet in Mitleidenschaft zieht. Die eingeschränkte Sicht durch den Schneefall führt zu einer Reihe von Autounfällen mit Sach- und Personenschäden. In diesem Fall – so Ball – könnte die Privatperson A über das Strafrecht belangt werden wegen Störung der öffentlichen Ordnung durch die Blockierung der Straßen, aber auch aufgrund einer Verletzung der Civil Air Regulations, die festlegten, dass niemand, der ein Flugzeug steuert, zulassen dürfe, dass während des Fluges Gegenstände abgeworfen werden, die eine Gefahr für Personen oder Sachen darstellen könnten.[280] Auch die zivilrechtliche Haftung für unbefugtes Eindringen in Grundbesitz ermöglichte es, zumindest den nominelle Schadensersatz einzufordern.[281] Wie bereits Bensinger oder ein Kommentar des *Albany Law Journal* tendierte Ball also zu einer pragmatischen Lösung des Haftungsproblems und zwar durch die Anwendung der bestehenden Rechtsnorm »nuisance« des »tort law«,[282] das eine erhebliche und unangemessene Beeinträchtigung des Genusses des Eigentums einer anderen Person bezeichnete. So könnte – vergleichbar mit der Luftfahrt – mit Adaptionen bestehender Regelungen das Problem behoben werden.[283]

Gingen die Meinungen der Rechtswissenschaftler hinsichtlich der geeigneten Adaption einer bestehenden Rechtsnorm des materiellen Rechts auseinander, waren sie sich einig, dass in prozessrechtlicher Hinsicht die

278 Ebd., S. 235.

279 Vgl. ebd., S. 226.

280 Code of Federal Regulations § 43A08, Civil Aeronautics Act 52 Stat. 973 (1938), zitiert nach: Ball, Shaping the Law of Weather Control, S. 228.

281 Ebd., S. 228 f.

282 Das US-amerikanische Tort Law ist ein Rechtsgebiet, das die nichtvertragliche Haftung zwischen Privaten regelt, vgl. Mitchell, Paul: A History of Tort Law 1900–1950, Cambridge 2015.

283 Vgl. G. T. H.: Comments: Legal Clouds from Rainmakers, in: Albany Law Review 14 (2), 1950, S. 204–214, hier S. 210 ff.

Beweislast in der Praxis das zentrale Problem darstellen würde. Die *Standford Law Review* führte exemplarisch aus, dass für Kläger, die aufgrund von Eingriffen in ihre »Wassernutzungsrechte« auf Schadensersatz klagten, nicht nur der erforderliche Nachweis eines Schadens, sondern auch der Nachweis der Ursache – in diesem Fall die Wetterbeeinflussung – vor Gericht nur schwer zu erbringen wären.[284] Auch für Ball stellten weniger die fehlenden materiell-rechtlichen Grundlagen ein Hindernis dar, sondern in zweifacher Hinsicht die Beweisführung: Erstens wäre es für einen mutmaßlichen Kläger allein aufgrund der Distanz zwischen dem Ort der Wetterbeeinflussung und dessen Effekten schwierig, einen Zusammenhang herzustellen und zweitens sei die Feststellung einer tatsächlichen Kausalität äußerst problembehaftet. Die rechtliche Beweisführung war somit aus denselben Gründen wie die naturwissenschaftliche Verknüpfung von Ursache und Wirkung eingeschränkt. Denn die instrumentellen Messungen und Foto- und Filmaufnahmen waren nicht nur in der *Scientific Community* der Wolkenphysiker umstritten. Es war auch fraglich, ob sie als Beweismittel vor Gericht genügten. Weder das bei anderen Fällen mit lückenhaftem Kausalnachweis hinzugezogene, auf Erfahrungswissen beruhende *res ipsa loquitur* noch eine Beweisführung über die (wolkenphysikalische) Theorie boten sich angesichts des jungen Forschungsfeldes als adäquate Alternative an. Als Voraussetzung für eine solide rechtliche Lösung musste Ball deshalb auf zukünftige Fortschritte der Meteorologie verweisen:

> »Fortschritte in der […] Meteorologie […] werden mit der Zeit die Zweifel ausräumen, wie sie es auch müssen, wenn die Kontrolle vollständig rational sein soll; aber nur in Verbindung mit einer umfassenden Instrumentierung, Beobachtung und Aufzeichnung kann rekonstruiert werden, ›was passiert ist‹.«[285]

Bereits um 1950 erkannten und befürchteten die Rechtswissenschaftler zudem, dass das Problem der Beweisführungslast respektive des Wirksamkeitsnachweises über potenzielle Gerichtsprozesse hinausging, da es die Schaffung von Präzedenzfällen durch das Common Law erschweren konnte. Deshalb schlugen einige eine Regelung über das Statute Law vor. Ein gewichtiges Argument für eine solche zeitnahe Regelung war die damit

284 Vgl. Who Owns the Clouds?, S. 60–62.

285 Vgl. Ball, Shaping the Law of Weather Control, S. 230 f.; Zitat S. 231. Im Original: »Advances in […] meteorology of the sort already referred to will in time resolve doubts, as they must if control is to be completely rational; but only in the presence of exhaustive instrumentation, observation and record-keeping can ›what happened‹ be reconstructed.«

einhergehende Behebung der rechtlichen Unsicherheit, die sich nachteilig auf den Fortschritt der Wetterbeeinflussung auszuwirken drohte.[286] Angesichts der zahlreichen offenen Fragen der wolkenphysikalischen Forschung konnte jedoch auf die zukünftige Produktion robusten Wissens verwiesen werden, das es erst erlauben sollte, staatliche Institutionen zu schaffen und Standards zu formulieren. Zudem bestand trotz aller festgestellten Schwierigkeiten durchaus Vertrauen in den Prozess des Common Law, die rechtlichen Schwierigkeiten der neuen Technologie über Präzedenzfälle zu lösen: »Die Fähigkeit des Common-Law-Systems, aus seinen alten Prinzipien neue Regeln für neue Situationen zu entwickeln, ist eine seiner großen Stärken.«[287] Bis zur Klärung sah etwa Ball die Aufgabe der Rechtswissenschaften darin, temporär unverantwortliche Aktivitäten zu verhindern. Dazu schlug er vor, das bereits bestehende Civil Aeronautics Board auf der Grundlage der Civil Air Regulations mit vorgängigen Sicherheitsabklärungen zu beauftragen.[288]

Diese zahlenmäßig begrenzten – und wohl nicht von allen gleichermaßen ernst genommenen[289] – frühen rechtlichen Auslegeordnungen blieben keine akademischen Fingerübungen von Nachwuchswissenschaftlern, sondern steckten als immer wieder gesetzte Fußnoten für die folgenden Studien und Gerichtsprozesse den Rahmen des kommenden rechtlichen Diskurses ab, indem sie sowohl die Referenzgebiete als auch das Instrument der historischen Analogie etablierten. Sehr zeitnah erweiterte sich nämlich der Kreis juristischer Akteure: Neben universitären Rechtswissenschaftlern, die weiter in regelmäßigen Abständen kürzere Traktate veröffentlichten, waren es nun auch Rechtsanwälte, die die Wetterbeeinflussung in ihr Repertoire aufnahmen. Wie prognostiziert, mussten sich US-amerikanische Gerichte um

286 Vgl. G. T. H.: Comments: Legal Clouds from Rainmakers, hier S. 212 ff.

287 O. A.: Who Owns the Clouds?, S. 56. Im Original: »The ability of the common-law system to develop new rules for new situations from its old principles is one of its great commending features.«

288 Vgl. Ball, Shaping the Law of Weather Control, S. 238.

289 Ray Jay Davis erklärte in der Rückschau in der zweiten Hälfte der 1970er Jahre, dass sich lediglich Außenseiter um 1950 mit dem Thema befasst hatten. Vgl. Davis, Ray Jay: Effective Scientist-Lawyer Interaction: The Weather Modification Context, in: Davis, Ray Jay; Grant, Lewis O. (Hg.): Weather Modification: Technology and Law, Boulder 1978 (AAAS selected Symposia Series 20), S. 113–118, hier S. 113.

1950 tatsächlich erstmals mit Rechtsfällen zur Wetterbeeinflussung auseinandersetzen.

So versuchte 1950 etwa Ben J. Slutsky, Besitzer des Nevele Country Club, vor dem New York State Supreme Court eine einstweilige Verfügung gegen die Durchführung von Experimenten zur Niederschlagssteigerung durch die Stadt New York zu erwirken. Der künstlich ausgelöste Niederschlag – so Slutsky und sein Anwalt – würde zu einem Anschwellen des Wassereinzugsgebiets der Catskills führen und damit sein Geschäft schädigen. Die Stadt New York verfolgte derweil eine zweiteilige Verteidigungsstrategie: Erstens versicherten Experten in eidesstattlichen Erklärungen, dass die Niederschlagsauslösung kontrolliert durchgeführt werden könne und zweitens machten sie eine Notlage geltend: Die seit 1949 anhaltende Dürre würde die Experimente rechtfertigen. Der zuständige Richter Ferdinand Pecora schloss sich in seinem Urteil an das Allgemeinwohl an, gewichtete dieses höher als ein rein spekulativer Sachschaden und lehnte den Antrag ab.[290]

1954 musste auch der umtriebige Irving P. Krick (ein erstes Mal) vor Gericht erscheinen. Nach einer Cloud-Seeding-Operation im Auftrag von Oklahoma City klagte eine Gruppe von Landbesitzern auf der Grundlage von Fahrlässigkeit auf Schadensersatz. Erstmals überhaupt musste ein Geschworenengericht urteilen und dabei abwägen, ob der Angeklagte als erfahrener Cloud-Seeding-Experte die Gefahr einer Auslösung übermäßigen Regens hätte antizipieren müssen und damit fahrlässig gehandelt hatte, oder ob das Hochwasser vom 18. und 19. November 1953 auf natürlichen Niederschlägen beruhte. Die Geschworenen entschieden für den Angeklagten, dass die Kläger die Beweislast nicht hatten erbringen können.[291]

Beide Gerichtsbeschlüsse eigneten sich nicht als Präzedenzfälle: Das Urteil im Fall von Krick erfolgte ohne schriftliche Stellungnahme und im Fall Slutsky versus New York handelte sich nicht um eine Klage, sondern um die Ablehnung einer einstweiligen Verfügung.[292] In der Folge hatte nur ein Urteil von 1958 zumindest kurzzeitig das Potenzial, um einen Präzedenzfall zur Klärung des Eigentums zu schaffen. Texanische Farmer hatte eine einstweilige Verfügung gegen eine Hagelabwehroperation benachbarter Farmer er-

290 Vgl. Taubenfeld, Howard Jack: Weather Modification: Law, Controls, Operations. Report to the Special Commission on Weather Modification, Washington, D. C. 1966, S. 56–58.

291 Vgl. Grauer, Allan L.; Erickson, Bob: The Weathermaker and the Law, in: South Dakota Law Review 1, 1956, S. 105–119, hier S. 108 f.; Zitat S. 109.

292 Vgl. ebd., S. 110.

wirkt, mit der Begründung: Das Cloud-Seeding zur Hagelreduktion hätte die Regenwolken über ihrem Gebiet ›zerstört‹ und damit Niederschlag verhindert. Die beklagte Partei zog vor das Berufungsgericht, wo die Verfügung jedoch bestätigt wurde und erstmals überhaupt ein Gericht deutliche Stellung zu den Eigentumsverhältnissen des atmosphärischen Wassers bezog. Es berief sich nämlich auf die »natural flow rule«, die festschrieb, dass der Landbesitzer ein Anrecht auf den Niederschlag hatte, den die Natur zur Verfügung stellte. Ein konsequente Umsetzung dieser Auslegung wäre jedoch einem vollständigen Verbot der Wetterbeeinflussung gleichgekommen, sodass der Supreme Court of Texas die Verfügung ausdrücklich auf den bestehenden Fall beschränkte.[293]

Grundsätzlich galt jedoch für die Prozesse, dass Klagen auf Schadensersatz einen schweren Stand hatten, da ein zweifelsfreier Nachweis eines Zusammenhangs zwischen einer Cloud-Seeding-Operation und Schäden kaum zu erbringen war. Die Auftraggeber und die kommerziellen Anbieter befanden sich damit in einer komfortablen, wenn auch paradoxen Situation: Sie begründeten respektive akquirierten einerseits Operationen mit dem Argument, dass die Methoden der Wetterbeeinflussung funktionierten, konnten sich jedoch bei einer Schadensersatzklage gegen sie auf bisher ausgebliebene Evidenzproduktion der *Scientific Community* berufen. Und selbst wenn auf der Wirksamkeit beharrt wurde, blieb die Hürde für eine Haftung hoch, da die Angeklagten auf einer sorgfältigen Durchführung bestehen konnten oder – verkürzt gesagt: »Selbst wenn ich etwas getan habe, war ich vorsichtig.«[294]

Die ausführlichste Auseinandersetzung vor Gericht begann 1958 und zeigte mit den Übersetzungsschwierigkeiten von atmosphärenwissenschaftlichem Wissen in rechtliche Argumente und seine Beurteilung durch atmosphärenwissenschaftliche Laien ein zweites Problemfeld auf. Der Prozess betraf die Flutkatastrophe von Yuba City in Nordkalifornien an Heiligabend 1955, als nach Rekordregenfällen mehrere Dämme brachen. Die folgende Flut kostete nicht nur 38 Personen das Leben, sondern verursachte auch einen Gesamt-

293 Vgl. Davis, Ray Jay: Weather Modification: Litigation and Statutes, in: Hess, Wilmot N. (Hg.): Weather and Climate Modification, New York 1974, S. 767–786, hier 768 f.

294 Vgl. Grauer, Erickson, The Weathermaker and the Law, S. 108; Davis, Weather Modification, S. 772; Zitat ebd. Im Original: »Even if I did something I was careful.«

schaden von schätzungsweise mehr als 200 Millionen Dollar.[295] Nachdem eine offizielle Untersuchung durch eine Grand Jury mehreren Mitgliedern der Stadt- und Bezirksverwaltung Pflichtverletzung vorwarf, betraute diese ein Anwaltsbüro mit einer Gegenklage gegen den Staat Kalifornien, die Pacific Gas & Electric Company (PG&E) und die North American Weather Consultants. PG & E hatte 1953 erstmals versuchshalber zur Steigerung der Stromproduktion auf die Methoden von Schaefer und Vonnegut zurückgegriffen und die Firma North American Weather Consultants mit der Durchführung von Experimenten zur Niederschlagsauslösung im Einzugsgebiet der Flüsse Mokelumne und Stanislaus River beauftragt. Die Vorversuche wurden als erfolgversprechend einschätzt, sodass 1955 im Bereich des Wasserreservoirs Lake Almanor die operative Wetterbeeinflussung mit Silberiodidgeneratoren startete. Als ab dem 14. Dezember 1955 starke Regenfälle auftraten, wurden die Generatoren zunächst weiter betrieben, bis die Meteorologen von PG & E eine weitere Zunahme der (natürlichen) Sturmstärke voraussagten und den Abbruch der Operation empfahlen, um so dem Vorwurf zu entgehen, zur Sturmstärke beizutragen.[296]

Der Anwalt Reginald Watt, der seit 1955 die Stadt- und Bezirksverantwortlichen vertrat, erfuhr offenbar erst um 1957 zufällig von diesen Wetterbeeinflussungsoperationen und sah darin einen Ansatzpunkt für eine Gegenklage zur Entlastung seiner Mandanten. Zur Vorbereitung griff er auf die Forschungsliteratur zurück und ließ sich von Jack M. Hubbard beraten, der 1945 als führender Meteorologe den Trinity-Test begleitet und sich danach selbst in kommerzieller Wetterbeeinflussung versucht hatte.[297] Hubbard wies Watt auf die Schwierigkeit hin, den natürlichen vom künstlich ausgelösten Niederschlag zu isolieren. Trotzdem stufte Watt nach der Konsultation statistischer Sturmmuster der Gegend die Übersetzung meteorologischen Wissens in ein rechtliches Argument als vielversprechend ein und integrierte die Wetterbeeinflussung als Klagegrund in die 1958 eingereichte Klage.

Bereits in den Prozessvorbereitungen manifestierte sich nun das Dilemma der widersprüchlichen meteorologischen Expertisen. Die Verteidigung

295 Vgl. Mann, Dean E.: The Yuba City Flood: A Case Study of Weather Modification Litigation, in: Bulletin of the American Meteorological Society 49 (7), 1968, S. 690–714, hier S. 691.

296 Vgl. ebd., S. 693 f.

297 Zu Jack M. Hubbard vgl. Jack Hubbard, Atomic Heritage Foundation, <https://www.atomicheritage.org/profile/jack-hubbard>, Stand: 8.1.2021.

hatte die führenden Meteorologen bereits angeworben, sodass die Kläger erst kurz vor Prozessbeginn den gelernten Luftfahrtingenieur Maurice Garbell als meteorologischen Experten beiziehen konnte. Der Hauptverteidiger Edward Morris konnte mit dem Cloud-Seeding-Pionier Vincent Schaefer und Arnold Court, Professor für Klimatologie am San Fernando State College und Spezialist für statistische Verfahren,[298] auf ungleich größere Autoritäten zurückgreifen. Die Komplexität meteorologischen Wissens und die Schwierigkeit, diese in einem Gerichtsprozess zu verhandeln, war auch mitverantwortlich für die langwierigen Voruntersuchungen, die sich fünf Jahre hinzogen. Denn die Anwälte mussten sich auch darüber verständigen, ob der Prozess vor einem Geschworenengericht oder allein vor einem Richter stattfinden sollte. Da von den 12 000 registrierten Wählern in Sutter County nur 400 potenzielle Geschworene infrage kamen, die in keiner Beziehung zu den angeklagten Parteien standen, und insbesondere, weil man ihnen schlicht nicht zutraute, den wissenschaftlich komplexen Fall zu beurteilen, einigten sich die Parteien auf einen Richter.

Zwar war es im US-amerikanischen Rechtssystem durchaus üblich, Experten bei Prozessen beizuziehen. Doch während des von meteorologischen Fachdiskussionen geprägten Prozessverlaufs wurde besonders deutlich sichtbar, dass das Gericht beim jungen Feld der Wetterbeeinflussung nicht einfach auf eine bestehende Lehrmeinung zurückgreifen und davon ein Urteil ableiten konnte. Vielmehr musste vor Gericht zunächst entschieden werden, was die ›gute‹ Wissenschaft genau sei.[299] Während der Experte der Kläger Maurice Garbell ein Modell instabiler Luftmassen mit vorherrschenden Konvektionszellen präsentierte und damit zu zeigen versuchte, dass das Silberiodid der Generatoren sowohl die Höhe wie auch die Richtung erreichten, um zusätzlichen Niederschlag auszulösen, sagte Vincent Schaefer für die Angeklagten aus, dass er angesichts der Wind- und Temperaturbedingungen am fraglichen Tag keine Möglichkeit sehe, dass die verwendete Menge an Silberiodid als gefährlich angesehen werden könne. Der Auftritt von Arnold Court illustrierte dann nochmals die absurde Ausgangslage der Angeklagten und das grundsätzliche Dilemma der Kläger. Er widersprach nämlich vergangenen Gutachten von PG & E, die eine signifikante Niederschlagssteigerung behauptet hatten und leitete daraus ab, dass die Klage

298 Vgl. u.a. Court, Arnold: Some New Statistical Techniques in Geophysics, in: Landsberg, Helmut E. (Hg.): Advances in Geophysics, Bd. 1, 1952, S. 45–85.

299 Vgl. Jasanoff, Science at the Bar, S. 42 ff.

die Beweislast nicht über eine einzelne Episode, sondern nur über einen längere Periode intensiven Experimentierens erbracht werden könne.[300] Diesem Argument folgte der Richter, der zwar hinsichtlich der Haftung für Planung, Bau und Instandhaltung des Deichsystems gegen den Staat Kalifornien entschied, die Klage gegen PG & E als und NAWC jedoch abwies: »Die Kläger können keine Ansprüche gegen die Pacific Gas and Electric Company oder North American Weather Consultants geltend machen, da sie ihrer Beweislast nicht nachgekommen sind.«[301] Wie die frühen Abhandlungen nahelegt hatten, erwies sich damit die Last der Beweisführung als Schwachstelle für erfolgreiche Klagen.

Als Präzedenzfall eignete sich auch der Yuba-Prozess nicht, sodass die Fragen des Eigentums und der Haftung weiter unbeantwortet blieben. Das Erbringen des Beweises der unmittelbaren Ursache verhinderte auch die Etablierung einer einschlägigen Gesetzgebung, sodass die Experimente und kommerziellen Operationen weitgehend in einem rechtlichen Vakuum stattfanden. Der juristische Diskurs blieb direkt mit der wolkenphysikalischen Forschung verhakt: Solange die Wissenschaft nicht zweifelsfrei die Wirksamkeit belegen konnte, waren Haftungsklagen gegen »Wettermacher« aufgrund von Beweispflichten zum Nachteil der Geschädigten zum Scheitern verurteilt. Die *South Dakota Law Review* wies bereits 1956 exemplarisch auf diese Stagnation der rechtlichen Bestimmung hin und sahen nur zwei Möglichkeiten: einerseits die Durchsetzung eines absoluten Verbots aller Cloud-Seeding-Aktivitäten oder andererseits eine uneingeschränkte Freigabe. Angesichts des großen Nutzens einer funktionierenden Technologie der Wetterbeeinflussung sprachen sich die Autoren für eine uneingeschränkte Freigabe und einen Ausschluss der Haftung aus, bis die Experimente den Wirksamkeitsnachweis erbrachten und damit eine solide gesetzliche Regelung erlaubten.[302]

Durch diese frühen Rechtsfälle, die mediale Berichterstattung wie auch die ersten Sonden der Rechtswissenschaftler erstarkte der Ruf nach einem Einschreiten des Gesetzgebers zur Regulierung der Wetterbeeinflussung auf Stufe des Bundes wie in den Gliedstaaten. Clinton P. Anderson, US-Se-

300 Vgl. Mann, The Yuba City Flood, S. 703 ff.

301 Ebd., S. 708. Im Original: »Plaintiffs may not recover against the Pacific Gas and Electric Company or North American Weather Consultants as they have failed in their burden of proof.«

302 Vgl. Grauer, Erickson, The Weathermaker and the Law, S. 118 f.

nator aus New Mexico und früherer Landwirtschaftsminister der Truman-Administration, begann sich bereits 1950 für eine rechtliche Regelung durch die Bundesregierung einzusetzen. Der 1951 vorgelegte *Weather Control Act* war dem *Atomic Energy Act* nachempfunden und hätte einer Weather Control Commission weitreichende Kompetenzen zugestanden. Aufgrund des Widerstands privater kommerzieller »Wettermacher« und militärischer Stellen, die die bisherige Forschung maßgeblich finanziert hatten und durch gesetzliche Maßnahmen der Bundesregierung ihre Geschäftstätigkeit respektive ihre Forschung gefährdet sahen, scheiterte der Gesetzesentwurf. Zwei Jahre später stellte der Kongress immerhin Geldmittel für Eisenhowers Advisory Committee on Weather Control bereit, das wie bereits beschrieben zum bedeutenden Akteur des Diskurses avancierte.[303] Der Ende 1957 an Präsident Eisenhower überreichte Abschlussbericht beinhaltete dann auch neben der Berichterstattung über die verschiedenen Projekte, den Stand der Forschung, die Beurteilung von Evaluationsverfahren auch ein kurzes Kapitel zur gegenwärtigen rechtlichen Situation mit anschließenden Empfehlungen.[304]

Die vom Juristen Jack C. Oppenheimer, Mitarbeiter des Innenministeriums und geschäftsführender Sekretärs des Advisory Committee, erfolgte Zusammenstellung der rechtlichen Situation zeigte, dass seit Beginn der 1950er Jahre bereits 16 Bundesstaaten Regelungen und Gesetze erlassen hatten, die die Wetterbeeinflussung oder -kontrolle behandelten. Die meisten Staaten wie Nevada, Utah und Wisconsin beschränkten sich auf eine Bewilligungspflicht und verlangten eine vorherige Ankündigung von Operationen und Experimenten sowie die Sammlung und Evaluation von Informationen. Die fünf Staaten Colorado, Louisiana, Nebraska, South Dakota und Wyoming beanspruchten hingegen Souveränitätsrechte auf den in den Wolken enthaltenen Wasserdampf innerhalb ihrer Staatsgrenzen und beabsichtigten damit eine aktive Kontrolle der Wetterbeeinflussung. Colorado hatte beispielsweise nicht nur eine Weather Control Commission geschaffen und eine Bewilligungspflicht eingeführt, sondern übertrug die wasserrechtlichen Bestimmungen der »Colorado Rule on Flowing Water« auf die Atmosphäre und machte staatliches Recht auf den gesamten Was-

303 Vgl. u.a. Harper, Climate Control, S. 20–26, hier S. 22 f.; Harper, Make It Rain, S. 88–104.
304 Vgl. Advisory Committee on Weather Control (Hg.): Final Report: Volume I, Washington, D. C. 1958, S. 23–26.

sergehalt der Atmosphäre über Staatsgebiet geltend.[305] Diese staatlichen Gesetzgebungen regelten zwar teilweise die Eigentumsansprüche, schufen jedoch keine einschlägigen Rechtsvorschriften zur möglichen Haftung der staatlichen und kommerziellen »Regenmachern«. Vielmehr stellten sie den Versuch dar, das wissenschaftlich umstrittene Feld durch die Etablierung gewisser Standards zu regulieren. Zudem stellte sich angesichts der unterschiedlichen Rechtslagen eines grenzübergreifenden Phänomens wie dem Wetter verstärkt die Frage nach zwischenstaatlichen oder bundesstaatlichen Regelungen.[306]

Die Krise des Common Law – Debatten über zentralstaatliche Regelungen

Nachdem sich in den 1950er Jahren Rechtswissenschaftler in theoretischer Hinsicht mit der neuen Technologie auseinandergesetzt, die teilsouveränen US-amerikanischen Bundesstaaten erste Gesetze erlassen hatten und vereinzelt Gerichtsverfahren eröffnet worden waren, wurden Abklärungen und Empfehlung zur rechtlichen Handhabung in den 1960er Jahren Teil der aufkommenden Technikfolgenabschätzungen. Der Auftrag der 1964 von der National Science Foundation geschaffenen Special Commission on Weather Modification bestand mitunter auch in der Untersuchung der rechtlichen und legislativen Aspekte der Wetterbeeinflussung. Um eine Übersicht über die zeitgenössische Gesetzgebung und ihre Effekte zu erhalten, entschied sich die Kommission zunächst mittels eines Fragebogens, der an die 50 Regierungen der Bundesstaaten sowie 64 Personen und Organisationen – inklusive Bundesbehörden und kommerzielle Anbieter – versandt wurde, erstens den Status quo zu erheben und zweitens Bedürfnisse abzuklären. Verantwortlich für die Auswertung und die Ableitung von Empfehlungen für die Kommission war wiederum Jack C. Oppenheimer als geschäftsführender Sekretär sowie Howard J. Taubenfeld, Professor an der Southern Methodist University.[307] Taubenfeld war insofern eine naheliegende Wahl, da er als Experte für Weltraumrecht bereits Erfahrung mit der Erschließung

305 Vgl. Watts, T. E. Jr.: Weather Modification Legislation – A Survey Note, in: Vanderbilt Law Review 8 (4), 1955, S. 897–904, hier S. 898 ff.

306 Vgl. Grauer, Erickson, The Weathermaker and the Law, S. 111.

307 Vgl. o. V.: Weather Modification Law, Controls, Operations, in: Bulletin of the American Meteorological Society 47 (3), 1966, S. 184–193, hier S. 184.

neuer Rechtsräume mitbrachte.[308] Einleitend hielten sie nochmals das zentrale Problem fest: »Das Wetter ist von Natur aus ein nationales und sogar internationales Problem. Die Elemente halten sich nicht an private Grenzen, Staatsgrenzen, regionale Zusammenschlüssen oder sogar nationale Grenzen.«[309] Die Angewohnheit atmosphärischer Bewegungen habe bereits für Gerichtsverfahren gesorgt und galt den Autoren für die Zukunft sogar als möglicher »casus belli«.[310] Sie folgten damit weitestgehend den Argumenten, wie sie bereits um 1950 vorgebracht worden waren und klopften das bestehende Recht auf Anknüpfungspunkte ab, wobei sie – wie ihre Vorgänger – auf die Unzulänglichkeit einer Eins-zu-eins-Übertragung, etwa von wasserrechtlichen Bestimmungen, hinwiesen und als Grundproblem den Wirksamkeitsnachweis aufführten.

Hatte in den 1950er Jahren der Fokus auf den Rechtsansprüchen von Landbesitzern und der möglichen Haftbarkeit von »Wettermachern« gelegen, stellte sich nun für die Juristen, die im Auftrag der Regierung arbeiteten, jedoch verstärkt ein zweifaches Problem: Wie konnte auf der einen Seite im Schadensfall Betroffene ordnungsgemäß und angemessen entschädigt und auf der anderen Seite die Durchführung von wissenschaftlichen Experimenten und legitimen kommerziellen Operationen gewährleisten werden? Dass in den Aushandlungsprozessen juristischer Normen die Verminderung von Gefahren gleichermaßen berücksichtigt wurden wie die Förderung wissenschaftlicher und wirtschaftlicher Entwicklung, stellte kein Novum dar.[311] Doch angesichts des umstrittenen Status der Wetterbeeinflussung galt die Durchführung von Experimenten für die Weiterentwicklung und Fortschritt der Technologie als zwingende Notwendigkeit, sodass es zu verhindern galt, mit allzu strikter Gesetzgebung die Forschung auszubremsen. Angesichts des grenzüberschreitenden Phänomens sprach sich Taubenfeld

308 Vgl. u.a. Jessup, Philip C.; Taubenfeld, Howard Jack: Controls for Outer Space and the Antarctic Analogy, New York 1959; Taubenfeld, Howard J.; Taubenfeld, Rita F.: Man and Space: Politics, Law, Organization, Dallas 1964.

309 Taubenfeld, Howard J.: Weather Modification: Law, Controls, Operations: A Survey of Responses to Questionnaires of the Special Commission on Weather Modification of the National Science Foundation by States, Research and Experimental Organizations, Commercial Operators, and Federal Agencies, Washington, D. C. 1966, S. 2. Im Original: »Weather is inherently a national and even international problem. The elements have no interest in private boundaries, State lines, regional groupings or even national border.«

310 Ebd.

311 Dommann, Rechtinstrumente, hier S. 20.

nun deutlich für eine Einheitlichkeit und damit für eine aktive Rolle der Bundesregierung aus.[312]

Während die Rechtswissenschaftler um 1950 die Stärken des Common Law betont hatten, über die Adaption bestehender Gesetzgebung und Gerichtsentscheide mit Präzedenzcharakter auch das Aufkommen neuer rechtlicher Herausforderungen zu meistern, wurde nun die Schwäche hervorgehoben, Probleme antizipieren und vorhersehbare Konflikte rechtzeitig verhindern zu können.[313] In dieser Lesart galt die neue Technologie der Wetterbeeinflussung nicht mehr einfach als eine (sportliche) Herausforderung für das bestehende Rechtssystem, sondern als ernsthaftes Problem. Vergleichbar argumentierte beispielsweise der Rechtsprofessor Robert S. Hunt von der University of Washington. Für das akademische Jahr 1966/1967 hatte der Atmosphärenwissenschaftler und langjähriges Mitglied des Committe on Atmospheric Sciences, Robert G. Fleagle,[314] aufgrund des bisher als unzureichend wahrgenommenen Einbezugs politischer, ökonomischer und rechtlicher Perspektiven eine interdisziplinäre Lehrveranstaltung organisiert,[315] im Rahmen derer Hunt eine ausführliche Analyse der gegenwärtigen Situation vornahm. Auch er betonte die Anwendungsgrenzen des Common Law hinsichtlich der Wetterbeeinflussung:

> »Teil der Genialität des Common Law war seine Fähigkeit, durch die Anpassung alter Konzepte an neue Situationen Regeln zu schaffen, die den Bedürfnissen der Zeit und des Ortes entsprechen. Aber wenn eine Innovation wie die Wetterbeeinflussung, die fast sui generis ist, in eine komplexe städtische Gesellschaft vordringt, ist es zweifelhaft, ob das Gewohnheitsrecht ohne Hilfe dieser Aufgabe gewachsen ist.«[316]

Abgesehen von der nahezu unüberwindbaren Beweislast allfälliger Klageparteien seien – so Hunt – die Gerichte schlicht nicht geeignet für die

312 Vgl. Taubenfeld, Weather Modification: Law, Controls, Operations, S. 4–6.

313 Vgl. o. A., Weather Modification Law, Controls, Operations, hier S. 185.

314 Zu Robert G. Fleagle vgl. Wallace, John M.: Obituaries: Robert G. Fleagle, 1918–2013, in: Bulletin of the American Meteorological Society 95 (8), 2014, S. 1268–1271.

315 Vgl. Fleagle, Robert G.: Preface, in: Fleagle, Robert G. (Hg.): Weather Modification: Science and Public Policy, Seattle 1969, S. v–vi.

316 Hunt, Robert S.: Weather Modification and the Law, in: Fleagle, Robert Guthrie (Hg.): Weather Modification: Science and Public Policy, Seattle 1969, S. 118–137, hier S. 128. Im Original: »Part of the genius of common law was its capacity, by adapting old concepts to new situations, for fashioning new rules that served the needs of time and place. But when an innovation like weather modification, almost sui generis, intrudes upon a complex urban society, it is doubtful whether the common law, without assistance, will be equal to the task.«

Regelung einer neuen Technologie, die so weit reichende und komplexe Konsequenzen für die Gesellschaft haben konnte – insbesondere weil er das Format der Gerichtsprozesse mit der Gegenüberstellung unterschiedlicher Expertenmeinungen als ungeeignet für die Aushandlung wissenschaftlicher Evidenz einstufte.[317] Trotz gewisser Bedenken hinsichtlich eines Ausbaus staatlicher Bürokratie sprach sich Hunt aus diesen Gründen für eine bundestaatliche Kontrolle aus:

> »Aber wenn man die langfristigen Prognosen für Wettermodifikationsprogramme betrachtet, fällt mir kein Bereich ein, der direkter vom Bund betroffen wäre; meiner Meinung nach würde er mit der Kontrolle von Atomenergie gleichrangig sein. Die Argumentation für eine bundesweite Übernahme des gesamten Bereichs ist überzeugend.«[318]

Die Sicherstellung zukünftiger Forschung und kommerzieller Operationen wurde auch außerhalb der staatlichen Gremien gefordert. Dabei stellte für kommerzielle Anbieter das rechtliche Vakuum aus anderen Gründen eine Bedrohung dar. Während für Juristen ausbleibende Präzedenzfälle ein grundsätzliches Problem für das Funktionieren des Rechtssystems darstellten, befürchteten kommerzielle Anbieter gerade die Schaffung von nachteiligen Präzedenzfällen, wie etwa eine Einstufung der Wetterbeeinflussung als »ultra-hazardous activity«. Dies hätten Cloud-Seeding-Operationen im Haftpflichtrecht (»tort law«) für die Gefährdungshaftung und damit für Schadensersatzforderungen anfällig gemacht. Eine solche Entwicklung hätte natürlich auch den wissenschaftlichen Fortschritt durch staatliche unterstützte Experimente gefährdet – umso mehr als die staatliche Immunität in den USA erodierte. So hatte etwa deren Aufhebung im Bundesstaat Kalifornien vom Obersten Gerichtshof 1961 erst die Yuba-City-Klage ermöglicht.[319]

In den 1960er Jahren zeichnete sich deshalb ein Meinungsumschwung ab: Hatten um 1950 kommerzielle Anbieter wie auch für die Forschung zuständigen Stellen vor Eingriffen des Staates gewarnt, bevorzugten sie nun erstens eine Klärung durch die US-Bundesregierung und forderten zweitens einen Einbezug atmosphärenwissenschaftlicher Expertise. Der

---

317 Vgl. ebd., S. 128–132.

318 Ebd., S. 135. Im Original: »But, looking at the long-range projections of weather modification programs, I can think of no area more directly of federal concern; it would rank, in my opinion with the control of atomic energy. The case is strong for federal pre-emption of the entire field.«

319 Vgl. Mann, The Yuba City Flood, S. 694 f.; Davies, Weather Modification Litigation and Statutes, S. 775 f.

in San Francisco ansässige Strafverteidiger Edward A. Morris, der sich im Rahmen des Yuba-Prozesses intensiv mit den wissenschaftlichen Grundlagen auseinandergesetzt hatte und sich in den Folgejahren als Mitglied der American Meteorological Society als Rechtsexperte für Fragen zur Wetterbeeinflussung positionierte, rief deshalb 1965 die Atmosphärenwissenschaftler zur aktiven Beteiligung an rechtlichen und legislativen Debatten auf, um zu verhindern, dass »lähmende Gesetzgebung, unbegründete Rechtsstreitigkeiten und unangemessene Einmischung«[320] sich nachteilig auf die Durchführung der Feldexperimente auswirkten. Forschungshemmende Gesetzgebung sei zu erwarten, wenn die grundlegenden Fragen weiter einzelnen Gerichtsurteilen überlassen werde, die nicht ausgerichtet seien, langfristige wissenschaftliche Planung zu berücksichtigen. Als konkrete Lösung für das Problem schlug er ebenfalls die Prüfung einer neuen Behörde vor, die mit vergleichbaren Aufgaben und Kompetenzen wie die Atomic Energy Commission ausgestattet werden sollte.[321]

Verschiedene Akteuren diagnostizierten somit in den 1960er Jahren zunehmend ein Auseinanderdriften von fortschreitender Technik und Wissenschaft auf der einen und dem Rechtssystem auf der anderen Seite. Das Vertrauen in die Etablierung eines Rechtssystems aus der Rechtsprechung durch die Gerichte durch die Adaption und den Rückgriff auf bestehende Prinzipien war geschwunden, sodass aus unterschiedlichen Motiven verstärkt Eingriffe durch den Bundesstaat verlangt wurden. So präsentierten 1967 mit James N. Corbridge Raphael J. Moses erneut zwei Juristen ihre Vorstellungen zum Status der gesetzgeberischen Maßnahmen. Sie konstatierten exemplarisch eine drohende Lücke zwischen gesellschaftlichem Steuerungsbedarf und rechtlichem Angebot und forderten eine aktivere Rolle der Bundesregierung durch die Schaffung einer zentralen Verwaltungsbehörde:

»Da der Einsatz von Techniken zur Wetterbeeinflussung, selbst in kleinem Maßstab, Kettenreaktionen auslösen kann, die praktisch unbegrenzte Ausmaße annehmen können,

---

320 Morris, Edward A.: The Law and Weather Modification, in: Bulletin of the American Meteorological Society 46 (10), 1965, S. 618–622, hier S. 618. Im Original: »crippling legislation, unwarranted litigation, and undue interference«.

321 Vgl. ebd., S. 622; vgl. dazu auch Weather, Legal Problem?, in: The Science News-Letter 88 (26), 1965, S. 405.

muss darauf geachtet werden, dass es Kontrollen gibt, die im Interesse des nationalen Gemeinwohls und der Sicherheit durchgesetzt werden können.«[322]

Als mögliches Modell wurde erneut der *Atomic Energy Act* hinzugezogen, dessen Adaption für die Wetterbeeinflussung gleichermaßen den Schutz der Öffentlichkeit wie auch den Fortschritt der Forschung sicherstellen würde. Auch für den mehrfach erwähnten Gordon MacDonald, den so optimistischen Befürworter der Wetter- und Umweltkontrolle, war längst nicht mehr allein die Bewältigung technisch-wissenschaftlicher Fragen entscheidend, sondern der Umgang mit den politischen, ökonomischen, sozialen sowie rechtlichen Konsequenzen. Konsequenterweise schlug er deshalb – wie die meisten seiner Kollegen – in seinem Entwurf einer idealen Organisation des Forschungsfeldes eine führende Rolle der US-Bundesregierung vor und sowie die Schaffung einer Behörde, die mit weitreichenden rechtlichen und regulatorischen Kompetenzen ausgestattet wäre.[323]

Doch obwohl – wenn auch aus unterschiedlichen Gründen – die meisten Akteure eine Stärkung der Regierung als Desiderat anerkannten und insbesondere die staatlich initiierten Komitees und Ausschüsse Pläne entwarfen und rechtliche Implikationen prüften, schlugen sich die Forderungen und Absichtserklärungen kaum in der Gesetzgebung auf Bundesebene nieder. Auf Bundesebene beschränkten sich die Maßnahmen auf eine Datenerhebung, die durch die NSF von 1958 bis 1966 zunächst auf freiwilliger Basis, von 1966 bis 1968 mit Mandat des Kongresses und anschließend freiwillig durchgeführt wurde. Die Lizenzerteilung fiel jedoch weiter ausschließlich in den Kompetenzbereich der Staaten.[324] Auch eine Meldepflicht für kommerzielle Unternehmen, die Richard Nixon schließlich 1971 verabschiedete, regelte lediglich ansatzweise das Verhältnis von Staat zu den »Wettermachern« und bildete keine gesetzliche Grundlage, um die Fragen der Haftung und des Eigentums zu lösen. Kritische Begleiter dieser Debatte führten dieses schleppenden legislativen Prozesses auf ein grundsätzliches gesetzgeberi-

322 Corbridge, James N. Jr.; Moses, Raphael J.: Weather Modification: Law and Administration, in: Natural Resources Journal 8 (2), 1968, S. 207–235, hier S. 226. Im Original: »Because the use of weather modification techniques, even on a small scale, may trigger chain reactions which can be virtually limitless in extent, care must be taken that controls exist which can be imposed in the interests of national welfare and security.«

323 Vgl. MacDonald, Gordon J. F.: Science and Politics in Rainmaking, in: Bulletin of the Atomic Scientists 24 (8), 1968, S. 8–14, hier S. 13 f.

324 Vgl. Johnson, Ralph: Federal Organization for Control of Weather Modification, in: Natural Resources Journal 10 (2), 1970, S. 222–267, hier. S. 235 f.

sches Beharrungsvermögen, auf Zweifel hinsichtlich der Wirksamkeit, das Fehlen einer dringenden Notwendigkeit oder interinstitutionelle Rivalitäten zurück.[325] Ein Blick auf die wenigen Gerichtsprozesse zeigt, dass sich damit die Beklagten in der Praxis weiterhin in einer komfortablen Situation befanden, während Geschädigte mit der herrschenden Rechtslage kaum eine Handhabe hatten – das Erbringen der Beweislast stellte weiterhin eine nahezu unüberwindbare Hürde dar.[326]

Abb. 16: Wem gehört der Regen?
Quelle: Gordon MacDonald, Science and Politics in Rainmaking, in: Bulletin of the Atomic Scientists, 1968, S. 9

Hurrikane und die Öffentlichkeit – rechtliche Folgenabschätzungen

Stanislaw Lem lässt seinen Protagonisten Ijon Tichy im 1971 erschienenen Buch (1974 auf Englisch / 1975 auf Deutsch) *Der Futurologische Kongress* nach einem Tiefschlaf in einem Stickstoffbehälter im Jahr 2039 erwachen. Dieser berichtet in Tagebucheinträgen etwas verwundert über die Welt der Zukunft – so sieht er New York von einer mit »Autos verstopften Müllhalde« in ein »System vierstöckiger Gärten« verwandelt.[327] Auch das Wetter lässt sich steuern, wie der Eintrag vom 10. August 2039 zeigt:

325 Vgl. Davis, Weather Modification, S. 780.

326 Vgl. u.a. Davis, Weather Modification, S. 770 ff.

327 Lem, Stanislaw: Der futurologische Kongress: Aus Ijon Tichys Erinnerungen, Frankfurt am Mai 1975, S. 80; im späteren Verlauf der Handlung stellt sich heraus, dass das Erwachen in der Zukunft (höchstwahrscheinlich) ebenfalls nur geträumt oder halluziniert war.

»Soeben war Klimbiszit über das Septemberwetter. Das Klima wird in allgemeiner und gleicher Wahl für den jeweils nächsten Monat festgelegt. [...] Der August wird sonnig sein mit geringer Niederschlagsmenge, nicht allzu heiß. Viele Regenböden und Haufenwölkchen. [...] Ein Sprecher der METEO entschuldigte sich für die missglückten Wolken vom 26., 27. und 28. Juli. Unachtsamkeit der technischen Kontrolle.«[328]

Diese kurze Passage ist nicht besonders wichtig für den weiteren Verlauf der Handlung, doch der Visionär Lem greift damit einen Problemkomplex auf, der sich innerhalb der Debatten über mögliche rechtliche Bestimmungen seit Mitte der 1960er Jahren abzuzeichnen begann. Denn die Diskussionen über eine aktivere Rolle der Bundesregierung gingen einher mit Forderungen nach einem verstärkten Miteinbezug der ›Öffentlichkeit‹, die nun ökonomisch als unterschiedliche Interessengruppen gedacht wurde. Das lag mitunter darin begründet, dass sich die rechtlichen Probleme mit den Experimenten zur Hurrikanbeeinflussung und den angedachten Klimabeeinflussungsmaßnahmen mit ungleich größerer Dringlichkeit stellten. Bereits 1965 hatte Edward Morris anhand einer hypothetischen, zehn Grad umfassenden Kursänderung des Hurrikans Cleo von 1964 das Dilemma durchgespielt, das die Hurrikanbeeinflussung in Zukunft mit sich bringen würde. In seinem Szenario hätte ein gezielter Eingriff verhindert, dass der Wirbelsturm entlang der Ostküste der Halbinsel Florida gezogen wäre. Doch als Folge des Eingriffs wäre er an der Küste South Carolinas ausgelaufen, das vom natürlich Verlauf verschont geblieben wäre. Angesichts der zahlreichen offenen Folgeprobleme kapitulierte Morris und beschränkte sich auf die Formulierung von Fragen und den Hinweis, dass deren Beantwortung offensichtlich in den Kompetenzbereich der Bundesregierung fiel:

»Welche Behörde wird die Entscheidungsgewalt darüber haben, in welche Richtung ein Hurrikan umgeleitet werden soll? Wer wird für die Schäden an Häusern in South Carolina aufkommen, wenn die Entscheidung getroffen wird, den Sturm von Florida wegzulenken? Oder wer kommt für die Schäden an den Häusern in Florida auf, wenn die Behörde beschließt, den Hurrikan nicht von Florida wegzulenken? [...] Es scheint, dass die Bundesregierung für diese Probleme zuständig sein sollte. Aber wenn die Regierung der Vereinigten Staaten einspringt und die Zahlungen leistet, wird die Regierung dann die anderthalb Milliarden Dollar pro Jahr für jeden in den Vereinigten Staaten zahlen, dessen Eigentum durch irgendeine Art von Sturm beschädigt wird?«[329]

---

328 Ebd., S. 81.

329 Vgl. Morris, The Law and Weather Modification, S. 620. Im Original: »What agency is going to be given the power to decide which way to divert a hurricane? Who will pay the damages to homes in South Carolina if the decision is made to steer it from Florida? Or, who will pay the damages to the

Dass eine allfällige prominentere Rolle der Bundesregierung lediglich einer Verschiebung der Probleme gleichkam und sich an die Fragen zur rechtlichen Bestimmung Fragen der Zuständigkeit, Organisation und konkrete rechtlich-politische Maßnahmen anschlossen, war offensichtlich. Deshalb finanzierte die National Science Foundation in den späten 1960er Jahren erneut eine Projektgruppe, um die Juristen Howard Taubenfeld und Ray Jay Davis sowie den Meteorologen Louis J. Battan und beauftragte sie mit der Abklärung der rechtlichen und organisationalen Aspekte. Die Empfehlungen blieben vage, doch angesichts der bereits involvierten Behörden wie dem Handels- oder Landwirtschaftsministerium wurde eine Stärkung bestehender Institutionen und nicht die Schaffung einer spezialisierten Behörde vorgeschlagen.[330] Im Vergleich zu vorgängigen Analysen zeichnete sich jedoch eine Verschiebung ab: Neu wurde nun dezidiert auf die öffentliche Wahrnehmung (»public awareness«) und das öffentliche Interesse (»public interest«) verwiesen und mögliche Interessenkonflikte betont.[331] Die »Öffentlichkeit« geriet dabei in zweifacher Hinsicht in den Fokus: Einerseits zeigt sich ein ernsthaftes Bemühen, die rechtliche Position von Geschädigten zu stärken, andererseits – und durchaus damit zusammenhängend – galt die Akzeptanz einer breiten Öffentlichkeit nun als entscheidend für die zukünftige Entwicklung der Technologie.

Sichtbarer Ausdruck dieses gesteigerten Interesses an der Öffentlichkeit war der Einbezug von Entscheidungstheoretikern. Denn insbesondere die Entscheidung, ob ein Hurrikan beeinflusst werden sollte oder nicht, hatte zwar möglicherweise immense rechtliche Konsequenzen, war jedoch – sah man von einem vollständigen Verbot ab – nicht ausschließlich mit Rechtswissen und -expertise zu beantworten. Die für das Projekt Stormfury verantwortliche ESSA beauftragte das Stanford Research Institute in Menlo Park 1970, eine mögliche Anwendung der »decision analysis« für die Wetter- und insbesondere die Hurrikanbeeinflussung abzuklären.[332] Die

---

homes in Florida if the agency decides not to steer it away from Florida? [...] It would seem that the Federal Government should handle these problems. But if the United States Government steps in and makes the payments, will the Government then pay the one and one-half billion dollars each year for everyone in the United States whose property is damaged by any type of storm?«

330 Vgl. Johnson, Federal Organization for Control of Weather Modification, S. 266 f.

331 Ebd., S. 265.

332 Vgl. Howard, R. A.; Matheson, J. E.; North, D. W.: The Decision to Seed Hurricanes, in: Science 176 (4040), 1972, S. 1191–1202, hier S. 1191.

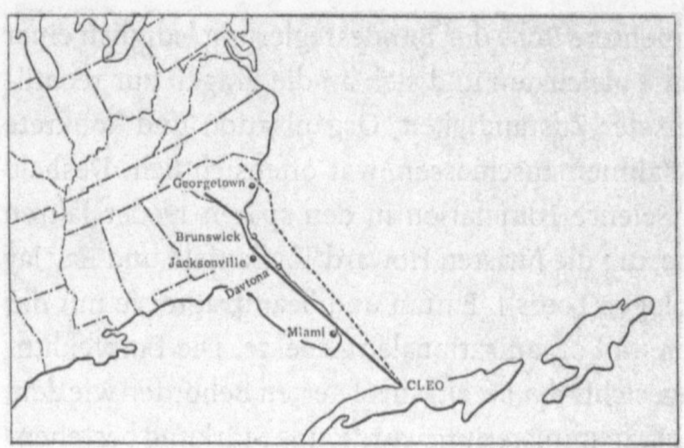

Abb. 17: Die möglichen Konsequenzen einer Hurrikanbeeinflussung
Quelle: Morris, Edward A.: The Law and Weather Modification, in: Bulletin of the American Meteorological Society 46 (10), 1965

Disziplin »decision analysis« war eine Variante der »cold war rationality«[333], die Ronald D. Howard, Professor am Department of Engineering-Economic Systems an der Stanford University in den 1960er entwickelt hatte und die es erlauben sollte, in komplexen Situationen rationale Entscheidungen treffen zu können.[334] Das Team um Howard ging bei seiner Analyse von einem auf eine Küstenregion zuhaltenden, »repräsentativen schweren Hurrikan«[335] aus, wobei sie diesen Hurrikan nur mit seiner maximalen Oberflächengeschwindigkeit beschrieben, da diese Eigenschaft den meisten Schaden verursachte und durch das »Impfen« beeinflusst werden sollte. Diesen Modellhurrikan nutzten sie, um die Entscheidung zu analysieren, ob dieser Hurrikan behandelt oder nicht behandelt werden sollte. Die Konsequenz

333 Vgl. u.a. Heyck, Hunter: Producing Reason, in: Solovey, Mark; Cravens, Hamilton (Hg.): Cold War Social Science: Knowledge Production, Liberal Democracy, and Human Nature, New York 2012, S. 99–116; Erickson, Paul; Klein, Judy L.; Daston, Lorraine; Lemov, Rebecca; Sturm, Thomas; Gordin, Michael D.: How Reason Almost Lost its Mind: The Strange Career of Cold War Rationality, Chicago 2013, S. 2–7.

334 Vgl. Howard, Ronald A.: Decision Analysis: Applied Decision Theory, in: Proceedings of the Fourt International Conference on Operational Research, Boston 1966, S. 97–113; zu ähnlichen Methoden arbeitete u.a. auch Howard Raiffa; vgl. Raiffa, Howard: Decision Analysis: A Personal Account of How It Got Started and Evolved, in: Operations Research 50 (1), INFORMS, 1.2.2002, S. 179–185; Ghamari-Tabrizi, Sharon: Simulating the Unthinkable: Gaming Future War in den 1950s and 1960s, in: Social Studies of Science 30 (2), 2000, S. 163–223, hier S. 205 f.

335 Howard, The Decision to Seed Hurricanes, S. 1191. Im Original: »representative severe hurricane«.

der jeweiligen Entscheidung wurden in einem ersten Schritt über die Sachschäden quantifiziert, die mit historischen Daten des Roten Kreuzes, zweier abgeleiteter empirischer Konstanten unter Berücksichtigung der Inflation und des Bevölkerungswachstum berechnet wurden.

Erschwert wurde die Analyse dadurch, dass das Verhalten eines behandelten Hurrikans eine Kombination aus zwei unsicheren Effekten war: »natürliche Veränderungen und die durch die Impfung verursachten Veränderungen«.[336] Ging man von der Prämisse aus, dass die Beeinflussung des Hurrikans funktionierte, war eine Entscheidung unumgänglich, da Untätigkeit einer Entscheidung des »Nichtimpfens« gleichkam. In Absprache mit der Leitung Projekts Stormfury formulierten sie drei Hypothesen über den Effekt des »Impfens«. Hypothese 1 ging von einer Reduktion der Windgeschwindigkeit aus, Hypothese 2 von keinem Effekt und Hypothese 3 von einer Zunahme der Windgeschwindigkeit aus. Sowohl für die Entwicklung der Windgeschwindigkeit der jeweiligen Hypothese als auch für deren Eintreffen wurden Wahrscheinlichkeitsverteilungen berechnet, wobei wiederum die Daten, Theorien und Computerberechnung von »Stormfury« als Grundlage dienten. In einem weiteren Schritt wurde über den hergestellten Zusammenhang zwischen der maximalen Windgeschwindigkeit und den Sachschäden wiederum die Wahrscheinlichkeitsverteilung für Sachschäden berechnet. Beschränkte man sich auf die Sachschäden als Kriterium, so legte die Analyse nahe, dass die Behandlung des Hurrikans zu bevorzugen war.

Die Autoren betonten jedoch, dass der alleinige Fokus auf Sachschäden der Komplexität der Entscheidungsfindung nicht gerecht werden konnte und führten mit den »Kosten der staatlichen Verantwortung«[337] eine ergänzende Größe ein, die die indirekten sozialen, politischen und rechtlichen Folgen erfassen sollten. Doch auch unter Einbezug von hoch angesetzten »Kosten« bestätigte sich die Tendenz zur Behandlung des Hurrikans. Indem Howard & Co. nun die Bedeutung der Verantwortungsfrage herausstrichen, spielten sie das Problem an die Legislative zurück und forderten eine Verbesserung der Gesetzgebung. Nur durch eine gesetzliche Klärung der Haftungsfrage könne die Hurrikanbeeinflussung nicht ausschließlich als Notfallmaßnahme in Betracht gezogen werden könne.[338] Somit verwies also

336 Ebd., S. 1192. Im Original: »natural changes and the changes induced by seeding«.
337 Ebd., S. 1197. Im Original: »government responsibility costs«.
338 Vgl. ebd., S. 1193–1198.

auch die »decision analysis« der Wissenschaftler aus Stanford auf die fehlenden rechtlichen Grundlagen als Hindernis der Forschung wie auch der operationalen Anwendung der Wetterbeeinflussung. Diese Analyse diente wiederum als Argument für die Schaffung einer eindeutigen Rechtsgrundlage. So griff das Panel on Weather and Climate Modification, das 1973 im Auftrag der Committee on Atmospheric Sciences der National Academy of Sciences erneut einen Bericht über den Fortschritt sowie Empfehlungen für das zukünftige Vorgehen ablieferte, die Studie auf.[339]

Insgesamt zeichnete sich seit Ende der 1960er Jahre eine Verlagerung ab: Die rechtlichen Fragen wurden nun als Teil weiter reichender Fragen zur »public policy« behandelt. Dabei ging es nun nicht mehr in erster Linie um eine nachträgliche Entscheidung über die Haftung, sondern die dem eigentlichen Akt der Wetterbeeinflussung vorgelagerte Entscheidungsfindung und letztlich um die Frage, ob und in welcher Form die Wetterbeeinflussung wünschenswert war. Das Panel on Weather and Climate Modification wies 1973 exemplarisch auf »wachsende Bedenken und Interessen der Öffentlichkeit« hin und formulierten als entscheidende Frage für die Zukunft: »›Welche wetterverändernden Maßnahmen liegen im öffentlichen Interesse?‹«[340] Dazu wurden in sich schlüssige Maßnahmen zu verstärkten Berücksichtigung der Öffentlichkeit gefordert.[341] Denn die bestehenden, teils widersprüchlichen Regelungen auf Staatsebene wurden Anfang der 1970er Jahre weiter als ungenügend eingeschätzt. Exemplarisch zeigte sich die Bedeutung, die einer Klärung der rechtlichen Situation zugeschrieben wurde, in einem von Jack C. Oppenheimer, inzwischen Exekutivsekretär des Air Quality Advisory Board, gemeinsam mit dem Politikwissenschaftler W. Henry Lambright erstellten Technikfolgenabschätzung von 1972, indem sie angesichts der weiterhin unklaren rechtlichen Situation insbesondere die Konsequenz auf die öffentliche Meinung herausstrichen:

»Sind wir in der Lage, ein gesellschaftlich akzeptiertes und rechtliches Umfeld zu schaffen, das der Entwicklung und Nutzung der Wettermodifikationstechnologie sowie dem

339 Vgl. Panel on Weather and Climate Modification: Weather & Climate Modification: Problems and Progress, Washington, D. C. 1973, S. 15 f.

340 Beide Zitate: ebd., S. 36. Im Original: »growing concerns and interests of the public«; »What weather-modification activities are in the public interest?«

341 Vgl. dazu auch National Academy of Sciences (Hg.): The Atmospheric Sciences and Man's Needs: Priorities for the Future, Washington, D. C. 1971, S. 51 ff.; Fleagle, Robert G.: The Atmospheric Sciences and Man's Needs: Priorities for the Future, in: Bulletin of the American Meteorological Society 52 (5), 1971, S. 332–336, hier S. 334.

Schutz der vielfältigen und widersprüchlichen öffentlichen und privaten Interessen unserer Gesellschaft am Wetter gerecht wird?«[342]

Diese Erweiterung, die gekoppelt waren an die Technikfolgenabschätzungen und sozialwissenschaftliche Begleitung, schlug sich auch in konkreten Maßnahmen nieder, sodass ein »coming of age« der Gesetzgebung[343] konstatiert werden konnte. In den frühen 1970er Jahren ergänzten acht US-Staaten ihre bestehende Gesetzgebung und weitere fünf Staaten verabschiedeten Gesetzgebungen zur Regulierung der neuen Technologie, womit um 1975 29 Bundesstaaten über einen rechtlichen Rahmen verfügten, um die neue Technologie zu regulieren. Die Nachzügler orientierten sich weitestgehend an den rechtlichen Bestimmungen anderer Staaten und implementierten vor allem über die Landwirtschafts- und Ressourcendepartments oder eigens geschaffene »Wetter«-Behörden eine staatliche Aufsicht der Wetterbeeinflussungstätigkeiten. Die hohen Kosten führten dazu, dass mehrheitlich Stromversorgungsunternehmen für systematische und regelmäßige Beeinflussung die finanziellen Ressourcen aufbringen konnten, während einzelne Farmer oder lose Zusammenschlüsse sich nur punktuell Einsätze leisten konnten. Staaten wie Dakota, Nebraska, Texas South Dakota und North Dakota versuchten durch die Schaffung von »special districts« und die Möglichkeit, Petitionen einzureichen, ein demokratisches Instrument zu schaffen und die Finanzierung zu vereinfachen.[344] Die Debatten um die Rolle der Öffentlichkeit erfuhr somit in Form einer versuchten Demokratisierung der Wetterbeeinflussung eine Übersetzung in Gesetzestexte.

Einen wichtigen Impuls hatte das Argument für einen verstärkten Einbezug der Öffentlichkeit nicht zuletzt durch eine erneute Naturkatastrophe erhalten: Ein Dammbruch am 9. Juni 1972 verursachte eine verheerende Flutwelle, die Rapid City verwüstete und 238 Menschen das Leben kostete. Als zwei Wochen später die National Conference on Weather Modification ausgerechnet in Rapid City stattfand, mussten sich die Konferenzteilnehmer

---

342 Oppenheimer, Jack C.; Lambright, W. Henry: Technology Assessment and Weather Modification, in: Southern California Law Review 45 (2), 1972, S. 570–595, hier S. 587. Im Original: »Are we capable of creating an environment of social acceptance and law suitable for the development and utilization of weather modification technology as well as for the protection of our society's varied and conflicting public and private interests in weather?«

343 Farhar, Barbara C.; Mewes, Julia: Weather Modification Decision Making: State Law and Public Response, in: Journal of Applied Meteorology and Climatology 14 (5), 1975, S. 694–701, hier S. 694.

344 Vgl. Davis, Weather Modification, S. 776 f.

mit der Frage auseinandersetzen, ob und inwiefern Feldexperimente der ansässigen School of Mines and Technology im Verdacht standen, übermäßigen Niederschlag ausgelöst und damit den Dammbruch verursacht zu haben. Ein vorläufiger Bericht von Ray Jay Davis und Pierre St. Armand kam jedoch zu Schluss, dass kein kausaler Zusammenhang erkennbar sei. Bezeichnenderweise nahmen sie damit das Gerichtsurteil vorweg – wiederum konnte die Beweislast nicht erbracht werden.[345]

Die Reaktionen auf die Rapid-City-Flut wurden jedoch zum Modellfall und damit zum Gegenstand weiterer Untersuchungen. Im Rahmen der Folgenabschätzungen und sozialwissenschaftlichen Begleitung schalteten sich wiederum Nichtjuristinnen in die Debatte. Diese richteten nun verstärkt den Fokus auf die »Öffentlichkeit« – und zwar jenseits der Fragen von Haftung und Schadensersatz. So hielten die beiden Soziologinnen Barbara C. Farhar und Julia Mewes auf der Grundlage einer aufwendigen USA-weiten Erhebung 1974 fest, dass die gesetzlichen Maßnahmen der Bundesstaaten immer mehr an Vollständigkeit gewännen, was tendenziell einer positiven Haltung gegenüber der Technologie entspreche. Bisher sei der Einbezug der Öffentlichkeit in die Entscheidungsprozesse vernachlässigt worden und die bisherigen gesetzlichen Regelungen, die sich fast ausschließlich auf die Kontrolle der »Wettermacher« beschränkten, eigneten sich nicht, um die potenziell gefährliche neue Technologie handzuhaben. Die Pointe ihrer umfangreichen und aufgrund eines fehlenden zentralen Registers aufwendigen Arbeit war jedoch, dass sich eine zunehmende rechtliche Regulierung nicht nachteilig auf das Fortschreiten der Forschung und Durchführung von kommerziellen Operationen auswirkte. Sie legten vielmehr nahe, dass es einen Zusammenhang zwischen umfassender Gesetzgebung und öffentlicher Akzeptanz gab, die wiederum als Voraussetzung für eine erfolgreiche Weiterentwicklung und Etablierung der Technologie galt.[346]

345 Vgl. Farhar, Barbara C.: The Impact of the Rapid City Flood on Public Opinion about Weather Modification, in: The Pacific Sociological Review 19 (1), 1976, S. 117–144; Davis, Ray Jay: The June 1972 Black Hills Flood and the Law, in: Journal of Weather Modification 20 (1), 1988, S. 82–87; Arnett, Dennis S.: The Aftermath of the 1972 Rapid City Flood, in: Journal of Weather Modification 25 (1), 1993, S. 93–103.

346 Vgl. Farhar, Mewes, Weather Modification Decision Making, S. 694–701.

Das globale Erd-Atmosphäre-System und der »Wetterkrieg« – internationale Regelungsversuche und umweltrechtliche Problemstellungen

Für die 1970er Jahren lässt sich entlang der etablierten diskursiven Linien nochmals eine Zunahme der Beschäftigung mit rechtlichen Fragen konstatieren. In Konferenzen, Seminaren und Publikationen besprachen unterschiedliche Akteure das Verhältnis von Recht und Wetter- und Klimabeeinflussung: Regierungsvertreter befürworteten beispielweise weiter eine bundestaatliche Lösung, um gleichermaßen die Öffentlichkeit zu schützen wie auch die Forschung nicht zu gefährden[347] und 1974 ging der bedeutende Berufsverband, die American Bar Association, mit der American Association for the Advancement of Science eine Kooperation ein, die 1974 in einer Konferenz gipfelte. Dabei verfolgten sie das Ziel, gemeinsam die rechtlichen und wissenschaftlichen Unsicherheiten anzugehen und den Austausch zwischen Atmosphärenwissenschaft und Rechtswissenschaft zu verbessern.[348] Sie griffen mit den Verständigungsschwierigkeiten zwischen Juristen und Atmosphärenwissenschaftlern ein Problem auf, das bereits in den 1960er Jahren – nicht zuletzt im Rahmen von Gerichtsprozessen – beanstandet worden war. Auch an einem wiederum von der AAAS ausgerichteten Symposium 1978 widmeten sich zwei ganze Panels der Frage nach der Interaktion zwischen den unterschiedlichen Wissensfeldern, wobei zur Illustration der Übersetzungsschwierigkeiten die Nonsens-Wortschöpfung eines Anwalts »downwind drought«[349] diente. Die Konferenzteilnehmer ergingen sich in erneut in einer Absichtserklärung: Eine verstärkte Zusammenarbeit sollte zur Findung einer gemeinsamen Sprache dienen und so das Problem lösen.[350]

347 Vgl. u.a. Panel on Weather and Climate Modification: Weather & Climate Modification, S. 15–18; Davis, Ray Jay: Weather Modification: Litigation and Statutes, S. 767–786; Cannon, Weather Modification, S. 449–467.

348 Vgl. u.a. Thomas, William A.: Preface, in: ders. (Hg.): Legal and Scientific Uncertainties of Weather Modification, Durham 1977, S. v–viii.

349 Howe, Joseph D.: Legal and Technical Experts: The Weather Modification Context, in: Davis, Ray Jay; Grant, Lewis O. (Hg.): Weather Modification: Technology and Law, Boulder 1978 (AAAS Selected Symposia Series 20), S. 107–112, hier S. 111.

350 Vgl. u.a. Kahan, Archie M.: Interactions of Scientists and Lawyers About Weather Modification, in: Davis, Ray Jay; Grant, Lewis O. (Hg.): Weather Modification: Technology and Law, Boulder 1978 (AAAS selected Symposia Series 20), S. 103–106; Davis, Ray Jay: Effective Scientist-Lawyer Interaction: The Weather Modification Context, in: ebd., S. 113–118.

Während diese Debatten auf die 1960er Jahre zurückgingen und sich in den 1970er Jahren lediglich akzentuierten, lässt sich jedoch ab 1970 eine maßgebliche Verschiebung feststellen. Nachdem sich zuvor nur wenige Autoren eher beiläufig mit der Gestaltung internationaler Regelungen auseinandergesetzt hatten,[351] erfuhren die rechtlichen Debatten nun eine deutlich erkennbare Internationalisierung. Mehrere Entwicklungen begünstigten, dass die Debatten den US-amerikanischen Raum transzendierten: Erstens verfestigte sich ein vernetztes, systemisches Denken. Die Trigger-Logik ließ weit entfernte und große Auswirkungen lokaler Eingriffe möglich erscheinen und konnte so spätestens ab 1970 als Argument für eine internationale Regelung fungieren. Zweitens wurde nun meist die gezielte Wetterbeeinflussung gemeinsam mit der unbeabsichtigten verhandelt und betont, dass eine Gesetzgebung auch die unkontrollierte und ungewollte Beeinflussung der Atmosphäre behandeln musste. In diesem Kontext wurde die Wetterbeeinflussung in den 1970er Jahren nun als ein rechtliches »Umweltproblem« wahrgenommen.

Befürworter und Akteure der Wetterbeeinflussung sahen sich ab den späten 1960er gezwungen, auf der Grundlage der Konzeptualisierung eines globalen hydrologischen Systems auf die internationalen Implikationen hinzuweisen. Howard J. Taubenfeld war einer der Ersten, der sich – an seine Auftragsarbeit für das Panel on Weather and Climate Modification anschließend – ausführlich zu möglichen Konsequenzen äußerte, die über das US-amerikanische Territorium hinausgingen. 1967 in einer kurzen Auslegeordnung im *California Law Review* und in einem längeren, gemeinsam mit seiner Ehefrau, der Politologin Rita F. Taubenfeld, verfassten Traktat zeigte sich beispielhaft, dass sich die zunehmenden Bedenken bezüglich internationaler Implikationen aus zwei Strängen speisten: erstens aus dem verstärkten Sprechen über die Beeinflussung von Wetter, aber auch insbesondere über Klimaveränderungen in großem Maßstab und zweitens aus möglichen grenzübergreifenden Effekten von verhältnismäßig kleinen Eingriffen: »Selbst lokale wetterverändernde Aktivitäten können ungewollte Auswirkungen in anderen Ländern haben.«[352] Die systemische Konzeptuali-

351 Vgl. u.a. The David Davies Memorial Institute of International Studies: Study Group on the Law of Outer Space Draft Code of Rules on the Exploration and Uses of Outer Space, in: Law and Politics in Space, 1964, S. 153–166.

352 Taubenfeld, Howard J.: Weather Modification and Control: Some International Legal Implications, in: California Law Review 55 (2) 1967, S. 493–506; Zitat S. 493 f. Im Original: »[E]ven local weather modification activities may have an unintentional impact in other countries.« vgl. auch

sierung des Atmosphärensystems warf zudem die Frage auf, die zuvor gern ausgeblendet worden war:

»Noch besorgniserregender ist die Möglichkeit, dass sich größere Wettermodifikations- und -kontrollmaßnahmen als Nullsummenspiel erweisen könnten. Da einige Länder zwangsläufig zu den Verlierern gehören oder sich zumindest als solche betrachten werden, ist ein internationaler Konflikt über Veränderungen unvermeidlich.«[353]

Taubenfeld war deshalb der Überzeugung, dass die Wetter- und Klimabeeinflussung unausweichlich zu internationalen Kontroversen führen würde, die sich mit Blick auf das nicht integrierte, horizontale internationale Rechtssystem noch komplexer auszunehmen drohten. Zumindest für Fälle geringer Beeinflussung durch (Nationen-)Grenzen überschreitenden Wetterbeeinflussung sah er jedoch durchaus Lösungsmöglichkeiten. So bestand – im Gegensatz zur US-internen Situation – ein weitgehender Konsens, dass Nationen gestützt auf ihre Hoheitsgewalt erstens Anspruch auf ihr Staatsgebiet, zu dem auch der Luftraum darüber, die ersten zwölf Seemeilen vom Ufer ins Meer und ihre Nutzung erheben konnten, und ihnen zweitens das Recht zustand, das nationale Territorium frei von physischen Eingriffen anderer Staaten und ihrer Staatsangehörigen zu halten, Handlungen und Personen auf dem nationalen Territorium zu kontrollieren und das Leben, das Eigentum und die Interessen der Staatsangehörigen zu schützen.[354] Auch die vergangene Handhabung internationaler Konflikte schien Anknüpfungspunkte zu bieten. Als zentrale Referenz diente dabei die »Trail Smelter Arbitration« von 1932, im Rahmen derer Kanada für grenzübergreifende Abgase in British Columbia einer Schmelzanlage zu Kompensationszahlungen an die USA verpflichtet worden war.[355] Diese Entscheidung galt Taubenfeld – und auch seinen nachfolgenden Kollegen – als Hinweis, dass unter bestehendem völkerrechtlichen Bestimmun-

---

Taubenfeld, Rita F.; Taubenfeld, Howard J.: Some International Implications of Weather Modification Activities, in: International Organization 23 (4), 1969, S. 808–833, hier S. 809 f.

353 Taubenfeld, Howard J.: Weather Modification and Control, S. 494. Im Original: »Of greater concern is the possibility that major weather modification and control activities may prove to be zero-sum games. Because some countries must be losers or, at least, will so regard themselves, international conflict over changes is inevitable.«

354 Vgl. Taubenfeld, Taubenfeld, Some International Implications of Weather Modification Activities, S. 814 f.

355 Zu den Details des »Trail Smelter Disputes« vgl. Wirth, John D.: The Trail Smelter Dispute: Canadians and Americans Confront Transboundary Pollution, 1927–41, in: Environmental History 1 (2) 1996, S. 34–51.

gen das Konzept der Gefährdungshaftung akzeptiert wurde und so eine Handhabe zur Lösung allfälliger Rechtsstreitigkeiten bot. Kleinere Schäden wären also durch das bestehende internationale Recht gedeckt. Auch für zukünftig größere Eingriffe sah er mit dem Vertrag über das Verbot von Kernwaffenversuchen von 1963 oder dem Weltraumvertrag von 1967 vielversprechende Abkommen, die als Vorbild für die Regelung der Wetter- und Klimabeeinflussung dienen konnten.[356]

Die Überlegungen zur rechtlichen Handhabung der Wetterbeeinflussung hatten zunächst vor allem in den USA stattgefunden. Otto Riese, der in Lausanne lehrende und forschende deutsche Jurist und Pionier des Luftfahrtrechts, hatte zwar ausgehend von der US-amerikanischen Debatte in seinem Standardwerk *Luftrecht* 1949 die Wetterbeeinflussung als zukünftiges rechtliches Problem skizziert und vereinzelt wurde in deutschsprachigen Publikumsmedien über Rechtsstreitigkeiten berichtet,[357] doch erst 1956 findet sich eine erste, knappe Abhandlung in der eng mit der London School of Economics verbundenen *Modern Law Review*, die angesichts der zunehmenden Wetterbeeinflussungstätigkeit in Europa nationale Gesetzgebungen und internationale Konventionen forderte. Entsprachen der Vorschlag der Schaffung einer nationalen Gesetzgebung sowie einer Zulassungsbehörde, die in Zusammenarbeit mit dem Wetterdienst Bewilligungen ausstellte und die Versuche und Operationen überprüfte, ungefähr den bereits bestehenden Regelungen in US-amerikanischen Bundesstaaten, wurden nun erstmals die internationalen Implikationen thematisiert und internationale Konventionen zur Regelung der Wetterbeeinflussung über dem offenen Meer und den Polarregionen sowie zur Regelung internationaler Auseinandersetzungen gefordert.[358]

356 Vgl. Taubenfeld, Weather Modification and Control, S. 497–506.

357 Vgl. Riese, Otto: Luftrecht: Das internationale Recht der zivilen Luftfahrt unter besonderer Berücksichtigung des schweizerischen Rechts, Stuttgart 1949, S. 13; 1954 berichtete *Der Spiegel* in den Kurzmitteilungen über den Prozess, in den Irving Krick involviert war; vgl.: Personalien, in: Der Spiegel, 18.8.1954, S. 25; Gutsche, A.: Referate: Elliott, R. D.: Legislation on Cloud Seeding (Gesetzgebung über das Impfen von Wolken). Bull. Americ. Meteor. Soc. 32, 153 (1951), in: Meteorologische Rundschau 6 (11/12), 1951, S. 206.

358 Vgl. Hene, Derek H.: The Legal Aspects of Rainmaking, in: Modern Law Review 19 (3), 1956, S. 285–288; zu den Problemen bei der Beweisführung vgl. auch Stark, Donald D.: Weather Modification: Water – Three Cents Per Acre-Foot Legal Problems in Water Resources, in: California Law Review 45 (5), 1957, S. 698–711, hier S. 706–708.

Seit Mitte der 1960er Jahren rückten nun auch außerhalb USA die möglichen globalen Konsequenzen verstärkt in den Fokus.[359] Verschiedene Akteure mit unterschiedlichen Zielen mussten sich nun mit rechtlichen Fragen auseinandersetzen. Die Nichtregierungsorganisation World Peace Through Law Center, die 1963 mit dem Ziel gegründet worden war, öffentliche Aufmerksamkeit auf die Bedeutung der Rechtsstaatlichkeit zwischen den Nationen zu lenken,[360] forderte bereits 1969 auf ihrer Jahreskonferenz in Bangkok zum frühestmöglichen Zeitpunkt die Schaffung einer internationalen Konvention, die eine strikte Registrierung und Lizenzierung aller Wetterkontrollaktivitäten mit möglichen internationalen Konsequenzen vorsah und so »die Nutzung der Wetterkontrolle ausschließlich zu friedlichen Zwecken und zum Wohle der gesamten Menschheit«[361] garantierte.

Auch die Ernährungs- und Landwirtschaftsorganisation der Vereinten Nationen (FAO) sah sich gezwungen, Stellung zu den rechtlichen Implikationen zu beziehen. Bei einem Treffen eines Expertengremiums im Juni 1970 in Buenos Aires wies der deutsche FAO-Referent und frühe Umweltrechtsspezialist, Peter H. Sand, beispielhaft darauf hin, dass das durch Wetterbeeinflussung gewonnene atmosphärische Wasser nicht einfach zusätzliches Wasser war, sondern möglicherweise weitreichende Konsequenzen für den mit anderen Systemen der Biosphäre gekoppelten hydrologischen Kreislauf haben könnte: »Die Folgen eines Eingriffs (›Anzapfen‹) an einem beliebigen Punkt des Kreislaufes können entweder durch selbstregulierende Prozesse ›geheilt‹ werden, die dem hydrologischen System seine Stabilität verleihen, oder zu Instabilität und systematischen Veränderungen führen. Politische Entscheidungen zur Steuerung des Wetters müssen daher ein breites Spektrum von Umweltfaktoren und -auswirkungen berücksichtigen, anstatt einem engen ›nutzungsorientierten‹ Ansatz zu folgen.«[362] Aus der Perspekti-

359 Zum verstärkten Einbezug einer internationalen Perspektive auch in den USA vgl. u.a. Davis, Weather Modification: Litigation and Statutes, S. 785 f.

360 Vgl. u.a. Rhyne, Charles: World Peace Through Law, in: Denver Journal of International Law & Policy 2 (1), 1972, S. 1–6.

361 Samuels, Joseph W.: 14. International Control of Weather Modification Activities, in: Canadian Perspectives on International Law and Organization, Toronto 1974, S. 360–375, hier S. 360. Im Original: »the use of weather control for peaceful purposes only, and for the betterment of mankind as a whole«.

362 Sand, Peter H.: Atmospheric Water Resources for Agriculture: Law and Policy of Weather Control Operation (United Nation Panel of Experts on Water Resources Development Policies, Buenos Aires, 8–13 June 1970), Rom 1970, S. 1. Im Original: »The consequences of intervention (›tapping‹) at any point in the cycle may either be ›healed‹ by self-regulatory processes which give the hydro-

ve möglicher grenzübergreifender Effekte kam Sand nicht umhin, eine internationale Übereinkunft und die Klärung rechtlicher Fragen zu fordern wie das Hoheitsrecht von Staaten zur Nutzung atmosphärischer Ressourcen, das Interventionsrecht sowie die Staatenhaftung bei allfälligen Schäden von Nachbarstaaten durch gezielte, aber auch unbeabsichtigte Beeinflussung der Atmosphäre.[363]

Auch die bis weit in die 1970er Jahre fortgeführten Projekte, die die festgestellte Ressourcenknappheit technisch – etwa mit der Beeinflussung des Wetters – zu lösen versuchten, mussten nun über die Grenzen und internationale Abkommen nachdenken. 1977 veröffentlichte beispielweise die linksliberale Denkfabrik Brookings Institute die Resultate eines vier Jahre dauernden, von der NSF und der NASA unterstützten Forschungsprojekts zur Ressourcenerschließung und -verteilung. Mit Blick auf die Wetter- und Klimabeeinflussung wurde festgehalten, dass das bisherige »laisser-faire regime« angesichts der sich verdichtenden Hinweise menschlichen – gezielten oder ungewollten – Einflusses auf die Atmosphäre nicht mehr tragbar sei. Auch hier diente der Verweis auf die interagierenden Subsysteme und ein letztlich globales Erd-Atmosphäre-System als Argument für die Notwendigkeit einer internationalen Regelung:

> »Das globale Klimasystem (und seine Wetter-Subsysteme) ist [...] in zwei wesentlichen Aspekten unteilbar: Es ist ständig in Bewegung und kennt keine politischen Grenzen; es lässt sich physisch nicht in seine separaten Land-, See- und Luftkomponenten aufteilen.«

Aus der Konzeptualisierung von Wetter und Klima als globales Phänomen wurde auch eine globale Lösung der rechtlichen Implikationen abgeleitet. Das Autorinnenteam des Brookings Institute um die (spätere) Umweltrechtsspezialistin Edith Brown Weiss schlug einen Ausbau respektive eine Vereinheitlichung der nur losen und umstrittenen internationalen Regelungen vor und damit die Schaffung eines einheitlichen Rechtssystems, auf dessen Grundlage internationale Institutionen insbesondere die Frage des Eigentums und der Haftung klären sollten.[364]

In der Klärung dieser Fragen lag jedoch – wie bei den Versuchen innerstaatlicher Regelungen – die Crux: Hatte Taubenfeld die Frage des Grund-

---

logical system is stability, or lead to instability and systematic change. Policy-making for weather control accordingly has to take into account a wide range for environmental factors and effects, rather than to follow a narrow ›use-oriented‹ approach.«

363 Vgl. ebd., S. 118–128.

364 Vgl. ebd., S. 214 ff.

eigentums und der Haftung analog zur Lufthoheit über die nationale Souveränität zumindest für kleinere Konflikte optimistisch für gelöst erklärt, lenkten folgende Analysen die Aufmerksamkeit auf bestehende Lücken und nutzten wiederum unterschiedliche Analogien, um Lösungen vorzuschlagen. Zudem wiesen Juristen in den 1970er Jahren darauf hin, dass mit der Beweisführung auch das zweite, noch grundlegendere Problem ebenfalls nicht gelöst war und ein Hindernis für die Einhaltung möglicher Abkommen darstellte. Die Juristen spielten dabei den Ball an die Atmosphärenwissenschaften zurück und verlangten eine zweifelsfreie Evidenzerzeugung:

»In dieser Hinsicht ist es von entscheidender Bedeutung, dass sich der Stand der Technik in Bezug auf Wetterveränderungen so weit entwickelt, dass ein Kläger in der Lage ist, Ursache (Akt der Zustandsveränderung) und Wirkung (überzeugende Beweise für eine Schädigung mit schwerwiegenden Folgen) nachzuweisen.«[365]

Auch wenn es zahlreiche offene Fragen gab und unterschiedliche Probleme identifiziert wurden, wurde ab 1970 auch in breiter angelegten völkerrechtlichen Abhandlungen betont, dass die Wettermodifikation ein grenzüberschreitendes Phänomen war und deshalb auch die Rechtsfragen in einem internationalen Kontext behandelt werden mussten.[366] Spätestens Mitte der 1970er Jahre war es zudem nicht mehr möglich, eine klare Trennlinie zwischen der gezielten und der unkontrollierten Beeinflussung zu ziehen – beide Fälle galten als rechtliches Problem und verlangten nach entsprechenden Schritten. Weitgehend unbestritten war, dass die Verwobenheit der Umweltsysteme Maßnahmen notwendig machte. Verschiedene Akteure mit unterschiedlichen Motiven sahen für die Zukunft zwingend geboten, internationale Regelungen einzuführen: Umweltaktivistinnen wie Margaret Mead aufgrund der Diagnose einer bedrohten Umwelt und Natur und Befürworter weiterer technischer Eingriffe zur Sicherung des wissenschaftlichen Fortschritts.[367] Eine ausführliche Auslegeordnung – bezeichnenderweise in der ersten, 1969 gegründeten Zeitschrift für Umweltrecht *Environmental Law*

---

365 Mirfendereski, Guive: International Law of Weather Modification, in: The Fletcher Forum 2 (1), 1977, S. 41–63, hier S. 63. Im Original: »In this respect, it is essential that the state-of-the-art of weather modification develop to an extent that it may enable a plaintiff to demonstrate cause (act of modifying state) and effect (convincing evidence of injury of serious consequence).«

366 Vgl. u.a. Vlasic, Ivan A.: The Relevance of International Law to Emerging Trends in the Law of Outer Space, in: Black, Cyril E.; Falk, Richard A. (Hg.): The Future of the International Legal Order, Volume II, Princeton 1970, S. 278–339, hier S. 300 ff.

367 Vgl. u.a. Mead, Margaret: Preface, in: Kellogg, William W., Mead, Margaret (Hg.): The Atmosphere: Endangered and Endangering, Washington, D. C. 1975, S. xix–xxiv.

– zeigte 1976 beispielhaft an, dass sich der Fokus zu verschieben begann und die ungewollte und unkontrollierte Veränderung der Atmosphäre durch Luftverschmutzung, Urbanisierung oder Entwaldung als bedrohlicher angesehen wurde:

»Die dramatischsten Auswirkungen auf die natürlichen Wettermuster der Erde sind wahrscheinlich durch unbeabsichtigte Modifikationen verursacht worden. Dennoch hat das Gesetz zur Wettermodifikation diesen Faktor bisher im Allgemeinen übersehen.«[368]

Der Wissenstransfer vollzog sich dabei nicht nur von den Atmosphären- in die Rechtswissenschaften – die rechtlichen Debatten wirkten zurück: Spätestens seit Mitte der 1970er Jahre gehörte der Verweis auf internationale Konsequenzen zum Argumentationsarsenal der Atmosphärenwissenschaftler und trug mit dazu bei, dass sich die Frage von der Machbarkeit hin zur Wünschbarkeit verschob. Mit William W. Kellogg und Stephen H. Schneider waren es prominente Akteure, die auf die Expertise der Rechtswissenschaftlerinnen und -wissenschaftler zurückgriffen, auf die mögliche internationale Konsequenzen und die unklare rechtliche Situation hinwiesen, um insbesondere auf die Gefährlichkeit der gezielten großräumigen Klimabeeinflussung, aber auch des unkontrollierten Klimawandels herauszustreichen.[369] Bereits 1973 gab auch der Leiter des NCAR in Boulder, Walter Orr Roberts, dem *Bulletin of the Atomic Scientists* ein ausführliches Interview zum gegenwärtigen Stand und Zukunft der Atmosphärenwissenschaften. Darin betonte er einerseits nochmals das Potenzial zukünftiger Forschung für die Wetter- und Klimabeeinflussung, etwa durch das 1967 lancierte Global Atmospheric Research Program (GARP). Andererseits zeigte er sich mit Blick auf die Dilemmata, die eine funktionierende Beeinflussung der Atmosphäre mit sich bringen würde, offensichtlich beunruhigt und hielt es für unausweichlich, dass internationale Abkommen geschlossen werden mussten. Roberts verknüpfte an dieser Stelle die Forderung mit einem Verweis auf die

368 McKenzie, A. Gregory: Weather Modification: A Review of the Science and the Law, in: Environmental Law 6 (2), 1976, S. 387–430, hier S. 398. Im Original: »The most dramatic effects upon the earth's natural weather patterns probably have been caused by inadvertent modifications. Yet, the weather modification law to date has generally overlooked this factor.«

369 Vgl. Kellogg, W. W.; Schneider, S. H.: Climate Stabilization: For Better or for Worse?, in: Science 186 (4170) 1974, S. 1163–1172, hier S. 1170; vgl. dazu auch u.a. Mordy, Wendell A.: Weather-Climate Modification, in: Reviews of Geophysics and Space Physics 13 (43), 1975, S. 746–752, hier S. 751 f.; Schneider, Stephen H.: Klima in Gefahr: Strategien zur Beherrschung des Wetters (in Zusammenarbeit mit Lynne E. Mesirow), Frankfurt am Main 1978, S. 40 f.

Weltumweltkonferenz in Stockholm 1972 ausdrücklich mit dem Problem der Luft- und Umweltverschmutzung:

»Eines der wichtigsten Ergebnisse der Stockholmer Konferenzen war die ausdrückliche Anerkennung der dortigen Länder, dass das, was ein Land den Ozeanen oder der Atmosphäre antut, nicht allein seine Sache ist. Vielmehr hat jedes Land eine Verantwortung gegenüber den anderen Ländern der Welt für die Folgen seines Handelns. Ich denke, dass diese räumliche und zeitliche Verantwortung letztendlich in Gesetzen und Vereinbarungen internationaler Natur ihren Niederschlag finden wird.«[370]

War die rechtliche Auseinandersetzung mit der gezielten Wetter- und Klimabeeinflussung mit Fragen zum rechtlichen Umgang mit einer neuen Technologie gestartet, wurde sie im internationalen Kontext seit 1970 aufgrund desselben Regelungsgegenstands und denselben infrage kommenden Präzedenzfällen zunehmend als umweltrechtliche Frage verhandelt und fiel damit in ein sich neu formierendes Rechtsgebiet. Sowohl in den USA wie auch in Europa gilt 1970 als Epochenschwelle, mit der die Gestaltung des Umweltrechts sich verselbstständigte und ein legislativer Prozess einsetzte.[371] Gleichermaßen Symptom wie auch weiterer Katalysator der »ökologischen Frage« war die Stockholmer Umweltkonferenz 1972. Die verabschiedete *Erklärung der Konferenz der Vereinten Nationen über die Umwelt des Menschen* war zwar nicht rechtlich bindend und dem im Anschluss auf institutioneller Ebene geschaffene United Nations Environment Program kam keine Rechtspersönlichkeit zu. Doch Stockholm wirkte als Ausgangspunkt für die Entwicklung und Koordination eines Umweltvölkerrechts.[372] Auch für die rechtliche Debatte über die Wetter- und Klimabeeinflussung konnten zwei Prinzipien der *Erklärung* als Stichwortgeber und Wegweiser für das weitere Vorgehen dienen. Sowohl Prinzip 21, in dem den Staaten

370 Jacobsen, Sally: Walter Orr Roberts On the Atmosphere, Global Pollution and Weather Modification, in: Bulletin of the Atomic Scientists 29 (3), 1973, S. 42–46, hier S. 45. Im Original: »One of the most important outcomes of the Stockholm conferences was the explicit recognition by the countries there that what one country did to the oceans or atmosphere was not its concern alone. Rather, each country has a responsibility to the other countries of the world for the consequences of its actions. I think this spatial and temporal responsibility will ultimately find its way into laws and agreements of an international nature.«

371 Vgl. Marquardt, Bernd: Umwelt und Recht in Mitteleuropa: Von den grossen Rodungen des Hochmittelalters bis ins 21. Jahrhundert, Zürich 2003, S. 458 ff.

372 Vgl. u.a. Epiney, Astrid: Gegenstand, Entwicklung, Quellen und Akteure des internationalen Umweltrechts, in: Proelss, Alexander (Hg.): Internationales Umweltrecht, Berlin, Boston o. D., S. 1–36, hier S. 11.

verpflichtet wurden, durch Tätigkeiten, die ihrer Jurisdiktion unterlagen, andere Staaten nicht zu schädigen, als auch das darauffolgende Prinzip 22, das zur zwischenstaatliche Kooperation hinsichtlich Haftung und Kompensation für Opfer von Umweltschäden aufrief, wurden als Möglichkeiten zur Regelung der Wetterbeeinflussung verhandelt.[373]

1975 hielt beispielsweise die WMO gemeinsam mit dem UNEP als Vorbereitung für das Precipitation Enhancement Projects eine viertägige Konferenz in Genf ab unter der Leitung des Schweizer Meteorologen und Hagelabwehrspezialisten Roland List,[374] an der Atmosphärenwissenschaftler und Juristen über rechtliche Maßnahmen diskutierten. Sie verzichteten letztlich auf die Formulierung verbindlicher rechtlicher Prinzipien, verwiesen jedoch explizit auf die Stockholmer Erklärung, da sie darin ebenfalls Anschlussmöglichkeiten für die Wetterbeeinflussung sahen.[375]

Die Bedeutung der »ökologischen Frage« für die rechtlichen Debatten erschöpfte sich dabei nicht gänzlich in Absichtserklärungen, sondern wirkte auch auf nationale Rechtspraxen zurück und zeitigte in zweifacher Hinsicht indirekte, aber gleichwohl konkrete Effekte. Zunächst drohte in den USA die Diagnose einer bereits existierendem unkontrollierten Beeinflussung das zentrale Problem, nämlich die Herausbildung von Präzedenzfällen, zusätzlich zu verkomplizieren: Sie erschwerte die Beweisführung insofern, als nicht mehr nur ein kausaler Zusammenhang zwischen den Eingriffen und der Witterungsveränderung zweifelsfrei bewiesen werden musste. Neu musste auch ausgeschlossen werden, dass die beanstandete Veränderung nicht auf eine unbeabsichtigte Beeinflussung zurückging – oder wie es ein Konferenzteilnehmer 1976 salopp auf den Punkt brachte – »so etwas wie natürliches Wetter gibt es nicht«.[376] Zudem stärkte auf nationaler Ebene die frühe umweltrechtliche Gesetzgebung wie etwa des National Environmental Policy Act (NEPA) von 1969 neue Akteure. Das in der Folge auch von Federal

---

373 Vgl. u.a. Wood, Lance D.: The Status of Weather Modification Activities under United States and International Law. Selected Papers Presented at the Conference on the Legal Aspects of Coastal Zone Management, Coronado, CA June 17–18, 1976, in: Natural Resources Lawyer 10 (2), 1977, S. 367–392, hier S. 382 f.

374 Vgl. Kapitel *Experimente II*.

375 Vgl. Report of the World Meteorological Organization / United Nations Environment Program Informal Meeting on Legal Aspects of Weather Modification, Geneva, November 17 to 21, 1975, zitiert nach: Cannon, Weather Modification, S. 728–734.

376 Kirby, Jerome W.: Judicial Regulation of Weather Modification, in: Davis, Ray Jay; Grant, Lewis O. (Hg.): Weather Modification: Technology and Law, Boulder 1978 (AAAS Selected Symposia Series 20), S. 55–61, hier S. 55. Im Original: »there is no such thing as natural weather.«

Courts gestützte Gesetz verpflichtete die Bundesbehörden oder mit Bundesgeldern finanzierte Projekte zu Umweltverträglichkeitserklärungen und zu einer interdisziplinären Planung. NEPA verlieh auch Umweltaktivistinnen neue rechtliche Werkzeuge: Erstens erteilte es ein sogenanntes Verbandsbeschwerderecht auch ohne direktes ökonomisches Interesse und zweitens konnte nun gegen eine Nichteinhaltung der gesetzlich geforderten Berücksichtigung von Umweltfaktoren gerichtlich vorgegangen werden.[377]

Auf internationaler Ebene manifestierte sich die Beeinflussung von Wetter und Klima in zweifacher Hinsicht als Problem: Einerseits als letztlich globale gedachte Umweltbedenken, andererseits jedoch auch als Gefahr für die nationale Sicherheit. Auf diese Weise bildete es in Kombination mit wissenschaftlich gestützten Konzeptionen eines interagierenden Mensch-Umwelt-Systems das Scharnier, über das auch die Wetter- und Klimakriegsführungen als rechtliches Problem auf das internationale Parkett gelangte. Das Bekanntwerden des versuchten »Wetterkriegs« im Rahmen des Cloud-Seeding-Projekts »Compatriot« hatte nicht nur innenpolitische Konsequenzen, sondern war auch der Anlass für Völkerrechtspezialisten, sich mit der »Wetterkriegsführung« auseinanderzusetzen und ein Verbot zu fordern. 1974 schickte der sowjetische Außenminister Andrei Gromyko ein Schreiben an den amtierenden UN-Generalsekretär Kurt Waldheim mit der Aufforderung, solche Eingriffe in die Umwelt zu Kriegszwecken zu verbieten – wenig später reichte die Sowjetunion einen ersten Vertragsentwurf ein.

Noch im selben Jahr unterzeichneten Richard Nixon und Leonid Breschnew eine gemeinsame Erklärung, das Problem bilateral angehen zu wollen.[378] Im Verlauf des Jahres 1975 besprach die 1969 geschaffene Abrüstungskommission, der die USA und die Sowjetunion gemeinsam vorstanden, in mehreren Sitzungen, ob und inwiefern Umweltveränderungen in feindlicher Absicht verboten werden sollten. Nachdem keine Einigung über den Vertragstext hatte erreicht werden können, wurden die Verhandlungsprotokolle an den Ersten Ausschuss der Generalversammlung übergeben, dessen *Convention on the Prohibition of Military or Any Other Hostile Use of Environmental Modification Techniques* (ENMOD) als Resolution 31/71 schließlich von der Generalversammlung am 10. Dezember 1976 verabschiedet wur-

377 Vgl. Davis, Ray Jay: Weather Modification, hier S. 780 ff.

378 Vgl. Juda, Lawrence: Negotiating a Treaty on Environmental Modification Warfare: The Convention on Environmental Warfare and its Impact Upon Arms Control Negotiations, in: International Organization 32 (4), 1978, S. 975–991, hier S. 977.

de.[379] ENMOD erhob die Umwelt selbst zum Regelungsgegenstand: Sie verbot die Verwendung der Umwelt als Schädigungsmittel und bewirkte damit gleichzeitig einen Schutz der Umwelt an sich.[380] Wie Emily Crawford in ihr rechtshistorischen Einordnung der ENMOD-Konvention hervorhebt, lässt sich deren verhältnismäßig problemlose Verabschiedung nur durch ein Bündel von Gründen erklären. Zweifelsohne existierte auch Mitte der 1970er Jahre ein weitverbreiteter Optimismus hinsichtlich der zukünftigen technischen Machbarkeit der Wetter- und Klimabeeinflussung, auch wenn diese kaum mehr mit dem Stand der Forschung korrespondierte und die Praktikabilität eines gezielten Einsatzes als Kriegswaffe bereits angezweifelt wurde.[381] In den überlieferten Berichten der Abrüstungskommission fehlte dann auch jeglicher Verweis auf geowissenschaftliche Grundlagen, die militärische Eingriffe in die Atmosphäre plausibel erklärt hätten.[382] Es ist also auch durchaus denkbar, dass es sich in erster Linie um Symbolpolitik handelte, mit der die Großmächte ihre Bereitschaft zur Abrüstung öffentlich demonstrieren konnten. Zeitgenossen wie der britische Friedensforscher und Direktor des Stockholmer Friedensinstituts, Frank Barnaby kommentierten denn auch die ENMOD-Konvention kritisch. Barnaby wertete sie zwar aus der Perspektive einer Détente grundsätzlich als positive Zeichen, befürchtete jedoch ein Ablenkungsmanöver, das dringendere – weil reale – Probleme ausbremste oder sogar verhinderte.[383]

Trotz der Kritik gehörte die ENMOD-Konvention zu wenigen vorzeigbaren Erfolgen bei der Umsetzung einer Rechtsnorm. Als das Committee on Commerce, Science, and Transportation 1976 den Congressional Rese-

379 Vgl. Crawford, Emily: Accounting for the ENMOD Convention: Cold War Influences on the Origins and Development of the 1976 Convention on Environmental Modification Techniques, in: Craven, Matthew; Pahuja, Sundhya; Simpson, Gerry (Hg.): International Law and the Cold War, Cambridge 2019, S. 81–97, hier S. 86 ff.

380 Zur gegenwärtigen rechtswissenschaftlichen Bewertung vgl. u.a. Lohbeck, Wolfgang: Umwelt und bewaffneter Konflikt: Dilemma ohne Ausweg? (Hamburger Beiträge zur Friedensforschung und Sicherheitspolitik) Hamburg 2004, S. 49 f.; Peterson, Ines: Die Strafbarkeit des Einsatzes von biologischen, chemischen und nuklearen Waffen als Kriegsverbrechen nach dem ISgGH-Statut, Berlin 2009, S. 125 f.

381 Vgl. u.a. Jasani, Bhupendra M.: Environmental Modifications: New Weapons of War?, in: Ambio 4 (5/6), 1975, S. 191–198.

382 Vgl. United Nations (Hg.): Report of the Conference of Committee on Disarmament to the General Assembly, 17 February to 3 September 1976 (Volume I & II), New York 1976.

383 Vgl. Barnaby, Frank: Environmental Warfare, in: Bulletin of the Atomic Scientists 32 (5), 1976, S. 36–43, hier S. 37; vgl. dazu auch Crawford, Accounting for ENMOD Convention, S. 95.

arch Service mit einer erneuten Erstellung eines umfassenden Berichts über Probleme, Status und Potenzial der Wetterbeeinflussung beauftragte, geschah dies mit der Begründung, dass keine kohärente staatliche Strategie erkennbar sei. Hinsichtlich der inländischen rechtlichen Belange fiel das Fazit tatsächlich ernüchternd aus. »Die rechtlichen Fragen im Zusammenhang mit der Wettermodifikation sind komplex und ungelöst«,[384] hieß es in der Kurzfassung des Berichts. Noch immer war die Grundeigentümerhaftung nicht geklärt – noch immer wurden unter anderem mit der »ad coelum«, »natural rights« oder den »riparian rights« sowie »nuisance«, »strict liability« oder »trespass« dieselben Adaptionen und Lösungsvorschläge wie in den späten 1940er Jahren verhandelt.[385] Damit stellte die Verabschiedung der ENMOD-Konvention, aber auch die Konferenz-, Zeitschriftenbeiträge, die zurückhaltende Einführung von Gesetzen auf nationaler Ebene und die Absichtserklärungen der späten 1970er Jahren gleichermaßen Höhe- wie auch ein Endpunkt der rechtlicher Debatten dar. Selbstverständlich verstummten sie nicht vollständig, doch sowohl die rechtswissenschaftliche Auseinandersetzung als auch die Gerichtsfälle nahmen in der Folge korrelierend mit der insgesamt zunehmenden Ernüchterung ab.

Indem die Atmosphärenwissenschaften weiterhin einen eindeutigen Wirksamkeitsnachweis schuldig blieben, bestand auch in juristischen Auseinandersetzungen das zentrale Problem der kaum zu erbringenden Beweislast weiter. Gleichzeitig – und damit zusammenhängend – verschob sich der Erwartungshorizont hinsichtlich einer funktionierenden Anwendung nach hinten, sodass auch in den USA die Lücke zwischen der Entwicklung von Rechtsnormen und der Technologie als weniger bedrohlich eingeschätzt wurde. Umweltrechtliche Fragen nach Haftung, Hoheitsrechten oder der Rechtsdurchsetzung, die im Rahmen der gezielten Beeinflussung von Wetter und Klima erstmals in der zweiten Hälfte der 1960er Jahren verhandelt worden waren, blieben jedoch Teil der Debatte über das Umweltvölkerrecht.

384 Cannon, Weather Modification, S. 15. Im Original: »Legal issues in weather modification are complex and unsettled«.

385 Vgl. ebd., S. 15 f.

Experimente II

Die 1960er und 1970er Jahre sahen nochmals eine Vielzahl von Forschungsprojekten zur Wetterbeeinflussung – durchgeführt von unterschiedlichen Akteuren. Während ich in den vorgängigen Kapiteln insbesondere die zentralen Argumente und die Kontexte herausgearbeitet habe, die den Diskurs ermöglichten oder zumindest mittrugen, steht im Folgenden nochmals die Wissensproduktion im Fokus. Ich skizziere dazu *erstens*, wie sich die Forschungslandschaft ab 1960 entwickelte, welche Ziele die Feldexperimente verfolgten und von welchen Fragestellungen, Prämissen und Vorstellungen von Objektivität und Evidenz sie geprägt waren. Die Debatten um die angemessenen Instrumente und Methoden sowie die Verfahren zur Generierung eines plausiblen Wirksamkeitsnachweises werde ich *zweitens* am Beispiel des Projekts »Stormfury« zur Beeinflussung von Hurrikanen detaillierter untersuchen. *Drittens* beschreibe ich, wie sich in den 1960er Jahren unter den Spezialisten ein Austausch über den Eisernen Vorhang hinweg zu etablieren begann und von welchen Übersetzungsschwierigkeiten dieser Prozess begleitet war. *Viertens* folgt eine weitere Detailanalyse eines Feldexperiments, des Schweizer Grossversuchs IV zur Hagelabwehr, und seinen Instrumenten, Fragestellungen und den zugrunde liegenden epistemologischen Prämissen. Ich schließe *fünftens* das Kapitel mit einer Darstellung des sowohl in der Scientific Community als auch der Öffentlichkeit in den 1970er Jahren erodierenden Status der Wetterbeeinflussung. Die übergreifende These des Kapitels lautet: Der Scientific Community gelang es nicht, das »Atmosphärenlabor« handhabbar zu machen. Die Frage »Hätte es sowieso geregnet?«[386] ließ sich weder zweifelsfrei statistisch beantworten, noch erlangte die numerischen Simulationen einen Status, der eine robuste Aussage erlaubt hätte. Damit wurde die Wetterbeeinflussung von einer operationalen Technologie zur Grundlagenforschung zurückgestuft.

386 Tribus, Myron: Physical View of Cloud Seeding, in: Science, New Series 168 (3928) 1970, S. 201–211, hier S. 201. Im Original: »Would it have rained, anyway?«

Der Wirksamkeitsnachweis im »Atmosphärenlabor« – die Etablierung der statistischen Auswertung

Im luzernischen Emmen steht ein Mehrfachraketenwerfer auf einer grünen Wiese, die Antennen eines mobilen Radars drehen sich, Kuhglocken sind zu hören. Unter lautem Zischen startet eine Rakete. In sicherem Abstand beobachtet eine Gruppe von Menschen, wie sie schnell an Höhe gewinnt und im wolkenverhangen Himmel verschwindet. Es sind Szenen, die das Schweizer Fernsehen in der Spätausgabe der Nachrichtensendung *Tagesschau* am 26. Juni 1977 ausstrahlte. Ein Interview mit dem Atmosphärenphysiker Bruno Federer erklärt dem Fernsehpublikum die Szenerie: Mit einem großen Funkgerät unter dem Arm führt er aus, dass im Napfgebiet in einem fünfjährigen Versuch die russische Methode zur Hagelabwehr getestet werde.[387] Der von den Schweizer Medien eng begleitete und innerhalb der internationalen *Scientific Community* als Vorzeigeexperiment wahrgenommene sogenannte Grossversuch IV war einer der letzten ambitionierten und groß anlegten Versuche, mit allen zur Verfügung stehenden Mitteln den Wirksamkeitsnachweis der Wetterbeeinflussung zu erbringen. Er stand damit einerseits stellvertretend für zahlreiche aufwendig designte Experimente der 1960er und 1970er Jahre und markierte gleichzeitig einen Endpunkt.

Wie bereits ausgeführt, etablierte sich sehr zeitnah zu den Versuchen unter Langmuir und Schaefer im Forschungslabor von General Electric ein internationaler Wetterbeeinflussungsdiskurs. Die bereits in den 1950er Jahre weltweit durchgeführten Feldexperimente wurden auch in kommenden beiden Jahrzehnten fortgeführt respektive durch neue ergänzt. In den USA übertrug der Kongress 1957 der National Science Foundation die Leitung eines fünf Millionen Dollar schweren, fünf Jahre dauernden Forschungsprogramms, das Niederschlagssteigerung sowie Hagel- und Blitzabwehr umfasste. In den 1960er Jahren erhöhten sich sowohl die Zahl der Projekte als auch die staatliche Finanzierung – so erreichte die Forschungsförderung in den USA mit mehr als 20 Millionen Dollar 1976 einen Höhepunkt.[388] Diese Tendenz hielt bis weit in die 1970er an und brachte etwa die Projekt »Sky-

387 Vgl. Schweizer Fernsehen: Versuche mit sowjetischen Hagelabwehrraketen, Tagesschau (Spätausgabe) 23.6.1977.

388 Vgl. Cannon, Howard W. (Hg.): Weather Modification: Programs, Problems, Policy, and Potential (Prepared at the Request of Howard W. Cannon, Chairman Committee on Commerce, Science, and Transportation U. S. Government), Washington, D. C. 1978, S. 243.

water« des Bureau of Reclamation (ab 1965), »Skyfire« des Forest Service (ab 1964) oder »Whitetop« der University of Chicago (ab 1960) und »Climax II« der Colorado State University (ab 1965) hervor.[389]

Auch in anderen Ländern nahm in den 1960er Jahren die Forschungstätigkeit zu: In Argentinien, Australien, Großbritannien, Kanada, Frankreich, Italien, Mexiko sowie Südafrika wurde – je nach den jeweiligen klimatologischen Bedingungen – Forschung zur Niederschlagsauslösung oder Hagelabwehr durchgeführt.[390] Besonders hervorzuheben – weil sie sehr bald als vielversprechende Vorzeigeprojekte galten – sind zwei israelische Experimente, die am Institut für Atmosphärenwissenschaften der Hebräischen Universität Jerusalem unter der Leitung von Abraham Gagin (1933–1987) 1961 starteten. Insbesondere die statistischen Designs der randomisierten Experimente, die in Zusammenarbeit mit dem Statistiker K. R. Gabriel ausgearbeitet worden waren, wurden in der *Community* positiv bewertet. Die serielle »Impfung« konvektiver Wolken, die sich in östlicher Richtung vom Mittelmeer auf israelisches Staatsgebiet bewegten, hatte nicht nur grundlegende wolkenphysikalische Annahmen bestätigt, sondern im Untersuchungszeitraum bis 1975 auch eine Niederschlagssteigerung von bis zu 15 Prozent nahelegt.[391]

Während also die Wetterbeeinflussung in Politik und Öffentlichkeit als rettende Technologie oder als gefährliche Waffe verhandelt wurde, führten nationale Wetterdienste, Universitätsdepartements oder Forschungsstellen weltweit zahlreiche Forschungsprojekte durch. Parallel dazu konstituierte sich eine zunehmend internationale *Scientific Community*, die sich auf den seit Mitte der 1950er Jahre regelmäßig ausgerichteten Konferenzen traf und sich über die einschlägigen Publikationsorganen wie etwa *Tellus* (ab 1949), das *Journal of Applied Meteoroloy* (ab 1962) oder das *Journal of Weather Modification* (ab 1969) austauschte. Die Fachdebatten und die publizierten Forschungsresultate bildeten die Grundlage für regelmäßige Berichterstattung in Pu-

389 Vgl. u.a. Harper, Make It Rain, S. 165–175/187–191; Cannon, Weather Modification, S. 44–46; Weather and Climate Modification. Report of the Special Commission on Weather Modification, S. 130–140.

390 Vgl. u.a. Gordon, A. H.: Modification of the Weather, in: Nature 196 (4860), 1962, S. 1166–1167.

391 Vgl. u.a. Neiburger, Morris: Artificial Modification of Clouds and Precipitation, Genf 1969 (Technical Note Nr 105), S. 19; Meyers, Nechemia: Making the Most of Little Water, in: Nature 305 (20), 1983, S. 663; Cannon, Weather Modification, S. 415 f.; Gagin, A.; Neumann, J.: The Second Israeli Randomized Cloud Seeding Experiment: Evaluation of the Results, in: Journal of Applied Meteorology (1962–1982) 20 (11), 1981, S. 1301–1311; Reynolds, David W.; von der Haar, Thomas H.; Grant, Lewis O.: Meteorological Satellites in Support of Weather Modification, in: Bulletin of the American Meteorological Society 59 (3), 1978, S. 269–281.

blikumsmedien über die wissenschaftlichen »Wettermacher« und die kommende Wetterkontrolle, die wiederum zur Rechtfertigung der gleichermaßen nützlichen und notwendigen Forschung diente.

Dabei wiesen die bereits in den 1940er und 1950er Jahren formulierten und in Experimente überführten theoretischen Prämissen eine bemerkenswerte Beharrungstendenz auf. Der entscheidende wolkenphysikalische Hebel, um die Beeinflussung von Wetter zu denken, waren die Gefrierkeime und ihre wolkenphysikalischen Effekte, wie sie im Findeisen-Bergeron-Prozess beschrieben wurden. War ihr Einsatzbereich bereits in den 1950er Jahren um die Hagelabwehr erweitert worden, konnte ihre potenzielle Wirkung in den 1960er Jahren über die Fusionswärme auf die Behandlung von Stürmen ausgeweitet werden. Durch die Zuführung zusätzlicher Sublimationskeime konnte somit in der Theorie sowohl die Auslösung von Niederschlag, die Auflösung von Nebel als auch die Abschwächung von Hagel plausibel erklärt werden.[392]

Für die Wissensproduktion blieben dabei Feldexperimente entscheidend. Zwar wurden immer Laboruntersuchungen durchgeführt. Doch die Simulation der Wolkenbildung im Labor blieb problembehaftet, sodass sie nur die Untersuchung von Teilaspekten erlaubte. So beeinflussten die Wände der Wolkenkammer den Experimentverlauf nachteilig und zudem blieb es eine Herausforderung, alle relevanten physikalischen Parameter im korrekten Maßstab runterzuskalieren.[393] Die Feldexperimente galten deshalb als Mittel der Wahl – sie sollten (endlich) die Frage beantworten, ob die künstliche Beeinflussung funktionierte.

1969 veröffentlichte die WMO den technischen Bericht *Artificial Modification of Clouds and Precipitation*. Die aktualisierte Version des 1955 herausgegebenen Berichts der aerologischen Kommission der WMO *Artificial Control of Clouds and Hydrometeors*[394] sollte für die WMO-Mitglieder als Richtlinie zur Durchführung von Experimenten dienen. Die Zusammenstellung des aktuellen Forschungsstands durch Morris Neiburger, den ehemaligen

392 Zur Einführung von Partikeln und ihren Effekten vgl. u.a. Weickmann, Helmut K.: A Realistic Appraisal of Weather Control, in: Zeitschrift für angewandte Mathematik und Physik ZAMP 14 (5), 1963, S. 528–543.

393 Vgl. u.a. Mason, Basil John: Clouds, Rain and Rainmaking, London 1962, S. 12–14; Weather and Climate Modification. Report of the Special Commission on Weather Modification, Washington, D. C. 1965, S. 72.

394 Dufour, L.; Hall, Ferguson; Ludlam, F. H.: Artificial Control of Clouds and Hydrometeors (Report of a Working Group of the Commission for Aerology), Genf 1955 (Technical Note 13).

Präsidenten der American Meteorological Society und Professor für Meteorologie an der University of California Los Angeles, verdeutlichte, dass die Evaluation der Experimente weiterhin über den Abgleich einer geschätzten Niederschlagsmenge ohne Behandlung mit der tatsächlich gefallenen Menge funktionierte. Diese Schätzung des natürlichen Niederschlags konnte über die Auswertung historischer Durchschnittswerte, die Nutzung von Radarbildern oder den Einbezug von Kontrollgebieten gemacht werden.

Als letztlich einzige zuverlässige Methode wurden statistische Randomisierungsverfahren eingestuft, wie sie etwa Jerzy Neyman entwickelt hatte,[395] und die spätestens ab 1960 standardmäßig für die Auswertung der Feldexperimente beigezogen wurden. Die Zusammenarbeit zwischen Wolkenphysikern und Statistikern funktionierte jedoch nicht reibungslos. Die Verhandlungen im Rahmen von drei durch die National Science Foundation zur Stärkung der Zusammenarbeit von Meteorologen und Statistikern ausgerichteten Konferenzen 1965 wiesen exemplarisch darauf hin, dass die Zusammenarbeit weiterhin von Übersetzungsschwierigkeiten geprägt war.[396] Immer wieder zählten Statistiker wie Jerzy Neyman zu den Bedenkenträgern und wiesen auf die Fehler in den Auswertungen hin. Trotzdem herrschte auch bei den »Wettermachern« selbst ein Konsens, dass kein Weg an den statistischen Verfahren vorbeiführte. Erst in der zweiten Hälfte der 1960er Jahre begann sich eine Alternative zu den statistischen Verfahren abzuzeichnen: Insbesondere beim Projekt »Stormfury« wurden nun numerische Simulationen zumindest zeitweise als bahnbrechendes Instrument verhandelt.

Das Projekt »Stormfury« – Hurrikanbeeinflussung und Simulationen als Instrumente

1962 startete der US-Wetterdienst gemeinsam mit der US-Marine das ambitionierte Projekt »Stormfury« – mitfinanziert von der National Science Foundation. Es sollte Informationen liefern, um die physikalischen Prozesse von Wirbelstürmen zu verstehen, zur Verbesserung der Prognose beitragen und so die Grundlage für eine gezielte Beeinflussung bilden. Bereits in

395 Vgl. Neiburger, Morris: Artificial Modification of Clouds and Precipitation, Genf 1969 (Technical Note 105), S. 61–74.

396 Vgl. Weather and Climate Modification. Report of the Special Commission on Weather Modification, Washington, D. C. 1965, S. 72–76.

den 1947 Jahren hatte das Forschungsteam von General Electric um Irving Langmuir und Vincent Schaefer erstmals versucht, einen Wirbelsturm zu »impfen«. Der US-amerikanische Wetterdienst stand jedoch diesen Ideen skeptisch gegenüber und konstatierte eine grundsätzliche Wissenslücke hinsichtlich der Struktur, der Dynamik und des Verhaltens von solchen Stürmen. Als dann die Hurrikansaison 1954 und 1955 in den USA 400 Todesopfer forderte und ein Schaden von mehr als zwei Milliarden Dollar beziffert wurde, beauftragte der Kongress den Wetterdienst mit einem nationalen Hurrikan-Forschungsprojekt, das in den Folgejahren mit Flugzeugen, Radar und Radiosonden Daten sammelte, die nahelegten, dass die das Auge des Wirbelsturms umgebenden Wolken große Mengen unterkühltes Wasser beinhalteten und sich dieser Bereich in einem Zustand dynamischer Instabilität befand. Diese Diagnose einer Instabilität diente nun als Ansatzpunkt: Durch das »Impfen« in unmittelbarer Nähe des Auges sollte durch die abgegebene latente Wärme bei der Kondensation von Feuchtigkeit an den Impfkeimen der Oberflächendruck verändert und so den Augenwall nach außen weichen lassen, was zu einer Verringerung der Windgeschwindigkeit führen würde.[397]

Über die Frage der präzisen und zuverlässigen Einbringung des Silberiodids ins Auge des Wirbelsturms etablierte sich unter dem Namen Projekt »Cyclops« eine Zusammenarbeit mit der US Navy, die in ihrer Forschungsstation China Lake in der Mojave-Wüste – ausgehend von der Arbeit zur gezielten Vernebelung – Apparaturen zur Produktion und Zuführung von Eiskernen entwickelte.[398] Diese theoretischen und technischen Vorarbeiten wurden am 16. September 1961 erstmals in die Praxis umgesetzt und ein Hurrikan »geimpft«: Ein Flugzeug verteilte den Inhalt von acht Kanistern Silberiodid im Augenwall des Hurrikans Esther, dessen kinetische Energie in der Folge messbar abnahm und schließlich zum tropischen Sturm zurückgestuft wurde. Dieser als Erfolg gelesene Versuch legte den Grundstein für den offiziellen Start des Projekts »Stormfury«, wobei ein kurz darauf mit Hurrikan Beulah durchgeführtes Experiment wiederum als vielversprechend angesehen und von den Verantwortlichen als Aus-

397 Vgl. u.a. Fleming, Fixing the Sky, S. 152 ff.

398 Vgl. Henderson, Graeme W.; Saint-Armand, Pierre; Project Cyclops: An Experiment in Hurricane Modification, China Lake Mai 1961.

gangslage für die zukünftige »Abschwächung von schweren Stürmen«[399] angepriesen wurde.[400]

Die Leitung von »Stormfury« wurde Robert H. Simpson übertragen, der sich seit den 1940er Jahren mit tropischen Zyklonen beschäftigte. Der ehemalige Mitarbeiter von Francis Reichelderfer war von Anfang an Teil des National Hurricane Research Projects und promovierte gleichzeitig in Chicago beim »Vater der Tropischen Meteorologie«, dem in München geborenen Herbert Riehl.[401] Im zweiten Versuchsjahr 1963 stieß mit Joanne Malkus in mehrfacher Hinsicht eine Pionierin zum Projekt. Es ist dem Meteorologie-Historiker James Rodger Fleming zu verdanken, dass ihr maßgeblicher Beitrag zum Project »Stormfury« im Speziellen, aber auch zur tropischen Meteorologie im Allgemeinen einem breiteren Publikum bekannt wurde.[402] Sie hatte bei Carl-Gustaf Rossby an der University of Chicago studiert, unterrichtete während des Zweiten Weltkrieges zukünftige Armeemeteorologen und promovierte schließlich mit einer ebenfalls bei Herbert Riehl verfassten Arbeit zum Verhalten tropischer Cumuluswolken als erste Frau überhaupt in Meteorologie. Als Mitarbeiterin an der Woods Hole Oceanographic Institution von 1951 bis 1960 etablierte sie sich unter anderem mit der Entwicklung des ersten numerischen Wolkenmodells als angesehene Wolkenphysikerin und begann sich ab 1960 an der University of California in Los Angeles intensiv mit der Wetterbeeinflussung auseinanderzusetzen. Als Mitarbeiterin (und spätere Leiterin) von »Stormfury« gehörte sie – nach der Heirat mit Robert H. Simpsons 1965 unter neuem Nachnamen – zu den zentralen Figuren des Wetterbeeinflussungsdiskurses.[403]

---

399 Malkus, J. S.; Simpson, R. H.: An Experiment in Hurricane Modification: Preliminary Results, in: Science 142 (3591), 1963, S. 498–498, hier S. 498. Im Original: »amelioration of severe storms«.

400 Vgl. dazu Harper, Make It Rain, S. 191–195; Henderson, Saint-Armand, Project Cyclops, S. 1 f.; Black, R. A.; Jorgensen, D. P.; Rosenthal, S. L.; Willoughby, H. E.: Project Stormfury: A Scientific Chronicle 1962–1983, in: Bulletin of the American Meteorological Society 66 (5), 1985, S. 505–515, hier S. 505 f.

401 Zu Robert Simpson vgl. Hurricane Research Division of AOML/NOAA, <https://www.aoml.noaa.gov/hrd/about_hrd/beginning.html>, Stand: 29.10.2020; zur ebenfalls bemerkenswerten Karriere von Herbert Riehl vgl. u.a. Gray, W.: Dr. Herbert Riehl, in: Meteorology and Atmospheric Physics 67 (1), 1998, S. 3–4; Zitat S. 3. Im Original: »father of tropical meteorology«.

402 Vgl. Fleming, James Rodger: First Woman: Joanne Simpson and the Tropical Atmosphere, Oxford, New York 2020.

403 Vgl. Atlas, David; Lemone, Margaret A.: Joanne Simpson 1923–2010, in: National Academy of Engineering (Hg.): Memorial Tributes, 14, S. 368–375. Online: <https://www.nap.edu/read/13160/chapter/62>, Stand: 23.10.2020; Houze, Robert A.: Joanne Simpson (1923–2010), in: Nature

Angesichts der möglichen Tragweite zog das Projekt bereits in den ersten Jahren die Aufmerksamkeit auf sich, wobei die Projektverantwortlichen bereitwillig Auskunft erteilten oder selbst in angesehenen populärwissenschaftlichen Zeitschriften publizierten. Im September 1964 berichtete beispielsweise das *LIFE Magazine* über das Hurrikanbeeinflussungsprojekt. Der aktuelle Bezugspunkt war Hurrikan Dora, der Anfang September besonders in Florida und den Bahamas hohe Schäden verursacht hatte. Hochglanzfotografien von überschwemmten Städten, beschädigten Häusern und umgestürzten Bäumen zeigten die verheerende Kraft des Wirbelsturms oder – wie *LIFE* als Bildunterschrift wählte –: »Die wilde nasse Gewalt des verrückt gewordenen Wetters«.[404] Nun schien sich mit »Stormfury« eine Möglichkeit abzuzeichnen, diesen Naturgewalten entgegenzutreten und zwar nicht, indem man dem Hurrikan mit äquivalenter Energie begegnete, sondern durch die dank militärischer Technologie ermöglichte punktgenaue Einbringung von Silberiodid: »Bomben ins Auge könnten Hurrikane unter Kontrolle bringen.«[405]

Kurz darauf präsentierte Robert Simpson gemeinsam mit Joanne Malkus in *Scientific American* ausführlich die vorläufigen Resultate und nutzte bereits im Lead exemplarisch das »Trigger«-Argument zur Plausibilisierung gezielter Eingriffe: »Durch das ›Impfen‹ eines Wolkenclusters in der Nähe des Zentrums eines Hurrikans mit Silberiodidkristallen könnte es möglich sein, eine sich selbst erhaltende Kettenreaktion auszulösen, die zu einer Verringerung der Windgeschwindigkeit des Sturms führt.«[406] Damit – so das Argument von Simpson und Malkus – könne man mit der Energie eines ausgewachsenen Hurrikans von »400 Wasserstoffbomben mit 30 Megatonnen«[407] konkurrieren. Ausführlich erklärten sie den interessierten

---

464 (7289), S. 696; Atlas, David; Holland, Greg; LeMone, Peggy: Joanne Simpson 1923–2010, in: Bulletin of the American Meteorological Society 91 (7), 2010, S. 938–939.

404 O. V.: The Time of the Hurricanes, in: LIFE 57 (13), September 1964, S. 36–43, hier S. 36 f. Im Original: »The Wild Wet Fury of Weather Gone Mad«.

405 O. V.: The Time of the Hurricanes, S. 43; zur martialischen Rhetorik vgl. auch Tufty, Barbara: At War with the Weather, in: Science News 90 (2), 1966, S. 26–27. Im Original: »Bombs in the Eye May Bring Hurricane Control.«

406 Malkus, Joanne S.; Simpson, R. H.: Experiments in Hurricane Modification, in: Scientific American 211 (6), 1964, S. 27–37, hier S. 27. Im Original: »By ›seeding‹ a cluster of clouds near the center of a hurricane with silver iodide crystals it may be possible to trigger a self-sustaining chain of event leading to a reduction in the storm's wind speed.«

407 Malkus, Simpson, Experiments in Hurricane Modification, S. 27. Im Original: »400 30-megaton hydrogen bombs«.

Leserinnen und Leser die Experimente zu den Hurrikans Esther und Beulah und griffen mit Fotografien, Radaraufnahmen, Grafiken und Kurven auf das gesamte Arsenal bildgebender Verfahren zurück, um zu verdeutlichen, dass die bisherigen Resultate äußerst vielversprechend waren und auf soliden wolkenphysikalischen Grundlagen beruhten. Die dank zehn von der US Navy bereitgestellten Flugzeugen dichte Überwachung des Experiments ermöglichte es, eine Veränderung der Stürme aufzuzeichnen, die den Erwartungen entsprach und plausibel mit theoretischen Annahmen erklärt werden konnte. Doch sie stellten auch klar, dass die Resultate den gängigen wissenschaftlichen Standards nicht genügten, um einen ursächlichen Zusammenhang zwischen »Impfung« und Veränderung des Hurrikans festzustellen – zu groß sei die natürliche Variabilität.[408]

Das Projekt »Stormfury« wies jedoch in mehrfacher Hinsicht Unterschiede zu anderen Feldexperimenten und -operationen auf. Malkus und Simpson distanzierten sich sogar ausdrücklich von den »Cloud-Seeding-Bemühungen« der vergangenen Jahre, die sie als »weitgehend enttäuschend« einstuften. Sie rahmten das Projekt als Grundlagenforschung und wollten das »Impfen« ausschließlich als experimentelles Instrument verstanden wissen, um mehr über die Prozesse einzelner Wolken zu erfahren und zu bestimmen.[409] Damit wurden die Sublimationsnuklei in Form von Silberiodid als technische Dinge in das Experimentalsystem integriert. Diese Unterscheidung war wegweisend: In den Folgejahren begannen die Wolkenphysiker dezidiert zwischen »Bestätigungsexperimenten« (»confirmatory experiments«) zu Abklärung der Wirksamkeit und »explorativen Experimenten« (»exploratory experiments«) zur Produktion von neuem Grundlagenwissen zur Funktionsweise von Stürmen, Wolken und Niederschlag zu unterscheiden.[410]

---

408 Vgl. ebd., hier S. 32 ff.

409 Alle Zitate: Simpson, Malkus, Modification Experiments on Tropical Cumulus Clouds, S. 541. Im Original: »cloud-seeding efforts«; »largely disappointing«. Zum im Folgenden beschriebenen Experiment vgl. auch Malkus, Simpson, Experiments in Hurricane Modification, S. 27–37; Malkus, Joanne S.; Simpson, Robert H.: Note on the Potentialities of Cumulonimbus and Hurricane Seeding Experiments, in: Journal of Applied Meteorology 3 (8), 1964, S. 470–476.

410 Vgl. u.a. Woodley, William L.; Jordan, Jill; Barnston, Anthony u.a.: Rainfall Results of the Florida Area Cumulus Experiment, 1970–76, in: Journal of Applied Meteorology (1962–1982) 21 (2), American Meteorological Society, 1982, S. 139–164, hier S. 139 f.; Changnon, Stanley A.; Lambright, W. Henry: Experimentation Involving Controversial Scientific and Technological Issues: Weather Modification as a Case Illustration, in: Bulletin of the American Meteorological Society 71 (3), 1990, S. 334–344, hier S. 338.

Weil im ersten Versuchsjahr von »Stormfury« geeignete Wirbelstürme ausblieben, wichen die Verantwortlichen im August 1963 auf ein vergleichbares meteorologisches Phänomen aus und führten ein erstes Experiment mit tropischen Kumuluswolken über dem Karibischen Meer durch. Die Versuchsanordnung unterschied sich in zweifacher Hinsicht von den Niederschlagsexperimenten: Erstens verzichteten sie auf eine statistische Auswertung, sondern wählten einen Zugang der über präzise Beobachtung und Messung funktionierte. Dazu setzten sie fünf Flugzeuge ein: Zwei Douglas-DC-6-Maschinen vermaßen zunächst die »Test-Wolke«, um ihren Istzustand zu bestimmen. Danach ließ eine Douglas A-3 Skywarrior, ein nuklearwaffenfähiger Bomber, die von der Navy entwickelten »bombenähnlichen Objekte«[411] in Intervallen von 100 Metern in die Wolke fallen. Die beiden Messflugzeuge durchflogen nun erneut die Wolke, um die möglichen Veränderungen aufzuzeichnen – zusätzlich unterstützt durch ein Aufklärungsflugzeug des Typs Martin WB-57 Canberra in einer Höhe von 9 Kilometern.[412] Bei vier von sechs behandelten Wolken zeigten die Messungen und Beobachtungen ein horizontales wie auch vertikales Wachstum, das den »Lebenszyklus«[413] von unbehandelten Wolken bei Weitem überstieg.

Das Experiment litt jedoch – wie alle Experimente im »Atmosphärenlabor« – unter der mangelnden Reproduzierbarkeit. Weil sie das Experiment weder hinreichend randomisieren noch oft genug reproduzieren konnten, integrierten die Verantwortlichen nun erstmals überhaupt ein numerisches Wolkenmodell in die Auswertung. Hatten sie zuvor auf der Grundlage der bestehenden Theorie und ihres Erfahrungswissen einen Lebenszyklus extrapoliert, simulierten sie nun den Normalverlauf einer Wolke, der dann mit den behandelten, realen Wolken abgeglichen werden konnte. Dazu kombinierten sie zwei einfache Gleichungen: Zunächst bestimmten sie die Aufwärtsbeschleunigung der Wolke als Auftriebskraft minus den Strömungswiderstand. Da bei realen Wolken die Auftriebskraft reduziert durch das Einschließen von kühler und trockener Luft der Umgebung wird, mussten sie diesen Lufteinschluss (»Entrainment«) miteinbeziehen, was

411 Malkus, Simpson, Modification Experiments on Tropical Cumulus Clouds, S. 542. Im Original: »bomb-like devices«.

412 Zu den verwendeten Flugzeugtypen und ihrer Beschaffung vgl. Dorst, Neal M.: The National Hurricane Research Project: 50 Years of Research, Rough Rides, and Name Changes, in: Bulletin of the American Meteorological Society 88 (10), 2007, S. 1566–1588.

413 Malkus, Simpson, Modification Experiments on Tropical Cumulus Clouds, S. 543. Im Original: »normal life cycle«.

nur möglich war, indem sie eine Proportionalitätskonstante annahmen, die sie aus vergangenen Messungen und Laboruntersuchungen herleiteten. Auf Grundlage der vor der Silberiodid-Behandlung getätigten Messungen konnte so die »natürliche« Entwicklung der Wolke simuliert werden.[414] Der Abgleich mit dem beobachteten und gemessenen Verlauf nach der »Impfung« ließ die Verantwortlichen zum Schluss kommen, dass das Experiment ein Erfolg war: »Wir glauben, dass die Reihe von Kontrollrechnungen den kausalen Zusammenhang zwischen dem Seeding und dem beobachteten explosiven Wolkenwachstum zweifelsfrei belegt.«[415]

Noch wichtiger als die Resultate schien ihnen jedoch die erfolgreiche Durchführung des Experiments mit dem neuen Instrument der Wolkensimulation. Die Verwendung numerischer Wolkenmodelle sei – so die Joanne Simpson und ihr Ehemann in *Science* – ein bedeutender Schritt für die Meteorologie auf dem Weg zu einer experimentellen Wissenschaft.[416] Mit der Verwendung computerberechneter numerischer Modelle waren sie Mitte der 1960er Jahre nicht allein. Sowohl das vom Bureau of Reclamation gesponserte Forschungsprojekt der South Dakota School of Mines and Technology als auch ein Experiment zur Beeinflussung orografischer Wolken in den Rocky Mountains begannen ebenfalls selbst entwickelte, einfache zweidimensionale Simulationen zu nutzen.[417]

Die publizierten Resultate und insbesondere das neuartige Experimentdesign von »Stormfury« erfuhren jedoch Widerspruch. Louis J. Battan vom Institut für Atmosphärenphysik der University of Arizona in Tucson, seit den 1950er Jahren eine der zentralen Figuren der Wetterbeeinflussung, reagierte auf die ersten Publikationen in *Science* und im *Journal of Applied Meteorology* mit einer Erwiderung. Sie zeigte, dass die numerische Simulation ein neues Instrument war, dass sich erst in *Scientific Community* der Wolkenphysik durchsetzen musste. Denn Battan beharrte auf dem Primat der statistischen Auswertung, bezweifelte, dass Malkus und Simpson zweifelsfrei den Zusammenhang zwischen dem »Impfen« und dem Wolkenwachstum hatten darlegen können und erwähnte das neuartige Instrument mit keinem Wort. Vielmehr verwies er auf die Unmöglichkeit, solche Experimente erfolgreich

414 Ebd., S. 543–546.

415 Malkus, Simpson, Modification Experiments on Tropical Cumulus Clouds, S. 547. Im Original: »We believe the series of control calculations establishes, beyond reasonable doubt, the causal relationship between seeding and the observed explosive cloud growth which followed.«

416 Ebd., S. 547 f.

417 Vgl. Committee on Atmospheric Sciences, Weather & Climate Modification, S. 50–54.

zu reproduzieren und pochte auf die Durchführung weiterer Experimente und damit letztlich auf eine statistische Evidenzerzeugung.[418] Malkus und Simpson gingen auf die Kritik Battans ein und strichen jedoch heraus, dass die Erfolgsmeldung sich in erster Linie auf die neue Methode des numerischen Modells bezogen hatte.[419]

Mit der Betonung der Bedeutung des neuen Instruments lagen sie einerseits richtig: Tatsächlich begannen in der zweiten Hälfte der 1960er Jahre die computerbasierten numerischen Modellierungen zunehmend die bisherigen Verfahren bei Experimenten zur Wetterbeeinflussung, aber auch bei wolkenphysikalischen Studien im Allgemeinen zu ergänzen.[420] Bezogen auf die Evaluationsversuche der Wetterbeeinflussung, stellte sich jedoch die Einschätzung von Malkus und Simpson als zu optimistisch heraus. Die numerische Simulation erlangte in den Folgejahren nie einen Status, der mit dem der statistischen Verfahren konkurrieren konnte.

Als Joanne Simpson 1965 die Leitung von »Stormfury« übernahm, dienten die numerischen Modelle weiter nur als Ergänzung der traditionellen Methoden. Außerdem litt »Stormfury« unter der Seltenheit ihres Untersuchungsobjekts: Hurrikane blieben im zuvor als sicher definierten Versuchsgebiet weiter aus, sodass allgemeinere wolkenphysikalische Fragen bearbeitet, Instrumente entwickelt und Experimente mit Kumuluswolken durchgeführt wurden. Die Auswertung einer Serie von Tests im Juli und August 1965 stützte weiterhin die These der Behandelbarkeit, auch wenn die Resultate nicht auf einem Abgleich mit numerischen Modellen beruhten, sondern auf einem Vergleich mit der Entwicklung unbehandelter »Kontrollwolken«.[421] Auch der Einsatz eines neu entwickelten Instruments, das ermöglichte, während eines Flugs durch eine Versuchswolke Replika

418 Vgl. Battan, Louis J.: Comments on »Note on the Potentialities of Cumulonimbus and Hurricane Seeding Experiments«, in: Journal of Applied Meteorology 4 (6), 1965, S. 426–427; auch Bernard Vonnegut ignorierte die neue Methode völlig und wies in seiner Erwiderung lediglich darauf hin, dass die zugrunde liegende These bereits von Langmuir verfolgt worden sei; vgl. Vonnegut, Bernard: Further Comments on »Note on the Potentialities of Cumulonimbus and Hurricane Seeding Experiments«, in: Journal of Applied Meteorology (1962–1982) 5 (1), 1966, S. 134–135.

419 Malkus, Joanne S.: Reply, in: Journal of Applied Meteorology 4 (6), 1965, S. 427–430.

420 Vgl. u.a. Committee on Atmospheric Sciences: Weather & Climate Modification: Problems and Progress, Washington, D. C. 1973, S. 50–57; Orville, Harold D.: Computer Modeling and Experimental Design, in: Bureau of Reclamation (Hg.): Project Skywater: Proceedings: Skywater Conference II: Design and Evaluation of Weather Modification Experiments, 1968, S. 41–54.

421 Vgl. Simpson, Joanne; Simpson, R. H.; Stinson, J. R. u.a.: Stormfury Cumulus Experiments: Preliminary Results 1965, in: Journal of Applied Meteorology 5 (4), 1966, S. 521–525.

von Wolkenpartikeln herzustellen, schien die Grundannahme zu belegen. Zumindest ergab die Auswertung der Replika, dass unbehandelte Wolken vorwiegend aus unterkühltem Wasser, behandelte Wolken jedoch aus Eispartikeln bestanden.[422] Zudem – und das war entscheidend – entwickelten Joanne Simpson und ihre Mitarbeiter das numerische Modell weiter, sodass es etwa der Leiter des National Hurricane Research Laboratory, Robert C. Gentry, als geeignetes Instrument zur experimentellen Überprüfung der Wirksamkeit einstufte.[423]

1969 war es dann endlich so weit: Mitte August formierte sich Hurrikan Debbie und das Projekt »Stormfury« bot ein Großaufgebot von 13 Flugzeugen auf. Am 18. und 19. August wurde der Wirbelsturm rund 500 Meilen vor Puerto Rico für zwei Tage in fünf Durchgängen mit mehr als tausend Silberiodid-»Bomben« behandelt. In der Folge nahm im Vergleich zur simulierten normalen »life history«[424] die Windgeschwindigkeit von Debbie bis zu 31 Prozent ab. Nicht nur die Beteiligten werteten das als großen Erfolg. *Science News* titelte gewohnt euphorisch »Shrinking Debbie's Eye« und auch der Mathematiker, Futurologe und RAND-Mitarbeiter Allen I. Hammond sah angesichts der numerischen Modelle und der neuen Einbringungsmethoden des Projekts »Stormfury« das Erwachsenwerden der Wetterbeeinflussungstechnologie.[425]

Da die Simulationen jedoch weiterhin nicht als allgemein anerkanntes Mittel der Evidenzerzeugung galten, blieben die Deutung der Ergebnisse umstritten – selbst die Beteiligten, die die Abnahme als Erfolg werteten, beharrten nicht auf einem kausalen Zusammenhang.[426] Besonders deutlich Position für das neue Instrument der numerischen Modelle bezog jedoch Myron Tribus. Der Ingenieur und Organisationstheoretiker schaltete sich um 1970 als Vorsitzender des Interdepartemental Committee for Atmosphe-

422 Vgl. Averitt, J. M.; Ruskin, R. E.: Cloud Particle Replication in Stormfury Tropical Cumulus, in: Journal of Applied Meteorology 6 (1), 1967, S. 88–94; Baughman, R. G.; MacCready, P. B.: The Glaciation of an AgI-Seeded Cumulus Cloud, in: Journal of Applied Meteorology 7 (1), 1968, S. 132–135.

423 Vgl. Gentry, R. Cecil: Project STORMFURY, in: Bulletin of the American Meteorological Society 50 (6), 1969, S. 404–409, hier S. 407.

424 Gentry, R. Cecil: Hurricane Debbie Modification Experiments, August 1969, in: Science 168 (3930), 24.4.1970, S. 473–475, hier S. 475.

425 Vgl. Hammond, Allen L.: Weather Modification: A Technology Coming of Age, in: Science 172 (3983), American Association for the Advancement of Science, 1971, S. 548–549.

426 Vgl. Mueller, Marti: Hurricane Seeding: A Quest for Data, in: Science 165 (3897), American Association for the Advancement of Science, 1969, S. 990.

ric Sciences of the Federal Council for Science and Technology der Nixon-Administration mehrfach in die Debatte.[427] Anhand eines Beispiels führte er aus, dass wissenschaftliche Probleme existierten, für die keine geeigneten statistischen Verfahren existieren:

> »Nehmen wir an, […] ich würde die Gestaltung der Titelseite der *New York Times* eine Woche im Voraus vorhersagen, bis ins kleinste Detail, einschließlich einiger Druckfehler. Würde Ihnen Ihr gesunder Menschenverstand nicht sagen, dass meine Behauptung zutreffend ist?«[428]

Die Vorhersage einer Zeitungsseite verglich Tribus nun mit isolierten Experimente zur Wetterbeeinflussung, die nach einer Behandlung deutliche Veränderungen zeigten, jedoch statistisch unbedeutend blieben. Zwar seien die Computermodelle erst in ihren Anfängen, doch mit Blick auf immer leistungsfähigere Computer und das zunehmende Wissen über die atmosphärischen Parameter sprach er den numerischen Simulationen das Potenzial zu, die grundlegende Schwäche der statistischen Evaluation zu überwinden. Immerhin sah er dadurch insofern eine realistische Möglichkeit für den Durchbruch gegeben, dass er auf die zukünftigen internationalen Probleme hinwies und mit den Worten schloss: »Die Meteorologie ist zu wichtig, um sie nur den Meteorologen zu überlassen!«[429]

Obwohl das Projekt vielversprechend angelaufen war und trotz der positiven Einschätzung des neuen Instruments der Simulation durch die Beteiligten, wurde das ambitionierte Projekt anschließend zurückgeworfen. Ein Bündel von Gründen führte dazu, dass die 1970er Jahre insgesamt wenig erfolgreich verliefen: Zunächst blieben geeignete Wirbelstürme aus und als 1972 mit Ginger ein weiterer Hurrikan »geimpft« werden konnte, fielen die Resultate weit weniger deutlich aus als bei Debbie.[430] Ein angedachter Um-

---

427 Vgl. Tribus, Myron: Everybody Talks about the Weather, but …, in: Science 164 (3886), American Association for the Advancement of Science, 1969, S. 1341; Tribus, Myron: Uncertainty and the Weather, in: Bulletin of the American Meteorological Society 51 (1), 1970, S. 4–10; zu Myron Tribus vgl. Murphy, Meg; Savicki, Donna: Myron Tribus, in: National Academy of Engineering (Hg.): Memorial Tributes, Bd. 22, Washington, D. C. 2019, S. 351–358.

428 Tribus, Myron: Physical View of Cloud Seeding, in: Science, New Series 168 (3928) 1970, S. 201–211, hier S. 201. Im Original: »Suppose […] I predicted the makeup of the front page of the *New York Times* one week in advance, down to the smallest detail, including a few typographical errors. Would not your common sense tell you my claim was valid?«

429 Vgl. ebd., S. 205–209; Zitat S. 209. Im Original: »Meteorology is too important to be left only to the meteorologists!«

430 Vgl. Seeding Stormfury's Ginger: Nothing Definitive, in: Science News 101 (3), 1972, S. 38.

zug in den pazifischen, Hurrikan-reicheren Raum scheiterte an rechtlichen Bedenken und fehlenden internationalen Abkommen. Auch die US Navy zog ihre Unterstützung zurück, wobei insbesondere das Wegfallen der Luftunterstützung für das Projekt schwer wog.[431] Zudem erfuhr die Organisation gleich mehrere Umstrukturierungen: Als Projekt des US Weather Bureaus gestartet, wurde es von der 1965 geschaffenen ESSA übernommen, die wiederum 1970 von der National Oceanic and Atmospheric Administration ersetzt wurde.

»Stormfury« – und insbesondere die Behandlung von Hurrikan Debbie – etablierte sich zwar schnell als zentrale Referenz des Wetterbeeinflussungsdiskurses. So produzierte das Projekt noch eine Reihe von Zeitschriftenartikeln und Konferenzbeiträgen, blieb jedoch nicht nur den Wirksamkeitsnachweis schuldig. Vielmehr unterliefen die Untersuchungen der 1970er Jahre die zugrunde liegende Hypothese: Einerseits ergaben Messungen in situ, dass – anders als zuvor angenommen – wenig unterkühltes Wasser, dafür ausreichend natürliche Eiskristalle vorhanden waren, womit Effekte durch die Zuführung künstlicher Nuklei nicht mehr theoretisch begründet werden konnten. Andererseits wurde auch der postulierte Zusammenhang zwischen einer Expansion des Sturmauges und einer Reduktion der maximalen Windgeschwindigkeiten problematisiert.[432]

Schließlich konnte auch das grundlegende epistemologische Problem nicht zufriedenstellend gelöst werden. Auch wenn in der Anfangsphase euphorisch angekündigt, verhalfen auch die numerischen Modelle nicht zum Durchbruch. Die Simulationen erlangten im fraglichen Zeitraum nie den Status, um mit der statistischen Überprüfung ernsthaft zu konkurrieren oder gar zu ersetzen. Zwar griffen die Wolkenphysiker in ihrer Arbeit spätestens ab 1970 standardmäßig auf Computermodelle zurück, doch nur eine Kombination verschiedener Zugänge wurde als erfolgsversprechend angesehen – wie etwa Harold D. Orville an der Cloud Physics Conference 1976 in Boulder, Colorado, betonte: »Eine von den Beobachtungen isolierte Modellierung ist eine sterile Übung, die letztendlich zum Scheitern verurteilt ist. Koordinierte Modellierung und gute Feldexperimente werden die Wolkenphysik in den Blickpunkt der meteorologischen Forschung rücken.«[433]

---

431 Vgl. Harper, Make It Rain, S. 197 f.

432 Vgl. Black, Jorgensen, Willoughby, Project Stormfury, S. 508–513; Harper, Make It Rain, S. 199.

433 Orville, Harold D.: The Impact of Numerical Modeling on Cloud Physics Research, in: International Cloud Physics Conference, July 26–30, 1976, Boulder, Boston 1977, S. 1. Im Original: »Mod-

Diese Vorrangstellung des statistischen Nachweises hatte gerade für das Projekt »Stormfury« schwerwiegende Konsequenzen, da schon die geringe Anzahl behandelter Stürme es verunmöglichte, verlässlich zwischen natürlichem Verhalten und künstlich ausgelösten Effekten zu unterscheiden. Als Anfang der 1980er die NOAA unter der Reagan-Administration Budgetkürzungen erfuhr, gehörte das Wettermodifikationsprogramm zu den ersten Streichkandidaten und 1983 wurde das Projekt schließlich eingestellt.[434]

Wissenschaftliche Détente – Rezeption der sowjetischen Forschung zur Wetterbeeinflussung

Parallel zu diesen umfangreichen und aufwendigen US-amerikanischen Projekten und den Debatten um aussagekräftige Evaluationsmethoden wurden die Grenzen des Systemkonflikts für die Wissenschaftler durchlässiger. Auch außerhalb der offiziellen Gefäße wie der WMO setzte im Verlauf der 1960er Jahre ein internationaler Austausch über den Eisernen Vorhang hinweg ein. Die sowjetische Wetterwaffe erwies sich als Phantasma – doch dass in verschiedenen Sowjetrepubliken intensiv zur Wetterbeeinflussung geforscht wurde, war kein Hirngespinst. Waren die US-amerikanischen Atmosphärenwissenschaftler aufgrund vereinzelter Übersetzungen lediglich skizzenhaft über die sowjetische Forschung informiert, erhielt eine Delegation unter der Leitung des Direktors des US-amerikanischen Wetterdienstes, Robert M. White, im Mai 1964 – knapp zwei Jahre nach der Kubakrise – während einer dreiwöchigen Rundreise erstmals vertiefte Einblicke in die Arbeit ihrer sowjetischen Kollegen. Es war eine illustre Gruppe, die nach Moskau flog, um nacheinander die Institute in Obninsk, St. Petersburg, Kiew, Naltschik und Tiflis zu besuchen. Mit Frederick G. Shuman und Philip D. Thompson nahmen gleich zwei führende Exponenten der numerischen Wettervorhersage teil. Vener E. Suomi, Pionier der Satellitenmeteorologie, der in Danzig geborene Ozeanograf Feodor Ostapoff sowie der Spezialist für Wetterbeeinflussung, Louis J. Battan vom Institut für Atmosphärenphysik der University of Arizona in Tucson, vervollstän-

eling done in isolation from the observations is a sterile exercise doomed to eventual failure. Coordinated modelling and good field experimentation will move cloud physics to the forefront in meteorological research.«

434 Vgl. Norman, Colin: NOAA Buffeted by Budget Storms, in: Science 215 (4539) 1982, S. 1482–1483.

digten die Gruppe. Sie bemerkten einerseits schnell, dass sich ihre Kollegen mit denselben wolkenphysikalischen Problemen rumschlugen, zeigten sich aber andererseits beeindruckt vom Ausmaß der sowjetischen Forschung, die mit der Nebelauflösung, der Niederschlagsauslösung und der Hagelabwehr drei Schwerpunkte verfolgte, und forderten nach der Rückkehr einen verstärkten Miteinbezug der sowjetischen Forschungsresultate: Übersetzungen sollten angefertigt oder von den Studierenden Russischkenntnisse gefordert werden.[435]

Fünf Jahre später erfolgte im Mai 1969 erneut eine Studienreise einer siebenköpfigen Delegation US-amerikanischen Meteorologen, wiederum mit Louis J. Battan, neu zudem mit Helmut Weickmann und Joanne Simpson. Geführt vom Leiter des Departements für Wetterbeeinflussung des gesamtsowjetischen Hydrometeorologischen Dienstes, Benito Kiziriya, spulten sie ein vergleichbar dichtes Programm ab. In Tiflis nahmen sie an der gesamtsowjetischen Konferenz zur Wolkenphysik und Wetterbeeinflussung teil, bevor sie direkt im Anschluss Einblicke in das Departement für Wolkenphysik am Geophysikalischen Institut in Tiflis inklusive der neuen Wolkenkammern erhielten. Es folgte eine Demonstration der Hagelraketen im Alasani-Becken, dem fruchtbaren Zentrum des georgischen Weinbaus. Dann ging es weiter zum Institut für Geophysik und Höhenforschung, das im Rahmen eines groß angelegten Programms an mehreren Standorten – unter anderem im Höhenobservatorium in Terskol am Fuß des Elbrus – zur Hagelunterdrückung forschte.

Damit war die Reise nicht zu Ende: Sie führte zu Feldexperimenten bei der südrussischen Stadt Labinsk und in der Nähe der moldawischen Hauptstadt Chişinău, bevor sie nach einem Zwischenstopp im Hydrometeorologischen Forschungsinstitut in Kiew mit einem Treffen mit der Koryphäe sowjetischer Geophysik, Michail Budyko, in St. Petersburg endete. Battan notierte wie bereits beim ersten Besuch während der langen Busfahrten fleißig seine Eindrücke. Als er diese in redigierter Form im Dezember 1969 im *Bulletin of the American Meteorological Society* veröffentlichte,[436] zeigte er sich

---

435 Vgl. Battan, Louis J.: A View of Cloud Physics and Weather Modification in the Soviet Union, in: Bulletin of the American Meteorological Society 46 (6), American Meteorological Society, 1965, S. 309–316, hier S. 316; zum größeren Kontext der Verständigungsschwierigkeiten und der US-amerikanischen Rezeption sowjetischer Forschung vgl. Gordin, Michael D.: Scientific Babel: How Science was Done Before and After Global English, Chicago 2015, S. 218 ff.

436 Vgl. Battan, Louis J.: Weather Modification in the U. S. S. R. – 1969, in: Bulletin of the American Meteorological Society 50 (12), American Meteorological Society, 1969, S. 924–946, hier S. 924.

fünf Jahre nach seinem ersten Besuch überrascht, dass die Sowjetunion ihre Forschungsanstrengungen nun weniger auf die Niederschlagauslösung, sondern auf die Hagelabwehr fokussierte und diese bereits als operationale Technik auf einem Gebiet von sechs Millionen Acre anwendete. Für eine vielversprechende und effiziente Einführungstechnik hielt Battan die zwei Meter lange Hagelrakete »Oblako« (russisch für »Wolke«) mit einer Reichweite von beinahe zehn Kilometern, die bis zu drei Kilogramm »Impfstoff« transportierten konnte. Den angegebenen Erfolgsquoten einer Hagelreduktion von bis zu 90 Prozent, die auf dem Abgleich mit historischen Durchschnittswerten und ungeschützten Kontrollgebieten beruhte, traute er hingegen nicht und er forderte eine unabhängige Überprüfung.[437]

Noch 1969 erwiderten die sowjetischen Atmosphärenwissenschaftler den Besuch. Einer Delegation, unter anderem mit Benito Kiziriya und dem Leiter der Hydrometeorologischen Dienstes der Sowjetunion Jewgeni Fjodorow persönlich, wurde vom 17. September bis zum 17. Oktober mit der University of Chicago, dem Institute of Atmospheric Sciences der South Dakota School of Mines and Technology in Rapid City, dem National Center for Atmospheric Research in Boulder und dem National Hurricane Research Laboratory in Miami alle relevanten Forschungseinrichtungen gezeigt. Im dank einer israelischen Übersetzung ins Englische greifbaren Bericht beschrieb Yuri Sedunov nüchtern die Forschung der US-amerikanischen Kollegen. Erst im Fazit stellte er auf Parteilinie und etwas gönnerhaft fest, dass er die USA inzwischen auf dem richtigen Weg sah. Zunächst hätten »profithungrigen« Firmen und Privatpersonen ohne wissenschaftliche Grundlage die Wetterbeeinflussung vorangetrieben, bevor die wissenschaftliche Auseinandersetzung durch auswärtige – insbesondere sowjetische Forschung – wiederbelebt worden sei: »Aber die Leistungen von Wissenschaftlern im Ausland, vor allem in der UdSSR, gaben Anlass zu sorgfältigen Analysen und Bewertungen der Möglichkeiten der Wettermodifikation. Die Beteiligung großer Wissenschaftler und objektive Analysen haben diese Tätigkeit wiederbelebt.«[438]

437 Vgl. ebd., S. 943 f.

438 Vgl. Sedunov, Yuri S.: Cloud Physics and Weather Modfication Research in the U. S. A, in: ders. (Hg.): Cloud Physics and Weather Modification (Problemy fiziki oblakov i aktivnykh vozdeistvii), Jerusalem 1974, S. 1–19; beide Zitate ebd., S. 19. Im Original: »profit-hungry«; »But the achievements of scientists abroad, mainly in the USSR, prompted careful analyses and assessments of the potentialities of weather modification. The participation of great scientists and objective analyses revived this activity.«

Diese Einschätzung stimmte so offensichtlich nicht – doch in einem Punkt lag Sedunov nicht völlig falsch. Tatsächlich stieß die Rezeption der sowjetischen Hagelabwehr eine verstärkte US-amerikanische Beschäftigung mit der Hagelabwehr an. So begann etwa das National Hail Research Experiment am NCAR 1971 mit Feldexperimenten zur Überprüfung der sowjetischen Methode.[439] Denn die sowjetischen Resultate von 70 bis sogar 80 Prozent weniger Hagelschäden schienen zumindest erklärungsbedürftig und führten zu Irritationen bei den westlichen Kollegen. Einerseits klang die wolkenphysikalische Grundlage durchaus plausibel und vielversprechend, andererseits misstrauten sie der hohen Erfolgsquote, weil sie nicht auf randomisierten Verfahren beruhte, sondern durch einen Abgleich mit Kontrollgebieten gewonnen worden war, deren Korrelation zum Zielgebiet für die US-amerikanischen Kollegen unklar war.

Ihre Forschungsresultate präsentierten sowjetische Forscher ab 1970 auch den einschlägigen internationalen Konferenzen. Hatte Helmut Weickmann 1959 an der Cloud Physics Conference in Woods Hole an die »eine große Familie von Forschern« appelliert, die Kollegen »hinter dem sogenannten Eisernen Vorhang«[440] trotz Abwesenheit nicht zu vergessen, wurden sowjetische Konferenzbeiträge und Aufsätze in englischsprachigen Publikationen zur Selbstverständlichkeit. Als Wilmot N. Hess 1972 seinen Sammelband zum Forschungsstand der Wetterbeeinflussung veröffentlichte, konnten Fjodorow und Kiziriya problemlos in zwei Beiträgen die russische Wetterbeeinflussung im Allgemeinen und die sowjetische Methode der Hagelabwehr im Besonderen darlegen.[441] Außerdem war eine sowjetische Delegation bei der International Conference of Weather Modification im September 1971 in Canberra vertreten und 1973 fand die von der WMO und IAMAP gemeinsam ausgerichtete Scientific Conference on Weather Modification sogar in Taschkent, der Hauptstadt der sowjetischen

---

439 Vgl. u.a. Lansford, Henry: The National Hail Research Experiment, in: Weatherwise 29 (4), Routledge, S. 168–171, hier S. 169 f.; National Center for Atmospheric Research (Hg.): Summary Report: National Hail Research Experiment, Boulder 1976, S. 22.

440 Beide Zitate: Weickmann, Helmut: Welcoming Adress on Behalf of the American Geophysical Union, in: ders. (Hg.): Physics of Precipitation: Proceedings of the Cloud Physics Conference, Woods Hole, Massachusetts, June 3–5, 1959, Washington, D. C. 1960, S. 1–2, hier S. 1. Im Original: »one big family of researchers«; »behind the so called Iron Curtain«.

441 Fjodorow, Jewgeni: Modification of the Meteorological Process, in: Hess, Wilmot N. (Hg.): Weather and Climate Modification, New York 1974, S. 387–409; Kiziriya, Benito; Sulakvelidze, G. K.; Tsykunow, V. V.: Progress of Hail Supression Work in the USSR, in: Hess, Wilmot N. (Hg.): Weather and Climate Modification, New York 1974, S. 387–409.

Teilrepublik Usbekistan, statt.[442] Als Battan 1976 erneut eine dreiwöchige Exkursion anführte, gab es im Anschluss nichts Außergewöhnliches zu berichten. Der Austausch mit den sowjetischen Kollegen war zur Selbstverständlichkeit geworden.[443] Ab 1970 war somit die sowjetische Forschung zur Wetterbeeinflussung nicht mehr die große Unbekannte. Vielmehr wurde sie von der (westlichen) *Scientific Community* mit Interesse – wenn auch durchaus kritisch – aufgenommen, diskutiert und überprüft. Das war die Voraussetzung, dass Mitte der 1970er Jahre sowjetische Hagelraketen in Innerschweizer Hagelwolken abgefeuert werden konnten.

Abb. 18: Die US-Delegation mit den Wissenschaftlern des Geophysikalischen Instituts in Tiflis, Louis J. Battan in der Mitte mit verschränkten Armen
Quelle: Bulletin of the American Meteorological Society 58 (1), 1977)

442 Vgl. u.a. American Meteorological Society (Hg.): International Conference on Weather Modification, Sponsored by the Australian Academy of Science and the American Meteorological Society, Canberra, Australia, September 6–11, 1971, Boston 1971; World Meteorological Organization (Hg.): Proceedings of the WMO/IAMAP Scientific Conference on Weather Modification, Tashkent, 1–7 October 1973, Genf 1974.

443 Vgl. Battan, Louis J.: Weather Modification in the Soviet Union – 1976, in: Bulletin of the American Meteorological Society 58 (1), 1977, S. 4–19.

Grossversuch IV – das letzte Schweizer Feldexperiment, 1977–1982

1972 rief die *Schweizer Illustrierte* erneut zur Kontrolle eines Naturphänomens auf und widmete einen Beitrag dem »Kampf dem Hagel«. Gerahmt von Fotos, die die Zerstörungskraft des Hagels eindrücklich illustrierten, legte der Artikel dar, dass in den vergangenen Jahren die Hagelschäden jährlich »vier Prozent der Ernte der schweizerischen Landwirtschaft« zerstört und die Prämieneinnahmen der Hagelversicherungen deshalb jeweils überstiegen hatten. Für das Jahr 1970 betrugen beispielsweise die »Ersatzleistungen [...] 140 Prozent der Prämieneinnahmen«,[444] sodass die Rückversicherung eine Defizit von mehr als fünf Millionen Franken zu decken hatte. Angesichts dieses Verlustgeschäfts unterstützte die Hagelversicherung 1971 die Vorbereitungen der Eidgenössischen Kommission zum Studium der Hagelbildung und der Hagelabwehr eines vierten Feldversuchs mit 50 000 Franken.

Nachdem man bei den Grossversuchen I bis III immer wieder hatte nachbessern müssen, versuchte die Kommission nun allfällige Probleme durch eine sorgfältige Planungsphase vorwegzunehmen. Bereits das Versuchsgebiet wurde nicht zufällig gewählt, sondern aufgrund vorgängig definierter Anforderungen bestimmt: Nachdem sich das Genfer-See-Gebiet als ungeeignet für randomisierte Tests erwiesen hatte, wich man auf das zwischen Bern und Luzern liegende, von Hügeln geprägte Napfgebiet aus. Es verfügte mit dem Militärflugplatz Emmen bereits über eine gewisse Infrastruktur, war mit mehr als 1300 Quadratkilometern ausreichend groß und wies mit durchschnittlich 35 Gewittertagen pro Jahr, davon 16 Hageltage, die höchste statistische Hagelhäufigkeit nördlich der Alpen auf. Noch vor dem offiziellen Start des Feldexperiments wurden zudem in den Sommermonaten 1973 und 1974 die Möglichkeiten einer zuverlässigen Gewittervorhersage abgeklärt, die Instrumentierung getestet sowie in meteorologischen Fallstudien die regionalen Charakteristiken des Niederschlags überprüft.[445]

Zentral war die Evaluation der verschiedenen Verfahren zur Einbringung des Silberiodids in die Hagelzellen. Trotz gewisser Vorbehalte hinsichtlich der Sicherheit identifizierten sie als vielversprechendstes Verfahren

444 O. V.: Kampf dem Hagel, in: Schweizer Illustrierte Zeitung, 14.8.1972, S. 24–25.

445 Vgl. Waldvogel, Albert: Bericht über das Feldexperiment im Napfgebiet 1. Juni–15. September 1974, Bd. Nr. 72, Zürich 1975 (Wissenschaftliche Mitteilungen / Eidgenössische Kommission zum Studium der Hagelbildung und der Hagelabwehr), S. 1/6–56.

leistungsfähige pyrotechnische Hagelraketen, da sie einen präzisen Transport von Gefrierkeimen an den gewünschten Ort zur gewünschten Zeit versprachen.[446] Als feststand, dass man das Experiment nicht mehr mit Bodengeneratoren, sondern mit Raketen durchführen wollte, wurden zunächst in Jugoslawien Raketen bestellt, wo seit 1967 in Anlehnung an die sowjetische Hagelabwehr unter der Ägide des Landwirtschaftsministeriums ein System zur Hagelkontrolle entwickelt worden war.[447] Nachdem sich die Lieferung der Raketen verzögerte und sich herausstellte, dass sie »bezüglich Steighöhe die Spezifikationen nicht erfüllen konnten«,[448] nahmen die Verantwortlichen im Mai Verhandlungen mit sowjetischen Stellen auf und kontaktierten gleichzeitig den einheimischen Hagelraketenproduzenten Hans Hamberger, um eine Eigenentwicklung abzuklären. Im August 1974 reiste der ETH-Mitarbeiter Donat Högl schließlich in den Kaukasus, um die sowjetische Methode zu evaluieren und in der Folge beschloss die Kommission zur Hagelabwehr, sowjetische Raketen einzuführen. Dabei bevorzugten die Schweizer zunächst das Modell »Alasani«, schwenkten dann aber aufgrund von Sicherheitsbedenken angesichts der großen Fragmente der sich selbst zerstörenden Raketen, auf die kleinere PGMI-Rakete und die mit Fallschirm ausgerüstete »Oblako« um. Nach offiziellen Verhandlungen über die Lieferung in Moskau und der offiziellen Zustimmung des Hydrometeorologischen Dienstes der Sowjetunion wurden im September 1975 die ersten zwölf Raketen inklusive Abschussvorrichtung geliefert und im Beisein von drei russischen Wissenschaftlern zu Demonstrationszwecken in den Schweizer Himmel geschossen.[449]

Dabei zeigten sich mehrere Probleme, die den gesamten Versuch begleiten sollten: Zunächst stellte sich die Abschussbasis als instabil heraus, was eine Veränderung des Elevationswinkels und damit Auswirkungen auf die Präzision hatte, und zudem wichen die beobachteten Trajektorien von

446 Vgl. Federer, B.; Schmid, W.; Waldvogel, A. u. a.: Plan for the Swiss Randomized Hail Suppression Experiment: Design of Grossversuch IV, in: Pure and Applied Geophysics 117 (3), 1978, S. 548–571, hier S. 548 f.

447 Vgl. Radinovic, Duro: Hail Control, Belgrad 1970 (Available from U. S. Department of Commerce, National Technical Information Service), S. 3–9.

448 Waldvogel, Bericht über das Feldexperiment im Napfgebiet 1. Juni–15. September 1974, S. 3.

449 Vgl. ebd., S. 3–5; Eidgenössische Technische Hochschule Zürich, Gruppe für Wolkenphysik (Hg.): Bericht über das Feldexperiment im Napfgebiet 1. Juni–30. September 1975, Bd. Nr. 75, Zürich 1976 (Wissenschaftliche Mitteilungen / Eidgenössische Kommission zum Studium der Hagelbildung und der Hagelabwehr), S. 1–5/181 f.

den Angaben der russischen Schießtabellen ab.[450] Im Unterschied zu den im Grossversuch I verwendeten Raketen waren die sowjetischen Modelle jedoch ungleich leistungsfähiger und erreichten nicht nur problemlos die Wolkenbasis, sondern konnten ganze Hagelzellen durchqueren, sodass rechtliche Abklärungen getroffen und Sperrzonen und -zeiten fixiert sowie die Anwohnerinnen und Anwohner mit Pressemitteilungen und Warntafeln an Schießtagen gewarnt werden mussten.[451]

Das Schweizer Projekt entwickelte nun ein Experimentalsystem, das endlich eine robuste Aussage über die Wirksamkeit erlauben sollte. Dieses setzte sich aus drei aufeinanderfolgenden Prozessen zusammen. In einem ersten Schritt wurde ein »Impfkriterium« bestimmt, das vorgängig nach zahlreichen Tests und in Absprache mit den sowjetischen Wissenschaftlern an die lokalen klimatologischen Verhältnisse angepasst wurde. Das Impfkriterium sollte sicherstellten, dass »potentielle Hagelgewitter rechtzeitig erkannt und geimpft werden« konnten und andererseits die Wirtschaftlichkeit gewährleisten.[452] Dazu wurde die Radartechnologie in das Experimentalsystem integriert und auf dem Militärflugplatz Emmen ein Radar mit drei Zentimeter Wellenlänge installiert, das sowohl im Modus PPI (Plan Position Indicator) als auch im Modus RHI (Range Height Indicator) für horizontale respektive vertikale Scans betrieben werden konnte. Der RHI-Modus diente, in Kombination mit Temperaturmessungen von Radiosonden, nun zur Bestimmung von sieben, mit der Hagelwahrscheinlichkeit korrelierenden Parametern, die sowjetische Wissenschaftler auf der Grundlage einer Analyse von 8000 Gewittern identifiziert hatten.[453] Das

---

450 Vgl. Bericht über das Feldexperiment im Napfgebiet 1. Juni–30. September 1975, S. 192.

451 Vgl. Eidgenössische Technische Hochschule Zürich, Gruppe für Wolkenphysik (Hg.): Bericht über das Feldexperiment im Napfgebiet 17. Mai–13. September 1976, Bd. Nr. 80, Zürich 1977 (Wissenschaftliche Mitteilungen / Eidgenössische Kommission zum Studium der Hagelbildung und der Hagelabwehr), S. 5; o. V.: ETH-Grossversuch mit Hagelraketen wird weitergeführt, in: Schweizerische Bauzeitung 95 (23), 1977, S. 357–358, hier S. 358.

452 Vgl. Bericht über das Feldexperiment im Napfgebiet 1. Juni–15. September 1974, S. 129; Zitat ebd.

453 Die sieben Parameter waren die Höhe des Punktes maximaler Radarreflektivität, die maximale Höhe des Radarechos, die maximale Höhe der Zone starken Radarechos über der Null-Grad-Celsius-Grenze, das Verhältnis der maximalen Höhe des Radarechos über der Null-Grad-Grenze und der Höhe der Null-Grad-Grenze über der Wolkenbasis, die Temperaturen bei maximaler Höhe des Radarechos, bei der Höhe des maximalen Radarechos sowie bei der maximalen Höhe der Zone starken Radarechos; vgl. dazu Waldvogel, Albert: Bericht über das Feldexperiment im Napfgebiet 1. Juni–15. September 1974, Bd. Nr. 72, Zürich 1975 (Wissenschaftliche Mitteilungen / Eidgenössische Kommission zum Studium der Hagelbildung und der Hagelabwehr), S. 129–133.

Impfkriterium galt erfüllt, wenn die Hagelwahrscheinlichkeit als Funktion des Mittelwerts der sieben Faktoren größer als null und die maximale Reflektivität einer Zelle größer als 20 dBZ war oder die Höhe der Zelle den Gefrierpunkt überschritt.

Die Anzahl der benötigten Raketen wurde aus der Fläche des Horizontalschnitts durch die Zone hoher Radarreflektivität auf dem Niveau von minus null Grad Celsius und der Hagelwahrscheinlichkeit abgeleitet.[454] Die mit einem analogen Rechner bestimmte Hagelwahrscheinlichkeit sowie Abschusswinkel, -höhe und -zeit wurde – so sah es der Ablauf des Schweizer Experiments vor – per Telefon oder Funk an die Abschussvorrichtung übermittelt, sodass zwei Minuten nach den Radarmessungen der Abschuss freigegeben werden konnte. Das eigentliche Schießen überließen die Wissenschaftler mehreren Landwirten und Studenten, die eine Schulung durchliefen und sich im Bereitschaftsdienst abwechselten.

Eine Herausforderung der Feldexperimente in der Magadinoebene war die problembehaftete Bestimmung der Hagelschäden gewesen. Neu wurden deshalb – als zweites zentrales Element des Experimentdesigns – zur Bestimmung der Quantität und Qualität des Hagels zwei Zugänge kombiniert. Erstens operierte ein weiteres Radarsystem mit einer Wellenlänge von zehn Zentimetern im PPI-Modus und maß die Niederschlagsmenge – sowohl an »geimpften« wie auch unbehandelten Tagen.[455] Zweitens wurde ein dichtes Bodennetz an Hagelindikatoren und Pluviometern eingerichtet, das die Auswertung der Dauer und Intensität des Hagels erlauben sollte. Da mit dem Napfgebiet bewusst eine Gebiet ausgewählt worden war, das aufgrund der vorherrschenden landwirtschaftlichen Nutzung nicht anfällig war für Hagelschäden – und insbesondere, weil Ernteschäden als unzuverlässiger Indikator galten – wurde vorgängig die kinetische Energie des Hagels als Variable bestimmt, die von der am Boden gemessenen Größen- und Häufigkeitsverteilung abgeleitet wurde.[456] Ergänzt wurde das fixe Messnetzwerk durch zwei mobile VW-Busse, die mit einem von der ETH entwickelten Distrometer zur automatischen Aufzeichnung der Quantität und Qualität des

454 Vgl. Bericht über das Feldexperiment im Napfgebiet 1. Juni–15. September 1974, S. 129–133; Federer, B.; Schmid, W.; Waldvogel, A.: The Design of Grossversuch IV, a Randomized Hail Suppression Experiment in Switzerland, in: Atmosphere-Ocean 16 (1), 1978, S. 6–16.

455 Vgl. Federer, Waldvogel, Schmid, Plan for the Swiss Randomized Hail Suppression Experiment, hier S. 553.

456 Vgl. ebd., S. 549 f.

Niederschlags sowie einem Hagel-Spektrometer und einem Hagelkollektor ausgerüstet waren.[457]

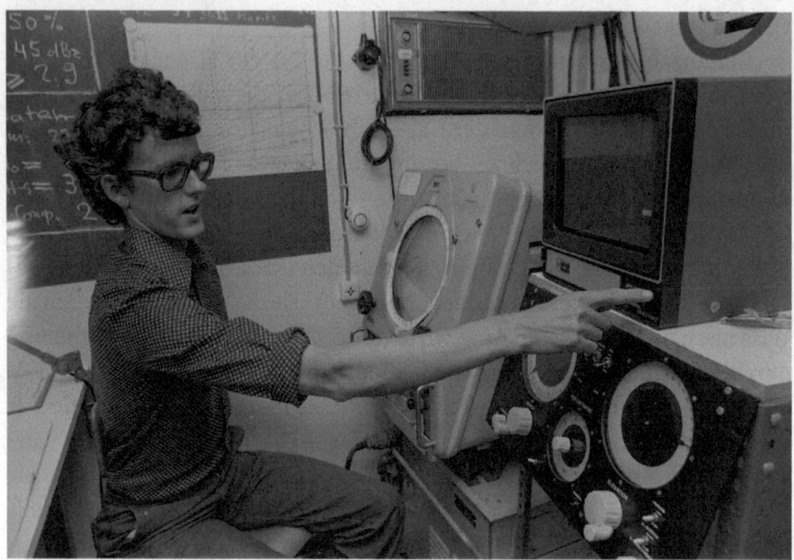

Abb. 19: Pressebilder der Radaranlagen des Grossversuchs IV, 23. Juni 1977
Quelle: ETH-Bibliothek Zürich, Bildarchiv / Fotograf: Sonderegger, Christof / Com_L26-0347-0002-0003 / CC BY-SA 4.0

Wie schon beim Grossversuch III wurden von Anfang an für die statistische Beratung des Projekts Fachleute beigezogen. Frank Rudolf Hampel, Professor für Statistik an der ETH und sein Doktorand Jean-Daniel Tacier begleiteten das Projekt und sollten mit der statistischen Auswertung Aussagen über die Wirksamkeit liefern. Und die Verantwortlichen waren überzeugt, dass durch dieses Experimentdesign, mit vorgelagerter radargestützter Identifizierung geeigneter Gewitter, der Quantifizierung der Hagelfälle und mit einer konsequenten Randomisierung zumindest eine Reduktion des Hagels über 70 Prozent – wie die sowjetischen Forscher behaupteten – nachweisbar wäre. Insbesondere da bei den überdurchschnittlichen Hagelfällen im Napfgebiet bei einer »Impfquote« von 50 Prozent 40 »Impftage« über 5 Jahre zu erwarten waren.[458] Damit war das Hauptziel des Feldversuchs

457 Vgl. ebd., S. 554.
458 Vgl. ebd., S. 550; Federer, Schmid, Waldvogel, The Design of Grossversuch IV, S. 6–16.

IV klar: Mit der randomisierten Behandlung zuvor bestimmter Hagelwolken und dem dichten Messnetzwerk sollte eine robuste Aussage über die Wirksamkeit einer operationalen Hagelabwehr getroffen werden.

Der Grossversuch war nun kein rein schweizerisches Forschungsunternehmen mehr, sondern von Anfang als eine internationale Kooperation geplant. Bereits 1974 hatte in Rom eine Konferenz mit italienischen und französischen Partnerinstitutionen stattgefunden und 1975 konnten die finanzielle Beteiligungen geklärt werden: Sowohl Frankreich als auch Italien beteiligten sich mit einem Beitrag von umgerechnet 150 000 Schweizer Franken; von Schweizer Bundesseite wurde das Projekt mit jährlich 400 000 Franken aus dem Rebbaufonds unterstützt.[459] Bereits an den Vorversuchen 1975 waren die italienische Forschergruppe vom Ufficio Centrale Ecologia Agraria in Rom und eine französische vom Laboratoire de glaciologie et géophysique de l'environnement in Grenoble mit fünf respektive vier Mitgliedern beteiligt. Sie betreuten insbesondere das Bodenmessnetzwerk und nutzten den sehr hagelreichen Sommer, um über die Bestimmung der kinetischen Energie eines Hagelschlags die Parameter für die Auswertung bereitzustellen.[460]

Die insgesamt 13 Wissenschaftler umfassende Schweizer Projektgruppe wurde von zwei Atmosphärenphysikern geleitet, die am Laboratorium für Atmosphärenphysik Zürich ausgebildet worden waren und sich bereits während des Studiums mit der Physik der Wolken und des Niederschlags auseinandergesetzt hatten. Projektleiter Bruno Federer hatte 1968 mit einer Arbeit zur Keimfähigkeit beim Festkörperphysiker W. H. »Heini« Gränicher und beim Atmosphärenphysiker und Leiter des Laboratoriums für Atmosphärenphysik, Hans Ulrich Dütsch, promoviert und war seit 1970 Mitglied der Kommission zum Studium der Hagelbildung und der Hagelabwehr.[461] Auch sein Stellvertreter, Albert Waldvogel, hatte an der ETH bei Dütsch mit einer Dissertation zu Tropfenspektren im Bereich der Wolkenphysik abgeschlos-

459 Vgl. Schweizerischer Bundesrat: Beschluss: Projet de lutte anti-grêle »Grossversuch IV«, 17.9.1975, BArch E7001C#1985/232#1021*; Piot, Jean-Claud; Brugger, Ernst: Notiz an Herrn Bundesrat E. Brugger, 26.9.1975, BArch E7001C#1985/232#1021*.

460 Vgl. Eidgenössische Technische Hochschule Zürich. Gruppe für Wolkenphysik (Hg.): Bericht über das Feldexperiment im Napfgebiet 1. Juni–30. September 1975, Bd. Nr. 75, Zürich 1976 (Wissenschaftliche Mitteilungen / Eidgenössische Kommission zum Studium der Hagelbildung und der Hagelabwehr), S. 1–3.

461 Vgl. Federer, Bruno: Ueber den Einfluss der Oberflächeneigenschaften von Halbleitern auf ihre Eiskeimfähigkeit, Zürich 1968.

Abb. 20: Russische Hagelrakete in der Schweiz: Pressebilder vom Start des Grossversuchs IV, 23. Juni 1977

Quelle: ETH-Bibliothek Zürich, Bildarchiv / Fotograf: Sonderegger, Christof / Com_L26-0347-0002-0003 / CC BY-SA 4.0

sen.[462] Waren ihre Vorgänger über Umwege zur Hagelabwehr gekommen, waren die Verantwortlichen bereits vor dem Beginn des Grossversuchs IV gut vernetzte Mitglieder in der *Scientific Community* der Wolken- und Atmosphärenphysik.[463]

Im Juni 1976 konnte in Anwesenheit sowjetischer Experten das Hagelabwehrsystem auch der Öffentlichkeit vorgestellt und probehalber eine erste Rakete abgefeuert werden. Wie bei den vorgängigen Grossversuche verlief dann der eigentliche Start suboptimal: Das Jahr 1976 war ein Dürrejahr, sodass kein einziges Hagelgewitter »geimpft« werden konnte. Die Versuchsteilnehmer nutzten das Jahr, um weitere Messungen vorzunehmen. Trotz der mehrjährigen Vorbereitung tauchten über die gesamte Versuchsdauer immer wieder Probleme auf. So bereitete etwa das Netzwerk der Hagelde-

462 Vgl. Waldvogel, Albert: Ueber den N-o-Sprung von Tropfenspektren, Zürich 1972.

463 Vgl. Eidgenössische Technische Hochschule Zürich. Gruppe für Wolkenphysik (Hg.): Bericht über das Feldexperiment im Napfgebiet 17. Mai–13. September 1976, Bd. Nr. 80, Zürich 1977 (Wissenschaftliche Mitteilungen / Eidgenössische Kommission zum Studium der Hagelbildung und der Hagelabwehr), hier S. 13.

tektoren Schwierigkeiten. Diese bestanden zunächst aus Aluminiumfolie, die auf eine Isoliermatte aufgezogen worden war. Dabei musste jede Charge kalibriert werden. Um die Präzision zu erhöhen, wechselte man 1978 auf handelsüblichen Dämmplatten aus Polystyrol (»Styropor«), die auf zehn mal zehn Zentimeter zugeschnitten wurden, die sich dann jedoch als äußerst sonnenempfindlich erwiesen und deshalb mit weißer Farbe bemalt werden mussten.

Trotz des schwierigen Starts war der Grossversuch IV von Anfang ein mediales Ereignis. In regelmäßigen Abständen berichteten die Tages- und Wochenzeitungen über das Projekt, wobei Bruno Federer und seine Kollegen mit zahlreichen Zeitungsbeiträgen und öffentlichen Vorträgen die wolkenphysikalischen Prinzipien der Hagelabwehr popularisierten. Und die Tatsache, dass die Schweizer Wissenschaftler mit sowjetischen Raketen operierten, war dankbarer Stoff für die Satiriker und die Karikaturisten.[464]

Doch der Grossversuch war kein Kuriosum, sondern sehr bald ein hochangesehenes Forschungsunternehmen, das als eigentliche Forschungsplattform diente. Bereits vor dem eigentlichen Start präsentierten Albert und Bruno Waldvogel im September und Oktober 1975 unter anderem am Hail Symposium in Estes Park, Colorado, oder am Institute of Statistics der Berkeley University die Resultate der Vorbereitungen und während des Projektverlaufs wurden zahllose Artikel in Publikationen unterschiedlicher Ausrichtung veröffentlicht und die Resultate weltweit an den einschlägigen Fachkonferenzen und öffentlichen Veranstaltungen vorgestellt. Gleichzeitig stand das Projekt offen für die *Scientific Community*: Jährlich besuchten mehrere Wolkenphysiker und Wolkenphysikerinnen das Testgelände oder ganze Institute nutzten die Infrastruktur, um Teilaspekte zu untersuchen. So reiste noch vor dem offiziellen Start der US-amerikanische Meteorologe und Direktor das National Center for Atmospheric Research, David Atlas, mit seinen Studierenden im Mai 1975 in die Schweiz und in den Folgejahren gaben sich zahllose Meteorologen aus unterschiedlichen Ländern und von unterschiedlichen Organisationen die Klinke in die Hand.[465]

Dieser Austausch mit Kolleginnen und Kollegen zeitigte Folgen. Hatten Feder und Waldvogel zu Beginn als Ziel die Überprüfung der Wirksamkeit angegeben, erweiterten sie die Zielsetzung im Verlauf des Versuchs

464 Vgl. Nebelspalter 102 (29), 20. Juli 1976, S. 14.

465 Vgl. u.a. Bericht über das Feldexperiment im Napfgebiet 1. Juni–30. September 1975, S. 2–5; Bericht über das Feldexperiment im Napfgebiet 17. Mai–13. September 1976, S. 11 f.

Abb. 21: Kartenmaterial des Grossversuchs IV, 23. Juni 1977
Quelle: ETH-Bibliothek Zürich, Bildarchiv / Fotograf: Sonderegger, Christof / Com_L26-0347-0002-0003 / CC BY-SA 4.0

Abb. 22: Abschussrampe der Hagelraketen, 23. Juni 1977
Quelle: ETH-Bibliothek Zürich, Bildarchiv / Fotograf: Sonderegger, Christof / Com_L26-0347-0002-0003 / CC BY-SA 4.0

und übernahmen offensichtlich aus der US-amerikanischen Debatte die Unterscheidung zwischen konfirmatorisch und explorativ ausgerichteten Experimenten und stärkten auch in der Öffentlichkeit die Bedeutung ihres Projekts für die Grundlagenforschung. So betonten sie 1980, dass statistische Signifikanz allein nicht ausreichte und die *Scientific Community* deshalb »physikalische Plausibilität«[466] verlangte.

Im Rahmen dieser Grundlagenforschung zur Funktionsweise des Niederschlagsprozesses wurden auch die Prämissen der eigenen Versuchsanordnung hinterfragt. So beruhte die Funktionsweise der Hagelabwehr auf dem »Vorhandensein von großen Tropfen in der Embryobildungszone, die nach der Vereisung als große Kollektoren den Wettbewerb um das flüssige, unterkühlte Wasser wirksam durchführen«.[467] Die während des Experiments gesammelten Daten legten nun nahe, dass zumindest beim Graupelmechanismus die Impfung wenig Sinn ergab, da »die künstlich gebildeten Eiskristalle« im Vergleich zu den natürlichen immer kleiner waren. Das zentrale Problem bestand zudem darin, dass »nur indirekte Evidenz für das Vorhandensein von großen Tropfen«[468] gewonnen werden konnte – durch die Analyse von am Boden aufgefangenen Hagelkörnern. Eine direkte Bestimmung war hingegen nur durch »Flugzeugpenetrationen«[469] in die Embryobildungszone möglich. Deshalb wurde 1980 bereits im weit fortgeschrittenen Stadium des Grossversuchs ein Forschungsplan entworfen, der die mikrophysikalischen Charakteristiken in der Embryobildungszone klären sollte.

Weltweit existierte nur ein Flugzeug des Typs T-28, das aufgrund einer eigens angebrachten Panzerung in der Lage war, in Gewitterwolken als Instrumentenplattform zu dienen. Das im Rahmen des National Hail Research Experiment entwickelte und unter anderem mit Hagelspektrometer und Wolkenpartikelkamera ausgerüstete Flugzeug wurde den Schweizern

466 Eidgenössische Technische Hochschule Zürich; Gruppe für Wolkenphysik (Hg.): Bericht über das Feldexperiment im Napfgebiet 16. Mai–10. September 1980, Bd. Nr. 85, Zürich 1981 (Wissenschaftliche Mitteilungen / Eidgenössische Kommission zum Studium der Hagelbildung und der Hagelabwehr), S. 26.

467 Ebd., S. 26.

468 Ebd.

469 Eidgenössische Technische Hochschule Zürich; Gruppe für Wolkenphysik (Hg.): Gewitterpenetrationen mit dem T-28 in der Schweiz, Bericht über das Feldexperiment im Napfgebiet. 10. August–20. August 1982; 14. Juni–20. Juli 1983, Bd. Nr. 102, 20, Zürich 1983 (Wissenschaftliche Mitteilungen / Eidgenössische Kommission zum Studium der Hagelbildung und der Hagelabwehr), S. 4.

von der US-amerikanischen National Science Foundation – inklusive Pilot, Mechaniker und Meteorologen – angeboten.[470] Wiederum lief nicht alles nach Plan: Aufgrund eines Landeunfalls in Oklahoma verschob sich der für 1980 geplante Einsatz um zwei Jahre und 1982 brach dann auch noch beim geplanten Überführungsflug eine Pleuelstange, sodass sich die Ankunft erneut verzögerte. Als das Flugzeug im August 1982 in Emmen endlich landete, war einerseits das Impfexperiment bereits abgeschlossen – womit nur noch die kleineren PGIM-Raketen zur Verfügung standen –, andererseits erfüllte nur ein Gewitter das Kriterium für einen Messungsflug. Im Sommer des Folgejahres reiste deshalb die Gruppe aus South Dakota nochmals an, um die Flugzeugmessungen abzuschließen.

Insgesamt zeichnete sich bereits in den letzten Jahren des Experiments ab, dass sich die Auswertung des konfirmatorischen Teils – wie bei den vorgängigen Grossversuchen I bis III – trotz der durchdachten Vorbereitung kompliziert gestalten würde. Das zentrale Problem stellte dabei die unterdurchschnittliche Hagelhäufigkeit während des Untersuchungszeitraums dar, die eine geringe Anzahl statistischer Einheiten zur Folge hatte.[471] Die Schweizer Projektverantwortlichen flüchteten sich angesichts des ausbleibenden Hagels in Galgenhumor;[472] doch noch bevor sie am 16. Juli 1982 die letzte »Oblako«-Rakete abfeuerten, mussten sie sich eingestehen, dass die statistische Auswertung keine Impfeffekte nahelegen würde. Sie begründeten nun die über das eigentliche Experiment hinausgehenden Untersuchungen damit, das Versagen der Impfmethode wolkenphysikalisch erklären zu wollen.[473]

Die »Feldphase des Impfexperimentes« war damit abgeschlossen und bereits im Jahresbericht 1982 war ein vorläufiges Ergebnis des konfirmatori-

470 Vgl. u.a. National Hail Research Experiment (Hg.): Revised Plan for the National Hail Research Experiment, February 1976, Boulder 1976, S. 80 f.; Musil, D. J.; Sand, W. R.; Schleusener, R. A.: Analysis of Data from T-28 Aircraft Penetrations of a Colorado Hailstorm, in: Journal of Applied Meteorology (1962–1982) 12 (8), 1973, S. 1364–1370.

471 Vgl. Bericht über das Feldexperiment im Napfgebiet 16. Mai–10. September 1980, S. 5;

472 Die Forschungsberichte beinhalten mehrere Verweise auf die ausgerechnet im Untersuchungszeitraum ausbleibenden Hagelfälle; u.a. Handzeichnungen; vgl. dazu Eidgenössische Technische Hochschule Zürich. Gruppe für Wolkenphysik (Hg.): Bericht über das Feldexperiment im Napfgebiet 21. Mai–20. August 1982, Bd. Nr. 99, Zürich 1982 (Wissenschaftliche Mitteilungen / Eidgenössische Kommission zum Studium der Hagelbildung und der Hagelabwehr), S. 192 f.

473 Vgl. Bericht über das Feldexperiment im Napfgebiet 16. Mai–10. September 1980, S. 5; Bericht über das Feldexperiment im Napfgebiet 21. Mai–20. August 1982, S. 45 f.; Gewitterpenetrationen mit dem T-28 in der Schweiz, Bericht über das Feldexperiment im Napfgebiet, S. 4–13.

schen Tests beigelegt.[474] Bereitgestellt wurde es von Frank Hampel, Werner Stahle und Marianne Schweingruber von der Fachgruppe für Statistik der ETH. Sie sollten die einfache Frage beantworten, ob »die Bekämpfung von Hagelgewittern mit der ›sowjetischen Methode‹ zu einer statistisch nachweisbaren Verringerung der Hagel-Energie und damit der Hagel-Schäden [führe]«.[475] Die kurze Antwort darauf war: »Der Test zeigt [...] keine signifikanten Unterschiede zwischen geimpften und ungeimpften Gewitterwolken.«[476] Damit vermochte auch der groß angelegte, randomisierte internationale Grossversuch IV nicht das Grundproblem zu lösen: Aufgrund großen Variabilität aller Niederschlagsgrößen blieb die Aussage, wie sich eine Wolke ohne das »Impfen« verhalten hätte, problematisch. Bruno Federer betonte deshalb nach Abschluss des Experimentes dessen Forschungscharakter und hielt fest, dass die Resultate keine operationale Hagelabwehr rechtfertigen würde.[477]

Aufgrund der Rahmung als Grundlagenforschung konnten die Beteiligten das Projekt jedoch als Erfolg verkaufen. Tatsächlich generierte das letzte Schweizer Feldexperiment zahlreiche Publikationen zu unterschiedlichen wolkenphysikalischen Aspekten und lancierte Karrieren. So wurde Albert Waldvogel bereits 1985 Professor für Atmosphärenphysik an der ETH Zürich. Doch für die Publikumsmedien war der Fall klar: »5 Millionen Franken Unkosten – Erfolglose Hagelabwehr«,[478] »Erfolgloses Hagelabwehrexperiment«[479] oder »In der Hagelbekämpfung zurück zum Nullpunkt«[480] lauteten die Schlagzeilen. Bruno Federer erlebte das unglückliche Ende der wissenschaftlich sanktionierten Schweizer Hagelabwehr nicht mehr. Wie bereits sein Vorgänger beim Grossversuch III, Raymund Sänger, verstarb der Projektleiter noch vor Abschluss des Grossversuchs im Dezember 1982.

---

474 Bericht über das Feldexperiment im Napfgebiet 21. Mai–20. August 1982, S. 8.

475 Ebd., S. 194.

476 Ebd., S. 207.

477 Vgl. Federer, Bruno: Wetterbeeinflussung – Realität oder Utopie?, in: Wissenschaftliche Mitteilungen/Eidgenössische Kommission zum Studium der Hagelbildung und der Hagelabwehr, 1981, Nr. 94, S. 33–37, hier S. 36.

478 Erfolglose Hagelabwehr, in: Thuner Tagblatt 107 (111), 14. Mai 1983, S. 2.

479 Erfolgloses Hagelabwehrexperiment, in: Neue Zürcher Zeitung, 15. Mai 1983, S. 34.

480 In der Hagelbekämpfung zurück zum Nullpunkt, in: Walliser Volksfreund, 19. Juli 1984, S. 9.

Der problembehafte Wirksamkeitsnachweis – Zurückstufung der Feldexperimente zur wolkenphysikalischen Grundlagenforschung

Während das Projekt »Stormfury« vergeblich nach geeigneten Hurrikanen suchte und Schweizer Meteorologen gemeinsam mit französischen und italienischen Kollegen nochmals mit allen zur Verfügung stehenden Mitteln die Möglichkeiten der Hagelabwehr abklärten, begann der Status der Wetterbeeinflussung als vielversprechendes Forschungsfeld zu erodieren. Bereits in den frühen 1970er Jahren häuften sich innerhalb der *Scientific Community* kritische Stimmen. Basil John Mason, Direktor des britischen MetOffice, warnte 1972 auf der Internationalen Wolkenphysikkonferenz vor einem Reputationsschaden der Meteorologie, sollten sich die Vertreter weiter unkritisch zur Wetterbeeinflussung verhalten. Denn bisher habe die Wolkenphysik bis auf wenige Ausnahmen gänzlich versagt:

> »Wir haben es im Allgemeinen versäumt, die anerkannten Prinzipien und Standards wissenschaftlicher Experimente und Analysen einzuhalten, und sind daher nicht in der Lage, objektive Antworten auf die Frage zu geben, ob, unter welchen Umständen und in welchem Ausmaß es möglich ist, den Niederschlag durch künstliche Impfung zu verändern.«[481]

Ein Blick auf Tagungsprogramme verdeutlicht zudem, dass die Wetterbeeinflussung nicht mehr das dominierende Thema war und sich die Wolkenphysiker umzuorientieren begannen. Hatten sie in den 1950er und 1960er Jahre den Wetterbeeinflussungsdiskurs maßgeblich geprägt, erhielt das Cloud-Seeding und die Wetterbeeinflussung etwa an der International Cloud Physics Conference 1972 in London kein eigenes Panel mehr, sondern wurde nur noch in Nebensätzen erwähnt.[482] Auch in den Aufsätzen der Wolkenphysiker, die sich weiterhin intensiv mit der Beeinflussung der Atmosphäre auseinandersetzten, sowie den spezialisierten Tagungen, zeigten allein die Überschriften der programmatischen Aufsätze und Vorträge eine

481 O. V. Cloud Seeding Attacked, in: Nature 241, Januar 1973, S. 80–81. Im Original: »We have generally failed to conform the accepted principles and standards of scientific experiment and analysis, and are therefore incapable of providing objective answers to such questions as to whether, in what circumstances, and to what extent it is possible to modify precipitation by artificial seeding.«

482 Vgl.: International Cloud Physics Conference, Held in the Rooms of the Royal Society, London, England, August 21–26, 1972. Sponsored by The International Commission on Cloud Physics (ICCP) of the International Association of Meteorology and Atmospheric Physics (IAMAP), Montreal 1972.

Veränderung des Tonfalls an: 1972 trug der Vorsitzende des Committee on Weather Modification, Stanley A. Changnon, an der Jahresversammlung der American Meteorological Society unter dem Titel »Wettermodifikation im Jahr 1972: Up or down?«[483] vor und drei Jahre später veröffentlichte ein prominentes Kollektiv, unter anderem mit Joanne Simpson, Robert I. Sax und wiederum Stanley Changnon, im *Journal of Applied Meteorology* eine Standortbestimmung mit dem Titel »Wettermodifikation: Wo stehen wir jetzt und wohin sollen wir weiter gehen?«[484] Die Meteorologen und Meteorologinnen mussten nicht zuletzt aus Angst um ihren Ruf Stellung zu unterschiedlichen Entwicklungen beziehen: den zunehmenden Umweltbedenken – auch hinsichtlich der gezielten Eingriffe in die Atmosphäre, Fragen der rechtlichen Haftung,[485] aber auch gegenüber dem grundsätzlichen Vorwurf, dass man bisher nicht in der Lage gewesen sei, die Machbarkeit einer signifikanten Veränderung meteorologischer Parameter zu belegen.[486]

An der Sixth Conference on Inadvertent and Planned Weather Modification 1977 diagnostizierte Joanne Simpson selbst eine »Glaubwürdigkeitslücke«[487], die sich nachteilig auf die Reputation der gesamten Profession auszuwirken drohte. Die von ihr formulierten Vorschläge waren dann jedoch wenig revolutionär. Joanne Simpson folgte größtenteils den Forderungen, wie sie seit den 1950er Jahren gestellt wurden. Sie schlug weitere Grundlagenforschung zu den grundlegenden physikalischen Gesetzmäßigkeiten, Entwicklung neuer Messsysteme und Methoden zur Einbringung des Silberiodids, eine Verbesserung der Zusammenarbeit zwischen den wissenschaftlichen, staatlichen und privaten Sektoren sowie mehrjährige Versuchsreihen vor. Neuerungen stellten lediglich die Forderung nach interdisziplinärer Forschung, die die Umwelt miteinbezog, sowie Feinjustierungen beim Experimentdesign dar. Simpson betonte die Bedeutung der vorgelagerten exploratorischen Experimente sowie – und das war im

483 Changnon, Stanley A.: Weather Modification in 1972: Up or Down?, in: Bulletin of the American Meteorological Society 54 (7), 1973, S. 642–646. Im Original: »Weather Modification in 1972: Up or down?«

484 Changnon, S. A.; Grant, L. O.; Sax, R. I. u.a.: Weather Modification: Where Are We Now and Where Should We Be Going? An Editorial Overview, in: Journal of Applied Meteorology 14 (5), 1975, S. 652–672. Im Original: »Weather Modification: Where are We Now and Where Should We Be Going?«

485 Vgl. Changnon, Weather Modification in 1972, S. 645.

486 Vgl. Changnon, Grant, Sax, Where Are We Now and Where Should We Be Going?, S. 652.

487 Simpson, Joanne: What Weather Modification Needs – A Scientists View, in: Journal of Applied Meteorology 17, Juni 1978, S. 858–866, hier S. 858. Im Original: »credibility gap«.

Kern ebenfalls nicht neu – der vorgängigen Identifizierung geeigneter und ungeeigneter Behandlungsobjekte, wozu sie eine »Entscheidungsleiter«[488] vorschlug. Letztlich verschoben Simpson und ihre Kollegen damit den Erwartungshorizont der kommenden Wetterbeeinflussung um ein weiteres Mal. 1982 veröffentliche der Ozeanograf Richard A. Kerr, der seit 1977 für *Science* schrieb, eine vernichtende Bilanz. Er konstatierte, dass in den vergangenen 30 Jahren lediglich die Experimente in Israel statistisch einwandfrei das Funktionieren der Wetterbeeinflussung zu belegen schienen. Alle anderen Versuche – von »Whitetop« über »Stormfury« zum Grossversuch IV – seien gescheitert: »Die gleiche harte Lektion hat sich seither mehrfach wiederholt: Spiel nicht mit etwas, das du nicht verstehst.«[489]

Ähnlich argumentierte mit Roscoe R. Braham ein Veteran der Wetterbeeinflussung um 1980 in Konferenzbeiträgen und Artikeln. Braham hatte unmittelbar nach Ende des Zweiten Weltkrieges das Projekt »Thunderstorm« geleitet, das darauf abzielte, Flugverkehr in Gewittern sicherer zu gestalten. Im Anschluss verfolgte er in den frühen 1950er Jahren ein von der US Air Force unterstütztes Projekt zur Wetterbeeinflussung. Er, der den Diskurs mitgeprägt und angestoßen hatte, sah nun 30 Jahre später das Feld der Wettermodifikation angesichts der steigenden Unzufriedenheit mit den Resultaten statistischer Auswertung im Wandel begriffen. Er konnte zwar eine Reihe von Erfolgen aufführen – von der Etablierung robuster Niederschlagstheorien über die Interaktionen von Wolken und ihrer Umgebung bis zur Entwicklung numerischer Modelle – doch auch er musste das Scheitern eingestehen. Als Gründe nannte er die zu vereinfacht gedachten wolkenphysikalischen Konzepte und das Unvermögen, mit den in der Vergangenheit verwendeten Experimentdesigns die Komplexität der untersuchten realen physikalischen Systeme zu erfassen. Und was schlug Braham für die Zukunft vor? Auch ihm blieb nichts anderes übrig, als weitere Forschung zu fordern. Realistischere numerische Modelle, Kooperationen mit Statistikern, ganz allgemein ein interdisziplinärer Effort – das sollte in Zukunft den Durchbruch bringen.[490]

---

488 Ebd., S. 858. Im Original: »decision ladder«.

489 Kerr, Richard A.: Cloud Seeding: One Success in 35 Years, in: Science 217 (4559), American Association for the Advancement of Science, 1982, S. 519–521, hier S. 519. Im Original: »The same hard lesson has been repeated many times since: do not fool with something you do not understand.«

490 Braham trug seine Bedenken u.a. an der Seventh Conference on Inadvertent and Planned Weather Modification 1979 und der Sixth Conference on Probability and Statistics in Atmospheric

1986 hielt Stanley A. Changnon nach 1977 erneut die Key Note der zehnten Conference on Weather Modification der American Meteorological Society. Von Optimismus war nicht mehr viel zu spüren. Changnon musste nicht nur das schwindende öffentliche Interesse feststellen, sondern auch einen beträchtlichen Rückgang der Finanzierung sowie das Ende nahezu aller großen Feldexperimente in den USA. Einzig in einer Rückkehr zu den Grundlagen sah er die Chance für die Wettermodifikation. Sein Abschlusssatz klang dann verdächtig nach Abgesang, indem er die Konferenzteilnehmenden mit George Santayana warnte: »Wer sich nicht an die Vergangenheit erinnern kann, ist dazu verdammt, sie zu wiederholen.«[491]

Auch die mediale Berichterstattung begann sich zu verändern. Die *New York Times* titelte 1976 »Wolkenimpfung stößt auf stürmisches Wetter«[492], *Der Spiegel* 1983: »Regenmachen: Als Legende entlarvt« und *The Citizen* in Ottawa angesichts des erfolglos verlaufenen Alberta Hail Project: »Wolkenimpfprogramm könnte 20-Millionen-Dollar-Fehler sein«.[493] War der Anlass der *Spiegel*-Schlagzeile eine nachträgliche statistische Auswertung von Experimenten in Australien, die »nicht den geringsten Anhalt dafür [lieferte], dass die Niederschlagsmenge durch die von der Regierung finanzierten Wolkenbestäubungen beeinflusst worden wäre«,[494] war für das gescheiterte kanadische Projekt Louis J. Battan der Gewährsmann, der sich zitieren ließ, dass die Resultate der Hagelabwehr »sehr, sehr zweifelhaft«[495] seien. Diese Liste skeptischer Zeitungsartikel ließe sich erweitern, jedoch nicht beliebig und das ist der entscheidende Punkt: Die Wetterbeeinflussung galt auch in der Öffentlichkeit ab 1980 eindeutig nicht mehr als Hoffnungsträgerin und die Berichterstattung verstummte. Insgesamt lässt sich festhalten, dass

---

Science 1979 vor; vgl. Braham, Roscoe R.: Designing Cloud Seeding Experiments for Physical Understanding, in: Bulletin of the American Meteorological Society 62 (1), 1981, S. 55–62.

491 American Meteorological Society (Hg.): Tenth Conference on Weather Modification, May 17–30, 1986, Arlington, Virginia, Boston 1986, S. iii–x, hier S. x. Changnon zitiert hier aus *The Life of Reason, Bd. 1, Reason in Common Sense* (1905) des US-amerikanischen Schriftstellers und Philosophen George Santayana. Im Original: »Those who cannot remember the past are condemned to repeat it.«

492 Jabs, Cynthia: Cloud Seeding Hits Bumpy Weat, in: The New York Times, 17.10.1976. Online: <https://www.nytimes.com/1976/10/17/archives/cloud-seeding-hits-bumpy-weather.html>, Stand: 13.11.2020. Im Original: »Cloud Seeding Hits Bumpy Weather«.

493 O. V.: Cloud Seeding Program May be $ 20-Million Error, in: The Citizen, Ottawa 28.2.1983. Im Original: »Cloud Seeding Program May Be $ 20-Million Dollar Error«.

494 O. V.: Regenmachen: Als Legende entlarvt, in: Der Spiegel, 17.10.1983, S. 295.

495 O. V.: Cloud Seeding Program May be $ 20-Million Error, in: The Citizen, Ottawa 28.2.1983. Im Original: »very, very iffy«.

die Wetterbeeinflussung um 1980 zur Grundlagenforschung zurückgestuft und nicht mehr als operational einsetzbare Technik verhandelt wurde. Als solche wurde sie auch sehr wohl über 1980 hinaus – und letztlich bis heute – weitergeführt.

Epilog (ca. 1980–2023)

Nach 1980 – eine Spurensuche

Wie ging es weiter nach 1980? Brach der Wetter- und Klimamodifikationsdiskurs einfach ab? Es gibt gute Gründe, 1980 als eine Schwelle des Wetter- und Klimamodifikationsdiskurses zu identifizieren. Er verschwand jedoch nicht spurlos und auf einen Schlag. Er zersplitterte, löste sich in einzelne Praktiken und Wissensbestände auf oder tauchte unter. Während einige Stränge nur noch in Randbereichen von Wissenschaft und Öffentlichkeit weiterexistieren, sind andere in veränderter, aber durchaus noch erkennbarer Form bis heute präsent. Im Folgenden versuche ich einerseits anhand von vier skizzenhaften Ausblicken die zentralen Elemente der Geschichte des Wetter- und Klimabeeinflussungsdiskurses nochmals zu bündeln und andererseits aufzuzeigen, welche Teilaspekte bis heute verhandelt werden.

Erstens konvergierten bereits in den 1980er Jahren im »Nuklearen Winter« mehrere Elemente des Klimamodifikationsdiskurses: Das Wissen um die Veränderbarkeit des Klimas und seine Bedeutung für das menschliche Leben ließ die sekundären Effekte von Kernwaffen in der Computersimulation besonders bedrohlich erscheinen. *Zweitens* verschwanden auch die Praktiken der lokalen Wetterbeeinflussung weder sofort noch vollständig, sondern wurden mehr und mehr an den Rand wissenschaftlicher Tätigkeit gedrängt. Dort, wo heute immer noch (oder wieder) Hagel abgewehrt oder Niederschlag ausgelöst wird, zeigen sich die alten Konfliktlinien, wie sie sich in den 1950er Jahren etablierten. *Drittens* wird seit knapp 20 Jahren die Klimabeeinflussung gewissermaßen als »Plan B« für die Handhabung des anthropogenen Klimawandels verhandelt. Jedoch nur zögerlich – insbesondere die komplexe Folgenabschätzung und eine tief verankerte Skepsis hinsichtlich einer technischen Lösung sorgen für Zurückhaltung. Und *viertens*: Auch wenn Einzelaspekte, Wissensbestände, Technologien und Argumente weiter Verwendung finden, so ist eine umfassende, kontrollierte Wetter- und Klimabeeinflussung heute kaum mehr Teil einer seriösen wissenschaftlichen Auseinandersetzung, sondern Teil von Verschwörungserzählungen, die – so die These – erst verständlich werden durch eine Wissensgeschichte der Wetter- und Klimabeeinflussung.

»The Cold and the Dark« – Atomwaffen und Klima

1984 gab der deutsche Regisseur Roland Emmerich mit *Das Arche Noah Prinzip* sein Regiedebüt. Der als Abschlussfilm der Filmhochschule gedrehte Film spielt im Jahr 1997. Die USA und Europa erforschen gemeinsam von einer Raumstation aus mit radioaktiver Strahlung das Wetter. Als sich eine Krise im Nahen Osten anbahnt, versuchen US-Militärs die Technologie zu Kriegszwecken einzusetzen – es kommt zum Konflikt zwischen den Astronauten, die Station explodiert und die Bestrahlung löst in Indien eine Flutkatastrophe aus.[1] Im Plot hallen zwar die Visionen der 1960er und 1970er Jahre nach, so griff Emmerich die »Dual-Use«-Thematik auf und hatte ganz offensichtlich die Disney-Produktion *Eyes in Outer Space gesehen,* doch der Film konnte nicht an die zeitgenössischen meteorologischen und klimatologischen Debatten anknüpfen, sondern war schlicht *Science-Fiction* – zu sehr war die Wetter- und Klimakontrolle inzwischen durch die Forschung diskreditiert, in der Öffentlichkeit umstritten und durch die ENMOD-Konvention völkerrechtlich geächtet. Als etwa der Spezialist für Rüstungskontrolle Milton Leitenberg ebenfalls 1984 eine 50-seitige Fallstudie über die Wetterbeeinflussung als »weapon system« veröffentlichte, bestand diese fast ausschließlich aus einer historischen Abhandlung.[2] Es ist bezeichnend für den Status der Wetter- und Klimakontrolle, dass – auch nachdem mit dem NATO-Doppelbeschluss und dem Einmarsch sowjetischer Truppen in Afghanistan die fragile, von Rückschlägen geprägte Entspannungsphase der

---

1 Zur hier sehr verkürzt wiedergegebenen Handlung vgl. Nanz, Tobias; Pause, Johannes: Der Kalte Krieg und sein Wetter, in: Büttner, Urs; Müller, Dorit (Hg.): Climate Engineering (Dritte Natur 3), Berlin 2021, S. 230–247, hier S. 245 f.

2 Vgl. Leitenberg, Milton: Case Study 2: Weather Modification: The Evolution of an R & D Program into a Military Operation, in: Studies of Military R & D and Weapons Development, College Park 1984. Online: <https://fas.org/man/eprint/leitenberg/preface.pdf>.

1970er Jahre definitiv zu Ende gegangen war –, die »Wetterwaffe« während dieser letzten Verschärfung des Systemkonflikts keine Rolle mehr spielte.

Just im Erscheinungsjahr des Films geriet hingegen eine Form der unbeabsichtigten Klimabeeinflussung in den Fokus von Wissenschaft, Öffentlichkeit und Politik: Die Verlinkung der Atombombe mit der Atmosphäre und zwar in Form des Szenarios einer durch Atomwaffen ausgelösten drastischen Klimaveränderung. Im Dezember 1983 – und damit wenige Monate nach Reagans berühmter »Star-Wars«-Rede – veröffentlichte der prominente Astronom und Astrophysiker Carl Sagan gemeinsam mit seinen zwei ehemaligen Studenten O. Brian Toon und James Pollack sowie den Atmosphärenwissenschaftlern Richard B. Turco und Thomas P. Ackermann in *Science* den Artikel *Nuclear Winter: Global Consequences of Multiple Nuclear Explosions*.[3]

Bereits die Karriereverläufe der Autoren zeigen an, dass sich das Konzept des »Nuklearen Winters« aus unterschiedlichen Forschungssträngen zusammensetzte, die aber alle um Fragen des Klimas, seine Funktionsweise und Wandel kreisten: Turco hatte über den Zusammenhang eines Meteoriteneinschlags und dem Aussterben der Dinosaurier gearbeitet, Pollack und Toon zu den klimatischen Verhältnissen und den gigantischen Staubstürmen auf dem Mars und Sagan, der sich lautstark für die Abrüstung einsetzte, hatte sich in seiner bereits langen Karriere unter anderem mit dem »Terraforming« von Planeten oder den Auswirkungen von Vulkaneruptionen auf das Klima auseinandergesetzt.[4] In der simulierten Folgenabschätzung eines Nuklearkriegs fanden sie ein gemeinsames Arbeitsfeld und legten auf der Grundlage eines Atomkriegsszenarios und der Berechnung eines einfachen Computermodells dramatische Effekte eines Atomschlags auf das Klima nahe.

Zwar schlossen sie die Auslösung einer neuen Eiszeit aus, doch eine Abkühlung über Monate, wenn nicht sogar Jahre, hielten sie für wahrscheinlich:

»Dicke Wolken aus nuklearem Staub und Rauch können daher erhebliche klimatische Störungen und damit zusammenhängende Auswirkungen verursachen, und zwar durch ei-

3 Vgl. Badash, Lawrence: Nuclear Winter: Scientists in the Political Arena, in: Physics in Perspective 3 (1), 2001, S. 76–105, hier S. 79.

4 Vgl. u.a. Weart, Spencer: Wintry Doom, <https://history.aip.org/history/climate/Winter.htm>, Stand: 13.11.2020; Badash, Lawrence: A Nuclear Winter's Tale: Science and Politics in the 1980s, Cambridge, MA 2009 (Transformations: Studies in the History of Science and Technology), S. 49 ff.

ne Vielzahl von Mechanismen: Reflexion der Sonnenstrahlung in den Weltraum und Absorption des Sonnenlichts in der oberen Atmosphäre, was zu einer allgemeinen Abkühlung der Oberfläche führt; Veränderung der Sonnenabsorptions- und Erwärmungsmuster, die die atmosphärische Zirkulation auf kleinen und großen Skalen antreiben; Einführung von überschüssigem Wasserdampf und Wolkenkondensationskernen, die die Bildung von Wolken und Niederschlag beeinflussen; und Veränderung der Oberflächenalbedo durch Feuer und Ruß.«[5]

Eine globale Abkühlung, ausgelöst durch Veränderungen der Strahlungsbilanz, gefolgt durch eine Störung der Atmosphärenzirkulation aufgrund von Modifikationen der Erwärmungs- und Absorptionsmuster und nicht zuletzt Effekte auf die Wolken- und Niederschlagsbildung durch zusätzliche Nuklei – die Passage verdeutlicht exemplarisch, dass das Konzept des »Nuklearen Winters«, das meteorologische und klimatologische mit atomaren Überlegungen so konsequent und wirkmächtig mit einander verband,[6] in mehrfacher Hinsicht auf der Wissensproduktion der vergangen Jahrzehnte beruhte und Argumente und Wissensbestände der Meteorologie und Klimawissenschaft bündelte.

Die Autoren selbst gehörten nicht zum Establishment der Sicherheitspolitik, doch auch Sicherheitsexperten und Denker des Atomkriegs hatten im Rahmen der größer angelegten Debatten über den menschlichen Einfluss auf die Umwelt bereits in den 1970er Jahren begonnen, die »Umwelt« neu zu bewerten und als Problem der nationalen Sicherheit zu behandeln.[7] Hatten seit den 1940er Jahren vor allem die unmittelbaren oder kurzfristigen Auswirkungen eines Nuklearkriegs im Zentrum des Interesses gestanden, setzte sich ab 1975 eine längerfristige und vor allem dezidiert globale Perspektive durch. So wiesen bereits der Bericht der National Science Foundation *Long-Term Worldwide Effects of Multiple Nuclear Weapons Detonations* 1975 oder die Evaluation des Office of Technology Assessment des US-amerikanischen

---

5 Turco, R. P.; Toon, O. B.; Ackerman, T. P. u.a.: Nuclear Winter: Global Consequences of Multiple Nuclear Explosions, in: Science 222 (4630), 1983, S. 1283–1292, hier S. 1289. Im Original: »Thick clouds of nuclear dust and smoke can thus cause significant climatic perturbations, and related effects, through a variety of mechanisms: reflection of solar radiation to space and absorption of sunlight in the upper atmosphere, leading to overall surface cooling; modification of solar absorption and heating patterns that drive the atmospheric circulation on small scales and large scales; introduction of excess water vapor and cloud condensation nuclei, which affect the formation of clouds and precipitation; and alteration of the surface albedo by fires and soot.«

6 Vgl. Dörries, Matthias: Politics of Atmospheric Sciences: »Nuclear Winter« and Global Climate Change, in: Osiris 26 (1), 2001, S. 198–223, S. 199.

7 Vgl. ebd., S. 198.

Kongresses in *Effects of Nuclear War* – wenn auch nur kursorisch – auf langfristige, globale und klimatische Effekte hin.[8] Noch vor der Begriffsprägung lag damit der »Nukleare Winter« in der Luft: So hatte der niederländische Atmosphärenchemiker Paul J. Crutzen gemeinsam mit John W. Birks im Auftrag der umweltwissenschaftlichen Zeitschrift *Ambio* 1982 ihren Artikel *The Atmosphere After a Nuclear War: Twilight at Noon* veröffentlicht, in dem sie zwei Szenarien möglicher klimatischer Folgen eines Atomkriegs ausführten und damit das zentrale Argument des »Nuklearen Winters« vorbereiteten. Crutzen und Birks nannten mit einer Verdunklung der Atmosphäre durch Aerosole oder Veränderungen der Reflexionseigenschaften der Erdoberfläche mehrere mögliche Auslöser für Klimaveränderungen. Um die Wahrscheinlichkeit eines Klimawandels durch eine veränderte Zusammensetzung der Atmosphäre zu plausibilisieren, verwiesen sie wiederum auf eine 1981 erschienene Studie von einer Gruppe um den Atmosphärenwissenschaftler James Hansen, die einen Zusammenhang zwischen den steigenden Temperaturen seit 1960 mit einem Anstieg des Kohlendioxid-Gehalts der Atmosphäre nahelegte und eine »hohe Wahrscheinlichkeit einer Erwärmung in den 1980er Jahren«[9] prognostizierte.

Auch wenn sich Crutzen und Birks zurückhaltend gaben – »über mögliche klimatische Auswirkungen lässt sich wenig mit Sicherheit sagen«[10] –, so warnten sie vor kleinen, jedoch irreversiblen Veränderungen der klimatischen Parameter über die Veränderung der Strahlungsbilanz und bedienten sich dabei implizit des »Trigger«-Arguments«. Auch im Umfeld der Abrüstungsbewegung gehörten die Warnungen vor Klimaveränderungen als Sekundäreffekt bereits vor der Begriffsprägung zum Argumente-Repertoire. Der Journalist und Friedensaktivist Jonathan Schell behandelte in seinem weltweiten Bestseller aus dem Jahr 1982 *Das Schicksal der Erde: Gefahr und Folgen eines Atomkrieges* vor »großen Auswirkungen auf das Welt-

8 Vgl. United States Congress Office of Technology Assessment: The Effects of Nuclear War, Washington, D. C. 1979, S. 108; National Research Council (U.S.) (Hg.): Long-Term Worldwide Effects of Multiple Nuclear-Weapons Detonations, Washington, D. C. 1975, S. 6.

9 Hansen, J.; Johnson, D.; Lacis, A. u.a.: Climate Impact of Increasing Atmospheric Carbon Dioxide, in: Science 213 (4511), 1981, S. 957–966, hier S. 957. Im Original: »high probability of warming in the 1980's«.

10 Crutzen, Paul J.; Birks, John W.: The Atmosphere After a Nuclear War: Twilight at Noon, in: Ambio 11 (2/3), 1982, S. 114–125, hier S. 123. Im Original: »regarding possible climatic effects, little can be said with confidence«.

klima insgesamt«[11], die ihm aufgrund einer systemischen Konzeption des Erd-Atmosphäre-Systems als unausweichlich erschienen. So musste eine Störung eines Teilsystems wie der Erdoberfläche, der Atmosphärenzirkulation oder -zusammensetzung sowie der Meeresströme sich letztlich auf das gesamte Erdklima auswirken und gleichermaßen nachhaltige wie gravierende Effekte haben.[12]

Unmittelbar im Anschluss an Sagans Publikationen setzten ab 1983 auf allen Kanälen Diskussionen über den »Nuklearen Winter« ein, die Mitte der 1980er Jahre in zahllosen Artikeln und internationalen Konferenz kulminierten. Hatte der Transfer atmosphärenwissenschaftlichen Wissens und Methoden das Sprechen über den »Nuklearen Winter« erst ermöglicht, wirkte dieses wieder zurück – auf verschiedene Wissenschaften, die sich mit vergangenen und zukünftigen Klimaveränderungen auseinandersetzten. Zahlreiche Folgestudien wurden verfasst, die klimatische, aber vor allem auch die biologischen und ökologischen Konsequenzen detaillierter ausleuchteten.[13] So bestätigte etwa der Klimawandel-erprobte Stephen Schneider am NCAR in Colorado mit Simulationen von globalen Zirkulationsmodellen die Grundannahmen, ging jedoch eher von einem »nuklearen Herbst« aus[14] und der »Vater der Bevölkerungsbombe«, Paul Ehrlich, ergänzte die Debatten von Anfang an mit Abschätzungen der »langfristigen biologischen Folgen eines Atomkriegs«.[15]

Bereits 1984 erschien mit *The Cold and the Dark: The World After Nuclear War* ein Konferenzband, der nicht nur wie selbstverständlich die weiter reichenden biologischen Auswirkungen behandelte, sondern auch Beiträge sowjetischer Wissenschaftler enthielt.[16] Denn die Forschung zum »Nuklearen Winter« forderte die traditionellen Sicherheitslogiken des Kalten Krieges heraus und unterlief, da sie ein globales Umweltproblem konzipierte und von Anfang an international und interdisziplinär angelegt war, die traditionel-

11 Schell, Jonathan: The Fate of the Earth, New York 1982, S. 92. Im Original: »large consequences for the climate of the earth as a whole«.

12 Vgl. ebd., S. 88 ff.

13 Vgl. Badash, A Nuclear Winter's Tale, S. 192 ff.

14 Vgl. Weart, Wintry Doom.

15 Ehrlich, Paul; Harte, John; Harwell, Mark u.a.: Long-Term Biological Consequences of Nuclear War, in: Science 222, 1.1.1984, S. 1293–1300. Im Original: »long-term biological consequences of nuclear war.«. Vgl. dazu u.a. Badash, Nuclear Winter's Tale, S. 69 f.

16 Vgl. Ehrlich, Paul R.; Sagan, Carl; Kennedy, Donald u.a. (Hg.): The Cold and the Dark: The World after Nuclear War, New York 1984.

len Konfliktlinien des Ost-West-Konflikts.[17] Passend dazu auf dem Cover der Publikation eine adaptierte Ikone der Umweltbewegung: eine halbverschattete »Blue Marble«.

Begriff wie auch die Hypothese »Nuklearer Winter« waren noch während der Vorbereitungsphase aufgrund der offensichtlichen politischen Implikationen auf Widerstand gestoßen. So reagierte etwa Edward Teller mit der Beauftragung einer Gegenstudie, um die Hypothese zu unterminieren.[18] Zwei Hauptkritikpunkte wurden auch in der Folge immer wieder vorgebracht: Der erste betraf die auch von Vertretern der Theorie offengelegten zahlreichen Unsicherheiten der Prognose und verwies damit auf den weiterhin umstrittenen epistemologischen Status der Computersimulationen. Der zweite Punkt bezog sich insbesondere auf Sagans Nähe zur Friedensbewegung. Er umfasste den Vorwurf einer politisch kontaminierten Wissenschaft und betraf folglich das ebenfalls bereits im Rahmen der Klimawandeldebatten der 1970er Jahre auch innerhalb der *Scientific Community* verhandelte Verhältnis von (Grundlagen-)Forschung und Forderungen politischer Maßnahmen sowie die Frage einer angemessenen Form der Wissenschaftskommunikation.[19]

Auch wenn gegen Ende der 1980er das öffentliche Interesse merklich nachließ und das Sprechen über den »Nuklearen Winter« schließlich mit dem Zerfall der Sowjetunion nahezu vollständig verstummte: Konferenzberichte, Zeitungsartikel, Spielfilme, populärwissenschaftliche Bücher popularisierten das wissenschaftlich gestützte Katastrophenszenario, das auf der Grundlage klimatologischen Wissens und unterfüttert von weit zurück reichenden Befürchtungen hinsichtlich einer Kältephase, keinen Zweifel mehr ließ: Der Mensch ist in der Lage, mit technischen Mitteln in Konkurrenz mit den Naturkräften zu treten und sich mit einem Atomkrieg die klimatischen Lebensgrundlagen zu entziehen.[20]

17 Vgl. u.a. Masco, Joseph: Bad Weather: On Planetary Crisis, in: Social Studies of Science 40 (1), 2010, S. 7–40, hier S. 18 f.

18 Vgl. Dörries, Politics of Atmospheric Sciences, S. 219 f.

19 Vgl. ebd., S. 199, S. 210/215 ff.

20 Vgl. Brandstetter, Thomas: Der Staub und das Leben: Szenarien des nuklearen Winters, in: Engell, Lorenz (Hg.): Wolken, Weimar 2005, S. 149–156, hier S. 149; Baur, Philipp: Nukleare Untergangsszenarien in Kunst und Kultur, in: Gassert, Phlipp; Becker-Schaum, Christoph; Klimke, Martin A. u. a. (Hg.): Entrüstet Euch!, Paderborn 2012, S. 325–338.

Alles nur »Dorfdeppen«? – zum Status der gegenwärtigen Wetterbeeinflussung

Die wissenschaftliche Beschäftigung mit der lokalen Beeinflussung verschwand ab 1980 nicht abrupt und vollständig, sondern blendete allmählich aus. Das Mitte der 1970er Jahre von der WMO initiierte Precipitation Enhancement Project endete beispielweise erst 1985.[21] In Deutschland ging das Institut für Atmosphärenwissenschaft in Oberpfaffenhofen sogar 1987 erneut eine Kooperation mit der Hagelabwehr in Rosenheim ein. Jedoch nicht mehr, um ernsthaft eine Wirksamkeit abzuklären, sondern – wie Dania Achermann herausstellt –, um mit dem neuen Instrument des Dopplerradars Grundlagenforschung zur Hagelbildung durchzuführen.[22] Trotz dieses deutlichen Abflauens des wissenschaftlichen Interessens verschwanden weder die Versuche der Niederschlagssteigerung noch der Hagelabwehr vollständig. Wenn heute über Thurgauer Obstplantagen im Sommer dunkle Gewitterwolken aufziehen, schaut der Hagelabwehrverband Ostschweiz nicht tatenlos zu: Identifiziert ein sogenannter »Alarmierer« auf der Grundlage der Daten von MeteoSchweiz und seiner Erfahrung eine potenziell zerstörerische Hagelwolke, informiert er den Schützen der betroffenen »Abwehrzone«. Dieser bringt die mit Silberiodid bestückte Raketen in Anschlag und feuert in Richtung der bedrohlichen Wolke.[23] Der in der Hochphase des Hagelschießens 1951 gegründete Hagelverband hat gemäß eigenen Angaben 220 freiwillige Mitglieder, wird von 42 Gemeinden aus den Kantonen Thurgau und St. Gallen finanziert und besteht auf der Webseite auf der »mehrfach bewiesene[n] Wirksamkeit«.[24] Die Erklärung der Funktionsweise der Hagelraketen entspricht beinahe im Wortlaut den Thesen der Wolkenphysiker um 1960:

> »Bei der Hagelabwehr werden mit jeder Rakete bis zu einer Milliarde kleine Partikel aus Silberjodid verstreut. Silberjodid hat eine Gitterstruktur, die jener von Eis sehr ähnlich ist. Deshalb wirken diese Partikel sehr gut als Kondensationskeime für die Bildung von Eiskristallen. Die Hagelabwehr Ostschweiz verfolgt die Strategie, das Silberjodid mit den Hagelabwehrraketen direkt in die Aufwindzone vor dem Gewitter einzubringen. Damit

---

21 Vgl. World Meteorological Organization (WMO) (Hg.): Precipitation Enhancement Project (PEP) report, 34. Synopsis of the WMO Precipitation Enhancement Project – 1985, Genf 1986.

22 Vgl. Achermann, Institutionelle Identität im Wandel, S. 216 f.

23 Vgl. Martens, Thomas: Vereint im Kampf gegen den Hagel, in: Kreuzlinger Zeitung, 30.8.2015.

24 Verband – HavOs, <https://www.havos.ch/verband/>, Stand: 13.11.2020.

> erreichen wir, dass sich Eiskristalle bilden, bevor die Gewitterthermik groß ist. Die Eiskristalle oder die kleinen Hagelkörner, die sich bereits gebildet haben, fallen durch die noch schwache Thermik nach unten und tauen im besten Fall in der Übernullgradzone bis zum Boden wieder zu Wasser auf. Oder sie sind zumindest so klein, dass sie keinen Schaden anrichten können.«[25]

Wenn man sich auf der Webseite umschaut, dann rudert der Verband jedoch etwas zurück. Er beruft sich bei der Belegung der Wirksamkeit zwar auf eine österreichische Studie aus den 1990er Jahren, muss jedoch eingestehen, dass »ein eindeutiger Nachweis mit den heutigen technischen Hilfsmitteln noch nicht möglich [sei]«.[26] Die fehlende wissenschaftliche Evidenz wird also dem eigenen Erfahrungswissen gegenübergestellt. In der meteorologischen *Scientific Community* ist die Hagelabwehr heute tatsächlich – vornehm ausgedrückt – umstritten. Jörg Kachelmann, nur der polemischste Kritiker des »Hagelschießens«, bezeichnet die Hagelabwehr in Süddeutschland oder der Schweiz als Aberglauben, Geldverschwendung und die Hagelschützen oder -flieger schon mal als »Dorfdeppen«.[27] Als zentrales Argument Kachelmanns dient der Schweizer Grossversuch IV, bei dem »ein für allemal wissenschaftlich festgestellt wurde, dass es nichts bringt, lustige chemische Substanzen, die dann später in unserem Boden und Grundwasser landen, aber wofür sich überraschenderweise niemand interessiert, in Gewitterwolken zu bringen«.[28] Mit dieser Position macht es sich Kachelmann zu einfach und er liegt damit auch schlicht falsch. Kein einziges Feldexperiment – auch nicht der Grossversuch IV – hat »ein für allemal« die Wirksamkeit wetterbeeinflussender Maßnahmen ausgeschlossen, sondern lediglich im Modus statistischer Wahrscheinlichkeit eine Wirksamkeit nicht nahelegen können – wie etwa Frank Hampel, der Statistiker des Grossversuchs IV, in seiner Abschiedsvorlesung 2006 nochmals klarstellte: »Ich habe übrigens erst kürzlich wieder in der Zeitung gelesen, wir hätten bewiesen, dass die

25 Nutzen Hagelabwehr – HavOs, <https://www.havos.ch/hagelabwehr/nutzen–hagelabwehr/>, Stand: 13.11.2020.

26 Wissenschaft – HavOs, <https://www.havos.ch/hagelabwehr/wissenschaft/>, Stand: 13.11.2020.

27 Vgl. u.a. Kachelmann, Jörg: Warum Hagelflieger Betrüger sind, www.t-online.de, <https://www.t-online.de/-/84012166>, Stand: 14.11.2020; Kachelmann, Jörg: Dieser Hagelflieger ist eine Dummheit, Wettermacher, 14.8.2018, <https://blog.tagesanzeiger.ch/wettermacher/index.php/598/sorry-schwabe/>, Stand: 14.11.2020; beide Zitate ebd.

28 Ebd.

Methode nichts nützt. Das stimmt so nicht; wir haben nicht bewiesen, dass sie etwas nützt, aber ein kleiner Nutzen könnte theoretisch existieren.«[29]

Auch Roland List, der Schweizer Hagelabwehr-Veteran und Professor für Atmosphärenphysik in Toronto, der mit den Grossversuchen in der Magadinoebene seine Karriere lanciert hatte, gestand zwar 2004 ein, dass die Wettermodifikation die hohen Erwartungen der 1960er und 1970er Jahre nicht habe erfüllen können (»gone downhill«) und seither einen schlechten Ruf habe (»bad reputation«),[30] sprach sich jedoch angesichts möglicher Niederschlagsverschiebungen aufgrund des Klimawandels für weitere Forschung aus und gab sich dank neuerer Entwicklungen, etwa der Radartechnologie, der Methoden der »Impfung« und sorgfältiger Planung der Experimente optimistisch: »Langfristig gesehen ist die Zukunft von WM glänzend.«[31] Tatsächlich zeigt ein Blick in die einschlägigen Zeitschriften für die jüngste Vergangenheit sogar eine Zunahme von Feldexperimenten und ein Expertenkomitee der WMO identifizierte 2013 immerhin 42 Länder, in denen Programme zur Hagelabwehr oder Niederschlagsauslösung durchgeführt wurden. Begründet werden die Versuche – so etwa in den USA – mit den Herausforderungen des Klimawandels und den knapper werdenden Ressourcen. Die gegenwärtige Forschung ist somit nicht zuletzt auch ein Versuch, dem selbst induzierten Klimaproblem wieder mit Technik zu begegnen.

Es wird also bis heute sehr wohl weitergeforscht. Aktuell läuft an der ETH das Projekt CLOUDLAB, das »Wolken als natürliches Labor« nutzt und im Bernischen Eriswil mit Drohnen Eiskristalle in Stratuswolken erzeugt. Ergänzt durch Laborexperimenten und Modellierungen soll so das Verständnis der Eisbildung in Wolken und Niederschlagsprognosen verbessert werden.[32] Gegenwärtige Forschung wie in Zürich wird häufig als Grundlagenforschung gerahmt, doch der Weg zur operationalen Anwendung scheint nicht weit. China investierte zwischen 2012 und 2017 1,34 Milliarden US-Dollar in Wetterbeeinflussungsprogramme, wobei die staatliche Nachrichtenagentur 2019 für das uigurische Autonome Gebiet Xinjiang eine

29 Hampel, Frank: Abschiedsvorlesung: 50 Jahre Datenanalyse – und einige überraschende Beobachtungen, Auditorium maximum, ETH Zürich, Mittwoch, 11.1.2006, <https://video.ethz.ch/speakers/lecture/44e103ac-9ed9-4474-837 f-69b76e562e38.html>, Stand: 2.3.2021.

30 Vgl. List, Roland: Weather Modification – a Scenario for the Future, in: Bulletin of the American Meteorological Society 85 (1), 1.1.2004, S. 51–64, hier S. 52; beide Zitate ebd.

31 Ebd., S. 60. Im Original: »In the long run the future of WM is bright.«

32 Vgl. Projekt CLOUDLAB, <https://cloudlab.ethz.ch/de/projekt.html>, Stand: 04.03.2024.

Hagelreduktion von 70 Prozent verkündete.[33] Auch in den USA erkannte eine Gruppe von Forscherinnen und Forschern von der University of Colorado angesichts eines Experiments, das Radar und Niederschlagsmessungen kombinierte, »einen entscheidenden Schritt zur Quantifizierung der Effekte von Cloud Seeding«.[34] Es ist also nicht ausgeschlossen, dass der Einsatz neuer Technologien oder Experimentdesigns in Zukunft zu einer Neubewertung der lokalen Wetterbeeinflussung führt. Wäre ein von der *Scientific Community* anerkannter Wirksamkeitsnachweis tatsächlich ein Novum, würden sich jedoch zahlreiche, altbekannte Probleme anschließen und Fragen hinsichtlich der rechtlichen, sozialen und ökologischen Konsequenzen aufwerfen. Wissenschaftler der National Taiwan University identifizierten 2017 die Wetterbeeinflussung als Inbegriff einer ökologischen Modernisierung, also als ein Versuch in erster Linie mit Technikinnovationen auf die Herausforderungen der Umweltprobleme zu reagieren,[35] bezichtigten China eines »autoritären Umweltschutzes« und warnten vor »Regendiebstahl«.[36] Auch Indien befürchtet angesichts der chinesischen Experimente an der umstrittenen Grenze eine zukünftige Konkurrenz um die Ressource des atmosphärischen Wassers und bemüht sogar den »Wetterkrieg«.[37]

Der Diskurs der lokalen Wetterbeeinflussung ist also keineswegs zu Ende – vielleicht steht er sogar am Anfang einer weiteren Konjunktur. Es spricht jedoch wenig dafür, dass es zu einer grundsätzlichen Verschiebung der Konfliktlinien kommen würde. Denn auch wenn naturwissenschaftlich ein einwandfreier Wirksamkeitsnachweis erbracht werden könnte, bliebe die be-

---

33 Vgl. Xinjiang Reduces Farming Damage by Weather Modification, <http://www.xinhuanet.com/english/2019-01/09/c_137731274.htm>, Stand: 7.12.2020.

34 Friedrich, Katja; Ikeda, Kyoko; Tessendorf, Sarah A. u.a.: Quantifying Snowfall From Orographic Cloud Seeding, in: Proceedings of the National Academy of Sciences 117 (10), National Academy of Sciences, 10.3.2020, S. 5190–5195. Im Original: »a critical step toward quantifying cloud seeding impact«.

35 Zum Begriff der »ökologischen Modernisierung« vgl. u.a. Bemmann, Martin; Detten, Roderich von; Metzger, Birgit: Einleitung, in: dies. (Hg.): Ökologische Modernisierung: Zur Geschichte und Gegenwart eines Konzepts in Umweltpolitik und Sozialwissenschaften, 2014, S. 7–32.

36 Beide Zitate: Chien, Shiuh-Shen; Hong, Dong-Li; Lin, Po-Hsiung: Ideological and Volume Politics Behind Cloud Water Resource Governance – Weather Modification in China, in: Geoforum 85, 1.10.2017, S. 225–233. Im Original: »authoritarian environmentalism«; »rain stealing«.

37 Vgl. China Has Built Up Its Muscle On How to Turn Weather Into a Weapon: Can India Match Up to It? – The Economic Times, <https://economictimes.indiatimes.com/prime/economy-and-policy/china-has-built-up-its-muscle-on-how-to-turn-weather-into-a-weapon-can-india-match-up-to-it/primearticleshow/71798844.cms?from=mdr>, Stand: 7.12.2020.

reits in den 1970er Jahren formulierte Frage weiter unbeantwortet: »Soll es getan werden?«[38]

Climate Engineering als »Klimanotnagel«

Im Jahr 2031 herrscht Eiszeit: Nach einem Unfall liegt die gesamte Erde unter einer dicken Eisschicht begraben, beinahe das gesamte Leben ist ausgelöscht und die wenigen Überlebenden sind dazu verdammt, organisiert in einem Kastensystem, in einem Zug durch die vereiste Landschaft zu kreisen. Der 2013 erschienene Science-Fiction-Film *Snowpiercer* des südkoreanischen Regisseurs Bong Joon-ho basiert auf der französischen Graphic Novel *Le Transperceneige* von Jacques Lob und Jean-Marc Rochette, die erstmals 1982 veröffentlicht wurde. Ein Unterschied zur Vorlage sticht sofort ins Auge: In der Graphic Novel wird die Eiszeit durch die Detonation einer Bombe ausgelöst, in der Verfilmung hingegen verwandelt ein missglückter Versuch, die Klimaerwärmung durch das Versprühen eines chemischen Kältemittels aufzuhalten, die Erde in eine Eiswüste.[39] Dass Bong Joon-ho und sein Drehbuchautor Kelly Masterson in diesem Punkt von der Vorlage abweichen, steht stellvertretend für die Entwicklung der Klimadebatten in den gut 30 Jahren, die zwischen der Graphic Novel und der filmischen Umsetzung liegen. Spielten Lob und Rochette offensichtlich die potenziellen Folgen eines »Nuklearen Winters« durch, verweist der Film auf das Climate oder Geoengineering, die seit der Jahrtausendwende verstärkt als Notfallmaßnahme im Falle der sich zuspitzenden Klimaerwärmung verhandelt werden.

Der Mensch beeinflusst das Klima – es gab wohl selten einen derart breit abgestützten wissenschaftlichen Konsens. Vorbereitet durch Jahrzehnte geophysikalischer Forschung, wurde der anthropogene Klimawandel im Verlauf der 1980er Jahre verstärkt auch außerhalb des esoterischen Kreises der Wissenschaftler als Problem wahrgenommen. Der 1988 durch das

---

38 Sewell, W. R. Derrick: Climate and Weather Control, in: Annals of the New York Academy of Sciences 216, Mai 1973, S. 30–42, hier S. 30. Im Original: »Should it be done?«

39 Vgl. Snowpiercer Film 2013, moviepilot.de, <https://www.moviepilot.de/movies/snowpiercer-2>, Stand: 25.3.2021; Snowpiercer: 10 Biggest Differences Between The Graphic Novel and Movie, ScreenRant, 27.7.2020, <https://screenrant.com/snowpiercer-graphic-novel-movie-differences/>, Stand: 25.3.2021.

Umweltprogramm der Vereinten Nationen gemeinsam mit der Meteorologischen Weltorganisation eingerichtete Zwischenstaatliche Ausschuss über den Klimawandel (IPCC) oder die Konferenz der Vereinten Nationen über Umwelt und Entwicklung 1992 in Rio de Janeiro waren gleichermaßen Ausdruck wie Katalysator einer nun auch von der Politik vorangetriebenen, intensiven Beschäftigung mit der anthropogenen Klimaerwärmung. Die Etablierung des wissenschaftlichen Konsenses, die einsetzende massenmediale Begleitung der »Klimakatastrophe« und die auf dem Vorsorgeprinzip beruhenden Versuche politischer Bewältigungsstrategien waren mit ausschlaggebend, dass die gezielte Beeinflussung des Klimas aus dem Fokus verschwand. Geprägt wurde der Begriff »Geoengineering« noch im Kontext der Aushandlungen über angemessene Strategien im Umgang mit klimatischen Veränderungen der 1970er Jahre.

Der italienische Physiker Cesare Marquetti, Mitarbeiter des Internationalen Instituts für angewandte Systemanalyse in Laxenburg, verwendete den Begriff 1976 zunächst in einem internen Bericht, ein Jahr später dann in einem Aufsatz in der von Stephen H. Schneider gegründeten Zeitschrift *Climatic Change* und umschrieb damit eine technische Lösung des Klimawandels. Doch während der anthropogene Klimawandel ins Zentrum des Interesses rückte und zugleich das Vertrauen in großtechnische Eingriffe erodierte, verstummte das Sprechen über solche gezielten Gegenmaßnahmen. Als in den 1990er Jahren wieder einzelne Akteure das Konzept aufgriffen, geschah dies nur mit Vorbehalten. Der 1992 von der NAS herausgegebene Bericht *Policy Implications of Greenhouse Warming* diskutierte erstmals wieder Ansätze gezielter Eingriffe, verwies jedoch gleichzeitig auf das noch immer als mangelhaft wahrgenommene Verständnis des Klimasystems.[40] Auch im ebenfalls 1992 erschienenen Artikel *A Serious Look at Geoengineering* betonten die Physiker David Keith und Hadi Dowlatabadi die Bedeutung von weiterer Forschung und dem Einbezug auch nicht technischer Risiken.[41] Und als 1996 mit Stephen H. Schneider einer der einflussreichsten Klimawissenschaftler unter dem bezeichnenden Titel *Geoengineering: Could – or Should – We do it?* zwar angesichts des unkontrollierten

40 Vgl. Uther, Stephanie: Diskurse des Climate Engineering: Argumente, Akteure und Koalitionen in Deutschland und Großbritannien, Wiesbaden 2014, S. 20; Wiertz, Thilo: Geoengineering, in: Bauriedl, Sybille (Hg.): Wörterbuch Klimadebatte, Bielefeld 2016, S. 87–93, hier S. 87 f.

41 Vgl. Keith, David W.; Dowlatabadi, Hadi: A Serious Look at Geoengineering, in: Eos, Transactions American Geophysical Union 73 (27), 1992, S. 289–293.

Klimawandels für eine ernsthafte Auseinandersetzung mit Geoengineering plädierte, hielt er eine Implementierung solcher Maßnahmen jedoch für unverantwortlich, bevor nicht die wissenschaftlichen, sozialen und rechtlichen Unsicherheiten verringert würden.[42]

Als Ausgangspunkt für eine verstärkte Auseinandersetzung gilt ein Leitartikel, der im Jahr 2006 wiederum in der Zeitschrift *Climatic Change* erschien. Paul J. Crutzen, bereits zentraler Akteur der Debatten über den »Nuklearen Winter« und seit 1995 Nobelpreisträger für seine Forschung über das atmosphärische Ozon, stellte mehrere Ansätze zur gezielten Veränderung der Albedo vor: etwa das Verbrennen von Disulfur und Schwefelwasserstoff zur Produktion von Schwefeldioxid-Partikeln oder das Einbringen des Gases Carbonylsulfid als Reflektoren für die Sonneneinstrahlung sowie die Produktion von Rußteilchen, »um leichte Nuklearer-Winter-Bedingungen zu schaffen«.[43] Grundlage für Crutzen und auch das zentrale Argument für seine Nachfolger war folglich der breit abgestützte wissenschaftliche Konsens zur anthropogenen Klimaerwärmung und die Befürchtung, dass die beschlossenen Maßnahmen zur angestrebten Reduktion der Kohlendioxidemissionen weder machbar noch ausreichend seien. Bei Crutzen zeigte sich zudem die Verschaltung der Geoengineering-Pläne mit der Konzeption des »Anthropozäns« besonders deutlich. Bereits bei seinem 2002 formulierten Vorschlag, mit dem »Anthropozän« »a geology of mankind« zu benennen, hatte er daraus auch eine Möglichkeit – wenn nicht sogar eine Verpflichtung – zur Optimierung des Klimas abgeleitet: »Dies wird ein angemessenes menschliches Verhalten auf allen Ebenen erfordern und kann durchaus international akzeptierte, groß angelegte Geoengineering-Projekte beinhalten, um beispielsweise das Klima zu ›optimieren‹.«[44] Crutzen, Keith oder Schneider beriefen sich fast ausschließlich auf Pläne der 1970er Jahre, etwa auf die vom Physiker Freeman J. Dyson 1979 vorgeschlagenen »tech-

42 Vgl. Schneider, Stephen H.: Geoengineering: Could – or Should – We Do it?, in: Climatic Change 33 (3), 1996, S. 291–302.

43 Vgl. Crutzen, Paul J.: Albedo Enhancement by Stratospheric Sulfur Injections: A Contribution to Resolve a Policy Dilemma?, in: Climatic Change 77 (3), 25.7.2006, S. 211–219; Zitat S. 214. Im Original: »to create minor ›nuclear winter‹ conditions«.

44 Crutzen, Paul J.: Geology of Mankind, in: Nature 415 (6867), 1.2002, S. 23; zum Verhältnis des Anthropozän-Konzepts zum Geoengineering vgl. Wiertz, Geoengineering, S. 89 f. Im Original: »This will require appropriate human behaviour at all scales, and may well involve internationally accepted, large-scale geo-engineering projects, for instance to ›optimize‹ climate.«

nischen Lösungen für die klimatischen Effekte von CO2«[45] oder die auch in den USA rezipierten Vorschläge des sowjetischen Klimatologen Michail Budyko und schlossen damit letztlich an die Positionen der 1970er Jahre an, die angesichts des steuerbaren »Raumschiffs Erde« eine Übernahme des Erd-Atmosphäre-Systems in Aussicht gestellt hatten.

Crutzens Beitrag stieß tatsächlich Forschungsprojekte und sehr zeitnah auch öffentliche Debatten an, die sich in den Folgejahren in einer starken Zunahme von Beiträgen in Fachzeitschriften, Konferenzen und Publikumsmedien widerspiegelten. Eine 2011 publizierte Überblicksdarstellung des britischen Klimawissenschaftlers Timothy Lenton über die unterschiedlichen Geoengineering-Zugänge umfasste bereits mehr als 40 Seiten und unterschied zwischen zwei Ansätzen: Das »Solar Radiation Management« zielte auf eine Verringerung der Sonneneinstrahlung oder Erhöhung der Rückstrahlung, während das »Carbon Dioxide Removal« verschiedene Technologien umfasste, die Kohlendioxid aus der Luft entfernen sollten. Insbesondere die bereits bemerkenswert große Anzahl von Vorschlägen zum »Solar Radiation Management« liest sich wie eine Liste von Wiedergängern nahezu aller im 20. Jahrhundert ins Auge gefassten Klimabeeinflussungsmaßnahmen: Die Auflösung von Wolken über den Polarkappen, die Produktion künstlicher mariner Stratuswolken durch Kondensationsnuklei, die Veränderung der Oberflächenalbedo oder sogar die an Hermann Oberth erinnernde Platzierung von Spiegeln im Orbit.[46]

Doch nicht nur in technologischer Hinsicht lässt sich der Geoengineering-Diskurs als ein Erbe des 1960er und 1970er Jahre beschreiben. Seit seiner allmählichen Formierung im Verlauf der 1990er Jahre und vor allem, seit er im frühen 20. Jahrhundert auch Gegenstand politischer Debatten wurde, stehen nicht allein die naturwissenschaftlich-technischen Aspekte im Vordergrund, sondern die potenziellen rechtlichen, gesellschaftlichen und ökologischen Konsequenzen, wie sie bereits anhand der gezielten Wetter- und Klimabeeinflussung diskutiert worden waren. So thematisierte bereits der 2009 von der britischen Royal Society veröffentlichte, breit rezipierte Bericht

---

45 Dyson, Freeman J.; Marland, Gregg: Technical Fixes for the Climatic Effects of CO2, in: Machta, Lester; Elliott, William P. (Hg.): Carbon Dioxide Effects: Research and Assessment Program, Workshop on the Global Effects of Carbon Dioxide from Fossil Fuels, Miami Beach, Florida, March 7–11, 1977, Washington, D. C. 1979, S. 111–118. Im Original: »technical fixes for the climatic effects of CO_2«.

46 Vgl. Lenton, Timothy M.; Vaughan, Naomi E.: A Review of Climate Geoengineering Proposals, in: Climatic Change 109 (3–4), 12.2011, S. 745–790, hier S. 761–770.

Geoengineering the Climate: Science, Governance and Uncertainty prominent Fragen des Risikos, der Ethik, des internationalen Rahmens und er stellte Geoengineering letztlich als »Option des letzten Auswegs«[47] dar.

Auch an einer für die Formierung der internationalen Forschung einflussreichen Konferenz im Jahr 2010 war der Tagungsort bereits Programm. Mit dem Asilomar-Tagungszentrum im kalifornischen Pacific Grove bezogen sich die Organisatorinnen und Organisatoren bewusst auf die Asilomar Conference on Recombinant DNA, die 1975 Risiken der Biotechnologie behandelt hatte. Es nahmen auch nicht ausschließlich Klimawissenschaftler und Ingenieure teil. Unter den 165 Experten aus 15 Ländern befanden sich Umweltaktivistinnen, Juristen, Ökologen, Ethikerinnen oder Philosophen. Das zentrale Ergebnis der Konferenz stellte dann auch die Formulierung von fünf Prinzipien dar, deren Einhaltung als essenziell für weitere Forschung angesehen wurde: Geoengineering sollte auf gemeinschaftlichen Nutzen der Menschheit und der Umwelt ausgerichtet sein, Regierungen sollten vorgängig Verantwortlichkeit und Haftung klären, die Forschung transparent und kooperativ durchgeführt werden, die Zugänge unabhängig und regelmäßig durch Gutachten auf unbeabsichtigte Risiken und Nebeneffekte befragt und vor allem die die Öffentlichkeit aktiv miteinbezogen werden.[48]

Geoengineering war also von Anfang an ein heterogenes Forschungsfeld, wobei die konkreten Maßnahmen und technischen Umsetzungen nur eine Fragerichtung darstellten. Denn die Machbarkeit war – im Zeitalter des »Anthropozäns« – weitgehend unbestritten. Für alle beteiligten Akteure, die wissenschaftlichen Gremien, die politischen Entscheidungsträgerinnen, Publikumsmedien, Gegner wie auch Befürworterinnen steht seither weniger diese Frage nach der Machbarkeit im Zentrum, sondern – etwas salopp formuliert – die Frage, ob solche gezielten Eingriffe als Notfallmaßnahme wirklich eine gute Idee wären. Dezidierte Gegner verweisen bis heute angesichts der Komplexität klimatischer Vorgänge auf unabsehbare, möglicherweise irreversible Nebenfolgen, sprechen von menschlicher Hybris oder warnen sogar vor zukünftigen »Klimakontrollkriegen«. Doch auch die Verfechter einer technischen Lösung des Klimaproblems, die mit Alternativ-

47 Working Group on Geoengineering the Climate: Geoengineering the Climate: Science, Governance and Uncertainty, London 2009, S. 45. Im Original: »option of last resort«.

48 Vgl. Asilomar Scientific Organizing Committee (Hg.): The Asilomar Conference: Recommendations on Principles for Research into Climate Engineering Techniques, Washington, D. C. 2010, S. 9.

losigkeit oder ökonomischen Kosten-Nutzen-Rechnungen argumentierten, kamen (und kommen) nicht umhin, auf die Risiken hinzuweisen und auf der Notwendigkeit detaillierter interdisziplinärer Folgenabschätzungen zu bestehen.[49]

Dass auch die politischen Institutionen sich zur Technologie verhalten müssen, angesichts der zahlreichen offenen Fragen jedoch große Zurückhaltung üben und weitere Abklärungen fordern, lässt sich bereits an der Oberfläche der nach 2010 zahllosen Studien und Berichte ablesen. Als 2011 das IPCC mit einer Expertenkonferenz in Lima reagierte, strebten die Teilnehmerinnen und Teilnehmer eine »›ganzheitliche‹ Beurteilung«[50] an, die weit über die Bewertung der Effektivität, Machbarkeit und Skalierbarkeit hinausging und sehr stark die Umweltrisiken, die politischen Herausforderungen, ethischen Probleme und gesellschaftliche Akzeptanz fokussierte. Auch eine im Auftrag des deutschen Bundesministerium für Bildung und Forschung 2011 erstellte Sondierungsstudie des Kiel Earth Institute beinhaltete natürlich Beschreibungen und Evaluationen der unterschiedlichen Technologien, doch in großen Teilen behandelt sie die Öffentlichkeitsbeteiligung, die Bewertung langfristiger Konsequenzen oder Instrumente und Institutionen des internationalen Rechts.[51]

Für die mediale Berichterstattung lässt sich seit 2010 zwar eine Zunahme konstatieren, doch auch diese war nicht von Affirmation, sondern von vielen Vorbehalten und Fragezeichen bestimmt. »Vorsichtige Erforschung eines Klima-Notnagels«, titelte im Februar 2015 exemplarisch die *Neue Zürcher Zeitung*, um bereits im Untertitel – »Fachleute warnen vor überstürzten Eingriffen in die Atmosphäre« – zu verdeutlichen, dass technische Lösungen

49 Zu den verschiedenen Positionen vgl. u.a. Betz, Gregor; Brachatzek, Nadine; Cacean, Sebastian u.a.: Gezielte Eingriffe in das Klima? Eine Bestandsaufnahme der Debatte zu Climate Engineering. Sondierungsstudie für das Bundesministerium für Bildung und Forschung, o. O. 2011, S. 32–36; Caviezel, Claudio; Revermann, Christoph: Climate Engineering, Endbericht zum TA-Projekt »Geoengineering«, Berlin 2014, S. 161–262.

50 Edenhofer, Ottmar; Pichs-Madruga, Ramon; Sokona, Youba u.a. (Hg.): IPCC Expert Meeting on Geoengineering, Lima, Peru 20–22 June 2011, Potsdam 2012, S. 4. Im Original: »›holistic‹ assessment«.

51 Vgl. Betz, Gregor; Brachatzek, Nadine; Cacean, Sebastian u.a.: Gezielte Eingriffe in das Klima? Eine Bestandsaufnahme der Debatte zu Climate Engineering. Sondierungsstudie für das Bundesministerium für Bildung und Forschung, o. O. 2011.

des Klimawandels nur im Notfall und immer unter Berücksichtigung möglicher Nebeneffekte eine Option darstellten.[52]

In den vergangenen Jahren sind gleich mehrere sozial- und geisteswissenschaftliche Publikationen erschienen, die einerseits Ausdruck der zunehmenden Debatten über gezielte Gegenmaßnahmen sind und die andererseits diese Vorschläge und Forschung kritisch einordnen und begleiten.[53] Trotz dieser offenbar weitverbreiteten Skepsis und eines breit abgestützten Konsenses, dass es sich um eine problembehaftete Lösung handelt, konstatieren die sozialwissenschaftlichen Kritiker gegenwärtig kritisch eine zunehmend erfolgreiche Lobbyarbeit und weist darauf hin, dass längst Gelder aus wirtschaftlichen, öffentlichen und philanthropischen Quellen in die Forschung und die ersten Feldexperimente fließen.[54] So beantragte etwa auch die Schweiz auf der vierten Vollversammlung des Umweltprogramms der Vereinten Nationen 2019 in Nairobi – wenn auch erfolglos – Chancen und Risiken des Geoengineering zu untersuchen.[55] 2022 ließ sich sogar James E. Hansen, der ehemalige Direktor des Goddard Institute for Space Studies, Professor für Erd- und Umweltwissenschaften und vor allem einer der ersten und vehementesten Warner vor einem globalen Klimawandel, in *Science* zitieren, dass das 1,5-Grad-Ziel nicht zu erreichen sei und man deshalb um »vorübergehende Abhilfemaßnahmen«[56] – in diesem Fall das Einbringen von reflektierenden Sulfatteilchen in die Atmosphäre – nicht umhin komme.

52 Titz, Sven: Vorsichtige Erforschung eines Klima-Notnagels: Fachleute warnen vor überstürzten Eingriffen in die Atmosphäre, in: Neue Zürcher Zeitung, 25.2.2015, S. 50.

53 Vgl. u.a. Oomen, Jeroen: Imagining Climate Engineering: Dreaming of the Designer Climate, New York 2021; Möller, Ina: The Emergence of Geoengineering: How Knowledge Networks Form Governance Objects, Cambridge, New York, Melbourne, 2023; Schubert, Julia: Engineering the Climate. Science, Politics, and Visions of Control. Manchester 2021; Ibrahim, Youssef: The Science and Politics of Climate Engineering – Social Science Perspectives, in: Minerva 61 (2), 1.6.2023, S. 291–297.

54 Vgl. u.a. Unmüssig, Barbara: Geoengineering: Ausweg oder Irrweg?, in: Forschungsjournal Soziale Bewegungen 33 (1), 1.7.2020, S. 227–242; Stephens, Jennie C.; Surprise, Kevin: The Hidden Injustices of Advancing Solar Geoengineering Research, in: Global Sustainability 3, Cambridge University Press, ed. 2020. Online: <https://doi.org/10.1017/sus. 2019.28>, Stand: 10.4.2021.

55 UNO-Umweltkonferenz: Bundesrätin Sommaruga verlangt griffige Massnahmen zur Schonung von Boden, Wasser und Luft, <https://www.admin.ch/gov/de/start/dokumentation/medienmitteilungen.msg-id-74333.html>, Stand: 10.4.2021.

56 Voosen, Paul: In a Paradox, Cleaner Air is Now Adding to Global Warming, in: Science 377 (6604), 2022, S. 353–354, hier S. 354. Im Original: »temporary corrective measures«.

Gegnerinnen und Gegner reagieren darauf mit den bekannten Argumenten. So heißt es etwa im parallel zum ersten IPCC-Sonderbericht erschienenen Manifest *Hands of Mother Earth*, dass solche »techno-fixes« unzuverlässig, irreversibel, ungerecht und damit schlicht keine Lösung seien.[57] Die Positionen und Argumente der Beteiligten haben sich seit 2006 somit kaum verändert, doch vielleicht – und hier endet die Expertise des Historikers – befinden wir uns angesichts der erkennbar hinter den Zielen zurückbleibenden klimapolitischen Maßnahmen und der zunehmenden Befürchtungen von irreversiblen Kipppunkten tatsächlich am Anfang einer Aushandlungsphase darüber, ob die Pläne der 1960er und 1970er Jahre in Form von Notfallmaßnahmen ernsthafter ins Auge gefasst oder sogar Realität werden. Der austroamerikanische Ökonom Gernot Wagner, der sich seit einigen Jahren mit Geoengineering als Antwort auf den Klimawandel beschäftigt und 2018 schon mal kühl die Kosten durchkalkuliert hat,[58] ist sich in seiner neuesten Publikation *Geoengineering: the Gamble* (auf Deutsch: *Und wenn wir die Sonne verdunkeln?*) von 2021 jedenfalls sicher, dass es aller Risiken zum Trotz nur eine Frage der Zeit ist, bis die Technik zum Einsatz kommt.[59]

HAARP und »Chemtrails« – Verschwörungstheorien und die Wetter- und Klimakontrolle

Forscht man zur Geschichte der Wetter- und Klimabeeinflussung, wird man bemerkenswert oft auf das High Frequency Active Research Program (HAARP) oder Chemtrails angesprochen. Hinter HAARP und Chemtrails verbergen sich die gängigsten Verschwörungserzählungen zur Wetter- und Klimakontrolle. Das ist nicht weiter verwunderlich, denn HAARP wie auch Chemtrails sind längst fester Teil der Populärkultur: Dietmar Dath baute bereits 2007 in *Waffenwetter* einen ganzen Roman um die (vermeintliche)

---

57 Hands Off Mother Earth: Stop Geoengineering!, <https://www.handsoffmotherearth.org/>, Stand: 10.4.2021.

58 Vgl. Smith, Wake; Wagner, Gernot: Stratospheric aerosol injection tactics and costs in the first 15 years of deployment, in: Environmental Research Letters 13 (12), 11.2018, S. 124001.

59 Wagner, Gernot: Geoengineering: The Gamble, Cambridge, Medford 2021; Wagner, Gernot: Und wenn wir einfach die Sonne verdunkeln? Das riskante Spiel, mit Geoengineering die Klimakrise aufhalten zu wollen, München 2023.

Beeinflussung der Atmosphäre durch das HAARP, die britische Rockband Muse benannte ein Live-Album danach und sowohl Lana del Rey (»Chemtrails Over the Country Club«) wie auch die österreichische Band Bilderbuch (»Chemtrails sind schon lange in uns drin«) singen über Chemtrails. Tatsächlich existiert das Sprechen über die gezielte, funktionierende und vor allem (all)gegenwärtige Kontrolle der Atmosphäre heute fast ausschließlich in der Form dieser Verschwörungstheorien oder -erzählungen in Onlineforen, Blogs oder YouTube-Videos weiter. Als fester und beliebter Bestandteil von größeren Verschwörungstheorien sind sie in den letzten Jahren auch vereinzelt in den Fokus wissenschaftlicher Auseinandersetzung verschiedener Disziplinen gerückt.[60] Es ist hier nicht der Ort für eine detaillierte Analyse der verschwörungstheoretischen Argumente. Ich möchte zum Abschluss jedoch auf verschiedene Aspekte hinweisen und die These aufstellen, dass auch die Verschwörungstheorien über die Wetter- und Klimakontrolle nicht zuletzt ein Erbe des wissenschaftlich gestützten Diskurses des Kalten Krieges sind.

Eine kurze Google-Recherche und ein Blick auf die bestehende Forschungsliteratur ergibt, dass sich zwei unterschiedliche Verschwörungserzählungen einer kontrollierten Beeinflussung von Wetter und Klima identifizieren lassen: Erstens verbirgt sich hinter dem Kofferwort »Chemtrails« (aus »Chemicals« und »Contrails«) die Vorstellung, dass durch aus Flugzeugen versprühte Chemikalien das Wetter gezielt beeinflusst wird.[61] Die zweite »Theorie« bezieht sich auf das High Frequency Active Auroral Research Program, kurz HAARP, ein Forschungsprogramm, das seit 1990 in Alaska mit Radiowellen die oberen Atmosphärenschichten untersucht, von Verschwörungstheoretikern jedoch als Instrument für die Wetterbeeinflussung gedeutet wird.

---

60 Zum Stand der Forschung vgl. u.a. Hristov, Todor; McKenzie-McHarg, Andrew; Romero-Reche, Alejandro: Introduction, in: Knight, Peter; Butter, Michael (Hg.): Routledge Handbook of Conspiracy Theories, New York 2020, S. 12–15; Butter, Michael; Knight, Peter: General Introduction, in: ebd., S. 1–8; Frizzoni, Brigitte: Einleitung, in: Frizzoni, Brigitte (Hg.): Verschwörungserzählungen, Würzburg 2020, S. 9–18.

61 Zur kulturwissenschaftlichen und anthropologischen Analyse des »Chemtrail«-Phänomens vgl. Bakalaki, Alexandra: Chemtrails, Crisis, and Loss in an Interconnected World, in: Visual Anthropology Review 32 (1), 2016, S. 12–23; Tingley, Dustin; Wagner, Gernot: Solar Geoengineering and the Chemtrails Conspiracy on Social Media, in: Palgrave Communications 3 (1), 2017, S. 1–7; Stiefbold, Simone: Manipulationen am Himmel: Verschwörungserzählungen über Chemtrails, in: Frizzoni, Brigitte (Hg.): Verschwörungserzählungen, Würzburg 2020, S. 295–308.

Uneinig sind sich die Verfechter von HAARP oder den Chemtrails hinsichtlich der Zielsetzungen der im Geheimen durchgeführten Eingriffe. Dabei verschwimmen nicht nur (wieder) die Grenzen zwischen der Beeinflussung des Wetters und des Klimas. Es finden sich einerseits Anknüpfungen an Themenfelder der 1960er und 1970er Jahre. So erinnert die von Verschwörungstheoretikern behauptete Abschmelzung der Pole zwecks Gewinnung von Rohstoffen durchaus an die Operation »Plowshare«. Andererseits erscheinen die behaupteten Anwendungszwecke teilweise als merkwürdige Invertierung der in den 1960er Jahren verfolgten Ziele: So soll die Wetter- und Klimakontrolle als Voraussetzung für eine korrekte und präzise Wettervorhersage dienen oder eine Reduktion der Weltbevölkerung bewirken.[62]

Die ersten Spuren – sowohl von HAARP wie auch von den Chemtrails – finden sich in den späten 1990er Jahren. Zur Plausibilisierung greifen die Autorinnen und Autoren auf das Strategiepapier der US Air Force *Weather as a Force Multiplier: Owning the Weather in 2025* aus dem Jahr 1996 zurück, das nochmals nach möglichen Anwendungen für die Kriegsführungen fragte. Der gut 50 Seiten umfassende Bericht erweist sich als Zusammenstellung von alten Ideen und Projekten und verweist auf Technologien wie »künstliche Ionosphären-Spiegel«, die aber nicht zur Wetterbeeinflussung als Offensivwaffe, sondern zur verbesserten Tarnung und Kommunikation beitragen sollen.[63]

Schaut man sich die unzähligen Publikationen, Blogeinträge und YouTube-Videos etwas genauer an, fallen drei Aspekte auf: Erstens erweist sich die Haltung der HAARP- und Chemtrailexperten zur Wissenschaft – und das betrifft wohl viele Verschwörungstheorien – als durchaus ambivalent. Einerseits schließen sie nicht nur an die öffentlich verhandelte und wissenschaftlich gestützte Möglichkeit des Geoengineering an, sie produzieren ihr Wissen auch sehr wohl nach gewissen Kriterien – sie machen Fotografien und Filmaufnahmen oder untersuchen Bodenproben auf chemische Rückstände.[64] Andererseits werden die »Theorien« von einer tiefgreifenden Wissenschafts-, Technik- und Expertenskepsis getragen. Die zugrunde

62 Zu den Effekten und Zielen vgl. Cairns, Rose: Climates of Suspicion: »Chemtrail« Conspiracy Narratives and the International Politics of Geoengineering, in: The Geographical Journal 182 (1), 2016, S. 1–16, hier S. 9.

63 House, Near, Shields u.a., Weather as a Force Multiplier: Owning the Weather in 2025, S. 21. Im Original: »Artificial Ionospheric Mirrors«.

64 Vgl. Stiefbold, Manipulationen am Himmel, S. 295–308; Cairns, Climates of Suspicion, S. 9.

liegende Technik- und Wissenschaftskritik lässt sich beispielhaft am Karriereverlauf einer der ersten und vor allem namhaftesten Vertreterinnen der HAARP-Theorie zeigen. Die katholische Nonne, Wissenschaftlerin und Umweltaktivistin Rosalie Bertell hatte 1966 in Biometrie promoviert, arbeitete in der Folge über den Zusammenhang zwischen Strahlung und Krebs am renommierten Roswell Park Cancer Institute und war als US-amerikanisch-kanadische Doppelbürgerin Beraterin für die US-Umweltschutzbehörde wie auch für das kanadische Gesundheitsministerium. In den 1980er Jahren warnte sie vor radioaktiver Verseuchung, Umweltverschmutzung, Klimawandel und Artensterben und schoss scharf gegen den »militärisch-industriellen Komplex«.[65] Die ausgeprägte Technik- und Regierungsskepsis, die bereits Bertells Texte der 1980er Jahre durchzog, findet sich dann auch in ihrem Buch aus dem Jahr 2000 *Planet Earth: The Latest Weapon of War*, in dem sie HAARP mit der Wetterkontrolle in Verbindung brachte: »Theoretisch könnte HAARP in Dürregebieten Regen erzeugen, bei Überschwemmungen die Niederschläge verringern und Hurrikane, Tornados und Monsune von bewohnten Gebieten fernhalten.«[66] Dass das Buch bei *Black Rose Books* erschien, immerhin ein Verlag, in dem Noam Chomsky publizierte und dessen Slogan »Publishing from the Left Since 1969«[67] lautet, weist zudem exemplarisch auf die über Elitenkritik, Umweltbewusstsein und Technik- und Wissenschaftsskepsis funktionierende politische Querfront hin, die linke und ökologisch ausgerichtete mit rechtsextremen und offen antisemitischen Verschwörungstheoretikerinnen verbindet.

Ebenfalls bei Bertell – und in der Folge bei allen durch das Internet zusätzlich begünstigten Chemtrail- wie auch HAARP-Texten wird drittens deutlich: Die Verschwörungstheoretiker und -theoretikerinnen haben ein strategisches Interesse an Geschichte: Akribisch werden Belege der vergangenen Wetter- und Klimabeeinflussungsversuchte gesammelt und ausgebreitet: Die Experimente um Langmuir bei General Electric, Operation »Compatriot«, das Projekt »Stormfury«, die ENMOD-Konvention – die Verschwörungstheoretiker sind gut informiert über die Chronologie der

---

65 Bertell, Rosalie: No Immediate Danger? Prognosis for a Radioactive Earth, Toronto 1985, S. 199. Im Original: »military-industrial complex«.

66 Vgl. Bertell, Planet Earth: The Latest Weapon of War, Montreal, New York, London 2000, S. 124. Im Original: »In theory HAARP could create rain, in drought-ridden areas, decrease rains during flooding and direct hurricanes, tornadoes and monsoons away from populated areas.«

67 Black Rose Books History, Black Rose Books, <https://blackrosebooks.com/pages/about>, Stand: 4.5.2021.

Wetter- und Klimabeeinflussung. So besteht das 2006 erschienene, in einschlägigen Kreisen häufig zitierte Buch *Weather Warfare* von Jerry E. Smith über weite Strecken aus einer korrekten Aneinanderreihung historischer Beispiele und auch die zahllosen Webseiten haben eines gemeinsam: Alle verweisen auf die tatsächlichen Experimente oder optimistisch formulierten Pläne der 1960er Jahre. Die Verschwörungstheoretiker mögen gute Chronisten sein, sie sind jedoch keine guten Historiker. Indem Autoren wie Smith Kontexte, Experimentanordnungen oder die epistemologischen Schwierigkeiten vollständig aussparen und ein teleologisches Narrativ aufspannen, erscheint eine gegenwärtige und funktionierende Wetter- oder Klimakontrolle nicht nur möglich, sondern auch folgerichtig.[68] Hier gäbe es für die Wissensgeschichte Ansatzpunkte für einen produktiven Umgang mit Verschwörungstheorien, die über ein bereits unzählige Male durchgeführtes, vor allem auf die naturwissenschaftliche Grundlagen fokussierendes *Fact Checking* oder psychologisierende Erklärungsansätze der Verschwörungstheorien hinausgeht.[69] Durch konsequente Historisierung des Wetter- und Klimamodifikationsdiskurses, durch die Darstellung der Kontexte, durch präzise Analyse der Experimente mit all ihren Schwierigkeiten würde man den Verschwörungstheorien die zentrale Grundlage entziehen, auch wenn das nicht zuletzt angesichts persönlicher Erfahrung wohl ein frommer Wunsch bleibt.

---

68 Vgl. u.a. Smith, Jerry E.: Weather Warfare, Kempton 2006, E-Book; Tatsachen & Meinungen – Aufklärung über Geoengineering, Chemtrails, Sonnenlichtraub, Frequenzmissbrauch und deren Folgen, <http://blauerhimmel.ch/tatsachen--meinungen.html>, Stand: 4.6.2021.

69 Vgl. Tingley, Wagner, Solar Geoengineering and the Chemtrails Conspiracy on Social Media, S. 1; Cairns, Climates of Suspicion, S. 2.

Fazit

Ich kann nicht mehr rekonstruieren, wie ich auf das Thema gestoßen bin. Aber ich kann mich erinnern, dass ich erstaunt war. Schlicht erstaunt darüber, dass es diesen Wetter- und Klimamodifikationsdiskurs gab. Dass in Fachkreisen und in der Öffentlichkeit darüber intensiv diskutiert wurde und dass es offenbar nicht wenige für möglich und vor allem für eine gute Idee hielten, Wetter und Klima zu kontrollieren. Dieses Erstaunen war der Ausgangspunkt. Ich wollte klären, auf welcher Grundlage und mit welchen Argumenten diese Debatten geführt wurde und welche Kontexte dieses Sprechen über die gezielte Beeinflussung der Atmosphäre ermöglichten.

Zunächst sind die Praktiken, die auf irgendeine Art und Weise auf atmosphärische Phänomene einzuwirken versuchen, nicht auf das 20. Jahrhundert beschränkt. Natürlich funktionierten die Amulette, Segenssprüche oder Sturmglocken des Mittelalters über andere Zusammenhänge. Doch ich konnte zeigen, dass das seit dem Mittelalter praktizierte Hagel- und Wetterschießen im 19. Jahrhundert als Präidee für eine erste wissenschaftliche Auseinandersetzung diente. Akteure der noch jungen Meteorologie reagierten auf eine weitverbreitete Praktik und versuchten sie mit ihren Theorien und Instrumenten zu untersuchen und zu bewerten. Dabei zeigten sich zwei Probleme: Einerseits konnten die Meteorologen des ausgehenden 19. Jahrhunderts auf der Grundlage der zeitgenössischen Niederschlagstheorien keine Beeinflussung denken. Andererseits bekundeten sie Schwierigkeiten, robuste Aussagen über die Wirksamkeit zu treffen. Während für das zweite Problem unterschiedliche Versuchsanordnungen ausprobiert wurden, keine jedoch den Ansprüchen an Evidenzerzeugung genügte, deutete sich für das erste durch eine Neuformulierung der Niederschlagstheorie ab den 1930er Jahren eine Lösung an. Meteorologen griffen auf kolloidchemische Denkmodelle zurück und postulierten Sublimationskerne als Auslöser von

Niederschlagsprozessen. Wolkenphysikalische Forschung, die insbesondere aufgrund ihrer Bedeutung für die Luftfahrt gefördert wurde, konnte diese These durch Messungen *in situ* oder Laborexperimente schließlich belegen.

Für den Wetter- und Klimamodifikationsdiskurs nach 1945 gilt es zwei Dinge herauszustreichen: Erstens konnten die Meteorologen nun plausibel erklären, wie die Beeinflussung funktionieren sollte und mit welchen Mitteln sie durchgeführt werden konnte. Zweitens etablierte sich ausgehend von den winzigen Sublimationskernen, die auf so mächtige Phänomene wie Wolken und Niederschlag Effekte haben konnten, die Denkfigur des »Triggers« – des kleinen Auslösers mit großer Wirkung. Diese Denkfigur transzendierte nach der Jahrhundertmitte den esoterischen Kreis der Wolkenphysiker und war auch eine zentrale Möglichkeitsbedingung, um über die Klimakontrolle nachzudenken.

Die Klimabeeinflussung, wie sie ab den späten 1950er Jahren gemeinsam mit der Wetterbeeinflussung verhandelt wurde, verfügt über andere Herkünfte, die zunächst keine Berührungspunkte aufwiesen mit der Geschichte der lokalen Wetterbeeinflussung. Im Verlauf des 19. Jahrhunderts setzte sich die Vorstellung durch, dass sich das Erdklima sowohl in geologischer wie auch historischer Zeit gewandelt hatte. Das Klima erhielt eine Geschichte und damit auch eine Zukunft. Die Frage nach den Ursachen vergangener Klimaveränderungen erwies sich als sehr produktiv für die geowissenschaftlichen Disziplinen, die sich auch im Rahmen dieser Forschung herauszubilden begannen. Geologie, Geografie, Ozeanografie und schließlich auch die Klimatologie produzierten Wissen über die Funktionsweise des Erd-Atmosphäre-Systems, das im frühen 20. Jahrhundert – etwa über die Strahlungs- und Wärmebilanz – die menschliche Einflussnahme in den Bereich des Möglichen verlegte. In Kombination mit einem Ingenieursdenken, das die Kontrolle natürlicher Phänomene wünschenswert und vor allem machbar erscheinen ließ, und klimadeterministischen Vorstellungen vom ›guten‹ Klima ließen sich seit dem ausgehenden 19. Jahrhundert erste Pläne und literarische Zukunftsvisionen einer kontrollierten Veränderung des Erdklimas durchspielen. An diese Pläne konnte der Klimamodifikationsdiskurs der zweiten Hälfte des 20. Jahrhunderts anschließen: Einerseits profitierten auch die Gedankenspiele und Szenarien zur Klimakontrolle nach 1945 weiter von der Idee einer durch Wissenschaft und Technologie gestaltbaren Zukunft und Kontrolle natürlicher Phänomene, andererseits konnten dank neuer Instrumente wie der Computer- oder Satellitentechnologie die Technikutopien des frühen 20. Jahrhunderts neu bewertet und adaptiert werden. Besonders zentral: Durch die Übernahme der Denkfigur des »Triggers« konnte nun auch die großräumige und permanente Umgestaltung klimatischer Verhältnisse ins Auge gefasst werden, die zuvor nur im Modus von Science-Fiction oder Technikutopien hatten erzählt werden können.

Auch wenn keine ›Geburtsstunde‹, so erhielt der Diskurs doch bedeutende Impulse von der militärischen Auftragsforschung im Labor von General Electric, das als Kristallisationspunkt diente. Ausgehend von Problemen der Luftfahrt hatten sich meteorologische Laien um den Chemie-Nobelpreisträger Irving Langmuir wolkenphysikalischen Fragestellungen angenähert. Unabhängig von der zeitgleich stattfindenden Forschung in Deutschland, England oder Japan konnten sie deutlich sichtbar in einer einfachen Versuchsanlage im Labor die Auslösung von Niederschlag und die Auflösung von Wolken stabilisieren. Indem sie sehr zeitnah auf die neu formulierte Niederschlagstheorie zurückgriffen, das Experiment auf das »Atmosphärenlabor« übertrugen und sehr offensiv Erfolge kommunizierten, geriet die Wettermodifikation nun in den Fokus von Wissenschaft und Öffentlichkeit. In den USA setzte in der Folge sehr bald eine von Konflikten geprägte Debatte über valides Design von Feldexperimenten und Evaluationsmethoden ein.

Der Blick auf die Schweizer Grossversuche I bis III, den seit den späten 1940er Jahren durchgeführten Feldexperimenten in der Magadinoebene zum Wirksamkeitsnachweis der Hagelabwehr, zeigt, dass auch außerhalb des »militärisch-industriellen-akademischen Komplexes« geforscht wurde. Die Grossversuche lassen sich nicht im Kontext des globalen Systemkonflikts, sondern in erster Linie in der bis ins 19. Jahrhundert zurückreichenden Tradition von Vorstellungen der Naturkontrolle verorten. Angestoßen wurden die Schweizer Feldexperimente nicht von offiziellen Stellen, sondern aus ökonomischen Gründen von Tabakproduzenten und Versicherungsanbietern. Die Experimente beruhten zunächst auf den Erklärungsmodellen aus der Zeit um 1900, bevor die beteiligten Atmosphärenwissenschaftler die neue Niederschlagstheorie rezipierten und für ihre Experimente adaptierten.

Zwei Aspekte gilt es in diesem Zusammenhang zu betonen, die weit über die Schweiz hinaus verwiesen und exemplarisch für Etablierung des Diskurses waren: Die Detailanalyse der Schweizer Forschung zeigte erstens, wie sich in den 1950er Jahren eine internationale *Scientific Community* formierte, die ihre Forschung nicht zuletzt mit der Wetterbeeinflussung begründete.

Zweitens setzte sich im Rahmen der Aushandlungen über valide Experimentdesigns eine statistische Herangehensweise als ›Goldstandard‹ durch. So sollte das von zahlreichen Parametern bestimmte »Atmosphärenlabor« handhabbar gemacht werden. In dieser frühen und optimistischen Phase des Wettermodifikationsdiskures war vieles sagbar. Träger des Diskurses seit 1950 waren nicht nur Militärs und fachfremde Laien, sondern in der *Scientific Community* anerkannte und gut vernetzte Meteorologen und Klimatologen, die auf der Grundlage ihres mit nachvollziehbaren Methoden produzierten Wissens über die Wetter- und Klimamodifikation nachdachten. Dass der Diskurs nach ›rationalen‹ Spielregeln funktionierte, zeigte sich auch daran, dass es Akteure – wie den kommerziell erfolgreichen Irving Krick – gab, die vergeblich versuchten, an den virulenten Debatten teilzuhaben, jedoch aufgrund ihrer inkompatiblen Methoden und zugrunde liegenden theoretischen Prämissen nicht als gleichwertige Teilnehmer des Diskurses eingestuft wurden.

Die Vorstellung, mittels großer Explosionen und damit durch die Zufuhr äquivalenter Energiemengen auf das Wetter und das Klima einzuwirken, spielte für den Diskurs ab 1945 nur mehr eine untergeordnete Rolle. Die Etablierung des »Trigger«-Arguments ließ die Verwendung von enormen Energiemengen unnötig erscheinen. Mit den ersten Atombombenexplosionen rückte die Machbarkeit der Wetter- und Klimabeeinflussung jedoch kurzzeitig in Reichweite. Ich konnte zeigen, dass die an den Atombombentests beteiligten Meteorologen die Möglichkeit einer unbeabsichtigten wie auch einer gezielten Beeinflussung zunächst nicht grundsätzlich ausschlossen. Auch sie griffen auf die neue, über Sublimationsnuklei funktionierende Niederschlagstheorie zurück, um mögliche Effekte der Tests auf Wetterphänomene abzuklären. In der *Scientific Community* etablierte sich in der Folge jedoch der Konsens, dass kein nennenswerter Einfluss von Atombombenexplosionen auf atmosphärische Erscheinungen festzustellen sei. In Publikumsmedien zirkulierte jedoch der Topos des »Atomic Weather«, der Atomwaffentests mit als ungewöhnlich wahrgenommenen Wetterphänomenen verknüpfte. Diese Debatten waren mit ausschlaggebend, dass Meteorologen in einer erneuten Zirkulationsschlaufe die möglichen Effekte auf die Atmosphäre zum Forschungsobjekt erhoben und die Resultate wieder zurück in die Öffentlichkeit spielten. Während die Wissenschaftler nun mit gut begründetem Wissen nochmals die Unmöglichkeit einer gezielten wie auch unbeabsichtigten Beeinflussung betonten, erwies sich die von einer Wissenschaftsskepsis getragene Verlinkung von Atombomben mit

Wetteranomalien als bemerkenswert stabil und konnte so in den 1950er Jahren der frühen Umweltbewegung als Beispiel für technische Hybris und nachteilige Einflussnahme auf die Natur dienen.

Zentraler Bestandteil des Wetter- und Klimamodifikationsdiskurses war die Computertechnologie. Sie war in zweifacher Hinsicht mit diesem Diskurs verknüpft: Einerseits befeuerten die numerischen Simulationen von Wetter- und Klimaprozessen als abstrakte Referenzen die physikomathematische Vorstellung der Atmosphäre als einem zwar komplexen, aber letztlich prognostizier- und beherrschbaren physikalisches System. Andererseits war sie als Folgenabschätzung die Grundvoraussetzung, um über groß angelegte und permanente Klimabeeinflussung nachzudenken zu können und damit eine Vorbedingung, dass nun Wetter- und Klimabeeinflussung als Teil derselben Herausforderung behandelt wurden. Ich konnte zudem zeigen, wie die Satellitentechnologie nicht nur den benötigten Dateninput zur Verfügung zu stellen versprach, sondern auch die Konzeption eines komplexen interagierenden Erd-Atmosphäre-Systems erlaubte, das nun über kleine Eingriffe in eines der Subsysteme großskalige Veränderungen in den Bereich des Möglichen verlegte. Mit der sich in den 1960er Jahren abzeichnenden Einsicht in die Grenzen der Vorhersagbarkeit brach dieser zentrale Pfeiler der Wetter- und Klimabeeinflussung weg – jedoch nur in Teilen. Erstens entwickelten sich aus der Arbeit zu Wettervorhersagen die ersten Klimamodelle, die ab den 1970er Jahren zur Berechnung und Folgenabschätzungen für die gezielte, nun aber auch vermehrt unbeabsichtigte Klimabeeinflussung genutzt wurden Zweitens fanden numerische Modelle lokaler Wettererscheinungen wie etwa Wirbelstürme seit Mitte der 1960er Jahre Eingang in die Experimentalsysteme zur lokalen Wetterbeeinflussung und ergänzten ab den 1970er Jahren als konkretes Instrument die Feldexperimente der Wolkenphysiker zur lokalen Wetterbeeinflussung.

Abgesehen von den Feldexperimenten und den (kommerziellen) Operationen spielte der Wetter- und insbesondere der Klimamodifikationsdiskurs im Tempus des Futur I. Der Diskurs war nicht allein von naturwissenschaftlicher (Grundlagen-)Forschung bestimmt, sondern profitierte in mehrfacher Sicht auch von Denkstilen des Kalten Krieges. Drei unterschiedliche Formen von ›Zukünften‹ waren mit dem Sprechen über die Wetter- und Klimabeeinflussung verhakt: Erstens stellte das Aufkommen der Zukunftswissenschaften insbesondere in Form des »Science Forecasting« Instrumente und Methoden bereit, um die (Weiter-)Entwicklung der Wetter- und Klimabeeinflussung in Aussicht zu stellen. Dabei ließ sich die Wetter- und Klimabeeinflussung in Analogie zur Nukleartechnologie sowohl als »Wetterwaffe« wie auch als bahnbrechende Ressourcen-Technologie beschreiben. Zweitens war der Wetter- und Klimabeeinflussungsdiskurs anschlussfähig an Prognosen, die angesichts der steigenden menschlichen Bevölkerung vor Ressourcenengpässen warnten – oder diese bereits diagnostizierten. Im Kontext des Erstarkens neo-malthusianischer Positionen galt die Beeinflussung von Wetter und Klima als eine Möglichkeit, um diese Entwicklungen abzufedern. Drittens gerieten in den 1960er Jahren jedoch potenziell nachteilige Effekte der Wetter- und Klimabeeinflussung in den Fokus, die wiederum mittels Zukunftsentwürfen abgeschätzt werden sollten. Diese Prognosen der ökologischen, gesellschaftlichen oder rechtlichen Konsequenzen gezielter Eingriffe trugen im Verlauf der 1970er Jahre dazu bei, dass der Diskurs jenseits von Fragen der Machbarkeit problematisiert wurde.

Seit Mitte der 1950er Jahre wurden auf der Grundlage der neuen Computertechnologie und der vom Kalten Krieg geförderten, weltweit durchgeführten Forschungsunternehmen erste Prognosen einer unbeabsichtigten Beeinflussung des globalen Klimas formuliert. Diese einsetzende Auseinandersetzung mit anthropogenen Einflüssen auf das Klima war eng gekoppelt an eine weiter reichende Neubewertung des Mensch-Umwelt-Verhältnisses. Ich habe detailliert die Ambivalenz dieser Koppelung von absichtlicher (»deliberate«) und ungewollter (»inadvertent«) Klimamodifikation ausgeführt. Erstens stützte die Forschung zur anthropogenen Klimaveränderung den Klimabeeinflussungsdiskurs, indem sie robustes Wissen zur Funktionsweise des globalen Atmosphärensystems bereitstellte und so die Machbarkeit zu belegen schien. Die Wissensbestände der Wetterkontrolle wirkten wiederum zurück, indem sie etwa mit den Sublimationsnuklei mögliche Ansatzpunkte für die Konzeption einer nachteiligen Beeinflussung bereitstellten. Zweitens wurden – obwohl ein anthropogener Klimawandel bereits als Problem diagnostiziert wurde – gezielte Eingriffe bis weit in die 1970er Jahren als technische Korrekturmaßnahmen verhandelt.

Die in den 1960er und 1970er Jahre vorgeschlagene Bandbreite an Gegenmaßnahmen steckte exemplarisch die Übergangsphase von einer von Fortschritts- und Technikoptimismus geprägten Zeit hin zu einem auf Selbstbeschränkung beruhenden »ökologischen Zeitalter« ab. In der Folge verschob sich der Interessensfokus der beteiligten Wissenschaftler sowie der Publikumsmedien zusehends, sodass die Fragen zur gezielten Beeinflussung im Kontext einer kritischeren Perspektive auf Fortschritt, Wachstum, Wissenschaft und Technik an Dringlichkeit verloren. Der Klimawandel und seine

Folgen sollten vorgängig verhindert und nicht nur durch einen »technological fix« repariert werden. In der Gemengelage einer erodierenden Wissenschafts- und Technologiegläubigkeit, die nicht von Abschätzungen zu Chancen und Risiken von Technologie und Wissenschaft angestoßen und begleitet wurde, galten gezielte Korrekturmaßnahmen nicht mehr als angemessene Reaktion auf die diagnostizierte Umwelt- und Klimaproblematik. Damit verloren Wetter- und Klimamodifikation ihren Status als Hoffnungsträgerinnen just in dem Moment, als die Konkurrenzfähigkeit des Menschen als belegt galt.

Es waren nicht zuletzt rechtliche Bedenken, die dazu beitrugen, dass die Wetter- und Klimamodifikation ihren Status zunehmend einbüßte. Juristen gehörten zu den ersten atmosphärenwissenschaftlichen Laien, die sich intensiv mit der Wetterbeeinflussung auseinandersetzten. Vor dem Hintergrund medialer Berichterstattung und erster Klagen übersetzten sie die zeitgenössische wolkenphysikalische Forschung bereits in den späten 1940er Jahren in rechtswissenschaftliche Auslegeordnungen. Weil die Versuche einer Verrechtlichung der als neuer Technologie verhandelten Wetterbeeinflussung aufgrund ausbleibender Präzedenzfälle scheiterte, blieben die Fragen nach Eigentum und Haftung sowohl national als auch international unbeantwortet. Insbesondere angesichts der Experimente zur Hurrikanbeeinflussung und der Pläne zur Klimakontrolle musste das juristische Vakuum problematisch erscheinen. So griffen Kritiker oder differenziert argumentierende Träger des Wetter- und Klimamodifikationsdiskurses in den 1970er Jahren auf die juristischen Debatten zurück, um auf die Risiken hinzuweisen und sie trugen so mit dazu bei, dass nicht mehr allein die wissenschaftlich-technische Umsetzung für die Praktikabilität als entscheidend galt, sondern eine sorgfältige Handhabung der schwierig zu kalkulierenden Nebeneffekte.

Im Wechselspiel mit diesen einsetzenden Bedenken sahen die 1960er und 1970er Jahre nochmals eine Reihe von Forschungsprojekten zur Wetterbeeinflussung, die weiter von Debatten über angemessene Experimentalsysteme geprägt waren. Im Unterschied zu den langen 1950er Jahren konnten sich nun ›westliche‹ Atmosphärenphysiker mit ihren sowjetischen Kollegen austauschen. Dieser Austausch über den Eisernen Vorhang hinweg entzog einerseits dem imaginierten »Wetterkrieg« die Grundlage, war jedoch auch von Übersetzungsschwierigkeiten begleitet, die sich als durchaus produktiv für die Wissensproduktion erwiesen. So wurden insbesondere sowjetische Technologien zur Einbringung des »Impfstoffs« übernommen und die sowjetischen Resultate mit den Standards der internationalen *Community* überprüft. Letztlich konnten auch aufwendig designte Feldexperimente wie der Schweizer Grossversuch IV zur Hagelabwehr das »Atmosphärenlabor« nicht handhabbar machen. Die bereits um 1900 im Rahmen des Hagel- und Wetterschießens formulierte Frage »Wäre auch der Hagel auch sonst ausgeblieben?« ließ sich weder zweifelsfrei statistisch beantworten, noch erlangten die numerischen Simulationen einen Status, der eine anerkannte Aussage zur Wirksamkeit erlaubt hätte. Damit wurde die Wetterbeeinflussung von einer operationalen Technologie zur Grundlagenforschung zurückgestuft.

Das Scheitern der lokalen Wetterbeeinflussung muss nun nicht zwingend als wissenschaftlicher Fehlschlag oder gar »pathologische« Verirrung beschrieben werden. Im Gegenteil: Der Prozess ließe sich durchaus als Beispiel für ›gute‹ Wissenschaft beiziehen. Auf der Grundlage der neuen Niederschlagstheorie hatten sich für die Atmosphärenphysiker nach 1945 neue Fragestellungen eröffnet. Die Forschung zur Wetterbeeinflussung generierte Wissen über atmosphärische Zusammenhänge und schärfte den Blick für potenziell unbeabsichtigte Beeinflussung von Wetter und Klima. Als sich trotz des großen Aufwands keine stabile Aussage über die Wirksamkeit treffen ließ, legten die Akteure die Wetterbeeinflussung, verstanden als operationale Technologie, wieder in den Bereich des unsicheren Wissens ab.

Ein Blick auf die Zeit nach 1980 zeigt zudem: Der Wetter- und Klimamodifikationsdiskurs hatte zwar seinen Zenit überschritten, er löste sich jedoch nicht in Luft auf, sondern in einzelne Praktiken und Wissensbestände auf, die in Teilen bis heute weiterexistieren. Zunächst beruhte bereits in den 1980er Jahren das Konzept des »Nuklearen Winters« auf mehreren Elemente des Klimamodifikationsdiskurses: Das Wissen um die Veränderbarkeit des Klimas und seine Bedeutung für das menschliche Leben ließ die sekundären Effekte von Kernwaffen in der Computersimulation besonders bedrohlich erscheinen. Auch die Praktiken der lokalen Wetterbeeinflussung verschwanden weder sofort noch vollständig, sondern wurden mehr und mehr an den Rand wissenschaftlicher Tätigkeit gedrängt. Dort, wo heute immer noch – oder sogar wieder verstärkt – Hagel abgewehrt oder Niederschlag ausgelöst wird, zeigen sich die alten Konfliktlinien, wie sie sich in den 1950er Jahren etablierten: Es wird einerseits um robuste Aussagen zur Wirksamkeit gerungen und andererseits drängen sich rechtliche, ökologische und ethische Fragen auf.

Des Weiteren wird seit knapp 20 Jahren die Klimabeeinflussung als »Plan B« für die Handhabung des anthropogenen Klimawandels verhandelt. Jedoch nur zögerlich: Denn das Geo- oder Climate Engineering lässt sich nicht nur in technischer Hinsicht als Erbe der 1960er und 1970er Jahre beschreiben, sondern auch mit Hinblick auf die Problematisierung. Denn insbesondere die komplexe Folgenabschätzung und eine tief verankerte Skepsis hinsichtlich einer technischen Lösung sorgen für Zurückhaltung und verhindern zumindest heute einen großräumigen und konsequenten Einsatz technischer Lösungen des Klimawandels. Und schließlich: Auch wenn Einzelaspekte, Wissensbestände, Technologien und Argumente weiter Verwendung finden, so ist eine umfassende, kontrollierte Wetter- und Klimabeeinflussung heute kaum mehr Teil einer seriösen wissenschaftlichen Auseinandersetzung, sondern Teil von Verschwörungserzählungen, die – so die These – erst verständlich werden durch eine Wissensgeschichte der Wetter- und Klimabeeinflussung.

Dank

Dieses Buch ist eine leicht überarbeitete Fassung meiner geschichtswissenschaftlichen Dissertation, die ich im Sommer 2021 abgeschlossen habe. Die Dissertation wie auch die Publikation hat vom Austausch mit verschiedenen Menschen profitiert.

Zuallererst geht mein Dank an meine Betreuer Philipp Sarasin und Claus Pias. Sie haben diese Arbeit umsichtig und wohlwollend begleitet. Dabei standen sie jederzeit bei Fragen und Schwierigkeiten zur Verfügung, ließen mir aber auch weit gehende Freiheiten in Konzeption und Umsetzung dieser Arbeit.

Ich bedanke mich beim Schweizerischen Nationalfonds, der mich nicht nur in den ersten drei Jahre unterstützt, sondern auch diese Publikation ermöglicht hat.

Die Forschungsstelle für Sozial- und Wirtschaftsgeschichte der Universität Zürich war ein ideales Umfeld. Ohne die Gespräche in Kolloquien, auf dem Flur, in der Kaffeeküche oder beim Feierabendbier würde die Arbeit nicht in dieser Form vorliegen und vor allem hätte es nur halb so viel Spaß gemacht. Wie wichtig dieser Arbeitsort war, wurde mir in aller Deutlichkeit während der Covid-Pandemie bewusst, als alle informellen Gespräche plötzlich wegfielen und ich allein am Schreibtisch saß. Für die vielen Gespräche und die klugen Hinweise bedanke ich mich bei Svenja Goltermann, Melanie Wyrsch, Stefan Sandmeier, Dorothe Zimmermann, Nadine Zberg, Lukas Held, Pascal Germann, Sibylle Marti, Jakob Odenwald, Ruben Hackler und Judith Kälin. Besonderer Dank gilt Lukas Nyffenegger, Franziska Hupfer, Dania Achermann und Kaspar Ehrenteller, die in der Schlussphase längere Teile der Arbeit lektoriert haben. Ebenfalls bedanken möchte ich mich bei den Mitgliedern des Graduiertenkollegs »Zentrum Geschichte des Wissens« und insbesondere bei seiner Leiterin Monika Wulz. Von diesem regelmäßigen Austausch hat die Arbeit sehr profitiert.

Besonders hervorheben möchte ich meine Freunde Patrick Kilian und Peter-Tim Fritz. Mit ihnen durfte ich mich in den letzten Jahren immer wieder austauschen. Sie haben unzählige Entwürfe gelesen und Vorträge gehört und mit ihren Hinweisen maßgeblich zu dieser Arbeit beigetragen.

Maßgeblich beigetragen zum Erscheinen dieser Publikation hat zudem die Reihe *Zeitgeschichte* des Campus Verlags. Der Dank für die umsichtige Betreuung und Unterstützung gilt den Herausgeber:innen der Reihe, Hannah Ahlheim, Nicolai Hannig, Fabian Klose, Christiane Reinecke und Malte Thießen sowie dem Lektor Jürgen Hotz.

Ein ganz besonderer Dank gilt meinen Eltern, Patrizia und Martin Kaiser, die mich immer unterstützt haben.

Und schließlich geht der größte Dank an meine Frau Vera. Sie war die wichtigste Stütze während dieser Promotionsphase. Sie hat sehr viel Geduld wie auch Verständnis aufgebracht und glücklicherweise doch ab und zu darauf bestanden, dass jetzt mal eine Pause oder Urlaub angesagt ist. Ihr und meinen Eltern ist diese Arbeit gewidmet.

Quellen und Literatur

Ungedruckte Quellen

Staatsarchiv Zürich

STAZH O 20.1 Hagel: Aus dem Protokoll des Regierungsrates 9.6.1900, 1355 – Hagelschiessen.

STAZH O 20.1 Hagel: Carl Greinitz Neffen: Einige Urteile über unsere Wetterwehr-Apparate, nach 1900.

STAZH O 20.1 Hagel: Carl Greinitz Neffen: Einige Zeitungsberichte über das Wetterschiessen: Aus der Tagespost vom 8. Dezember 1899.

STAZH O 20.1 Hagel: Donini, G. an Eidgenössisches Landwirtschaftsdepartement, Bern.

STAZH O 20.1 Hagel: Girsberger, Johann: Auszug aus den Berichten der Wetterwehr-Genossenschaft am rechten Zürichseeufer über ihre Tätigkeit in den Jahren 1901 und 1902, Dezember 1902.

STAZH O 20.1 Hagel: Girsberger, Johann: Auszug aus den Berichten der Wetterwehr-Genossenschaft am rechten Zürichseeufer über ihre Tätigkeit in den Jahren 1901 und 1902, Dezember 1902.

STAZH O 20.1 Hagel. Girsberger, Johann: Zusammenstellung der Berichte über den Betrieb des Wetterschiessens im Wetterwehrgebiet am rechten Zürichseeufer für das Jahr 1903 (III. Betriebsjahr), 23.4.1903.

STAZH O 20.1: Aus dem Protokollen des Regierungsrates 1901: 492 – Hagelschiessen, 1.4.1901.

Schweizerisches Bundesarchiv Bern

E2001E-01#1988/16#141* Wissenschaftliche Versuche auf dem Gebiet der Hagelabwehr zwischen Schweiz und Drittstaaten, 1973–1978.

E3001C#1990/218#497* Grossversuch zur Hagelabwehr 1976–80 im Napfgebiet, 1975.

E7001C#1982/118#1453* Bundesbeitrag für das Groupement l'émanique pour la lutte contre la Grêle, Grossversuch 4 der Hagelabwehr, 1971.

E7001C#1985/232#1021* Hagelabwehr »Grossversuch IV«; italienisch-schweizerisches / französisch-schweizerisches Abkommen, 1975.

E7220A#1000/1945#112* Hagelabwehr in der Magadinoebene, 1948.

E7220A#1000/1949#147* Studienkommission für die Bekämpfung der Hagelbildung, 1950.

E7220A#1968/188#173* Studienkommission für die Bekämpfung der Hagelbildung, 1952.

J2.332-01#2012/119#1170* Künstliches Auslösen von Regen: Berichte, Korrespondenz, 1952–1957.

Schweizerischer Bundesrat: Beschluss: Projet de lutte anti-grêle »Grossversuch IV«, 17.9.1975, BArch E7001C#1985/232#1021*.

Gedruckte Quellen

Abarbanel, H.; MacDonald, Gordon; Munk, Walter u.a.: The Long Term Impact of Atmospheric Carbon Dioxide on Climate, JASON Technical Report, JSR-78-07, o. O. 1979.

Advisory Committee on Weather Control (Hg.): Final Report: Volume I, Washington, D. C. 1958, S. 23–26.

Albert Stiger's Wetterschiessen in Steiermark, Graz 1900 (bearbeitet von G. Suschnig, Leiter der Kammerwerke der Firma Carl Greinitz Neffen in Graz).

Alexander von Humboldts Vorlesungen über phÿsikalische Geographie nebst Prolegomenen über die Stellung der Gestirne, Berlin 1827.

Alwin Mittasch: Auslösungs-ABC, in: Zeitschrift für philosophische Forschung 6 (1951), S. 54–70.

American Meteorological Society (Hg.): International Conference on Weather Modification, Sponsored by the Australian Academy of Science and the American Meteorological Society, Canberra, Australia, September 6–11, 1971, Boston 1971.

American Meteorological Society (Hg.): Second National Conference on Weather Modification, April 7–9, 1970, Santa Barbara, Boston 1970.

American Meteorological Society (Hg.): Tenth Conference on Weather Modification, May 17–30, 1986, Arlington, Virginia, Boston 1986.

Anderson Jr.; Alan: Weather Forecast for the Future:?, in: Lakeland Ledger, 29.12.1974, S. 6 D.

Arnett, Dennis S.: The Aftermath of the 1972 Rapid City Flood, in: Journal of Weather Modification 25 (1), 1993, S. 93–103.

Arrhenius, Svante: Das Schicksal der Planeten, Leipzig 1911.

Arrhenius, Svante: Das Werden der Welten, übers. von L. Bamberger, Leipzig 1921.

Asilomar Scientific Organizing Committee (Hg.): The Asilomar Conference: Recommendations on Principles for Research into Climate Engineering Techniques, Washington, D. C. 2010.

Astor, John Jacob: A Journey in Other Worlds: A Romance of the Future, 1999. Online: <http://www.gutenberg.org/files/1607/1607-h/1607-h.htm>, Stand: 6.5.2020.

Atlas, David; Holland, Greg; LeMone, Peggy: Joanne Simpson 1923–2010, in: Bulletin of the American Meteorological Society 91 (7), 2010, S. 938–939.

Atlas, David; Lemone, Margaret A.: Joanne Simpson 1923–2010, in: National Academy of Engineering (Hg.): Memorial Tributes, 14, S. 368–375. Online: <https://www.nap.edu/read/13160/chapter/62>, Stand: 23.10.2020.

Aufdermaur, A.; Thams, J. C.: Die Ergebnisse des Grossversuches III zur Bekämpfung des Hagels im Tessin in den Jahren 1957–1963: Schlussbericht im Auftrage der »Eidg. Kommission zum Studium der Hagelbildung und der Hagelabwehr«, Bd. 2, Zürich 1966 (Veröffentlichungen der Schweizerischen Meteorologischen Zentralanstalt).

Averitt, J. M.; Ruskin, R. E.: Cloud Particle Replication in Stormfury Tropical Cumulus, in: Journal of Applied Meteorology 6 (1), 1967, S. 88–94.

Ayres, Robert U.: Technology and the Prospects for World Food Production, New York 1966.

Baillaud, Jules: Bericht über die internationale Experten-Conferenz für Wetterschiessen in Graz, in: Jahrbücher der K. K. Central-Anstalt für Meteorologie und Erdmagnetismus, Wien 1902.

Ball, Vaughn C.: Shaping the Law of Weather Control, in: Yale Law Journal 58 (2), 1949, S. 213–244.

Barnaby, Frank: Environmental Warfare, in: Bulletin of the Atomic Scientists 32 (5), 1976, S. 36–43.

Barrett, E. W.; Pueschel, R. F.; Weickmann, H. K. u.a.: Inadvertent Modification of Weather and Climate by Atmospheric Pollutants (ESSA Technical Report ERL 185-APCL 15), Boulder 1970.

Bartels, J.: Besprechungen: Schmauß, August und Albert Wigand, Die Atmosphäre als Kolloid, Braunschweig 1929, in: Die Naturwissenschaften 19, 8.5.1931, S. 406–407.

Battan, Louis J.: A View of Cloud Physics and Weather Modification in the Soviet Union, in: Bulletin of the American Meteorological Society 46 (6), 1965, S. 309–316.

Battan, Louis J.: Comments on »Note on the Potentialities of Cumulonimbus and Hurricane Seeding Experiments«, in: Journal of Applied Meteorology 4 (6), 1965, S. 426–427.

Battan, Louis J.: Weather Modification in the Soviet Union – 1976, in: Bulletin of the American Meteorological Society 58 (1), 1977, S. 4–19.

Battan, Louis J.: Weather Modification in the U. S. S. R. – 1969, in: Bulletin of the American Meteorological Society 50 (12), American Meteorological Society, 1969, S. 924–946.

Baughman, R. G.; MacCready, P. B.: The Glaciation of an AgI-Seeded Cumulus Cloud, in: Journal of Applied Meteorology 7 (1), 1968, S. 132–135.

Baumgartner, A.: Climatic Variability and Forestry, in: World Meteorological Organization (Hg.): Proceedings of the World Climate Conference: A Conference of Experts on Climate and Mankind, Geneva, 12–23 February 1979, Genf 1979, S. 581–607.

Behrman, Daniel: Is Artificial Rain Possible in the Parched Lands of Baluchistan?, in: The UNESCO Courier 5 (7), 1952, S. 11.

Bengelsdorf, Irving S.: Is Mankind Manufacturing A New Ice Age for Itself?, in: Los Angeles Times, 15.1.1970.

Bensinger, Alexander L.: From Man-Made Rain, a Flood of Legal Problems, in: Temple Law Quarterly 22 (1), 1949, S. 99–105.

Bent, Silas: An Address Delivered Before the St. Louis Historical Society, December 10th 1868, and Repeated By Request Before the Mercantile Library Association, January 21 1869 Upon the Thermometric Gateways to the Pole, Surface Currents of the Ocean, and the Influence of the Latter Upon the Climate of the World, St. Louis 1869.

Bergeron, Tor: On the Physics of Cloud and Precipitation, in: Cinquième Assemblée Générale, Lisbonne, Septembre 1933, Procès-Verbaux des Séances de l'association de Météorologie II, Mémoires et Discussions, Paris 1935, S. 156–170.

Bergeron, Tor: Opening Address at the International Conference on Cloud Physics, Tokyo and Sapporo, 1965, in: Meteorologiska Institutionen Universität Uppsala (Hg.): Reprinted from the Proceedings of the International Conference on Cloud Physics Tokyo and Sapporo, May 24 – June 1, Upsalla 1965, S. 6–12.

Bergeron, Tor: Über den Mechanismus der ausgiebigen Niederschläge, in: Berichte des deutschen Wetterdienstes in der US-Zone, 1950, Nr. 12, S. 225–232.

Berkeley SESPA: Science Against the People: The Story of JASON, Berkeley 1972.

Bernhard, Hans: Die Kolonisation der Magadinoebene: Gutachten erstattet an das Schweiz. Volkswirtschaftsdepartement von der Geschäftsstelle der Schweiz. Vereinigung für Innenkolonisation und industrielle Landwirtschaft in Zürich, Bd. 23, Bern-Bümpliz 1925 (Schriften der Schweizerischen Vereinigung für Innenkolonisation und industrielle Landwirtschaft).

Berry, Frederic A.: Howard Thomas Orville 1901–1960, in: Bulletin of the American Meteorological Society 41 (11), 1960, S. 649–650.

Bertell, Rosalie: No Immediate Danger? Prognosis for a Radioactive Earth, Toronto 1985.

Bertell, Rosalie: Planet Earth: The Latest Weapon of War, Montreal, New York, London 2000.

Betz, Gregor; Brachatzek, Nadine; Cacean, Sebastian u.a.: Gezielte Eingriffe in das Klima? Eine Bestandsaufnahme der Debatte zu Climate Engineering. Sondierungsstudie für das Bundesministerium für Bildung und Forschung, o. O. 2011.

Bezold, Wilhelm von: Der Wärmeaustausch an der Erdoberfläche und in der Atmosphäre, in: Sitzungsberichte der Königlich Preußischen Akademie der Wissenschaften zu Berlin, Berlin 1892, S. 1139–1168.

Black, R. A., Jorgensen, D. P., Rosenthal, S. L.; Willoughby, H. E.: Project Stormfury: A Scientific Chronicle 1962–1983, in: Bulletin of the American Meteorological Society 66 (5), 1985, S. 505–515.

Boldt, David R.: Colder Winters Held Down of New Ice Age: Scientists See Ice Age in the Future, in: The Washington Post, 11.1.1970.

Bölsche, Wilhelm: Eiszeit und Klimawechsel, Stuttgart 1919.

Braham, Roscoe R.: Designing Cloud Seeding Experiments for Physical Understanding, in: Bulletin of the American Meteorological Society 62 (1), 1981, S. 55–62.

Bras, Rafael L.: A Brief History of Hydrology, in: Bulletin of the American Meteorological Society 80 (6), 1999, S. 1151–1165.

Brendel, Benjamin: Konvergente Konstruktionen: Eine Globalgeschichte des Staudammbaus, Frankfurt am Main, New York 2019.

Breuer, Georg: Wetter nach Wunsch: Perspektiven und Gefahren der künstlichen Wetterbeeinflussung, Stuttgart 1976.

Broderick, Anthony: The Atmosphere and its Climate, in: Kellogg, William W.; Mead, Margaret (Hg.): The Atmosphere: Endangered and Endangering, Washington, D. C. 1977, S. 11–30.

Brooks, Charles Ernest Pelham: Geological and Historical Aspects of Climatic Change, in: Malone, Thomas F. (Hg.): Compendium of Meteorology, Prepared under the Direction of the Committee of the Compendium of Meteorology, Boston 1951, S. 1004–1018.

Brückner, Eduard: Klimaschwankungen seit 1700 nebst Bemerkungen über die Klimaschwankungen der Diluvialzeit, Wien, Olmütz 1890.

Bryson, Reid A.: The Lessons of Climatic History, in: Environmental Conservation 2 (3), 1975, S. 163–170.

Budyko, M. I.: Climatic Changes, Washington, D. C. 1977.

Budyko, M. I.: The Effect of Solar Radiation Variations on the Climate of the Earth, in: Tellus 21 (5), 1969, S. 611–619.

Budyko, M. I.: The Future Climate, in: Eos, Transactions American Geophysical Union 53 (10), 1972, S. 868–874.

Buell, C. Eugene: An Evaluation of the Results of Cloud Seeding in Western New Mexico and Southeastern Arizona During July and August, 1951 and 1952, in: Bulletin of the American Meteorological Society 36 (1), 1955, S. 6–15.

Buff, Johann Heinrich: Zur Physik der Erde: Vorträge für Gebildete über den Einfluss der Schwere und Wärme auf die Natur der Erde, Braunschweig 1850.

Byers, Horace R.: History of Weather Modification, in: Hess, Wilmot N. (Hg.): Weather and Climate Modification, New York 1974, S. 3–44.

Calder, Nigel: Die Wettermaschine. Droht eine neue Eiszeit?, Bern 1975.

Calder, Nigel: The Weather Machine and the Threat of Ice, New York 1977.

Cannon, Howard W. (Hg.): Weather Modification: Programs, Problems, Policy, and Potential (Prepared at the Request of Hox. Howard W. Cannon, Chairman Committee on Commerce, Science, and Transportation U. S. Government), Washington, D. C. 1978.

Carpenter, W. B.: On the Gibraltar Current, the Gulf Stream, and the General Oceanic Circulation, in: Proceedings of the Royal Geographical Society of London 15 (1), 1870, S. 54–91.

Cellini, Benvenuto: Leben des Benvenuto Cellini, florentinischen Goldschmieds und Bildhauers, von ihm selbst geschrieben, Erster Teil, Stuttgart, Tübingen 1818 (übersetzt und herausgegeben von Goethe).

Central Intelligence Agency (Office of Research and Development): A Study of Climatological Research as It Pertains to Intelligence Problems, Washington, D. C., August 1974.

Changnon, S. A.; Grant, L. O. ; Sax, R. I.; u.a.: Weather Modification: Where Are We Now and Where Should We Be Going? An Editorial Overview, in: Journal of Applied Meteorology 14 (5), 1975, S. 652–672.

Changnon, Stanley A.; Farhar, Barbara C.; Swanson, Earl R.: Hail Suppression and Society, in: Science 200 (4340), 1978, S. 387–394.

Changnon, Stanley A.; Lambright, W. Henry: Experimentation Involving Controversial Scientific and Technological Issues: Weather Modification as a Case Illustration, in: Bulletin of the American Meteorological Society 71 (3), 1990, S. 334–344.

Changnon, Stanley A.: Weather Modification in 1972: Up or Down?, in: Bulletin of the American Meteorological Society 54 (7), 1973, S. 642–646.

Chia-Cheng, Chang: Study on the Climatic Change and the Exploitation of Climatic Resources in China, in: World Meteorological Organization (Hg.): Proceedings of the World Climate Conference: A Conference of Experts on Climate and Mankind, Geneva, 12–23 February 1979, Genf 1979, S. 406–425.

Clarke, Arthur C.: Im höchsten Grade phantastisch: Ausblicke in die Zukunft der Technik, Düsseldorf, Wien 1963.

Clarke, Garry K. C.: A Short History of Scientific Investigations on Glaciers, in: Journal of Glaciology 33 (S1), 1987, S. 4–24.

Commoner, Barry: The Closing Circle: Nature, Man and Technology, New York 1971.

Cooper, Charles F.; Jolly, William C.: Ecological Effects of Weather Modification (Sponsored by U. S. Department of the Interieur, Bureau of Reclamation), Ann Harbor Mai 1969.

Corbridge, James N. Jr.; Moses, Raphael J.: Weather Modification: Law and Administration, in: Natural Resources Journal 8 (2), 1968, S. 207–235.

Cornell, Nina W.; Fabian, Larry L.; Brown Weiss, Edith: Regime Alternatives for Weather and Climate, in: Regimes for the Ocean, Outer Space, and Weather, Washington, D. C. 1977, S. 204–216.

Court, Arnold: Some New Statistical Techniques in Geophysics, in: Landsberg, H. E. (Hg.): Advances in Geophysics, Bd. 1, 1952, S. 45–85.

Croll, James: Climate and Time in their Geological Relations: A Theory of Secular Changes of the Earth's Climate, London 1875.

Crookshank, H. R.; Younger, R. L.: Chronic Exposure of Sheep to Silver Iodide, in: Water, Air, and Soil Pollution 9 (3), 1978, S. 281–287.

Crutzen, Paul J.; Birks, John W.: The Atmosphere After a Nuclear War: Twilight at Noon, in: Ambio 11 (2/3), 1982, S. 114–125.

Crutzen, Paul J.: Albedo Enhancement by Stratospheric Sulfur Injections: A Contribution to Resolve a Policy Dilemma?, in: Climatic Change 77 (3), 2006, S. 211–219.

Crutzen, Paul J.: Geology of Mankind, in: Nature 415 (6867), 2002, S. 23.

Cumberledge, A. A.: Aerological Aspects of the Bikini Bomb Test, in: The Scientific Monthly 64 (2), 1947, S. 135–147.

Cushing, D. H.: Climate Variation and Marine Fisheries, in: World Meteorological Organization (Hg.): Proceedings of the World Climate Conference: A Conference of Experts on Climate and Mankind, Geneva, 12–23 February 1979, Genf 1979, S. 608–632.

David Davies Memorial Institute of Internationals Studies, Study Group on the Law of Outer Space: Draft Rules Concerning Changes in the Environment of the Earth, London 1963.

Davies, D. A.: Foreword, in: World Meteorological Organization (Hg.): Proceedings of the World Climate Conference: A Conference of Experts on Climate and Mankind, Geneva, 12–23 February 1979, Genf 1979, S. viii–ix.

Davies, Ray Davis: Effective Scientist-Lawyer Interaction: The Weather Modification Context, in: Davis, Ray Jay; Grant, Lewis O. (Hg.): Weather Modification: Technology and Law, Boulder 1978 (AAAS Selected Symposia Series 20), S. 113–118.

Davis, Ray Jay: The June 1972 Black Hills Flood and the Law, in: Journal of Weather Modification 20 (1), 1988, S. 82–87.

Davis, Ray Jay: Weather Modification: Litigation and Statutes, in: Hess, Wilmot N. (Hg.): Weather and Climate Modification, New York 1974, S. 767–786.

Demoll, Reinhard: Ketten für Prometheus: Gegen die Natur oder mit ihr?, München 1954.

Denkschriften der Königlichen Akademie der Wissenschaften zu München für die Jahre 1811 und 1812, München 1812.

Department of Defense: Project Cirrus, in: Bulletin of the American Meteorological Society 31 (8), 1950, S. 286–287.

Dessens, Henri: A Project for a Formation of Cumulonimbus by Artificial Convection, in: Weickmann, Helmut (Hg.): Physics of Precipitation: Proceedings of the Cloud Physics Conference, Woods Hole, Massachusetts, June 3–5, 1959, 1960, S. 396–401.

Dessens, Henri: Quelques théories de l'ensemencement des nuages soumises au contrôle expérimental, in: Archiv für Meteorologie, Geophysik und Bioklimatologie, Serie A 8 (3), 1955, S. 147–158.

Dietz, David: Atomic Energy in the Coming Era, New York 1945.

Dilloway, A.J.: Applied Meteorology and Electric Power Supply, in: WMO Bulletin 3 (4), 1954, S. 137–141.

Döblin, Alfred: Berge Meere und Giganten, München 1992.

Dorst, Neal M.: The National Hurricane Research Project: 50 Years of Research, Rough Rides, and Name Changes, in: Bulletin of the American Meteorological Society 88 (10), 2007, S. 1566–1588.

Dove, Heinrich Wilhelm: Klimatologische Beiträge, Bd. 1, Berlin 1857.

Druffel, Ann: Firestorm Dr. James E. McDonald's Fight For UFO Science, Columbus 2003.

Dubos, René J.; Ward, Barbara: Only One Earth: The Care and Maintenance of a Small Planet, New York 1972, S. 191.

Dubos, René: Future-Oriented Science, in: Jantsch, Erich (Hg.): Perspectives of Planning. Proceedings of the OECD Working Symposium on Long-Range Forecasting and Planning, Bellagio, Italy 27th October – 2nd November 1968, Paris 1969, S. 158–175.

Dufour, L.; Hall, Ferguson; Ludlam, F. H.: Artificial Control of Clouds and Hydrometeors (Report of a Working Group of the Commission for Aerology), Genf 1955 (Technical Note Nr. 13).

Dyson, Freeman J.; Marland, Gregg: Technical Fixes for the Climatic Effects of CO2, in: Machta, Lester; Elliott, William P. (Hg.): Carbon Dioxide Effects: Research and Assessment Program, Workshop on the Global Effects of Carbon Dioxide from Fossil Fuels, Miami Beach, Florida, March 7–11, 1977, Washington, D. C. 1979, S. 111–118.

Edenhofer, Ottmar; Pichs-Madruga, Ramon; Sokona, Youba u.a. (Hg.): IPCC Expert Meeting on Geoengineering, Lima, Peru 20–22 June 2011, Potsdam 2012.

Edmondson, W. T.: Ecology and Weather Modification, in: Fleagle, Robert Guthrie (Hg.): Weather Modification: Science and Public Policy, Seattle 1969, S. 87–93.

Ehrlich, Paul R.; Sagan, Carl; Kennedy, Donald u.a. (Hg.): The Cold and the Dark: The World after Nuclear War, New York 1984.

Ehrlich, Paul R.: Stephen Schneider (1945–2010), in: Science 329 (5993), 2010, S. 776.

Ehrlich, Paul; Harte, John; Harwell, Mark u.a.: Long-Term Biological Consequences of Nuclear War, in: Science 222, 1.1.1984, S. 1293–3000.

Eidgenössische Technische Hochschule Zürich; Gruppe für Wolkenphysik (Hg.): Bericht über das Feldexperiment im Napfgebiet 1. Juni – 30. September 1975, Bd. Nr. 75, Zürich 1976 (Wissenschaftliche Mitteilungen / Eidgenössische Kommission zum Studium der Hagelbildung und der Hagelabwehr).

Eidgenössische Technische Hochschule Zürich; Gruppe für Wolkenphysik (Hg.): Bericht über das Feldexperiment im Napfgebiet 17. Mai – 13. September 1976, Bd. Nr. 80, Zürich 1977 (Wissenschaftliche Mitteilungen / Eidgenössische Kommission zum Studium der Hagelbildung und der Hagelabwehr).

Eidgenössische Technische Hochschule Zürich; Gruppe für Wolkenphysik (Hg.): Bericht über das Feldexperiment im Napfgebiet 16. Mai – 10. September 1980, Bd. Nr. 85, Zürich 1981 (Wissenschaftliche Mitteilungen / Eidgenössische Kommission zum Studium der Hagelbildung und der Hagelabwehr).

Eidgenössische Technische Hochschule Zürich; Gruppe für Wolkenphysik (Hg.): Gewitterpenetrationen mit dem T-28 in der Schweiz, Bericht über das Feldexperiment im Napfgebiet. 10. August – 20. August 1982; 14. Juni – 20. Juli 1983, Bd. Nr. 102, 20, Zürich 1983 (Wissenschaftliche Mitteilungen / Eidgenössische Kommission zum Studium der Hagelbildung und der Hagelabwehr).

Eidgenössische Technische Hochschule Zürich; Gruppe für Wolkenphysik (Hg.): Bericht über das Feldexperiment im Napfgebiet 21. Mai – 20. August 1982, Bd. Nr. 99, Zürich 1982 (Wissenschaftliche Mitteilungen / Eidgenössische Kommission zum Studium der Hagelbildung und der Hagelabwehr).

Elliott, Robert D.: Experience of the Private Sector, in: Hess, Wilmot N. (Hg.): Weather and Climate Modification, New York 1974, S. 45–89.

Emiliani, Cesare: Pleistocene Temperatures, in: The Journal of Geology 63 (6), 1955, S. 538–578.

Emmons, Gardner; Hall, Ferguson; Haurwitz, Bernhard u.a.: Dr. Langmuir's Article on Precipitation Control, in: Science 113 (2929), 1951, S. 189–192.

Environmental Science Services Administration (ESSA): Science and Engineering: July 13, 1965 to June 30, 1967, Washington, D. C. April 1968.

Färber ; Eduard: A Philosophy of Catalysis, in: Isis 29 (1938), S. 398–402.

Farhar, Barbara C.; Mewes, Julia: Weather Modification Decision Making: State Law and Public Response, in: Journal of Applied Meteorology and Climatology 14 (5), 1975, S. 694–701.

Farhar, Barbara C.: The Impact of the Rapid City Flood on Public Opinion about Weather Modification, in: The Pacific Sociological Review 19 (1), 1976, S. 117–144.

Faust, Heinrich: Über die Verbreitung des Glaubens an eine Wetterbeeinflussung durch Atomexplosionen, in: Meteorologische Rundschau 9 (5/6) 1956, S. 109–110.

Federer, B.; Schmid, W.; Waldvogel, A. u.a.: Plan for the Swiss Randomized Hail Suppression Experiment: Design of Grossversuch IV, in: Pure and Applied Geophysics 117 (3), 1978, S. 548–571.

Federer, B.; Schmid, W.; Waldvogel, A.: The Design of Grossversuch IV, a Randomized Hail Suppression Experiment in Switzerland, in: Atmosphere-Ocean 16 (1), 1.3.1978, S. 6–16.

Federer, Bruno: Ueber den Einfluss der Oberflächeneigenschaften von Halbleitern auf ihre Eiskeimfähigkeit, Zürich 1968.

Federer, Bruno: Wetterbeeinflussung – Realität oder Utopie?, in: Wissenschaftliche Mitteilungen / Eidgenössische Kommission zum Studium der Hagelbildung und der Hagelabwehr, 1981, Nr. 94, S. 33–37.

Fels, Edwin: Der Mensch als Gestalter der Erde: Ein Beitrag zur allgemeinen Wirtschafts- und Verkehrsgeographie, Leipzig 1935.

Findeisen, Walter: Die kolloidmeteorologischen Vorgänge bei der Niederschlagsbildung, in: Meteorologische Zeitschrift 55 (4), 1938, 121–133.

Findeisen, Walter: Experimentelle Untersuchungen über die atmosphärische Eisteilchenbildung I, Berlin 1944 (Forschungs- und Erfahrungsberichte des Reichswetterdienstes).

Findeisen, Walter: Physik der Wolken: I. Mikrophysik der Wolken, Berlin 1939.

Findeisen, Walter: Temperatur- und Feuchtemessungen bei hohen Fluggeschwindigkeiten, Berlin 1941 (Forschungs- und Erfahrungsberichte des Reichswetterdienstes).

Finnegan, Diarmid A.: James Croll, Metaphysical Geologist, in: Notes and Records of the Royal Society 66 (1), 2012, S. 69–88.

Fjodorow, Jewgeni: Climate Change and Human Strategy, in: World Meteorological Organization (Hg.): Proceedings of the World Climate Conference: A Conference of Experts on Climate and Mankind, Geneva, 12–23 February 1979, Genf 1979, S. 15–26.

Fjodorow, Jewgeni: Modification of the Meteorological Process, in: Hess, Wilmot N. (Hg.): Weather and Climate Modification, New York 1974, S. 387–409.

Fleagle, Robert G.: Preface, in: Fleagle, Robert G. (Hg.): Weather Modification: Science and Public Policy, Seattle 1969, S. v–vi.

Fleagle, Robert G.: The Atmospheric Sciences and Man's Needs: Priorities for the Future, in: Bulletin of the American Meteorological Society 52 (5), 1971, S. 332–336.

Fletcher, Joseph O.: Controlling the Planet's Climate, in: Impact of Science on Society XIX (2), 1969, S. 151–168.

Fletcher, Neville H.: The Physics of Rainclouds, Cambridge 1962 (With an Introductory Chapter by P. Squires and a Foreword by E. G. Bowen).

Flohn, Hermann: Instabilität und anthropogene Modifikation des Klimas, in: Annalen der Meteorologie 9, 1974, S. 25–31, S. 28.

Flohn, Hermann: Theories of Climatic Change From the Viewpoint of the Global Energy Budget, in: UNESCO (Hg.): Changes of Climate: Proceedings of the Rome Symposium (Organized by UNESCO and the World Meteorological Organization), Paris 1963, S. 339–344.

Floyd, John I.; Laurino, Richard; Rodden, Robert M. : Exploratory Analysis of Fire Storms, Prepared for the Office of Defense, Department of the Army, Washington, D. C. 1965.

Franklin, William S.: Weather Control, in: Science 14 (352), 1901, S. 496–497.

Franklin, William S.: Weather Prediction and Weather Control, in: Science 68 (1764), 1928, S. 377–378.

Frazer, Calvin: What you Should Know about the Weather, in: Popular Mechanics 52 (2), 1929, S. 243–250.

Frey, Marc; Kunkel, Sönke; Unger, Corinna R.: Introduction: International Organizations, Global Development, and the Making of the Contemporary World, in: dies. (Hg.): International Organizations and Development, 1945–1990, New York 2014, S. 1–22.

Friedrich, Katja; Ikeda, Kyoko; Tessendorf, Sarah A. u.a.: Quantifying Snowfall From Orographic Cloud Seeding, in: Proceedings of the National Academy of Sciences 117 (10), National Academy of Sciences, 10.3.2020, S. 5190–5195.

Friesenhof, Gregor: Meteorologische Umschau, in: Kosmos 3 (7), 1906, S. 193–197.

Frisby, E. M.: Weather Modification in South-East Asia, 1966–1972, in: The Journal of Weather Modification 14 (1), 1982, S. 1–6.

Fuller, John: Thor's Legions: Weather Support to the U. S. Air Force and Army, 1937–1987, Boston 2015.

G. T. H.: Comments: Legal Clouds from Rainmakers, in: Albany Law Review 14 (2), 1950, S. 204–214.

Gagin, A.; Neumann, J.: The Second Israeli Randomized Cloud Seeding Experiment: Evaluation of the Results, in: Journal of Applied Meteorology (1962–1982) 20 (11), 1981, S. 1301–1311.

Gardner, Martin: Fads and Fallacies in the Name of Science, New York 1957.

Garvey, Dennis M.: Testing of Cloud Seeding Materials at the Cloud Simulation and Aerosol Laboratory, 1971–1973, in: Journal of Applied Meteorology 14 (5), 1975, S. 883–890.

Geiger, Rudolf: Das Klima der bodennahen Luftschicht, Wiesbaden 1927.

Geiger, Rudolf: Das Leben von August Schmauß (26.11.1877–10.10.1954), in: Annalen der Meteorologie 7 (3/4), 1954, S. 161–172.

Gentry, R. Cecil: Hurricane Debbie Modification Experiments, August 1969, in: Science 168 (3930), 24.4.1970, S. 473–475.

Gentry, R. Cecil: Project STORMFURY, in: Bulletin of the American Meteorological Society 50 (6), 1969, S. 404–409.

Girsberger, J.; Stahel, J.: Die Bekämpfung der Hagelwetter: Studie über das Wetterschiessen in Oesterreich, Italien und im Kanton Tessin und Vorschläge zur Einführung desselben im Kanton Zürich, Reisebericht erstattet an die hohe Regierung des Kantons

Zürich von J. Stahel, Oberstlieutenant, und J. Girsberger, kant. Kultur-Ingenieur, in Zürich, Zürich 1901.

Glasstone, Samuel (Hg.): The Effects of Atomic Weapons: Prepared for and in Cooperation with the U. S. Department of Defense and the U. S. Atomic Energy Commission, Under the Direction of the Los Alamos Scientific Laboratory, Los Alamos 1950. Online: <http://archive.org/details/TheEffectsOfAtomicWeapons>, Stand: 14.12.2018, S. 36.

Gordon, A. H.: Modification of the Weather, in: Nature 196 (4860), 1962, S. 1166–1167.

Gorn, Michael H.: Harnessing the Genie: Science and Technology Forecasting for the Air Force 1944–1986, Washington, D. C. 1988.

Görög, H.: Projekte zur künstlichen Regenerzeugung, in: Az Időjárás (Das Wetter) 1/2, Januar/Februar 1939, S. 43–45.

Gourlay, R. J.: Clement Wragge and the Stiger, in: Weather 28 (12), 1973, S. 494–499.

Grauer, Allan L.; Erickson, Bob: The Weathermaker and the Law, in: South Dakota Law Review 1, 1956, S. 105–119.

Gray, W.: Dr. Herbert Riehl, in: Meteorology and Atmospheric Physics 67 (1), 1998, S. 3–4.

Greene, Mott: Geology, in: Bowler, Peter J.; Pickstone, John (Hg.): The Cambridge History of Science, Cambridge 2009, S. 165–184.

Greenfield, Stanley Marshall et al: A Rationale for Weather–Control Research, in: Eos 43 (4), 1962, S. 469–489.

Grossversuch II zur Bekämpfung des Hagels auf der Magadinoebene, 1. Versuchsjahr, Tätigkeitsbericht Nr. 6, Bern 1953.

Grossversuch II zur Bekämpfung des Hagels auf der Magadinoebene, 4. Versuchsjahr, Tätigkeitsbericht Nr. 9, Bern 1956.

Grossversuch zur Bekämpfung des Hagels auf der Magadinoebene, Tätigkeitsbericht Nr. 1, 1948, Bern 1949.

Gutsche, A.: Referate: Elliott, R. D.: Legislation on Cloud Seeding (Gesetzgebung über das Impfen von Wolken). Bull. Americ. Meteor. Soc. 32, 153 (1951), in: Meteorologische Rundschau 6 (11/12), 1951, S. 206.

Haas, Eugene J.; Krane, Sigmund: Social Implications of the National Hail Research Experiments (Final Report to the National Center for Atmospheric Research) Boulder 1972.

Haas, Eugene J.: Social Aspects of Weather Modification, in: Bulletin of the American Meteorological Society 54 (7), 1973, S. 647–657.

Haber, Heinz: Eiskeller oder Treibhaus? Das Klima in der Zukunft unserer Erde, in: Bild der Wissenschaft 16 (12), Dezember 1979, S. 33–37, S. 35.

Haber, Heinz: Stirbt unser blauer Planet? Die Naturgeschichte unserer übervölkerten Erde, Stuttgart 1973.

Häfelin, Johann: Atombombe, Wetter, künstlicher Regen, in: Schweizerische Hochschulzeitung 26 (3), 1953, S. 256–262.

Häfelin, Johann: Künstlicher Regen: Separatabdruck aus: Neue Zürcher Zeitung, Beilage »Technik«, vom 7. und 14. September 1949, Nr. 1810 und Nr. 1862, Zürich 1949.

Halbfass, Wilhelm: Über einige Aufgaben der praktischen Geographie, in: Geographische Zeitschrift 31 (4), 1925, S. 233–234.

Hammond, Allen L.: Weather Modification: A Technology Coming of Age, in: Science 172 (3983), American Association for the Advancement of Science, 1971, S. 548–549.

Hammond, Roger; Schaefer Vincent J.: Story about how Schaefer's Snow Making Came from Studies of Aircraft Icing and the Properties of Supercooled Clouds (Press Release General Electric Company), Schenectady 1946.

Hammond, Roger: General Electric Discloses New Means of Producing Man-Made Snow Through Use of Artificial Nuclei, Schenectady 1946 (Press Release General Electric).

Hammond, Roger: Snow Made by Vincent Schaefer was Purer that Natural Snow, which Collects Foreign Particles on its Way to the, Schenectady 1947 Ground (Press Release General Electric).

Hammond, Roger: Vincent Schaefer Explores New Weather-Related Questions after Discovering Snow Making, Schenectady 1946 (Press Release General Electric Company).

Hann, Julius von; Knoch, Karl: Handbuch der Klimatologie (Band 1: Allgemeine Klimalehre), Stuttgart 1932.

Hann, Julius von; Reinhard Süring: Lehrbuch der Meteorologie (Band 2), Leipzig 1951.

Hann, Julius von: Allgemeine Erdkunde: Die Erde als Ganzes, ihre Atmosphäre und Hydrosphäre, Prag, Wien, Leipzig 1896 (5).

Hann, Julius von: Handbuch der Klimatologie, Stuttgart 1883 (1).

Hann, Julius von: Handbuch der Klimatologie, Stuttgart 1897 (2).

Hann, Julius von: Handbuch der Klimatologie, Stuttgart 1908 (3).

Hann, Julius von: Lehrbuch der Meteorologie, vierte umgearbeitete Auflage, herausgegeben von Reinhard Süring, Leipzig 1926.

Hansen, J.; Johnson, D.; Lacis, A. u.a.: Climate Impact of Increasing Atmospheric Carbon Dioxide, in: Science 213 (4511), 1981, S. 957–966.

Harris, D. Lee: Effects of Atomic Explosions on the Frequency of Tornadoes in the United States, in: Monthly Weather Review 82 (12), 1954, S. 360–369.

Hatje, Jan: Schwierigkeiten beim Wettermachen, in: Die Zeit, Hamburg 3.11.1972. Online: <https://www.zeit.de/1972/44/schwierigkeiten-beim-wettermachen>, Stand: 3.7.2020.

Haughton, Samuel: Six Lectures on Physical Geography, Dublin 1880.

Havens, Barrington S.: History of Project Cirrus: Report No. RL-756, Schenectady 1952, S. 5.

Hays, Samuel P.: Beauty, Health, and Permanence: Environmental Politics in the United States, 1955–1985, Cambridge 1987, S. 13 ff.

Heer, Gottlieb Heinrich: Hagelabwehr am Zürichsee: Hagelraketen steigen, in: Am häuslichen Herd: Schweizerische illustrierte Monatsschrift 56 (20), 1952, S. 397–398.

Heller, H.: Chemie, in: Naturwissenschaftliche Wochenschrift 19 (10), 1920, S. 153–154.

Henderson, Graeme W.; Saint-Armand, Pierre; Project Cyclops: An Experiment in Hurricane Modification, China Lake Mai 1961.

Hene, Derek H.: The Legal Aspects of Rainmaking, in: Modern Law Review 19 (3), 1956, S. 285–288.

Hess, Wilmot N. (Hg.): Weather and Climate Modification, New York 1974.

Hevly, Bruce: The Heroic Science of Glacier Motion, in: Osiris 11, 1996, S. 66–86.

Hicks, Clifford B.: Weather a la Carte, in: Popular Mechanics, 1949, S. 167–171.

Hodge, V. F.; Folsom, T. R.: Estimate of the World Budget of Fallout Silver Nuclides, in: Nature 237, 1972, S. 98–99.

Hoffmeister, C.: Vom Wettermachen, in: Kosmos 16 (1), 1919, S. 42–45.

Holzman, Ben: A Note on Bergeron's Ice-Nuclei Hypothesis for the Formation of Rain, in: Bulletin of the American Meteorological Society 17 (11), 1936, S. 331–333.

Holzman, Ben: The Effect of Atomic Bomb Explosions on Weather, in: Weatherwise 4 (1), 1951, S. 3–4/9.

Hornsmann, Erich: ... sonst Untergang: die Antwort der Erde auf die Missachtung ihrer Gesetze, Rheinhausen 1951.

Horton, Robert E.: What Can We Do About the Weather?, in: Bulletin of the American Meteorological Society 20 (3), 1939, S. 85–89.

Houghton, Henry G.: On the Physics of Clouds and Precipitation, in: Malone, Thomas F. (Hg.): Compendium of Meteorology: Prepared under the Direction of the Committee of the Compendium of Meteorology H. R. Byer, H. E. Landsberg H. Wexler B. Haurwitz, A. F. Spilhaus, H. C. Willett, H. G. Houghton, Boston 1951, S. 165–181.

House, Tamzy J.; Near, James B.; Shields, William B. u.a.: Weather as a Force Multiplier: Owning the Weather in 2025, o. O. 1996.

Houze, Robert A.: Joanne Simpson (1923–2010), in: Nature 464 (7289), S. 696.

Howard, R. A.; Matheson, J. E.; North, D. W.: The Decision to Seed Hurricanes, in: Science 176 (4040), 1972, S. 1191–1202.

Howard, Ronald A.: Decision Analysis: Applied Decision Theory, in: Proceedings of the Fourth International Conference on Operational Research, Boston 1966, S. 97–113.

Howe, Joseph D.: Legal and Technical Experts: The Weather Modification Context, in: Davis, Ray Jay; Grant, Lewis O. (Hg.): Weather Modification: Technology and Law, Boulder 1978 (AAAS Selected Symposia Series 20), S. 107–112.

Humboldt, Alexander von: Ansichten der Natur (Erster Band), Stuttgart, Tübingen 1849.

Hunt, Robert S.: Weather Modificiation and the Law, in: Fleagle, Robert Guthrie (Hg.): Weather Modification: Science and Public Policy, Seattle 1969, S. 118–137.

Huntington, Ellsworth: Civilization and Climate, New Haven 1915, S. 129–147.

Imhof, Maximus von: Über das Schiessen gegen heranziehende Donner- und Hagel-Gewitter zur zwey und fünfzigsten Wiederkehr der Stiftungsfeyer der königl. bayer. Akademie der Wissenschaften am 28. März 1811, München 1811.

International Cloud Physics Conference, Held in the Rooms of the Royal Society, London, England, August 21–26, 1972. Sponsored by The International Commission on Cloud Physics (ICCP) of the International Association of Meteorology and Atmospheric Physics (IAMAP), Montreal 1972.

J. K.: Thermal Paths to the Pole, in: Nature 6 (136), 1872, S. 101.

J. L. G.: Meteorology in South America: First Session of Regional Association III, in: WMO Bulletin 3 (1), 1954, S. 6–9.

Jacobsen, Sally: Walter Orr Roberts On the Atmosphere, Global Pollution and Weather Modification, in: Bulletin of the Atomic Scientists 29 (3), 1973, S. 42–46.

Jasani, Bhupendra M.: Environmental Modifications: New Weapons of War?, in: Ambio 4 (5/6), 1975, S. 191–198.

Jaucourt, Louis: orage, in: L'Encyclopédie, 1. Auflage, 11. Band, 1765, <https://fr.wikisource.org/wiki/L%E2%80%99Encyclop%C3%A9die/1re_%C3%A9dition/ORAGE>, Stand: 2.3.2016.

Jessup, Philip C.; Taubenfeld, Howard Jack: Controls for Outer Space and the Antarctic Analogy, New York 1959.

Johnson, Ralph: Federal Organization for Control of Weather Modification, in: Natural Resources Journal 10 (2), 1970, S. 222–267.

Johnston, Duncan; Shaw et al.: The Gulf Stream: Discussion, in: The Geographical Journal 44 (6), 1914, S. 548–553.

Juda, Lawrence: Negotiating a Treaty on Environmental Modification Warfare: The Convention on Environmental Warfare and its Impact Upon Arms Control Negotiations, in: International Organization 32 (4), 1978, S. 975–991.

Jungk, Robert: Die Zukunft hat schon begonnen: Amerikas Allmacht und Ohnmacht, Stuttgart, Hamburg 1954 (9), S. 173.

Kaempffert, Waldemar: Atom Bombs and Tornadoes, in: New York Times, 14.6.1953, S. E11.

Kahan, Archie M.: Interactions of Scientists and Lawyers About Weather Modification, in: Davis, Ray Jay; Grant, Lewis O. (Hg.): Weather Modification: Technology and Law, Boulder 1978 (AAAS selected Symposia Series 20), S. 103–106.

Kahn, Herman: On Thermonuclear War, Princeton 1961.

Kahn, Herman: The Arms Race and Some of Its Hazards, in: Daedalus 89 (4), 1960, S. 744–780.

Kármán, Theodore von (Hg.): Toward New Horizons: A Report to General of the Army H.H. Arnold, Washington, D. C. 1945.

Kassner, Carl: Das Wetter und seine Bedeutung für das praktische Leben, Leipzig 1908.

Keith, David W.; Dowlatabadi, Hadi: A Serious Look at Geoengineering, in: Eos, Transactions American Geophysical Union 73 (27), 1992, S. 289–293.

Keller, Reiner: The International Hydrological Decade – The International Hydrological Programme, in: Geoforum 7 (2), 1976, S. 139–143.

Kellogg, W. W.; Schneider, S. H.: Climate Stabilization: For Better or for Worse?, in: Science 186 (4170) 1974, S. 1163–1172.

Kerr, Richard A.: Cloud Seeding: One Success in 35 Years, in: Science 217 (4559), 1982, S. 519–521.

Kirby, Jerome W.: Judicial Regulation of Weather Modification, in: Davis, Ray Jay; Grant, Lewis O. (Hg.): Weather Modification: Technology and Law, Boulder 1978 (AAAS Selected Symposia Series 20), S. 55–61.

Kiziriya, Benito; Sulakvelidze, G. K.; Tsykunow, V. V.: Progress of Hail Supression Work in the USSR, in: Hess, Wilmot N. (Hg.): Weather and Climate Modification, New York 1974, S. 387–409.

Klein, Hermann J.: Meteorologische Umschau, in: Kosmos 4 (2), 1907, S. 67–72.

Knight, John Alden: Weather Pattern Set by Atomic Explosion, Sportsman Contends, in: Reading Eagle, 16.5.1954, S. 35.

Kovacs, G.: Report on the Activities of IAHS for the Period 1971–1975, in: Hydrological Sciences Bulletin 20 (4) 1975, S. 399–410.

Kovda, Viktor: Contemporary Scientific Concepts Relating to the Biosphere, in: UNESCO (Hg.): Use and Conservation of the Biosphere: Proceedings of the Intergovernmental Conference of Experts on the Scientific Basis for Rational Use and Conservation of the Resources of the Biosphere Paris, 4–13 September 1968, Paris 1970, S. 13–29.

Krick, Irving P.; Smith, T. B.: Some Evaluations of Sustained Cloud-Seeding Operations, in: Eos, Transactions American Geophysical Union 33 (1), 1952, S. 53–56.

Krick, Irving P.: Long-Range Weather Forecasting as a Water Supply Tool, in: Journal – AWWA 51 (11), 1959, S. 1366–1376.

Krick, Irving P.: Prairie Weather, in: The Country Guide, 3.1955, S. 5.

Krick, Irving P.: Progress in Weather Control, in: Journal – AWWA 46 (8), 1954, S. 803–817.

Krick, Irving P.: War and Weather: A Report Prepared for the AAF Scientific Advisory Group 1945.

Krick, Irving P.: Weather Modification and its Value to Agriculture and Water Supply, in: Journal of the Royal Society of Arts 102 (4924), Royal Society for the Encouragement of Arts, Manufactures and Commerce, 1954, S. 447–468.

Kukla, George; Matthews, Robert: When will the Present Interglacial End?, in: Science 178 (4057), 1972, S. 190–202, S. 191.

Lachmann, G.: Hat das Schiessen mit Geschützen Einfluss auf Gewitter- und Hagelbildung?, in: Meteorologische Zeitschrift 18 (12), 1901, S. 559–566.

Lammert, Walter: Das Gerede vom »Atomwetter« eine fixe Idee, in: Die Tat, 1956, S. 7–8.

Landsberg, Helmut: Climate As a Natural Resource, in: The Scientific Monthly 63 (4), 1946, S. 293–298.

Landsberg, Helmut: Climate Made to Order, in: Bulletin of the Atomic Scientists 17 (9), S. 370–373.

Landsberg, Helmut: Physical Climatology, DuBois 1942 (2).

Lang, Friedrich: Eröffnungsrede bei der dreiundfünfzigsten Jahresversammlung der Schweiz. Naturforschenden Gesellschaft in Solothurn, in: Verhandlungen der Schweizerischen Naturforschenden Gesellschaft 53, 1869, S. 3–33.

Langmuir, Irving: Control of Precipitation from Cumulus Clouds by Various Seeding Techniques, in: Science 112 (2898), 1950, S. 35–41.

Langmuir, Irving: Summary of Results Thus Far Obtained in Artificial Nucleation of Clouds: Research Laboratory Report No. RL-140, December 1948, in: Suits, C. Guy (Hg.): The Collected Works of Irving Langmuir: Cloud Nucleation, London, New York, Frankfurt am Main 1962, S. 3–23.

Langmuir, Irving: Super-Cooled Water Droplets in Rising Currents of Cold Saturated Air, Parts I and II, Report No. RL 223, October, 1943 – August, 1944, Schenectady 1949.

Langmuir, Irving: The Growth of Particles in Smokes and Clouds and the Production of Snow from Supercooled Clouds, in: Proceedings of the American Philosophical Society 92 (3), 1948, S. 167–185.

Lansford, Henry: The National Hail Research Experiment, in: Weatherwise 29 (4), S. 168–171.

Lanz, Adrian: Zum Hinschied von Paul Schmid-Haas, in: Schweizerische Zeitschrift für Forstwesen 168 (2), 2017, S. 110–111.

Lear, John: Dreams of Weather Control, in: The New Scientist 4 (98), 1958, S. 960.

Lem, Stanislaw: Der futurologische Kongress: Aus Ijon Tichys Erinnerungen, Frankfurt am Mai 1975.

Lenton, Timothy M.;Vaughan, Naomi E.: A Review of Climate Geoengineering Proposals, in: Climatic Change 109 (3–4), 12.2011, S. 745–790.

Lewis, J. M.: Cell Tech's Program in Meteorology: 1933–1948, in: Bulletin of the American Meteorological Society 75 (1), 1.1.1994, S. 69–82.

List, Roland: Der Hagelversuchskanal, in: Zeitschrift für angewandte Physik und Mathematik 10 (4), 1959, S. 381–415, S. 381.

List, Roland: Design and Operation of the Swiss Hail Tunnel, in: Physics of Precipitation: Proceedings of the Cloud Physics Conference, Woods Hole, Massachusetts, June 3–5, 1959, 2013, S. 310–316.

List, Roland: Über einen Einfluss des AgJ auf den atmosphärischen Vereisungsprozess, in: Zeitschrift für angewandte Mathematik und Physik ZAMP 12 (5), 1961, S. 474–476.

List, Roland: Wachstum von Eis-Wassergemischen im Hagelversuchskanal, in: Helvetica Physica Acta 32 (4), 1959, S. 293–296.

List, Roland: Weather Modification – a Scenario for the Future, in: Bulletin of the American Meteorological Society 85 (1), 1.1.2004, S. 51–64.

List, Roland: Zur Beeinflussung des Hagelkornwachstums, in: Zeitschrift für angewandte Mathematik und Physik ZAMP 13 (4), 1962, S. 393–401.

Livingstone, Daniel A.; u.a.: Biological Aspects of Weather Modification, in: Bulletin of the Ecological Society of America 47 (1) 1966, S. 39–78.

Lovelock, James E.; Margulis, Lynn: Atmospheric Homeostasis by and for the Biosphere: the Gaia Hypothesis, in: Tellus 26 (1), 1974, S. 2–10.

Lovelock, James E.: Gaia as Seen Through the Atmosphere, in: Atmospheric Environment (1967) 6 (8), 1972, S. 579–580.

Ludlam, Frank H.: The Physics of Ice Clouds and Mixed Clouds, in: Malone, Thomas F. (Hg.): Compendium of Meteorology: Prepared under the Direction of the Committee of the Compendium of Meteorology, H. R. Byer, H. E. Landsberg H. Wexler B. Haurwitz, A. F. Spilhaus, H. C. Willett, H. G. Houghton, Boston 1951, S. 192–198.

MacDonald, Gordon J. F.: How to Wreck the Environment, in: Calder, Nigel (Hg.): Unless Peace Comes: a Scientific Forecast of New Weapons, New York 1968, S. 181–205.

MacDonald, Gordon J. F.: Science and Politics in Rainmaking, in: Bulletin of the Atomic Scientists 24 (8), 1968, S. 8–14.

MacDonald, Gordon J. F.: Weather and Climate Modification – Problems and Prospects, in: Bulletin of the American Meteorological Society 47 (1), 1966, S. 4–20.

MacDonald, Gordon J.; Fleming, James Rodger: Oral History Interview with Gordon J. F. MacDonald, <https://www.aip.org/history-programs/niels-bohr-library/oral-histories/32156>, Stand: 10.07.2021.

MacDonald, Gordon: Wie man die Welt zerstören kann, in: Calder, Nigel (Hg.): Eskalation der neuen Waffen: Friede oder Untergang?, Stuttgart, Hamburg 1969, S. 197–210.

Machta, Lester; Harris, D. Lee: Effects of Atomic Explosions on Weather, in: Science 121 (3134), 1955, S. 75–81.

Mack, Karl: Die Bekämpfung des Hagels durch das sogenannte Wetterschiessen, in: Jahreshefte des Vereins für vaterländische Naturkunde in Württemberg 56, 1900, S. 470–483.

Magnus, Olaus: Historia de Gentibus Septentrionalibus, Kopenhagen 1972.

Malkus, Joanne S.; Simpson, R. H.: An Experiment in Hurricane Modification: Preliminary Results, in: Science 142 (3591), 1963, S. 498–498.

Malkus, Joanne S.; Simpson, Robert H.: Note on the Potentialities of Cumulonimbus and Hurricane Seeding Experiments, in: Journal of Applied Meteorology 3 (8), 1964, S. 470–476.

Malkus, Joanne S.: Reply, in: Journal of Applied Meteorology 4 (6), 1965, S. 427–430.

Malkus, Joanne S.: Simpson, R. H.: Experiments in Hurricane Modification, in: Scientific American 211 (6), 1964, S. 27–37.

Malone, Thomas F.: Weather Modification: Implications of the New Horizons in Research, in: Science 156 (3777), 1967, S. 897–901.

Mann, Dean E.: The Yuba City Flood: A Case Study of Weather Modification Litigation, in: Bulletin of the American Meteorological Society 49 (7), 1968, S. 690–714.

Marmer, Harry A.: The Gulf Stream and Its Problems, in: Geographical Review 19 (3) 1929, S. 457–478.

Martens, Thomas: Vereint im Kampf gegen den Hagel, in: Kreuzlinger Zeitung, 30.8.2015.

Martin, Robert E.: Weird Schemes To Makte It Rain – But They Never Work, in: Popular Science 129 (1), 1936, S. 34–35/115.

Mason, Basil John: Clouds, Rain and Rainmaking, London 1962.

Mason, Basil John: Design and Evaluation of Large-Scale Rain-Making Experiments, in: Nature 175 (4454), 1955, S. 448–452.

Mason, Basil John: The Physics of Natural Precipitation Processes, in: Archiv für Meteorologie, Geophysik und Bioklimatologie, Serie A 8 (3), 1955, S. 159–179;.

Massachusetts Institute of Technology (Hg.): Inadvertent Climate Modification: Report of the Study of Man's Impact on Climate (SMIC), Cambridge, London 1971.

Maunder, W. J.: The Value of the Weather, London 1970.

Maury, Matthew Fontaine: The Physical Geography of the Sea, New York 1857.

McDonald, James E.: The Physics of Cloud Modification, in: Advances of Geophysics 5, 1958, S. 223–303.

McKenzie, A. Gregory: Weather Modification: A Review of the Science and the Law, in: Environmental Law 6 (2), 1976, S. 387–430.

McLaughlin, Mark: Snow-Starved Olympics Need Irving Krick, in: Snowy Range Reflections: Journal of Sierra Nevada History and Biography 6 (2), 2015.

Mead, Margaret: Preface, in: Kellogg, William W., Mead, Margaret (Hg.): The Atmosphere: Endangered and Endangering, Washington, D. C. 1975, S. xix–xxiv.

Mecking, Ludwig: Der Golfstrom in seiner historischen, nautischen und klimatischen Bedeutung, Berlin 1911.

Meinardus, Wilhelm: Der Zusammenhang des Winterklimas in Mittel- und Nordwest-Europa mit dem Golfstrom, in: Zeitschrift der Gesellschaft für Erdkunde 33, 1898, S. 183–200.

Mesirow, Lynne E.; Schneider, Stephen H.: The Genesis Strategy: Climate and Global Survival, New York, London 1976.

Meyer, Wilhelm: Das Rätsel der Eiszeiten, in: Kosmos, 1905 (3), S. 70–75.

Meyers, Nechemia: Making the Most of Little Water, in: Nature 305 (20), 1983, S. 663.

Mirfendereski, Guive: International Law of Weather Modification, in: The Fletcher Forum 2 (1), 1977, S. 41–63.

Mitchell Jr., J. Murray: Recent Secular Changes of Global Temperature, in: Annals of the New York Academy of Sciences 95, Oktober 1961, S. 235–250.

Mitchell, J. Murray: Carbon Dioxide and Future Climate, in: Weatherwise 44 (4), 1991 (Reprint von 1977), S. 17–23.

Model, Fr.: Alexander von Humboldts Isothermen, in: Deutsche Hydrografische Zeitschrift 12 (1), 1959, S. 29–33.

Mordy, Wendell A.: Weather-Climate Modification, in: Reviews of Geophysics and Space Physics 13 43), 1975, S. 746–752.

Morris, Edward A.: The Law and Weather Modification, in: Bulletin of the American Meteorological Society 46 (10), 1965, S. 618–622.

Mueller, Marti: Hurricane Seeding: A Quest for Data, in: Science 165 (3897), 1969, S. 990.

Müller-Beck, Hansjürgen: Die Eiszeiten: Naturgeschichte und Menschheitsgeschichte, München 2009.

Musil, D. J.; Sand, W. R.; Schleusener, R. A.: Analysis of Data from T-28 Aircraft Penetrations of a Colorado Hailstorm, in: Journal of Applied Meteorology (1962–1982) 12 (8), 1973, S. 1364–1370.

Nace, Raymond L.: Perspectives in Water Plans and Projects, in: Bulletin of the American Meteorological Society 47 (11), 1966, S. 850–856.

Nace, Raymond L.: Status of the International Hydrological Decade, in: Journal of the American Water Works Association 57 (7), 1965, S. 819–823.

National Academy of Sciences (Hg.): Weather and Climate Modification: Problems and Prospects, Final Report of the Panel on Weather and Climate Modification to the Committee on Atmospheric Sciences, Washington, D. C. 1966 (Volume II, Research and Development).

National Academy of Sciences; National Research Council (Hg.): Report of the Skyline Conference on the Design and Conduct of Experiments in Weather Modification, Washington, D. C. 1959.

National Center for Atmospheric Research (Hg.): Summary Report: National Hail Research Experiment, Boulder 1976.

National Hail Research Experiment (Hg.): Revised Plan for the National Hail Research Experiment, February 1976, Boulder 1976.

National Research Council (Hg.): Energy and Climate: Studies in Geophysics, Washington, D. C. 1977.

National Research Council (U. S.) (Hg.): Long-Term Worldwide Effects of Multiple Nuclear-Weapons Detonations, Washington, D. C. 1975.

National Science Foundation (Hg.): Weather Modification: Sixth Annual Report for Fiscal Year Ended June 30, 1964, Washington, D. C. 1965.

Neiburger, Morris: Artificial Modification of Clouds and Precipitation, Genf 1969 (Technical Note Nr 105).

Neyman, Jerzy; Scott, Elizabeth L.; Vasilevskis, Marija: Randomized Cloud Seeding in Santa Barbara, in: Science 131 (3407), 1960, S. 1073–1078.

Neyman, Jerzy; Scott, Elizabeth L.; Wells, Marcella A.: Influence of Atmospheric Stability Layers on the Effect of Ground-Based Cloud Seeding, I. Empirical Results, in: Proceedings of the National Academy of Sciences of the United States of America 60 (2), 1968, S. 416–423.

Neyman, Jerzy: A Statistician's View of Weather Modification Technology (A Review), in: Proceedings of the National Academy of Sciences of the United States of America 74 (11), 1977, S. 4714–4721.

Neyman, Jerzy: Experimentation with Weather Control, in: Journal of the Royal Statistical Society 130 (3), 1967.

Norman, Colin: NOAA Buffeted by Budget Storms, in: Science 215 (4539) 1982, S. 1482–1483.

O. V.: »Wetterkrieg«, in: Neue Zürcher Zeitung, 23.10.1974, S. 4.

O. V.: A Black Cloud over Cloud Seeders, in: Science News 103 (10), 1973, S. 148–149.

O. V.: A Plan for International Cooperation in Hydrology, in: International Association of Scientific Hydrology. Bulletin 6 (4) 1961, S. 10–26.

O. V.: A-Bomb Drop in Bucket in Hurricane, Experts Says: Explosions Would Affect Only Small Area and Might Storm Worse, They Say, in: Pittsburgh Post Gazette, 28.8.1945, S. 1.

O. V.: Aktuelle Wissenschaft – Das Jahr der Eisberge, in: Bild der Wissenschaft 10 (8), 1973, S. 3.

O. V.: An Appeal to Nations, in: World Meteorological Organization (Hg.): Proceedings of the World Climate Conference: A Conference of Experts on Climate and Mankind, Geneva, 12–23 February 1979, Genf 1979, S. 713–716.

O. V.: Another Ice Age?, in: Time, 24.6.1974, S. 86.

O. V.: Arid Zones, in: The UNESCO Courier 5 (7), 1952, S. 3–4.

O. V.: Artificial Rain, in: Monthly Weather Review 28 (1), 1900, S. 22–23.

O. V.: Atom Bombs and Tornadoes, in: Bulletin of the Atomic Scientists 9 (6), 1953, S. 228.

O. V.: Atomares Wetter?, in: Die Zeit, Hamburg 18.11.1954. Online: <https://www.zeit.de/1954/46/atomares-wetter>, Stand: 23.9.2019.

O. V.: Can We Change the Weather?, in: Popular Mechanics 59 (4), 1933, S. 570–572/120a/122a.

O. V.: Chronik der Berner Woche, in: Die Berner Woche 32 (21), 1942, S. 703.

O. V.: Chronik der Berner Woche, in: Die Berner Woche 32 (32), 1942, S. 798.

O. V.: Chronik der Berner Woche, in: Die Berner Woche 32 (33), 1942, S. 966.

O. V.: Cloud Seeding Attacked, in: Nature 241, Januar 1973, S. 80–81.

O. V.: Cloud Seeding Program May be $ 20-Million Error, in: The Citizen, Ottawa 28.2.1983.

O. V.: Cold War Speculation, in: The Science News-Letter 65 (20), 1954, S. 310.

O. V.: Das Bombenwetter, in: Der Spiegel, 11.12.1957, S. 52–53.

O. V.: Die Atmosphäre als Kolloid: August Schmauß und Albert Wigand, Braunschweig (F. Vieweg & Sohn, Akt.-Ges.), 1929. Pp. 74, illus. RM. 4.80, in: Quarterly Journal of the Royal Meteorological Society 56 (233), 1930, S. 92.

O. V.: Die Nordfahrt der Deutschen, in: Die Gartenlaube 2 (2), 1865, S. 806–807.

O. V.: Die während des 2. Weltkrieges 1939–1945 eingetretenen Verluste an Meteorologen, Technikern, Funkern und Wetterdienstsoldaten, in: Annalen der Meteorologie 1 (1), 1948, S. 1–12.

O. V.: Don't Blame Weather on A-Bomb: Scientists say, in: The Milwaukee Journal, 19.4.1955, S. 13.

O. V.: Edward Teller, RIP: The Controversial Life of the Father of the H-Bomb, in: The New Atlantis (3), 2003, S. 105–107.

O. V.: Eisberge südwärts, in: Der Spiegel, 11.1.1971, S. 110.

O. V.: Enthüllungen über den »Wetterkrieg«, in: Der Bund 127 (148), 28.6.1976, S. 32.

O. V.: Erfolglose Hagelabwehr, in: Thuner Tagblatt 107 (111), 14. Mai 1983, S. 2.

O. V.: Erfolgloses Hagelabwehrexperiment, in: Neue Zürcher Zeitung, 15. Mai 1983, S. 34.

O. V.: ETH-Grossversuch mit Hagelraketen wird weitergeführt, in: Schweizerische Bauzeitung 95 (23), 1977, S. 357–358.

O. V.: Fenomeni Temporaleschi, in: Grossversuch zu Bekämpfung des Hagels auf der Magadinoebene, Tätigkeitsbericht Nr. 1, 1948, Bern 1949, Beilage 17a.

O. V.: Funk für Anspruchsvolle: Die Wiederentdeckung der Erzählung, in: Die Zeit, Hamburg 16.8.1956. Online: <https://www.zeit.de/1956/33/die-wiederentdeckung-der-erzaehlung/komplettansicht>, Stand: 14.1.2020.

O. V.: Gaither et al.: The Citizens Speak up to Advise the Administration in a Time of Crisis, in: LIFE 44 (2), o. D., S. 13–25., S. 13–15.

O. V.: Growing Blanket of Carbon Dioxide Raises Earth's Temperature, in: Popular Mechanics 100 (2), 1953, S. 119.

O. V.: Hat der Kanonendonner Einfluss auf das Wetter? Die nassen Sommer und die kalten Winter der letzten Jahre drängen die Frage auf, in: Kleine Volks-Zeitung, Sonntag, 27.9.1942, S. 1.

O. V.: If We Damm the Gulf Stream, in: The St. Louis Star and Times, St. Louis, Missouri 9.2.1913, S. 35.

O. V.: In der Hagelbekämpfung zurück zum Nullpunkt, in: Walliser Volksfreund, 19. Juli 1984, S. 9.

O. V.: In fünf Jahren zum Mond? Ein Spiegel-Gespräch mit dem Raumfahrt-Mediziner Professor Dr. Heinz Haber, in: Der Spiegel, 16.10.1957, Nr. 42, S. 46–69.

O. V.: Ist nicht doch die Atombombe daran schuld?, in: Die Tat 248 (18), 1953, S. 8.

O. V.: Kampf dem Hagel, in: Schweizer Illustrierte Zeitung, 14.8.1972, S. 24–25.

O. V.: Können Atombomben das Wetter beeinflussen?, in: Die Tat 53 (25), 1954, S. 6.

O. V.: Können Atombomben das Wetter beeinflussen?, in: Neue Zürcher Nachrichten 50 (89), 1954, S. 6.

O. V.: Kricks Tricks, in: Der Spiegel (37), 11.9.1963, S. 86–88.

O. V.: Leben wir am Ende der Eiszeit?, in: Die Zeit, Hamburg 20.10.1961. Online: <https://www.zeit.de/1961/43/leben-wir-am-ende-der-eiszeit>, Stand: 9.7.2021.

O. V.: Man's Dream Down the Ages: Rain Made to Order (Special Issue: Conquest of the Desert), in: The UNESCO Courier (8/9), 1955, S. 51–57.

O. V.: Maybe you Have Reason for West's Bad Weather?, in: Star News, 21.2.1949, S. 4.

O. V.: Milestones, Nov. 18, 1957, in: Time, 18.11.1957.

O. V.: News and Notes, in: Bulletin of the American Meteorological Society 36 (4), 1955, S. 170–191.

O. V.: Nick the Rainmaker, in: LIFE, 8.9.1947, S. 53–56.

O. V.: Predict New Ice Age, in: The Science News Letter 66 (26), 1954, S. 402.

O. V.: Rain to be Available to Order?, in: Bulletin of the American Meteorological Society 10 (5), 1929, S. 119–120.

O. V.: Referate, in: Meteorologische Rundschau 3 (1/2), 1950, S. 43.

O. V.: Regenmachen: Als Legende entlarvt, in: Der Spiegel, 17.10.1983, S. 295.

O. V.: Report on Discussion Held During the First Week of the Conference, in: World Meteorological Organization (Hg.): Proceedings of the World Climate Conference: A Conference of Experts on Climate and Mankind, Geneva, 12–23 February 1979, Genf 1979, S. 695–708.

O. V.: Rüstung/Wetterkontrolle: Den Regen abmelken, in: Der Spiegel, 22.1.1958, Nr. 4, S. 29.

O. V.: Science and the Citizen, in: Scientific American 198 (4), 1958, S. 48–55.

O. V.: Science: Funny Winter, in: Time, 14. März 1949. Online: <http://content.time.com/time/magazine/article/0,9171,794703-2,00.html>, Stand: 15.12.2018.

O. V.: Science: Whose Rain?, in: Time, 22.12.1947, S. 44. Online: <http://content.time.com/time/magazine/article/0,9171,793979,00.html>, Stand: 19.11.2020.

O. V.: Second World Meteorological Congress, in: WMO Bulletin 4 (3), 1955, S. 94–105.

O. V.: Seeding Stormfury's Ginger: Nothing Definitive, in: Science News 101 (3), 1972, S. 38.

O. V.: Sonnenschein an Feiertagen, in: Der Spiegel 8, 30.6.1954, Nr. 27, S. 25.

O. V.: The Time of the Hurricanes, in: LIFE 57 (13), September 1964, S. 36–43.

O. V.: Ueber das Hagelschiessen, in: Meteorologische Zeitschrift 17 (3), 1900, S. 125–128.

O. V.: Union, Section, and Committee Activities, in: Eos, Transactions American Geophysical Union 35 (3), 1954, S. 534–541.

O. V.: Unverändert veränderlich, in: Der Spiegel (34), 20.8.1958, S. 38–46.

O. V.: Water Resource Development, in: WMO Bulletin 3 (4), 1954, S. 143–144.

O. V.: Weather Bureau Denies Reds Created Blizzards, in: The Miami News, 21.2.1949, S. 6

O. V.: Weather Modification Law, Controls, Operations, in: Bulletin of the American Meteorological Society 47 (3), 1.3.1966, S. 184–193.

O. V.: Weather, Legal Problem?, in: The Science News-Letter 88 (26), 1965, S. 405.

O. V.: Wetterbeeinflussung durch Atombombenexplosion?, in: Schweizerischer Bund für Zivilschutz (Hg.): Zivilschutz 3 (13), 1956, S. 104.

O. V.: Wetterschießen oder Hagelschießen, in: Die Ostschweiz, 5. Juli, S. 2.

O. V.: Who Owns the Clouds?, in: Stanford Law Review 1 (1), Stanford Law Review, 1948, S. 43–63.

O. V.: WMO, in: Hydrological Sciences Bulletin 20 (4), 1975, S. 501–502.

Oberth, Hermann: Die Rakete zu den Planetenräumen, München, Berlin 1923.

Oomen, Jeroen: Imagining Climate Engineering: Dreaming of the Designer Climate, New York 2021.

Oppenheimer, Jack C.; Lambright, W. Henry: Technology Assessment and Weather Modification, in: Southern California Law Review 45 (2), 1972, S. 570–595.

Orville, Harold D.: Computer Modeling and Experimental Design, in: Bureau of Reclamation (Hg.): Project Skywater: Proceedings: Skywater Conference II: Design and Evaluation of Weather Modification Experiments, 1968, S. 41–54.

Orville, Harold D.: The Impact of Numerical Modeling on Cloud Physics Research, in: International Cloud Physics Conference, July 26–30, 1976, Boulder, Boston 1977, S. 1.

Orville, Howard T.; Lagemann, John Kord: Weather as a Weapon, in: Popular Science 172 (6), 1958, S. 56–59.

Orville, Howard T.: Weather Made to Order?, in: Collier's Weekly, 28.5.1954, S. 25–29

Osborn, Fairfield: The Limits of the Earth, Boston 1953.

Osservatorio Ticinese della Centrale Meteorologica Svizerra: Zusammenfassung der Arbeiten des »Project Cirrus« (Research Laboratory, General Electric), Locarno-Monti 1.2.1951.

Ostwald, Wolfgang: Geschichtliche Wurzel der Kolloidwissenschaft, in: Kolloid-Zeitschrift 84 (3), 1938, S. 258–265.

Ostwald, Wolfgang: Grundriss der Kolloidchemie, Dresden 1909.

Painter, Page R.; Schaefer, Vincent J.: Permanent Replicas of the Crystalline Structure of Hailstones, in: Zeitschrift für angewandte Mathematik und Physik ZAMP 11 (4), 1960, S. 318–326.

Palas, T.: WMO Commission for Hydrology, in: Hydrological Sciences Bulletin 22 (1), 1977, S. 39–40.

Panel on Weather and Climate Modification: Weather & Climate Modification: Problems and Progress, Washington, D. C. 1973.

Parsons, Elsie Clews: Fiesta at Sant'Ana, New Mexico, in: The Scientific Monthly 16 (2), American Association for the Advancement of Science, 1923, S. 178–183.

Parsons, Elsie Clews: Waiyautitsa of Zuni, New Mexico, in: The Scientific Monthly 9 (5), 1919, S. 443–457.

Peppler, Wilhelm: Zur Aerologie der Wolken, besonders des Nimbus, in: Beiträge zur Physik der freien Atmosphäre 23, 1936, S. 275–288.

Pereira, H. C.; Dimitrescu, S.; Penman, H. L. u.a.: Water Resources Problems: Present and Future Requirement for Life, in: UNESCO (Hg.): Use and Conservation of the Biosphere: Proceedings of the Intergovernmental Conference of Experts on the Scientific Basis for Rational Use and Conservation of the Resources of the Biosphere Paris, 4–13 September 1968, Paris 1970, S. 71–85.

Pernter, Josef Maria; Trabert, Wilhelm: Untersuchungen über das Wetterschiessen, in: Meteorologische Zeitschrift 17 (9), 1900, S. 385–414.

Pernter, Josef Maria: Das Endes des Wetterschiessens, in: Meteorologische Zeitschrift, 24 (3), 1907, S. 97–102.

Pernter, Josef Maria: Hagelschäden trotz Wetterschiessen, in: Meteorologische Zeitschrift 18 (3), 1901, S. 135–136.

Pernter, Josef Maria: Vortrag in der meteorologischen Gesellschaft Wien, 20. Januar 1900, in: Albert Stiger's Wetterschiessen in der Steiermark, bearbeitet von G. Suschnig, Leiter der Hammerwerke der Firma Carl Greinitz Neffen in Graz in St. Katharein an der Lamming, Graz 1900.

Perugi, Manolo: La difesa attiva contro la grandine tra Otto e Novecento: prima indicazioni di ricerca, in: Faila, Osvaldo, Fumi, Gianpiero (Hg.): Gli agronomi in Lombardia: dalle cattedre ambulanti ad oggi, Mailand 2006, S. 343–351.

Petermann, August: The Gulf Stream and the Knowledge of the Thermal Properties of the North Atlantic Ocean and its Continental Borders, up to 1870, in: Freeden, Wilhelm; Mühry, Adolf; Petermann, August (Hg.): Papers on the Eastern and Northern Extensions of the Gulf Stream, Washington, D. C. 1871, S. 1–115.

Pillsbury, John Elliott: The Gulf Stream: Methods of the Investigation and Results of the Research, Washington, D. C. 1891.

Placidus, Heinrich: Abhandlung über die Wirkung des Geschützes auf Gewitterwolken, München 1789.

Plass, Gilbert N.: Carbon Dioxide and Climate, in: Scientific American 201 (1), S. 41–47.

Plumandon, J. R.: Cannon and Hail, in: Monthly Weather Review 30 (13), 1903, S. 604–607.

Plumandon, J. R.: General Report on Hail Shooting Presented to the Congress of Lyon, in: Monthly Weather Review 30 (1), 1902, S. 35–38.

Plutarch: Biographien des Plutarchs, mit Anmerkungen von Gottlob Benedict von Schirach, Vierter Theil, Berlin, Leipzig 1778.

Ponte, Lowell: The Cooling, Englewood Cliffs 1976, S. 215–231.

President's Science Advisory Committee: Restoring the Quality of Our Environment: Report of the Environmental Pollution Panel, Washington, D. C. November 1965.

Proceedings of the Second Plowshare Symposium, Part V. Scientific Applications of Nuclear Explosives in the Fields of Nuclear Physics, Seismology, Meteorology, Space, Livermore 1959.

Purrett, Louise A.: Weather Modification as a Future Weapon, in: Science News 101 (16), 1972, S. 254–255.

Quervain, Marcel de: Raymund Sänger, 1895–1962, in: Verhandlungen der Schweizerischen Naturforschenden Gesellschaft 142, 1962, S. 235–243.

Rabinowitch, Eugene: International Cooperation of Atomic Scientists, in: Bulletin of the Atomic Scientists 12 (2), 1956, S. 34–37/61.

Radinovic, Duro: Hail Control, Belgrad 1970 (Available from U. S. Department of Commerce, National Technical Information Service).

Rapp, R. Robert; Huschke, Ralph E.: Weather Information: Its Uses, Actual and Potential, Mai 1964 (Memorandum RM-4083-USWB, United States Weather Bureau / Department of Commerce).

Ratzel, Friedrich: Anthropogeographie, Stuttgart 1882.

Reichelderfer, Francis W.: Weather Resources, in: WMO Bulletin 2 (1), 1953, S. 2–5.

Reid A. Bryson: The Lessons of Climatic History, in: Environmental Conservation 2 (3), 1975, S. 163–170, S. 164.

Reisner, Heinrich: Die Staubecken im Odergebiete: Nach geographischen Gesichtspunkten, in: Geographische Zeitschrift 15 (7), 1909, S. 370–386.

Rennell, James: An Investigation of the Currents of the Atlantic Ocean, and of Those which Prevail Between the Indian Ocean and the Atlantic Ocean, London 1832.

Revelle, Roger; Suess, Hans E.: Carbon Dioxide Exchange Between Atmosphere and Ocean and the Question of an Increase of Atmospheric CO2 during the Past Decades, in: Tellus 9 (1), 1957, S. 18–27.

Reynolds, David W.; von der Haar, Thomas H.; Grant, Lewis O.: Meteorological Satellites in Support of Weather Modification, in: Bulletin of the American Meteorological Society 59 (3), 1978, S. 269–281.

Rhyne, Charles: World Peace Through Law, in: Denver Journal of International Law & Policy 2 (1), 1972, S. 1–6.

Riese, Otto: Luftrecht: Das internationale Recht der zivilen Luftfahrt unter besonderer Berücksichtigung des schweizerischen Rechts, Stuttgart 1949.

Riker, Carroll Livingston: Power and Control of the Gulf Stream, How it Regulates the Climates, Heat and Light of the World, New York 1912.

Rodewald, Martin: Am Ende der »Kleinen Eiszeit«, in: Die Zeit, Hamburg 20.8.1953. Online: <https://www.zeit.de/1953/34/am-ende-der-kleinen-eiszeit>, Stand: 9.7.2021.

Rodewald, Martin: Die Wissenschaft vom Wetter, in: Die Zeit, Hamburg 21.10.1954. Online: <https://www.zeit.de/1954/42/die-wissenschaft-vom-wetter/seite-3>, Stand: 30.6.2020.

Roudaire, François Elie: La mer intérieure africaine: (avec cartes), Paris 1883.

Rubiato, J. M.: Meteorology and Agriculture, in: WMO Bulletin 2 (1), 1953, S. 13–18.

Ruby, Frédéric-Leon: La défense contre la grêle, in: Géocarrefour 12 (1), 1936, S. 3–24.

Ruby, Frédéric-Léon: La Grêle et les moyens de s'en défendre: rapport sur la défense contre la grêle en 1940, Lyon 1940.

Ruby, Frédéric-Leon: La protection contre la grêle, in: Les Études rhodaniennes 11 (2), 1935, S. 155–178.

Ruby, Frédéric-Leon: Le canon et l'avion contre la grêle. Expériences dans le Beaujolais et la région lyonnaise, in: Géocarrefour 20 (3/4), 1945, S. 252–254.

Rudwick, Martin J. S.: Worlds Before Adam: The Reconstruction of Geohistory in the Age of Reform, Chicago, London 2008.

Russell, Henry Norris: On the Albedo of the Planets and their Satellites, in: Proceedings of the National Academy of the United States of America 2 (2), 1916, S. 74–77.

Samuels, Joseph W.: 14. International Control of Weather Modification Activities, in: Canadian Perspectives on International Law and Organization, 1974, S. 360–375.

Sand, Peter H: Atmospheric Water Resources for Agriculture: Law and Policy of Weather Control Operation (United Nation Panel of Experts on Water Resources Development Policies, Buenos Aires, 8–13 June 1970), Rom 1970.

Sand, Peter H.: Internationaler Umweltschutz und Neue Rechtsfragen der Atmosphärennutzung, in: Zeitschrift für Luft- und Weltraumrecht – German Journal of Air and Space Law 20 (2), 1971, S. 109–133.

Sänger, Raymund: Die Abwehrmittel des Grossversuchs I, in: Thams, J. C.: Schlussbericht der Eidg. Kommission zum Studium der Hagelbildung und der Hagelabwehr über den Grossversuch Nr. I zur Bekämpfung des Hagels auf der Magadinoebene (Tessin) 1948 bis 1952, Bern 1954, S. 29.

Sänger, Raymund: Einfluss von böenartigem Wind auf die Geschossbahn, in: Helvetica Physica Acta 23 (I/II), 1950, S. 143–158.

Sänger, Raymund: Opening Address, in: Archiv für Meteorologie, Geophysik und Bioklimatologie, Serie A 8 (3), 1955, S. 145–146.

Sänger, Raymund: The Swiss Randomized Hail Suppression Project in the Tessin: Paper Presented at the Conference on the Physics of Precipitation, June 3–5, 1959, at Woods Hole, Massachusetts, Bd. Nr. 28, Zürich 1960 (Wissenschaftliche Mitteilungen / Eidgenössische Kommission zum Studium der Hagelbildung und der Hagelabwehr).

Sargent, Frederick: A Dangerous Game: Taming the Weather, in: Bulletin of the American Meteorological Society 48 (7), 1967, S. 452–459.

Schaefer, Vincent J.: A Method for Making Snowflake Replicas, in: Science 93 (2410), 1941, S. 239–240.

Schaefer, Vincent J.: Auto Exhaust, Pollution and Weather Patterns, in: Bulletin of the Atomic Scientists 26 (4), 1970, S. 31–33.

Schaefer, Vincent J.: Some Problems Concerning Weather Control, in: Zeitschrift für angewandte Mathematik und Physik ZAMP 14 (5), 1963, S. 523–528.

Schaefer, Vincent J.: The Production of Ice Crystals in a Cloud of Supercooled Water Droplets, in: Science 104 (2707), 15.11.1946, S. 457–459.

Schell, Jonathan: The Fate of the Earth, New York 1982.

Schmauß, August, Randbemerkungen II, in: Meteorologische Zeitschrift 36, 1919, S. 11–16, S. 16.

Schmauß, August; Wigand, Albert: Die Atmosphäre als Kolloid, Braunschweig 1929 (Sammlung Vieweg: Tagesfragen aus den Gebieten der Naturwissenschaften und der Technik, Heft 96).

Schmauß, August: Das Problem der Wettervorhersage, Hamburg 1923 (Probleme der Kosmischen Physik, herausgegeben von Prof. Dr. Christian Jensen).

Schmid, Paul: Statistische Erwägungen bei Versuchen zur Beeinflussung der Niederschläge, in: Zeitschrift für angewandte Mathematik und Physik ZAMP 8 (2), 1957, S. 159–165.

Schmitt, Walter R.: The Planetary Food Potential, in: Annals of the New York Academy of Sciences 118, März 1965, S. 647–718.

Schneider, Stephen H.: Against Instant Books, in: Nature 270 (22), 1977, S. 650.

Schneider, Stephen H.: Climatic Variability and Its Impact on Food Production, in: Kellogg, William W.; Mead, Margaret (Hg.): The Atmosphere: Endangered and Endangering, Washington, D. C. 1977, S. 49–63.

Schneider, Stephen H.: Geoengineering: Could – or Should – We Do it?, in: Climatic Change 33 (3), 1996, S. 291–302.

Schneider, Stephen H.: Klima in Gefahr: Strategien zur Beherrschung des Wetters, Frankfurt am Main 1978 (in Zusammenarbeit mit Lynne E. Mesirow).

Schulz, Gerhard: Der Einfluss von Fremdkörpern auf die Unterkühlungsfähigkeit des Wassers, in: Meteorologische Rundschau 1 (7/8), 1948, S. 237–240.

Schulz, Gerhard: Die Arbeiten und Forschungsergebnisse der Wolkenforschungsstelle des Reichsamts für Wetterdienst in Prag, hg. v. Deutscher Wetterdienst der US-Zone, Bad Kissingen 1947 (Berichte des Deutschen Wetterdienstes in der US-Zone, Nr. 1).

Schwab, Günther: Der Ganz mit dem Teufel: Ein abenteuerliches Interview, Hannover 1958.

Schweizerische Hagel-Versicherungs-Gesellschaft (Hg.): Untersuchungen über die Wirksamkeit der aktiven Hagelabwehr mittelst Raketen 1945–1952, o. O. 1953 (?).

Sciences, National Research Council (U. S.) Committee on Atmospheric; Sciences, National Academy of (Hg.): The Atmospheric Sciences and Man's Needs: Priorities for the Future, Washington, D. C. 1971.

Secretariat of the World Meteorological Organization (Hg.): First Congress of the World Meteorological Organization, Paris, 19 March – 29 April 1951, Genf 1951, S. 39.

Sedunov, Yuri S.: Cloud Physics and Weather Modfication Research in the U. S. A., in: ders. (Hg.): Cloud Physics and Weather Modification (Problemy fiziki oblakov i aktivnykh vozdeistvii), Jersusalem 1974.

Sen, Binay Ranjan: The Basic Freedom – A Campaign Against Hunger, in: WMO Bulletin 10 (3), 1961, S. 133–137.

Sewell, W. R. Derrick: Climate and Weather Control, in: Annals of the New York Academy of Sciences 216, Mai 1973, S. 30–42.

Sewell, W. R. Derrick: Introduction: The Problem in Perspective, in: ders. (Hg.): Human Dimensions of Weather Modification, Chicago 1966, S. 1–18.

Shapley, Deborah: Weather Warfare: Pentagon Concedes 7-Year Vietnam Effort, in: Science 184 (4141), 1974, S. 1059–1061.

Shaw, Napier: The Artificial Control of Weather, in: Monthly Weather Review 49 (4), 1921, S. 244–247.

Sheridan, Martin: The Worst Weather in the World, in: Scientific American 178 (4), 1948, S. 154–156.

Simpson Malkus, J. S.; Simpson, R. H.: Modification Experiments on Tropical Cumulus Clouds: »Exploding« Cumulus Clouds by Silver Iodide Seeding is Used as a Controlled Experiment on Their Dynamics, in: Science 145 (3632), 1964, S. 541–548.

Simpson, Joanne et al.: Stormfury Cumulus Experiments: Preliminary Results 1965, in: Journal of Applied Meteorology 5 (4), 1966, S. 521–525.

Simpson, Joanne: What Weather Modification Needs – A Scientists View, in: Journal of Applied Meteorology 17 (6), 1978, S. 858–866.

Smith, Jerry E.: Weather Warfare, Kempton 2006, E-Book.

Smith, Lionel Percy: Weather and Food, in: WMO Bulletin 10 (3), 1961, S. 138–143.

Smith, Wake; Wagner, Gernot: Stratospheric Aerosol Injection Tactics and Costs in the First 15 Years of Deployment, in: Environmental Research Letters 13 (12), 11.2018, S. 124001.

Sombart, Werner: Die Juden und das Wirtschaftsleben, Leipzig 1911.

Stark, Donald D.: Weather Modification: Water – Three Cents Per Acre-Foot Legal Problems in Water Resources, in: California Law Review 45 (5), 1957, S. 698–711.

Stauber, Jules: Im Napfgebiet wird die russische Hagelabwehrrakete »Oblako« getestet, in: Nebelspalter 102 (29), 20. Juli 1976, S. 14.

Stiegler, Ernst-Michael: Immer auf Achse!, in: Physik in unserer Zeit 50 (1), 2019, S. 24–27.

Stokely, James: New Flights Confirm Artificial Snow Production, Schenectady 1946 (Press Release General Electric Company).

Stommel, Henry: The Gulf Stream, in: The Scientific Monthly 70 (4), 1950, S. 242–253.

Suits, C. Guy: Seventy-Five Years of Research in General Electric, in: Science 118 (3069), 1923, S. 451–456.

Summersett, John: Discussion of »Some Evaluations of Sustained Cloud-Seeding Operations«, in: Eos, Transactions American Geophysical Union 34 (1), 1953, S. 137–140.

Süring, Reinhard: Die Wolken, Leipzig 1936 (Probleme der Kosmischen Physik, herausgegeben von Prof. Dr. Christian Jensen, Band XVI).

Sutcliffe, R. C.: Theories of Recent Changes of Climate: Introductory Remarks, in: UNESCO (Hg.): Changes of Climate: Proceedings of the Rome Symposium (Organized by UNESCO and the World Meteorological Organization), Paris 1963, S. 277–280.

Sutton, Graham: Man's Attempts to Control the Weather, in: The New Scientist 4 (94), 1958, S. 744–746.

Sutton, Graham: Thermonuclear Explosions and the Weather, in: Nature 175 (4451), 1955, S. 319–321.

Taubenfeld, Howard J.; Taubenfeld, Rita F.: Man and Space: Politics, Law, Organization, Dallas 1964.

Taubenfeld, Howard J.; Taubenfeld, Rita F.: Some International Implications of Weather Modification Activities, in: International Organization 23 (4), 1969, S. 808–833.

Taubenfeld, Howard J.: Weather Modification and Control: Some International Legal Implications, in: California Law Review 55 (2) 1967, S. 493–506.

Taubenfeld, Howard J.: Weather Modification: Law, Controls, Operations: A Survey of Responses to Questionnaires of the Special Commission on Weather Modification of the National Science Foundation by States, Research and Experimental Organizations, Commercial Operators, and Federal Agencies, Washington, D. C. 1966.

Taubenfeld, Howard J.: Weather Modification: Law, Controls, Operations. Report to the Special Commission on Weather Modification, Washington, D. C. 1966.

Thams, Johann Christian: Schlussbericht der Eidg. Kommission zum Studium der Hagelbildung und der Hagelabwehr über den Grossversuch Nr. I zur Bekämpfung des Hagels auf der Magadinoebene (Tessin) 1948 bis 1952, Bern 1954.

Thams, Johann Christian: Wie steht es heute mit der Hagelbekämpfung?, in: Die Grüne: Schweizerische Landwirtschaftliche Zeitung 85 (22), 1957, S. 603–612.

The Impact Team: The Weather Conspiracy: The Coming of the New Ice Age, New York 1977.

Thomas, William A.: Preface, in: ders. (Hg.): Legal and Scientific Uncertainties of Weather Modification, Durham 1977, S. v–viii.

Thompson, Philip D.; O'Brien, Robert: Das Wetter, 1966 (aus dem Englischen übertragen von Hans P. Drath) (Life – Wunder der Wissenschaft).

Titz, Sven: Vorsichtige Erforschung eines Klima-Notnagels: Fachleute warnen vor überstürzten Eingriffen in die Atmosphäre, in: Neue Zürcher Zeitung, 25.2.2015, S. 50.

Trabert, Wilhelm: Der tägliche Gang der Temperatur und des Sonnenscheins auf dem Sonnblickgipfel, in: Denkschriften der Wiener Akademie der Wissenschaften 49, Wien 1892.

Trabert, Wilhelm: Die Bildung des Hagels, in: Meteorologische Zeitschrift 16 (10), 1899, S. 433–447.

Trabert, Wilhelm: Hagelwetter und Wetterschiessen, in: Schriften des Vereines zur Verbreitung Naturwissenschaftlicher Kenntnisse in Wien 40, Wien 1900, S. 119–144.

Tribus, Myron: Everybody Talks about the Weather, but ..., in: Science 164 (3886), 1969, S. 1341.

Tribus, Myron: Physical View of Cloud Seeding, in: Science, 168 (3928) 1970, S. 201–211.

Tribus, Myron: Uncertainty and the Weather, in: Bulletin of the American Meteorological Society 51 (1), 1970, S. 4–10.

Tufty, Barbara: At War with the Weather, in: Science News 90 (2), 1966, S. 26–27.

Turco, R. P.; Toon, O. B.; Ackerman, T. P. u.a.: Nuclear Winter: Global Consequences of Multiple Nuclear Explosions, in: Science 222 (4630), 1983, S. 1283–1292.

UNESCO (Hg.): Hydrological Maps: A Contribution to the International Hydrological Decade, Paris 1977.

UNESCO (Hg.): Use and Conservation of the Biosphere: Proceedings of the Intergovernmental Conference of Experts on the Scientific Basis for Rational Use and Conservation of the Resources of the Biosphere Paris, 4–13 September 1968, Paris 1970.

UNESCO; Wendt, Gerald (Hg.): One-Fourth of the Earth (Special Issue: Conquest of the Desert), in: The UNESCO Courier (8/9), 1955, S. 3.

United Nations (Hg.): Report of the Conference of Committee on Disarmament to the General Assembly, 17 February to 3 September 1976 (Volume I & II), New York 1976.

United Nations (Hg.): Report of the United Nations Conference on the Human Environment, Stockholm, 5–6 June 1972, New York 1973, S. 20.

United States Congress Senate: Hearings Before the Committee on Commerce. Weather Modification Hearings, Eighty-Ninth Congress, First and Second Sessions, Washington, D. C. 1966.

United United States Congress Office of Technology Assessment: The Effects of Nuclear War, Washington, D. C. 1979.

Vlasic, Ivan A.: The Relevance of International Law to Emerging Trends in the Law of Outer Space, in: Black, Cyril E.; Falk, Richard A. (Hg.): The Future of the International Legal Order, Volume II, Princeton 1970, S. 278–339.

Vonnegut, Bernard: Further Comments on »Note on the Potentialities of Cumulonimbus and Hurricane Seeding Experiments«, in: Journal of Applied Meteorology (1962–1982) 5 (1), 1966, S. 134–135.

Vonnegut, Bernard: Occasional Report Number 13: Project Cirrus on Silver Iodide Smoke, Schenectady 1949.

Vonnegut, Bernard: The Nucleation of Ice Formation by Silver Iodide, in: Journal of Applied Physics 18 (7), 1947, S. 593–595.
Vonnegut, Bernard: Vortex Thermometer for Measuring True Air Temperatures and True Air Speeds in Flight, in: Review of Scientific Instruments 21 (2), 1950, S. 136–141.
Voosen, Paul: In a Paradox, Cleaner Air is Now Adding to Global Warming, in: Science 377 (6604), 2022, S. 353–354.
W. R.: Feind Hagel, in: Schweizer Illustrierte Zeitung, 31.5.1950, S. 46–47.
Wade, Herbert T.: The Sun's Radiation and Its Study, in: Scientific American 99 (15), 1908, S. 241–242.
Wagner, Gernot: Geoengineering: The Gamble, Cambridge, Medford 2021.
Wagner, Gernot: Und wenn wir einfach die Sonne verdunkeln? Das riskante Spiel, mit Geoengineering die Klimakrise aufhalten zu wollen, München 2023.
Waldvogel, Albert: Bericht über das Feldexperiment im Napfgebiet 1. Juni–15. September 1974, Bd. Nr. 72, Zürich 1975 (Wissenschaftliche Mitteilungen / Eidgenössische Kommission zum Studium der Hagelbildung und der Hagelabwehr).
Waldvogel, Albert: Ueber den N-o-Sprung von Tropfenspektren, Zürich 1972.
Wallace, John M.: Obituaries: Robert G. Fleagle, 1918–2013, in: Bulletin of the American Meteorological Society 95 (8), 2014, S. 1268–1271.
Watts, T. E. Jr.: Weather Modification Legislation – A Survey Note, in: Vanderbilt Law Review 8 (4), 1955.1954, S. 897–904.
Weickmann, Helmut K.: A Realistic Appraisal of Weather Control, in: Zeitschrift für angewandte Mathematik und Physik ZAMP 14 (5), 1963, S. 528–543.
Weickmann, Helmut: Die Eisphase in der Atmosphäre, Bd. 6, Bad Kissingen 1949 (Berichte des Deutschen Wetterdienstes in der US-Zone).
Weickmann, Helmut: Foreword, in: Barrett, E. W.; Pueschel, R. F.; Weickmann, H. K. u.a.: Inadvertent Modification of Weather and Climate by Atmospheric Pollutants (ESSA Technical Report ERL 185-APCL 15), Boulder 1970.
Weickmann, Helmut: Report of the Committee on Cloud Physics, 1951–1953, in: Eos, Transactions American Geophysical Union 35 (4), 1954, S. 637–644.
Weickmann, Helmut: Welcoming Adress on Behalf of the American Geophysical Union, in: ders. (Hg.): Physics of Precipitation: Proceedings of the Cloud Physics Conference, Woods Hole, Massachusetts, June 3–5, 1959, Washington, D. C. 1960, S. 1–2.
Weihe, Wolf H.: Climate, Health and Disease, in: World Meteorological Organization (Hg.): Proceedings of the World Climate Conference: A Conference of Experts on Climate and Mankind, Geneva, 12–23 February 1979, Genf 1979, S. 313–368.
Wendler, August: Das Problem der technischen Wetterbeeinflussung, Hamburg 1927 (Probleme der Kosmischen Physik, herausgegeben von Prof. Dr. Christian Jensen).
Wendler, August: Zur Frage der objektiven Wünschelrutenkontrolle mit magnetometrischen Apparaten, München 1936.
Wendt, Gerald: Coaxing Rain Out of the Clouds, in: The UNESCO Courier 5 (7), 1952, S. 10.
Werrett, Simon: Fireworks: Pyrotechnic Arts and Sciences in European History, Chicago 2010.

Wexler, Harry: Modifying Weather on Large Scale, in: Science, New Series 128 (3331), 1958, S. 1058–1063.

White, Gilbert F.: Approaches to Weather Modification, in: Sewell, W.R. Derrick (Hg.): Human Dimensions of Weather Modification, Chicago 1966, S. 19–23.

White, Robert M.: Climate at the Millenium, in: World Meteorological Organization (Hg.): Proceedings of the World Climate Conference: A Conference of Experts on Climate and Mankind, Geneva, 12–23 February 1979, Genf 1979, S. 3–11.

Whitney, R.: Storm Over Rain: Artificial Weather Rouses Legal and Social Problems, in: The New York Times, 14.12.1947.

Willett, Hurd Curtis: The Forecast Problem, in: Malone, Thomas F. (Hg.): Compendium of Meteorology: Prepared under the Direction of the Committee of the Compendium of Meteorology H. R. Byer, H. E. Landsberg H. Wexler B. Haurwitz, A. F. Spilhaus, H. C. Willett, H. G. Houghton, Boston 1951, S. 731–746.

Williams, Jill; Häfele, Wolf; Sassin, Wolfgang: Energy and Climate: A Review with Emphasis on Global Interactions, in: World Meteorological Organization (Hg.): Proceedings of the World Climate Conference: A Conference of Experts on Climate and Mankind, Geneva, 12–23 February 1979, Genf 1979, S. 15–26.

Wirth, John D.: The Trail Smelter Dispute: Canadians and Americans Confront Transboundary Pollution, 1927–41, in: Environmental History 1 (2) 1996, S. 34–51.

Wohlstetter, Albert: Technology, Prediction and Disorder, in: Bulletin of the Atomic Scientists 20 (8), 1964, S. 11–15.

Wojeikow, Alexander Iwanowitsch: Die Klimate der Erde, Jena 1887.

Wood, Lance D.: The Status of Weather Modification Activities under United States and International Law. Selected Papers Presented at the Conference on the Legal Aspects of Coastal Zone Management, Coronado, CA June 17–18, 1976, in: Natural Resources Lawyer 10 (2), 1977, S. 367–392.

Woodley, William L.; Jordan, Jill; Barnston, Anthony u.a.: Rainfall Results of the Florida Area Cumulus Experiment, 1970–76, in: Journal of Applied Meteorology (1962–1982) 21 (2), 1982, S. 139–164.

World Meteorological Organization (Hg.): Artificial Inducement of Precipitation: With Special to the Arid and Semi-Arid Regions of the World (a Preliminary Report Prepared by the Technical Division of the WMO Secretariat), Geneva 1954 (Technical Note).

World Meteorological Organization (Hg.): Fifth Session of Executive Committee, in: WMO Bulletin 3 (4), 1954, S. 120–123.

World Meteorological Organization (Hg.): Proceedings of the WMO/IAMAP Scientific Conference on Weather Modification, Tashkent, 1–7 October 1973, Genf 1974.

World Meteorological Organization (WMO) (Hg.): Precipitation Enhancement Project (PEP) report, 34. Synopsis of the WMO Precipitation Enhancement Project – 1985, Genf 1986.

World Meteorological Organization: Precipitation Enhancement Project (PEP), Report of the First Session of the Interim Precipitation Enhancement Project Board, Genf 1976.

Literatur

Abelson, Philip H.: Ross Gunn 1897–1966, in: National Academy of Sciences (Hg.): Biographical Memoirs, Bd. 74, Washington, D. C. 1998, S. 111–123.

Achermann, Dania; Heymann, Matthias: From Climatology to Climate Science in the Twentieth Century, in: Mauelshagen, Franz; Pfister, Christian; White, Sam (Hg.): The Palgrave Handbook of Climate History, London 2018, S. 605–632.

Achermann, Dania: Abgestaubt: Die neue Vielfalt in der Geschichte der Meteorologie und Klimaforschung, in: NTM Zeitschrift für Geschichte der Wissenschaften, Technik und Medizin 27 (2), 1.6.2019, S. 201–214.

Achermann, Dania: Institutionelle Identität im Wandel: Zur Geschichte des Instituts für Physik der Atmosphäre in Oberpfaffenhofen, Bielefeld 2016.

Adamson, Peter: Clement Lindley Wragge and the Naming of Weather Disturbances, in: Weather 57, 2006, S. 359–364.

Adler, Antony: Neptune's Laboratory: Fantasy, Fear, and Science at Sea, Cambridge, London 2019.

Anderson, Katharine: Predicting the Weather: Victorians and the Science of Meteorology, Chicago, London 2005.

Andjelic, Tatomir P. ; Berger, André: Milutin Milankovitch, père de la théorie astronomique des paléoclimats, in: Histoire & Mesure 3 (3), 1988, S. 385–402.

Ash, Mitchell G.: Wissenschaften und Technik im frühen Kalten Krieg: Überlegungen zu einer globalen und europäischen Perspektive, in: Reiter, Wolfgang L. et al.: Wissenschaft, Technologie und industrielle Entwicklung in Zentraleuropa im Kalten Krieg, Wien 2017, S. 15–32.

Aspray, William: John von Neumann and the Origins of Modern Computing, Cambridge 1992.

Bachmann, Peter: Paul Schmid-Haas im Ruhestand, in: Schweizerische Zeitschrift für Forstwesen 146 (12), 1995, S. 947–949.

Badash, Lawrence: A Nuclear Winter's Tale: Science and Politics in the 1980s, Cambridge, MA 2009 (Transformations: Studies in the History of Science and Technology).

Badash, Lawrence: Nuclear Winter: Scientists in the Political Arena, in: Physics in Perspective 3 (1), 2001, S. 76–105.

Baere, Benoit: Natural Catastrophe in Buffon's Histoire Naturelle: Earth, Science, Aesthetics, Anthropology, in: Lyle, Louise (Hg.): Histoires de la Terre: Earth sciences and French culture, 1740–1940 Amsterdam 2008 S. 19–35.

Bakalaki, Alexandra: Chemtrails, Crisis, and Loss in an Interconnected World, in: Visual Anthropology Review 32 (1), 2016, S. 12–23.

Banner, Stuart: Who Owns the Sky? The Struggle to Control Airspace from the Wright Brothers On, Cambridge, London 2008.

Bard, Edouard: Greenhouse Effect and Ice Ages: Historical Perspective, in: Comptes Rendus Geoscience 336 (7), 2004, S. 603–638.

Barth, Hans: Hermann Oberth: Der wirkliche Vater der Weltraumfahrt, Düsseldorf 2008.

Bauer, Susanne; Lemke, Thomas; Heinemann, Torsten: Einleitung, in: dies. (Hg.): Science and Technology Studies: Klassische Positionen und aktuelle Perspektiven, Berlin 2017, S. 7–42.

Baur, Philipp: Nukleare Untergangsszenarien in Kunst und Kultur, in: Gassert, Phlipp; Becker-Schaum, Christoph; Klimke, Martin A. u. a. (Hg.): Entrüstet Euch!, Paderborn 2012, S. 325–338.

Behringer, Wolfgang: Kulturgeschichte des Klimas: Von der Eiszeit bis zur globalen Erwärmung, München 2012.

Belge, Boris; Gestwa, Klaus: Wetterkrieg und Klimawandel: Meteorologie im Kalten Krieg, in: Osteuropa 59, 2009, S. 5–42.

Bell, Duncan; Isaac, Joel;: Introduction, in: dies. (Hg.): Uncertain Empire. American History and the Idea of the Cold War, New York 2012, S. 3–18.

Bemmann, Martin; Detten, Roderich von; Metzger, Birgit: Einleitung, in: dies. (Hg.): Ökologische Modernisierung: Zur Geschichte und Gegenwart eines Konzepts in Umweltpolitik und Sozialwissenschaften, 2014, S. 7–32.

Berger Ziauddin, Silvia; Eugster, David; Wirth, Christa: Editorial: James Bond fährt Ski – Kältegrade eines globalen Konflikts, in: dies. (Hg.) Der *kalte* Krieg: Kältegrade eines globalen Konflikts, Zürich 2017 (Nach Feierabend: Zürcher Jahrbuch für Wissensgeschichte), S. 7–16.

Berger, Beat: The History of Explosives in Switzerland – Selected Highlights, in: CHIMIA International Journal for Chemistry 58 (6), 2004, S. 352–354.

Berger, Silvia: Umdeuten, Ausblenden, Beharren: Zur Persistenz wissenschaftlicher Denkstile am Beispiel der deutschen Bakteriologie, 1890–1918, in: Egloff, Rainer (Hg.): Tatsache – Denkstil – Kontroverse: Auseinandersetzungen mit Ludwik Fleck. Zürich 2005, S. 71–77.

Bernhard, Patrick; Nehring, Holger (Hg.): Den Kalten Krieg denken: Beiträge zur sozialen Ideengeschichte, Essen 2014 (Beiträge zur Historischen Friedensforschung, Band 19).

Blackbourn, David: Die Eroberung der Natur: Eine Geschichte der deutschen Landschaft, München 2007.

Bleiler, Everett F.; Bleiler, Richard J.: Science-Fiction: The Early Years: A Full Description of More Than 3000 Science-Fiction Stories from Earliest Times to the Appearance of the Genre Magazines in 1930, Kent, London 1990.

Blöcker, Monica: Wetterzauber: Zu einem Glaubenskomplex des frühen Mittelalters, in: Francia: Forschungen zur westeuropäischen Geschichte, Bd. 9, Sigmaringen 1981, S. 117–132.

Boesen, Victor: Storm: Irving Krick vs. the U. S. Weather Bureaucracy, New York 1978.

Boia, Lucian: The Weather in the Imagination, London 2005.

Bolin, Bert: A History of the Science and Politics of Climate Change: The Role of the Intergovernmental Panel on Climate Change, Cambridge, New York 2007.

Bonneuil, Christophe; Fressoz, Jean-Baptiste: The Shock of the Anthropocene: The Earth, History and Us, London, New York 2016.

Bork, Hans-Rudolf: Umweltgeschichte Deutschlands, Berlin 2020.

Bowler, Peter J.: Das große Jahrhundert der Geologie, in: Bowler, Peter J. (Hg.): Viewegs Geschichte der Umweltwissenschaften: Ein Bild der Naturgeschichte unserer Erde, Wiesbaden 1997, S. 126–161.

Bowler, Peter J.: The Fontana History of the Environmental Sciences, London 1992.

Braham Jr., Roscoe R.: Formation of Rain: A Historical Perspective, in: Fleming, James Rodger (Hg.): Historical Essays on Meteorology 1919–1995, Boston 1996, S. 181–224.

Brandstetter, Thomas: Der Staub und das Leben: Szenarien des nuklearen Winters, in: Engell, Lorenz (Hg.): Wolken, Weimar 2005, S. 149–156.

Bras, Rafael L.: A Brief History of Hydrology, in: Bulletin of the American Meteorological Society 80 (6), 1999, S. 1151–1165.

Brendel, Benjamin: Konvergente Konstruktionen: Eine Globalgeschichte des Staudammbaus, Frankfurt am Main, New York 2019.

Brüggemeier, Franz-Josef: Tschernobyl, 26. April 1986: die ökologische Herausforderung, München 1998 (20 Tage im 20. Jahrhundert).

Bruno, Laura A.: The Bequest of the Nuclear Battlefield: Science, Nature, and the Atom During the First Decade of the Cold War, in: Historical Studies in the Physical and Biological Sciences 33 (2), 2003, S. 237–260.

Bundgaard, Robert C.; Cale, Richard E.: Necrologies: Irving P. Krick (1906–1996), in: Bulletin of the American Meteorological Society 78 (2), 1997, S. 278–281.

Burke, Peter: What is the History of Knowledge?, Cambridge 2016 (What is History? Series).

Bürkner, Daniel: Atomare Ängste und Erlösungsutopien: Zum Diskurs um atomare Bedrohung und den »Klimawandel«, in: Zeitschrift für Kulturwissenschaften 2, 2009, S. 55–66.

Butter, Michael; Knight, Peter: General Introduction, in: dies. (Hg.): Routledge Handbook of Conspiracy Theories, New York 2020, S. 1–8.

Byers, Horace Robert: History of Weather Modification, in: Hess, Wilmott N. (Hg.): Weather and Climate Modification, New York 1974.

Cairns, Rose: Climates of Suspicion: ›Chemtrail‹ Conspiracy Narratives and the International Politics of Geoengineering, in: The Geographical Journal 182 (1), 2016, S. 1–16.

Carlson, W. Bernard: Innovation as a Social Process: Elihu Thomson and the Rise of General Electric, Cambridge 1991.

Chamberlin, T. C.: An Attempt to Frame a Working Hypothesis of the Cause of Glacial Periods on an Atmospheric Basis (Continued), in: The Journal of Geology 7 (7), 1899, S. 667–685.

Coen, Deborah: Climate in Motion: Science, Empire and the Problem of Scale, Chicago 2018.

Coffey, Patrick: Cathedrals of Science: The Personalities and Rivalries That Made Modern Chemistry, Oxford 2008.

Cooper, Richard: Economic Aspects of the Cold War, 1962–1975, in: Leffler, Melvyn P.; Westad, Odd Arne (Hg.): The Cambridge History of the Cold War: Volume 2: Crises and Détente, Bd. 2, Cambridge 2010, S. 44–64;

Cosgrove, Denis E.: Bringing the Desert to Bloom: French Ambitions in the Sahara Desert during the Late Nineteenth Century – the Strange Case of »la mer intérieur«, in: Denis E. Cosgrove; Petts, Geoff (Hg.): Water, Engineering and Landscape: Water Control and Landscape Transformation in the Modern Period, London 1990, S. 95–114.

Crawford, Emily: Accounting for the ENMOD Convention: Cold War Influences on the Origins and Development of the 1976 Convention on Environmental Modification Techniques, in: Craven, Matthew; Pahuja, Sundhya; Simpson, Gerry (Hg.): International Law and the Cold War, Cambridge 2019, S. 81–97.

Cressman, George P.: The Origin and Rise of Numerical Weather Prediction, in: Fleming, James Rodger (Hg.): Historical Essays on Meteorology 1919–1995, Boston 1996, S. 21–39.

Crutzen, Paul; Grinevald, Jacques; Steffen, Will u.a: The Anthropocene: Conceptual and Historical Perspectives, in: Philosophical Transactions of the Royal Society A: Mathematical, Physical and Engineering Sciences 369 (2011), S. 842–867.

Daniel J.: Cold War and Hot Physics: Science, Security and the American State, 1945–56, in: Historical Studies in the Physical and Biological Sciences 20 (2), 1990, S. 239–264.

Daston, Lorraine; Erickson, Paul; Klein, Judy L. et al.: How Reason Almost Lost Its Mind: The Strange Career of Cold War Rationality, Chicago 2013.

Daston, Lorraine; Galison, Peter: Objektivität, Frankfurt am Main 2007.

Daston, Lorraine: The History of Science and the History of Knowledge, in: KNOW: A Journal on the Formation of Knowledge 1 (1), 2017, S. 131–154.

Davis, Robert: Inventing the Present: Historical Roots of the Anthropocene, in: Earth Sciences History 30 (1), 2011, S. 63–84.

Deacon, Margaret: Scientists and the Sea, 1650–1900: A Study of Marine Science, London, New York 1971.

Deese, R. S.: The New Ecology of Power: Julian and Aldous Huxley in the Cold War Era, in: McNeill, J. R.; Unger, Corinna R. Unger (Hg.): Environmental Histories of the Cold War, Washington, D. C. 2010, S. 279–300.

Dellapenna, Joseph W.: United States: The Allocation of Surface Waters, in: Dellapenna, Joseph W.; Gupta, Joyeeta (Hg.): The Evolution of the Law and Politics of Water, Dordrecht 2009, S. 189–204.

Desrochers, Pierre; Hoffbauer, Christine: The Intellectual Roots of Paul Ehrlich's The Population Bomb: Fairfield Osborn's »Our Plundered Planet« and William Vogt's »Road to Survival« in Retrospect, in: The Electronic Journal of Sustainable Development 1 (3), 2009, S. 36–61.

Desrosières, Alain: Die Politik der Großen Zahlen: Eine Geschichte der statistischen Denkweise, Berlin, Heidelberg, New York 2005, S. 252–257.

Doel, Ronald E.; Harper, Kristine C.; Heymann, Matthias (Hg.): Exploring Greenland: Cold War Science and Technology on Ice, 2016 (Palgrave Studies in the History of Science and Technology).

Doel, Ronald E.; Oreskes, Naomi: The Physics and Chemistry of the Earth, in: Nye, Mary Jo (Hg.): The Cambridge History of Science, Cambridge 2002, S. 538–557.

Doel, Ronald E.: Constituting the Postwar Earth Sciences: The Military's Influence in the USA after 1945, in: Social Studies of Science 33 (5) 2003, S. 635–666.

Dommann, Monika: Rechtinstrumente: die Übersetzung von Technik in Recht, in: Schweizerische Zeitschrift für Geschichte 55 (1), 2005, S. 17–33.

Dongen, Jeroen van; Hoeneveld, Friso; Streefland, Abel: Cold War Science and the Transatlantic Circulation of Knowledge, Leiden 2016.

Dongen, Jeroen van; Hoeneveld, Friso; Streefland, Abel: Introduction, in: dies. (Hg.): Cold War Science and the Transatlantic Circulation of Knowledge, Leiden 2016, S. 1–7.

Dörries, Matthias: In the Public Eye: Volcanology and Climate change Studies in the 20th Century, in: Historical Studies in the Physical and Biological Sciences 37 (1), 2006, S. 87–125.

Dörries, Matthias: Politics of Atmospheric Sciences: »Nuclear Winter« and Global Climate Change, in: Osiris 26 (1), 2001, S. 198–223.

Dupré, Sven; Somsen, Geert: The History of Knowledge and the Future of Knowledge Societies, in: Berichte zur Wissenschaftsgeschichte 42 (2–3), 2019, S. 186–199.

Dyson, George: Turings Kathedralen: Die Ursprünge des digitalen Zeitalters, Berlin 2014 (aus dem Amerikanischen von Karl Heinz Siber).

Ede, Andrew: The Rise and Decline of Colloid Science in North America 1900–1935: The Neglected Dimension, Burlington 2007.

Edwards, Paul N.: A Vast Machine: Computer Models, Climate Data, and the Politics of Global Warming, Cambridge, London 2010.

Edwards, Paul N.: Chapter 2 – A Brief History of Atmospheric General Circulation Modeling, in: Randall, David A. (Hg.): International Geophysics, Bd. 70, 2000 (General Circulation Model Development), S. 67–90.

Edwards, Paul N.: History of Climate Modeling, in: WIREs Climate Change 2 (1), 2010, S. 128–139.

Emeis, Stefan: Das erste Jahrhundert deutschsprachiger meteorologischer Lehrbücher, in: Berichte zur Wissenschaftsgeschichte 29, 2006, S. 39–51.

Engbert-Pedersen, Anders: Krieg und Militär: Kriegsatmosphären: Stendhals La Chartreuse de Parme im Kontext von Clausewitz' Kriegstheorie und Minards thematischer Karthographie, in: Büttner, Urs; Theilen, Ines (Hg.): Phänomene der Atmosphäre: Ein Kompendium Literarischer Meteorologie, Stuttgart 2017, S. 54–67.

Engermann, David C.: Die Ursprünge der amerikanischen Sowjetologie im Zweiten Weltkrieg, in: Greiner, Bernd; Müller, Tim B.; Weber, Claudia (Hg.): Macht und Geist im Kalten Krieg, Hamburg 2011, S. 50–76.

Epiney, Astrid: Gegenstand, Entwicklung, Quellen und Akteure des internationalen Umweltrechts, in: Proelss, Alexander (Hg.): Internationales Umweltrecht, Berlin, Boston 2017, S. 1–36.

Eugster, David; Marti, Sibylle: Einleitung: Das Imaginäre des Kalten Krieges, in: dies. (Hg.): Das Imaginäre des Kalten Krieges: Beiträge zur einer Kulturgeschichte des Ost-West-Konfliktes in Europa, Essen 2015, S. 3–18.

Farish, Matthew: Creating Cold War Climates: The Laboratories of American Globalism, in: McNeill, John Robert (Hg.): Environmental Histories of the Cold War, Cambridge 2010, S. 51–83.

Feichter, Johann; Quante, Markus: From Predictive to Instructive: Using Models for Geoengineering, in: Heymann, Matthias; Gramelsberger, Gabriele; Mahony, Martin (Hg.): Cultures of Prediction in Atmospheric and Climate Science: Epistemic and Cultural Shifts in Computer-based Modelling and Simulation, London, New York 2017, S. 178–194.

Felsch, Philipp: Die Arbeit der Intellektuellen: Zur Vorgeschichte des »practical turn«, in: Güttler, Nils; Pratschke, Margarete; Stadler, Max (Hg.): Wissen, ca. 1980, Zürich 2016 (Nach Feierabend: Zürcher Jahrbuch für Wissensgeschichte), S. 255–262.

Ferrari, Raffaele; Wunsch, Carl: 100 Years of the Ocean General Circulation, in: Meteorological Monographs 59, 2018, S. 7.1–7.32.

Fierro, Alfred: Histoire de la météorologie, Paris 1991.

Finnegan, Diarmid A.: The Work of Ice: Glacial Theory and Scientific Culture in Early Victorian Edinburgh, in: The British Journal for the History of Science 37 (1), 2004, S. 29–52.

Fleck, Ludwik: Entstehung und Entwicklung einer wissenschaftlichen Tatsache: Einführung in die Lehre vom Denkstil und Denkkollektiv, Frankfurt am Main 2012.

Fleming, James R.: Beyond Prediction to Climate Modeling and Climate Control: New Perspectives from the Papers of Harry Wexler, 1945–1962, in: Donner, Leo (Hg.): Atmospheric General Circulation Models: Complexity, Synthesis and Computation, Cambridge, New York, Melbourne, Madrid 2011, S. 51–75.

Fleming, James R.: Climate, Change, History, in: Environment and History 20 (4), 2014, S. 577–586.

Fleming, James R.: Fixing the Sky: The Checkered History of Weather and Climate Control, New York 2010.

Fleming, James R.: Fixing the Weather and Climate: Military and Civilian Schemes for Cloud Seeding and Climate Engineering, in: Rosner, Lisa (Hg.): The Technological Fix. How People Use Technology To Create and Solve Problems, New York 2004, S. 175–200.

Fleming, James R.: Global Climate Change and Human Agency, in: ders., Jankovic, Vladimir, Coen, Deborah R. (Hg.): Intimate Universality: Local and Global Themes in the History of Weather and Climate, Sagamore Beach 2006, S. 223–248.

Fleming, James R.: Global Environmental Change and the History of Science, in: Nye, Mary Jo (Hg.): The Cambridge History of Science: Volume 5: The Modern Physical and Mathematical Sciences, Cambridge 2002, S. 634–650.

Fleming, James R.: Historical Perspectives on Climate Change, New York, Oxford 1998.

Fleming, James R.: Inventing Atmospheric Science: Bjerknes, Rossby, Wexler, and the Foundations of Modern Meteorology, Cambridge 2016.

Fleming, James R.: Meteorology in America, 1800–1870, Baltimore 1990.

Fleming, James R.: Storms, Strikes, and Surveillance: The U. S. Army Signal Office, 1861–1891, in: Historical Studies in the Physical and Biological Sciences 30 (2), 2000, S. 315–332.

Fleming, James R.: Sverre Petterssen, The Bergen School, and the Forecast for D-Day, in: Proceedings of the International Commission on History of Meteorology 1 (1), 2004, S. 75–84.

Fleming, James R.: The Pathological History of Weather and Climate Modification: Three Cycles of Promise and Hype, in: Historical Studies in the Physical and Biological Sciences 37 (1), 2006, S. 3–25.

Fleming, James Rodger: First Woman: Joanne Simpson and the Tropical Atmosphere, Oxford, New York 2020.

Fleming, James Rodger: Picturing Climate Control: Visualizing the Unimaginable, in: Schneider, Birgit (Hg.): Image Politics of Climate Change: Visualizations, Imaginations, Documentations, Bielefeld 2014, S. 345–361.

Forman, Paul: Behind Quantum Electronics: National Security as Basis for Physical Research in the United States, 1940–1960, in: Historical Studies in the Physical and Biological Sciences 18 (1), 1987, S. 149–229.

Forster, Harold D.: Obituary for William Robert Derrick Sewell, 1931–1987, in: Natural Resources Journal 29 (1), 1989, o. S.

Foucault, Michel: Archäologie des Wissens, Frankfurt am Main, 1981.

Foucault, Michel: Was ist ein Autor [1969], in: ders.: Schriften zur Literatur, Frankfurt am Main, 1998.

Friedman, Robert Marc: Appropriating the Weather: Vilhelm Bjerknes and the Construction of Modern Meteorology, Ithaca, London 1989.

Frizzoni, Brigitte: Einleitung, in: dies. (Hg.): Verschwörungserzählungen, Würzburg 2020, S. 9–18.

Fröhlich, Claus: Two Centuries of Atmospheric-Radiation Research in Switzerland, in: Willemse, Saskia; Furger, Markus (Hg.): From Weather Observations to Atmospheric and Climate Sciences in Switzerland: Celebrating 100 Years of the Swiss Society for Meteorology, Zürich 2016, S. 249–278.

Gaddis, John Lewis: Der Kalte Krieg: Eine neue Geschichte, München 2008 (3).

Gassert, Philipp: Popularität der Apokalypse: Zur Nuklearangst seit 1945, in: Aus Politik und Zeitgeschichte 61 (46/47), 2011, S. 48–54.

Ghamari-Tabrizi, Sharon: Simulating of the Unthinkable: Gaming Future War in den 1950s and 1960s, in: Social Studies of Science 30 (2), 2000, S. 163–223.

Gilman, Nils: The Cold War as Intellectual Force Field, in: Modern Intellectual History 13 (2), 2016, S. 507–523.

Gordin, Michael D.: Scientific Babel: How Science was Done Before and After Global English, Chicago 2015.

Gordin, Michael: How Lysenkoism Became Pseudoscience: Dobzhansky to Velikovsky, in: Journal of the History of Biology 45 (3), 2012, S. 443–468.

Graber, Georg: Sagen aus Kärnten, Band 1, Klagenfurt 1922, S. 222.

Grabowski, Siegfried: Abwehrzauber: Kulthandlungen – Brauchtum – Aberglaube, Radeberg 2014.

Gramelsberger, Gabriele: Berechenbare Zukünfte. Computer, Katastrophen und Öffentlichkeit. Eine Inhaltsanalyse futurologischer und klimatologischer Artikel der Wochenzeitschrift »Der Spiegel«, in: Communication Cooperation Participation (CCP) 1, 2007, S. 28–51.

Gramelsberger, Gabriele: Die kausale Mechanistik der Prognosen aus dem Computer, in: Hartmann, Heinrich; Vogel, Jakob (Hg.): Zukunftswissen: Prognosen in Wirtschaft, Politik und Gesellschaft seit 1900, Frankfurt am Main 2010, S. 213–230.

Gramelsberger, Gabriele: Simulation – Analyse der organisationellen Etablierungsbestrebungen der epistemischen Kultur des Simulierens am Beispiel der Klimamodellierung, in: Halfmann, Jost; Schützenmeister, Falk (Hg.): Organisationen der Forschung: Der Fall der Atmosphärenwissenschaft, Wiesbaden 2009, S. 30–52.

Greiner, Bernd: Macht und Geist im Kalten Krieg: Bilanz und Ausblick, in: ders.; Müller, Tim B.; Weber, Claudia (Hg.): Macht und Geist im Kalten Krieg, Hamburg 2011, S. 7–27.

Grundmann, Reiner; Stehr, Nico: Klima und Gesellschaft, soziologische Klassiker und Außenseiter. Über Weber, Durkheim, Simmel und Sombart, in: Soziale Welt 48 (1) 1997, S. 85–100.

Güttler, Nils: Nach der Natur: Umwelt und Geschichte am Frankfurter Flughafen, Göttingen 2023 (Historische Wissensforschung Band 24).

Hacker, Barton: Military Patronage and the Geophysical Sciences in the United States: An Introduction, in: Historical Studies in the Physical and Biological Sciences 30 (20), 2000, S. 309–313.

Hager, Will: Hydraulicians in Europe 1800–2000: A Biographical Dictionary of Leaders in Hydraulic Engineering and Fluid Mechanics, Bd. 2, Delft 2003.

Hagner, Michael; Rheinberger, Hans-Jörg; Wahrig-Schmidt, Bettina: Räume des Wissens: Repräsentation, Codierung, Spur, in: dies. (Hg.): Räume des Wissens: Repräsentation, Codierung, Spur, Berlin 1997, S. 7–22.

Haid, Gerlinde: Klänge gegen Naturgefahren, in: Psenner, Roland; Lackner, Reinhard; Walcher, Maria (Hg.): Ist es der Sindtfluss?, Innsbruck 2008, S. 57–74.

Hamblin, Jacob Darwin: Arming Mother Nature: The Birth of Catastrophic Environmentalism, Oxford 2013.

Hamblin, Jacob Darwin: Oceanographers and the Cold War: Disciples of Marine Science, Seattle 2005; Oreskes, Naomi; Krige, John (Hg.): Science and Technology in the Global Cold War, Cambridge 2014.

Hamblin, Jacob Darwin: Seeing the Oceans in the Shadow of Bergen Values, in: Isis 105 (2), 1.6.2014, S. 352–363.

Hammerl, Christa; Lenhardt, Wolfgang; Steinacker, Reinhold; Steinhauser, Peter (Hg.): Die Zentralanstalt für Meteorologie und Geodynamik 1851–2001: 150 Jahre Meteorologie und Geophysik in Österreich, Graz 2001.

Hannig, Nicolai: Kalkulierte Gefahren: Naturkatastrophen und Vorsorge seit 1800, Göttingen 2019.

Hannig, Nicolai: Resilienz – Vorgriffe auf Naturgefahren in Deutschland und in der Schweiz seit 1800, in: Bernhardt, Markus; Scheller, Benjamin; Brakensiek, Stefan (Hg.): Ermöglichen und Verhindern: Vom Umgang mit Kontingenz, Frankfurt am Main, New York 2016, S. 167–190.

Harper, Kristine C.: Climate Control: United States Weather Modification in the Cold War and Beyond, in: Endeavour 32 (1), 2008, S. 20–26.

Harper, Kristine C.: Environmental Diplomacy in the Cold War: Weather Control, the United States, and India 1966–1967, in: McNeill, John Robert (Hg.): Environmental Histories of the Cold War, Cambridge 2010, S. 115–137.

Harper, Kristine C.: Make it Rain: State Control of the Atmospheric in the Twentieth-Century America, Chicago 2017.

Harper, Kristine C.: Weather by the Numbers: The Genesis of Modern Meteorology, Cambridge 2008.

Harper, Kristine: Cold War Atmospheric Sciences in the United States: From Modeling to Control, in: Dongen, Jeroen van; Hoeneveld, Friso; Streefland, Abel (Hg.): Cold War Science and the Transatlantic Circulation of Knowledge, Leiden 2017, S. 217–242.

Hawkins, Laurence A.: The Story of General Electric Research, New York 1950.

Hecht-Gienow, Jessica: Culture and the Cold War in Europe, in: Leffler, Melvyn P.; Westad, Odd Arne (Hg.): The Cambridge History of the Cold War: Volume 1: Origins, Bd. 1, Cambridge 2010, S. 389–419.

Henderson, Gabriel D.: Helmut Landsberg and the Evolution of 20th Century American Climatology: Envisioning a Climatological Renaissance, in: WIREs Climate Change 8 (2), 2017, S. e442. Online: <https://doi.org/10.1002/wcc.442>, Stand: 22.05.2021.

Hermann, Bernd; Sieglerschmidt, Jörn: Umweltgeschichte im Überblick, Wiesbaden 2016.

Heyck, Hunter: Producing Reason, in: Solovey, Mark; Cravens, Hamilton (Hg.): Cold War Social Science: Knowledge Production, Liberal Democracy, and Human Nature, New York 2012, S. 99–116.

Heymann, Matthias u.a.: Exploring Greenland: Science and Technology in Cold War Settings, in: Scientia Canadensis: Canadian Journal of the History of Science, Technology and Medicine 33 (2), 2010, S. 11–42.

Heymann, Matthias u.a.: Exploring Greenland: Science and Technology in Cold War Settings, in: Scientia Canadensis: Canadian Journal of the History of Science, Technology and Medicine 33 (2), 2010, S. 11–42.

Heymann, Matthias; Martin-Nielsen, Janet: Introduction: Perspectives on Cold War Science in Small European States, in: Centaurus 55 (3), 2013, S. 221–242.

Heymann, Matthias: In Search of Control: Arctic Weather Stations in the Early Cold War, in: Doel, Ronald E.; Harper, Kristine C.; ders. (Hg.): Exploring Greenland: Cold War Science and Technology on Ice, New York 2016 (Palgrave Studies in the History of Science and Technology), S. 75–98.

Heymann, Matthias: Klimakonstruktionen: Von der klassischen Klimatologie zur Klimaforschung, in: Zeitschrift für Geschichte der Wissenschaften, Technik und Medizin 17 (2), 2009, S. 171–197.

Heymann, Matthias: Modeling Reality: Practice, Knowledge, and Uncertainty in Atmospheric Transport Simulation, in: Historical Studies in the Physical and Biological Sciences 37 (1), 2006, S. 49–85.

Heymann, Matthias: The Evolution of Climate Ideas and Knowledge, in: WIREs Climate Change 1, 2010, S. 581–597.

Hijiya, James A.: The Gita of Robert Oppenheimer, in: Proceedings of the American Philosophical Society 144 (2), 2000, S. 123–167.

Hodel, Tobias: Das kleine Digitale: Ein Plädoyer für Kleinkorpora und gegen Grossprojekte wie Googles Ngram-Viewer, in: Kilcher, Andreas B.; Gugerli, David; Hagner, Michael u.a. (Hg.): Digital Humanities, Zürich 2013 (Nach Feierabend: Zürcher Jahrbuch für Wissensgeschichte), S. 103–119.

Höhler, Sabine: Ballonfahrer und Meteorologen: Die Frühgeschichte der Luftfahrtforschung, in: Trischler, Helmuth (Hg.): Ein Jahrhundert im Flug: Luft- und Raumfahrtforschung in Deutschland 1907–2007, Frankfurt am Main 2007, S. 31–50.

Höhler, Sabine: Spaceship Earth in the Environmental Age, 1960–1990, New York 2015.

Hölscher, Lucian: Die Entdeckung der Zukunft, Göttingen 2016.

Horn, Eva: Die apokalyptische Fiktion: Weltende und Zukunftsmodellierung im Kalten Krieg, in: Bernhard, Patrick (Hg.): Den Kalten Krieg denken: Beiträge zur sozialen Ideengeschichte, Essen 2014, S. 43–61.

Horn, Eva: Klimatologie um 1800: Zur Genealogie des Anthropozäns, in: Zeitschrift für Kulturwissenschaften 10 (1), 2016, S. 87–102.

Hounshell, David: The Cold War, RAND, and the Generation of Knowledge, 1946–1962, in: Historical Studies in the Physical and Biological Sciences 27 (2), 1997, S. 237–267.

Hristov, Todor; McKenzie-McHarg, Andrew; Romero-Reche, Alejandro: Introduction, in: Knight, Peter; Butter, Michael (Hg.): Routledge Handbook of Conspiracy Theories, New York 2020, S. 12–15.

Hulme, Mike: Reducing the Future to Climate: A Story of Climate Determinism and Reductionism, in: Osiris 26 (1), 2011, S. 245–266.

Hupfer, Franziska: Das Wetter der Nation: Meteorologie, Klimatologie und der schweizerische Bundesstaat, 1860–1914, Zürich 2019.

Ibrahim, Youssef: The Science and Politics of Climate Engineering – Social Science Perspectives, in: Minerva 61 (2), 2023, S. 291–297.

Imbrie, John; Palmer Imbrie, Katherine: Ice Ages: Solving a Mystery, London, Basingstoke 1979.

Ingenhaag, Karl-Heinz: Oberth, Hermann Julius, in: Neue Deutsche Biographie, Bd. 19, 1999, S. 400–402.

Innerhofer, Roland: Deutsche Science Fiction 1870–1914: Rekonstruktion und Analyse der Anfänge einer Gattung, Wien, Köln, Weimar 1996.

Jaccard, Claude: Eidg. Institut für Schnee- und Lawinenforschung Davos-Weissfluhjoch: Zum Rücktritt von Marcel de Quervain, in: Schweizer Ingenieur und Architekt 80 (23), 1980, S. 562–563.

Jacobsen, Annie: The Pentagon's Brain: A Uncensored History of DARPA, America's Top Secret Military Agency, New York, Boston, London 2015.

Jankovic, Vladimir: Science Migrations: Mesoscale Weather Prediction from Belgrade to Washington, 1970–2000, in: Social Studies of Science 34 (1), 2004, S. 45–75.

Jankovic, Vladimir: The End of Classical Meteorology, c. 1800, in: Geological Society, London, Special Publications 256 (1), 2006, S. 91–100.

Jasanoff, Sheila: Science at the Bar: Law, Science, and Technology in America, Cambridge, London 1995.

Jeon, Chihyung: Flying Weather Men and Robot Observers: Instruments, Inscriptions, and Identities in US Upper-Air Observation, 1920–1940, in: History and Technology 26, 2010, S. 119–145.

Jones, Vincent C: Manhattan: The Army and the Atomic Bomb, Washington, D. C. 1985.

Jordheim, Helge; Shaw, David Gary (Hg.): History of Knowledge, Bd. 4, Hoboken 2020 (History & Theory 59).

Jordheim, Helge; Shaw, David Gary: Opening Doors: A Turn to Knowledge, in: History and Theory 59 (4), 2020, S. 3–18.

Kaiser, Manuel: Kommende Kälte: Eiszeitszenarien im Kalten Krieg, in: Eugster, David; Wirth, Christa; Berger Ziauddin, Silvia (Hg.): Der *kalte* Krieg: Kältegrade eines globalen Konflikts, Zürich 2017 (Nach Feierabend: Zürcher Jahrbuch für Wissensgeschichte), S. 137–155.

Kilcher, Andreas B.; Sarasin, Philipp: Zirkulationen: Editorial, in: Kilcher, Andreas B.; Hirschi, Caspar; Gugerli, David u.a. (Hg.): Zirkulationen, Zürich 2011 (Nach Feierabend: Zürcher Jahrbuch für Wissensgeschichte), S. 7–11.

Körber, Hans-Günther: Vom Wetteraberglauben zur Wetterforschung, Leipzig 1989 (2).

Krehl, Peter O. K.: History of Shock Waves, Explosions and Impact: A Chronological and Biographical Reference, Berlin, Heidelberg 2008.

Krüger, Tobias: Auf dem Weg zu einem neuen Verständnis der Klimageschichte: der Alpenraum und die Anfänge der Eiszeitforschung, in: Blätter aus der Walliser Geschichte 123 (41), 2009, S. 123–160.

Krüger, Tobias: Die Entdeckung der Eiszeiten: Geschichte der Technik und Naturwissenschaften, Basel 2008.

Kupper, Patrick: Abschied von Wachstum und Fortschritt: Die Umweltbewegung und die zivile Nutzung der Atomenergie in der Schweiz (1960–1975), Zürich 1998 (Reprints zur Kulturgeschichte der Technik 2).

Kupper, Patrick: Die »1970er Diagnose«: Grundsätzliche Überlegungen zu einem Wendepunkt der Umweltgeschichte, in: Archiv für Sozialgeschichte 43, 2003, S. 325–348.

Kwa, Chunglin: The Rise and Fall of Weather Modification: Changes in American Attitudes Towards Technology, in: Miller, Clark A.: Changing the Atmosphere: Expert Knowledge and Environmental Governance, Cambridge 2001, S. 135–165.

Laak, Dirk van: Imperiale Infrastruktur: Deutsche Planungen für eine Erschließung Afrikas 1880–1960, Paderborn, Zürich 2004, S. 243.

Laak, Dirk van: Planung. Geschichte und Gegenwart des Vorgriffs auf die Zukunft, in: Geschichte und Gesellschaft 34 (3), 2008, S. 305–326.

Laak, Dirk van: Weiße Elefanten: Anspruch und Scheitern technischer Großprojekte im 20. Jahrhundert, Stuttgart 1999.

Lässig, Simone: The History of Knowledge and the Expansion of the Historical Research Agenda, in: Bulletin of the GHI Washington, Issue 59 (Fall 2016), 2016, S. 29–58.

Leggewie, Claus; Mauelshagen, Franz (Hg.): Climate Change and Cultural Transition in Europe, Leiden, Boston 2018.

Lehmann, Philipp N.: Infinite Power to Change the World: Hydroelectricity and Engineered Climate Change in the Atlantropa Project, in: The American Historical Review 121 (1), 2016, S. 70–100.

Lehmann, Philipp: Desert Edens: Colonial Climate Engineering in the Age of Anxiety, Göttingen 2022.

Lehmann, Philipp: Utopia, in: Szeman, Imre; Wenzel, Jennifer; Yaeger, Patricia (Hg.): Fueling Culture, 2017 (101 Words for Energy and Environment), S. 365–368.

Lohbeck, Wolfgang: Umwelt und bewaffneter Konflikt: Dilemma ohne Ausweg? (Hamburger Beiträge zur Friedensforschung und Sicherheitspolitik) Hamburg 2004.

Lüdecke, Cornelia: Die Entwicklung der Meteorologie im 19. Jahrhundert, in: Berichte zur Wissenschaftsgeschichte 27, 2004, S. 67–69.

Lydolph, Paul E.: Fedorov's Complex Method in Climatology, in: Annals of the Association of American Geographers 49 (2), 1959, S. 120–144.

Lynch, Peter: From Richardson to Early Numerical Weather Prediction, in: Donner, Leo (Hg.): Atmospheric General Circulation Models: Complexity, Synthesis and Computation, Cambridge, New York, Melbourne, Madrid 2011, S. 3–16.

Marquardt, Bernd: Umwelt und Recht in Mitteleuropa: Von den grossen Rodungen des Hochmittelalters bis ins 21. Jahrhundert, Zürich 2003.

Martin-Nielsen, Janet: »The Deepest and Most Rewarding Hole Ever Drilled«: Ice Cores and the Cold War in Greenland, in: Annals of Science 70 (1), 2013, S. 47–70.

Masco, Joseph: Bad Weather: On Planetary Crisis, in: Social Studies of Science 40 (1), 2010, S. 7–40.

Mauelshagen, Franz: »Anthropozän«: Plädoyer für eine Klimageschichte des 19. und 20. Jahrhunderts, in: Zeithistorische Forschungen / Studies in Contemporary History, Online-Ausgabe, 9 (1), 2012, S. 131–137.

Mauelshagen, Franz: Die Vergesellschaftung des Hagelrisikos: zur Geschichte der landwirtschaftlichen Hagelversicherung in der Schweiz, 1818–1950, in: Traverse: Zeitschrift für Geschichte 4 (21), 2014, S. 60–71.

Mauelshagen, Franz: Ein neues Klima im 18. Jahrhundert, in: Zeitschrift für Kulturwissenschaften 10 (1), 2016, S. 39–58.

Mauelshagen, Franz: Vom Klima zur Gesellschaft: Klimageschichten im 21. Jahrhundert, in: Welzer, Harald (Hg.): KlimaKulturen: Soziale Wirklichkeiten im Klimawandel, Frankfurt am Main 2010, S. 246–269.

Mergan, Bernard: Weather Matters: An American Cultural History since 1900, Kansas 2008.

Mills, Eric L.: The Fluid Envelope of our Planet: How the Study of Ocean Currents Became a Science, Toronto 2012.

Mitchell, Paul: A History of Tort Law 1900–1950, Cambridge 2015 (Cambridge Studies in English Legal History).

Molnar, Adam: Weather-Magic in Inner Asia, with an Appendix »Alttürkische Fragmente über den Regenstein« by P. Zieme, Bloomington, Indiana 1994.

Müller, Gerhard H.: Friedrich Ratzel (1844–1904) als Begründer der »Allgemeinen Biogeographie«, in: Medizinhistorisches Journal 21 (1/2) 1986, S. 147–158.

Munk, Walter; Oreskes, Naomi; Muller, Richard: Gordon James Fraser MacDonald, July 30, 1929 – May 14, 2002, in: National Academy of Sciences (Hg.): Biographical Memoirs, Volume 84, Washington, D. C. 2004, S. 225–248.

Murphy, Meg; Savicki, Donna: Myron Tribus, in: National Academy of Engineering (Hg.): Memorial Tributes, Bd. 22, Washington, D. C. 2019, S. 351–358.

Nanz, Tobias; Pause, Johannes: Der Kalte Krieg und sein Wetter, in: Büttner, Urs; Müller, Dorit (Hg.): Climate Engineering (Dritte Natur 3), Berlin 2021, S. 230–247.

Nebeker, Frederik: Calculating the Weather: Meteorology in the 20th Century, San Diego 1995.

Newman, B. W.; Deacon, E. L.: A »Dynamic« Meteorologist: Clement Wragge, 1852–1922, in: Weather 11 (1), 1956, S. 3–7.

Oberholzner, Frank: Von einer Strafe Gottes zu einem versicherbaren Risiko: Bemerkungen zum Wandel der Wahrnehmung von Hagelschlag in der Frühen Neuzeit, in: Zeitschrift für Agrargeschichte und Agrarsoziologie 58 (1), 2010, S. 92–101.

Oldfield, Jonathan D.: Mikhail Budyko's (1920–2001) Contributions to Global Climate Science: From Heat Balances to Climate Change and Global Ecology, in: WIREs Climate Change 7 (5), 2016, S. 682–692.

Oreskes, Naomi: Changing the Mission: From the Cold War to Climate Change, in: dies. (Hg.): Science and Technology in the Global Cold War, Cambridge 2014, S. 141–188.

Oreskes, Naomi: Science in the Origins of the Cold War, in: dies. (Hg.): Science and Technology in the Global Cold War, Cambridge 2014, S. 11–29.

Östling, Johan: The History of Knowledge and the Circulation of Knowledge: An Introduction, in: ders., Sandmo, Erling; Heidenblad, David Larsson; Nilson Hammar, Anne (Hg.): Circulation of Knowledge: Explorations in the History of Knowledge, Lund 2018, S. 9–33.

Pachatz, Gunter C.: Analyse der Effizienz der Hagelabwehr in der Steiermark anhand von Fallbeispielen, Graz 2005 (Wegener Zentrum für Klima und Globalen Wandel Karl-Franzens-Universität Graz, Wissenschaftlicher Bericht, Nr. 3).

Peet, Richard: The Social Origins of Environmental Determinism, in: Annals of the Association of American Geographers 75 (3) 1985, S. 309–333.

Peterson, Ines: Die Strafbarkeit des Einsatzes von biologischen, chemischen und nuklearen Waffen als Kriegsverbrechen nach dem ISgGH-Statut, Berlin 2009.

Pfaelzer, Jean: The Utopian Novel in America, 1886–1896: The Politics of Form, Pittsburgh 1985.

Pias, Claus: »One-Man Think Tank«: Herman Kahn oder wie man das Undenkbare denkt, in: Zeitschrift für Ideengeschichte, 3 (3), 2009, S. 5–17.

Porter, Roy: Charles Lyell and the Principles of the History of Geology, in: The British Journal for the History of Science 9 (2), 1976, S. 91–103.

Pühringer, Marianne: Wetterzauberei und Schamanismus, Frankfurt am Main 2008.

Putnam, William Lowell: The Worst Weather on Earth: A History of the Mount Washington Observatory, 1991.

Qual, Hannelore: Natur und Utopie: Weltanschauung und Gesellschaftsbild in Alfred Döblins Roman »Berge Meere und Giganten«, München 1992.

Radkau, Joachim; Hahn, Lothar: Aufstieg und Fall der deutschen Atomwirtschaft, München 2013.

Radkau, Joachim: Die Ära der Ökologie: Eine Weltgeschichte, München 2011.

Radkau, Joachim: Was ist Umweltgeschichte?, in: Geschichte und Gesellschaft, Sonderheft 15, 1994, S. 11–28.

Raiffa, Howard: Decision Analysis: A Personal Account of How It Got Started and Evolved, in: Operations Research 50 (1), INFORMS, 2002, S. 179–185.

Randalls, Samuel: Weather Profits: Weather Derivatives and the Commercialization of Meteorology, in: Social Studies of Science 40 (5), 2010, S. 705–730.

Reiter, Wolfgang L.: Physik, Vietnam und der militärisch-industrielle Komplex, in: Rathkolb, Oliver; Stadler, Friedrich (Hg.): Das Jahr 1968 – Ereignis, Symbol, Chiffre, Göttingen 2010, S. 125–151.

Reith, Reinhold: Umweltgeschichte der Frühen Neuzeit, München 2011 (Enzyklopädie Deutscher Geschichte, Bd. 89).

Rheinberger, Hans-Jörg: Experimentalsysteme und epistemische Dinge: Eine Geschichte der Proteinsynthese im Reagenzglas, Göttingen 2001.

Rheinberger, Hans-Jörg: Historische Epistemologie zur Einführung, Hamburg 2008.

Rhodes, Richard: The Making of the Atomic Bomb, New York 2012 [E-Book].

Roberts, Peder; Turchetti, Simone: Introduction: Knowing the Enemy, Knowing the Earth, in: dies. (Hg.): The Surveillance Imperative: Geosciences during the Cold War and Beyond, New York 2014, S. 1–19.

Rocco, Philip: Wissensproduktion in der RAND Corporation, in: Greiner, Bernd; Müller, Tim B.; Weber, Claudia (Hg.): Macht und Geist im Kalten Krieg, Hamburg 2011 (Studien zum Kalten Krieg, Band 5), S. 301–320.

Rosbjerg, Dan; Rodda, John: IAHS: A Brief History of Hydrology, in: History of Geo- and Space Sciences 10, 2019, S. 109–118.

Rosenfeld, Albert: A Biography, in: Suits, C. Guy (Hg.): The Collected Works of Irving Langmuir: With Contributions in Memoriam Including A Complete Bibliography – Langmuir, The Man and Scientist, London, New York, Frankfurt am Main 1962.

Rosner, Lisa: Introduction, in: dies. (Hg.): The Technological Fix: How People Use Technology To Create and Solve Problems, New York 2004, S. 1–12.

Sander, Gabriele: Utopischer Roman: Berge Meere und Giganten (1924), in: Becker, Sabina (Hg.): Döblin-Handbuch: Leben – Werk – Wirkung, Stuttgart 2016, S. 83–92.

Sarasin, Philipp: Diskursanalyse, in: Görtz, Hans-Jürgen (Hg.): Geschichte: Ein Grundkurs, Hamburg 2007 (3), S. 199–217.

Sarasin, Philipp: Geschichtswissenschaft und Diskursanalyse, in: ders.: Geschichtswissenschaft und Diskursanalyse, Frankfurt am Main 2003, S. 7–60.

Sarasin, Philipp: Michel Foucault zur Einführung, Hamburg 2006 (2).

Sarasin, Philipp: More Than Just Another Specialty: On the Prospects for the History of Knowledge, in: Journal for the History of Knowledge 1 (1), 2020, S. 1–5.

Sarasin, Philipp: Was ist Wissensgeschichte?, in: Internationales Archiv für Sozialgeschichte der deutschen Literatur 36 (1), 2011, S. 159–172.

Schatzki, Theodore R.: Introduction: Practice Theory, in: Schatzki, Theodore R.; Knorr-Cetina, K.; Savigny, Eike von (Hg.): The Practice Turn in Contemporary Theory, New York, London 2001.

Schauer, Frederick; Spellman, Barbara A.: Analogy, Expertise, and Experience, in: The University of Chicago Law Review 84 (1), 2017, S. 249–268.

Schmalz, K. L.: Bern-Pulver: Vom Pulvermachen und Salpetergraben im alten Bernbiet, in: Berner Zeitschrift für Geschichte und Heimatkunde 18, 1956, S. 93–130.

Schmidt, Andreas: »Wolken krachen, Berge zittern, und die ganze Erde weint …«: Zur kulturellen Vermittlung von Naturkatastrophen in Deutschland 1755 bis 1855, Münster 1999.

Schott, Heinz: Die Mitteilung des Lebensfeuers: Zum therapeutischen Konzept von Franz Anton Mesmer (1734–1815), in: Medizinhistorisches Journal 17 (3), 1982, S. 195–214.

Schrickel, Isabell: Von Cloud Seeding und Albedo Enhancement: Zur technischen Modifikation von Wetter und Klima, in: Zeitschrift für Medienwissenschaft 6 (1), 2012, S. 194–206

Schrier, G. van der; Weber, S. L.: The Gulf Stream and Atlantic Sea-Surface Temperatures in AD 1790–1825, in: International Journal of Climatology 30 (12), 2010, S. 1747–1763.

Schrijver, Nico: Development without Destruction: The UN and Global Resource Management, Bloomington 2010.

Schulz-Walden, Thorsten: Anfänge globaler Umweltpolitik: Umweltsicherheit in der internationalen Politik (1969–1975), München 2013.

Seefried, Elke: Rethinking Progress: On the Origin of the Modern Sustainability Discourse, 1970–2000, in: Journal of Modern European History 13 (3) 2015, S. 377–400.

Seefried, Elke: Zukünfte: Aufstieg und Krise der Zukunftsforschung 1945–1989, Berlin, Boston 2015 (Quellen und Darstellungen zur Zeitgeschichte, Band 106).

Selcer, Perrin: Fabricating Unity: the FAO-UNESCO Soil Map of the World, in: Historical Social Research 40 (2), 2015, S. 174–201.

Shindell, Matthew: From the End of the World to the Age of the Earth: The Cold War Development of Isotope Geochemistry at the University of Chicago and Caltech, in: Oreskes, Naomi (Hg.): Science and Technology in the Global Cold War, Cambridge 2014, S. 107–140.

Sieferle, Rolf Peter: Einleitung: Naturerfahrung und Naturkonstruktion, in: ders. (Hg.): Natur-Bilder: Wahrnehmungen von Natur und Umwelt in der Geschichte, Frankfurt am Main 1999, S. 9–18.

Sieferle, Rolf Peter: Fortschrittsfeinde? Opposition gegen Technik und Industrie von der Romantik bis zur Gegenwart, München 1984.

Sieglerschmidt, Jörn: Complexion and Climate: An Attempt at an Outline of Weather Outlooks in Europe from the Beginnings until Today, in: Leggewie, Claus; Mauelshagen, Franz (Hg.): Climate Change and Cultural Transition in Europe, 2018, S. 23–59.

Sinclair, Iain: »Making Rain under the Mallas« Environment & Society Portal, Arcadia (Summer 2022), no. 9. Rachel Carson Center for Environment and Society.

Sloterdijk, Peter: Luftbeben: An den Quellen des Terrors, Frankfurt am Main 2002.

Snead, David: Eisenhower and the Gaither Report: The Influence of a Committee of Experts on National Security Policy in the Late 1950s, Richmond 1997. Online: <https://digitalcommons.liberty.edu/fac_dis/57>, Stand: 19.06.2020.

Solovey, Mark: Cold War Social Science: Specter, Reality, or Useful Concept?, in: Solovey, Mark; Cravens, Hamilton (Hg.): Cold War Social Science: Knowledge Production, Liberal Democracy, and Human Nature, New York 2012, S. 1–22.

Spänkuch, Dietrich: Zur Entwicklung der Meteorologie in der zweiten Hälfte des 20. Jahrhunderts, in: Beiträge zur Festsitzung der Klasse Naturwissenschaften zu Ehren des 75. Geburtstages von Wolfgang Böhme, Berlin 2002, S. 11–60.

Speich Chassé, Daniel: Die Korrektion der Natur, in: Mathieu, Jon (Hg.): Geschichte der Landschaft in der Schweiz: 15000 Jahre Wandel, Zürich 2016, S. 175–188.

Spence, Clark C.: The Rainmakers: American »Pluviculture« to World War II, Lincoln, London 1980.

Spiegler, David B.: A History of Private Sector Meteorology, in: Historical Essays on Meteorology 1919–1995, American Meteorological Society, Boston, MA 1996, S. 417–441.

Staley, Richard: Fog, Dust and Rising Air: Understanding Cloud Formation, Cloud Chambers, and the Role of Meteorology in Cambridge Physics in the Late 19th Century, in: Fleming, James Rodger, Jankovic, Vladimir, Coen, Deborah R. (Hg.): Intimate Universality: Local and Global Themes in the History of Weather and Climate, Sagamore Beach 2006, S. 93–114.

Stefansson, Vilhjamur: Silas Bent, in: Encyclopedia Arctica, Bd. 15 (Biographies), 1949, S. 122–129. Online: <https://collections.dartmouth.edu/arctica-beta/html/EA15-10.html>, Stand: 20.2.2020.

Stehr, Nico; Storch, Hans von: Eduard Brückner – Die Geschichte unseres Klimas: Klimaschwankungen und Klimafolgen, Wien 2008 (Österreichischen Beiträge zur Meteorologie und Geophysik 40).

Stehr, Nico; von Storch, Hans: Von der Macht des Klimas: Ist der Klimadeterminismus nur noch Ideengeschichte oder relevanter Faktor gegenwärtiger Klimapolitik?, in: GAIA 9 (3), 2000, S. 187–195.

Steininger, Benjamin: Katalysator – Annäherung an einen Schlüsselbegriff des 20. Jahrhunderts, in: Müller, Ernst; Schmieder, Falko (Hg.): Begriffsgeschichte der Naturwissenschaften. Zur historischen und kulturellen Dimension naturwissenschaftlicher Konzepte, Berlin 2009, S. 53–72.

Steinkopff, Jürgen: Der Steinkopff Verlag und die Kolloidchemie, in: ders. (Hg.): Konzepte der Kolloidchemie: Aussagen aus fünf Jahrzehnten, Berlin, Heidelberg 1975.

Stiefbold, Simone: Manipulationen am Himmel: Verschwörungserzählungen über Chemtrails, in: Frizzoni, Brigitte (Hg.): Verschwörungserzählungen, Würzburg 2020, S. 295–308.

Stöver, Bernd: Der Kalte Krieg: Geschichte eines radikalen Zeitalters 1947–1991, München 2011.

Taha, Nadine: Die Wolkenphotographie in der Wettermanipulation. Zu Räumen militärisch-industrieller Unsicherheit, in: Nowak, Lars (Hg.): Medien – Krieg – Raum, Paderborn 2018, S. 327–356.

Telotte, J. P.: Animating Space: Disney, Science, and Empowerment, in: Science Fiction Studies 35 (1), 2008, S. 48–59.

Tingley, Dustin; Wagner, Gernot: Solar Geoengineering and the Chemtrails Conspiracy on Social Media, in: Palgrave Communications 3 (1), 2017, S. 1–7.

Uekötter, Frank: Eine ökologische Ära? Perspektiven einer neuen Geschichte der Umweltbewegungen, in: Zeithistorische Forschungen 9 (1), 2012, S. 108–114.

Unger, Corinna R.: Agrarwissenschaftliche Expertise und ländliche Modernisierungsstrategien in der internationalen Entwicklungspolitik, 1920er bis 1980er Jahre, in: Geschichte und Gesellschaft 41 (4), 2015, S. 552–579.

Unger, Corinna R.: Agrarwissenschaftliche Expertise und ländliche Modernisierungsstrategien in der internationalen Entwicklungspolitik, 1920er bis 1980er Jahre, in: Geschichte und Gesellschaft 41 (4), S. 552–579.

Unmüssig, Barbara: Geoengineering: Ausweg oder Irrweg?, in: Forschungsjournal Soziale Bewegungen 33 (1), 1.7.2020.

Uther, Stephanie: Diskurse des Climate Engineering: Argumente, Akteure und Koalitionen in Deutschland und Großbritannien, Wiesbaden 2014.

Weart, Spencer R.: Global Warming, Cold War, and the Evolution of Research Plans, in: Historical Studies in the Physical and Biological Sciences 27 (2), 1997, S. 319–356.

Weart, Spencer R.: The Discovery of Global Warming, Cambridge, London 2008 (Revised and Expanded Edition).

Weart, Spencer R.: The Rise of Nuclear Fear Cambridge 2012.

Weart, Spencer: Rise of Interdisciplinary Research on Climate, in: Proceedings of the National Academy of Sciences of the United States of America 110, 2013, S. 3657–3664.

Wege, Klaus: Die Entwicklung der meteorologischen Dienste in Deutschland, Offenbach am Main 2002 (Geschichte der Meteorologie in Deutschland 5).

Weinberger, Sharon: The Imagineers of War: The Untold Story of DARPA, the Pentagon Agency That Changed the World, New York 2017.

Westad, Odd Arne: The Global Cold War: Third World Interventions and the Making of Our Times, Cambridge 2005.

Wiertz, Thilo: Geoengineering, in: Bauriedl, Sybille (Hg.): Wörterbuch Klimadebatte, Bielefeld 2016, S. 87–93.

Wöbse, Anna-Katharina: »The World After All Was One«: The International Environmental Network of UNESCO and IUPN, 19451950, in: Contemporary European History 20 (3) 2011, S. 331–348.

Wolfe, Audra J.: Competing with the Soviets: Science, Technology, and the State in Cold War America, Baltimore 2013 (Johns Hopkins Introductory Studies in the History of Science).

Wool, David: Charles Lyell: »The Father of Geology«: As a Forerunner of Modern Ecology, in: Oikos 94 (3), 2001, S. 385–391.

Wu, Aaron Z.: Bridging Ideologies: Julian Huxley, Détente, and the Emergence of International Environmental Law, in: Simpson, Gerry; Craven, Matthew; Pahuja, Sundhya (Hg.): International Law and the Cold War, Cambridge 2019, S. 189–213.

Wulff, Petter: The Climate Legacy of Svante Arrhenius, in: Icon 25 (2), 2020, S. 163–169.

Zilberstein, Anya: A Temperate Empire: Making Climate Change in Early America, Oxford 2016.

Zins, Daniel L.: Rescuing Science from Technocracy: »Cat's Cradle« and the Play of Apocalypse (Sauver la science de la technocracie: »Le berceau du chat« et le Jeu de l'Apocalypse), in: Science Fiction Studies 13 (2), 1986, S. 170–181.

Elektronische Publikationen und Websites

Bainbridge, K. T.: Trinity, Los Alamos Scientific Laboratory, LA-6300-H, National Technical Information Service, Los Alamos 1976. Online: <http://www.atomicarchive.com/Docs/pdfs/00317133.pdf>, Stand: 14.12.2018, S. 25.

Berger, Beat: Explosivstoffe, in: Historisches Lexikon der Schweiz (HLS) – Schweizer Geschichte, 2005. Online: <http://mobile.hls-dhs-dss.ch/m.php?article=D14005.php>, Stand: 22.2.2019.

Kennedy, John F.: Adress to the UN General Assembly. 25.9.1961, <https://www.jfklibrary.org/asset-viewer/archives/JFKPOF/035/JFKPOF-035-048>, Stand: 20.3.2019.

Black Rose Books History, Black Rose Books, <https://blackrosebooks.com/pages/about>, Stand: 4.5.2021.

Caviezel, Claudio; Revermann, Christoph: Climate Engineering, Endbericht zum TA-Projekt »Geoengineering«, Berlin 2014.

Central Intelligence Agency: USSR: The Impact of Recent Climate Change on Grain Production, Oktober 1976, <https://www.cia.gov/library/readingroom/docs/DOC_0000499885.pdf>, Stand: 12.12.2017.

Chien, Shiuh-Shen; Hong, Dong-Li; Lin, Po-Hsiung: Ideological and Volume Politics Behind Cloud Water Resource Governance – Weather Modification in China, in: Geoforum 85, 1.10.2017, S. 225–233.

China Has Built Up Its Muscle On How to Turn Weather Into a Weapon: Can India Match Up to It? – The Economic Times, <https://economictimes.indiatimes.com/prime/economy-and-policy/china-has-built-up-its-muscle-on-how-to-turn-weather-into-a-weapon-can-india-match-up-to-it/primearticleshow/71798844.cms?from=mdr>, Stand: 7.12.2020.

Curriculum Vitae Roland List, <http://www.atmosp.physics.utoronto.ca/people/list/curricul.htm>, Stand: 7.4.2019.

Projekt CLOUDLAB, <https://cloudlab.ethz.ch/de/projekt.html>, Stand: 04.03.2024.

Eyewitness Accounts of the Explosion at Trinity on July 16, 1945. Edwin M. McMillan, <http://www.atomicarchive.com/Docs/Trinity/McMillan.shtml>, Stand: 19.12.2018.

Glorfeld, Jeff: The Genius Who Ended Up in a Vonnegut Novel, Cosmos Magazine, 9.6.2019, <https://cosmosmagazine.com/chemistry/the-genius-who-ended-up-in-a-kurt-vonnegut-novel/>, Stand: 31.5.2021.

Greiner, Bernd: Kalter Krieg und »Cold War Studies«, in: Docupedia-Zeitgeschichte, 11.2.2010. Online: <https://docupedia.de/zg/Cold_War_Studies>, Stand: 11.01.2017.

Guzzi-Heeb, Sandro: Magadinoebene, Historisches Lexikon der Schweiz, 22.10.2009, <http://www.hls-dhs-dss.ch/textes/d/D20331.php>, Stand: 22.1.2019.

Hampel, Frank: Abschiedsvorlesung: 50 Jahre Datenanalyse – und einige überraschende Beobachtungen, Auditorium maximum, ETH Zürich, Mittwoch 11.1.2006, <https://video.ethz.ch/speakers/lecture/44e103ac-9ed9-4474-837 f-69b76e562e38.html>, Stand: 2.3.2021.

Hands Off Mother Earth: Stop Geoengineering!, <https://www.handsoffmotherearth.org/>, Stand: 10.4.2021.

Hurricane Research Division of AOML/NOAA, <https://www.aoml.noaa.gov/hrd/about_hrd/beginning.html>, Stand: 29.10.2020.

Ineichen, Hugo: Ueber die Entstehung der Kunstfeuerwerkfabrik Hans Hamberger AG, 19.2.1914, <http://studer-schweiz.ch/downloads/hambergeroberried.pdf>, Stand: 28.2.2019.

Irving Langmuir and Katharine Burr Blodgett, Science History Institute, 1.6.2016, <https://www.sciencehistory.org/historical-profile/irving-langmuir-and-katharine-burr-blodgett>, Stand: 25.4.2019.

Jabs, Cynthia: Cloud Seeding Hits Bumpy Weat, in: The New York Times, 17.10.1976. Online: <https://www.nytimes.com/1976/10/17/archives/cloud-seeding-hits-bumpy-weather.html>, Stand: 13.11.2020.

Jack Hubbard, Atomic Heritage Foundation, <https://www.atomicheritage.org/profile/jack-hubbard>, Stand: 8.1.2021.

Kachelmann, Jörg: Dieser Hagelflieger ist eine Dummheit, Wettermacher, 14.8.2018, <https://blog.tagesanzeiger.ch/wettermacher/index.php/598/sorry-schwabe/>, Stand: 14.11.2020.

Kachelmann, Jörg: Warum Hagelflieger Betrüger sind, www.t-online.de, <https://www.t-online.de/-/84012166>, Stand: 14.11.2020.

Laak, Dirk van: Planung, Planbarkeit und Planungseuphorie, Docupedia: Begriffe, Methoden und Debatten der zeithistorischen Forschung, 16.2.2010, <http://dx.doi.org/10.14765/zzf.dok.2.577.v1>.

Leitenberg, Milton: Case Study 2: Weather Modification: The Evolution of an R & D Program into a Military Operation, in: Studies of Military R & D and Weapons Development, College Park 1984. Online: <https://fas.org/man/eprint/leitenberg/preface.pdf>, Stand: 10.02.2017.

Leitenberg, Milton: Studies of Military R & D and Weapons Development, o. O. 1984. Online: <https://fas.org/man/eprint/leitenberg/preface.pdf>, Stand 11.03.2018.

Link, Fabian: Sozialwissenschaften im Kalten Krieg: Mathematisierung, Demokratisierung und Politikberatung, in: H-Soz-Kult, 15.5.2018. Online: <http://www.hsozkult.de/literaturereview/id/forschungsberichte-3095>, Stand: 19.6.2020.

Morandi, Pietro: Bernhard, Hans, HLS-DHS-DSS.CH, <http://www.hls-dhs-dss.ch/textes/d/D6177.php>, Stand: 9.3.2019.

My Observations During the Explosion at Trinity on July 16, 1945. Enrico Fermi, <http://www.atomicarchive.com/Docs/Trinity/Fermi.shtml>, Stand: 19.12.2018.

Scherrer, Adrian: Schweizer Illustrierte, in: Historisches Lexikon der Schweiz, 10.6.2011. Online: <http://www.hls-dhs-dss.ch/textes/d/D48823.php>, Stand: 21.1.2019.

Schmid, Colette: Die Geschichte der Hagelversicherung. Dossier Nr. 408, Schweizer Hagel, Landwirtschaftlicher Informationsdienst LID, 12.4.2005, <https://www.lid.ch/medien/dossier/detail/info/artikel/1-die-geschichte-der-hagelversicherung/>, Stand: 22.1.2019.

Snowpiercer: 10 Biggest Differences Between The Graphic Novel and Movie, Screen-Rant, 27.7.2020, <https://screenrant.com/snowpiercer-graphic-novel-movie-differences/>, Stand: 25.3.2021.

Songfacts: London Calling by The Clash – Songfacts, <https://www.songfacts.com/facts/the-clash/london-calling>, Stand: 13.5.2021.

Speich Chassé, Daniel: Fortschritt und Entwicklung, Docupedia: Begriffe, Methoden und Debatten der zeithistorischen Forschung, 21.9.2012, <http://dx.doi.org/10.14765/zzf.dok.2.270.v1>.

Stephens, Jennie C.; Surprise, Kevin: The Hidden Injustices of Advancing Solar Geoengineering Research, in: Global Sustainability 3, Online: <https://doi.org/10.1017/sus. 2019.28>, Stand: 10.4.2021.

Swan, Margaret; Talev, Jonathan: Trump Suggested Dropping Nuclear Bombs into Hurricanes to Stop Them From Hitting the U. S., Axios, <https://www.axios.com/trump-nuclear-bombs-hurricanes-97231 f38-2394-4120-a3fa-8c9cf0e3 f51c.html>, Stand: 2.3.2021.

Tatsachen & Meinungen – Aufklärung über Geoengineering, Chemtrails, Sonnenlichtraub, Frequenzmissbrauch und deren Folgen, <http://blauerhimmel.ch/tatsachen—meinungen.html>, Stand: 4.6.2021.

The Clash, official Website, <https://www.theclash.com/>, Stand: 8.5.2021.

Thomson, Graeme: »This girl is very, very tough …« The Untold Story of Kate Bush's Hounds Of Love, UNCUT, 2014, <https://www.uncut.co.uk/features/this-girl-is-very-very-tough-the-untold-story-of-kate-bush-s-hounds-of-love-4812/>, Stand: 13.5.2020.

Trüeb, Evelyn Boesch: Quervain, Marcel de, Historisches Lexikon der Schweiz, <http://www.hls-dhs-dss.ch/textes/d/D48533.php>, Stand: 30.1.2019.

UNO-Umweltkonferenz: Bundesrätin Sommaruga verlangt griffige Maßnahmen zur Schonung von Boden, Wasser und Luft, <https://www.admin.ch/gov/de/start/dokumentation/medienmitteilungen.msg-id-74333.html>, Stand: 10.4.2021.

Unterhändler des Imaginären: Regenmachen im vormodernen Japan, <https://www.univie.ac.at/rel_jap/an/Essays/Regenmachen#s–mucilinda>, Stand: 25.2.2021.

Verband HavOs, <https://www.havos.ch/verband/>, Stand: 13.11.2020.274. Memorandum From the Deputy Under Secretary of State for Political Affairs (Kohler) to Secretary of State Rusk, Office of the Historian, 13.1.1967, <https://history.state.gov/historicaldocuments/frus1964-68v28/d274>, Stand: 20.6.2020.

Weart, Spencer: Money for Keeling: Monitoring CO2, <https://history.aip.org/climate/Kfunds.htm#L_0639>, Stand: 11.9.2020.

Weart, Spencer: Roger Revelle's Discovery, <https://history.aip.org/climate/Revelle.htm>, Stand: 11.9.2020.

Weart, Spencer: Wintry Doom, <https://history.aip.org/history/climate/Winter.htm>, Stand: 13.11.2020.

Weather Control, <https://books.google.com/ngrams/graph?content=weather+control&year_start=1800&year_end=2000&corpus=15&smoothing=3&direct_url=t1%3B%2Cweather%20control%3B%2Cc0>, Stand: 12.6.2021.

Weather Modification, <https://books.google.com/ngrams/graph?content=weather+modification&year_start=1800&year_end=2000&corpus=15&smoothing=3&direct_url=t1%3B%2Cweather%20modification%3B%2Cc0#>, Stand: 12.6.2021.

Wetterbeeinflussung, <https://books.google.com/ngrams/graph?content=Wetterbeeinflussung&year_start=1800&year_end=2000&corpus=20&smoothing=3&direct_url=t1%3B%2CWetterbeeinflussung%3B%2Cc0>, Stand: 12.6.2021.

Working Group on Geoengineering the Climate: Geoengineering the Climate: Science, Governance and Uncertainty, London 2009.

Xinjiang Reduces Farming Damage by Weather Modification, <http://www.xinhuanet.com/english/2019-01/09/c_137731274.htm>, Stand: 7.12.2020.

Fernsehbeiträge

Künstliches Wetter und Klima, Episode 13, Was sucht der Mensch im Weltraum? (präsentiert von Heinz Haber), BRD 1968.

Schweizer Fernsehen: Versuche mit sowjetischen Hagelabwehrraketen, Tagesschau (Spätausgabe) 23.6.1977.

Luske, Hamilton: Our Friend the Atom, Adventure, Drama, Family, Walt Disney Productions, 22.1.1957.

Abbildungen